臺灣的勝算

以小制大的不對稱戰略，全臺灣人都應了解的整體防衛構想

李喜明 著

獻給我的母親

先見制變者勝；
後見應變者敗；
已見不變者亡！

——李喜明

目次 Contents

目次 Contents

第三部　整體防衛構想

目次 *Contents*

自序
臺灣防衛的關鍵選擇

二〇〇八年臺灣開始正式推動募兵制，我當時在軍中的職務是國防部戰略規劃司長，依令規劃「精萃案」縮減國軍兵力規模，以配合募兵制的整體推動。

當時我被賦予的任務是「兵力精簡、戰力不墜」，這是個相當艱難的工作，其中最棘手之處還不是兵力精簡、內部反彈的壓力，而是在兵力精簡之後如何能夠維持「戰力不墜」的疑慮。我並不想自欺欺人僅只交差了事，要能說服外界，首先得說服自己。面對這個根本問題，我不斷的自我辨證，企圖找出合理又能夠讓外界聽得下去的論述，曾經想使用「以品質代替數量」或「以火力代替兵力」等說辭來構建具有說服力的「兵力精簡、戰力不墜」目標，然而在當時國防預算並未大幅增加，國軍也未革新訓練制度的情況下，最終我也不敢使用這些說辭來強調「精萃案」的正當性。

在竭盡心思仍不得解的情況下，所幸當時美軍已經在提倡「創新／不對稱」的作戰概念，因而啟發我運用此一嶄新概念來合理化募兵制兵力精簡後戰力不會下墜的論述。最後，「精萃案」完成具體規劃公布，我即以此論述與媒體溝通，總算完成這項專案任務。

帶著這段歷練引發的思維辨證，我在爾後不同的軍職歷練過程中看到中國經濟飛躍成長、整體國力大幅提升，迅速帶動了解放軍的現代化，再看我們臺灣仍囿於有限的國防資源，兩岸軍事實力對比愈見懸殊，更加體會「創新／不對稱」是國軍要達成防衛任務的唯一之道。經過不斷的反覆思索，如何構建臺灣不對稱作戰能力的整體構想，就在腦海中逐漸成熟並具體化。

二〇一七年，我擔任參謀總長後開始推動「整體防衛構想」，並在推動過程中，深刻感受到「整體防衛構想」在政治及軍事上遇到的種種窒礙。由於此構想需推動的許多措施，徹底顛覆了過往傳統建軍備戰的思維及做法，而基於在軍中超過四十年的服務經驗，我對於臺灣最終會否採納「整體防衛構想」，其實內心從來就沒樂觀過，不過我深信，面對當前兩岸國防資源及軍事實力的巨大差距，以不對稱作戰為基底的「整體防衛構想」如果能夠實踐，會是臺灣在資源極端弱勢的情況下，能夠嚇阻中國發動武統戰爭，達成防衛目標的具體解決方案。當時我既已身為國軍最高軍階職務，在戰時必須肩負聯合作戰指揮官的任務，自然不應妄自菲薄，縱有再大困難也應勇往直前，戮力推動。

「整體防衛構想」推出後，我竭盡所能多方宣導、協調、解說，期間碰到許許多多的困難，當然也得到無數的認同與支持，然而二年多的推動時間畢竟太短，短到連扎根奠基的工作都難有所成，所幸「整體防衛構想」不論在國內還是國外、不論人們贊同與否，都已經在無心插柳之下，成了耳熟能詳的名詞。

二〇一九年七月我卸任退伍，當年年底出版的《國防報告書》對「整體防衛構想」仍然有所論述，不過自二〇二〇年開始，臺灣所有的官方文件就不再出現「整體防衛構想」這個名詞。於此同時，隨著中國的整體國力及解放軍的軍事實力不斷增強，武力統一臺灣的聲音逐漸高漲，國外針對臺灣「整體防衛構想」的討論，相對地也愈來愈多。這種由外而內的影響，使得「整體防衛構想」在臺灣雖遭擱置，卻仍然話題不斷。其中最大的差異是，在國外不時有學者、專家為文呼籲臺灣採用「整體防衛構想」，以建立不對稱作戰能力提升自我防衛能力，在國內卻經常出現質疑甚至反對的聲音。我仔細觀察這些批評，發覺除了在本質觀念上的不以為然、根本否定以外，也有不少是出於對「整體防衛構想」內涵的誤解及扭曲所致，這些因素堅定了我撰寫本書的決心，希望能夠藉此具體說明「整體防衛構想」內容，同時也表達我個人對臺灣整體安全環境的評估，以及國人該建立的國防思維，提供關心國防安全的有識之士及普羅大眾閱讀、思考。

近二十餘年來，中國的崛起勢不可擋，這對臺灣並非絕對的不利，最少雙方在經濟上可以互益。不過自從習近平在二〇一二年上臺提出「中國夢」後，中國大陸的民族主義意識高漲，兩岸在政治上的大局被迫定調為一條單行道。中共要完成民族復興中國夢的最終目標，統一臺灣是必不能缺的元素。對此，中共提出唯一能和平解決的方案就是「一國兩制」，但大家心知肚明，自主意識愈來愈強烈的臺灣絕不可能同意如此嚴苛的條件。在這種相互對恃、僵持，誰也不肯退讓的情況下，兩岸是否會因此產生武裝衝突進而發生戰爭，就是個無法迴避的嚴肅問題了。

戰爭嚴重威脅臺灣的生存，造成的生靈塗炭難以想像，對臺灣來說，避免戰爭毫無疑問是最佳選擇，也最符合全體臺灣人民的利益，不論立場如何，相信沒有人會反對。理論上，如果兩岸歧見不大，藉由溝通避免戰爭，是成本最低也是最佳的解決途徑，不過在雙方都不肯妥協、讓步的情況下，我們必須面對現實，不能對協商抱持過度浪漫的期待，得另想他法避免戰爭在臺灣發生，這絕對是臺灣的最高原則。

在軍事作為上，要達到避免戰爭的手段，就是設法「嚇阻」敵人不敢任意發動戰爭，然而對一個弱勢國家而言，要達到這個目的並不容易。臺灣沒有核子武器，不具備報復性的嚇阻能力，和其他國家也沒有軍事同盟關係，因此無從以這種延伸式的軍事關係作為嚇阻手段，臺灣唯一能做的就是憑藉著具有可信度的自我防衛能力，說服中國相信以武力統一的方式不但會付出極端高昂的代價，而且無法達成目標。臺灣必須要讓中共相信，我們有「正確的戰略」、「防衛的能力」、「堅定的意志」以及「韌性的社會」，中共才不敢輕舉妄動，也才能避免戰爭。

關於「堅定的意志」及「韌性的社會」，本書第十章呼籲臺灣組建國土防衛部隊據以實現。我知道這是個頗有爭議的構想，因此先在此做簡要說明：團結一致的臺灣對嚇阻中共武力犯臺極端重要，不過目前臺灣受到國家認同、意識形態的影響，難以達成「全民團結一致」的目標。因此，若能夠成功建立國土防衛部隊，就能夠據此向敵人傳達臺灣人民防衛國土的決心。

無論國軍作戰能力如何、採取何種防禦策略，團結一致的臺灣永遠是嚇阻敵人來犯最有力的依恃。想方設法讓政治認同分歧與意識形態迥異的國民，在面對國家安全議題時都能拋棄成見，共同護衛家園，這是政府責無旁貸的責任，不能指望人民自發性的轉變。臺灣當然需要建構適切的武器裝備，但任何武器都比不上一支志願性質的國土防衛部隊，它最能傳達臺灣人民勇於承擔，展現自我防衛的決心。

仔細觀察，會發現以下兩種聲音經常充斥各類型的社群媒體。第一種聲音是所謂的「和平主義」者，他們認為政治可以分歧，但兩岸人民不應當有敵意，任何理由都不值得作為戰爭發生的原因，而且兩岸軍事實力懸殊，臺灣投入再多資源都不足以對抗中國，對國防的投資就是對和平的危害，主張臺灣應該積極與中國對話協商，和平處理兩岸關係、避免戰爭。另一種聲音則是所謂的「愛臺主義」者，他們認為中國處心積慮想併吞臺灣，不但全盤否定中國，也拒絕與中國對話，積極塑造抗中保臺的氛圍，不顧臺灣身居弱勢的危險，不分中國或中共，鎮日嗆聲以對。其實這兩種聲音對臺灣的安全來說都是可怕的潛在威脅，「和平主義者」在鼓勵對方動手，「愛臺主義者」則在慫恿對方動手。臺灣面對安全威脅的正確態度，應該如同美國的老羅斯福總統所言：「手上拿著大棒子，輕聲細語。」然而目前的趨勢卻是背道而馳。面對中國的武力威嚇，臺灣不需橫眉豎眼，也不必曲意逢迎，不卑不亢、堅守原則才是正道。然而欲達成這樣的從容自信，臺灣最需要的，就是建立既能嚇阻也能自我防衛的軍事力量。本書的主要內容，就是具體擘劃一個既能有效嚇阻敵人發動戰爭，又能成功防衛臺灣的不對稱戰力。

不對稱作戰對臺灣來說之所以意義深遠，是因為兩岸的建軍及作戰目標不盡相同。如果中共為了統一而發動戰爭侵略臺灣，他的目標就是在軍事及政治上完全占領與統治臺灣；相對而言，臺灣只需要讓敵人的奪島任務失敗就達成了勝戰目標，沒有必要在每一處戰場都企圖與敵人爭戰求勝。我們必須謹記臺灣的資源相對中國而言顯得微不足道，要想達成嚇阻及防衛目標，就必須有效率的配置有限的資源，放棄那些極其昂貴且存活性低的傳統武器儎臺，採用成本低廉、存活性高、致命性強的武器裝備，這就是建立不對稱作戰能力的本質，也是有效防衛臺灣的唯一正解。

二〇二二年四月十四日，烏克蘭在陸岸發射了兩枚海王星反艦飛彈，擊沉了俄羅斯巡洋艦莫斯科號，此一作戰結果揭示著新的戰爭時代已經來臨。在俄烏戰爭中，標誌性的陸地武器不是戰甲車而是反戰甲飛彈及攻擊無人機；標誌性的空中武器不是戰機，而是防空飛彈。隨著莫斯科號戰艦沉沒，我們更可以體認到，標誌性的海上武器不再是巨大的戰艦，而是反艦飛彈。

儀臺不能殺敵，彈藥才能。面對中國歌利亞，創新／不對稱戰力才是臺灣大衛克敵制勝的利器。

臺灣與當前軍事強國的軍隊一樣，都是圍繞著戰機、戰艦、戰車等儀臺為中心而打造的，擺脫以儀臺為中心的建軍觀念既是一種觀念挑戰，也是一種文化挑戰，更是一種資源挑戰。擺明的事實是，臺灣注定沒辦法和中國在傳統作戰能力上競爭，不斷提高國防預算並非解決之道，因為北京也會加碼押注，最終只會導致臺灣在軍備競賽上失敗。

《臺灣的勝算》這本書很厚，幾乎涵蓋了臺灣國防事務的所有層面。對於很關心臺灣國防安全的讀者，我期盼你們能夠耐心看完。至於沒有太多時間的讀者，本書的編排方式可以讓你從幾個不同的篇章，直接切入閱讀有興趣或想要了解的部分。如果你對國防軍事沒有什麼概念，只關心國家安全及臺灣是否會發生戰爭，那麼我建議閱讀時把重點放在前六章，因為第七章之後的章節軍事專業的論述較多，讀來難免晦澀，只要取其概念即可。如果你很關心臺灣的安全，對國防軍事也有一定程度的了解，想快速掌握要點，不妨從第五章開始切入，亦可獲得全般的具體概念。對軍事科技及作戰概念已經頗有根基的讀者，若是只想了解什麼是「整體防衛構想」，則可以從第七章開始細讀。至於正在軍中服役的職業軍人，我衷心希望你能夠讀通全書，除了能獲得作戰實務分析，更可廣泛了解整體國家安全概念，尤其是第七章以後的內容，務必仔細閱讀，相信以後一定能在工作需要時派上用場，對未來軍職專業也會有所幫助。

傳統科技戰爭終將遠颺，主導未來戰場的將是大量的小型智能化武器，而非傳統科技的儀臺，這種趨勢提供了臺灣防衛的有利契機，而不對稱戰力就是臺灣戰力轉型的關鍵選擇。

最後我想再度強調，本書雖在論述臺灣應該如何建立不對稱作戰能力，但它實質的意涵是：在當前兩岸國防資源及軍事實力差距如此巨大之際，臺灣在軍事上該怎麼做才能發揮嚇阻效果，進而避免兩岸戰爭的發生。本書真正的目標不是如何打一場勝仗，而是藉由建立可信也可恃的不對稱戰力，讓中共領導階層相信，這場兩岸戰爭根本不應該發生，也不值得嘗試。

衷心期待本書能夠達到拋磚引玉的目的。

第一部

演變中的臺灣安全

第一章　我們與戰爭的距離

夫當今生民之患，果安在哉？
在於知安而不知危，能逸而不能勞。

——《教戰守策》

二〇二二年二月二十四日，俄羅斯的裝甲大軍全面入侵烏克蘭，俄羅斯總統普丁這個不合常理的軍事決策，震驚了世界各國，雖處高度威脅環境之中，卻始終不太有感的臺灣，也因此感覺到了這股熾熱烈風中的一絲寒意。「下一個會是臺灣嗎？」的聳動標題頻頻在國際媒體報導中出現，社會各界也再次出現臺灣該重啟徵兵制的聲音，一時之間，臺灣與戰爭的距離似乎不再那麼遙遠了。

一九四九年兩岸隔海分治以來，臺灣的軍事思維由攻勢作戰、攻守一體，調整成現今的防衛固守，而在此期間中國大陸以「武力統一臺灣」的論調卻從未改變過。遷臺之初，政府對中國大陸的口號是「反攻大陸」，一九七〇年代之前，臺灣的國防政策基本上仍是積極整備創機反攻。在這樣的軍事氛圍下，不論實務上是否可行，理論上兩岸皆可能做出「啟戰」的決定。然而國際形勢的變化並不由己，一九七一年臺灣退出聯合國、一九七九年美國與我國斷交後，臺灣的軍事戰略便徹底轉變為守勢防衛。臺海會否發生戰爭，也完全取決於中共是否單方面武力侵臺。

兩岸戰略形勢如此翻轉，臺灣人民卻從未認真思考臺海是否真會發生戰爭。二、三十年前這不是個嚴肅的議題，理由很簡單，因為解放軍不具備全面犯臺的能力。但是近二十年來，隨著中國大陸經濟蓬勃發展，國防預算每年以接近兩位數的比率成長，如今解放軍的軍力已非昔日吳下阿蒙，連美國如此的世界強權都不得不嚴陣以待，更何況幾十年來國防戰力未有明顯增長的臺灣。

在這種情勢下，如果撇開美國的影響因素不論，我們可以簡單地論定，兩岸是否發生戰爭，將由中國統一臺灣企圖的強烈程度，以及解放軍是否具備武力侵臺的能力來決定。解放軍的侵臺能力與國軍的防衛能力互成對比，而中國武統的企圖心又與中共內部的權力鬥爭、中國人民的民族意識，以及兩岸人民的互動氛圍息息相關。臺灣身為弱勢一方，為了避免戰爭，保衛國家安全，理論上應該一方面積極強化軍事防衛能力，另一方面努力維持兩岸和諧才是，然而最近幾年兩岸關係的發展，卻呈現背道而馳的現象。

樂觀的臺灣

每一個臺灣人都知道中國的統一企圖，但對大多數人而言，這種認知並沒有轉換成對戰爭的憂慮。面對瞄準臺灣的數千枚導彈，我們毫不畏懼；看著共軍機艦的威懾，我們也不掛心，這種不合理的樂觀，既令人費解，也使人擔憂。長久以來，臺灣人民已經習慣舒適的生活圈，傾向關心眼前的小確幸，知安不知危、能逸不能勞，沒有危機意識、缺乏警覺心理。大眾仗恃的是「敵之不來」，而非「恃吾有以待之」。

「統一臺灣」是中國喊了幾十年的口號，但「和平統一、一國兩制」始終是最高指導。早年「武力統一」並不為中共官方所強調，多係民間激進分子的情緒之談，可是近幾年來這種情勢逐漸有所轉變，北京開始有相當的聲量主張應以軍事手段對付臺灣，公營傳媒、網路言論……類似倡議愈來愈多。

如果兩岸始終無法以政治協商方式解決統一問題，中國最終會以武力方式統一臺灣嗎？

這個問題不論國內外，看法皆十分分歧。在臺灣內部，多數人覺得中國不會，也不敢以武力方式解決臺灣問題。這種樂觀態度的原因，大致可歸納為以下幾種：

（一）臺北不獨，北京不武

只要臺灣不宣布獨立，兩岸維持現況不變，中國沒有理由武力犯臺；秉持這種想法的人，基本上都是以臺灣的思維去推斷中國的想法。但就中國的民族主義而言，統一臺灣，恢復對臺灣的政治掌控是中國的「神聖大業」。臺灣對北京而言是主權象徵，在中華民族的傳統觀念上占據著核心位置。它是一個原則問題，沒有絲毫妥協的空間。在法律上，中國為了統一臺灣，在二〇〇五年制訂《反分裂國家法》。根據這項法律，中國依法保留使用武力統一臺灣的權利。軍事力量會是最後手段，但中國有絕對的權利決定何種情況需要使用軍事手段來統一臺灣，臺灣獨立、外部干預或內部動亂等，都只是促使中國越過使用武力的紅線理由之一，但絕不表示只要臺灣不跨越紅線，中國就會永無期限地擱置統一臺灣的問題。

另一方面，縱使臺灣不宣布獨立，不去招惹中國，也避免不了中國對臺灣主動的軍事壓迫與挑釁。我們暫且不提當前兩岸關係的僵局與緊張，即使馬英九政府時代兩岸關係和諧融洽，解放軍的軍機照樣穿過臺灣的防空識別區進入西太平洋，航空母艦依舊穿越臺灣海峽進入南海。中國的野心絕不僅是小小的臺灣一塊方圓之地，而是放眼全世界，想的是成為世界強權，念的是中國人的二十一世紀。

（二）美國一定會保護臺灣

美國國力強盛，堅守民主陣容，臺美關係緊密良好，中國如果武力進犯臺灣，美國一定會出兵護臺，中國憚於美國軍力，必然不敢冒進。

許多臺灣人認為臺美關係良好，共享民主價值，臺灣位居第一島鏈中央，戰略位置重要，美國不可能棄之不顧，臺海一旦發生戰爭，美軍必然介入。以解放軍的實力，嚇唬一下臺灣還可以，一旦對陣美軍，以美軍世界超強的軍力，解放軍豈敢攖其鋒銳與之正面對抗？事實必然如此嗎？我們簡單分析一下：

就美國的立場，目前臺美之間僅有一部《臺灣關係法》，雙方既非軍事同盟，亦無協防條約。就法而言，美國沒有任何法律基礎，規定其必須派兵介入臺海、為臺而戰。就理而言，美國與臺灣地理位置分在太平洋兩端、相隔遙遠，美國雖然重視臺灣地理位置，也關心臺灣安全，但臺灣的安全相對於美國的核心利益，是否值得為此甘冒風險，投入如此龐大的資源貿然參戰？就情而言，雖然臺美人民相處融洽，友誼彌固，但與美國互動頻率高、範圍廣、密度強、友誼好的國家比比皆是，臺灣並非特殊，甚至有許多美國民眾連臺灣的地理位置都缺乏清晰的概念，在這種狀況下，美國人民是否會無條件地支持政府出兵保衛臺灣？

（三）武統代價高昂

歷史告訴我們，戰爭的代價通常遠高於預期。如果中國執意以武力攻臺，臺灣奮起抵抗，雙方兵戎相見，就算最終中國達到統治臺灣的目的，屆時臺灣滿目瘡痍、經濟崩壞、百業蕭條，再加上兩千多萬不願意接受共產主義統治的居民，如此棘手的問題，將使中共猶豫難決，因此臺灣也有「買臺灣」比「打臺灣」便宜，中國不會以武力方式統一臺灣的說法。

然而客觀的事實是，兩岸之間對「統一」存在著極大的認知差距。在中國，基於歷史事實、民族主義、官媒的推波助瀾以及僵硬的制度，「統一」是一個毫無疑義的國家目標，也是一項必須完成的神聖使命，可以討論的只有「統一」的方式為何？但是在臺灣人心目中，「統一」既非使命、也不是目標，它只是一項被迫面對的命題罷了。「統一」對臺灣人民缺乏吸引力，「和平統一」、一國兩制」在臺灣毫無市場，新疆與香港的案例更是讓臺灣人民對「一國兩制」倒足胃口。最近幾年的民調，支持兩岸統一的比率持續下降，據二〇二二年三月「臺灣民意基金會」發布的民調顯示，僅僅十六％；而且愈是年輕的世代，支持兩岸統一的比率愈低。

再者，**統一的意願不見得與制度有絕對的關係，即使中國在一夜之間變成與西方國家制度完全一致的民主國家，也不盡然代表臺灣願意與之統一**。在現今許多高度民主的政體中，像英國與西班牙，都存在不同區域對於國家認同有歧見的問題。因此，當兩岸之間對於統一的認知存在著如此巨大的差異，中國想藉由「買臺」這種和平手段來達成統一的目標，仍然缺乏說服力。

（四）承平生活使民心偏安

臺灣承平已久，人民習慣了安逸生活，已經麻木到不會去想是否會發生戰爭的問題。既然根本不去想它，自然不會認為中國會以武力犯臺了。

自從一九七九年《中美共同防禦條約》中止以後，臺海僅有兩次近距離緊張對峙情形，分別發生於一九九六年臺灣首次總統直選期間，以及一九九九年臺灣發表「兩國論」的立場後。兩次危機都肇因於政治事件，而非第一線作戰人員的誤判。對峙期間雙方劍拔弩張，軍事衝突可能一觸即發，所幸兩岸最終均能冷靜以對，未將軍事對峙演變成無法控制的軍事衝突。危機發生時的緊張氣氛，當時的國安、國防高層，以及相關的第一線作戰人員應該感受甚深。然而，這種緊張氛圍並沒擴散出圈，社會大眾並未感受到軍事衝突已經迫在眉睫，因此這兩次事件並沒有讓臺灣人民深刻地感受到戰爭的危機。

二〇一三年，日本將釣魚臺國有化，同年，中國發布東海防空識別區聲明[1]。二〇一五年起為了對周遭國家表達政治意圖，也為了達到戰場經營及軍事訓練目的，解放軍機艦展開了

1 《中華人民共和國政府關於劃設東海防空識別區的聲明》。

「遠海長航」訓練（赴遠洋實施長時間的訓練）。本來遠海長航訓練除了政治意涵外，就是在貫徹「積極防禦」的軍事戰略，但是看在臺灣媒體眼中就又是另一番景象了。在文字不聳動無法吸引讀者目光的信條下，國內媒體以「繞臺」一詞取代解放軍的遠海長航訓練。「繞臺」兩字言簡意賅，是一個非常成功、易於傳播的名詞，一時之間各界競相引用，至於「繞臺」兩字雖非軍事名詞，亦不符合遠海長航訓練的原始本意，但是只要符合媒體市場的價值與目的，本質的重要性便為次要。

共軍機艦繞臺或跨越海峽中線，對我海空戰備兵力確實形成任務壓力，但對臺灣社會大眾而言，當共軍機艦初次繞臺時，眾人必然十分關心，官方每次亦發布類似：「國軍運用聯合情監偵，均能有效掌握與應處共軍行動，並派遣兵力全程監控，請國人放心。」新聞稿，向外界簡單說明，但隨著類似事件發生頻率增高，民眾對共軍的軍事威懾行動開始出現彈性疲乏，久而久之，變得毫無感覺，甚而漠不關心了。

國際視野看臺海戰爭

國內多數民眾不認為或從未思考臺灣會發生戰爭，那麼國外的看法呢？

二〇一九年十二月，美國智庫戰略暨國際研究中心（Center for Strategic and International

Studies, CSIS）在華府舉辦有關「中國能力」的研討會（China's Power: Up for Debate 2019），其中一個場次的題目是〈假設二〇三五年北京與臺北無法達成統一協議，中國將以武力侵臺〉（"If Beijing and Taipei do not come to an agreement on unification by 2035, China will use military force to invade Taiwan"）。這場次吸引了上百位關心兩岸關係發展的學者專家，研討會採辯論方式進行，正方由美軍太平洋艦隊前情報主管法內爾（James Fanell）擔任，反方是智庫蘭德公司資深研究員何天睦（Timothy Heath）。有趣的是，雙方辯論之前，現場先做了意見調查，結果投票贊成中國會以武力侵臺的有三十四％，反對者六十六％。換句話說，現場學者專家有高達六成六不認為中國會以武力侵臺。

雙方申論時，正方列舉二〇一九年一月，中共總書記習近平發表的《告臺灣同胞書》，以及中國國防部同年七月發表的《國防白皮書》，內容明確闡述中國不承諾放棄使用武力，宣稱解決臺灣問題、完成國家統一，是中華民族走向偉大復興的歷史必然，中國軍隊將不惜一切代價，捍衛國家統一。另再以數據比較兩岸兵力之懸殊差距，同時以其工作經驗分析，近年共軍之大型演習、機艦繞臺，以及跨越中線等行動，推測未來十年，隨著時間推移，中南海權力中心宣稱使用武力的聲浪會愈來愈高，進而導致一場奪臺軍事行動。

反方儘管同意在二〇三五年之前，共軍有攻臺能力，也具有可行性，只是以武力攻臺，中國所需付出的代價太高。首先是一旦決定攻臺，所牽動的風險是一場大規模的戰爭，而這場戰爭會將衝突升高至北京無法掌控的局面，因為攻臺將連動影響亞洲各國的安全：

(1) 中國軍力愈強，武力攻臺的機率愈高，但同樣也愈容易使用武力對付周邊國家。因此攻臺的行動會對許多國家發出警訊。

(2) 中國以武力解決爭端的舉動，可能運用在處理與別國主權或領土爭議，這種蠻橫做法會讓許多國家警覺，從而採取防衛態勢、升高區域衝突風險，後果中國難以預料也無法控制。

(3) 中共攻臺正中美國下懷，美國可以藉此建立一個圍堵中共的聯盟，這讓局勢更不可預測，甚至導致中國災難性結局。

(4) 中國共產黨政權永續的正當性，是建立在具備實現民族復興中國夢的能力上，假使中共當局選擇武力侵臺，而導致一場局面失控的戰爭，極可能導致中國夢碎。因此，中國不會對臺灣發動武力攻擊。

辯論及提問結束後，現場再次實施意見調查。投票結果為贊成中國會武力侵臺者的比率，自三十四%微升至三十八%，反對者自六十六%降至六十二%。這兩次投票結果顯示，出席的學者專家心裡早有定見，並沒有因為正反雙方的論述而產生太多變化。不過歷經二〇二〇至二〇二二的國際及區域情勢變化，尤其是俄烏戰爭發生以後，現今國際政軍學界對臺海是否會發生戰爭的看法，恐怕已產生明顯的變化。

二〇二〇年起，解放軍在臺灣周邊海空域大幅度的增加軍事活動，國際社會開始擔憂中國帶來的經濟及軍事威脅，美國川普、拜登連續兩任政府對中國祭出的政治、經濟、軍事遏制手段連連，然而一反各界預期，中共非但未見收斂，反而藉由前所未有的戰狼外交及各地頻繁的軍事演習強勢反應。尤其以二〇二一年三月，美中高層在阿拉斯加的會談，雙方火爆交鋒特別令國際矚目。中方在鏡頭前大剌剌地嗆聲、指責美國，國際間對此不僅意外，更強烈地感受到中國強勢崛起的威脅。中國是「由上而下」的指導型官僚體系，談判代表如此強硬，自然有高層授意。自此之後，國外專家為文討論中國對臺軍事威脅，大多不再樂觀以對。

隨著二〇二二年俄烏戰爭的突然爆發，一時之間「今日烏克蘭，明日臺灣！」之說甚囂塵上，引發了許多人擔憂北京可能仿效、突然發動入侵臺灣行動。雖然俄軍在戰場速戰速決的攻勢不如預期，讓多數外國學者分析認為，中國在臺灣議題上的軍事冒險主義的傾向會弱化，中國對臺灣用兵的時間表可能因而延後，但相對而言，國外亦有分析認為，這場戰爭其實提供了中國檢討本身犯臺用兵時機、戰術作為，以及國際制裁忍受度的良機，反而對其在未來犯臺戰爭中的成功率有所助益。

為什麼中國尚未跨海進犯

中國統一臺灣的大業，不論在哪一個年代、對哪一位領導人來說，都是清晰、明確、肯定的神聖使命。然而在如此強烈的意圖之下，為何中共始終沒有採取行動呢？其原因大致可歸納如下：

（一）臺灣海峽的天塹深溝

跨海攻擊就得進行陸海空三棲作戰，這是所有作戰類型中最複雜，也最困難的軍事行動。過去，解放軍並無此類現代化的跨海攻擊能力；即便現在，解放軍各方面的能力都呈現大幅躍進，但要順利跨過臺灣海峽這道深溝壁壘，仍有諸多實務上的困難。

（二）中共內部不穩無暇顧及

早在毛澤東時代，中共不得不專注於派系鬥爭、內部穩定、西藏問題、大躍進、大饑荒、文化大革命等事件，因此無暇也沒有能力處理臺灣問題。

一九七八年鄧小平成為領導人，中國甫經四人幫之亂，百廢待舉，鄧小平必須優先解決國內問題。他是一位有遠見的卓越領導人，鑑於當時中國落後，他大膽採取對內改革、對外開放的政策，並著重以科學和技術，推動中國的現代化，為後續治理奠立良好的基礎。

緊接著江澤民、胡錦濤兩位領導人，基本上都屬按部就班的個性，他們依循鄧小平「改革開放、韜光養晦」的政策，也因為如此，這段期間中國在經濟上的發展空前鼎盛。加上馬政府時代，兩岸在九二共識、擱置爭議的默契下，「和平統一」出現了曙光，「武力統一」僅是偶爾出現的制式口號，中共領導階層並未認真思考，更不可能執行。

但是自二〇一二年習近平接任中共總書記，提出「中國夢」[2]以後，情況開始改變，統一臺灣成了實現「中國夢」的一個重要目標。隨著時間的推移，習近平對統一臺灣問題逐漸失去耐心。二〇一九年二月，習近平發表《告臺灣同胞書》，將「九二共識」與「一國兩制」畫上等號。對了解中共政權的人來說，這種重要文告，必定經過黨內仔細思考、反覆研討，並且字斟句酌的產品。因此這代表中共高層已經充分明瞭，不論未來如何發展，基於意識形態的不同、制度典章的迥異，兩岸不可能透過和平協議的方式達成統一，要統一就得用強迫的方式。在二〇二一年七月一日於北京天安門慶祝中國共產黨成立一百週年大會上，習近平發表講話指出：

> 解決臺灣問題、實現祖國完全統一，是中國共產黨矢志不渝的歷史任務，是全體中華兒女的共同願望。

---

2 中國夢：二〇一二年十一月二十九日，習近平於參觀中國大陸國家博物館展覽時，提出以實現中華民族偉大復興的「中國夢」為其治國理念：「每個人都有理想和追求，都有自己的夢想。現在，大家都在討論中國夢，我以為，實現中華民族偉大復興，就是中華民族近代以來最偉大的夢想。」

在這個前提下，臺灣由誰執政，中共已經毫不在意。習近平在不同的公開場合不斷強調，想要在他的任內親自解決臺灣問題。當意願已經確定，剩下的是能力與時間的問題。

（三）美國因素

美國不斷演變的對臺安全承諾及實際作為，深刻地左右兩岸關係的發展。

當前亞太區域的國際秩序，是美國在二戰以後所塑造，直到現在，美國仍然在這個區域中居於主導地位。而就兩岸的安全情勢而言，一九五四年的《共同防禦條約》，以及一九七九年中美斷交後取而代之的《臺灣關係法》，扮演著維持兩岸現狀的關鍵角色。在共同防禦條約的年代，解放軍想要跨海犯臺，在現實上是不可能的事，武力統一也從來不曾是議題，原因之一是國軍的武器裝備及人員素質，在此期間享有一定的優勢；原因之二是美軍第七艦隊，經常性的在臺灣海峽巡弋。不過，在《臺灣關係法》取代《共同防禦條約》以後，美國除了提供臺灣武器裝備及技術服務，以協助臺灣建立自我防禦能力的法律依據外，已經完全沒有出兵協助防衛臺灣的法律義務。在上述這種改變初期，由於臺灣的武器、裝備，以及人員仍享有質的優勢，因此不覺得中共會武力犯臺。但是，近二十餘年中國在高度成長的經濟支持下，軍事現代化快速進展，如今兩岸的軍事實力早已翻轉易位。所幸美國迄今仍居世界超強的地位，對中國武力犯臺的嚇阻能力仍在，無論在政治、外交、經貿、金融、軍事等各方面，中國對美國仍存顧忌。中共深知，臺灣問題本質上仍是美中問題，要統一臺灣，必須先搞定美國，不論用什麼方式，只要消弭中美實力落差，臺灣問題自然迎刃而解。

（四）區域國家高度關切

中國幅員遼闊，邊界總共與十四個國家接壤，兩岸的武裝衝突勢必會受到周邊國家的高度關切。過去二十餘年，中國全力發展經濟，不曾對外輸出意識形態，也數度宣稱絕不稱霸，但是隨著其快速的軍事現代化，中國軍力擴張的速度遠遠超過區域內其他國家，這使得北京有更多手段積極威嚇鄰國，從而讓區域各國對這個集權式的共產主義國家高度警戒。

近年，從喜馬拉雅山區到東海、臺海、南海，中國大刀聲索領土主權；中印邊界發生血腥死亡衝突；中國潛艦出現在日本領海鄰接區、武警船隻頻頻進出釣魚臺海域；解放軍的機艦頻繁出現在臺灣周邊；漠視國際法庭的仲裁結果；七年內完成南海島礁軍事化；強力聲索九段線領海主權；驅趕其他聲索國家船隻……，蠻橫的區域霸權隱然成形。

許多國家或囿於中國的龐大市場，或懼於其強大的軍事實力，產生爭端時多以妥協的態度低調處理。然而，不滿中國強勢處理紛爭姿態的氛圍，亦逐漸成形。

此時，中國在沒有充分說服力的前提下，面對統一臺灣的問題無故從和平處理轉變為武力進犯，不啻就此宣告：中國在處理主權與領土爭議上，只要能以武力迫使對方屈服，就會毫不手軟地動手。中國的態度會使周邊鄰國疑懼，從而採取自我保護的防衛態勢。若此時區域安全維護的主導者美國，利用此種氛圍名正言順地號召、構築一個抗衡中國的區域聯盟，如此將使臺海武裝衝突擴大為區域武裝衝突，北京將被迫面臨一場戰線更廣的戰爭，災難性的結果不可避免。

二〇二一年舉行的美日及美韓高峰會的聯合聲明中，均將臺灣衝突列入關注重點，美國、澳洲、日本、印度所組成的四方安全對話（Quadrilateral Security Dialogue, Quad）亦加強運作演訓，甚至連遠在歐洲的英、法、德國艦艇，亦紛紛駛經南海與區域國家共同演習，這種區域性的聯合兵力展示行動，再再說明了臺海戰爭確有可能衍生成區域性衝突。不論往區域衝突的發展機率有多高，一旦發生，就會形成無法控制的情勢，在北京對此未做好萬全準備之前，必定會詳加盤算。

中國的意圖、如何武統臺灣

一般而言，**戰爭是否發生決定於侵略國的意圖與能力，而意圖與能力兩者之間互為影響，意圖是主觀的，能力是相對的；有意圖沒能力，或有能力沒意圖，都不會引起侵略戰爭。不過意圖的強烈會影響能力的增長，而能力的增長自然也會帶動意圖的提升。**

中共解放臺灣的意圖從來沒有停止過，只不過隨著時間的推移，「解放」一詞逐漸被「統一」取代。然而，在人民解放軍內部，時至今日「解放」一詞仍然很習慣地被使用著，因為「解放」代表的實質意義就是「武力統一」。截至目前為止，中國是否會「武統」臺灣雖然沒有定論，但中國「統一」臺灣的意志不容置疑，國內外的學者專家，對此有難得的共識。

不論中共領導階層對武力統一臺灣的意圖有多強烈，有多少內外因素必須考量，回歸基本面，他們都必須對下述三個問題的答案具備合理的信心，才可能以軍事手段跨海入侵臺灣：

(1) 解放軍是否具備跨海犯臺且能全面控制臺灣的能力？

(2) 國軍是否有能力阻止解放軍的武力統一？

(3) 北京能否承受美國介入的模式及手段？

當前解放軍的整體發展藍圖，是完全依照習近平的「強軍夢」來規劃。「強軍夢」簡單地說，就是解放軍在二〇二〇年要基本實現機械化，信息化建設要取得重大進展，戰略能力要大幅提升，到了二〇三五年，要基本實現國防和軍隊現代化，而在本世紀中葉，中華人民共和國建國百年時，要把解放軍全面建成世界第一流的軍隊。什麼是世界第一流的軍隊？簡單來講，就是取代美軍，或至少能分庭抗禮。

解放軍近年來的硬體建設，是將重點置於彈道反艦飛彈、先進戰機、長程轟炸機、航母及其艦載機、大型水面作戰艦及潛艦等武器裝備。而有關跨海作戰所需的三棲作戰艦艇的建造速度，卻不如外界原先預期，這顯示解放軍有關武統臺灣的建軍優先次序是：

(1) 嚇阻及拒止美國以軍事手段介入；

(2) 威懾及制止臺灣走向法理臺獨；

(3) 跨海及占領臺灣的全般軍事能力。

我們很慶幸中國尚未具備上述所有能力，而中國對此也心知肚明，但是如果美、中、臺的資源發展及建軍模式維持過去二十餘年的趨勢，時間絕對站在中國這邊，要滿足這三項指日可待。

必須警惕的是，即使中國目前尚未具備這些完整能力，也不會僅是坐待時機成熟而無所作為。隨著時間的推移、能力的精進及局勢的發展，中共對臺灣的武力鬥爭基本上會循著以下的軍事進程演變：

（一）以武抑獨：持續漸增的軍事壓迫

二〇二〇年一月，蔡英文總統囊括我國總統直選以來得票數最高的八百一十七萬票獲選連任，這種令人意外的壓倒性票數，一般評論認為是受到香港反送中運動的影響。這表示臺灣的多數民意拒絕了「一國兩制」的臺灣方案，人民不想讓今日的香港成為明日的臺灣，臺灣不願意在中國的壓力下屈服。但問題是，中國會尊重臺灣民意就此妥協嗎？答案當然是絕對不會。

隨著軍事能力的提升，過去兩年解放軍持續以機艦增加在臺灣周邊海空域的軍事活動，在每一個可能面向持續向臺灣施壓。未來也將隨著政治情勢的變化，侵犯臺灣防空識別區（Air Defense Identification Zone, ADIZ），且繞臺航行的機艦數量將會更多、頻率將會更高、位置將會更近。臺灣的海空防禦空間將會持續被壓縮，而其中最需要擔憂的，是兩岸軍事活動的潛規則「海峽中線」遭到破壞。

過去幾十年，海峽中線一直扮演著兩岸軍事行為準則的楚河漢界，兩岸雖無軍事互信機制，但有了海峽中線這條潛規則，雙方第一線的巡弋兵力就不會發生誤判，進而導致擦槍走火的風險。但我們不得不面對的現實是，**「海峽中線」畢竟只是兩岸軍事活動的潛規則，它並沒有任何條約律定，也沒有國際法的基礎保障，它的存在及功能依賴雙方的意願與自制。當任何一方不再願意遵守這個潛規則，「海峽中線」將只是一個名詞，不再能夠發揮實質作用**。

過去幾年，我們看到共軍機艦不斷地越界，幾乎已成常態性的軍事活動，兩岸關係如果持續惡化，我們勢將面臨更多的共軍機艦跨過海峽中線，甚至於在中線以東海空域實施軍事演訓。可以肯定的是，未來這種「以武抑獨」的軍事威懾只會有增無減，而這使得兩岸之間避免誤判、防止意外的機制愈來愈脆弱，是個非常危險的警訊。

（二）以武制獨：懲罰性的軍事打擊

中國雖然會不斷地在臺灣周遭海空域對我進行軍事施壓，企圖創造新的「現狀」，但是只要我海空第一線兵力能夠謹慎應對、進退有據，那麼即便處境艱難，尚不至於兵戎相見。然而，導致兩岸發生武裝衝突的因素，並不僅局限於第一線機艦的擦槍走火，中國內部的矛盾更值得密切關注。

就現況觀察，習近平的企圖是不受任期限制，繼續掌權領導。換言之，二〇二二年底，在二十大（中國共產黨第二十次全國代表大會）續任中國共產黨中央總書記是延續掌權的關鍵。如果情勢演變非如習近平所願，黨內派系、地方山頭不願支持習無期限延任，那麼在激烈的黨內鬥爭之下，若習近平居於劣勢，那麼選擇對臺發動局部性的武裝衝突以作為其政治賭注，並非毫無可能。營造兩岸發生巨變的情勢，並且在民族主義的催化助燃之下，彰顯中國在關鍵時刻需要習近平繼續領導，對廣大的中國人民而言，如此脈絡是具有說服力的。

如果二〇二二年底，上述的假設真的發生，中共會如何蓄意發動這場武裝衝突呢？

雖然中國正在傾全力建造如〇七五型大型兩棲登陸艦，但囿於時間的因素，二〇二二年尚無法建立全方位、大規模的三棲登陸作戰能力，那麼習近平能夠選擇的只有區域性、有限度、可控制的動武模式，因為任何一種攻擊行動都必須有絕對的勝算，如果局面失控，那麼就無法達成對臺動武的政治目的了。

至於武力犯臺的實際方式，習近平則會依當時政治鬥爭目標所需，選擇小自攻擊臺灣特定機艦，大至以遠距火力打擊臺灣軍事目標，或選擇性的攻占外島等作戰行動。對現行中國的軍事能力而言，要成功完成上述這類行動方案輕而易舉，而這種用懲罰性軍事打擊手段進行「以武制獨」，以解決中共內部矛盾的可能性，是存在的。

（三）以武統一：跨海作戰實質占領臺灣

最近幾年中共對內需處理新疆再教育營、香港反送中、國安法等維穩問題，對外則必須面對與鄰近國家的領土紛爭等國安議題，如果二〇二二年底，習近平能夠順利續任中共中央總書記，自然必須優先處理這些迫在眉睫的事項，然而當前中共所面臨最困難的問題是來自美國的挑戰。

感受到中國的強烈威脅，「全面遏制中國擴張」已成美國難得的兩黨共識，因而不斷推出全方位的貿易壁壘、科技管制、文化圍堵及區域結盟，這些作為未來幾年將對中共的政治、外交、經濟、科技及軍事等領域帶來嚴峻挑戰。面對這些挑戰，除非產生重大政治變局，中共恐暫無能力另興風波，同時在臺海開闢更棘手的戰場。

即使如此，臺灣仍然必須戒慎恐懼，以中國這樣一個新興大國所積蓄的能量，一旦讓它順利解決內外的艱難挑戰，在自信心爆棚的民族情緒之下，中共勢將以更強勢的軍事及經濟手段，壓迫臺灣回歸祖國懷抱。屆時如果臺灣堅持不肯上桌談判妥協，兩岸在相互僵持、緊繃的態勢下，中共終將對臺用兵，以武力迫臺就範，達成「武力統一」的目標。

決定臺海戰爭爆發的因素

（一）中國夢

臺灣會否發生戰爭，眾說紛紜，難有結論，但是這個議題牽涉到臺灣人民的安危、國家的存亡，不能不嚴肅以對。如果簡單歸納，臺海是否會爆發戰爭的決定因素，不外乎中共內部因素、美國的嚇阻能力，以及兩岸軍事能力的失衡程度等。

二〇一二年十一月，習近平出任中共中央總書記後提出了「中國夢」，並定義為「實現偉大復興就是中華民族近代以來最偉大的夢想」，還表示這個夢想一定能實現。二〇一三年三月，當選中華人民共和國主席的習近平在講話中不斷提到「中國夢」，從此「中國夢」就成為中國在全方位施政的定海神針。

而實現「中國夢」的進程，我們可從習近平在十九大的講話中窺見堂奧：「第一個階段，從二〇二〇年到二〇三五年，在全面建成小康社會的基礎上，再奮鬥十五年，基本實現社會主義現代化。第二個階段，從二〇三五年到本世紀中葉，在基本實現現代化的基礎上，再奮鬥十五年，把我國建成富強、民主、文明、和諧、美麗的社會主義現代化強國。」「中國夢」是實現中華民族的偉大復興，而實現中華民族的偉大復興則需透過「國家富強」、「民族振興」、「人民幸福」這三個目標。除此之外，中共並沒有再具體說明各項國家政策，是為了達成哪一項目標而形成。

我們可以歸納推動經濟發展、快速脫貧，完成小康社會是為了達成「國家富強」、「人民幸福」的目標；一帶一路、亞投行、南海島礁軍事化、擴張海外基地、科技現代化、軍事現代化等政策是為了達成「國家富強」、「民族振興」的目標。那「統一臺灣」呢？根據中共的規劃，設定在中華人民共和國建國百年（二〇四九年）時全面建成「社會主義現代化強國」，最終實現「中華民族的偉大復興」。當中共文宣系統不斷強調「祖國必須統一，也必然統一，這是新時代中華民族偉大復興的必然要求」，雖然中共從未對統一臺灣訂出具體時間表，但由於此說法將「統一」和「中華民族偉大復興」做出了直接連結，故許多人推估二〇四九年為統一臺灣的最後期限。

試想，當二〇四九年到來，如果「中國夢」的指標次第完成，中國成為世界第一強國，代表中國人的世紀終於到來，此時若還缺「臺灣」這塊拼圖，會出現「若連國家統一都不能完成，還談什麼偉大民族復興？」的質疑，不論中國的領導人或廣大人民，恐皆無法接受。

（二）習近平

二〇一八年三月，近三千名出席全國人民代表大會的代表，幾乎一致同意取消中國國家主席任期限制的憲法修正案，這意味著習近平可能終身掌權的時代來臨。習近平無疑是位有著無窮野心，而且有謀有勇的專制領導人，他有意在歷史上留下關鍵的名聲，否則他不會先是拋棄鄧小平的「韜光養晦」外交政策，繼而廢除了鄧所建立，為中國帶來好幾十年政治穩定的領導人任期制度。他心中所想的可能是與毛澤東齊名，甚至超越毛的成就，完全無視鄧小平在中國的歷史地位。

現在回頭看這九年來習近平的施政作為，似乎一切都有著深謀遠慮。「中國夢」提供了中國未來的發展目標，也為他自己的無限任期提供了一個美好的藉口，現在正是要一圓「中國夢」的關鍵時期，必須由一位有理想、有能力的領導人，長期率領大家向前邁進。十年的時間是不夠的，最少要二十年，甚至更久。

打貪防腐，一方面澄清吏治，一方面累積名聲，同時也可以藉此整肅異己。藉著一帶一路及亞投行來擴展中國的政治、外交及經濟的影響力；開設東海防空識別區以名正言順的擴張軍事力度；藉著南海島礁的軍事化以恢復歷史光榮的想像領土，以及潛在的經濟資源，深化國防及軍隊改革以提升軍事實力及樹立個人軍中威權；拋棄鄧小平的韜光養晦政策以彰顯賢能名聲及展現施政績效；不培養潛在繼任者以鞏固個人權位，完成修憲、取消任期制度以開啟個人無限期掌權的大門。習近平藉著完成脫貧及全面實現小康社會，營造國家富強、人民幸福的表象，強化個人無限期延任的正當性。如果一切依照習的時程表，二〇二二年他將續任中共中央總書記及中央軍委主席，二〇二三年他將再度獲選連任國家主席，開啟習近平時代的新紀元。

以上種種可以說明習近平的野心與膽識，持續掌權、專制統治顯然不是他的唯一企圖，他還想為他自己在歷史上譜寫新頁。如果在他的領導之下，中國完成了國家富強、民族振興、人民幸福等「中國夢」的奠基工程，躍居世界領先的地位，實現了二十一世紀是中國人的世紀，這種偉大的成就是中國幾千年歷史中前所未有的事。如此一來，習近平在中國歷史上的地位當然會超過毛澤東，而從宏觀歷史的角度看，毛澤東只是國共內戰的勝利者，從而建立了中華人民共和國，改朝換代罷了，這樣的人物歷史上不知凡幾；但是能夠帶領一個富強的中國邁向世界，居於領導地位，讓中國人民能夠享受著這無上榮耀的光環，這豈是中國任一朝代領導人所能相提並論！

習近平上任以來對軍隊的諸多作為，影響最大的幾件事，分別為：一、反貪打腐；二、軍隊改革；三、海空軍的擴張；四、南海島礁軍事化。這幾點對鞏固個人威權及完成強軍夢目標有著莫大的影響。藉著打貪反腐，維持軍中優良風氣，極易贏得人民的支持，同時也可藉此剷除異己，建立習家軍。因為任何高階將校在軍中幾十年，不可能毫無瑕疵，最重要的是，是否有汙點是由中央軍委紀律檢查委員會人員定義，因此明哲保身之道，自是向習家軍靠攏，無條件的絕對效忠習近平個人。

二〇一五年習近平推動軍隊改革，將傳統以陸軍為主的七大軍區改為五大戰區，以打造一體化的聯合作戰指揮體系，其重要內涵，包括改制為以軍委集中統一領導，強化黨指揮軍隊的「軍委管總」，以及劃分建軍與用兵兩大體系的「軍種主建」及「戰區主戰」，如此改革，一來可以將原來各軍種、軍區的各自為政、單打獨鬥的作戰模式，整合為現代戰爭特別講究的「聯合作戰」指揮架構，二來可以強化海、空軍的發展，向外擴張軍事實力，再則亦可藉機將原本軍中舊有派系重新洗牌，貫徹一元化的指揮體制。這種改革，看似簡單，但其複雜度及困難度絕非局外人所能體會。

了解了習近平的野心壯志，就該深刻體會少了「統一臺灣」這塊拼圖，豈是習所能容忍之事？二〇一九年一月，習近平在《告臺灣同胞書》四十週年紀念會上發布「習五條」[3]，正式宣告推動「統一臺灣」的進程，同時將「九二共識」與「一國兩制」畫上等號，並強調北京不會承諾放棄使用武力手段，而且臺灣問題不能一代一代拖下去。這個宣告等於暗示我們，**習根本不在乎臺灣由誰執政**，**也沒耐心一直維持現狀**、**等待和平統一**，**他有自己的路要走**。**他不想把統一臺灣的問題留給下一代**，換句話說，他想在他任內完成這個春秋大業，此一野心令人憂心。

按照習近平的權力時程表，二〇二二年底他將續任中共中央總書記，進而無限期掌權，使其有足夠的時間持續發展經濟，建設現代化軍隊。等到國富民安，整軍經武等客觀條件成熟，他將積極著手統一臺灣的歷史使命。即使目前習仍強調：「以和平方式實現祖國統一，最符合包括臺灣同胞在內的中華民族整體利益。」「和平統一、一國兩制是實現國家統一的最佳方式。」但中共高層心裡應也明白，依目前臺灣民心走向及國際社會對臺灣民主的支持，和平統一的可能性已經愈來愈渺茫，在如此情況下，中共放棄和統改採武統的可能性正在逐步上升。依此邏輯推估，只待主客觀條件成熟，習近平就會強勢解決臺灣問題，完成祖國統一大業。

（三）兩岸軍力的失衡

過去二、三十年，中國的經濟以令人咋舌的進度飛躍發展，經濟起飛帶來的紅利則是軍事與科技的現代化。令人遺憾的是，在這段快速演變期間，臺灣的軍事能力在有限的國防預算下，仍循著幾十年來的固有步伐，沒有顯著的變化。兩岸的軍事平衡開始向中國傾斜，安全情勢發展成敵大我小、敵強我弱，極端不平衡的狀況。

3 習五條：一、攜手推動民族復興，實現和平統一目標；二、探索「兩制」臺灣方案，豐富和平統一實踐；三、堅持一個中國原則，維護和平統一前景；四、深化兩岸融合發展，夯實和平統一基礎；五、實現同胞心靈契合，增進和平統一認同。

近 20 年兩岸國防預算比較

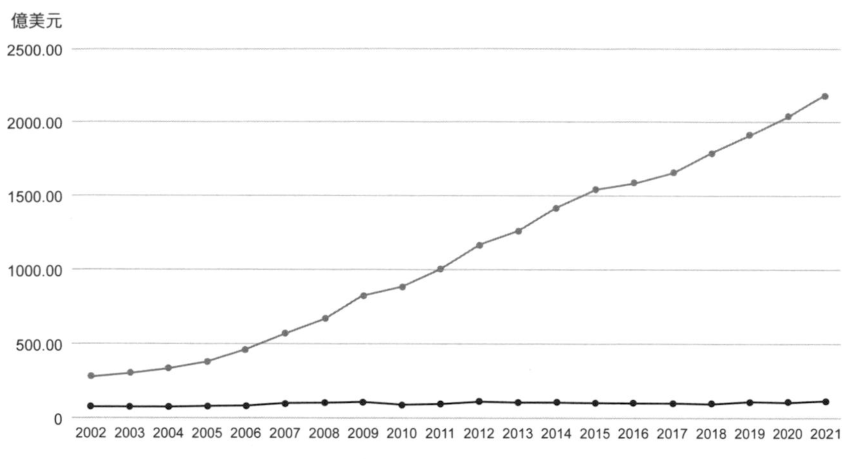

在危機四伏的大環境下，臺灣人民似乎仍然樂觀地認為，中國不會願意付出龐大的戰爭代價攻打臺灣，而且要是中國真的武力犯臺了，美國一定會出兵保護我們，所以不願意把國家資源大幅挹注在國防，人民對社會福利、文化、教育、健保及小確幸的重視程度遠高於國防安全。當前臺灣面對的最大挑戰就是說服自己的人民，臺灣面對重大軍事威脅，必須為自己的防衛投入更多資源，甚至包括自己的時間和生命。

（四）美國的嚇阻能力

二〇二一年八月，美國自阿富汗匆忙撤軍，引起臺美兩地有關美國對臺承諾可信度的諸多議論。美國自拜登政府以降相關涉外官員，多次公開強調美國對臺灣的支持，同月美國獨立智庫芝加哥全球事務委員會（Chicago Council on Global Affairs）公布最新民調，有超過半數的美國民眾支持美軍協防臺灣。這次民調是首次超過半數美國人（五十二％）表示，若中國入侵臺灣，支持美國出兵協防，比率是史上最高。多數分析認為，其中一個原因是中美關係惡化。

美國在兩岸始終扮演至關重要的角色，臺灣是屬於實質或法理獨立，牽動著臺海之間的穩定情況，而這條紅線實質上由美國控制。雖然中共對此並不滿意，但也以此紅線作為防止美國承認臺灣的賭注，使臺灣的法理定義模糊不清。

美中交惡後，中共預判美國正朝承認臺灣的方向發展，因此屢屢反應過度，美國對臺灣議題的聲明愈多，中國的猜疑也跟著愈多。這種相互敵對及猜疑的互動，只會增加臺海戰爭爆發機率。

臺海會否發生戰爭取決於臺北、北京、華盛頓政府的領導人，以及後續關係發展。臺灣一直冀望美軍能在臺海爆發戰事時馳援臺灣，然而中國軍力快速擴張，尤其是反介入／區域拒止（Anti-Access/Area Denial, A2/AD）[4]的能力發展，使美軍軍事介入臺海衝突的風險愈來愈高，嚇

---

4 「反介入／區域拒止」為美國在二〇〇一年提出的軍事詞彙，後來逐漸演變成描述中國以先進的彈道導彈、巡航導彈、潛艦、海空防禦系統，威懾及阻止支援臺灣的美軍進入及限制其在作戰海域的活動。

阻效果也逐漸遞減，但若美方不為數十年來的民主盟友出手，對美國而言會是一場大災難。

特別對於美國的亞洲盟友而言，美方棄臺將使過去的安全承諾全數作廢，因此美國當然必須持續支持臺灣。目前美國不斷釋出訊息，當中國威脅以武力統一臺灣或是無故發動戰爭，美國不會坐視不管。雖然在戰略模糊的政策下，美國未必會直接出兵護臺，然而影響戰爭勝負的因素未必只在戰場之內的軍事行動，因此美國對臺灣以非兵力直接介入的援臺手段，仍將限制中共的武力犯臺計畫。

中共不會願意將自己陷入處處為敵的處境，對臺動武是非贏不可的豪賭，尤其是美國因素橫亙在前，中共非得詳加盤算。

什麼時候可能爆發戰爭

二〇二一年四月，《經濟學人》雜誌報導臺灣是地球上最危險的地方，偌大的地圖封面及標題顯得有些怵目驚心，卻只在臺灣激起一絲絲漣漪就被遺忘了。二〇二一年八月，美國開始從阿富汗撤軍，前腳才走，三十萬接受美軍援助及訓練的阿富汗政府軍宛如紙紮似的丟盔棄甲，神學士組織幾乎不費吹灰之力頃刻間轄管全國，此情此景在美國被人引申，一旦遭到美國拋棄，臺灣有可能也會出現類似局面。這種聯想甚至引起拜登總統在電視訪問中強調，臺灣將被視為如北約、日、韓等盟約國家，美國將支持到底。同樣的，這事件在臺灣僅僅引起短暫討論，很快又趨於平靜。

這兩件事情呈現臺灣人民真的是處「驚」不變，社會大眾對是否會發生戰爭這檔大事，顯得是老神在在，一點都不憂心。然而，臺灣的局勢真是如此穩定，戰爭不會找上門嗎？

普羅大眾感覺不出，或是不願思考臺灣與戰爭的距離，這是人之常情，或許無須挑剔。然而此現象終將導致「患不見於今，而將見於他日」。主其事者、知其患者、悉其情者，萬萬不能輕率以對，今不為之計，其後將有所不可救者。制變當先知變，要能銷患於未形，當然得先知患之然及其所以然，否則萬無可能保治於未然。

綜觀中共內部權力演變及解放軍戰力發展，以時間軸來表示，臺灣與戰爭距離只有一線之隔的時機，可以歸納如下：

（一）二〇二二年

二〇二二年底，中共將舉行第二十次全國代表大會。雖然黨章並無明文，然依鄧小平以後的黨內體制慣例，由於習近平任十年中央總書記任期已屆，理論上，二十大必須選出中央總書記接班人。在中國以黨治國、以黨領軍的制度下，膺選中央總書記就等於當然的國家主席及軍委會主席，集黨政軍權力於一身。

然而，二〇一八年習近平主導修憲，取消國家主席兩任任期的限制，其長期掌權的企圖昭然若揭，如果沒有強有力的黨內阻力，習在二〇二二年長期掌權的企圖將可順利實現。

二〇二二年八月美國聯邦眾議院議長裴洛西（Nancy Pelosi）來臺訪問引發的衝突與危機清楚顯現，中共對美國民意代表的非正式訪問如此過度反應，表面上是對一中原則立場的堅持，但從更深的層面觀察，在習近平爭取第三任期的中共二十大即將召開之際，為了紓解其延續權力所面臨的內部壓力，習近平採取展現強悍立場與軍事反應，絲毫不足為奇。

但畢竟「人可以謀事，不可以謀天」，我們對中共高層的權力鬥爭、地方山頭的影響力所知有限，一旦習在中共內部遭遇阻力，無法順利繼續掌權，則其藉故挑起兩岸之間的武裝衝突作為政治賭注，是十分合乎常理的判斷。不過，基於解放軍全面攻臺的能力未臻成熟，且基於習是以奪權為目標，因此他會將戰爭控制在有限度的武裝衝突範圍。

（二）二〇二七年

二〇一七年十月，習近平在十九大提出國防和軍隊現代化「三步走」戰略：二〇二〇年基本實現機械化，並在信息化建設取得重大進展，大大提升戰略能力，並力爭到二〇三五年基本實現國防和軍隊現代化，到本世紀中葉把人民軍隊全面建成世界一流軍隊。隨後中共在二〇二〇年十月，第十九屆五中全會發表公報時，首度因出現「二〇二七年」這個數字引發關注。中共並沒有任何正式官方宣告其軍事現代化將提前至二〇二七年達成，然而幾乎所有軍事分析都指出，中共將加快國防和軍隊現代化，確保二〇二七年實現建軍百年的奮鬥目標。

印證美國前印太司令部司令戴維森（Philip Davidson）二〇二一年三月在國會的證詞，所謂解放軍將在六年內建立攻臺能力，應是基於印太司令部內情報組織的研析及假定事項，輔以中共企圖在二〇二七年前建立解決兩岸問題的能力，以為建軍百年留得一個歷史。另外，二〇二三年五月，據《美國之音》中文網報導，美軍參謀首長聯席會議主席密利（Mark Alexander Milley）在參議院撥款委員會小組聽證會上同樣表示，中國計畫在二〇二七年具備武力犯臺能力。此時間點恰可呼應習近平的新「三步走」[5]，提前在二〇二七年前達成軍隊現代化，此可為後續武統提供堅實後盾與支撐。

此外，如果習近平順利續任中央總書記，該年也是習近平總書記第三任期屆滿，又是再逢

5 三步走：第一步為一九八一至一九九〇年，翻倍國民生產總值，解決人民溫飽問題；第二步為一九九一年至二十世紀末，再翻倍國民生產總值，使人民達到小康水平生活；第三步從二十世紀末至二十一世紀中葉，使中國人均國民生產總值來到中等發達國家水平，人民更富裕，實現現代化。新「三步走」則是上述「三步走」的進一步展開，更精確地將時間劃分為二〇一〇年、二〇二〇年、二〇五〇年，並分別達到國民生產總值比二〇〇〇年翻倍、人民小康生活更富、市場經濟體制更完整；國民生產總值較二〇〇〇年漲兩倍，人均收入超過三千美元；基本實現現代化。

繼續掌權的關鍵時刻。如果解放軍真如規劃提前具備全面侵臺能力，輔以習近平的野心企圖，中共動手以武力解決臺灣問題的可能性，實值臺灣警惕。

(三) 二〇三二年

二〇三五年是解放軍國防和軍事現代化「三步走」戰略的重要里程碑，如果中共可以依計畫達成，且屆時經濟發展的腳步能夠與美國並駕齊驅，在全面現代化軍事武力支撐下，中共是否會以武力犯臺，一舉解決臺灣問題，這僅繫於中共領導人的一念之間。

之所以提出二〇三二年的時間點，也是因為如果習近平一路順暢地延續掌權之路，該年是他第四任期屆滿。以習的個人野心與人格特質，掌權二十年又兼具軍事實力，心中超越毛澤東及中國歷代君王，在青史上留下空前名聲之心必不可免，這時恐怕是臺灣夢魘成真的災難時刻。

(四) 二〇四九年

當二〇四九年本世紀中葉到來，也就是中華人民共和國建國百年，如果「中國夢」的指標已次第完成，中國已成世界第一強國，軍事實力甚至超越美國，中國夢唯獨缺「臺灣」這塊拼圖，屆時不論中國的領導人及中國人民，恐皆期望看到「祖國統一」。

目前習近平雖然沒有預告統一時間表，但很明顯的，他對「保持現況」的理解認知，和先前中共領導人有很大的差異，他的確可能想把統一臺灣當作個人畢生偉業，他甚至公開訴求統一大業應該大步向前，不怕賭上法理正當性。除非世局的發展出乎中共預料，譬如美中發生大規模戰爭，或是內部出現激烈的政治鬥爭，否則二〇四九將會是中共武統臺灣的最後期限！

（五）危險的動態時機

只要中國一黨專政的政治體制不改變，完成中國夢就會是全中國人的集體意志，那麼統一臺灣當然就不是「會不會」，而是「什麼時候」的問題了。戰爭爆發的原因極其複雜，尤其爆發的時間點更是沒有專家敢打包票。既然如此，為何仍有許多學者仍然不斷刊文探討預測？提出「戰略預警」的目的，為的就是盡早準備以達嚇阻之效。

如果從預警的立場觀之，以上所提的具體時間表的主要考量，均聚焦於中共的政略層面，如果從軍事戰略甚至作戰的層面觀之，就有必要再進一步分析什麼樣的動態性時機，會是中共最可能選擇發動軍事犯臺行動的時刻了。

中共向來宣稱，臺灣問題在本質上是美中競爭的問題，解決了美國障礙，臺灣問題自然迎刃而解。美中競爭關係愈演愈烈之際，每四年舉行一次的美國總統大選，就很可能扮演兩岸戰事的「外卡」因素了。中共犯臺軍事戰略向來強調「首戰速勝」，絕對不願意打一場長時間的拖延戰，然而如果給予美國足夠的時間準備，並採取強力支援臺灣的措施，中共恐難達成其想要速戰速決的戰爭目標，因此美國的援臺態度必然也是中共是否決心動手的主要考量因素。

假設中共武統行動的戰略思維確實如此，那麼每一屆的美國總統選舉結果及至政權交替的過渡期間，就很可能是中共選擇採取犯臺行動的最佳時機。如果中共統一臺灣之心迫切，而美國總統又是由類似前國務卿龐皮歐（Mike Pompeo）這類右派當選，那麼從二〇二四、二〇二八，以及往後美國選舉年的十一月至次年一月新總統就職的這段決策真空期間，就很可能是臺海最危險的時刻。

中共何時發動武統是個難解的問題，何時會發生戰爭，會採取什麼樣的行動，任何人都說不準。臺灣不應輕率漠視，也不需憂鬱怏悒。臺灣需要的不是占卜卦象，而是戒慎以對，因為這問題的核心不在對岸何時會開始，而在我們是否已經做好準備。可以肯定的是，時間不站在臺灣這一邊，如果我們再不改變，不管臺灣意願如何，被迫成為共產制度下中國一個省的夢魘，絕非不可能發生。

第二章　當中國成為東方不敗

知彼知己，百戰不殆；不知彼而知己，一勝一負；不知彼不知己，每戰必殆。

——孫子

西方對於解放軍軍力發展現況的探索與研究從未間斷，包括戰略暨國際研究中心（Center for Strategic and International Studies, CSIS）、戰略與預算評估中心（Center for Strategic and Budgetary Assessments, CSBA）、海軍分析中心（The Center for Naval Analyses, CNA）、二〇四九計畫研究所（Project 2049 Institute）、蘭德公司（RAND Corporation）等知名智庫，均長期關注這方面議題，這已然成為二十一世紀的顯學。不可諱言，所有研究中共的學者都面對一個嚴重的窒礙，就是中共內部嚴格的情報和媒體管制，導致許多關鍵資訊不透明。此外，缺乏一手資料也使得過度描述中共軍事力量的細節，極容易受到隨手可得的大量網路資訊影響，真假參半，其中更不乏因中共官方或媒體刻意的渲染而失真。舉例來說，二〇一九年國慶大閱兵，中共主動展示眾所關注的新型戰略／戰術武器及裝備，這些足以直接打擊美軍航母和印太基地的武器裝備，讓主張中國威脅論、美中終將一戰的修昔底德陷阱論[6]（Thucydides's Trap），一夕間占據各大媒體版面。

然而在熱議話題之下，卻鮮少有評論與研究，能夠清楚說明中共武力展示的背後，如何調整和訓練軍隊以適應新的裝備和作戰形態，以及促成這些變化的真實戰略意圖。特別是中國兵學崇尚「能而示之不能、用而示之不用」的戰略欺敵，更增加資料蒐集和研究難度。儘管如此，從「時間」的軸向來關注某些關鍵能力的變化，仍然有跡可尋。中共透過亞丁灣護航任務，成功推動海軍現代化戰略的歷程，即為例證。

二十一世紀的前十年，中共海軍利用反海盜的契機快速進入國際舞臺，表面上看似符合中共當時所稱「成為負責任大國」的期待，但若從軍事觀點來看，跨洋航行需要的不單是航海技術、裝備維護，以及官兵耐航能力，真正的考驗來自於預算的支持和造艦工藝，因為長期航行需要足夠的儲油、淡水、主副食，以及穩定的船舶動力系統，但是老舊艦艇因為設計概念不同，顯然已無法滿足需求，中共必須做出改變，重新分配資源，以形塑和追求全球影響力。

如同所見，自此大量適合遠洋航行的現代艦艇如下餃子般建造，新型艦艇很快地成為中共海軍外交的主要角色。這幾年亞丁灣護航的艦艇資料顯示，解放軍已讓一百餘艘軍艦獲得遠航經驗，這些艦艇中，除了「深圳號」驅逐艦是一九九〇年代建造，其餘清一色是二〇〇四年以後下水的新艦。新型驅逐艦和巡防艦陸續服役，讓中共在後續幾年內成功跨出第一島鏈，並且成為常態。

亞丁灣的成功經驗，讓解放軍更有自信在區域中展現「肌肉」，而不再奉行「韜光養晦」。其中一個具代表性的指標，是以中共為主體的雙邊／多邊演習，除了二〇二〇年受新冠疫情影響而減少外，大多數的聯外演習，自二〇一五年起有常態化、逐年增長的趨勢。

推動現代化軍備的同時，隨之而來的是教令準則、訓練，以及戰備等問題。中共欲改變長久以來，為防禦邊境威脅所建立的龐大地面部隊，牽動複雜的內部派系和權力分配問題，這對於嚴格掌控解放軍的共產黨而言絕非易事。時至今日，中共成功的完成一些軍隊現代化成果，這些成果已然成為區域周邊國家最重大的單一戰略挑戰。在選擇因應對策之前，應該深入理解這項挑戰的本質和背後驅動的力量。

6 修昔底德陷阱論：出自古希臘史家修昔底德所著，記錄雅典與斯巴達城邦戰爭的《伯羅奔尼撒戰爭史》；引申為新崛起的強權必然要挑戰舊強權，而舊強權也必然要回應挑戰，因此新舊強權間的戰爭無法避免。

上下同欲的強軍夢

長期研究中國的西方學者都認為，**中國將在某一天具備抗衡美國的能力**，主因來自於**中共黨政軍專政體制、經濟快速增長，以及強烈的民族性，這使得中國具備成為霸權的一切條件。**然而，西方對於霸權、現實主義的理論和觀點，並不完全適用於中國。

歷史上的中國，視周邊鄰國為蠻夷之邦、化外之地，鮮少主動侵犯他國掠奪資源，而是推崇君臣之儀的朝貢體制，並透過文化的浸濡來維繫邦誼。《詩經．小雅》所提「普天之下，莫非王土，率土之濱，莫非王臣」，相當程度體現中國戰略文化中特有的世界觀。直至十九世紀初西方霸權東進，中國飽受戰禍之苦，因此如何讓中國重新恢復故有的榮光，回應人民期待，對於歷任中共領導人來說，實為不可迴避的歷史責任。

中國國家主席習近平，汲汲於讓全民期待中國應恢復相稱的大國地位，借鏡張騫出使西域，到鄭和下西洋所構築的陸上、海上絲綢之路，推動「一帶一路」經貿戰略。藉由橫跨兩洋兩洲的經貿活動，解決中共經濟動能趨緩的疑慮，但是當中共走出亞洲和全世界做生意的同時，不可避免的會和美國為首的地緣政治發生競合關係，故唯有適時展現相稱的軍事實力，才能夠掌握國際事務的話語權。此種以強軍形象形塑強國影響力的做法，與二十世紀以來，美國利用航艦巡弋全球的「威望政策」，將海軍現代化和保護廣泛的遠距利益綁在一起的戰略思維，如出一轍。

經貿成果的反饋，滿足了軍隊現代化的資源需求，提升軍備的軍隊更有能力保障經貿成果，以及維護中共的核心利益。此種由安全戰略、經濟、軍事和資源形成一個良性循環，體現《孫子兵法》中政略和軍略契合的「上下同欲者勝」。這個大戰略所涉範圍之廣泛，非短期能建功，特別是中共內部複雜的黨政軍關係。欲形成共識，必然需要一個更高的道德性或是民族大義。在此背景下，習近平提出「中國夢」、強軍夢的「三步走」戰

<table>
<tr><td rowspan="2">江澤民、
胡錦濤時期
1993～2010</td><td>1993</td><td colspan="3">打造高技術條件下的局部戰爭</td></tr>
<tr><td>2000 年
～
2010 年</td><td colspan="2">1. 完成防衛作戰基礎建設
2. 建構優於臺灣的威懾／作戰能力
3. 具備防衛第一島鏈能力</td><td>2004 年
打贏信息化條件下的局部戰爭</td></tr>
<tr><td rowspan="4">習近平時期
2015～</td><td>2010 年
～
2020 年</td><td colspan="2">1. 軍事能力居於亞太地區領導地位
2. 掌握第一島鏈以西地區
3. 具備執行第二島鏈以西地區作戰能力</td><td>2015 年
打贏信息化局部戰事</td></tr>
<tr><td rowspan="3">2020 年
～
2050 年</td><td rowspan="3">軍事現代化足以掌握西太平洋，與西方並駕齊驅</td><td rowspan="3">三步走</td><td>基本實施機械化、信息化建設，取得重大進展</td></tr>
<tr><td>基本實現國防和軍隊現代化</td></tr>
<tr><td>建成世界一流軍隊</td></tr>
</table>

108 年《國防報告書》指出習近平 2017 年於十九大調整「國防和軍隊現代化建設三步走」發展戰略，為維護中共國家利益提供有力戰略支撐（資料來源：中華民國 108 年《國防報告書》，頁 31）。

略，清楚地宣示變革的動力來自於高層，力圖發展「世界級」的軍隊作為「強軍戰略」的最終目標。對於解放軍而言，此戰略必須具備兩種能力，一是「制衡強權的戰略能力」，二是「實現國家統一的軍事能力」。這兩者都對中國軍隊改革提供更明確的指引，包括解放軍軍區調整，指管系統、軍隊組織調整，武器裝備現代化、修正軍事準則與聯合作戰訓練。

如果沒有經貿戰略開拓經濟藍海，中國強軍夢不可能達成。過去三十年，中國經濟全力支持中國軍隊現代化，二〇二一年國防經費已是三十年前的五十三倍，這還不包括其他被政府隱藏的費用。由於利之所趨，中共持續推動象徵「強軍夢」的軍事現代化的過程，將不會受到美國或西方國家協定制約。這些現代化工程，包括硬體、軟體、預算、準則，以及研發新思維與新方法等，美國發展這些能力往往需要數十年的時間，而中共拜軍民融合政策之賜，透過模仿與科技轉移掠取關鍵技術，大幅縮短了研發和生產週期的學習曲線。

以中國隱形戰機「殲－20」的研發為例，其誕生隱含中國與美國科技差距縮小的意義，且此類型戰機令臺灣難以反制；海軍兩艘航空母艦的建造週期縮短將近一半；中共海軍艦艇數量也由二〇〇〇年的一百一十艘，飛快成長到二〇二〇年底的三百五十艘，超越美國的二百九十三艘。造艦速度之快，不僅展示國防工業能量，亦代表中共具備足夠的科研能力設計針對性的「殺手鐗」武器，達到戰略威懾的效果。

當中共追求偉大復興「中國夢」的同時，必然不會缺少「統一臺灣」這塊拼圖，然而這塊拼圖也成為美中之間最大的戰略衝突因子。事實上，毛澤東在一九四九年就提過「武統臺灣」這個名詞，儘管隨後因韓戰爆發而未能完成，但是利用民族復興產生的群體認同感，卻是共產黨維持政權的必要手段之一。

近年來大量的新式裝備從研發到配發部隊，中共軍備建設的速度讓全世界感到意外且措手不及。這不能說是中共有效隱瞞真相，而是世界各國在某種程度上忽視中國追求民族復興的強烈企圖。這種上下同欲的強軍夢，促使中共內部形成爆發性的改革驅動力，在強軍夢的「三步走」戰略中，解放軍正加速進行軍隊轉型和現代化工程。

由上而下的軍隊轉型

中國軍隊的轉型和戰爭威脅密不可分。解放軍初期在毛澤東時代是一支過時的部隊，僅依「人民戰爭」的準則與要求建軍。但人力密集、大規模軍隊的缺點，在一九七九年中越戰爭中暴露無遺。中越戰爭的慘痛教訓，促使鄧小平做出軍事改革的決策，並著手建立一支以打贏二十一世紀戰爭為目標的現代化軍隊。為此，解放軍共歷經十餘次兵力結構的調整，即便如此，解放軍的現代化腳步仍然受到複雜的內部派系問題而困難重重。

每一個重大變化，通常都有最初始的動因。探討中國軍隊改革，首先應該理解造成這種變化的源頭。二〇一五年，習近平接手中國國家主席的第三年，中國大陸並未發生任何重大事件，中共黨政軍高層部分人員因貪腐接受調查；至於區域的戰略競爭對手，日本和美國持續推動重返亞太政策，儘管這些政策具有圍堵中國的潛在意涵，但是中美在太平洋的競爭和合作，比胡錦濤任期內的官式交往反而更加緊密。有趣的是，傳統的中國政治文化，貪腐往往與權貴畫上等號，因而反貪通常是隱而不宣，以免破壞政府形象。然而在習近平主政時期，敲鑼打鼓的反貪行動，在黨媒大量宣傳下，成為市井小民茶餘飯後的談資。

習近平較之以往的中共領導人，更善於利用「黨政軍制度」達成改革目的。在接任中國國家主席之後一年不到，中共大力宣傳「老虎、蒼蠅一起打」、「把權力關進制度的籠子裡」等反貪腐口號。相隔數月，中國濟南中級人民法院公開審理中央政治局委員薄熙來，他是中共八大元老之一的薄一波次子、時任重慶市委書記，罪名涉及受賄、貪汙、濫用職權。當時薄熙來在黨內勢力如日中天，一度被媒體視為習近平的接班人，不料卻成為反貪棒下第一隻被打落的「老虎」，震驚海內外！

接著，曾任中共中央軍委副主席的兩位軍方大老徐才厚、郭伯雄相繼中箭落馬，將這輪反貪行動推向巔峰。在此同時，習近平推動少見的大規模軍事改革，從裁軍到改制，以習近平為首的少壯派將領，沒有透過激烈的鬥爭，而是循「體制」取代江澤民舊屬徐才厚、郭伯雄等人在軍中的勢力。

驅動中共軍改的另外一個因素，來自於現代作戰節奏快速，傳統蘇聯式大陸軍垂直指揮體系，已無法滿足中共現代化作戰的需求。習近平改「軍區」為「戰區」，建立軍種負責建軍養兵，戰區主導戰役設計，最後交由中央軍委會統籌管理的分工模式，顯然是仿效美軍跨區、跨軍種聯合作戰的指揮體系，自此中央軍委會成為直接指揮戰爭的最高決策機構，而非僅僅是政治席位。

軍隊體制的改變，牽動編裝和訓練的運作和協調。有人認為中共軍隊尚需很長的時間磨合，如同美軍一九八六年改變軍隊體制和作戰方式的歷程，至少需要數十年的整合和改變才可能初見成效。然而實際情況是，**中國善於仿效、複製他人的成功經驗，從一九九一年波灣戰爭後發展「高技術條件下的局部戰爭」，到二〇〇五年調整成「打贏信息條件下的局部戰爭」**，**正當全世界因經濟成長趨緩而苦惱於限縮國防預算，中共是唯一執行如此大規模軍事改革的國家**，但是若以中共軍媒的演訓報導臆測解放軍的訓練水準，卻也充滿不確定性。

這樣的情形，不僅是訓練，包括發展中的新武器與關鍵技術亦是如此。一九八〇年代中期，中共萌生獲取航母的野心和行動，但北京一貫加以否認。同樣在太空武器系統和長程投射武力的努力昭然若揭，北京也否認了數十年。不過，這種內斂的情況最近已有轉變，中共一方面嚴格管制軍事資訊的外流，另一方面又不加掩飾的在公開場合展示新技術與能力，包括在閱兵首次展示新型無人機、導彈，以及超高音速巡弋飛彈等武器裝備。顯然中共正在向國際釋出軍備現代化的訊息，加上中國海空軍正積極向外發展，建造海外基地以強化長期的全球影響力，對於大多數中國人民而言，解放軍已具備向美軍叫板的能力。

在中共軍力現代化計畫中，「信息化」是解放軍從「聯合作戰」過渡到「一體化聯合作戰」形式上最重要的轉型之一，華府智庫戰略暨國際研究中心（CSIS）研究報告曾指出：中共所稱的「信息化」是藉由電腦、通信系統、網際網路、太空衛星，和雷達感測器等領域的技術整合，使涉及同一任務需要的軍、兵種，均能在同一頻譜內獲致共同圖像（相同資訊），以加快其指揮決策速度。這種能力的建置，仿效美軍在波灣戰爭展現的「網路中心戰」（Network-centric warfare, NCW）。

根據公開資料，二〇一七年「南部・陸域」軍演，解放軍藉由人攜式指管系統，展示地空協同作戰所需的共同圖像和語音通信的能力，中共稱之為「引導末端至空中平臺」短鏈路指揮流程。二〇一八年至二〇二〇年，大量的「信息化旅指揮所」，以及戰術單位操作「一體化指管系統」畫面曝光。這些刻意公布的資料，揭示解放軍已成功將「信息化」系統裝備於海、空軍、火箭軍及合成化部隊，精準打擊與戰場覺知能力隨著信息化基礎設備（衛星接收設備、北斗定位系統、電子作戰地圖和寬頻網路）的大量普及，將使「戰區」的一體化聯合指管和戰役統籌能力更趨完善。

檢視上述中共「示於外」的軍事改革成果，不難理解每一項軍事現代化都表現出追求全球，而非區域軍事強國地位的企圖。中共致力建立打擊敵人戰略，同時又能有效防衛本身戰略的能力，儘管仍有許多對於中共訓練水準、軍隊素質、科技研發，以及經濟發展趨緩下的質疑，但是中共軍備的提升，對於印太地區構成嚴重挑戰的時間，只會比預期早。特別是當非理性的民族意志，加上黨政軍一體支撐的國家機器，以及沒有立法和獨立媒體制衡的政府，絕對權力集中在少數共黨領導人時，必然存在一些不可挑戰的紅線。對於臺灣來說，這些紅線通常揭示著隨之而來的戰爭威脅。

解放軍威脅臺灣的方式

中共經過二、三十年整軍經武，目前解放軍的戰力如何？中共將在什麼條件和何種形式奪占臺灣，這些問題不只是我們關心，從各國智庫出版的研究報告、媒體專文也可看出熱議程度。分析相關文獻，不約而同提到以下幾個重要觀點：

(1) 紅線規則（對臺動武條件）仍然是有效的預測標準。

(2) **美國介入一直存在於兩岸軍事衝突的想定中**。兩次臺海危機，航艦戰鬥群成為美國展現承諾象徵，意即：當解放軍具備拒止美軍航母戰鬥群進入第一島鏈的能力，全面犯臺的信心將與日俱增。

(3)中共自一九四九年以來累積的實戰經驗已無法滿足現代化需求，奪臺作戰不容失敗。為此，解放軍必須提高作戰效益，以能在最短時間內癱瘓、分化和瓦解臺灣現役和後備戰力。但**無論採取何種手段，皆無法排除以地面部隊登島，實質占領臺灣的最終選項**。

上述觀點，分別涵蓋中共在政略、戰略，和戰術三個層面對臺動武的主觀條件，然而在影響臺海戰爭諸多因素中，尚存在兩項與地理環境有關的客觀因素，值得探討：

第一個因素，是橫亙在兩岸之間的臺灣海峽和國際航道。

臺灣處於銜接東海及南海的海上交通樞紐位置，區域內有著全球前三大經濟體在內的海上運輸需求，以及美國在印太的國家利益。臺海若爆發大規模、耗時長久的戰爭，很難看作是一場僅止於臺海的戰爭，影響所及是海上運輸斷鏈危機，同時挑戰美國主導的印太戰略。在這樣的條件下，解放軍在戰役設計，將是力求速戰速決，避免國際政治與外力介入，臺灣防衛時間愈長，對中共的戰略風險愈大。

第二個因素，是零星散布的島嶼遠離臺灣本島。

一九五〇年代到六〇年代初期，解放軍受限於缺乏直接跨海運送大量武裝部隊的載具，因此，若武力犯臺，必然循地理的距離由外島→離島（澎湖）→本島的線性模式發展，緊鄰福建沿岸的金、馬、烏坵和東引，將成為當時臺灣防衛作戰的前哨站。時至今日，解放軍無論在跨海投送，或精準打擊能力等關鍵能力均大幅提升，不必然會採取逐島或跳島這種傳統線性作戰的思考模式。

臺灣特殊的地理環境，讓中共武力犯臺的戰役設計，從單純的軍事問題，延伸到複雜的地緣政治考量。一旦戰端開啟，面對防衛密度頗高的臺灣本島，解放軍無論採取「聯合封鎖作戰」、「聯合火力突擊作戰」、「聯合登島作戰」，或「混合」正規和非正規的戰爭手段，都需要發展某些特定的「關鍵戰力」，以期在可承受的傷亡成本下達成奪臺戰役任務。因而，以下這些能夠降低解放軍傷亡，同時又能對臺灣防衛體系造成重大危害的武器裝備，皆值得關注。

（一）殺傷性武器

1. 戰術彈道飛彈與巡弋飛彈

根據「核常兼備、全域懾戰」原則，軍改後新成立的火箭軍部隊，正持續完善核反擊與常規導彈精準打擊能力，目前主要用於對臺作戰的短、中程導彈逐漸汰換成新型東風－11、15、16、16改彈道飛彈，以及長劍系列巡弋飛彈，總數超過兩千五百枚，射程範圍與精度，已具備對臺灣機場、港口、雷達站、發電廠、作戰指揮中心、飛彈陣地等關鍵基礎設施進行大規模打擊能力。同時，中共開始部署號稱「航母殺手」的東風－21D與東風－26反艦彈道飛彈。二〇二一年美國國會報告指出，在北斗衛星定位支援下，該型飛彈火力打擊範圍覆蓋整個西太平洋與北印度洋海域，成為美軍航艦最大威脅。

2. 多管火箭系統

功能與戰術彈道飛彈類似，是一種「陸對陸」武器，可配裝不同彈頭，造成大面積殺傷與破壞。根據公開情資，中共利用衛星定位技術解決了傳統多管火箭精準度不足的問題。目前解放軍在東部戰區已部署射程超過三百五十公里新型多管火箭系統，可直接打擊外島、登陸灘岸等關鍵設施，國軍迄今不具備有效反制能力。

3. 無人攻擊載具

無人攻擊載具是近幾年戰爭的要角，例如二〇二〇年雙亞戰爭、二〇二一年以巴衝突、二〇二二年俄烏戰爭，無人機在偵察或攻擊方面都表現出令人印象深刻的戰力。中共是無人機生產大國，相關科技領先全球，伴隨其軍事科技的發展，許多無人化、數位化、智能化的武器裝備進入生產線，大量無人機部隊納入作戰序列，偵察打擊一體多功能無人機勢將投入未來臺海戰爭各灘岸與重要據點作戰。

另外，中共新型反輻射無人機的續航時間長，可有效執行「防空壓制」任務，一旦追蹤到雷達發射源，透過導引系統便可執行自殺式攻擊，戰時若有大量此類無人機徘徊臺海上空，在反制無人機能力不足的情況下，國軍主動式偵搜系統恐被迫失能。

中共各型攻艦與防空飛彈，射程均超過我方艦載防空及反艦武器的射程，發射儎臺[7]涵蓋地面、空中、水面，以及水下。光是**最近八年，中共新造逾百艘戰艦配賦的各式飛彈就超過四千枚，且攻艦飛彈射程普遍超過一百六十公里，打擊力與防護力的巨幅提升，使中共海軍具備第一島鏈內海戰優勢**。

此外，二〇一九年中共在防空系統能力的提升不容小覷，新型S－400可同時鎖定八十個目標（飛機、巡弋飛彈、無人機、彈道飛彈），搭配現役S－300、紅旗9／9B防空系統，涵蓋範圍達到臺灣東部空域，對範圍內機場、空域構成直接威脅。

4. 水雷

水雷造價低廉、布設迅速、難以清除，且能造成強大心理震撼效果，向來為中共所重視。解放軍水雷發展極早，早期有蘇聯技術指導，後期又引進歐美先進水雷技術，並在中共國防現代化指導下，投下大量國防預算，設立水雷專業委員會、水中武器研究機構，全權主導水雷發展計畫。近十年發展出各型新式水雷，包括錨一至錨五型、沉雷、火箭上升雷、遙控水雷、自走水雷、定向上浮水雷、自航式水雷等，數量高達五萬枚以上，有能力以水雷對臺灣進行封鎖或航運破壞。

7 戴臺：承載人員、裝備、武器系統的可移動式平臺。

5. 高超音速飛彈

二〇一九年，中共首次公開展示以DF－17為載體的高超音速滑翔導彈（Hypersonic glide vehicles, HGV），該型導彈具有數倍於傳統導彈的速度，飛行高度超過三十公里，射程大於一千公里，超過航母編隊防禦半徑以及大多數飛彈攔截的高度，可用於打擊高價值、急迫性的敏感目標，成為未來改變戰場態勢的關鍵武器。美國媒體CNN報導，中國正以「迅猛的速度」研發高超音速武器，且大量投入試驗設施和工程技術，使得美國處於落後地位。

6. 轟－6型戰略轟炸機

據《富比世》網站二〇二〇年十一月報導，目前全球只有三個國家擁有轟炸機機隊，其中俄羅斯有一百三十五架，美國有一百五十六架，中國則有二百三十一架。不單如此，美國正在削減轟炸機部隊，中國則在增加轟炸機數量。從近年中共遠海長航的機隊組成可以看出，包含空警、轟－6、殲擊機、電戰機、加油機所形成的混編機隊，將對艦艇海上機動造成重大危害，因為無論我們海軍艦艇航行到多遠的海域，都逃不出轟－6轟炸機掛載巡弋飛彈、反艦飛彈的攻擊範圍。

7. 新型隱形戰機

中共最新型戰機殲－20，具備一定程度的匿蹤功能，可進行超音速巡航，再加上高度整合航電設備，已到達國際公認「第五代」戰機的標準。二〇一四年，美中經濟與安全評估委員會形容殲－20「比目前亞太國家部署的戰機都要先進」。預判到二〇二五年前後，殲－20戰機服役數量將超過百架。新型戰機的服役，將為臺灣空防作戰投入更大變數。

（二）戰術性儀臺

1. 〇七五兩棲突擊艦

此為中共最新型兩棲突擊艦，滿載排水量接近四萬噸，能搭載三十架各型直升機，同時設有塢艙，可作為三十五輛兩棲車輛、三艘氣墊登陸艇的母船，並可載運一千七百人登陸部隊。〇七五的服役，使解放軍具備在視距外進行直升機、兩棲突擊車，和氣墊船小規模突擊登陸能力，對於外、離島防衛構成嚴重威脅。根據公開情資，中共除了計畫建造三艘〇七五型艦艇外，可能繼續發展和建造具備起降「固定翼」飛機，功能類似「輕型航空母艦」的新型〇七六兩棲突擊艦。因此，現階段三艘兩棲突擊艦，雖仍不至於對本島構成威脅，但以中共過去十年造艦的速度，〇七五與〇七六的興建進度，值得未來關注。

2. 新型作戰艦

中共近五年建造的神盾級戰艦有三型，分別是〇五五、〇五二D，以及〇五四A，數量超過六十艘。加上二〇一四年才開始建造的五十艘〇五六A型飛彈護衛艦，解放軍近八年加入海軍的新式戰艦超過一百一十艘。

軍武界有所謂「後發先至」的潛規則，此用在解放軍模仿美神盾系統的成就恰如其分。中共新型神盾級艦是「雙頻」、「主源式相列雷達」，性能比美神盾級艦還要先進。

3. 滾裝貨輪

中共海軍擁有各式兩棲登陸艦，包括〇七一、〇七二、〇七三、〇七五等，綜合運輸量尚不足以滿足大規模登島任務所需。為此，中共在《國防動員法》律定新造的各類型式「軍管民用」滾裝貨輪，均按照國防軍事需要建造及納入動員管制。中共北、東、南部戰區，依國防要求所建造的各式滾裝貨輪已接近五十艘，平時由民間企業經營，一旦戰事需要，可快速轉換用於兵力投射，並可執行多樣性任務，提升運用彈性。

4. 兩棲突擊戰鬥車

為滿足快速突擊登陸需求，解放軍三棲合成旅正陸續換裝機動速度和作戰能力較佳的兩棲突擊戰鬥車（ZTD－05、ZBD－05），統計東、南部戰區六個三棲合成旅已換裝超過千餘輛。據共軍演習顯示，兩棲突擊戰鬥車已廣泛應用在首波突擊上陸的行動中，並具備航渡行進中對岸射擊的能力，成為國軍灘岸守備部隊的主要威脅之一。

5. 氣墊登陸艇

兩棲登陸作戰傳統登陸艇只能登陸全球大約十五%的海岸線，近代開發的氣墊登陸艇則高達七十%，大幅提高適應性，速度也更快，並能載運主戰坦克和掩護陸戰隊上岸，明顯改變兩棲登陸的遊戲規則。

中共現役「野牛級」是目前全球最大的氣墊登陸艇，滿載排水量五百五十五噸，總承載一百五十噸，可搭載三輛主戰坦克，或八輛步兵戰車，以及一百四十名步兵。最高速六十三節，續航距離超過五百公里。中共透過烏克蘭，不單成功購買四艘，並順利取得建造技術。媒體披露，中國軍工企業已經克服野牛氣墊艇國產化的技術障礙，並開始量產國造「野馬級」氣墊艇，預期將會作為特種作戰和兩棲突擊登陸主要載具。

6. 潛艦

潛艦封鎖向來是中共對臺戰役的優先選項。目前中共擁有各式柴電潛艦五十五艘、核動力潛艦十三艘，持續建造中的新型核動力潛艦和柴電潛艦，正保持「一比一」比例汰換老舊潛艦，使得愈來愈多的傳統潛艦擁有不依賴空氣推進的先進AIP（Air-Independent Propulsion）系統，加上換裝具備「線導」與「尾流歸向」追蹤方式的先進重型魚雷，以解放軍潛艦的數量，有能力將臺灣北、東、南三個方向，形成兩百七十度密實封鎖的能力，這種規模的水下戰力，即使美海軍都缺乏有效反制手段。

7. 大型運輸機

中共持續研發大型運輸機以提升空降部隊縱深地區作戰能力。根據解放軍空軍現役運輸機運量推估，目前最大一次投送兵員可達八千人。伴隨共軍空降兵特戰化及新型運－20運輸機陸續服役提升運能，預判至二〇三〇年，將具備一次空降兩萬人與所需重型裝備的能力。

8. 直升機

近幾年中共大力推動空中突擊戰力建置，並擁有超過一千架各式直升機。根據中共國內直升機產量研判，二〇二五年陸航、運輸直升機總數可達到一千八百架，足可全面裝備十五個陸航旅、二個空突旅。「直－10」、「直－8」型已多次參與解放軍奪島演習任務，直升機兼具空中掩護與垂直機降能力，配合兩棲突擊車、氣墊船等輸具，將有能力執行多方向、三棲立體奪控戰術戰法，成為解放軍登陸作戰中的尖刀部隊。

（三）電子裝備系統

1. 數據鏈路系統

「信息化指管」與「共同圖像」為跨領域協同作戰的基礎。二〇一六年起，中共陸續建置由上而下——中央軍委聯指中心、戰區聯指中心、戰區軍種指揮所、基地指揮所、旅級指揮所、營級指揮所、主戰武器儎臺等的數據鏈路系統，目前解放軍正嘗試將新一代5G通信技術應用在作戰指管體系和後勤保障系統，統一的聯合指管與數據鏈路系統，可能在二〇二三年全數建置完成，此項資訊工程將大幅增強解放軍一體化聯合作戰效能。

2. 電抗無人機

海、空軍及地面部隊，列裝之無人機具備通信、電子干擾或訊號偽冒等能力，可深入臺灣境內，或是接近國軍部隊進行干擾作業。現代作戰首重指揮通訊，若被中共電抗無人機干擾，別說三軍難以遂行聯合作戰，各作戰部隊的指揮都有困難。

3. 遠程干擾、通信對抗機

功能類同電抗無人機，但為有人駕駛，機體較大、續航力較長、功率較高，可適時配合電抗無人機進行協同作業，迫使我方受到長時間壓制，影響作戰指管、縮減防空武器系統反制範圍。

中共目前只有「運八遠干機」服役，主要在對雷達系統進行干擾、制壓，掩護戰轟機接近，或深入敵境進行對地或對艦攻擊，另具備對通信系統進行干擾的能力。然若中共殲－15、殲－16電戰型機種開始部署，可以擔任運八遠干機的電子制壓任務。不過，這兩型電戰機的電子制壓能力與範圍，都不如運八遠干機。至於通信對抗機，目前只有「運九通信對抗機」服役，可對通信系統進行干擾，並具備電訊／電子偵搜能力。

4. 人攜式電子、通信干擾系統

中共早已研發地面部隊使用的「人攜式電子、通信干擾系統」，目前陸續配發到部隊，可在城鎮戰干擾、壓縮國軍地面戰術通信和短距離通信系統。

5. 偵察車

中共地面部隊之營級單位目前已配置偵察車，具備光學影像偵搜器及無人機，可自主搜尋目標，並透過全軍綜合數據鏈，將搜獲情資傳遞下轄的各連級部隊，藉以遂行打擊任務。

（四）太空衛星系統

中共擁有多種自主通信衛星，可支援全軍綜合數據鏈，增加數據鏈運用彈性。至於偵察衛星，類型完整且全面，擁有紅外線、光學、雷達成像等方式；另外數量眾多，可交叉運用，辨識、破解我方部隊各類型偽裝作為，也能探知部隊躲藏之處。太空、空中和地面感測儀網路，以及對無人、人工智慧先進技術的高度重視，使得解放軍與周邊國家發生衝突時，能夠掌握資訊的優勢。

另外，中共運用電子偵察衛星可偵搜及掌握我方地面儎臺，例如防空系統、雷達系統，以及水面艦艇等發射的電磁波，我方無法做到隱蔽，且無有效的反制方法。

（五）改變戰場的未來科技

大數據、5G、量子計算、人工智慧等技術的快速發展，對現有作戰裝備及作戰型態造成重大改變。中共正透過軍民融合方式，全力發展AI技術。根據統計，二〇一**七年全球對AI新創企業融資額的一百五十二億美元中，中共占四十八%，美國為三十八%，中國對於AI的投資超越美國，並首度躍居全球首位，由此可看出中共在發展AI科技的企圖心。**

解放軍正嘗試將AI技術配合5G通信，應用於提升現役無人化系統的自主性、精準打擊、有人／無人機協同及蜂群戰術（Swarm Tactics）等能力，這些稱之為「智慧化」武器裝備，能夠「改變遊戲規則」（game changer），對臺海安全和防衛作戰準備將造成重大影響。

解放軍的無形戰場

除了上述殺傷性武器裝備構成的有形威脅，近年解放軍在無形戰場中亦取得相當進展，近幾年喧騰一時的「認知戰」和「網路戰」，皆為中共在國際情勢現況下，藉由資訊優勢和網路科技所採取的一種非常規作戰手段，大量網路社群和媒體宣傳的影響力，正在逐步侵蝕我們的防衛意識與能力。

（一）認知戰

認知戰是透過資訊傳播的手段，影響目標對象對特定事務的認識、理解、思維、態度，並進而改變其行為。早期中共對臺灣是以輿論戰、法律戰，以及心理戰作為統戰的傳播媒介，近幾年西方則以「認知戰」來定義這些以數位為元素的文攻武嚇行為。認知戰的進行，不分平時或戰時、官方或民間、形式或管道，只要能夠藉資訊造成意識衝突，達成目標群體改變思維，進而改變行為的目的，都可歸類為認知戰的範疇。

中共相信「阿拉伯之春」為美國成功利用社群媒體煽動群眾，導致獨裁政權垮臺，以及俄羅斯融合網路攻擊及假訊息攻勢，迅速獲得克里米亞，由此成功經驗得到靈感。為了達成目的，除了訴諸武力外，尚可利用訊息操控、影響目標對象的認知功能，從而改變行為模式。此種做法與中共在二〇〇三年《中國人民解放軍政治工作條例》所制定的「三戰」策略（心理戰、法律戰、輿論戰），如出一轍：即**通過法律戰為出兵攻擊找到法理依據，通過輿論戰營造對方不合法的氛圍與對己有利的局勢，通過心理戰打擊對方軍心與士氣**。

外界初始對解放軍的「三戰」策略並未特別關注，一般僅認為這是對內及對外的政治宣傳手段而已，直到二〇一〇年，漸漸感受到三戰策略的影響所及，已非單純的政治宣傳所能比擬。這種無形的鬥爭方式能深刻影響，甚至進一步建立或改變目標對象的認知功能。尤其二〇一**五年解放軍的國防軍制改革，新增「戰略支援部隊」，其業務包含情報、技術偵察、電子對抗、網路攻防、心理戰等五大領域，證明「認知戰」已經成為中共「正規戰法」的一種**，它有預算、單位組織、人員編制、相關戰術戰法，我們不能再等閒視之。

常態性的中共機、艦擾臺，是一種透過武器性能的展示、軍事行動的壓迫，逐步建立目標群體的心理認知，讓臺灣民眾植入「敵強我弱、無法戰勝」的潛意識；而透過新聞、網路及社群媒體有構想、有計畫、有節奏散播的戰略訊息，會使社會大眾的認知逐漸改變而不自知，我們必須時刻謹記，認知作戰已然是現在進行式。

（二）網路戰

全球化和網路化趨勢模糊了戰爭與和平、平民與軍人、有序與無序之間的界限。網路戰不受時間和空間的限制，跨越了人類活動的地理範圍，對政治和社會可產生廣泛且深遠的影響。**網路戰是傳統的破壞活動、間諜活動，以及顛覆活動的最新綜合體**。它具備以下三個特色：

(1) 避免短兵相接：沒有槍砲的實際接觸，卻能達成戰爭的目的。

(2) 破除疆域限制：沒有前線與後方、國內與國外之分，無論是天涯海角的哪個地點，只要能連上網路的設備，就可以開闢一個新戰場。

(3) 難辨真假虛實：特別是系統出問題的第一時間，到底是電腦故障或遭到網路攻擊？更別說遭到哪一個對手攻擊，縱然專家在現場也說不清楚。

一九九九年，中共解放軍報上首次出現「網軍」一詞，網軍的任務即透過網路空間（Cyberspace）進行攻擊或防禦手段，以達成特定目的。中共組建網軍並重點培訓具高科技作業能力的優秀人才，列為「八六三專案」的培植對象。不是只有軍方人員，民間企業及學術機關也都在解放軍總參謀部第二部的支助下，執行對國外政府機關的網路滲透作戰。二〇一六年軍改後，網軍改編入戰略支援部隊體系之中。

國際競爭場域已涵蓋實體和虛擬，手段也靈活多變，然知敵、識局、悉己的道理並未因時空推移而改變。從這個角度觀察，不難理解無論是認知戰或是網路戰，其根本的理則，是本於精確計算對手物質和心理上的強、弱點，藉由不對稱作戰思維，尋求在軟實力較量中取得優勢。中共若在資源無虞下，持續在人工智慧、無人系統，以及網路攻防技術上取得創新，可以預見未來的臺海戰爭型態，將不僅是大規模登陸作戰，而是擴及各領域的混合作戰。

中共武力犯臺手段

前美印太司令部司令戴維森及美軍參謀首長聯席會議主席密利，均在國會聽證時宣稱中國計畫在二〇二七年前具備武力犯臺能力。不過，此結論或許是受到中共五中全會聚焦國防安全，強調「練兵備戰」的影響。公報稱，在今後的五年裡，中國「國防和軍隊建設水平大幅提升，軍隊組織型態實現重大變革」，並提出在二〇二七年實現「建軍百年奮鬥目標」，成功建立一支能夠打現代化戰爭的軍隊。

美軍所謂最快二〇二七年犯臺論，是一種對解放軍「能力」，而非「企圖」的研判。統一臺灣當然是習近平的目標，但沒有跡象顯示這緊迫到非得在他第三任期內動手。二〇三〇年以後，解放軍全面性犯臺的能力更臻成熟，屆時可能性或許更高。目前六年內武力犯臺的情境是美方危機盤算。當然，如果主客觀條件符合，例如臺灣內亂、外力介入、中國被迫「保護臺灣同胞」等師出有名的情勢，中共在二〇二七年順勢動手的可能性亦不能排除。

以下列舉二〇二七年，中共對臺用兵的可能手段：①海空軍事威懾②遠距聯合火力打擊③奪取外島④海空封鎖⑤三棲登陸，全面犯臺。

事實上中共目前已經具備執行前四種手段的能力，然若臺灣人民不願屈服，透過這四種方式無法達到統一的目的，採取三棲登陸、全面犯臺的模式是唯一，也是終極的手段。

預判二〇二七年前，解放軍尚無法以全然軍事手段進行三棲登陸，不過將有能力透過軍民融合的方式，也就是使用正規三棲作戰部隊，配合滾裝貨輪、半潛船等民用輸具運送登陸部隊。

第三章　躊躇在十字路口的國軍

現在，是從傳統軍事思維破繭而出的關鍵時刻。

一九四九年國民政府播遷來臺，政府對國軍的指導是部隊重新整編後，再伺機反攻大陸。然而隨著時間的推移，國際形勢的演變，以及兩岸軍力的對比，臺灣的戰略態勢逐漸由攻勢轉變成守勢，國防經費也隨之逐年下降，從過去超過國家總預算二分之一，到二〇二二年僅占十六・五%。

政府來臺初期受到一九五〇年韓戰的爆發，以及一九五四年東南亞公約組織倡議的影響，臺灣與美國於一九五四年十二月簽署「中美共同防禦條約」。條約生效後，基本上美國對臺灣安全的防衛負有法律義務。然而當美國於一九七九年與北京政府建立邦交，臺灣就失去了維持近四分之一世紀的保護傘。即便美國隨之以《臺灣關係法》取代「中美共同防禦條約」，但因為《臺灣關係法》並沒有明文律訂美國介入臺海戰爭，因此從一九七九年以後，臺灣的戰略想定必須獨自面對中國的侵犯。

除此以外，臺灣國防還面臨其他方面挑戰，囿於現實的外交困境，臺灣要從其他國家獲得武器、科技，或任何必要的國防資源是非常困難的。迫於無奈，臺灣必須朝著國防自主的方向發展。然而，事實是現代化的高科技武器系統仰賴先進技術，這是臺灣無法自主發展，或以有限的資源獲得的。在先進技術難以取得的窒礙下，以臺灣的國防資源及經濟規模，僅能執行有限的自主研發。因此臺灣必須要面對的問題是在現實層面上，什麼程度的自主研發能力才可以滿足軍隊現代化所需？

另一個挑戰來自於人口結構的變化。過去三、四十年，臺灣人口老化、生育率下降，符合徵兵資格的年輕人逐年減少，而在競相討好年輕選民俾能獲取支持的政黨競爭下，也使得義務役的服役期程逐年縮減，最終導致兵役制度由徵轉募。然而受限於募兵制的運作成本及招募／留營的執行成效，臺灣在財力及人力資源上均難以維持一個大規模的軍隊編制，於是，經過數十年的多次專案調整，軍隊逐漸從一支五十萬人，縮編成編制員額二十一．五萬人，且僅能勉強維持編現比（實際現職人數／編制員額人數）八十五%的軍隊。

除了外在挑戰，國軍內部需要克服的障礙也不小。幾十年來，國軍已經習慣以傳統作戰的思維進行兵力整建。然而在兩岸國防資源差距逐漸拉大，兵力對比日益懸殊的情況下，國軍如果繼續墨守成規而不思改變，必定無法贏得未來戰爭。在國軍亟須引進創新觀念之際，卻受困於傳統思維，至今無論在防衛戰略的擬訂、國防資源的分配、武器裝備的籌獲、國防自主的發展各方面，仍躊躇在十字路口，找不到清晰的方向。

由攻轉守的戰略思維

軍事作戰的範疇中，首要策定的就是「軍事戰略」，因為戰略驅動著兵力結構、部隊任務、作戰構想、武器籌建、後勤支援、準則發展、備戰訓練……等，一切攸關戰爭成敗的重要作業。回顧臺灣自一九四九年政府撤退來臺迄今，隨著時代脈動、國際情勢轉變、兩岸軍事實力消長，軍事戰略的演變可以歸納為以下四個時期：

(1) 攻勢作戰：一九四九年～一九七一年。
(2) 攻守一體：一九七一年～一九七九年。
(3) 守勢防衛：一九七九年～二〇〇二年。
(4) 積極防衛：二〇〇二年迄今。

從時序看，可概略了解各階段調整的背景因素。來臺之初，國民政府軍事指導仍然強調國軍部隊在整編完成後，首要軍事目標是伺機「反攻大陸」。類似「一年準備、兩年反攻、三年掃蕩、五年成功」的口號，當時大家無不耳熟能詳。雖然在現實面，國民政府播遷來臺後的任何一段時間，國軍都不曾具備反攻大陸的軍事能力，但政府之所以始終堅持這種「攻勢作戰」的戰略思維，主要原因是這不僅是單純的軍事問題，同時也牽涉到國家正統的維護、社會民心的穩定，以及軍中士氣的維持。由「攻勢作戰」轉向「攻守一體」，顯然是向當時整體戰略形勢的局部妥協。一九七一年，臺灣被迫退出聯合國是一個明顯的因素。及至一九七九年一月，美國與我斷交，並與中共政權建交，臺灣頓時失去唯一的軍事同盟，不得不單獨面對中國軍事威脅，戰略思維由「攻守一體」轉換為「守勢防衛」，也是不得不然的決定。至於最後所謂的「積極防衛」，原因是二〇〇二年，當時陳水扁政府考量臺灣已具備某種程度的遠距反制能力，在防衛思維上當然要更為積極。其實就戰略層面而言，防衛的積極程度與方式，那已經屬於作戰，而非戰略的層面。

模糊的軍事戰略

一九九五年，國軍在守勢防衛的戰略思維下，將「防衛固守、有效嚇阻」列為國軍軍事戰略，自此以後雖有做些次序上的調整，但始終沒脫這八字對句的形式。二〇〇二年，陳水扁政府為貫徹「積極防衛」及「決戰境外」的理念，將「防衛固守、有效嚇阻」戰略構想調整為「有效嚇阻、防衛固守」。二〇〇九年，馬英九政府基於「親美、友日、和中」的國家政策，並為創造兩岸和平穩定的形勢，國軍再將「有效嚇阻、防衛固守」調整回「防衛固守、有效嚇阻」。

不論是哪種描述方式，不管是嚇阻在先還是固守在前，這八字對句的內涵卻是一字未改。每一次調整，背後均有不同的政治涵義，但不論哪一任政府，從未公開說明為何要做如此微妙的調整。雖說如此，由於僅是次序的調整而非詞彙改變，因此並未引起外界深究或熱烈議論。

二〇一六年，蔡英文政府執政後推出「防衛固守、重層嚇阻」取代原「防衛固守、有效嚇阻」的戰略構想，雖說只有兩字之差，但終於改變了過去二十餘年，這宛如定海神針似的八字對句。這種改變難免引起國內外專家學者關注，一時間，討論探究的聲音此起彼落，而焦點都落在「重層」兩個字。為此，國防部陸續在爾後的官方文件中逐次做了些調整說明。依據二〇二一年《四年期國防總檢討》，「重層嚇阻」是：

> 運用重層嚇阻手段，以不對稱作戰思維，發揮聯合戰力，使敵陷入多重困境，嚇阻其不致輕啟戰端。倘敵仍執意進犯，則依「拒敵於彼岸、擊敵於海上、毀敵於水際、殲敵於灘岸」之用兵理念，對敵實施重層攔截及聯合火力打擊，逐次削弱敵作戰能力，瓦解其攻勢，以阻敵登島進犯，迫使敵犯臺失敗。

而在此一報告中，也敘明所謂「重層嚇阻」，就是「拒敵於彼岸、擊敵於海上、毀敵於水際、殲敵於灘岸」。

不過這段說明仍然令人費解，至少有以下疑惑：

(1) 在英文版中將「重層嚇阻」譯為「Multi-Domain Deterrence」，單看英文望詞生義，表達的應是「多領域嚇阻」，而「多領域」與「重層」顯然並非同義詞，如此將造成不同語言的閱讀者產生不同的理解與認知。再者，「多領域」一詞在美軍指的是屬於「作戰」而非「戰略」層次，就如同美國陸軍目前正在推動的多領域作戰（Multi-Domain Operations, MDO），就被視為是一種作戰構想，而非僅僅是名詞意涵的表達。

(2)「拒敵於彼岸、擊敵於海上、毀敵於水際、殲敵於灘岸」這種類似作戰構想的描述，是主觀上的浪漫期待而非能力上的證明。達成嚇阻目的第一要點，是本身的能力足以讓敵人不願或不敢妄動，其次是讓敵人相信你有這種能力。以單方面主觀且缺乏能力執行的意願來解釋重層嚇阻，對敵人恐難有說服力，不但有違嚇阻理論，也釋非所疑。

(3) 在軍事作戰上，「多領域」指的是在太空、空中、海上、水下、陸上、電磁、網路、心理等不同領域的作戰，而「拒敵於彼岸、擊敵於海上、毀敵於水際、殲敵於灘岸」的意思，顯然指的是與敵作戰時在不同的距離上企望達成的目標，兩者所指不同，強行畫上等號著實令人疑惑。

(4)如果不探究原理邏輯，僅就「拒敵於彼岸、擊敵於海上、毀敵於水際、殲敵於灘岸」所述，以當今兩岸軍事實力及國防資源的極端不對稱，這種作戰構想顯得昧於事實，對敵我軍事能力的判斷也過於輕佻。

(5)「對敵實施重層攔截及聯合火力打擊，逐次削弱敵作戰能力……」此論述則有根本上的邏輯問題。「逐次削弱」是消耗戰的觀念，弱方的逐次作為對強方成本的改變意義不大，若無「逐次」的實力，應極力避免。弱方只有針對敵戰略重心給予沉痛一擊，方有助作戰目標之達成。

就戰略規劃與發展的理論而言，軍事戰略僅是國家戰略體系中的一環，不應該獨自發展。國家戰略體系首由總統依據國家利益、國家目標，透過國家安全會議擬定及發布「國家安全戰略」，而此一最高戰略文件是政府在政、軍、經、心各方面施政的總指導。在軍事領域，「國家安全戰略」也必須給予「國家國防戰略」及「國家軍事戰略」明確的政策指導，如此在整個國家戰略體系中依層級分別向下指導，向上支持，完整鏈結。

我國從未產出過「國家安全戰略」正式文件。蔡英文政府在二〇一六年執政之初，國安會曾信誓旦旦要發展「國家安全戰略」，以作為國防戰略及軍事戰略之指導文件，惟迄今仍付之闕如。

一個缺乏整體安全戰略的國家，無法提供其軍隊在建軍及備戰的方向感。長久以來不乏有識之士對此大聲呼籲，然而不論何黨當家執政，都置若罔聞。這是一個歷史共業，到今天仍然看不出有改變的跡象。這結果也導致臺灣長期以來，軍事戰略都是用模糊的八字對句簡略敘述，這問題看似簡單，實際上卻影響深遠，因為**軍事戰略驅動著兵力結構、部隊任務、作戰構想、武器籌建、後勤支援、準則發展、備戰訓練等等一切攸關戰爭成敗的重要作業。模糊不清的軍事戰略，無法具體指導這些後續的建軍備戰重要作業，徒然浪費國防資源，也難以滿足戰爭所需**。因此，當前政府及國軍重要的工作，是儘速確立國家安全戰略，並據以訂定一套明確的軍事戰略，內容包含「目標」、「方法」、「手段」，這是攸關國家生存發展的重大事項，不能繼續模糊以對。

巧婦難為無米之炊：永遠不足的國防預算

臺灣戰略構想從攻勢轉變成守勢，其中最大的影響因素就是國防預算。國防戰略思維的實現，端視國防資源的投入與產出。早年反攻大陸的攻勢作戰時期，國防預算曾接近國家總預算的八成，即使到了一九七〇年代也超過五成。之後隨著戰略思維漸趨保守，國防預算一路下滑，二〇二〇年僅占國家總預算的十六%，低於社福與教育支出。不過，依據政府二〇二二年預算編列，國防支出為三千七百二十六億元，約占國家總預算十六・五%。除了這些年度預算以外，政府另於二〇二〇年至二〇二六年為「F－16戰機專案採購」編列了二千四百七十二億元特別預算，二〇二二年至二〇二六年為「海空戰力提升計畫採購」編列了二千三百七十三億元特別預算，這些預算對於國軍的戰力均能提供有效助力。

國防資源包括財力、人力及物力三要素。財力的投入是以國防預算編列執行逐年實現建軍構想；人力是指實現國防及軍事戰略構想所需的人力及相關政策；物力則為運用科技及工業能力，產出符合戰略需求的武器裝備，並確保武器裝備的妥善運作。這三要素看似分立，實則環環相扣，皆需長期有序的整合調整管理，才能發揮效能，確保現有戰力的維繫，以及軍事戰略目標的實現。然而國防資源的獲得，須與國家各項資源配置競爭，將資源投入經濟發展或增加社會福利，人民會產生實質的感受與影響，較易獲得民意支持。但將資源投入國防，因其有形的產出如槍砲、戰機、艦艇等武器提供軍隊使用，再轉化成無形的國防安全效益，人民對此難以產生實質的感受，因此不易獲得民意支持而增加，僅能有賴執政團隊對威脅的認知，以及對國家安全的重視方得以維持及成長。

國防支出無法增進人民的生活福祉，以臺灣的國防工業能力，在協助國內經濟發展方面也極為有限。即使如此，基於沒有國家安全就沒有一切，足敷所需的國防支出仍屬必要。二十年前，臺灣國防支出約為一百億美元，中國為兩百億美元。接著的二十年，臺灣大致維持不變，中國則持續以近兩位數成長。再依據瑞典斯德哥爾摩國際和平研究所（Stockholm International

Peace Research Institute, SIPRI），二〇二二年四月公布的數據顯示，二〇二一年臺灣國防支出為一百三十億美元，中國為二千九百三十億美元，足足是臺灣國防支出的二十二．五倍。

要達成軍事戰略目標與持續戰力的維繫，逐年增長的國防預算是穩定的基石。為了短期內儘速提升自我防衛的能力，蔡英文總統履行了每年增加至少二%國防預算的承諾，並且兩次編列及推動特別預算法案，以滿足防衛所需，其用心值得肯定。然而採取編列特別預算的方式，以瞬間動能滿足尖峰需求的作為，雖能滿足眼前迫切所需，然如後續國防預算增長有限，財力供應不足，對往後武器裝備持續運作所需的人力及維持經費，將更容易產生額外壓力。

戰略目標的達成有賴適足的國防預算支持。然而預算的大餅再如何擴大，終究無法滿足沒有止境的軍事需求，普世皆如此。再者，由於兩岸經濟規模過於懸殊，如果聚焦於預算額度的競逐，臺灣終將失敗。因此臺灣唯一可行的方法，也必須立即去做的是：

(1) 以創新及不對稱思維，策定一個在當前國防資源懸殊，國防預算有限的情況下，仍能滿足臺灣防衛需求的軍事戰略。

(2) 賦予此軍事戰略最佳化的預算管理及分配。

(3) 嚴格遵守軍事戰略的指導，優先滿足最符合戰略構想的軍事投資。

誰來當兵：募兵制與少子化

軍事戰略思維的由攻轉守，衍生的效應不只是國防預算的縮減，也反映在兵力員額的需求減少。這就是國防部在一九九一年起推動十年兵力裁減的中原專案，以及後續一系列精實、精進、精萃等兵力裁減專案的起始原因。

基於憲法成齡男子有服兵役的義務，臺灣一直是實施徵兵制的國家，直到戰略思維由攻轉守，兵力結構及軍隊規模隨之縮減，造成待徵役男的數量遠多於軍隊員額的需求。為了解決這個問題，縮減役期及替代役的制度應運而生。由於這種改變甚受家有適齡役男的民眾歡迎，很自然地就成為選舉制度下政黨競相使用的工具，國民義務兵役役期自一九七七年的二至三年，逐漸縮減到二〇〇七年，陳水扁政府的一年役期。最大的改變發生在二〇〇八年，馬英九政府聲稱當時一年的役期太短，不足以訓練出成熟有用的士兵，年輕人應盡早投入經濟市場創造更佳效益的說詞下，一九四九年國軍來臺以後最大軍事變革——募兵制，正式上路。然而在這歷經三十餘年變革的過程中，事先未能預期到臺灣少子化的隱憂，也悄悄伴隨而至。募兵制與少子化現象，這兩大難以翻轉的關鍵因素，就如緊箍咒般緊纏著國軍不放。

（一）少子化的衝擊

少子化是全球先進國家的共同趨勢，但臺灣特別嚴重。依據「世界人口回顧」（World Population Review）網站列出的二〇一九年各國出生率排名，全球兩百個國家，臺灣排最後一名。再根據行政院主計處報告，全球十五歲到四十九歲育齡婦女，二〇〇〇年到二〇〇五年，平均生育率為二．六九人；至於臺灣，一九九八年就跌破一．五人，二〇一九年更降到一．〇五人。而依內政部公布的人口統計，二〇二〇年臺灣出生人數為十六萬五千餘人，死亡十七萬三千餘人，死亡比出生人數多了約八千人，首度出現人口負成長。再看二〇二一年，出生人數為十五萬三千餘人，死亡十八萬三千餘人，死亡人數較出生多了約三萬，而這數字是二〇二〇年的三．七五倍！

臺灣人口結構開始往「倒三角形」移動，這對國防所需的兵員衝擊自然不小。如果現在臺灣仍然維持徵兵制，以守勢防衛的人力需求而言，問題尚不至嚴重難耐，但是在現行募兵制之下，軍隊的招募必須與社會其他行業競逐，在供給面不足，又沒有足夠誘因之下，問題自然會更形惡化。

（二）募兵制的隱憂

「好男不當兵，好鐵不打釘」，這句話說明了沒有人喜歡當兵，社會不鼓勵人民從軍的現況，也道盡了職業軍人的社會地位與辛酸。

就面臨的威脅、擁有的國防資源而言，臺灣沒有條件實施募兵制，但臺灣畢竟已經開始實施募兵制了。在推動初始，軍方經常向國外取經，詢問得以成功轉型的關鍵為何？所得到的答案頗為一致：得以順利推動募兵制有三個關鍵要素，第一、「錢」；第二、「錢」；第三、仍然是「錢」。然而臺灣畢竟不同凡響，在沒有增加絲毫預算的情況下，竟然也順利完成了募兵制；使用的方法很簡單，那就是裁減兵力的員額。軍隊人數減少所節省的經費，就移作實施募兵制所需增加的開支。

實施募兵制之前，國軍編制員額已經逐年降至二十七萬五千人，配合募兵制的實施，再減至二十一萬五千人。但扣除維持員額，編制內聘雇人員及一般行政員額，實際能參與作戰的部隊大約只有十二、三萬人。作戰人力的減少，是不願意增加國防經費卻強行實施募兵制的必然結果，這對戰力的衝擊不辯自明。臺灣的兵役制度由徵兵轉為募兵，所帶來的影響不止如此，還包括了：

(1) 軍中人力資源匱乏，兵力結構亦隨之改變，階級比例向高階偏移。

(2) 因少子化及軍人社會地位的因素，使得招募困難，在放寬甄選標準以政策因應時，人力素質無法避免的隨之下降。

(3) 一般民間家庭與軍隊的鏈結減少，使得社會與軍隊的疏離感增加，對軍隊的情感與支持亦隨之降低。

(4) 兵役制度改變，使年輕世代無法接受真正的兵役洗禮，產生「戰爭只是軍隊的責任，與己無關」的觀念。

(5) 在財力不變的情況下，因志願役人員薪資的增加，勢必排擠武器裝備的投資及維持預算，影響軍隊現代化進程。

(三) 軍人的價值未受到人民的肯定

募兵制實施迄今多年，招募困難、員額不足始終是熱門話題，也是實務上最大的挑戰。為了支持政府政策並合理化這種窘境，軍方一開始對外表示八成五，後來改為九成的「編現比」即能達成戰力所需，但這種論調似是而非。依軍制學原理，戰力的維持依部隊特性有最低編現比限制，百分之百表示戰力完整，而其中受訓及其他事由等長期不克於部隊中服務的人員，自有「維持員額」予以安排，這也是總員額中編配需要維持員額以維持部隊完整的機制。因此嚴格來說，作戰部隊員額未能滿編，自不能謂之戰力完整。至於招募困難的原因，主要為以下兩種：

(1) 不具吸引力的待遇福利：待遇及福利無法吸引有志青年是主要原因。如果大幅增加軍人待遇及福利，招募困難自可迎刃而解，然而過去事實說明，國家對於調升軍人薪資福利並不熱衷，而以改革之名刪減退俸福利等情事倒是不缺。沒有優渥的待遇福利就無法吸引優秀的青年進入軍中，如果願意大幅提高軍人薪資待遇，其他的窒礙自然不難解決。可惜歷來政府均吝於選擇此途作為解決軍中問題的方法。

(2) 相對低落的社會地位：**歷屆政府不願調高軍人的薪資待遇，絕非僅是政府財政支出的問題，根本原因仍與軍人的社會地位相關**。直白而言，就是社會大眾認為以軍人的身分地位及貢獻，不值得高薪以待，孰令致之？

一般而言，除了特殊例外，社會地位與所獲薪資、學術專長基本上成正比，那麼一般社會大眾普遍認為軍人社會地位較低，究竟是因為其薪資不高造成，還是因為其價值不高導致薪資不高呢？這是個價值與價格的認定，複雜卻又缺乏研究的課題。

軍人社會地位因國家而異。以民主國家而言，美國及以色列的軍人都享有較高的社會地位，這不僅是因為其軍人的薪資相對較高，更重要的原因是其國民心中多數肯定軍人的價值。然而依臺灣現狀，從軍絕對不是年輕人的優先選項，而軍人價值沒有受到肯定，會進一步阻礙那些原本不在意薪資待遇，卻有從軍意願的青年加入軍隊。**當軍人的價值不受人民肯定，軍人這項職業將失去榮譽感，軍人也將成為公僕中最低階的職業，他們不被尊重也不被了解，因此會進一步發生一連串的惡性循環**。

在臺灣社會各階層，軍人並未被視為是榮譽的職業，這是因為社會大眾，尤其是菁英分子的價值認知與軍人不同所致。造成這種現象的原因，自然不能僅歸咎於社會價值觀，軍隊本身也要負起部分責任。長期以來，不論役期長短，曾經在軍中服役過的人，多半對軍隊存有負面印象。原本期待在軍中可以學到一些作戰技能，但日常時間卻多耗費在環境整理、練唱軍歌、災防訓練，以及其他與作戰無關的瑣事上，許多人因此覺得待在軍中只是浪費時間。這種現象在陸軍部隊尤其明顯。究其原因，簡單而言，乃當前臺灣所處的威脅環境中，海、空軍在承平時期必須擔負巡弋任務，且需應付近幾年中共幾乎時時刻刻都有對我周邊海空域的侵犯；然而陸軍部隊在平時並無此種任務壓力，在沒有實際面對威脅，以及長期應付表面風氣的環境下，自然難以形成扎實訓練的風氣。而這些對軍隊存有負面印象的退伍役男，大量返回社會以後，又形成一股貶低軍人價值的力量，這種因果關係充分顯現在二〇一三年洪仲丘事件令人匪夷所思的反軍風潮之中。

(四) 徵兵?·募兵?·令人糾結的難題

最近幾年有不少關心臺灣國防的有志之士，將國軍戰力不振問題，簡單歸咎於募兵制的實施，一時之間恢復徵兵制的倡議此起彼落。以臺灣當下的條件、處境，徵兵制是否就是提升戰力的特效藥，或許可從作戰需求的角度重新省思一下。

如果國防鐘擺由「徵」向「募」移動，是因為在作戰需求面認為戰場已不需要這麼多人員，或是這些人員的軍事素質不如期待，他們對作戰的勝利沒有太大助益，所以才讓原有的徵兵制逐步縮減，那由徵轉募的調整，對作戰而言，無可厚非。

反過來說，如果是因為政治上的需求由「徵」轉「募」，那麼在建軍用兵上就必須做專業上的配合調整，否則戰力將隨著兵力減少而降低，這是必然的結果。

不論增加或減少，短時間內大幅兵員的變動會衍生出許多系統性的蝴蝶效應：武器裝備的調整；兵力結構改變；後勤保修的支援；訓練期程、場地、設施、師資的調適……等，這種全面性的改變之間有著千絲萬縷的連結，絕非短時間內可以就序，而且一旦變動的時間拖長，便會影響軍隊的立即應變能力，當然也會使得可見和隱形的「成本」增加。

臺灣重回徵兵制在政治上的可能性原本不高，然而二〇二二年的俄烏戰爭，改變了這一政治現實。社會的聲音改變，而政府為回應民間期待，的確有可能趁著民氣可用，順勢延長役期。然而就軍中實務而言，重回徵兵制所需的準備工程超乎外界想像，調整期間的兵慌馬亂在所難免，很難期望在幾年內就能夠因此提升戰力、達到嚇阻中共發動武統的目標。

臺灣要重回徵兵制，相關配套必須嚴實，目標不能只是延長役期。如果不能在組織文化、部隊風氣及訓練內容上痛下針砭，役期即使延長到二至三年，國軍的戰力也不過是增加了「量」，卻提升不了「質」。

捨不得放手的傳統軍武

先進、高性能的戰機、戰艦、戰車等傳統武器儎臺是軍隊的形象，也是國家的門面。平時它們建立起人民對國防的信心，戰時則扮演克敵制勝的角色，是國家安全的守護者。對它們的喜愛不僅深植於軍中，也廣傳於政治人物及社會大眾。

最近幾年，中共積極在臺灣周邊海空域對我進行干擾與威懾，我戰機、戰艦緊急起飛、出港反制，幾乎成了例行新聞，更凸顯了這些傳統軍武對臺灣國防的重要性。然而眾所周知這些傳統軍武十分昂貴，不僅需要高額的採購預算，生命週期更需耗費大筆維護經費，也因此要擁有這些先進亮眼的武器儎臺，錢就成了關鍵因素。

臺灣的國防預算十分有限，以每年三千餘億元的國防預算，能夠用於採購武器的「軍事投資」款項大約只有九百億元。以空軍最近採購六十六架F－16V需要兩千八百億為例，僅這單一購案，就耗掉國軍近三年的軍投預算。更嚴重的問題是，如此高額支出能滿足我們的國防需求嗎？答案很明顯：不能。國防能力並非以絕對的方式計算，而是以相對的方式衡量。很不幸，中國的經濟規模臺灣無法比擬，雙方每年國防預算相差超過二十倍，而且差距還在持續擴大，因此臺灣以砸錢的方式與中共競逐傳統軍武，絕非良策，也注定失敗。

價格昂貴並非傳統軍武的最大缺點，真正的致命傷是戰時的存活能力問題，它們很容易在作戰初始階段就被解放軍的飛彈及空中武力摧毀，或者因為跑道、設施、基地受損而失去作戰功能。

概括而論，大型傳統、華麗的先進儎臺，在人民心中是國力的表徵，由於它的高能見度，是承平時期反制中共灰色侵犯，以及戍守領空、領海的有效兵力，因此對於鞏固軍心及士氣具有正面效益，當然有其必要性。然而，承平時期對我周邊海空域的壓迫威懾，對臺灣而言並非生存威脅，再者傳統軍武價格昂貴，籌建期程過長，大量採購也將付出極高的機會成本，再加上其在戰場上的存活性太低，因此並不適於作為軍力相對弱勢的臺灣的有效武器，不宜過量投資，以免排擠其他攸關生存威脅的武器裝備。但上述這些簡單道理，並無法為國安或國防的領導階層們普遍接受，從近年臺灣耗費鉅資持續購買F－16V、M1A2戰車，以及帕拉丁自走砲的情形來看，國軍對傳統軍武仍然捨不得放手。這種對傳統作戰思維的執著，對華麗儎臺的眷戀，已經逐漸成為臺灣建立不對稱戰力的主要窒礙。

熱門的「國防自主」有什麼問題

在臺灣，「國防自主」向來都是熱門口號，既能強化國防，又能振興經濟，更能提升科技能力，這種深具誘惑力的美好政策，不論當政者是誰，無不怦然心動，並納為國家施政重點，其中又以蔡英文政府最為戮力推動。

然而，當我們揮舞著國防自主這面大纛，意氣風發地踏上征途，企圖達成國防與經濟雙贏的宏大目標時，卻發現理論上的矛盾與實務上的困難，無所不在地羈絆著我們向前的腳步。

倡議國防自主者，難免會有些「想當然耳」的思考反應，如自主國防科技、提升工業水平、培育科技人才、運用軍民融合、促進經濟發展等。殊不知國防工業非一般性產業，它牽涉到國際政治、科技水準、研發條件、工業基礎、產業鏈結構、市場規模、進出口管制等諸多複雜因素，在決定推動方向及範圍之初就必須從作戰需求端到產品效益端全盤省思，纖介不遺。否則光憑一股熱情就提刀上陣，無異暴虎馮河，一旦不成，浪費資源事小，影響國家安全就非同兒戲了。

（一）推動國防自主的窒礙

臺灣受到兩岸關係及國際形勢所迫，許多層面處在政治及外交隔離的狀態，武器交易敏感且困難，國防自主因此成為令人嚮往的憧憬，但平心而論，以當前臺灣的整體環境，在武器研發及自產自製上，仍有諸多障礙等待克服。

1. 缺乏明確作戰需求指導，研發項目廣而不精

臺灣因為外交困境，很難從外國獲得某些特定的高科技武器，因此必須自主研發。然而高科技武器系統需仰賴先進技術，而這些先進技術又不是每樣都能夠研發成功，因而以臺灣有限的研發資源及微小的市場規模，理論上**我們只能在滿足作戰需求的原則下，集中資源執行特定有限的自主研發**。但實際發展卻是，因為作戰需求與研發未能有效整合，在廣泛的研發項目中，除了制海及防空飛彈享有名聲，其他成果多屬追他人尾燈的次級產品，未能有效運用有限的研發資源。

2. 迫切的威脅限制研發時程

當前中共的威脅雖有其迫切性，然而建立國防自主生產飛機、船艦、戰車、飛彈及各類非殺傷性裝備，由投入研發、購置機具、生產製造、測試評估，再到成軍部署正式服役，少則三、五年，多則十幾年，很難適應中共迫在眉睫的威脅。在需求迫切及籌建期程冗長的交互侵蝕下，必然產生研發量產跟不上作戰需求的現象。

3. 缺乏高端基礎國防科學研發人力及設施

當前我國的國防科技能力相較一般開發中國家不算遜色，但與先進國家之間則有顯著的落

差。科技能力的建立絕非短期可見成效，除了要有一流的科學、工程、技術及數學人才，尚須透過幾代人的努力才能略有所成。當前我國的武器系統均屬高端科技產品，更需要各種科學門類的高端人才投入。而要達到此一境界，國家必須刻意培植，才能獲得源源湧入的人才。然而，我國目前對吸引投入國防科技的高端人才，並無完善規劃，縱使能購入國外的國防科技，如無人才持續發展，就只能鸚鵡學舌，陷入關鍵科技難以持續發展的困境。

4. 缺乏健全國防工業環境，生產難以有效銜接研發成果

國防所需武器裝備的研發與生產，涉及的專業諸如航空、太空、海事、機械、電子、系統、資訊、通訊、化工、化學、材料、研發、整合、製造、後勤、管理等科技不知凡幾。此外前端的科技研發，尚需完整的工業基礎銜接，才能發展出所需產品。而依當前臺灣國防工業環境，尚無單一製造廠家有能力承擔自製，在這種情況下，所謂國機或國艦國造，只是落入產品組裝，而非系統生產的窘境，主要利潤仍然流向國外先進科技廠商。

5. 軍火市場競爭激烈，關鍵技術獲得困難

當前歐美科技工業大國，同時也是大型武器系統的出售國，在武器銷售競爭上已不是單純的科技及工業基礎的競爭，尚牽涉到政治的角力。在這樣的狀態下，各國對科技技術及高精機

械輸出，均以國家安全標準加以審查，縱使審查通過，亦有臨時變卦之先例，以遏止其他國家具備相同競爭能力。在此現實下，我國希冀由武器採購管道獲得技術轉移的策略，極易陷入投入了資金卻無法獲得關鍵技術的窘境。

6. 暴衝斷裂式的資源投入，造成薛西弗斯悲劇現象

當前我國推展國防自主，無不期待經由科技能力的提升，帶動產業升級並提振經濟效益，同時透過武器外銷以降低不符規模經濟的武獲成本。這麼做的首要條件，就是在發展初期要不計代價地投入資源，待建立國防產業，更須擁有穩定成長的使用需求，才能維持量產。如果為了強行堅持國防自主，國家在初始階段信心滿滿，毫無節制的大量投入資源，當阻礙來臨，這才發現無因應之法，便會導致資源投入遽然減少，人力技術亦隨之流失。接著再過一段時間，很有可能又因為政治承諾需求得重起爐灶，就如同薛西弗斯的悲劇一樣：反覆推石頭上山，卻永無盡頭又徒勞無功。

7. 市場規模太小，產品無以為繼

國際軍火市場的運作深受政治影響，就當前國際情勢，臺灣即使成功研發某項軍品，也未必能順利輸出。在國內需求量小，外銷困難重重的情況下，民間廠商自然缺乏參與意願，這種

市場規模太小的先天限制是臺灣國防產業的痛源，有能力生產不代表能夠在市場存活。國防產品系統的研發及測試成本極高，在基本量體太小，又沒有持續需求的環境下，想要自我生存極其困難。市場開發問題無法解決，臺灣國防自主永遠是空談謬想。

（二）臺灣適合怎樣的國防自主？

甚少有人反對推動國防自主，然而強烈的推動意志未必保證能獲得期望的成果，找出能對症下藥的方法才是解決問題的根本之道。以臺灣所面臨的軍事威脅、外交困境、國防資源、科技能力及製造能量，盲目的全面推動國防自主絕非良策，我們該思考的是：什麼樣模式的國防自主，才是對臺灣國防最有幫助，最該採取的路線？

現今臺灣國防自主最大的問題，是沒有方向感，缺少一套整體策略構想來指導及整合各軍種不同的需求。我們必須清楚認知，**國防施政方針是為了國防安全，而非扶植國內廠商**。因此，首要必須考量的，應是明確辨識國家所面對的軍事威脅型態為何，然後據以律定能夠有效反制威脅的作戰需求，再依據國內國防科技及工業的能（潛）力，針對性的選擇重點研發及生產項目，這才是國防自主的健全之道。自研自製扶持國內廠商只能是國防自主的手段，不應成為國防自主的目的，這種邏輯關係必須徹底釐清，才不致本末倒置。

另外，由於國家財力、資源有限，國防自主策略規劃中應有集中資源發展優勢競爭的概念，避免產生資源分散，導致處處想研發，案案無成果的窘境。除了必須避免過於廣泛的研發範圍，更不能做的是盲目追隨國際軍武發展，以追他人尾燈的方式，將重要資源投入已趨成熟的先進武器研發。當我們費盡心思追趕他人腳步時，別人早已進入更高層次的產品研發，如此經年累月之下，尾燈只會愈追愈遠，終至虛耗資源而難得成果。

我們應該以創新的精神，集中資源發展適合臺海作戰環境，且能有效克制解放軍攻臺戰術、戰法、戰具的不對稱武器裝備，那才是臺灣最需要的國防自主項目。關於這點，以色列給了我們一個極佳的範式：以色列的工程師幾乎都經歷過戰爭，退伍後仍持續在後備部隊保持訓練與戰鬥，這些經歷讓他們更了解以色列國防軍對未來戰爭的需求，並以此來發展符合作戰需求的武器裝備。以色列軍隊得以相當簡潔、清楚、仔細地表達對新式武器的研發需求，因為他們親身經歷過戰爭，且知道他們要的是什麼。

相較以色列，臺灣絕大多數工程師不熟悉作戰實務，部隊歷練極其有限，如何期待他們研發出適合作戰環境的創新武器？不過，這問題其實可以輕易解決：倘若國防部能夠建立制度，在研發初期的需求確認階段即居主導地位，整合各軍種及研發單位在作戰需求及研發方向的認知差距，如此當可避免無謂研發，或研發出的產品不符需求、不受軍種青睞的情況。

另一個需思考的議題，是為了擁護政府國防自主政策，軍方屢屢宣稱「能自製的絕不外購」。但以「騰雲無人機」及「艦載垂直發射系統」案例來看，兩案均歷時十餘年研發，卻始終未有具體成果，最後仍只能走向外購一途。需知設計建造是一條漫長艱辛的道路，測試驗證又是另一條陌生崎嶇的小徑，兩者都是艱難的挑戰。未經深思精算而輕率承諾能夠自製，到頭來只是耗費龐大預算卻一無所獲。即便國家意志再堅定，不惜投入再多資源，最後即使產出，仍只是堪用的次級產品，與其如此，**國防自主政策改成「符合臺海防衛作戰需求，而無法外購獲得的才全力自研自製」，方始為務實之道**。

明確認知國家面對的戰爭威脅，深入分析國家科技水平與工業基礎能力，妥適運用方法突破研發及生產瓶頸，如此在漸進中建置成的國防科技及工業基礎能力，才能作為促進經濟發展的基石。而在建立這種國防工業能力以後，更要有穩定成長的國家資源持續投入，如此才可能維持國防自主的競爭動能。

要建立國防自主的能力，就要先正確認知國防自主。不問科技能力為何、是否掌握關鍵技術，逕行選擇幾個大型專案，執意在國內推動就稱為國防自主，這是對「國防自主」認知上的最大謬誤，政府主其事者，實當深思。

軍購的美麗與哀愁

論及臺灣國防安全及軍事防衛能力，沒有任何議題可以比擬對美軍購的重要性。過去四十餘年，臺灣各軍種的主戰兵力，不論是極為先進還是老舊不堪的武器裝備，超過八十%是向美軍購的產品。要說美製裝備撐起臺灣軍備一片天，這話可是一點都不誇張，而這現象在世界各國並不多見。

在當前兩岸戰略情勢快速翻轉的情況下，臺灣繼續循例向美採購傳統裝備，已是一條行不通的路。國軍躊躇在兵力轉型的十字路口時，是時候重新爬梳對美軍購的綿綿舊情，並決定今後何去何從。

一九七九年美中建交，歷經二十五年的《中美共同防禦條約》終止，美國國會重新制定《臺灣關係法》，明確要求美國政府「向臺灣提供防禦性武器，並維持能力，以抵抗任何訴諸武力，或使用其他高壓式手段，而危及臺灣人民安全與社會經濟制度的行動」。自此對美軍事採購就代替了《中美共同防禦條約》，成為臺海防衛作戰最重要的支柱。如果沒有《臺灣關係法》，臺灣自我防衛的能力是否能如今日，確實令人存疑。

憑藉美中國防科技及工業能力的差距，臺灣透過對美軍購，得以長時間藉美式裝備維持軍事方面質的優勢。直至九〇年代開始，中國趁著經濟起飛，年年投入大筆國防預算，建軍突飛猛進，快速翻轉了兩岸軍事實力。如今，解放軍無論是質或量，均已超過國軍，而且雙方差距持續擴大。大環境改變了，不變的是對美軍購仍然扮演著臺灣防衛能力的重要基石。

對美軍購提供的不只是臺灣安全的保障，對臺美雙方的政治、外交互動也十分重要。一九七九年以後，不論在什麼時期，美國皆頻頻運用對臺軍售作為槓桿以制衡中國，這說明了對美軍購在美中臺三方關係中所發揮的微妙影響。

對美國而言，對臺軍售除了提供臺灣所需的自我防衛能力，也是美國處理美中關係及穩定臺海情勢的有力手段。對臺灣而言，對美軍購除了攸關防衛能力，也充滿了政治及心理因素；除了藉由軍購加強臺美政治及外交關係，還有不論政府或民間心理上多少存有美國長期對臺軍售，代表著美國對臺的安全承諾，一旦出現臺海危機，美國會以軍事手段介入，來確保臺灣安全的心理認知。雖然《臺灣關係法》只明訂美國有義務提供臺灣防衛性武器裝備，並無戰時出兵保衛臺灣的責任，這些法定權利與義務臺灣不是不明，只是感性上仍存在著一旦有事，美國終將出兵援臺的想法。不過從客觀的立場來看，**美國一向秉持著戰略模糊的態度處理兩岸關係，出兵與否是假設性的問題，而最後的結果，長期軍售關係絕非考量因素。**

由於軍購的內涵不僅是硬體的交易，亦包括軟體的提供及訓練的交流，堪稱是提供了全方位防禦作戰所需。從購買F－16戰機後，美方從未中斷臺灣空軍在亞利桑那州美空軍基地的訓練、歷年赴美接艦的官兵訓練、各類向美軍購裝備所附帶的操作訓練，一直到各軍種與美軍相對應單位部隊的交流訓練、需考選的年度軍售訓練、各類型演習、訓練的模擬系統及相互的演訓交流觀摩，兩方往來密切且頻繁。簡單來說，除了實兵聯合演訓以外，其他小部隊訓練及指揮所演習交流幾乎從未間斷。這些交流活動使我國國軍各級部隊訓練均能與時俱進，保持與世界先進國家訓練方式同步，這對在國際軍事交流受到很大隔絕的國軍來說，具有深遠的意義。

最後，對美軍購也排除了令人反感的軍火交易弊端。與一般國際軍火買賣不同，美國軍售業務的定義是政府對政府之間的買賣，有極嚴格的作業規定，當事國提出軍購申請後，不允許與相關承製廠商及美政府負責合約議價的官員聯繫。以一般軍售實務的情況來說，採購國根本不知道該購案的美國政府及製造廠商的業管人員窗口為誰，從而去除了在國際軍火交易過程中存在的佣金問題，或所謂「合法非正式管道」等的可能弊端。美國對外軍售制度及作業程序相當健全嚴謹，因此幾乎從未聽聞美國軍售業務出現人為的貪腐弊端。

（一）不被了解又被誤解的對美軍購

對美軍購提供了臺灣防衛能力的重要平臺，照理說應能普遍獲得國人的支持及肯定，然而雖然臺灣社會大眾普遍能夠認知對美軍購的重要性，但每當提及任一購案，反應往往不如預期正面，最大的原因是價格昂貴。這種主觀認知部分正確。美製先進武器裝備的昂貴價格，即使美國政府或軍方亦感不滿，這是資本市場機制運行的必然結果。依據過去透明的交易資訊，臺灣購入的相同產品，其價格均比美軍購價要高，於是乎「凱子軍購」等負面稱謂應運而生。

但事實真是如此嗎？我們真的每年都被美國當凱子海削嗎？恐怕未必。軍售交易價格的高低與一般商業買賣並無太大差異，都可能會有一些因為行情、時機、批量、競爭等因素帶動的價格變化。依據美國軍售作業規定，產品價格不會因交易對象的不同而有差異。也就是說，美國軍售不會有賣給自己人比較便宜，賣給外人比較貴的情況。話雖如此，但是即使臺灣與美國併案購買完全相同的產品，臺灣的全案平均單價絕對高過美國，此原因出在臺灣在與美國負擔相同產品價格之餘，尚須支付購案總額三．二％的行政費，以及我方要求附帶的「工業技術合作費用」，這些就是造成軍購全案價格急遽升高，也是拉高了平均基本單價的原因。

何謂行政費？簡單地說，就是外國客戶透過軍售管道，購買美製軍品所必須繳交的專案管理費。軍售專案無論是工程或價格均極龐大，管理工作異常繁雜，需要高度的專業及足夠的人力資源，而且行政費的收取標準各國一致，自然也無需過度琢磨。

至於工業技術合作價款，會因各國的政策而不同，工合比率愈高，需支付的價款就愈高，如果無此需求就無額外支出。以**我國軍購為例，通常會因應立法院的要求，工合比率高達四十％。就每一軍購專案高額的總價而言，四十％比率的工合費當然令人咋舌！**

從臺灣立場來看，工合的意義就是技術轉移，由此角度觀之，本是合理的要求，無可厚非。但是深入思考，國防尖端科技事涉國家安全，美國有極為嚴格的輸出管制規定，豈是要求技術轉移就能如願？在這種不能相容的立場下，往往是付出高額價款，但如和稀泥般的交給工作階層的人員，商討出部分妥協性質的「類似技轉項目」便交差了事，真正我方所需轉移的關鍵技術仍難以如願。

依據軍售作業規定，工合內容的談判是由廠商與客戶自行協商，美國政府並不涉入。囿於每一軍售專案的武器裝備，幾乎都是高科技產品，我方對製造技術及成本的細節所知有限，而且工合預算及支用均是以點數（Credit）來表示，而點數與金錢之換算全由廠商決定，我方並不知悉。在這種高度技術不透明，資訊不對等的情況下，雙方的協商宛如在撲克賭局中，我方只知道自己手上的牌有哪些，而對方不但知道自己手上的牌，也清楚我方手中的牌色花樣，此種賭局我方如何能贏？更糟的情況是，雙方桌上的籌碼，全由我方出資，而桌上籌碼可以轉換成資金的方式、比例，我方全不清楚，如此不公平的工合機制，國防部多次提出改革建議，但主辦單位經濟部、立法院等部門，基於自身考量，迄今未能改變。

依據美國軍售作業規定，美國政府本身對軍售價款方面的立場，簡單來說就是不賺錢、不賠錢、不議價。這原則別說一般百姓，甚至許多不熟悉軍售作業的軍方人士，至今也不了解。國內經常因不滿專案價格過高，各界動輒要求軍方與美方商議降價，偶或有軍方人士夸夸其詞：「經我方強力要求，美方同意降價云云……」在事實面上，這些說法不是無知就是說謊，只是在大家都滿意的狀況下，從未深究。而每次立法院強力要求達成的降價，其實都是承辦軍種以減項、減量、減服務的方式達成要求，這種以犧牲項量或品質換來的降價，絕非國家之福。

除了產品價格過高以外，軍購最常受到的批評大致還有以下幾項：

1. 欲購拒售

眾所周知，對美軍購經常有臺灣想買，美國行政部門卻不願出售的狀況。造成這個結果的原因有很多：首先是根據《臺灣關係法》，美國只能出售臺灣防禦性武器，至於何謂「防禦性」，只能由行政部門定義，美國政府的考量通常是依據當時美中及兩岸關係來決定。其次是**某些武器由美國與他國合作開發，若要出售給臺灣，美國必須取得共同研發國家的同意。在實務經驗上，由於某些共同研發國家憚於中國因素，允售立場比美國更為謹慎保守，所以往往不同意出售**。此外，在無關政治或防禦性考量的產品上，先進科技的管制就扮演了重要的角色，這方面產品多屬具有機敏性的情監偵及電子戰裝備。另外，臺灣本身的關鍵技術突破程度，有時亦會影響允售決定。

2. 售非所欲

這類產品通常與政治或科技管制無關，多屬臺美雙方在防衛策略或能力上的認知差異。魚叉岸防飛彈的軍購案，多少就反映出這類型的矛盾與折衝。

近年來，臺美雙方已有共識，在兩岸國防資源差距的情況下，不對稱戰力是臺灣有效反制中國入侵的不二法門。岸置機動制海飛彈是臺灣不對稱戰力的經典代表，而臺灣在這方面已有自製雄二及雄三型反艦飛彈的能力，且自認性能比美製魚叉飛彈尤有過之，自無此項軍購需求。然而從美國立場來看，雖不否定臺灣的自製軍武能力，但是依臺灣的量產能力，要生產足夠反制中國全面侵臺的飛彈數量，不知要等到猴年馬月，顯然完全無法應付幾年內的短期威脅，於是這就造成了雖然售非所欲，卻事屬關鍵，我們不得不買的結果。

3. 次級產品

國內批評對美軍購，有時亦會出現美國只賣次級產品給臺灣的說法。就事論事，這說法有其背景，但也未必全然符合事實。早年的確有美國出售非美軍制式的反潛直升機予臺灣，例如S－70；但是美國售予臺灣的，亦不乏出售型式比美軍當時現役型式更為先進者，如愛國者飛彈、阿帕契攻擊直升機等。之所以會有如此落差，是因為美國完全依據交易當時的政軍情勢考量。

再以魚叉岸防飛彈案為例，國內對此存在不少批評，指售予我國的是RGM－84基本型，而非射程較遠的RGM－184型。這說法是事實，然而從不對稱作戰思維觀之，臺灣所需的岸防制海飛彈，重點在機動、存活性高、精準致命，而非幾十公里射程差異的斤斤計較。再從價款分析，同樣的武器，射程愈遠代表價錢愈高，因而相同的預算就只能購得較少的數量；總體而言，反而有違不對稱作戰的概念邏輯。因此所謂次級產品的議論，不宜僅憑浮面數據就逕下結論，臺灣還是得做好全面分析，選擇對自己最適切的方案，那才是最有利的做法。

（二）在轉捩點上，需重新審視軍購

從一九七九年迄今，對美軍購一直是建構國軍戰力的主要憑恃，以臺灣的科技及工業發展趨勢，不論臺灣多麼努力推動國防自主，展望未來，對美依賴的情況依然不會改變。

軍購對臺灣而言，有其美麗與哀愁。一樣的軍購可以有不一樣的選擇，美式軍武的研發與生產，向來以美軍的作戰需求為導向，基於全球可能面對的戰場，傳統、先進、華麗、高大上是具體的表徵。數十年前解放軍的武器裝備簡陋落後，國軍即便使用美軍的二手次級軍武，依然能夠占得優勢；所謂全面犯臺論，國軍並未嚴肅的放在心上。然而兩岸現在的軍事情勢已經完全翻轉，國軍繼續使用美製傳統、華麗、高大上的武器裝備對抗解放軍，那將注定失敗。

臺灣正處於一個防衛作戰思維概念的轉捩點，然而從近年臺灣對美軍購F－16戰機、M1A2戰車，以及帕拉丁自走砲等案例來看，國軍雖然言必稱「不對稱」，但軍購的行為模式仍然依循著傳統作戰思維，未見顯著改變。

肩負著確保臺灣安全的重責大任，身處在防衛臺灣安全的關鍵時刻，躊躇在十字路口的國軍，得儘快找到正確的方向。

第四章　臺灣的美國情結

將美國的利益與臺灣的安全，緊緊地繫在一起。

古有明訓「忘戰必危」，何況臺灣根本沒有忘戰的條件。在臺海軍力不對稱的狀況下，一旦戰事爆發，自然企望能夠獲得外力支援，第一個想到的對象也當然是世界警察美國。

事實上，過去兩岸衝突，例如八二三砲戰以及九六年臺海危機，美軍確實曾以各種方式對臺灣進行軍事支援。然而臺灣終究不像日本與韓國為美國的軍事盟國，美國沒有責任與義務介入兩岸的軍事衝突，也因此，美國是否會以軍事介入臺海衝突的問題，各界始終討論不休。

國安決策人士對此問題必須慎重以對，不應將希望完全寄託於外力。但國內民眾又如何看待呢？俄烏戰爭發生之前，幾乎所有的民調皆呈現同樣的趨勢，也就是高達六成以上的民眾認為中共武力犯臺時，美國應會出兵協防臺灣。直到俄烏戰爭爆發，由於美歐等國在戰爭中只願軍援、不願出兵的表現，再度引發各界對臺海爆發軍事衝突時，美國是否會出兵護臺的熱烈討論。依據二〇二二年四月二十六日「臺灣民意基金會」公布的民調顯示，僅約四成受訪者相信美軍會派兵協防臺灣，相較於戰前的數據呈現大幅滑落之趨勢。即使如此，仍可看出縱然有阿富汗及俄烏戰爭等例證，國內猶有相當數量的民眾對美國出兵具有高度信心。

國際間只有永恆的利益，沒有永恆的友誼。從美國角度看，這件事並非那麼單純。臺海一旦發生戰事，美國必然會在其中扮演一定的角色。然而是什麼角色？又用何種方式介入？是否會以戰爭形式直接與中共衝突？這些都必須看當時兩岸衝突發展情況而定。在實際產生衝突之前，所有分析都是臆測，沒有確定的答案。

臺灣人為何相信美國會介入兩岸戰事

臺灣民眾如此樂觀認為美國會以軍事行動介入，必有其理由。本章將從地緣政治面、法制面、軍事面，以及心理面角度分析。

（一）地緣政治面：臺灣在地緣戰略上的重要性

為了圍堵中共擴張的勢力，美國自川普政府開始積極推動「印太戰略」（Indo-Pacific Strategy）。並於二〇一七年十二月所發布之《國家安全戰略》中，將「印太戰略」的理念正式納入官方文件。前國防部長艾斯培（Mark Esper）曾於二〇二〇年六月投書新加坡媒體《海峽時報》（*The Straits Times*），說明印太戰略的發展狀況，表示自美國國防部於二〇一九年六月發布《印太戰略報告》（Indo-Pacific Strategic Report）之後，在整備、強化夥伴關係，以及促進區域網路化這三大支柱已有長足進步。其中在強化夥伴關係上，除了與日、澳等傳統盟國各在防衛領域緊密合作，亦加強與印度、紐西蘭、泰國、菲律賓、越南的安全合作，此外也重申美國對民主臺灣的承諾。在促進區域網路化方面，美國以往在亞太的安全保障體系，主要由美日及美韓兩個雙邊同盟關係組成，川普政府推動美國與澳洲、日本、印度的安全合作，形成「美日印澳四方同盟」（Quad，又稱四方安全對話），將印太安全保障體系朝多邊網路化發展。

Quad 為目前美國印太戰略的核心，此架構是以安倍晉三首次擔任日本首相提出的建立美日澳印「民主鑽石」（Democratic Diamond）同盟為雛形，其後向川普政府建議，終而成為印太政策的中心。拜登政府上臺之後，主張以多邊主義處理國際事務，因此相當重視 Quad 的運作。若 Quad 能夠有效運作，表示印太安全保障體系將朝向以「中共為假想敵」的多邊安全架構前進，成為「亞洲版小北約」。

在印太地區，臺灣戰略位置得天獨厚，位居第一島鏈樞紐位置，對中共面向西太平洋產生屏障作用。一旦臺灣為中共占據，臺灣東岸成為中共新的領土線，領海基準線便會重劃，臺灣海峽將成為內水，對其他國家的軍事巡弋及商業運輸造成直接障礙，同時用於圍堵中共的第一島鏈也會出現破口。除了共軍可以長驅直入西太平洋，另外也等於提供中共在太平洋不沉的航空母艦，設置各種軍事儀臺，有助其遂行「近海防禦」軍事戰略，將防禦縱深從「第一島鏈」東擴至「第二島鏈」，不論日本、菲律賓，甚至包括澳洲的安全環境都會深受威脅，對整個印太安全情勢產生深遠影響。

兵法上，**戰略要地指的是「敵之必攻，我之必守」之處，臺灣無疑已具備戰略要地的特性，雖然因此會成為中共必攻之處，同時臺灣民眾也據此認為臺灣將是美國必守或必救之處。**另外一個論點是，臺灣地理位置位於 Quad 四國所形成的菱形範圍內，如果能與 Quad 有更深的連結，臺灣有機會成為 Quad 夥伴，一旦臺海有事，將能獲得除美國之外更多奧援。

（二）法制面：安全保證法案

一九四九年國民政府播遷來臺，美國杜魯門政府曾一度抱持「棄臺」的想法，臺灣可謂處於風雨飄搖之秋。然而一九五〇年韓戰爆發後出現轉機，當時國際共產主義勢力逐漸在亞洲蔓延，為阻止赤化範圍擴大到臺澎地區，美國與中華民國於一九五四年十二月簽訂《中美共同防禦條約》，此雙邊條約使美國能夠正式以軍事介入臺海，直接的影響為中共因而不再懷疑美國協防臺灣的承諾、不敢輕易對臺用兵，另一方面也創造了兩岸長期分裂分治的局面。一九七九年美國與中國建交，《中美共同防禦條約》在次年終止，隨後美國國會通過《臺灣關係法》取代《中美共同防禦條約》。《臺灣關係法》是美國唯一以國內法規範涉外關係的法律，相對於美中之間的三個公報，只是政策聲明而非條約。《臺灣關係法》是具有拘束力的國內法律，因此位階較高。

《臺灣關係法》的重點包括：美國嚴重關切中共以非和平方式決定臺灣的前途，以及美國會提供防禦性武器給臺灣。另一項與臺灣安全相關的承諾，為雷根總統時代所提出的《六項保證》，由於在美國與中共所簽的《八一七公報》，曾具體承諾降低對臺軍售的質和量，為了減少對臺灣的衝擊，因此出現《六項保證》。根據美國在臺協會公布的解密電報，強調《六項保證》始終是美國對臺及對中政策的根本要素，電文顯示美國的立場主要是關切如何維持兩岸的權力平衡，其對臺軍售的性能和數量，完全取決於中共帶給臺灣的威脅高低，而且美方並未同意設定終止對臺軍售的日期。

近幾年來「反中」成為美國政治主流，國會對臺灣的支持不分朝野，短短數年即通過了包括《臺灣旅行法》、《亞洲再保證倡議法》、《臺灣友邦國際保護及加強倡議法》（簡稱臺北法）等一系列法案，主要目的在強化與臺灣的關係，以及表達對臺灣安全的重視，美國政界對臺灣的支持可謂達到高峰。

《中美共同防禦條約》對臺灣而言，最實質的成就是遏制了中共併吞臺灣的野心，使得風雨飄搖的臺灣轉危為安，顯示當時美國的軍事介入，的確達到了保衛臺澎阻止赤化的目的。相對於《中美共同防禦條約》可實際執行軍事介入，《臺灣關係法》及《六項保證》所展現美國對臺灣軍事承諾，**則是持續藉由對臺軍售協助臺灣自衛，只要對臺軍售關係沒有中斷，即表示美國仍關切臺灣安全**。

無論是《臺灣關係法》或《六項保證》，都強調藉由軍售加強臺灣所需防衛能力，或是嚴重關切中共使用武力處理臺灣問題，雖然傳遞的是美方重視臺灣安全的訊息，可惜皆未明言臺海一旦發生戰事，美國是否會出兵協防臺灣。即使目前美國政界高度支持臺灣，但細觀近兩年提出的《臺灣旅行法》及《亞洲再保證倡議法》等法案，也沒有一旦臺海有事時如何援臺的具體表述。總而言之，**美國對臺灣安全關切有餘，實質承諾卻嫌不足，出兵的空白支票能否兌現，仍在未定之天**。

（三）軍事面：軍售關係

美國對臺灣軍售，主要是依據《臺灣關係法》的規定，美國有責任及義務維持臺海的和平穩定，因此應提供臺灣足夠的防禦性武器。在兩岸軍力失衡日趨嚴重的情況下，臺灣對美方軍售更形依賴。**軍售並不僅是單純的武器交易，更是一個政治議題。軍售不但是測試臺美雙邊關係良窳的晴雨計，更重要的是測試美方是否會恪守協助臺灣自我防衛的承諾，這對臺安全至關重要**。然而為了避免過度刺激中共，過去幾位美國總統基本上都以保守的態度來批准軍售項目，也就是確實遵照《臺灣關係法》的規定，盡可能不出售先進或攻擊性武器。但來到川普政府，情況有了轉變，特別是二〇一九年開始，陸續批准出售一百零八輛M1A2T艾布蘭戰車，以及六十六架F－16V型戰機等，都是與美軍現役同等級的主力裝備，軍售開始進入高峰。

二〇二〇年，美國再出售岸置機動型魚叉反艦飛彈系統、MQ－9B「海上衛士」無人機，以及海馬士多管火箭系統等。根據國防部統計，二〇二〇年我國對美新增軍購總額高達五十五．八億美元。再者，除了前述武器，還有二〇一七年出售的MK－48重型魚雷、AGM－88B反輻射飛彈，以及AGM－154C遙攻飛彈等，這些武器已不限於防禦性，而具有主動攻擊性。華府迄今只向少數盟邦出售大型無人機，卻同意出售MQ－9B無人機給臺灣；同時，臺灣申請美國軍售的方式，也由一次大量的包裹式轉為個別審查、個別通告的個案申請，效率大為提升。這些在軍售政策與模式上的改變，再再顯示美方已根據我方所受威脅程度，開始調整武器出售政策。

美國過去始終無視中共的抗議壓力，持續對臺進行軍售，考慮的因素包括維護民主價值、維持臺海的軍力平衡，以及地區和平穩定，這些其實都是從美國本身的利益出發。川普政府對軍售態度開始急速升溫當然也有其背景因素，從政治面，在美國抗中的潮流下，對臺軍售可以直接戳及中共痛處，且中方無法全力反擊；在經濟面，對臺大量軍售可以為美國軍工產業爭取龐大經濟利益，同時製造就業機會，美國可謂面子裡子兼得。另一方面，對臺灣而言，對美軍購的目的除了增強防衛戰力之外，也可藉此向各界展現自我防衛的決心，在自助後才有可能期待人助。

根據「臺灣民意基金會」二〇二〇年九月發布的民調顯示，二十歲以上臺灣成年人中，五成七基本上樂見美國對臺進行重大軍售，三成三不樂見。其分析認為，絕大多數臺灣人期盼美國對臺出售先進武器，即使所費不貲也在所不惜，這反映了國人在面對中共經常性軍事威嚇時對國家安全的急迫感。在接二連三突破性軍售消息出現後，呈現臺美關係緊密良好，以及美國重視臺灣安全防衛的意象，自然提升了臺灣民眾對美國護臺的信心，附帶也順利營造了美國將會在軍事層面以實際行動支持臺灣的印象。

（四）心理面：美國近年的抗中友臺政策

川普政府上臺後掀起抗中的潮流，對抗的範圍遍及政治、經濟、外交、軍事、貿易及科技等領域，可謂採取了全方位的抗中政策，強度之大、範圍之廣，實為歷來罕見。重大事件包括在二〇一八年開始發動貿易戰，大幅提高從中國進口關稅，迫使各國投資紛紛撤離中國；制裁中興、華為等與中共關係密切的企業，切斷中國晶片來源，並向西方盟友施壓，促使各國放棄與華為在5G方面的合作；以保護美國智慧財產權的理由，關閉中國駐休士頓總領事館。在軍事上，則多次派遣航母及軍艦至南海執行軍演及航行自由行動。另一方面，川普政府也對臺灣採取諸多友好的動作，包括川普在當選後就任前親自與蔡英文總統通電話，共和黨將《六項保證》納入黨綱，簽署《臺灣旅行法》、《亞洲再保證倡議法》，以及《臺北法案》等諸多友臺法案；在軍事上，如同前文所述，美國對臺軍售無論在質與量方面都有大幅提升。

拜登政府上臺以後，對中國問題基本延續了川普抗中的政策，雖然拜登政府表示，涉及中國問題採取三種處理方式：對抗、競爭、合作，但目前僅在氣候變遷問題上看到兩國合作的契機，而美國在二〇二一年三月發布《國家安全戰略臨時指南》，將中國視為唯一具有綜合實力，能挑戰美國的競爭對手。在經濟議題上，關稅、供應鏈安全及抵制中國企業方面，仍然採強硬態度。在安全議題上的動作則包括，與日本、澳洲及印度展開「四方安全對話」，將阿富汗的撤軍說明為轉移軍事資源聚焦對抗中國，延續對臺軍售政策，因此可見未來對抗與競爭仍將是兩國間關係的主旋律。

美國的抗中政策，帶給臺灣人民心理上一定程度的安全感。近年來臺灣的優勢除了在地緣價值，也拓展到科技領域。美中之間方興未艾的科技競賽，作為技術領先世界的半導體生產地之一，同時也是美國科技業的重要供應鏈成員，臺灣的戰略重要性大幅提升。而美國對臺灣科技實力的依賴，使得其不得不更重視臺灣的安全問題，台積電因此被視為「護國神山」。

美國的意願

（一）美國還有意願擔任世界警察嗎？

二戰結束，美國國力攀上巔峰睥睨全球，從此扮演起「世界警察」的角色。在美國利益為中心的思考下，以主動介入及干預方式主導國際政治、安全保障、經貿活動及民主價值輸出。以美國目前的經濟及軍事實力，仍然維持世界超強的地位，但隨著本身總體國力逐漸下滑，以及中國崛起等各種因素，其超強地位開始受到挑戰。中共政治局委員、中央外事工作委員會辦公室主任楊潔篪，在美中高層會晤時的這一席話：「美國沒有資格居高臨下同中國說話，中國人不吃這一套。」即為例證之一。

美國總統拜登在二〇二〇年四月宣布，將從五月一日開始，於九一一事件二十週年前，全數撤離阿富汗駐軍，正式結束這場美國史上耗時最久的戰爭。在阿富汗戰爭中，據稱美軍損失二千三百多名將士，花費超過上兆美元，代價十分高昂。阿富汗撤軍只是美國縮減海外兵力的一環，此乃基於目前美國正面臨各種內外挑戰，包括中國崛起、經濟發展、基礎建設、新冠疫情及社會撕裂等諸多問題，在資源預算有限下，儘管遭致「越戰翻版」的批評，但仍不得不壯士斷腕做出取捨。

拜登政府主政以來，採取與盟國合作的多邊主義，傾向以外交途徑解決世局紛爭，在處理國際重要議題時減少不必要的兵力消耗。美國身為「世界警察」所應具有的嚇阻世界各地衝突、必要時以武力介入的強勢形象，已經逐漸薄弱。再加上美國民意對己身問題的關切重於國際問題，換言之，**即使美國仍有擔任「世界警察」的意願，恐怕在自身實力及民意掣肘的狀況下，不可能全面投入**。

美國從阿富汗撤軍的主要理由之一，是欲將兵力重點轉移至印太，以因應中國軍力成長帶來的威脅，同時兼顧北韓核武問題。未來美國「世界警察」角色恐將逐漸轉型為「印太警察」。惟當美國設定中國為主要潛在假想敵時，是否臺灣安全就會更有保障呢？這即是一般所謂「抗中」是否等於「保臺」的爭辯。

此議題持正、反意見者皆有。支持者認為臺灣身為華人世界民主國家，且具有重要地緣戰略地位，再加上擁有「護國神山」台積電的科技優勢，若不能善加保護，美國不但將會失去地區盟友的信任，甚至標示著其將喪失在印太區域甚至全球霸主（Pax Americana）的地位。此論點雖言之成理，但另一方面，美國在冷戰後是首次遭遇像中國具有如此龐大綜合國力的對手——中國為世界第二大經濟體，GDP為美國的七十七%，又擁有核武。中美衝突的戰爭成本難以估量，如果再把萬一兩敗俱傷，導致第三國漁翁得利的情況一起考量，美國政府高層實在難以下達軍事介入臺海衝突的決策。

（二）從戰略模糊走向戰略清晰？

美國對臺海的態度在於維持現狀（status quo），此符合美國國家利益，因此反覆強調「反對片面改變臺海現狀」。這個「片面」當然包含海峽兩岸政權。為達此目的，美國政府對兩岸事務多年來秉持戰略模糊（strategic ambiguity）的政策。

所謂戰略模糊，即是：不明確表態中國一旦用兵進犯臺灣，美國是否會出兵介入。戰略模糊具有「雙重嚇阻」的功能，一方面使中共無法確定美方是否會介入臺海問題而有所顧忌，以致不敢輕易動武；另一方面，使臺灣方面主張臺灣獨立的力量無法獲得明確支持，不敢貿然宣布獨立，進而引發兩岸軍事衝突。不可否認，**戰略模糊政策的平衡及彈性功能，多年來有效保持了兩岸「分而不獨、和而不統」的狀態，對維持兩岸和平穩定發揮了相當功效。**

然而自從川普政府掀起「抗中」風潮，美國政界及學界即出現諸多對戰略模糊政策進行檢討質疑的聲浪。較具代表者為美國知名智庫外交關係委員會（Council on Foreign Relations, CFR）主席哈斯（Richard Haass），他於二〇二〇年九月的《外交事務》（*Foreign Affairs*）中發表〈美國的對臺政策不能再模糊〉（American Support for Taiwan Must Be Unambiguous）一文，主要意旨在：若持續戰略模糊政策，將導致美國不會為兩岸衝突做出充足準備。

支持戰略清晰者論述的主要理由為：過去之所以採取戰略模糊政策，原因在面對的是一個不具犯臺能力的中國。當中國羽翼漸豐，一旦輕估美國捍衛臺灣的意願及實力，與此同時，兩岸的軍力失衡持續擴大，這些因素將使中共大膽冒險發動戰爭的機率增加，亦即模糊戰略所造成的風險已超過利益，因此美國必須開始轉向戰略清晰（strategic clarity），亦即美國要明確承諾，一旦中共對臺動武，美國將會予以回應來確保臺灣安全。

但仍有專家主張繼續保持戰略模糊。這種觀點的代表人物是華府智庫「德國馬歇爾基金會」亞洲計畫主任葛來儀（Bonnie Glaser）。她認為戰略清晰政策可能會激怒中國，反而將主政者逼到牆角鋌而走險。美國國家情報總監海恩斯（Avril Haines）也表示，從美國當局的角度來看，如果美國改變「戰略模糊」（strategic ambiguity）的對臺政策，主動表態有意「干涉臺海的『突發事件』」，臺獨勢力必然會變得更加猖狂，中國大陸也會認為這是在「嚴重破壞穩定」。其他理由還包括戰略清晰政策將迫使亞太區域其他主要大國仿效，作出捍衛臺灣的類似聲明，這會增加此區域的不穩定性，臺海和南海更可能成為火藥庫。

由於正反意見都有強力立論基礎，預計未來美國政界及學界，將針對此政策路線繼續辯論。拜登總統過去曾長期擔任參議員及副總統，對外交事務甚為熟稔，若觀察其過往對兩岸問題的態度，會發現他始終主張戰略模糊，而白宮國安會印太事務協調總監坎伯（Kurt M. Campbell），亦曾表態反對改變戰略模糊政策，因此可以判斷，美國政府改變此政策的可能性不高。另外，在臺海問題中扮演相當角色的日本，也是採取戰略模糊政策。雖然在二〇二一年四月，拜登總統及菅義偉首相的美日高峰會談聯合聲明，曾明載臺灣海峽和平與穩定的重要性，但這並不意謂日本會實際派兵協助保障臺灣安全。日本學者松田康博即指出，政府內部早有討論、準備穩妥，其戰略模糊的重點即是「事先不做承諾，盡可能確保日本的決定權」。

（三）美國會派兵介入嗎？

一九九六年臺海危機時，中共得到了諸多教訓，其中之一就是要解決臺海問題，首先必須削弱美國航母戰力。如何使美軍航母不願，或根本不能進入中共「反介入」作戰海域，遂成為中共建軍的重要目標之一。所以中共發展不對稱戰力，以導彈對付航母，因此號稱「航母殺手」的東風－21系列導彈陸續出籠。中共設定的目標固然明確，但技術上卻有相當難度，因為以導彈攻擊地面或海上固定目標，現階段對中共而言技術上已無問題，然而擊中像航母這樣能夠高速移動的目標，仍具相當困難的技術門檻。**中共是否擁有此技術能力，一直是各界關注的焦點，因為一旦成功，整個亞太的軍力平衡及安全環境將會產生重大改變。**

二〇二〇年八月，解放軍試射有「航母殺手」之稱的東風－21D及東風－26B中程導彈。其後解放軍空軍退役大校、北京航空航天大學戰略問題研究中心主任王湘穗透露，二枚導彈皆擊中了數千公里以外，西沙海域的移動靶船。同年十二月，美國印太司令部司令戴維森，在接受《華盛頓郵報》專欄作家羅金（Josh Rogin）專訪時，證實解放軍已成功試射有「航空母艦殺手」之稱的反艦彈道飛彈。

東風系列導彈對美航母及船艦的威脅能力，無疑是判斷美軍是否願意介入臺海的重要指標之一。中共若能力趨於成熟穩定，的確將對美方及臺灣造成極大壓力。美軍航母大約載乘五千左右官兵，因此有人形容，一旦航母遭到摧毀，死傷人數大約等於珍珠港事變加上九一一事件，無論對美國領導者還是一般民眾來說，這都難以接受。

雖然各界對中共導彈能力仍抱持懷疑的立場，但從戰場決策來看，東風導彈實力的虛實在戰術上固然重要，但在戰略上並沒那麼重要，因為這類導彈的暗示性實力，若造成美方及我方指揮官決策時的躊躇與壓力，限制了行動方案，其實已達到了目的。從此觀點來看，只要東風導彈愈能得到各界關注及討論，對中共就愈是有利，這也應是中共所期望的。這種狀況不只出現在東風－21及26，中共近期展示號稱可達音速五倍以上的超高音速導彈東風－17，也是一樣的情形。中共發展一系列東風導彈，似乎主要是對美方執行心理上的嚇阻，這對近年來逐漸降低出兵意願的美國政府，又是一大考驗。智庫蘭德公司的研究報告建議臺海衝突時，航母應保持一定距離，或可作為例證之一。

本書第一章曾簡要分析美軍介入臺海軍事衝突的可能性，此處再就利害與風險做進一步的說明，而我的親身經歷或許可以提供些許參考。

二〇一九年，我退役後曾受邀赴美國智庫擔任訪問學者，拜訪了美國的國會、政府部門、智庫、大學及國防工業等許多部門，會晤了國會議員、專業幕僚、政府官員及專家學者百餘人，針對臺美安全合作及臺灣防衛議題廣泛地交換意見。一位在歐巴馬總統時代，於國防部亞太安全部門擔任高級政務主管的學者，他的一番話令我印象非常深刻。他表示：如果臺海發生戰爭，美國計劃派兵介入，總統詢問**參謀首長聯席會議主席**：「美軍派遣航空母艦馳援臺灣會有什麼樣的風險？」若聯參主席的回答是：「我們的航母如果接近到中國一千五百公里之內，可能遭受中共反艦彈道飛彈的攻擊。」試想美國總統聽到這樣的答案，還會願意派遣航母介入嗎？

他接著又表示：美國過去連續在海外作戰二十餘年，陣亡官兵約四、五千人，如果一艘航母遭受數十枚反艦彈道飛彈的攻擊，死傷官兵幾乎等於過去二十餘年的傷亡總數，再加上一艘航空母艦及一個聯隊的先進戰鬥機。試想，美國會願意為了臺灣，冒這樣的風險，承受這樣的損失嗎？

不管中國反艦彈道飛彈是否有能力精準地攻擊航母，不可否認的是，這種威脅論調確已在美國製造了某些威懾效果。美軍內部已經不乏對此議題的討論，並苦思研發反制之道。

美國的能力

（一）美中在臺海衝突的戰力態勢

上世紀末，美軍在波灣戰爭展現出的高科技作戰模式，被解放軍視同教科書作為學習典範。那時的美中軍事實力，用「天差地別」來形容並不為過。然而進入二十一世紀，奠基於中國經濟實力的逐步增強，解放軍的軍事實力亦隨之獲得大幅提升，武器裝備及戰術觀念從機械化朝信息化轉變，目前甚至已朝向智能化邁進。

解放軍自從波灣戰爭起，積極研究美軍軍力，因而了解自身與美軍的實力差距之大，絕非短期內能趕上，所以他們建軍的方向並非複製美軍的能力，而是要制衡美軍能力。習近平上任後，推行民族主義色彩濃厚的「強國夢」國家戰略，其戰略架構中的軍事部分是「強軍夢」。共軍認為，「強軍夢」的**「強軍戰略」必須具備兩個能力，一是「制衡強權的戰略能力」，二是「實現國家統一的軍事能力」**。因此中國的軍事能力發展目標，鎖定在於臺海區域對美軍形成局部的不對稱軍力優勢，達成「反介入、區域拒止」（A2／AD）的戰略目的，發展重點置於反衛星能力，以基地及航母為目標的長程精準打擊能力。而在新式武器方面，美國目前最注意的是解放軍在高超音速滑翔器（HGV），以及人工智能等顛覆性科技（disruptive technology）的發展，這些能力將是決定未來戰場勝負的關鍵。

美中關係最大矛盾在於臺灣問題，《超限戰》一書作者、解放軍空軍退役少將喬良曾表示：「臺灣問題本質上仍然是中美問題，解決臺灣問題的關鍵不在於解決臺獨勢力，而是先解決中美實力對比的問題。」目前美中之間的軍事實力差距究竟為何？特別是雙方一旦在臺海、南海，以及西太平洋發生衝突時的戰力比較，已成為美國內部政界與學界熱烈討論的焦點話題。美國史丹佛大學學者梅惠琳（Oriana Skylar Mastro），就曾在隸屬美國國會的美中經濟暨安全檢討委員會（US-China Economic and Security Review Commission, USCC）的聽證會中發出警告，表示**美國在臺海的威懾力已達到韓戰以來的最低點**，中共在數年內對臺灣動武的可能性已經增加。

以美國智庫蘭德公司，在二〇一五年出版的《美中軍事記分卡：兵力、地理、力量平衡的變化（1996-2017）》（*The U.S.-China military scorecard : forces, geography, and the evolving balance of power, 1996-2017*）的報告為例，該報告從中美雙方分別攻擊對方空軍基地、空軍作戰能力、反艦作戰能力、反太空能力、網路戰等九個方面，分別就一九九六、二〇〇三、二〇一〇、二〇一七年進行比較。報告認為，美國在臺海區域的優勢正逐步消失；到了二〇一七年，美國優勢只局限在網路作戰、打擊解放軍艦隊，以及導彈攻擊中國基地等三項。而美國的劣勢在於解放軍攻擊空軍基地的能力，以及反水面作戰能力。該報告也預估，**中美軍力對比將在二〇二〇年來到轉折點**，此雖然不代表解放軍在二〇二〇年以後能夠戰勝美軍，但可以在臺海區域取得局部海空優勢，並與美軍展開持久作戰。

美方各單位以美中在臺海衝突為主題，進行過多不勝數、各式各樣的兵棋推演。例如美國國防部與蘭德公司於二〇一九年合作進行的兵推顯示，美中若為臺灣問題開戰，美軍極可能以敗戰收場。**蘭德公司資深分析師奧赫曼內克（David Ochmanek）認為，若中共全力奪取臺灣，美軍會慘敗，且包括航空母艦、亞太基地，甚至是太空衛星等通訊能力都將遭到重創，即便美軍勝利，也會是付出高昂代價的慘勝**。而且戰後美國為確保臺灣安全，必須耗費數千億美元維持永久防禦力量，會因此持續面對中國下一次攻擊的風險，這對目前美國的財政而言將難以負擔。

美國前海軍太平洋艦隊情報主管法內爾（James Fanell）認為，美中在臺海對峙，對美不利的因素包括：數量方面，美國海軍在西太平洋大約有二十五或二十七艘驅逐艦，中共有兩百五十艘，幾乎是十倍；地理方面，臺灣與中共近在咫尺；至於作戰經驗方面，中美都沒有在第一、二島鏈環境下長期作戰的經驗。

（二）美中軍力對比

在美中的軍力對比上，美國國防部二〇二〇年九月所公布中國軍力報告中曾做出具體比較，指出**目前中國在船艦數量、陸基中長程飛彈，以及防空系統等三方面已經超越美國**。中國現在有全世界最大規模的艦隊，包含三百五十艘戰艦和潛艦，多於美軍的二百九十三艘；雙方在陸基中長程導彈方面差距最為顯著，中國共有一千二百五十枚陸基彈道飛彈（GLBMs）和巡弋飛彈（GLCMs），射程介於五百至五千五百公里；美國目前只有一種常規陸基彈道飛彈，射程介於七十至三百公里，且沒有巡弋飛彈。中國防空系統結合俄製S－300和S－400地對空飛彈系統，以及國產紅旗系列防空武器，三者共同形成綿密的防空網。

美軍若派兵介入臺海衝突，決定其作戰結果的因素除了本身的軍事能力，還有許多國際因素在內。一旦美國決定介入臺海戰爭，美國基本上不會獨力參戰，將會尋求地區盟邦日本或澳洲的協助。雖然這些盟邦的參戰意願仍是未知數，但是應至少會在戰場後方提供美軍所需的補給及保修等後勤支援，在此前提下，美軍戰力會獲得一定助益。但另一方面，美國的作戰能力目前僅能因應「一場半」同時發生的衝突，甚至可能吃緊到僅能應付一個區域大戰。所以若是美中發生衝突，其他國家或者恐怖組織亦可能同時趁機發動戰爭或行動；例如：俄羅斯是否會利用美國無暇之際在東歐再次用兵？美國能否兼顧不無疑問。相反的，中國若利用美國處理其他區域重大衝突事件時進犯臺灣，美國應無法全力介入，只能提供後勤支援協助臺灣保衛自己。

許多人無法理解，為何強大的美軍竟然可能輸給解放軍？針對這點，曾任美國參議院軍事委員會幕僚長的布羅斯（Christian Brose），在其著作《擊殺鏈》（*The Kill Chain: Defending America in the Future of High-Tech Warfare*）中曾提到：

許多美國民眾認為我們每年花費近一兆美金在國防事務上，我們的軍力應該比新敵人中國優越許多，然而真實的情況卻讓他們感到驚訝。過去幾十年美中對抗兵棋推演的結果幾乎完全相同：美國戰敗。

瑞典斯德哥爾摩國際和平研究所（Stockholm International Peace Research Institute, SIPRI）在二〇二二年四月，發布有關全球國家軍費支出的報告中指出，二〇二一年軍費支出最多的五個國家依序為美國、中國、印度、英國和俄羅斯，它們支出占全球的六十二%。其中，美國的軍費支出達到八〇一〇億美元，中國為二九三〇億美元。而即便中國近年的軍事支出持續上升，亦僅約美國的三分之一。表面上，中國遠不及美國，但美國的軍事活動範疇遍及全球，且美軍的人事費用占比極高，相對排擠了武器採購及研發經費。相較於美國，中國的軍費並不透明，一般估計，其實際軍費應比所揭露的高二至三倍，同時也只需要專注在亞太地區防務，再加上中共以各種手段非法獲取高科技技術，因此雖然表面上美國軍費高出中國甚多，卻無法有效領先。

另外，美國的建軍方向亦受到批評。布羅斯認為，美國應該以「阻止中國軍事力量」為目的建軍，而非依過時的武力投射戰略來發展武器。亦即，美國應該建造許多廉價、自主控制的武器系統部署在前線，而非好看卻容易被攻擊的高價武器儎臺。蘭德公司分析師奧赫曼內克亦持類以看法，他認為美國當務之急不該是打造更多航母、潛艦與戰機，而應投入資金在先進巡航飛彈、抗干擾戰術與戰區通信系統、衛星防衛技術，甚至加強美軍基地的防衛能力。

美中軍力對比的差距究竟為何，是一個相當複雜的問題，各方說法不一而足，很難有確定答案。但有趣的是，**美國的官方發言或報告，無論從武器質量或兵棋推演結果，大多強調美軍在亞太戰場對中國作戰優勢漸失**，而另一方面，中國軍方對雙方軍力差距的說法則顯得謹慎，少有妄言。當然，一般分析認為美方官員強調中國的軍力逐漸追上美國，是為了爭取更多資源投入軍備建設，此種說法不斷蔓延，似乎已變成某種程度的共識。

美國如何介入臺海衝突？可能的時機與方式

二〇二一年一月，美國國家安全會議公布川普政府於二〇一八年二月批准的「美國印太戰略框架」（United States Strategic Framework for the Indo-Pacific）機密文件。其中載明對中國的目標為：阻止中國對美國和美國盟友或夥伴使用軍事力量，並發展能力和概念，以擊敗中國在各種衝突中的行動，採取的措施為：

(1) 加強美國在印太地區的軍事存在與態勢的戰鬥力，以維護美國的利益和安全承諾。
(2) 制定並實施能夠但不限於以下方面的防禦戰略：A、衝突中拒止中國在第一島鏈內持續的海空優勢；B、保衛包括臺灣在內的第一島鏈國家；C、主導第一島鏈外的所有領域。

臺灣列名美國在第一島鏈中需要保衛的國家，對我國家安全而言具有一定正面意義，但在戰略模糊政策下，美國是否出兵介入臺海衝突仍是未知數。在此針對美國一旦決定介入，其可能時機及方式做一說明。

中共目前對臺灣的軍事威脅，可概分為以下三種：

(1)在臺灣周邊海空域實施武力威懾：派遣海空機艦在臺灣周邊海空域實施軍事活動，壓縮臺灣防衛空間；時機：幾乎每日不間斷的進行。

(2)局部／區域武裝衝突：雙方機艦開火、小規模飛彈攻擊、奪取任一外島；時機：第一線人員擦槍走火、二〇二二年習近平爭取連任碰到內部強大阻力。

(3)全面性武裝犯臺：軍事三棲進犯，全面占領臺灣；時機：二〇二七至二〇三五年間，最遲不超過二〇四九年，當美國嚇阻能力減弱，中共具備軍事侵犯能力，臺灣又拒絕改變，就很有可能發生。

美方介入臺海衝突的方式當然是依中共犯臺方式而定，限於篇幅，本章僅對前述三種可能中最糟的狀況，也就是中共採取全面進犯臺灣的狀況來做說明。

（一）出現戰爭徵兆時，美國的反應

採用優勢武力、快速占領臺灣以造成「既成事實」（fait accompli），從而降低其他國家干預意願，是中共從克里米亞甚至俄烏戰爭案例學到的經驗。戰爭準備時間愈長，動作愈明顯，將製造愈清楚的戰爭徵兆，提供對手充分備戰時間。因此中共一旦決定對臺採取軍事行動，必定是以隱晦且迅速的方式完成攻臺準備。最可行的方式是「以演轉戰」，預先部署與經常性的演習，會鬆懈我方甚至美國心防，並漸進地逐步強化實戰程度，從而迅速轉換為攻擊行動。

一旦察覺戰爭徵兆，美方應會立即對中共提出各種示警及嚇阻作為。美國前國防部長裴利（William J. Perry）在《一九九六年國防報告書》中指出，冷戰後美國處理衝突威脅的政策是「預防」、「嚇阻」與「打擊」（prevent, deter, and defeat）。預防階段實際做法為武力展示，亦即部署武裝部隊監控可能發生危機的區域，以影響潛在對手。

一九九六年臺海危機時，柯林頓政府就派遣「獨立號」及「尼米茲號」航母戰鬥群部署於臺灣周邊海域，對中共進行武力展示，從而對中共決策造成相當壓力。雖然這是一個成功的案例，但九六年時的共軍實力落後，也無精準打擊能力，經此教訓後，集中心力發展潛艦及反艦武器，包括反制美國航母的東風－21D等所謂「殺手鐧」武器因而問世。今日美軍會面臨的場景，顯然今非昔比，介入行動恐難以對中共產生和一九九六年相同的嚇阻效果。因此，美方必將對我國提供早期預警情資及各種後方支援；情報單位會提供中共部隊動態，例如：導彈部隊機動、機降及運輸部隊集結調度等訊息，有利臺灣採取防護作為及部隊部署，為國軍獨力作戰做充分準備。

(二) 當中共發動戰爭，美國如何支援

美國能提供的支援，基本上分為戰略及作戰兩個層面：

1. 戰略層面：政治、經濟制裁中國

誠如二〇二二年俄烏戰爭，美國聯合歐盟、北約等國家對俄羅斯採取的全面性制裁。若兩岸爆發戰爭，美國勢將聯合歐盟等友邦，經由聯合國及各種國際組織發起政治、外交、法律、輿論各層面的討伐，進而進行經濟、貿易、金融、科技的制裁，壓制中共犯臺野心。

中國著名軍事專家喬良就曾表示，臺海戰爭爆發，美軍應不會直接對中國開戰，而是聯合西方國家封鎖制裁中國，以海空優勢，切斷海上交通線，使中國製造業所需資源無法輸入，商品無法輸出，同時通過紐約及倫敦兩大金融中心，切斷中國資金鏈。

2. 作戰層面

(1) 協助執行反封鎖

美國執行海上反封鎖可能方式如下：

A、聯合各國，特別是日、韓等受影響國家，不遵行中方封鎖區的禁制公告。

B、以國籍船懸掛美國國旗的方式，刻意通過禁制區向我運補。中共如果攻擊懸掛美國旗的商船，這形同對美宣戰，因此嚇阻／反制成功的可能性頗高。

C、在遠端對進出中國大陸的商船強制禁運。

D、空中部分，美軍可能以劃定空中禁航區來達成干預的目的，禁止中共軍機進入臺灣海峽區域。中共將無法提供第一波登陸部隊火力支援。

(2)提供臺灣軍事支援：美方軍事支援分為兩種，一是間接支援，二是直接介入。

A、間接支援

a.提供臺灣即時性通信、電子、影像等戰場情報：建立國軍與美軍的資料鏈結，使國軍可直接接收美軍偵察、定位衛星、無人機，或偵察機所截獲之通信、電子及影像等各種情資，特別是臺灣在承受第一擊，各型雷達與重要基地遭到嚴重破壞後尤為重要，將可確保國軍的反擊能力。

b.提供臺灣所需的武器裝備及後勤支援：如同八二三砲戰，當時美軍並未參與戰鬥，但提供國軍八吋榴砲及響尾蛇飛彈等裝備，有效扭轉戰局，讓共軍鎩羽而歸。另外在九六年臺海飛彈危機時，臺灣也以戰備急需為名，向美國緊急採購所需武器，並以空運的方式快速運抵臺灣。未來共軍犯臺，首要目標在奪取空中及海上優勢，因此諸如愛國者三型防空飛彈、標準二型飛彈、魚叉海岸防禦系統，以及刺針野戰防空飛彈等裝備，應是我國戰時需要美國優先提供援助的項目。當然，除了主件之外，相關備份零附件及維修保養等後勤服務也在需求之列。另外，近期已有美國軍事專家提出建議，希望眾議院可對臺灣授權「供應盟國戰爭儲備存量」（War Reserve Stocks for Allies, WRSA），讓美軍在臺灣囤儲戰備物資，戰時可即時開放對國軍支援，這機制在以色列與其他民主小國均已實行。

c. 假臺灣名義對中共發起關鍵性網路攻擊：美軍具有成熟的網路作戰能力，可協助臺灣或假臺灣名義運用網路手段攻擊中共軍用設施，例如：執行指揮自動化系統（C4ISR，指管通資情監偵，指揮〔Command〕、管制〔Control〕、通信〔Communications〕、電腦資訊〔Computers〕、情報〔Intelligence〕、監視〔Surveillance〕）的指管鏈路和網路節點，使其無法遂行聯合作戰及進行決策；或者攻擊民用目標，例如電力、水、燃料、通訊和交通重要關鍵基礎設施，影響中國政府運作，造成人民恐慌。

d. 摧毀中國低軌道軍事用途衛星：目前全世界擁有反衛星能力的國家僅有美國、俄羅斯、中國、印度。現今所有先進國家都高度依賴衛星作為作戰手段，利用反衛星武器攻擊敵方衛星系統，等於直接破壞其C4ISR系統運作，使敵方喪失監控、通訊甚至飛彈導引能力，這已成為現代戰爭中的新興手段。臺海戰爭中，中共主要憑恃導彈的精準打擊能力，以及先進海空儎臺聯合作戰能力，對美軍進行反介入作戰嚇阻，而衛星在其中發揮了重要功能，因此摧毀中國低軌軍事衛星，破壞其作戰能力乃為美軍的可能選項。然而這種屬於太空戰的做法，由於在人類戰爭史上尚未出現，且也違反國際太空法中主張的「太空和平使用」精神，將會造成相當爭議。另一方面，美國或可利用其所擁有衛星干擾能力，遮斷中國使用的北斗導航系統，也可影響解放軍導彈的精準度及武器系統運作。

B、對中國採取直接軍事對抗

a. 視被捲入戰爭的決心而定，對中共關鍵軍事基地、設施、儎臺實施遠端飛彈打擊：基本上，**美國政治領袖決策時會盡力避免與中共發生直接軍事衝突，因為這意謂著兩個核武大國可能爆發全面戰爭，後果難以想像。因此在所有想定中，美軍派遣實兵全面介入臺海衝突，必然是可能性最低的選項。**若雙方仍具理性，排除使用核武，將場景設定為小規模傳統局部戰爭，美軍必須根本性摧毀解放軍指揮、管制和通訊設施，當然也包括飛彈陣地、防空兵力、海空軍基地等。美國的軍事行動範圍將不僅限於臺海，亦包括中國大陸境內，目標在剷除中共短、中期再度以武力威脅臺灣的能力。但與此同時，美軍亦將遭遇解放軍各種反艦及防空武器的反撲。鑑於解放軍完整的長程防空能力，攻擊中國境內重要軍事戰略目標並非易事，此時遠端飛彈打擊仍是美軍最合理的選擇。臺海衝突中，鑑於戰爭成本會隨著時間急遽增加，其實不止中共將秉持速戰速決的原則，美軍也將追逐相同的目標。然若戰事呈現膠著，中美兩方談判破裂或拖延，又將出現不同場景。此時雙方將會在臺灣周邊進行長期對峙，成為意志力與國力的競賽。對美軍而言，面對解放軍擁有的地利優勢，如何維持遠距戰力，同時又要防止中共襲擾，這將會是一大挑戰。

b. 組織盟軍介入：美軍與盟國共同作戰，重點在雙方作戰互通（interoperability）能力。可惜我國與美方雖為友邦，但非盟邦，且**自一九七八年美國終止協防條約迄今，美軍與國軍從未實施聯合操演，更無順暢互通的指管通情鏈路，一旦雙方部隊貿然在同一戰場活動，從任務分工、目標分配，到敵友識別等都是問題，輕則彼此掣肘，重則出現誤擊，對戰力有害無益。所以即使美方願意出兵介入，國軍也無法與美軍進行聯合作戰，所謂「臺美聯軍」不可能出現。**

由美軍近期參與的包括伊拉克及阿富汗等海外行動可看出，單槍匹馬參戰的情形已不復見，與盟國組成多國部隊，共同執行作戰任務已成為固定模式，因此未來介入臺海衝突應採取同一模式。但要與盟國共同行動，就必須尊重盟國意願。美國在印太盟國包括日本、澳洲、印度等 Quad 成員，各國基於中國的軍事實力、複雜經貿關係，以及地緣考量，決定是否與美組成盟軍時必將陷入長考，其中又以日本承受的壓力最大。此場戰爭雖與國家利益密切相關，然若積極參與，則將承受中共報復攻擊，反之則等於宣告日美同盟關係結束，可以想見，將對印太地區的地緣政治與安全態勢造成顛覆性影響。

除直接武力介入，當然也可能採取間接方式牽制中共，包括使用「以演轉戰」的方式令中共陷入備多力分的窘境，此方式較為可行。例如由駐日美軍與日本自衛隊提升軍演層級，從而牽制東部與北方戰區兵力，同時美軍與印度舉行聯合演習，牽制西部戰區兵力，造成中共不但無法從這幾個戰區抽騰部隊支援臺海戰事，甚至必須加派部隊固守原有陣地，這會相當程度牽制共軍臺海戰力。

臺灣該如何看待美國支援？有什麼合理期待

（一）臺灣應有的態度

若是不幸中共武力犯臺，美國是否會出兵護臺？戰端不啟，永遠不會有答案。但讓我們回頭看看歷史經驗：一九五〇年代初期，美軍在朝鮮半島作戰的結果，使其分裂為共產黨統治的北韓和民主南韓，雙方對峙延續至今；隨後美軍出兵介入越戰，最終撤軍導致北越共產政權赤化越南；二〇一九年，川普政府宣布從敘利亞撤軍，遺棄當地長期與美軍並肩作戰，打擊「伊斯蘭國」的庫德族；及至最近美國因為九一一事件，發動阿富汗戰爭二十年後，拜登政府決定從阿富汗撤軍，導致神學士組織班師回朝重掌政權。**美國介入的戰爭似乎結局都不理想。另外，從川普任內沒有海外派兵的紀錄，到拜登總統延續川普從阿富汗撤軍的政策來看，厭戰似乎成為近期美國領導者的共同心理。**

這些情況顯示，日後美國出兵海外執行作戰的可能性愈來愈低，這也引發盟邦對美國所能提供安全保障信賴度的猜疑。從華府對「因應中國崛起」的戰略——自歐巴馬時代的「重返亞太」，到川普的「印太戰略」就可看出，美國政府早已放棄擁抱中國的友善立場，但即使各種對中戰略不斷出爐，美國「戰略模糊」的立場卻始終沒有改變，因此即使其「將中國視為威脅」，但並不等於「願意出兵與中國戰鬥以保衛臺灣」。

《孫子兵法》中有云：「故用兵之法，無恃其不來，恃吾有以待之；無恃其不攻，恃吾有所不可攻也。」我們不要寄望敵人的「不來」、「不攻」，而是要做好充分準備，使敵人「有所不可攻」。軍歌《莫等待》有兩句歌詞：「靠天吃飯要餓死，靠人打仗要失敗。」則傳神地描述了目前臺灣的安全處境。**站在國家安全的立場，我們不能倚恃那些操之在人的因素。不論中國會否出兵犯臺，我們必須讓中共的領導階層清楚地了解，以武力犯臺的代價會遠大於利益，而且不能如願達成**。換句話說，臺灣必須建立確實可信的防衛姿態，以嚇阻中共武統的目的。

歸根結底，臺灣本身的安全，還是來自於全民共識與支持下所產生的防衛決心與實力，以提高中國的犯臺成本，使北京不願輕易使用武力；至於其他國家的支持與助力，應抱著「有，感謝；沒有，無懼」的態度。

（二）對美國的合理期待

美國喬治華盛頓大學教授葛拉瑟（Charles Glaser），於二〇二一年四月投書《外交事務》期刊，提醒美國應根據利益等級思考東亞政策的優先順序。作者認為既然臺灣不是美國的重要利益，應終止對臺灣的承諾。類似的觀點也曾出現在蘭德公司二〇二一年初「實施戰略收縮」（Implementing Restraint）的報告中。這些論述的思考根本，都是認為**臺灣不是美國的優先利益。**

雖然這些被歸類為「棄臺論」的觀點，目前非美國處理兩岸關係的主流，但是一再的被提出，可能成為另一種類型的「戰略清晰」模式，提供美國政界及學界思考與辯論。「棄臺論」雖然不至於立即成真，但也必須視為一個警訊，我們身為當事者不可不慎。

對於臺灣的安全而言，美國在「戰略模糊」的策略下，從未明確界定其立場及利益。但中國因為視臺灣為涉及中國主權及領土的核心利益，則清楚表示絕無退讓空間。可見美中在臺灣問題上對可能的衝突的作戰決心，呈現明顯且巨大的差異。

臺美關係向來堅實友好，臺灣不需懷疑美國保障忠誠友邦安全承諾的可信度，而且美國擔任世界警察對維持世界和平的貢獻也不容抹殺，但問題是正如前文所析，**臺灣自身的安全若完全託付給美國，確實是冒險的行為。**

許多臺灣人民相信美國會出兵援臺，但不去思考美國為何要無條件地犧牲其人民性命，出兵援助臺灣？臺灣人民抱著搭便車（free rider）的不負責任心態亦遭美方詬病，因而屢次強調臺灣必須先對本身安全負責，其他日後再議。

在美期間，我多次前往國會山莊拜訪國會議員，尋求他們對臺灣的支持，當談到面對中國的威脅，該如何保衛臺灣時，我總是告訴他們：「以身為一位曾經在軍中服役四十餘年的職業軍人而言，我不會也不該期待美國犧牲年輕人的性命來保衛臺灣，保衛臺灣是我們臺灣自己的責任。不過臺灣需要美國的協助以增強防衛能力，有了美國的協助，我們戰力會更強、嚇阻力會更高。」

身為臺灣的一分子，我們必須更理性的去思考：期待別的國家犧牲他們子民的性命來保衛臺灣，是否有些不切實際？自己的國家別人救，似乎不太對吧？自己的國家自己救，這才是天經地義。

另外，**「美國值不值得信賴」這個問題有標準答案，亦即當你能提供的利益符合美國國家利益，就值得信賴，反之則不能信賴**。所以，與其執著於討論美國的信賴度，不如反求諸己，檢討本身所能提供的利益是否與美國利益相符？或者努力讓臺灣的利益與美國利益結合。所以，臺灣對美支援的合理期待值，其實就是雙方利益的重疊值。

第二部

臺灣國防的再省思

第五章　臺灣應有的國防思維

努力避戰而不示敵以虛，全力備戰而不對敵挑釁。

臺灣面臨的國防安全威脅頗極端，在軍事實力上的對比也頗為懸殊，而且這種懸殊的差距隨著時間的推移，毫無疑問地只會愈來愈大。在這種情況下，**就臺灣的立場，避免戰爭發生就是戰略上的最大勝利**。想要避免戰爭，雖非全然操之在我，但我們仍然可以找到適切的方法影響結果。誠如本書前半所言，侵略者是否會採取行動，取決於侵略者的「意圖」有多麼強烈，以及是否具備足夠的「能力」。我們想要降低戰爭發生的可能性，就必須從這兩個面向著手。

一般而言，影響侵略國發動戰爭「意圖」的因素較為廣泛，包括侵略國的內部因素，被侵略國的戰略作為，以及整體國際情勢的演變。而影響發起戰爭「意圖」的面向亦極為多元，舉凡政治、外交、經濟、社會、軍事、資訊，以及意識形態等，都可能在不同的情境中扮演催化或抑制的角色。相對而言，影響侵略國發動戰爭的「能力」因素則較為局限，主要牽涉的是與被侵略國軍事能力的對比、是否有外力介入，以及其介入的方式、程度。

戰爭的殘酷與無情遠超過我們的想像，政府的職責主要在提供人民一個免於恐懼、安居樂業的生活環境。因此，**從國家安全戰略的立場，上策必然是避免戰爭發生；如果不成，也要有能力「嚇阻」敵人對我發動戰爭；假如用盡了手段仍不能遏止戰爭，下策才是想辦法「打贏」戰爭。**

再進一步探討國家面對戰爭議題必須採取的「預防、嚇阻、打贏」三部曲，顯然愈早規劃、愈早準備、愈早影響戰爭的作為，所要付出的代價就愈低。如果我們採取適當作為、有效的方法，預先防止戰爭的發生，自然能收到弭患於未形的效果，也可確保人民的福祉。

如果這種高效、廉價、易行的預防方法無效，敵我雙方的情勢持續緊繃、升高，這時想阻止戰爭的發生，唯有靠自身的實力，尤其是軍事實力來「嚇阻」敵對我興兵進犯的「意圖」。然而，以軍事手段建立嚇阻的能力何其昂貴！更麻煩的是，過去國軍建立有效嚇阻的能力，正隨著兩岸軍事實力差距的擴大而降低。如果我們持續輕忽能避免戰爭的作為，又不正確地運用有限的國防資源建立可恃的嚇阻能力，有朝一日戰爭的噩夢終將降臨。屆時，我們唯一的選擇就是國家安全的最下策——打贏戰爭。不幸的是，在當前敵我軍事實力懸殊的現實下，打贏戰爭豈是易事？縱然最終我們有幸得勝，戰禍造成的滿目瘡痍也絕非全民所願。

面對國家安全的嚴肅課題，我們必須詳思備審、纖介無遺，不能只聚焦在軍事作戰單一區塊。軍事是政治的延伸，任何與軍事作戰有關的國家安全問題，政治均扮演著核心的角色。保護人民、遠離戰爭是政府最基本的職責，而欲達此目標，必須有一套全面性、周延性的規劃與做法，而非任由局勢、順著民意自然發展。

國家安全戰略的規劃，不但要立足於該有的高度，更應有全面性思維，不只要謀其所難，亦不能輕忽其易；不僅需備其所可畏，亦不可遺其所不疑。國防與軍事戰略僅是國家安全戰略之一環，我們制定建軍及用兵構想以前，必須針對「避免戰爭」、「嚇阻戰爭」、「打贏戰爭」這三個國家安全的重要環節逐一審視，如此方能上下一貫，無所闕漏。

避免戰爭——讓戰爭沒有理由發生

> 國小而不處卑，力少而不畏強，無禮而侮大鄰，貪愎而拙交者，可亡也。
>
> ——《韓非子》

觀察近幾年兩岸情勢的發展，雙方互動並未朝正向發展，不但交流緊縮，不時的唇槍舌戰，皆在不斷累積衝突因子。有朝一日，當關鍵的導火線出現，雙方騎虎難下而被迫干戈以對時，無論如何事後補救、努力化解危機，恐怕都無濟於事。

「禁微則易，救末者難」，戰事一啟，不論勝負，戰爭浩劫是全體人民無法避免也無法承受的災禍。因此，除了軍事手段之外，我們必須提出一些具體可行的方法，來防範、避免以兵戎相見的方式解決雙方的歧異。

（一）區分中國與中共

不要讓「武力統一」臺灣，成為中國人民的集體意志。

二〇二〇以後，美中兩強對峙驟然升高，美國制定了新的對中戰略報告，承認過去幾十年對中接觸政策已經失敗，因而決定改變策略，全面遏制中國在經濟、軍事、政治等領域的擴張。與此相關的實際作為，包含了聯合盟邦集體圍堵中國、制裁香港版《國安法》的施行、將眾多中國官媒視為外國使團、將數十家中企列入涉及軍企的黑名單、升級對華為的禁令、禁止美企採用中企電信設備、限制美企精密半導體晶片輸往中國。

不只如此，二〇二一年，美國財政年度國防授權法（National Defense Authorization Act, NDAA）中，增注十四億美元於「太平洋威懾倡議」（Pacific Deterrence Initiative），到了二〇二二年，又再注入五十五億美元，美國政府並發布南海立場，明確表示中國九段線違反國際法，矢言確保開放及自由的印太區域。此外，更首次出現美國雙航母於南海演訓，機艦頻頻出入南海及臺海區域。在外交上，美國政府斷然關閉中國駐休士頓領事館，國會則積極推動各項法案，遏止中國擴張。凡此種種，均顯示美中兩國已正式邁入修昔底德陷阱的競爭，臺灣位於美中安全對抗的地緣中心，我們不能不謹慎以對。

綜整所有美國遏制中國擴張的全般戰略，最值得稱道，也最值得臺灣借鏡的，是川普政府於二〇二〇下半年，推出區分「中國」與「中共」的策略。美國深知公然與十四億人口對抗絕非明智之舉，專制獨裁、野心擴張，進行不公平貿易行為，損害美國利益的是中共政權而非全體中國人民，這種戰略區隔是一個智慧的決定。

美國作為超級大國尚且如此，小如臺灣，又位處第一線，要如何與龐大的十四億中國人民為敵？區分中國與中共的做法絕對值得我們採行，讓它成為臺灣國家安全戰略的指導方向。或許有人會說，臺灣向來反的是中共政權，從來沒有反對中國人民；但過去幾年，臺灣的大陸政策、官方與部分媒體的發言，顯示我們並未將中國人民與中共區隔。而在民間孕育出來的仇中、反中情緒，更是將中國人民與中共混為一談，此種風氣的滋長，對臺灣的國家安全及經濟發展，絕對有弊無利。

誠如前文所述，制定國家安全戰略，必須有一定的高度、廣度，中國不論經濟如何發展，國力如何強盛，不變的事實是：中國是一黨專政、集權統治的國家，中共也把確保中國共產黨

「永遠一黨專政」當成國家核心利益，任何人都別想動搖。

我們知道，治理民主國家靠的是制度，而專制國家靠的是熱情。中國人民的熱情從哪而來？毫無疑問，來自民族主義與思想教育。歷史告訴我們，當一個國家成功完成了經濟改革以後，緊接著而來的必定是政治改革，雖然此刻中國的現象似乎與歷史軌跡並不相符，但是中共領導階層對此必然戒慎恐懼，處心積慮的想阻止「富而後知榮辱」的現象發生。因此中共政權的核心，其實隱藏著難言的脆弱，它害怕自己的人民，並且知道民主、自由、平等、尊嚴是人類的共同價值，然而中共專制政權不想提供人民這些基本人權，它唯一可做的，就是無限擴大民族主義的意識，高呼重拾中華民族的歷史榮光，激起人民愛國的熱情，奮發團結，一致對外。

激情不可能永遠持續，當一切回歸理性的常態，中國人民終將要求中共政權給予應該擁有的民主元素。如果我們因勢利導，隨著此種情勢的演變，秉持區隔中共與中國人民的策略，反對中共而不反對中國，爭取中國的廣大人心，如此一個沒有獲得多數人民支持的中共政權，定然難以對臺灣安全產生威脅。

（二）理解中國人民

海峽兩岸人民雖然同文同種，不過自一九四九年分治以來，由於制度不同，人民在成長過程中所受的教育亦多所差異，對歷史與文化的認知相當不同。

一八四〇年鴉片戰爭以後，中國飽受列強欺凌，與當時世界列強簽訂了一系列不平等條約。這些條約形成的百年國恥意識，造成中國社會群體心理的巨大扭曲，從小接受這段歷史教育的中國人民，心理上不容易走出這段不堪的歷史陰影，而且在當今中共的專制統治之下，人民普遍接收單一且來自官方的資訊，因而一旦面對反中論調，便會直覺反射出「中國已經足夠強大，可以平視這個世界，不需要再忍氣吞聲」的心理，從而做出強勢反應。

反之，在臺灣成長的年輕世代，基於對中國的疏離感，看到這種現象，心裡呈現出的中國印象就是傲慢、鴨霸，尤其在兩岸發生齟齬的時候，這種感覺來得更為強烈，於是乎，負面情緒爆發，雙方開始惡言以對、相互攻訐。然而現實的問題是，在敵大我小、敵強我弱的劣勢下，不加思索地情緒以對，對臺灣安全不會產生正面助益。

如果我們對大陸人民有著多一分了解，或許我們會多一分同理心，從而能以理性冷靜的態度應對兩岸的紛爭。我們的態度應是有為有守、雍容大度，既不失立場，又不無端激怒對方，面對臺灣安全的問題，我們有必要多修習「了解廣大中國人民心理」這門課。

（三）消弭仇中、反中氛圍

在臺灣有為數不少，尤其是年輕世代的網路鄉民，只要一接觸有關中國的議題，不論在什麼領域，都會不加思索地批評連發，「親中賣臺」的帽子很快便接踵而至。

至於政府面對兩岸爭執的官方發言，也是剛硬無比、不留情面。尤其在二〇二〇年開始熾熱發展的新型態美中衝突，臺灣忙不迭地選邊站隊，兩岸的言詞交鋒達到前所未有的熱度。而在此同時，中共的「武統論」開始甚囂塵上，雖然在媒體倡言者尚不具備官方身分，但中共當局亦未表態制止，任由此類言論發酵蔓延。值此中共政權多事之秋，自顧不暇之際，對臺灣而來的酸言冷語必然十分感冒。

擺在我們眼前鐵一般的事實是，當今兩岸軍事實力差距懸殊，臺灣處於劣勢，理當戒慎恐懼、冷靜以對，不使對岸有尋釁滋事的藉口。臺灣不循此途，官民同調共嗆中國，此舉不僅會惹惱中共政權，亦將激化廣大中國人民的負面情緒。

須知謀我日亟的是中共政權，若未獲得多數中國人民的支持，中共未必敢輕啟戰端。中共向來善於煽動人民的民族意識，以達支持其政治的目標，香港《國安法》的推動即是一鮮明例證。如果我們不分中共、中國，一概以嘲諷奚落的態度對待，除了會激起兩岸人民相互憎惡，也是在幫助中共政權對我動武的意圖凝聚民氣。

「惟智者能以小事大」，面對矢言不排除以武力統一臺灣的強權，臺灣必須面對現實，採取以智而非以力的方法與其周旋，並從中找尋生存發展的機會。現實不利於我，就應設法創造一個有利的形勢。就當前形勢而言，要防止戰爭的發生，爭取廣大的中國民心絕對是優先必要的工作。

政府應該積極運用各種方法，消弭仇中、反中的情緒，並鼓勵民間在媒體、網路等各個領域營造兩岸和諧氣氛，而政府本身亦應起帶頭作用，即使兩岸官方齟齬，亦無需唇薄舌尖地酸言以對。如此作為，既不損及臺灣立場及主體性，亦能顯現我雍容的態度與民主風範，更能防止中共政權恣意而為，藉口興師。

（四）營造兩岸善意氛圍

二〇一六年，中共因為臺灣不再承認「九二共識」而關閉兩岸官方溝通大門。雖然蔡英文總統在首任就職演說及其後的相關場合，多次重申臺灣對中國大陸的善意與不變的承諾，並願意維持溝通機制，持續推動兩岸關係和平穩定發展，然而中共對此充耳不聞，兩岸事務訊息也是「已讀不回」。就「避免戰爭」風險管理而言，這種現象相當令人擔憂。要防止戰爭發生，兩岸相互的了解與交流極為重要，缺少了官方溝通機制，雙方誤解錯判的機率將大幅提高。

多年來，包括美國在內，關心兩岸關係的有識之士，不斷透過二軌溝通，想方設法試圖找出些許能為兩岸共同接受的方案取代九二共識，期能再度敲開官方溝通大門，然而種種嘗試都徒勞無功。展望未來，很難令人樂觀期待會出現任何新的替代共識，讓兩岸能夠恢復官方的交流與協商管道。

兩岸在價值觀、意識形態，以及制度上雖然存在難以跨越的鴻溝，但是也存在許多共同利益，經濟發展及商業互往就是一個明顯的例子。臺灣的經濟高度依賴對外貿易，又以出口為導向，而對中國大陸的出口，經年維持占總出口四十%以上。即使如今兩岸軍事對峙愈演愈烈，經貿往來卻愈綁愈緊，臺灣對中國大陸的經濟依賴也愈來愈深。

美中大國競爭關係逐漸升溫之際，兩岸關係也跟著每下愈況，憂慮兩岸是否會發生戰爭的有識之士也愈來愈多。就「避免戰爭」的觀點，雙方缺乏交流機制及溝通管道，的確會增加誤解錯判的可能，甚而肇生武裝衝突及至全面開戰。

兩岸是否會發生戰爭？何時會發生戰爭？愈來愈難預測。對臺灣而言，殘酷的事實是：兩岸一旦開戰，主要戰場必然在臺灣及周遭區域。戰爭造成的生靈塗炭，必將由臺灣兩千三百萬人民共同承擔。

防止戰爭的發生，是政治領導人責無旁貸的任務。退一萬步而言，即使兩岸終須一戰，其啟戰原因也不該是缺乏官方溝通機制所引發的「誤判」。政府不能因為缺乏溝通管道而推卸避免戰爭的責任，相反的，正因為兩岸溝通機制無法恢復，政府更應謹慎以對，在其他的面向積極而為，避免刺激中國人民情緒，降低中共惡意挑釁的藉口。臺灣目前可以做也應該做的，就是政府與人民合力向對岸營造善意氛圍並凸顯中共惡質作為，爭取中國廣大民心。

如何營造兩岸善意氛圍？其實機會頗多。舉例而言，當新冠病毒在武漢肇生之初，日本向中國提供一些醫療物資，並在包裝箱外寫著「山川異域，風月同天」的簡單對句，短短八個字，即使在反日情結嚴重的中國，這種簡單善意都迅速在民間發酵。日本的心意獲得了正面迴響，這是高明的以外交戰勝敵人的「伐交」謀略。但在同一時間，臺灣則是視疫如瘟，官民通力冷嘲熱諷；即便全球官方均以「COVID-19」統一命名疫情，在臺灣，「武漢肺炎」之稱卻始終未絕。

比較臺日對中策略，真是高下立判，相去何止千里！臺灣在沾沾自喜防疫成效之際，何曾思考過我們又失去了什麼？如果臺灣在疫情之初，率先採取如日本作為，中共政權是會接受還是拒絕？無論結果如何，對臺灣均有利無弊。然而我們卻捨棄大好機會，不思此途，再加上中國在疫情期間仍不停地派遣機艦至我周邊海空域挑釁威嚇，兩岸關係因此更形惡化。

我們須知，新冠病毒疫情源自武漢，北京面對全球疫情慘狀，豈會毫無心理壓力？此時臺灣的酸言冷語，不啻是踩其痛腳，中共難免心生怨懟。須知中共並非雍容大度的民主政權，此種怨氣，日後豈會不尋機報復？兩岸關係在這種惡性螺旋發展下，發生戰爭的機率當然隨之提高。我們必須冷靜思考，主動營造善意氛圍才是智者所為。

雖然在疫情初起時的走向無助兩岸關係，所幸二〇二一年七月，由於中國大陸河南鄭州遭受暴雨侵襲，造成嚴重災損和人員傷亡，總統府發言人在第一時間，公開轉達了蔡英文總統的慰問和關切，雖然不是親自表達，但多少象徵了執政團隊的思維開始有了彈性，積極友善地遞出橄欖枝，這是可喜的現象。

當危機演變成局部衝突，不確定性會隨之增強，進而逐步失控，終而發展成全面戰爭。我們可以為民主自由挺身而戰，為生存發展挺身而戰，但政府豈能因口舌之爭而導致人民戰禍上身？

（五）慎防擦槍走火

解放軍早在馬英九總統執政時期就開始遠海長航訓練，既然要往西太平洋實施軍事訓練及戰場經營，宮古群島及巴士海峽就是必經之地，經過臺灣防空識別區及周邊海域亦是必然之舉，只不過在兩岸情勢較為緩和的年代，此類重大軍事活動臺灣多少會事先知悉，因此在解放軍機艦通過周遭海空域時，我方派遣機艦應變處理時亦多採區域，而非近身監控。但二〇一六年以後，中國除了持續遠海長航訓練，同時也開始增派機艦，針對性地進入臺灣周邊海空域，企圖壓縮我方防禦空間，而面對這種軍事威嚇，我方也被迫採取近接監控方式以顯示臺灣的防衛決心。然而，此舉無形中也增加了雙方擦槍走火的可能。

美國機艦在南海、臺海，以及東海的活動已行之有年。中國就曾將「對臺軍售」、「年度中國軍力報告書」，以及「美軍機艦對中之抵近偵查」列為美中交往的三大障礙。而隨著中國軍力提升，歐巴馬政府時期制定「亞太再平衡」(Asia Rebalance)戰略，開始增加機艦在此區域的活動頻率，川普與拜登政府的「印太戰略」更持續加碼。二〇二〇年五月，美國制定「美國對中華人民共和國的戰略方針」（United States Strategic Approach to The People's Republic of China）以後，美軍機艦在此區域活動的質與量都急遽增高，甚至在二〇二一年七月，有兩個航空母艦打擊群（Carrier strike group）[8]兩度在南海軍演，這種高強度的軍事活動前所未有。

中國在實現「中華民族偉大復興」之「中國夢」推動下，相當謹慎地依託軍事現代化的成果，逐步向周邊區域進行軍事擴張，試圖避免落入修昔底德陷阱。

在尋求對周邊區域軍事擴張的同時，又不會導致爭端升級的考量下，除了對臺的軍事行動，解放軍在周邊的軍事活動採取的是「戰略擴張，戰術防禦」模式。解放軍相當細膩地操作此「守勢擴張」的戰略指導原則，一方面對周邊東海、臺海、南海從事戰略擴張，例如：二〇一三年十一月宣布劃設東海防空識別區；二〇一九年完成所控制之南沙諸島礁岩人工造島及設施軍事化。另一方面，中國為了避免從事戰略擴張時升高爭端，多採取以海上民兵漁船在第一線，海警船在第二線，海軍位居第三線的「軍、警、民聯防機制」，以降低對手挑釁的機會。

面對美軍機艦頻頻進入其島礁周邊十二浬海域，解放軍並未採取正規警告與驅離作為，反而是用己方機、艦、船直接逼近的方式，迫使美方機艦遠離。這樣的策略讓美軍在任務執行時

8 航空母艦打擊群：美國軍事單位，主要任務為打擊恐怖組織的地上目標，由一艘航空母艦、至少一艘巡洋艦、一支驅逐艦隊，以及約六十五至七十架定翼機、直升機的航空母艦飛行大隊組成。

的技術操作變得愈來愈困難，雙方機艦碰撞的風險也隨之升高。解放軍此舉的目的在逼迫美軍，使其爾後每次機艦遭遇此種戰術性干擾，都必須重新評估此等任務在技術層面上的風險性，藉此抑制美軍的機艦活動，以達其「戰略擴張」的目的。

美國為了開放與自由的印太戰略；中國為了對周邊區域的戰略擴張；臺灣為了保障周邊海空域的安全，都不得不投入大量機艦進行相對性的軍事任務。如此頻密交手，難怪外界憂心可能擦槍走火。

就美、中互動而言，雙方除了有自訂的行為及交戰準則供機艦遵循外，美中同屬「西太平洋海軍論壇」會員，該論壇於二〇一四年四月通過《海上意外相遇規則》（The Code for Unplanned Encounters at Sea, CUES），因此即使美中兩國並未建立「軍事互信機制」（Confidence Building Measures, CBM），但是雙方艦機如確遵規則執行，並不容易發生誤判致肇生意外。

臺灣非西太平洋海軍論壇（Western Pacific Naval Symposium）會員國，但我國海軍仍願遵守《海上意外相遇規則》與各國海軍互動，當我國海軍於臺灣周邊海域與美國軍艦不期而遇，雙方均能以《海上意外相遇規則》內的程序，相互聯繫、了解意圖。而與其他國家軍艦不期而遇時，多數國家也願意以此規則互動。但當我海軍艦艇與中共軍艦遭遇，中共對我方的詢問往往是充耳不聞，有時甚至還會發出非善意的警告。美中兩國互動尚有《海上意外相遇規則》可以遵循，兩岸之間就只能各憑判斷，毫無規則可言，這是可能導致他日擦槍走火的未爆彈。

兩岸想要防止衝突、避免誤判、禁開第一槍、確保和平等，諸多做法中，沒有一個比軍事交往、雙方建立軍事溝通管道更有效。陳水扁總統時期曾有意與對岸建立「軍事互信機制」，然而中共對此置若罔聞。到了馬英九總統時期，兩岸態度相對緩和，本是建立軍事互信機制的大好時機，惟是時馬政府的兩岸政策是「先經後政」，亦擔心貿然推動「軍事互信機制」，可能在國內政壇造成負面衝擊而裹足不前。如今兩岸氣氛劍拔弩張，更難以重啟類似話題。

在兩岸缺乏所有預防擦槍走火的機制下，為防止意外事件發生，只有賴我國作戰指揮機構訂定一套明確的行為準則。此外，上級指揮機構即時且明確的命令下達亦極為重要。我們必須了解，每一位身處第一線的指揮官，例如飛行員或艦長，都承受來自於兩方面的巨大壓力：一個是敵人的行動威脅，另一個是來自陸上指揮所的指令。有時候，上級的無形壓力會更甚於對威脅的應處。如果上級只是下達「強勢驅離」，或是「趕它離開」這種不具體的命令，反映在第一現場的處置方法將千百不一。第一線指揮官必須考量，不採取激進的行動就難以達成上級「強勢驅離」的命令，但採取過於壓迫的戰術姿態，肇生擦槍走火的可能性必定急遽增高。

二〇〇一年，美中軍機在海南島附近互撞的意外，就是因為解放軍未有適當、周全的行動準則，也缺乏即時明確的命令，任由過於熱血的飛行員自行處理所致。指揮階層必須明瞭，如果下達的命令不夠明確，現場狀況的演變將因第一線指揮官的個性、情緒，以及抗壓能力而迴然不同，如此，事件的發展必難以掌控，這會大幅提高發生意外事件的可能性。

臺灣的軍事實力居於劣勢，要防止武裝衝突的發生，不能授予敵人把柄，而含糊不清的指令不值得成為戰爭的導火線，這是上級指揮官的絕對責任。因此，給予第一線戰士足以明確遵循的行動命令，而且不能因上級不悅而隨意更改，這才是現階段不惹禍、沒意外的保證，國防高層應常掛在心，勇於承擔。

二〇二〇年初，新冠疫情開始蔓延以來，解放軍機艦的威懾、美中對抗升級、臺灣選邊站隊，造成兩岸政府以及人民之間的敵意達到政府遷臺以來的新高。中國人民的情緒變得激昂，民族主義意識高漲，叫囂武統的呼聲響徹雲霄，反觀臺灣，與對岸的情形頗為異曲同工。兩岸如此相互怨懟，怎能樂觀認為戰爭不會發生？我們必須要有深刻體認，任何會引發戰爭的政治、信仰以及意識形態因素，在現今的普世價值之下，都不足以，也不值得成為戰爭的理由。

在克勞塞維茨（Carl von Clausewitz）的戰爭理論中，只有政府能夠扮演理性的力量，以防止戰爭的發生。政府不能對此毫無體認，事事以網民情緒為政策依歸，任令這種無法控制的仇恨因素主導風向。當敵對雙方的恨意達到臨界點，屆時政府再想要掌握情勢，恐怕為時已晚。

相信一個偉大的國家領導人，所思所想的絕不在如何延續並掌握政治權力，而是時時刻刻、念茲在茲想著國家安全與人民福祉。「惟仁者能以大事小，惟智者能以小事大」，面對敵大我小的情勢，臺灣必須沉著冷靜、睿智以對。中共政權心懷不軌、謀我日亟，他們不願以仁者自居，我們不能不智慧以對。最重要的是避免戰爭、保護國人生命、提供民眾不憂心、不惶恐的安居樂業環境。

嚇阻戰爭——讓敵人不敢發動戰爭

營造出一種態勢或氛圍，使敵人仍在廟算階段就意識到，無法以戰爭手段達成所望政治目標。

嚇阻的成功與否，牽涉到嚇阻方的能力、可信度，以及挑戰方相對的理解及計算。能力的範圍雖然廣泛，但普遍認為重點在於軍事力量。可信度則基於挑戰方對嚇阻方軍事能力的認知與評估，當嚇阻方具備使挑戰方無法達成政治目標的軍事能力，且使挑戰方確信己方有決心使用這種能力，嚇阻就會成功。能力與可信度的建立，不論是直接的溝通或間接的展示，都必須透過資訊的傳遞方能達成。

依據嚇阻理論，**構成嚇阻的條件包括：能力**（**Capabilities**）、**可信度**（**Credibility**）、**溝通**（**Communication**）**三個要素**。

我們要達成嚇阻的目的，首先，必須具備能夠對敵人產生嚇阻效果的「能力」。換句話說，我們必須提高敵人如果採取行動會面臨的風險，以及最終所須付出的代價。其次，我們必須建立「可信度」，使敵人相信我方確實具備可以令其遭受極大，且不願忍受之痛苦的能力。可信度極為重要，嚇阻的效應會隨著可信度而變化；缺乏可信度的支持，嚇阻的效應將隨之遞減。最後，我們必須透過適切、直接或間接的「戰略溝通」手段，讓敵人相信我方具備足以造成敵人行動失敗，或遭受其所不願承受、極大痛苦的能力，藉此打消他興兵動武的念頭。

回顧兩岸至今的情勢發展，臺灣對嚇阻戰略的運用與效果其實相當複雜。過去幾十年，海峽兩岸雖屢有波折，但基本上還能相安無事，但相安無事就代表著嚇阻有效嗎？恐怕也未必。進一步探究，中共之所以未採取行動，或許是因為軍事能力不足，但也可能意味著其缺乏行動意願，或者放棄了曾經有過的想法。

一九四九年以後，「解放臺灣」一直是中共奉行不渝的國家政策，但在一九七九年中國與美國建立正式邦交，中共對臺政策就轉為「和平統一」，只不過保留了阻止「臺灣獨立」與「外國勢力介入」等動武條件。過去幾十年臺海穩定，主要原因是美國針對臺海局勢採取「戰略模糊」，如果要將維持此和平狀態歸功於臺灣在軍事上的「有效嚇阻」戰略，就有些牽強。構成「嚇阻成功」的因素相當複雜，有些確實是嚇阻手段奏效，有些並無關乎嚇阻本意。

臺海和平穩定可以維持迄今，並不代表未來也必定如此，中國的軍事能力已經今非昔比，表面看來，如今中共確實擁有武統臺灣的能力，但也並不表示臺灣已失去嚇阻中共動武的條件。對北京而言，面對著隔開兩岸一百多公里的海峽天塹，以及屆時有可能介入的美國與其盟友，要下決心對臺灣發動全面武力進犯，絕對是一場大豪賭。

全面武力犯臺是場極大規模的軍事行動，以現今的監偵科技，臺灣不可能事先不知而未做準備，而即使中共真能用兵如神的調兵遣將達到奇襲效果，以臺海環境之艱難、運用部隊之龐大、作戰時序之複雜，對任何一位傑出的戰爭規劃者而言，都是一件艱難無比的大挑戰。在軍事上，邁出第一步會將事態引向何方，沒有人能夠預知，如果作戰行動失敗，中共不僅在政治、外交、經濟上會遭受重傷，連政權都可能不保。武統需付出的潛在成本可能遠高於所望利益，任何一位中共領導人如果沒有絕對把握，不到萬不得已，沒有理由魯莽草率地決定全面性武力犯臺。

美方與臺灣的軍事研究指出，現階段解放軍雖有執行各種三棲作戰的能力，但仍缺乏全面進犯臺灣的實力。不過即使如此，要拿下諸如金門、馬祖、東引、烏坵，以及東、南沙等外島的這種小規模動武，解放軍現下已具備足夠實力。問題是，接下來中共打算怎麼辦？為什麼要奪取這些對臺灣主權影響不大、經濟價值利用不高的外島？如果中國發動有限戰爭，奪取這些小島是為了宣示其追求祖國統一的強烈意志，那麼接下來美國就有可能採取反制行動，而包括日本在內的周邊國家，也會對中國提高警戒，這種後果，將使未來達成祖國統一的政治目標變得更加困難。

以臺灣有限的資源，要針對中共可以或可能發動的各類型、全面或有限戰爭，都規劃出有效嚇阻的戰略，其可信度是令人質疑的。此外，如果中共因內部鬥爭因素而刻意引發局部武裝衝突，臺灣也無法以任何軍事能力的展現，嚇阻其發生。因此臺灣唯一能做的便是，發展一套能夠有效抵禦中共全面軍事進犯的防衛戰略與兵力結構，並據以產生對中共武力統一的嚇阻效果。

臺灣理想的嚇阻戰略，是營造出一種態勢或氛圍，讓中共在廟算階段就意識到，他們無法以戰爭手段達成所望政治目標。這種嚇阻戰略依賴的是透過適切的兵力構建、部署、運用，並輔以全民戰鬥意志力的展現，形成一種不對稱的戰略態勢，而這種態勢會迫使中共相信其以武力犯臺的潛在成本與可能的收益完全不成比例；更進一步的是，讓中共即使願意不計成本發動侵臺戰爭，仍然沒有較高的成功率，從而放棄全面侵臺的念頭。

依據當前兩岸軍事實力的對比，我們不妨依據嚇阻理論盤點一下：臺灣可以思考的嚇阻手段有哪些，可行性及有效性又是如何？

（一）報復性嚇阻

報復性嚇阻（deterrence by punishment）是公開警告敵人：如果動武，將會遭到嚴重的武力報復懲罰，讓他清楚意識到預期損失會超出預期收益，進而放棄侵略行動。

報復性嚇阻基本上屬於「反應式」的第二擊，主要差別在於是使用「傳統武器」還是「核子武器」作為嚇阻工具。一般而言，只有核武這種大規模毀滅性武器，才能稱得上懲罰性的報復手段。因為報復並非僅代表攻擊敵人本土，而是要打得敵人「痛」，痛得他後悔先前採取的攻擊。若只是打得他不痛不癢，那完全不符合報復的原則。

在當今「生命第一」的普世價值下，核武本該視為惡魔的詛咒，戰後就應禁絕於世。然而因為它可怕的毀滅威力，使得核武被視為阻止戰爭的絕佳工具，從而留存至今。自二戰後幾十年的冷戰經驗看來，核武嚇阻一直在發揮作用，每當國際危機來臨，各方憚於核武的威力都願意謹慎行事，大規模戰爭終究沒有發生。

另一方面，核武的嚇阻功能在傳統戰場上也發揮了一定的影響力。由於「相互保證毀滅」（Mutual Assured Destruction）嚇阻理論，使擁核大國不願直接大動干戈，即便產生無法避免的衝突，也是尋求代理人戰爭，而在戰爭的過程中，亦能謹慎用兵，避免將軍事能力用到極致，以防止敵對方不得不尋求使用核子、生物、化學等大規模毀滅性武器。

臺灣非擁核國家，手上也沒有適當的「大規模殺傷」武器報復敵人。為了嚇阻中共武力犯臺，難道臺灣不能自行發展核武嗎？以當前國際及兩岸局勢，這種想嘗試發展核武的想法，恐怕過於天真。

臺灣曾經在六〇年代嘗試發展核武，最後受到美國阻撓，並於一九八八年因張憲義叛逃事件而告終。如果臺灣現在重起爐灶，首先就會面臨一連串包括核燃料、人才、技術、時間，以及測試的問題。就算這些技術上的困難都可以克服，以現今透明的社會、資訊傳播的速度，臺灣也不可能祕密發展核武而消息不外洩。若硬是橫柴入灶，最終恐怕仍將受到美國甚至國際社會的阻礙而重蹈覆轍。除此之外，自行發展核武也可能引發來自對岸的先制攻擊。中共不可能容忍一個擁有核武的臺灣，而眾所周知，解放軍向來將「臺灣重啟核武研發」列為武統六項觸發條件之一。因此，早在臺灣發展完成核武之前，中共可能就已率先採取武力行動。

很顯然，就現實的考量，核武無法成為臺灣遂行嚇阻的手段。那麼，運用能夠深入攻擊中國內陸的長程攻陸飛彈，作為另類報復性嚇阻手段呢？此種構想乍聽之下似乎可行，但問題是裝置傳統彈頭的長程飛彈，要產生如核武般大規模毀滅性武器的懲罰性嚇阻效果，必須有龐大的數量。以摧毀日本廣島的原子彈「小男孩」為例，美國使用B－29轟炸機，運送彈體重量四噸的「小男孩」，其「破壞當量」相當於一萬三千噸。若不使用核彈，改用傳統炸藥，由於B－29載重量僅為九噸，要想達到與「小男孩」同樣的「破壞當量」，至少須使用一千四百四十四架滿載炸彈的B－29轟炸機。然而，如果再考慮核彈獨有的輻射落塵、熱焰，以及一萬三千噸炸藥「同時爆炸」的衝擊波，小男孩的威力又遠遠超過「一千四百四十四架滿載炸彈的B－29轟炸機」。所以，若試圖以傳統彈頭嚇阻中共武統，所需的長程攻陸飛彈數量十分可觀，除了臺灣財力無法負擔，效果也十分有限。我們必須面對的現實是，面對中共武統威脅，臺灣沒有採取報復性嚇阻手段的能力。

（二）拒止性嚇阻

能夠嚇阻戰爭的發生，並非取決於臺灣是否能打贏戰爭，而是取決於臺灣能否讓中共相信：若試圖以武力犯臺，國軍有能力讓解放軍付出難以承受的代價，而且還無法達成統一臺灣的目標。

就當前兩岸軍事現況，**臺灣若憑一己之力，拒止性嚇阻（deterrence by denial）可能是唯一合理的選擇。拒止性嚇阻和報復性嚇阻採取的是完全不同的概念，它藉由武力展示、戰略溝通，向敵人送出清楚而強烈的訊息：「我們有能力讓你的侵略行動蒙受巨大損傷，也絕對不會讓你達成戰爭目標」，進而影響敵人，打消其出兵動武的念頭**。

就軍事實務而言，拒止性嚇阻的達成需透過適切的兵力發展與運用，營造出一種敵我對比的態勢，而這種態勢能夠動搖敵人的侵略決心，促使其產生更高的意願以和平方式解決爭議。

然而，要達到拒止性嚇阻的前提，是臺灣的兵力結構、武器裝備、軍隊訓練，以及防衛構想，必須足以對解放軍產生拒止性嚇阻的效果。換句話說，臺灣必須具備確實可信的嚇阻態勢，讓中共相信，如果臺灣遭受侵略，國軍有能力對解放軍造成不可承受的損失，以至於武力犯臺的成本將遠超過任何可以預期的利益，並且即使中共不計代價恣意而為，仍然沒有把握達成武力統一的目標。

可信度是嚇阻能否有效的關鍵因素。臺灣有許多人深信當危機發生時，美國會給予臺灣政治、外交、經濟、甚至軍事上的援助，但不論結果為何，**臺灣自己建立的嚇阻能力，如果在戰事發生時，能夠不必仰仗美國或任何國外勢力介入，才算得上可信**。然而，國軍武器裝備的型式，主要由數量較少的先進儎臺，以及數量較多的老舊傳統武器組成，以目前情況來看，要聲稱已經建立了可信的嚇阻態勢，可信度令人存疑。須知有效嚇阻的重點在於說服中共，使其從開始就憚於發動攻擊。如果中共的政治及軍事領導階層，覺得解放軍有能力對由少量高性能飛機和艦艇組成的國軍，實現快速、毀滅性的打擊，那麼其發動攻擊的可能性將大幅增加。

臺灣要有效達成拒止性嚇阻，是要讓中共相信國軍有能力防止解放軍在其可承受的代價範圍內達成戰爭目標，但前提是，臺灣的武器和裝備在戰場必須發揮效用。我們必須理解，拒止性嚇阻並不是指國軍必須在戰場上擊敗解放軍，而是要擁有適宜的武器裝備，讓解放軍遭致無法承受的損失，因而無法達成戰爭目標。而要達成此目的最適切的方法，是建構一支量多、機動、精準、致命、快速、價廉、易行，在遭受第一擊後高存活率的作戰部隊。建構這種拒止式嚇阻的能力，只要下定決心、銳意改革，國軍絕對有能力在數年間完成此建軍計畫，有效發揮拒止性嚇阻能力。

（三）延伸性嚇阻

延伸性嚇阻（extended deterrence）是嚇阻國警告挑戰國，不得對第三國採取任何挑釁的行動。這種類型的嚇阻，通常是針對美國而言。冷戰期間，除了核武，美國基本上不可能遭到其他大國的傳統攻擊，因此最可能發生的是美國的盟友遭到非核攻擊。而基於簽訂《共同防禦條約》，美國有責任嚇阻挑戰國不要輕舉妄動。

臺灣屬於美國延伸式嚇阻的範疇嗎？依據前文提到的雙方締約事實，顯然不是。不過，嚇阻畢竟在本質上迥異於軍事介入，而且《共同防禦條約》的締結也不必然是嚇阻有效的必要條件。臺美之間雖未訂定《共同防禦條約》，但是因為中國因素，雙方的關係顯得非常微妙。

臺灣自由、民主、人權、平等及法治的制度，與一海之隔的中國大陸形成極為鮮明的對比，臺灣的存在因此有極高的象徵意義。若臺灣的自主性受損，意味著美國在亞洲地區影響力的終結。因而即使在名義上或法律上，臺灣確實不屬於美國延伸式嚇阻的範疇，但事實不辯自明，臺灣長久以來始終仰仗美國透過軍售，以及可能的軍事介入嚇阻中共。臺灣能在實質上以隱形方式包裹在美國的延伸嚇阻內，自然是好事一樁，但面對人民解放軍持續的擴張及現代化，以及日漸增強、對美軍反介入和區域拒止的能力，儘速建立臺灣自主且可信的嚇阻能力才是正途。

（四）結盟性嚇阻

依據嚇阻理論，並無所謂的結盟性嚇阻，不過基於結盟對戰爭的重大影響，我們或可將之

視為「延伸性嚇阻」的另一種型式。

結盟是嚇阻潛在侵略者不要輕舉妄動的好辦法。即使戰爭不幸已然發生，結盟也不失為一種有效的勝利方程式，這點在古今中外屢見不鮮。

二次大戰初期，英國不敵德國閃電戰術退守英倫本島，昔日大英帝國風采盡失，雖能凝聚全民意志奮戰不屈，然而戰爭前景堪虞。邱吉爾接任首相以後深諳結盟之道，曾言：「將盟友拖進戰場，其作用堪比打贏一場大戰。」他很清楚英國唯一的出路是「把美國拉進來」，事後證明這的確是真知灼見。

臺海戰爭的本質是「強凌弱、專制對民主、侵略與防衛」之戰，臺灣處於被壓迫的一方，應善用結盟策略，站在道德制高點，廣結善緣、爭取同情，在國際間建立更多盟友。

中共如欲以武力犯臺，美國以各類形式的介入固為主要考量因素，然而兵者，國之大事，廟算多者勝。一旦發動戰爭，周邊國家會如何反應？國際社會是否會施加經濟制裁？中共不可能不詳加推算。臺海一旦爆發戰爭，自然將連動影響亞洲各國的安全，尤其是與中國有領土糾紛的國家。不論這些國家是否遵循一個中國政策，都會感受到威脅存在。

為什麼中共攻臺，會威脅到這些國家？

第一、中國軍力愈強，愈可發動武力侵臺。對這些國家而言，中共也愈有能力、愈容易將武力用於周邊各國，因此武力攻臺必然會對這些國家發出強烈警訊——今日不做反應，他日就可能輪到自己；這點可從俄烏戰爭後，許多東歐及北歐國家激烈的反應看出端倪。況且，中共跟周邊許多國家都曾發生大小不等的衝突，例如：印度、越南、印尼、菲律賓、馬來西亞、日本等，已然成了「區域麻煩製造者」，中共如果意圖攻臺，勢會將這種氛圍納入考量。

第二、中共突然從和平處理爭端轉為軍事進犯行動的轉變，以及展現在處理主權與領土爭議問題時，只要對方屈服就可行的認知，將會讓許多國家提高警覺，而且也會採取防衛態勢，從而升高區域衝突風險。這也是為什麼一旦攻臺行動開始，北京可能被迫面臨一場更廣大的戰線，這是中共無法控制的局勢。

第三、中共攻臺的決定，也將影響中美緊繃的戰略競爭，將把競爭帶入一個新的氛圍。直白了說，美國殷殷期盼在等中國下錯一步棋，如此就可名正言順地發展並團結友盟以抗衡中共，甚至是一個圍堵中共的聯盟。中共武統將可能是一場與美國及區域國家的爭戰，這使得中共不但無法心無旁騖地侵臺，還可能導致一場不可控制局面的戰爭，這樣的風險是中共無法承受的災難性結局。

以上論述，早在二〇二〇年二月，前美軍太平洋司令布萊爾（Adm. Dennis Blair）上將出席美國國會舉辦的「中共軍力投射與美國國家利益」（China's Military Power Projection and U.S. National Interests）聽證會時就曾指出，如果中共真的對臺動武，可能會催生像類似「東亞北約」的組織，也就是所有東亞同盟國將與美國形成強大的軍事同盟來對抗中共。

不論未來形勢如何發展，美國已經下定決心開始於印太地區組織結盟，並且也有意將臺灣視為非名義上的一員，以遏制中國在此區域的發展。臺灣站在這區域威脅的第一線，如何技巧的與這些區域國家合作，將臺灣的安全與這些國家的利益相連結，並轉換成隱性的友盟關係，形成結盟式的嚇阻力量，值得政府深思。

(五) 抗敵意志嚇阻

拒止性嚇阻是要讓敵人相信我方已有充分的準備，一旦對我發起攻擊，你所遭受的損失將遠高於獲益，而且還不見得能夠達成目標，因此不敢輕言尋釁。而所謂充分的準備，除了適切的武器裝備、良好訓練的武裝部隊，以及有效且彈性的防衛構想外，最重要的是戰鬥到底的決心與意志。這裡所指的，並非僅是武裝部隊的精神戰力；畢竟武裝部隊只是人口的一小部分，實際上全民都會受到敵人侵略戰的影響，全民都有責任，也因此，必須團結全體人民的防衛決心與意志，這才能產生嚇阻戰爭的效果。

二戰期間，德國以著名的閃電戰術對俄國發起攻擊。一個月不到，德軍以摧枯拉朽般的攻勢迅速占領大片俄國土地，前線直逼莫斯科，俄軍的狼狽敗退顯得不堪一擊。俄國的命運似乎在短時間內就會與其他歐陸國家一樣，遭到德軍占領、統治。直到史達林格勒（Stalingrad）一役，整個歐戰才產生了巨大改變。如同戰略學家所言，機運總是在戰爭中扮演讓人意料之外的角色。

德軍為了獲取石油資源，在揮軍南下高加索地區的路途中，希特勒看中了史達林格勒這個並無特殊戰略價值，但名稱與史達林相似而引起他興趣的城市，下令分兵攻擊。而史達林也因為這個城市名稱，下達史無前例，不惜戰至最後一兵一卒一民，死也要堅守城市的命令。

頓時，德軍要面對的戰鬥對象已經不是俄國的軍隊，而是史達林格勒的全體軍民。當地無論年齡和性別，人人皆具戰鬥能力，甚至還有為數眾多的女性被訓練成了精準的狙擊手，這在城鎮作戰中極度有效。最終，德軍投降了，其潰敗原因除了裝甲部隊不適於城鎮作戰、酷寒天候、意料之外的俄軍大舉增援，還有最重要的——全城軍民寧死不屈的防守意志。

戰後，戰史學家分析俄國在史達林格勒之役獲勝的最主要原因，普遍同意是全城軍民的抗敵意志。拿史達林格勒一役的結果來引喻當前臺灣人民防衛意志的重要性，一點都不突兀。放眼古今，避免遭到敵人全面占領統治的最主要因素，就是全體軍民的抗敵意志。意志力渙散不但會加速軍隊在戰場的潰敗，更會誘發敵人侵略的胃口。

國家防衛決心與全民抗敵意志，影響所及不僅在強化有形或無形的戰力，也間接影響到戰時能否得到具體的外援。天助自助者，如果臺灣沒有展現出堅定的防衛決心，不可能有任何的外援軍事介入。

長期以來，無論是哪一黨執政，都會營造臺美關係空前良好的氛圍，以作為政府在外交及國防的施政績效。許多學者也經常撰文論述臺灣的地理位置、民主價值云云是美國的利益所在，這種宣傳被一般民眾解讀為「如果臺灣遭受侵略，美國將會派兵協防」的想法在所難免，並從而產生「知安不知危，能逸不能勞」的心理現象，進而影響當前臺灣人民應該有的憂患意識與防衛決心。

美國對臺政策之所以採取「戰略模糊」有個重要原因，就是不希望臺灣因為有了美國明確的安全保證，而熱衷於挑釁中共，疏於對國防的投入。美國十分介意臺灣是否具備堅定的自我防衛決心，而當臺海發生衝突時，如果美國對此有所質疑，臺灣將得單獨面對戰爭。臺灣的防衛決心與人民的抗敵意志，對嚇阻戰爭來說極其重要。

我們必須對嚇阻的概念有正確的認知。**建立國防武力的首要目的，不是為了在戰爭中求得勝利，而是為了避免戰爭。如何避免戰爭？最可靠的方法不是曲意求和，而是建立具有可信度的嚇阻能力**。要使嚇阻有效，除了有形的軍事能力，更重要的是展現堅定的防衛意志。小個子只有擺出不顧一切的狠勁，大個子才會有所顧忌。要是小個子一副害怕畏縮的樣子，無異鼓勵大個子儘快動手。

有關意志力所能呈現的嚇阻效果，可以用儒夫理論（the game of chicken）來解釋。在兩造衝突的關係中，雙方宛如分別駕駛汽車對撞而去，兩個人都希望對方先轉向讓步，而確保別人先讓步的最有效方法，是讓他看到你把方向盤丟出車窗。當對方看到迎面直中而來的你如此堅決，連方向盤都丟了，如此不理性的行為，為了避免損失，只有自己採取理性的態度，儘快轉向以避免碰撞而遭致的損失。

當然，拿懦夫理論來譬喻弱國的防衛意志，並非主張當面對強國揚言動武時，就採取玉石俱焚的不理性行為。事實上，**展現出堅定、看似不理性的防衛意志，需要的是絕對理性的思維**。戰爭是一種暴力活動，也是一種混亂且充滿不確定性的行為，存在著高度的不可預測性。也基於這種特性，我們愈是懼怕戰爭，愈需要妥善隱藏這種「不安」，創造性的利用這種高度的不確定性，使敵人無法預測發動戰爭的後果，讓嚇阻的因子從而發揮作用，這才能達到避免戰爭的目的。

弱國建軍備戰的主要目的在建立可信的嚇阻能力，迫使敵人不敢輕舉妄動，從而防止戰爭的發生。只有當嚇阻失敗，不得已時，才會選擇在戰場擊敗敵人。

天下沒有白吃的午餐，不想被侵略又不想招來戰禍，就得付出代價，堅定地展現自我防衛意志，建立可信的嚇阻能力，使敵人不敢發動戰爭。

我們必須牢記，軟弱招來戰爭，堅定才能避免戰爭。

打贏戰爭——使敵人奪臺任務失敗

我的意思並非單指在戰場上如何擊滅來犯敵軍，而是迫使敵人無法達成他的戰爭目標。

過去七十餘年，不論兩岸的政治、外交、軍事、經濟、科技如何變化，中共對臺灣統戰的名詞從「解放臺灣」到「和平統一」，不排除以武力統一臺灣的論調永遠沒變；以軍事手段侵略臺灣的選項，也永遠存在。二、三十年前，雖說大家並不懷疑中共的意圖，但由於解放軍尚未具備全面武力犯臺的能力，因此臺灣從未嚴肅以對。近三十年來，中國順著改革開放的政策，整體經濟噴量爆發，連帶國防預算也呈現持續性跳躍的成長，解放軍快步邁向現代化。而同一時間，臺灣的經濟與軍事能力只呈現平穩走勢，在這種彼長我消的趨勢下，兩岸軍事實力已是極端的不平衡。

二〇二〇年一月，我在美擔任訪問學者，史丹佛大學胡佛研究所（Hoover Institution）邀請我前往演講有關臺灣的國防問題。雖說當時的演講題目是〈臺灣防衛的新方案〉，但因時值臺灣剛完成總統大選，蔡英文總統連任，因此主辦單位希望我能夠評析一下，蔡英文總統高票當選對區域安全情勢的衝擊為何？政軍分析雖非我的專長，但我仍應主辦單位的要求，簡單表達了我對當時政軍環境的看法。我表示：「蔡英文總統的高票當選，對照中共經常性的軍事威懾活動，以及香港政治問題的處理，選舉結果反映出臺灣多數民眾已經向中共送出了信號，臺灣明確拒絕一國兩制、不想成為明日的香港、不會接受軍事威嚇，也不想因而妥協歸順。區域國家忌憚於中共在各方面的影響力，在安全方面將繼續依恃美國，美國也將繼續領導區域的安全情勢。但是即使如此，中共會就此妥協嗎？當然不會。中共的軍事威懾將變本加厲，會不斷地對臺灣施壓，具體的表徵，臺海中線在不久的將來就可能遭到破壞。」

事實上，這種安全情勢惡化的速度，比我當時預測的更急、更快！

二〇二〇年開始，臺海安全環境開始劇烈變化，兩岸之間早因政治理念的歧異而斷絕溝通，政治話語的衝突不時可見，再加上美中兩國競爭衝突檯面化，臺灣的選邊站隊更觸動了中國民族主義的情感怨懟，一時間，武統臺灣的情緒語言甚囂塵上。二〇二〇年八、九月，美國衛生部長阿薩爾（Alex Michael Azar II）及國務院次卿克拉奇（Keith Krach）訪臺，中共大批戰機同時侵入我國防空識別區或飛越海峽中線，中共官媒《環球時報》甚至揚言，下一步將是戰機飛越臺灣上空，這種程度的軍事挑釁，前所未見。

很顯然，北京已經拋棄了過去幾十年來臺海可以維持和平穩定的做法，也公開否定海峽中線的存在，官方的語氣愈來愈嚴厲。關係惡化至此，確實有理由讓人相信，未來幾年內兩岸有可能發生大規模的武裝衝突，甚至於全面性的武力犯臺。

沒錯，對中共而言，全面性的武力進犯，確實存在巨大風險，但是在完成「中國夢」的全民意識下，我們有理由相信，中共遲早會下決心接受這種風險，並採取軍事手段解決臺灣問題。中共過去幾年處理諸如南海島礁軍事化、超過百萬人的新疆維吾爾人的再教育營，以及香港制定國安法等事件，其對國際社會的同聲譴責顯得毫不在乎的態度，即是明證。

如此嚴峻情勢，多少也反映在臺灣的媒體報導及社會大眾身上，媒體開始頻繁出現相關報導，而民眾則開始擔心中共是否真的會對臺動武？但整體而言，臺灣社會呈現的不安現象，僅能說是「開始疑惑，卻並未真正憂慮」。

處於中共如此明確的意圖與強勢行動下，為何臺灣人民的憂患意識僅止於此？原因之一，可能是當前的威脅強度，尚不足以完全刺激臺灣人民長期待在舒適圈中所養成的鈍感性。另一個原因則顯然是美國因素；七十年來臺海情勢不論緊張或緩和，美國從未缺席，向來都是關係者之一。不可諱言，中共迄今未對臺灣採取武力行動，美國的嚇阻力量始終在其中扮演著重要角色。這現象對臺灣可說是喜憂參半，因為美國願意軍事介入協防，對臺灣當然是好事一樁；但是，如果美國現行對臺海情勢採取的戰略模糊，讓臺灣人民相信美國屆時會以軍事援臺，到時卻沒來呢？

不論是否有外援，不論外援何時到，臺灣自己要拿出一套方法，如此一來，當預防、嚇阻戰爭都失敗，我們面對敵人的侵略，仍能有效地護衛國家的安全。

依據二〇二一年各國軍費支出統計，中國是臺灣的二十二・五倍。解放軍的飛彈、戰機、戰艦，乃至地面部隊的規模，在質與量都占盡優勢，若說單憑國軍一己之力想要擊敗解放軍，當然缺乏說服力。但是面對兩岸軍事實力如此懸殊的困境，難道我們只能坐以待斃、毫無機會嗎？答案當然是否定的。如果臺灣下定決心、用對方法，絕對有機會以有限的代價保衛國家的安全。

想要完成這個看似不可能的任務，臺灣必須實踐以下幾個重點：

（一）正確的防衛戰略

兵法有所謂「勝兵先勝」、「無智名、無勇功」、「勢如擴弩，節如發機」，其意為：善於作戰的人，在戰爭開始之前就會透過各種謀略與布置，先找到戰役的突破口、能夠取勝的關鍵點，因而已立於不敗之地。換言之，勝利之師是先具備必勝的條件；若沒有必勝的條件，就要創造必勝的條件，然後才是在沙場與敵交戰。至於縱橫疆場的將士，猶如滿弓待發之箭，拚殺只是「釋放」此必勝的「勢」。

要如何達到這種結果？簡單地說，就是要先制訂正確可行的「戰略」，並具體律定「目標」、「方法」及「手段」，建軍才有方向，備戰才有依據，訓練才有方法。國軍不論是過往的「防衛固守、有效嚇阻」，還是現在的「重層嚇阻、防衛固守」，這失之過簡的八字口訣，讓人難以理解，也無法據以作為具體的建軍用兵指導，而在缺少明確「目標」、「方法」、

「手段」的要件下，無法達到「戰略」的目的及功能。

臺灣亟需建立一個既能嚇阻，也能制敵，並且具備明確「目標」、「方法」、「手段」的防衛戰略。

戰略是精心設計的防衛藍圖，是作戰的最高指導，三軍據此從事兵力整建、戰爭準備、作戰計畫及人員訓練。為了務實可行，戰略必須明確具體，不可淪為高來高去、咬文嚼字的戰鬥文藝，不能怎麼解釋都可以、怎麼執行都沒錯。具體的戰略應包含明確的執行方法及實現手段的計畫，這也正是「嚇阻」的一種，目的在告訴敵人「吾已有以待之」。

「相互對立」的事物，必含有「相互依存」的關係。這個觀點運用在戰場就是強、弱：再強的人都有弱點、再弱的人都有強點；碰到弱者的強點就是強敵，碰到強者的弱點就是弱敵。所以，從兵法的角度看，沒有強敵、弱敵之分，只有強點、弱點之別。而最佳的戰略就在指導如何避強擊弱、避實擊虛。此正兵法所示的「善用兵者以長擊短，勿以短擊長」。強弱不是絕對，扭轉強弱的關鍵首在戰略的正確與否。

(二) 符合需求的武器裝備

《聖經》之中，大衛與歌利亞的戰鬥故事眾人皆知。面對強大的巨人歌利亞，大衛勝利憑藉的武器不是傳統的鎧甲長矛，而是甩石的機弦，以及從溪中挑選的五塊光滑的石子。這故事很清晰地啟發了我們，以小博大致勝的關鍵是「巧」，而非「力」。

小敵之堅，大敵之擒也。面對中共當前如此龐大優勢的軍事實力，臺灣如果執意以傳統武器裝備與之抗衡，結果可想而知，就如同大衛若選擇傳統鎧甲與長矛和巨人歌利亞力拚到底，無異以卵擊石，《聖經》也就不會有這段膾炙人口的詩篇。

在兩岸傳統戰力極端失衡的情況下，臺灣想要在中共全面進犯的作戰場景中達成勝戰目標，就必須效法大衛以非傳統、不對稱的方法及武器擊敗巨人歌利亞，改變傳統作戰思維，運用適切的武器、正確的戰略，與中共進行一場不對稱型式的作戰，才有可能達成以弱擊強的勝戰目標。

因此，臺灣防衛作戰武器裝備的籌建選擇，不能由單一武器系統的性能有多先進來決定，而是要以籌建的武器裝備是否符合臺海作戰環境及不對稱作戰所需，以及臺灣的國防財力是否負擔得起為決定因素。這是極其重要的原則，沒有適切特性武器裝備的支撐，空有正確戰略，也無法貫徹其成。

（三）訓練精良的軍隊

幼時，我曾經看過一部描述日本戰國時代的戰爭電影，劇中大將武田信玄的部隊，總有四個騎馬武士分別扛著書寫「風」、「林」、「火」、「山」四字的大纛，當時不解其意，及至長大，讀到《孫子兵法》裡有「疾如風、徐如林、侵略如火、不動如山」的敘述，才恍然大悟，知道這代表著能征善戰的軍隊。

在先進科技下的現代戰爭，個人的技能、體力，以及刻苦堅毅的意志，其重要性或許不若古代戰爭所呈現的比重，但是訓練有素的軍隊是戰力的核心，仍是公認的事實。人和武器是構成戰鬥力的基本要素，武器裝備是軍隊執行作戰任務的重要物質條件，是決定戰場勝負的重要因子；但是，武器裝備只是潛在的戰鬥力，唯有人與武器裝備熟練的結合，才能成為實質的戰鬥力。

軍隊是一種有組織的群體，為了共同的目標而集結，透過訓練形成戰鬥能力，以培養所需的任務執行能力。訓練有素的軍隊能夠克服困難，贏得勝戰；訓練鬆散的軍隊，無法承受戰場的煎熬，也難以贏得所望的戰爭結果。因為軍事訓練是透過科學研究與實務經驗發展出的一種有組織、有目的、有計畫、有方法的淬鍊過程，在這個過程中，既可以鍛練個人的戰技體能，又可以淬鍊心理素質，還可以創造集體的協同作戰能力。訓練以武器為本，戰略為綱，部隊訓練與武器裝備密切相關。簡單地說，有什麼樣的武器裝備，就應相應有什麼樣的訓練。

訓練是戰力的泉源，但是訓練不能只局限在戰技戰術的範疇。如果戰力的培訓缺少正確的戰略指導，則難期待整體戰力的發揮。戰略是規劃建軍用兵，以及指導戰爭全局的基本方針，在沒有戰略指導下的各層級訓練，很容易失去方向感而無法上下整合，導致訓倍功半。因此，部隊訓練必須依據戰略，在正確的指導方針下進行，在這種架構下訓練有素的部隊，才能夠達成戰略目標的可恃戰力。

（四）強韌的抗敵意志

戰力的產生，首重正確且清晰的戰略，並依此戰略的需求，據以籌建所需的武器，編組適切的兵力結構，再透過嚴格的訓練，讓部隊熟練武器的操作，從而產生能夠作戰的能力。不過，經過這種程序產生的力量，只是一種物質上的有形戰力，就任何國家和軍隊所希望創造的戰力目標而言，仍不足夠。戰力的形成，除了正確的戰略，還包括力量與決心。決心是一種精神力量，是士氣的泉源，也是抗敵的意志，唯有這種無形力量輔以有形力量，才可將戰力推向極致。

決心、士氣、意志，不應企盼源自軍隊本身，上自國家整體的施政、制度、教育、思想、愛國心，下自軍隊的領導統御、訓練、待遇，以及社會形象等，都息息相關。因此是否具備「打贏戰爭」的條件，不僅繫於正確有效的戰略、配備適合的武器、訓練精良的部隊，國家與人民對國防的具體支持所展現出的集體抗敵意志，不僅能夠產生「嚇阻戰爭」的效力，也可以形塑「打贏戰爭」的能力。

形塑正確的國防思維

儘管從國家安全戰略的思維角度，為了維護國家安全，保障人民福祉，**避免戰爭**、**嚇阻戰爭**、**打贏戰爭**這防衛三部曲缺一不可，然而如果從戰爭會帶來的生靈塗炭、廢墟殘壁的後果看來，兩岸一旦兵戎相見，不論勝負結果，都不會有贏家。臺灣即使能夠成功防衛，不被武統，所遭受的災難與損失也遠大於中國大陸。這種戰爭評估，兩岸領導階層心知肚明，這也是中共在已經占有軍事優勢之下，仍然堅持以「和平統一」、「一國兩制」為優先手段的原因，但卻也造成臺灣許多人存在「恃敵之不敢來」的危險心態。

審視近兩年中國表現出的外交政策與姿態，我們可以發現中共無論面對任何國家，其所展現出的態勢都如戰狼外交般的強硬；這是中共從「韜光養晦」改變到「奮發有為」政策的必然結果。中國國力及軍力的快速成長，使得中國人民在頃刻之間獲得將鴉片戰爭以來受到歐美列強的屈辱一吐為快的力量。中共連面對歐美日澳大國都能如此強勢，面對蕞爾小島臺灣，又何須隱忍退讓？之所以遲不動手，歸根就柢仍然是「能力」與「意圖」兩個因素。臺灣再小，以所擁有的兵力，對當今任何大國而言，要做全面性的攻擊與占領，都是極其艱巨且複雜的作戰。中共目前在大規模三棲輸具上仍有所不足，硬行攻臺武統，恐尚力有未逮。在能力不足的情況下，空有意圖亦難成事。然而我們必須注意，依據臺美專家的評估，甚至美軍前印太司令部司令戴維森上將以及參謀聯席會議主席密利兩人，都分別在國會聽證時宣稱「中共將在二〇二七年建立全面性犯臺能力」。因此，中共具備全方位犯臺的能力，不過是時間早晚的問題而已。在這種快速改變的兩岸戰略情勢下，我們應該以什麼樣的國防思維與作為，才能確保即使外在形勢不利的情況下，臺灣仍能屹立不搖？

在「避免戰爭」部分，毫無疑問的需要政府以及全體人民的合作。如果我們可以成功爭取中國十四億廣大人心的支持，讓中國人民覺得臺灣最美麗的風景是「人」，那我們何患中共欲以武力吞併臺灣的野心？如果能夠消弭中國人民武力攻臺的「意圖」，即使解放軍具備攻臺「能力」，亦未必能隨中共的野心任意興師。

在「嚇阻戰爭」部分，臺灣如果不能劍及履及，立即推動國防改革，並以「不對稱作戰」思維建構一套防衛構想，二〇二七年以後國軍的戰力，對中共的全方位武力犯臺，將不再具有可信的嚇阻效果。

在「打贏戰爭」部分，必須仰賴國軍的自發自覺。現行以傳統大型戲臺與武器為主的兵力結構，在中共眾多遠距離精準武器的攻擊下，戰場存活性令人堪憂。

時間並不站在我們這邊。我們再不致力兵力轉型，建立量多、小型、機動、靈活、彈性、分散、精準、致命、高存活及強韌性的兵力結構，未來國軍在中共全面犯臺的戰爭中，不但沒有機會達成「打贏戰爭」的目標，更無法完成防衛臺灣的任務。

第六章　臺灣國防的困境與解方

無所不備，則無所不寡。

——孫子

在中共如此強大、多類型、多面向的軍事威脅下，臺灣國防面臨太多需要解決的問題。過去數十年，中共經濟尚未蓬勃發展，沒有多餘的資源挹注於軍事現代化，臺灣則藉著對美軍購之便，傳統軍武尚能占有優勢。正因如此，臺灣兵力整建的觀念與做法，向來承襲傳統觀念，沒有太大改變。近二、三十年，中共隨著經濟快速起飛，國防預算爆量成長，時至今日，我們不得不接受中共軍力不論在質與量，均大幅超越臺灣的現實。臺灣在相對有限的國防資源下，想要針對中共多樣性的軍事威脅，做到面面俱全的有效防衛，根本不可能。

臺灣國防面臨哪些困境

中國軍事實力全面性躍升，展現於外的不僅是在平時以機艦侵犯我鄰近海空域的軍事威懾活動，同時間亦包含逐日完備的全方位武力進犯的能力。相對而言，面對來自中共與日俱增的軍事壓迫，臺灣並沒有針對這種驟升的壓力做出快速反應、及時調整，國防支出在政府施政總預算中長年維持不變，近年雖能適量增加，但仍不敷實際所需。人力資源方面更是不進反退，身處少子化所造成的潛在危機中，政府反而縮減徵兵役期，並改以募兵制替代。即使因二〇二二年的俄烏戰爭有了危機意識，社會出現延長徵兵役期的呼籲，政府單位的反應仍然顯得瞻前顧後。

如果我們嚴肅看待美國所稱「二〇二七年中共將具備全面犯臺能力」的評估，時間對我們的防衛壓力已是不言可喻。然而全體人民似乎對國防安全仍然未有迫切性的危機意識，這些內外在的形勢挑戰，構成了臺灣當前所面臨的國防困境。總體而言，這些困境可以簡單歸納為以下幾點：

(1) 解放軍無日或缺的灰色侵犯：解放軍藉著龐大的現代化戰機軍艦，幾乎每日都在臺灣附近海空域進行各式軍事活動。

(2) 解放軍全方位的武力進犯：中共積極從事的兵力整建，未來五至十年將逐步具備全面武力犯臺的能力。

(3) 兩岸國防資源差距的擴大：依兩岸總體經濟規模的大小，不論主觀意願如何，敵我國防資源差距將日益擴大。

(4) 國防整備的時間壓迫：鑑於數年內解放軍將具備全面犯臺能力，國軍必須在短短數年內完成有效的防衛作戰整備。

(5) 意識分歧的社會大眾：臺灣社會對國防的認知，仍然充滿著不知戰危、失敗主義、麻木茫然等令人憂心的分歧現象。

（一）步步進逼的灰色侵犯

在軍事活動中所謂灰色地帶，指

2014-2018 中共海、空軍新成軍兵力統計表

海軍				空軍			
類別	艦型	數量	合計	類別	機型	數量	合計
作戰	052 飛彈驅逐艦	8	51	主戰機	殲擊機	384	461
	054、056 護衛艦	43			轟炸機	77	
潛艦	094SSBN	1	8	輔戰機	電戰機	6	68
	093ASSN	3			指管機	2	
	039SS	4			預警機	18	
兩棲	071 船塢運輸艦	2	21		空運機	38	
	072A 戰車登陸艦	6			無人機	4	
	728、726 登陸艦	13		教練機		121	121
後勤		52	52	直升機		151	151
總　計			132 艘	總　計			801 架

資料來源：2014-2018 年詹氏年鑑／本書作者整理。

的是藉由事前周密的規劃、遞增的挑釁、逐步的進逼，刻意挑戰既有紅線，並造成新的現狀，且不引發對手果斷的武力衝突。中共對臺灣的灰色侵犯作業模式，讓外界感受最深刻的，是頻繁運用其戰機、戰艦在臺灣周邊區域進行的各項挑釁與壓迫。類似活動可遠溯自二〇〇七年，解放軍海軍進行「遠海長航訓練」開始。既然是遠海長航訓練，就不可能只在家門口打轉，穿過第一島鏈進入西太平洋是必然之舉。在這時期，北京當局並未把這類型的海空活動視為對臺灣的灰色侵犯。

事實上，以中共如此大規模的海軍艦隊，自我設限僅在近海活動既不可能，也不合理。因此早在二〇一六年以前，中共海空軍每年都有計畫地穿越第一島鏈，在日本、臺灣附近海空域進行軍事活動，其中比較顯著的有二〇一三年九月，海軍航空兵穿越第一島鏈赴西太平洋從事機艦協同操演；同年十一月，航母戰鬥群航經臺灣海峽；二〇一五年三月，空軍戰機經由巴士海峽穿越第一島鏈等。

馬政府執政時期兩岸關係尚稱和緩，中共海空軍在途經臺灣附近海空域以前，通常會透過非正式管道，提前讓我方了解並掌握其機艦動態。二〇一六年蔡英文總統執政，兩岸關係陷入僵局，中共刻意在「以武抑獨」的口號下，開始精心規劃一連串灰色侵犯行動，例如：二〇一六年海軍繞臺航行、航母戰鬥群通過東部海域；二〇一七年空軍開始繞島巡航；二〇一八年四月，解放軍進行繞島巡航，其國防部發言人甚至宣稱，此舉為中國人民解放軍應對「臺獨」分裂活動展開的海上實戰化軍事訓練；二〇一九年開始，每日派遣艦艇執行例行性海峽巡弋任務。

眾多灰色侵犯行動中，最讓人警惕的是二〇一九年三月，兩架中共戰機飛越海峽中線，深入至澎湖附近海域才折返，藉以凸顯這是一次刻意、針對性的行動。二〇二〇年九月十八日，四個小時內共有十八架共機侵犯臺灣空域，造成我方空軍十七次緊急起飛。二〇二一年十月一日至十月四日，解放軍共計近一百五十架軍機侵入我防空識別區，而十月四日更達到單日五十六架的新高。直至如今共機侵入臺灣防空識別區已成為常態，頻率高到幾乎成為每日的例行軍事活動。

中共有形的灰色侵犯不僅限於艦機繞臺，亦包含許多民間資源的配合行動，諸如近兩年中國抽砂船闖入馬祖、金門周邊水域的次數暴增。據統計，海巡署二〇一九年執行六百次採砂船驅離行動，二〇二〇年更暴增至近四千次。

面對中共步步進逼的灰色侵犯，為了防衛主權、維持人民信心、贏得輿論支持，國軍在初期均派遣機艦緊急起飛或出港，逼近目標監控，採取積極的反制作為。但隨著中共憑藉龐大的軍事資源，將灰色侵犯轉化成每日例行的軍事活動，國軍就陷入進退維谷的兩難困境。

不論臺灣能否接受，中共灰色侵犯策略確實相當成功。經年累月，很明顯的，中共已將我防空識別區西南角空域規劃成固定的訓練空域。此做法兼具多項優點：

(1) 向臺灣、美國、甚至日本等國家傳達強烈的威懾信號。

(2)每日進行灰色侵犯活動不但能夠測試國軍的反應能力，亦可消耗我空軍資源至不堪負荷的程度。

(3)臺灣西南空域是西太平洋進出南海的必經區域，長期在此練兵，一則蒐集情報，再則遏制美軍軍事行動，更可持續戰場經營。

(4)藉此區域進行境外聯合作戰訓練，厚實未來在境外聯合作戰的指管及行動能力。對國軍而言，不得不為的反應處置，除了持續性的耗損後勤補保的能量，也讓戰機飛行員及地面戰管作業人員，長期處於高張壓力之下。

臺灣面臨的另一個難題是，面對灰色侵犯，可以運用的反制方式極為有限。由於灰色侵犯的特性，我們別無他法，只能運用機艦，採取對稱性的方式以對。毫無疑問，高性能、高能見度的戰機與戰艦，最適合執行此類任務。但不幸的是，以國軍現行傳統性武器為主的兵力結構而言，戰機及戰艦代表的就是海空軍的主戰兵力。然而這些造價極其昂貴的主戰兵力，卻必須長期性地耗損在無關生存威脅的灰色地帶活動之中。

(二) 型態多樣的武力進犯

中共對臺政策向來宣稱「和平統一、一國兩制」，然而也不斷強調絕不放棄以武力解決臺灣問題。當早年解放軍尚未具備侵臺能力，我們大可將「武統」視為宣告政治立場的口號。然而，隨著解放軍在各方面的快速現代化，如今逐漸具備不同程度的犯臺能力，從威懾、懲戒至全面動武，不一而足，端視政治形態的發展及需求。

綜合臺美國防部歷年發布的官方報告顯示，中共犯臺軍事行動可歸納為「軍事威懾、聯合封鎖、奪取外島、火力打擊、三棲登島」等模式，可能採逐步升壓的方式進行，或視外部勢力干預，抑或臺灣內部反應等情況，直接採取登島攻臺。

1. 極端壓迫的軍事威懾

如果中共必須以軍事手段回應臺海政治環境的變化，在尚無能力或意願採取更激進的軍事行動時，「軍事威懾」將會是最可能的選擇。至於可能採取的行動，大致如下：

(1) 海、空軍戰轟機轉場海峽當面機場：中共海、空軍駐北部、中部、南部戰區所屬戰轟機，短期內轉場增駐浙江、福建、廣東、江西等境內機場，同時升高臺灣海峽巡弋的力度與頻次，迫使我海、空軍增加反應之力度、強度，疲憊我後勤維保作業能量。

(2) 地面部隊前推東南沿海，舉行大型登陸演習：東、南部戰區所屬陸軍第七一、七二、七三、七四集團軍，以及海軍陸戰隊所屬第三、四陸戰旅等攻臺地面部隊，由駐地移防至福建到廣東一帶沿海地區集結，並在福建平潭、東山島劃設禁航區，舉行三軍聯合登陸演習，向臺灣執政當局展示動武決心。

(3)海空機艦逼近我領海活動：中共機、艦沿我十二浬領空、領海線外緣，從事常態性繞臺巡弋任務，迫使我海、空軍增加反應之力度、強度，增加我後勤維保負荷，同時升高臺灣人民恐懼心理。

(4)緊鄰我周邊海域進行實彈射擊演習：循「九六臺海危機」模式，在臺灣本島周邊海、空域劃設禁航區，並從事東風系列彈道飛彈射擊，或機、艦在臺灣東部海域、東沙島海域，或彭佳嶼以北海域進行海、空實兵實彈操演，藉以升高臺灣人民恐懼心理，以及對執政當局之陳抗壓力。

(5)中共官媒重話抨擊：《環球時報》及《人民日報》等抨擊我政府，表達「兩岸統一」為不可避免事實，同時加注「勿謂言之不預」之類外交辭令，訴求爭端是由臺灣當局造成，引導民意壓迫執政當局政策轉向。

2.令人棘手的海空封鎖

如果軍事威懾無法有效壓迫臺灣屈服，在不採取殺傷性手段的前提下，「海空封鎖」將是可能的選擇。當然，如果中共採取全面性的武力進犯，封鎖作戰必將為整體進犯行動之一環，其具體行動包括：

(1)切斷我對外能源獲取管道：透過外交途徑，壓迫戰略能源生產國家中斷或延後售我石油、天然氣以外，並在公海攔檢、查扣運送臺灣的油輪及天然氣運輸船，迫使國內能源中斷或短缺，造成經濟混亂與蕭條，促使臺灣人民陷入恐慌並衍生陳抗、暴動情況。

(2) 中斷兩岸通航、通商管道：中斷兩岸三地航運、商業等活動，宣布中止「海峽兩岸經濟合作架構協議」（ECFA），同時藉中國人陸國內廣大商業市場利因，脅迫外商停止與臺灣商貿業務，迫使臺灣經濟活動劇烈震盪，導致嚴重通貨膨脹，造成民眾怨聲載道。

(3) 切斷我對外通訊：刻意切斷我對外海底光纖電纜，迫使我短期內無法與國際主要通訊通聯，造成無法傳遞、掌握國際與重要訊息，產生民眾臆測與恐慌。

(4) 封鎖我對外海空航運：A、封鎖外島與臺灣之間的航運：利用機漁船、公務船舶於我外島周邊水域活動，干擾、阻滯、攔檢、查扣臺灣本島向外島運送物資的商用船舶，或在外島水域劃設禁航區，阻擾軍事艦船接近，另戰轟機於外島附近空域從事巡邏、實彈射擊等，使臺灣人民陷入將面臨戰爭的恐慌；B、封鎖本島對外海空運輸：中共於臺灣周邊海、空域設置攔檢點、禁航區，阻攔第三國之船舶、航空器接近或進入臺灣本島，迫使各國撤僑並造成物資短缺情況，以打擊國內經濟及擾亂民心士氣。

3. 隨時動手的奪占外島

從解放軍軍力與我各外島防務現況來看，如果中共欲採取殺傷手段達成政治目標，武力奪取外島將是代價最少、成功公算最高的軍事行動。如果採用此方案，可能行動如下：

(1)奪取我東、南沙占控島礁：運用一艘大型兩棲艦艇，搭載一個營的海軍陸戰隊兵力，在戰轟機、水面艦掩護及對地火力支援下，由氣墊船、兩棲突擊車、直升機載運登陸部隊，奪占東沙島或太平島，證明中共可以輕易拿取我島嶼，以撼動國人防衛信心。

(2)奪占我金、馬地區附屬島嶼：運用運輸直升機、飛鷹式突擊旋翼機搭載一個連的特戰部隊，在攻擊直升機掩護下迅速奪占我大膽島、東碇島、高登島、亮島等金門、馬祖附屬小島。

4. 無法迴避的火力打擊

比較各類型殺傷性的軍事選項，「火力打擊」對中共而言，可能是最容易的一種，因為中共不乏遠距離攻擊武器，遠程火力打擊的計畫及執行也相對容易。不過採取此案的殺傷性較高，打擊效果與負面效應較難評估，非到萬不得已，中共應不至於採取此選項。若不幸採取，可能作為如後：

(1)重點打擊本島政、軍指標性目標：運用中、短程常規彈道或巡弋飛彈，對本島的行政院、中央銀行、軍事指揮中心、飛彈陣地、遠程雷達站、在航機艦等進行遠距精準打擊，以震撼我軍民士氣。

(2)攻占金、馬等指標性外島：先期以陸軍遠程火箭砲、砲兵部隊及陸航攻擊直升機，精準打擊金門、馬祖或東引等重要軍事據點、守備部隊等，並制壓我方反擊火力，接著由陸軍船運大隊登陸艇，載運兩棲合成營及輕型合成營、陸航運輸直升機搭載特戰部隊，快速奪占我指標性外島，加速瓦解我軍民士氣與反抗意志。

(3) 全面打擊本、外島軍事目標：先期以中、短程常規彈道或巡弋飛彈，對臺灣本島監偵系統、軍事機場、防空飛彈系統、軍事指揮中心等進行首波打擊，接著運用潛伏於本島、外島的特戰部隊或無人機，導引戰轟機攻擊我艦艇、地面機動部隊或裝備系統等軍事設施，降低我方防禦作戰能力、癱瘓反擊作戰企圖，進而奪取制空、制海、制電磁權等優勢，創造後續登陸作戰有利契機。

5. 終極手段——全方位進犯

對中共而言，**三棲登島進犯是徹底解決臺灣問題的終極手段，然而也是最複雜，成功公算最低，必然也是中共最終，在不得不為的狀況下才會採取的選項**。可能的行動方案由兩棲艦艇、徵租民用滾裝貨輪，載運陸軍集團軍兩棲合成旅，以及海軍陸戰隊擔任第一梯隊，偕同空軍空降兵，陸軍特戰部隊之空、機降作戰分隊，對本島進行多點三棲突擊登陸作戰，期望占控所望的重要海灘、港口、機場，以利陸軍集團軍重、中型合成旅組成的第二梯隊登岸，直取本島中樞要域。

（三）無法比擬的國防財力

根據瑞典斯德哥爾摩國際和平研究所統計的世界各國軍費支出資料，一九九八年中共軍隊人數約為國軍的十倍，支出三百一十二億美元，僅為臺灣一百二十二億美元的二・五倍，這顯示了國軍「量」雖不及中共，然而「質」略勝一籌。然而，二〇〇七年中共軍事支出比例已超過國軍十倍，二〇二一年更高達二十二・五倍。再根據成長曲線預估，中共逐年增長的軍事投資將在二〇三〇年達到約三千九百億美元，二〇三五年突破四千五百億美元。

分析習近平執政期間的國防預算，二〇一二年甫掌權時，中國的國防預算為一千零三億美元，二〇二一年軍事開支則為二千九百三十億美元，預算規模成長高達二・九倍。尤有甚者，如果將實際金額換算可能的指標，總額更驚人。以斯德哥爾摩國際和平研究所估算，中國實際國防預算為官方公告的一・四倍。

合理推斷，未來中共將會持續提高軍事投資，以支撐強軍夢的軍隊建設。兩岸軍費支出差距日趨擴大已成事實，這對軍事上的關鍵能力也必然造成重大影響。

臺灣的國防預算長期以來維持在一百一十、二十億美元之間，蔡英文總統任內強力主張調整國防預算，以二〇二一年國防預算換算，終於突破一百二十億美元。此漲幅雖屬空前，然而比起中共每年近一成的成長，還是相形見絀。

理論上，一個國家對國防的重視程度，最合適的量化指標便是每年的國防支出。由於每個國家的經濟總量不同，因此一般評估的指標，多半採用國防預算占國內生產毛額（GDP）的百分比。依這個衡量標準來判斷，以二〇一九年為例，與臺灣威脅環境較接近的國家，以色列為五·三%，韓國為二·七%，都比臺灣的二·一六%為高。顯示臺灣雖身處危境，對國防的重視程度卻不如以色列及韓國。不過蔡英文政府對此顯然已有相當意識，分別於二〇二〇年及二〇二二年，各編列二千五百億與二千四百億的特別預算，以支應F－16戰機及多項自製武器的支出。

針對中共武裝犯臺意圖，臺灣內部缺乏共識，這從相對較低的國防預算顯露無遺。當然，臺灣必須在國防與其他政府部門支出間取得平衡，這顯然並非易事，但是在社會福利、經濟發展、公共建設、健保、教育，以及國防之間的權衡，反映出人民對國防的重視程度與施政的優先順序。

臺灣人民對於來自中共的軍事威脅意識分歧，許多人認為中共永遠不會來犯；有人擔心強化軍事的作為會刺激而非嚇阻中共；也有人認為國防預算仍然偏高，應該再刪減。因此，臺灣國防預算受限的真正原因是來自於社會人民，以及媒體輿論對戰爭威脅的認知，而非國家總體經濟或預算結構上的無奈。

國防財力是戰力整建及維持的基本要素，缺乏資源難以構建出可恃的防衛能力，然而令人憂心的是，臺灣在面對中共武力侵犯威脅，最為匱乏的也是錢，這是臺灣國防所面臨的第三個困境。

（四）需求急迫的建軍期程

兩岸軍事衝突是否會在短期內發生，是臺灣國防資源優序配置與緩急取捨的重要考量因素。倘若研判近期有可能發生戰爭，臺灣則應將「即戰力」納為建軍備戰的首要考量。

近期臺美專業人士，如前任與現任美軍印太司令部司令，都曾公開宣稱中共在二〇二七年將具備全面侵臺能力。雖然「能力」不等於「意圖」，但是我們不能將國家的安全寄望在敵人的善意之上，因為沒有做好周全的抗敵準備，就是對敵人侵略意圖的一種鼓勵。

「預算」及「時間」是建軍備戰的兩個關鍵因素。臺灣沒有大幅增加國防預算的可能，再加上種種跡象顯示二〇二七年開始，中共將具備全面武力犯臺的能力。在此前提下，我們的考量重點應該是：不管國軍計畫以什麼方法應對，**敵人發動戰爭以前，我們必須具備有效的反制能力；如果我們無法及時完成準備，再完美的建軍或備戰方案都是徒然**。

對臺灣國防而言，時間是嚴酷的考驗，那種現代化、高性能、價格昂貴的大型傳統武器裝備，需要較長的研發及生產時間。如果我們依然醉心於投資價格昂貴的「高大上」武器裝備，有可能因為「時間來不及」而造成國防資源的嚴重浪費，國軍必須警惕短期內即將面臨的威脅，優先將資源投注在「即戰力」的整建，才是面對迫切危機的務實應對方案。

（五）意識分歧的社會大眾

臺灣國防在面對多重困境下，背後還藏著更大隱憂，那就是社會大眾在國家認同及意識形態上的歧異，這種分歧也進而導致在國家安全概念上的難以融合。**當前臺灣社會面對強大的中共軍事威脅，在國防的認知上充斥著無知挑釁、失敗主義、麻木無感等極端分歧且負面的現象，嚴重壓縮對國防事務理性思考及討論的空間，這些在國防上屬於臺灣特有的複雜現象，堪稱當前臺灣國防的最大困境。**

何種戰略能解決國防困境

當國軍必須同時面對「灰色侵犯」、「武力進犯」、「財力受限」、「時間壓迫」、「意識分歧」等困境時，更難解的問題是這些困境之間會相互拉扯、抵制。尋求解決其中一項，很可能會犧牲另外一項，甚至更多。

為了反制中共以機艦進行灰色侵犯的挑戰，臺灣必須明確的在相關領域投射軍力，而高性能、高能見度的先進戰機及戰艦，最適合執行此類任務。但為了提高中共武力犯臺的難度及代價，臺灣需要戰場存活性高、有韌性、戰力強的不對稱作戰武器裝備，才能造成解放軍難以承受的戰損，迫其無法完成奪臺任務。

進一步分析這兩種類型的武器，性能先進、高能見度的戰鬥機、神盾級驅逐艦，氣勢雄偉，國人看了有信心，敵人看了有戒心，非常適合執行反制灰色侵犯的任務。但這些大型儀臺目標明顯，而且必須高度依賴固定基地，使得在面臨全面性衝突的作戰場景時，極易遭受中共數量龐大的遠距攻擊武器的攻擊，因此戰場的存活性遠不如小型、機動、精準、致命，且容易偽裝、隱藏的小型武器裝備。可惜這些戰場存活性高的小型武器，由於不具備先進、能見度高的特性，並不適合用來執行灰色侵犯的反制任務。這在臺灣的軍事整備上確實是兩難，傳統儀臺與高存活性武器裝備，因為預算有限的原因而無法兼顧，加上時間緊迫的因素，使得臺灣國防問題變得更加複雜。

在左支右絀、難以兼顧的多重困境下，為了能發展出一套適切有效、兼顧全面的防衛戰略，我們有必要將各類型威脅及限制因素，進行整體性的分析與評估。

（一）反制灰色侵犯

無庸置疑，未來臺灣面對的灰色侵犯會愈來愈激烈。為了維護主權、維持人民信心、贏得輿論支持，臺灣不得不做出相對的反應，否則會損害政府在人民、美國以及國際社會眼中的可靠性。

儘管如此，對抗「灰色侵犯」的能力，不應該成為臺灣軍事戰略及建軍政策的焦點。因為即使灰色侵犯可能磨損臺灣民眾的信心、改變臺海現狀、壓迫我軍事行動空間等，但這些都不是「攸關生死」的威脅。**灰色侵犯不是「戰爭」的必要條件，中共可以不透過灰色侵犯就直接攻擊臺灣；其次，無論中共在灰色地帶的操作多麼成功，都不可能迫使臺灣接受和平統一的終極目的。灰色侵犯在兩岸關係之中，是一個手段、不是目的，甚至從避免戰爭的角度看，灰色侵犯反而提供了緩衝的功能。**

許多國家採取灰色侵犯手段，只是想施加不跨越紅線的壓迫，而非直接挑起衝突。如果完全否決灰色地帶運作的空間，只會留給對手兩個選擇，一是坐視不管，二是直接挑起衝突。由於臺灣對中共來說是國家核心利益，「坐視不管」絕非選項，若完全否決中共在灰色地帶運作的空間，那麼迫使中共採取直接武裝衝突的可能性將大為提高。

灰色侵犯是和平與戰爭之間的緩衝選項，如果過激處理反而會有負面效應。因此，從臺灣的整體防衛大局考量，如果資源無限，我們當然要兼顧應對灰色侵犯與武力攻臺，但是當國防預算稀少有限，我們只能選擇理性地接受灰色侵犯的風險，因為它並不會帶給臺灣生存威脅；若把國防資源投資重點放在處理灰色侵犯，不僅會顧此失彼，建軍政策甚至會本末倒置。

（二）反制武力進犯

未來隨著政治環境變化的需要，中共可能單獨，或是併採「軍事威懾、海空封鎖、奪占外島、火力打擊、三棲登陸」等手段犯臺。這些行動對臺灣造成的壓迫與傷害各有不同，儘管坊間對臺灣國防與軍事的論述頗多，然而中共有朝一日若採取類似手段，臺灣該如何因應的著墨卻甚少。

1. 軍事威懾的反制

中共如果採取此行動，主要是運用心理作戰模式，採取提高軍事活動強度、調整兵力布局，意圖藉傳媒渲染臺海兵險，引發我內部民心恐慌，打擊我民心士氣，以達成其以恫嚇、壓迫方式迫使臺灣遂行其政治意志，而非意欲以火力直接攻擊。至於威懾之後的後續行動，當視是否達成政治目標而定。在這種極端壓迫卻無砲火硝煙的場景下，基本上這不是單純的軍事對峙，而是國家在強烈戰爭陰霾下的政治對峙。這種情況下，決定後續情勢發展的主要因素，是政府的決策、輿論的傾向、民眾的決心，以及國際的影響。國軍現有戰力無法有效抵消、削弱此種威懾效果，可以選擇的戰略與行動選項有限，不外是提高戰備等級、進入戰術位置、做好戰力防護，並且以「示於外」的兵力展示傳遞堅定信號，以支撐政府政治應對作為，直到僵局出現緩解，或是進一步升高為軍事衝突。

2. 海空封鎖的應對

戰略的關鍵問題不僅是如何贏得戰爭，也是如何向敵方社會和政府施加壓力，這是封鎖作戰存在的原因。

臺灣能源九十八%依賴進口，今日電力主要來源為核能、燃煤、天然氣、燃油，以及其他風力及太陽能等綠電。目前政府規劃二〇二五年後建立無核家園，臺灣電力五十%將由需要進口的天然氣擔綱。如果中共決定採取封鎖作戰逼臺灣上談判桌，臺灣的脆弱性可想而知。

除了能源以外，海空封鎖可切斷臺灣的經濟貿易，防止外來民生及軍事物資支援臺灣，同時也可以造成人民的恐慌及壓力。兩岸一旦發生全面性的衝突，臺灣將面臨中共海空封鎖。封鎖／反封鎖作戰議題，範圍既廣且雜，如果仔細論究，其戰術與技術細節之繁瑣，即使彙整成書都嫌不足。二、三十年前，中共軍事實力難以有效遂行遠距離封鎖，唯一具備遠距離封鎖能力的是潛艦部隊，屬於過時的老舊兵力，這給予臺灣相當大的反制空間。當時國軍反封鎖作戰計畫的重點為：一、保護海上交通線（Sea Lines of Communication, SLOC）；二、派遣海空兵力遂行直／間接護航作戰。

不幸中共軍事實力今非昔比，目前已具備優越的遠距離封鎖能力，因此封鎖範圍將不限於臺灣周邊港口，可採行的封鎖手段頗多，對航向臺灣的船舶、航空器實施禁運、攔檢，切斷我國能源輸入，並能藉機打擊國軍遂行反封鎖作戰的海空兵力。具體封鎖作為可以用火箭軍封控我重要港口、海空軍兵力在遠距離外封鎖我對外航運，阻絕我能源供應、切斷我經濟命脈，以達迫我求和的目標。

中共目前已具備在第一島鏈內，掌控海空目標的能力以及快速機動部署的優勢；火箭軍具「封打併行」的關鍵戰力，海軍艦艇可遂行長時間攔檢、禁運等封鎖行動，使得聯合封鎖的綜合戰力超過國軍反封鎖作戰能力。造成戰力值差距的主要原因，來自於國軍現階段尚無反制共軍導彈對港口及航道的火力封鎖，或海、空軍超過防空識別區以外的遠距離封鎖。

令人無奈的事實是，依目前兩岸軍力比較及未來發展態勢，不論能否接受，臺灣必須殘酷地面對以下事實：以國軍的軍事實力，已經沒有能力執行「保護海上交通線」的任務，也沒有能力遂行直／間接護航任務，而且這只會隨著時間加速惡化，不可能逆轉。這是國力消長及科技發展的必然結果，以中共目前配備動輒數百公里的反艦飛彈攻擊能力，在航母航空兵力、長程轟炸機，以及潛艦等均可遂行遠距離封鎖與攻擊下，我們為數不多的大型戰艦，在遠海機動時能夠防護自身已屬不易，沒有能力再奢談以護航大型商船方式執行反封鎖作戰。

更進一步分析，由於武器科技的大幅躍進，即使強國亦不可能採取直接護航的作戰方法。二戰期間以水面大型作戰軍艦，伴護商船以保護戰略物資的護航模式，已非現代化海戰型態，護航作戰場景恐難復見。此時國軍如仍執著於討論如何規劃護航作戰，恐怕會陷入英國戰略家李德哈特（B. H. Liddell Hart）所說：「將軍們仍在為昨日的戰爭做準備！」

那麼，針對中共封鎖作戰，我們就只能束手無策嗎？當然也未必如此。臺灣周邊海空域為國際航道，中共不可避免地需要建立一個廣闊的禁航區來強化海空封鎖，而大範圍的封鎖將嚴重侵犯重要貿易路線，進而損害周邊國家的利益，亦不為相關國際公法允許。如果美國或日本船隻越過紅線，中共要如何處理？周邊國家船隻因封鎖遭致損害，又要如何解決？這些問題都將讓國際干預合理化。

戰爭雖是原始暴力，但戰爭行為的運作卻是理性的。因此很難想像中共會在何種政治考量下，為了臺灣問題而甘冒違反國際法、損害周邊國家利益、引發國際社會不滿等而一意孤行，做出非理性的決策。合理推測中共統治階層的政策思維，不管是哪一種犯臺模式，都必須有絕對的勝算，因此中共會選擇較容易的方法執行。封鎖作戰無法保證臺灣會立即就範，如果再無法有效處理封鎖作戰帶來的負面影響，極可能危及其領導階層的穩定性，因此中共應會優先考慮其他較為簡單的手段以達成政治目標。

當然，「勿恃敵之不來，恃我有以待之」。但若中共真的採取封鎖作戰手段呢？在國軍沒有武力保護海上交通線，也不具備直接護航能力的前提下，我們能夠採取的，只有以「不對稱的思維」研擬反制對策。

除了聯合周邊國家在聯合國，以及各類國際場合發起政治、外交、法律、輿論的壓迫，使用經濟、貿易、金融、科技制裁等非軍事性反制手段，我們可採取的軍事性手段概述包括：

(1) 籲請美國以及日、韓等利益受影響的國家，不遵行封鎖區的禁制公告。

(2) 協請美國同意，以本國籍船懸掛美國國旗的方式，刻意通過封鎖禁制區。

(3) 籲請美國支持，以無損傷方式，強制禁運荷姆茲海峽、麻六甲海峽及太平洋遠端海域駛往中國大陸的商船、油輪。這種圍魏救趙的手段除非假以時日中國也成為全球性霸權，否則這是中共最為擔心，也無力反制的作為。

(4) 在最糟糕狀況下，如果臺灣無法獲得任何外援，必須自力救濟，採取「以其人之道，還治其人之身」的手段，發布對等反制性宣告，所有商業船舶禁止進出中國大陸港口，並在絕對必要時以有限戰力，攻擊任何國籍進出中國大陸的商船。

在此必須強調，基本上，**中共以曠日廢時的海空封鎖方式迫我屈服，不符合「首戰速勝」的武統戰略原則**，亦非理性的衝突決策，而且採取此種具有負面影響的七傷拳手法，基本上以心理恫嚇及壓迫為主。如果我們不明就裡，仍執念於傳統作戰的思維，派遣兵力護航以為反制，不啻是開錯藥方，且根本投敵所好，讓中共有機會一舉殲滅我海軍護航兵力。

3. 奪占外島的對策

中共以武力奪占我外島的軍事行動方案，始終是研究臺海衝突的熱門議題。簡要分析現行兩岸軍事實力，以及各外島的地理位置與守備能力，可以發現所有前線外島的地理位置都是

「敵近我遠」，臺灣毫無地利優勢。而當前除了金門、馬祖稍具守備能力，其餘東、南沙及烏坵等外島的防務，面對中共的軍事能力，根本是不堪一擊。至於像金門這種稍有守備能力的外島，當地民情與克里米亞的情況頗有相似之處，相信中共也必然了解，要奪取金門，中共可以仿效俄羅斯使用混合戰[9]的模式便可拿下，不需要動用大規模傳統兵力，以火力攻擊的暴力方式奪取。

考量地理環境及臺灣對前線各外島的馳援能力，一旦中共以武力奪占前線外島，除了各外島自我防衛獨力固守外，臺灣幾乎無計可施。

不過，既然現階段中共可輕而易舉以武力奪取外島，為何始終沒有採取行動？從政軍觀點來看，這些外島的存在，與五、六〇年代相較，對臺灣的政治意義完全不同。在全般戰略思考下，外島已不具「攻方所必取，守方所必固」的戰略價值。如果中共基於其他政治企圖，執意以武力奪取外島，此行動恐怕只剩下兩個意義：

一則向大陸民眾及國際社會展現統一臺灣的政治決心；再則藉此恫嚇臺灣民眾逼迫政府談判妥協。

9 混合戰：新型態的作戰方式，指融合了傳統作戰方式、網路、不對稱作戰、政治操作，並配合外交、假訊息、影響選舉結果等方式，達成政治目標並避免後續報復。

然而，此種軍事作為可能達成「以武促統」的政治目的嗎？我們試著分析一下：

(1)前線各外島與臺灣本島距離遙遠，外島的歸屬實務上與臺灣存亡沒有因果關係。

(2)就恫嚇效果而言，臺灣近年來對內的認知作戰有不少影響，尤其是年輕世代對中國充滿情緒，非但無法保證臺灣因而就範，反而會將臺灣民心愈推愈遠。

(3)奪占外島將掀起巨大國際譴責聲浪，在美中大國競爭的氛圍中，很容易坐實美國所謂「中共是區域秩序的破壞者」的指控。

(4)由於以武力奪占外島的軍事行動，基本上違反「武裝衝突法」等國際律約，很可能引發以美國為首等民主國家的經濟制裁。

(5)武力奪占外島將立即引起周邊國家，尤其是日本、印度、越南、菲律賓等與中共有領土糾紛國家的高度警戒，進而使得各國明確，且更緊密地倒向以美國為首的民主陣營。

(6)武力奪取外島對周邊國家的衝擊，將有利美國整合區域國家，使得以美國為首的東亞「小北約組織」更易實現。

(7)鑑於時空演變，前線各外島對臺灣防衛作戰已不具必須固守之戰略價值，若中共奪取外島後並未成功迫使臺灣妥協就範，無形中反而減輕了臺灣的防衛負擔。

總而言之，以武力奪取外島的選項，對中共而言毫無戰略價值，絕非聰明的戰爭決策。在臺灣，強化外島防衛的呼籲始終不竭，然而我的看法卻非如此；囿於整體戰力極端懸殊的事實，無論如何增加外島防衛戰力，從軍事作戰觀點來看均屬徒然，再多的軍事投資都是浪費。從整體戰略考量，我們反而應該逆向思考。

二〇〇九年，我擔任國防部戰略規劃司長時負責「精萃案」裁軍計畫。當時對外島兵力的規劃初案為：「金門、馬祖所有兵力撤回本島，金馬防務由政府撥付預算，由縣府自行統籌成立金馬自衛隊執行防務事宜。」

當時立案的考量是這樣的：裁軍如果是無法改變的現實，而金馬兵力已經沒有能力獨力固守，如今為了專案還須再裁減，若他日中共欲以武力奪取，島上駐軍必然無力抵抗，最後不論是犧牲或被俘，對國人的士氣都是重大打擊。如果以民防形式守衛，將外島「正規兵力」全數調回臺灣，此部署調整不但可強化本島防衛能力，即使中共真以武力奪取金馬，亦將是一場「正規軍」欺凌「民兵」的戰役，可謂勝之不武、有損形象，更會激起民意與國際公憤。如果中共仔細考量後遺，復因缺乏軍事價值的誘因，反而不會使用武力奪島，金馬遭受戰火摧殘的可能性也比較低。不過想當然耳，這個大刀闊斧的構想最終未被採納。

總歸而言，純就軍事觀點分析，迫於現實的無奈，如果沒有突破式創舉，面對中共武力奪取外島，臺灣只能以各外島「獨力固守」因應，而任何軍事上的援助，都只有政治面的效應；任何增加外島防務的軍事投資，也都難有效益可言。

（三）火力打擊的應處

中共現已具備對臺全方位遠距打擊能力，可單獨實施，也可作為全面武力犯臺的手段之一。如果單獨實施，目的是高強度「以武促統」的恫嚇手段，此種威迫方式將造成民間缺水、缺電等實質毀滅性的破壞，其效果將遠超過軍事威懾，但是對於臺灣政府領導核心以及民間社會的恫嚇效果，事前雖可預估，不過誰也不敢斷言成果如何。

單獨實施聯合火力打擊，由於目的只是作為恫嚇壓迫的手段，因此選擇攻擊的目標，將以打擊政治領導核心以及影響民眾生活作息為主，至於攻擊的密度、廣度、強度，以及目標的選定主要在癱瘓政治、軍事等與戰爭潛力有關的重要設施，主要手段則是運用常規導彈與空中打擊。中共火箭軍目前用於對臺遠距火力打擊的短、中程導彈，正逐漸汰換成新型導彈與巡弋飛彈，數量可能高達兩千五百枚，其綜合射程範圍、精度等能力評估，已具備對我關鍵基礎設施進行大規模破壞能力。至於空中火力打擊，例如轟－6系列機種，因防空飛彈和對地攻擊武器的射程提升，攻擊方式已轉變為遠程打擊型態。現役轟6－H掛載精確導引空對地導彈、航空炸彈，已具備對地打擊能力；轟6－K掛載巡弋飛彈、反艦飛彈，也具備對海上大型目標打擊的能力。

當中共遂行聯合火力打擊，本著首戰速勝的戰略指導，將優先置於我國指揮管制及情報監偵設施的「點穴打擊」，以「致盲、致聾、致瘖」為主要目標，破壞國軍聯合作戰指揮管制能力以後，接著將摧毀我防空作戰系統，癱瘓海、空基地，廣殲三軍主戰兵力，完全奪取制空、制海、制電磁權，再趁勢遂行三棲聯合登島作戰，以完成奪臺任務。

現階段國軍反制共軍導彈及聯合火力打擊能力，以天弓三型及愛國者三型飛彈為主要手段，可機動部署於各主要關鍵設施作為終端防護。惟因其系統屬於低空層防禦，在面對導彈攻擊時，可供反制的距離將限制其能力，又因數量不足，無法有效反制大量新型導彈的威脅。

由於反飛彈作戰能力的鉅額投資，非我有限國防財力所能支撐，目前臺灣反飛彈系統只能防護少數關鍵設施，對大多數固定式基地、監偵、通信、後勤等設施缺乏有效防護能力，這是臺灣防衛作戰的短板，也是必須正視的問題。面對大量導彈及空中攻擊，國軍並無有效的主動反制手段，必須接受此一殘酷現實。我們也只能運用機動、隱匿、偽裝、欺騙、干擾、強固化、多重配置、機動備援等戰力防護手段，使主要戰力的損失減至最低程度。

假如聯合火力打擊只是恫嚇式的單一行動，我戰力保存的程度，將是支撐政府核心及社會大眾民心士氣的主要憑藉。如果聯合火力打擊是中共全面犯臺的先期行動，若能有效防護國軍戰力，後續犯臺行動將變得極為複雜，中共投入再多兵力也難以確保成功。綜合而論，**面對中共遠距聯合火力打擊，臺灣能否成功反制，乃在於能否遂行有效的戰力防護作為，而非倚賴我國防財力難以支撐的飛彈防禦系統保護**。

國內也有國軍應以遠距攻陸武器實施源頭打擊，以作為反制手段的呼聲。關於此種論調，姑且先不論戰、技術的問題，僅從戰爭原則思考，資源稀少的弱國，欲以對稱式的方法與資源龐大的強國進行相互長程飛彈消耗戰，其結果可想而知。

（四）面對全方位武力進犯的對策

解放軍如已完全具備三棲跨海侵臺能力，這對臺灣將是極嚴重的威脅，中共當然可以採取較容易的遠距火力打擊方式，摧毀臺灣人民的戰鬥意志，進而逼迫臺北政府坐上談判桌。但是戰爭沒有啟動以前，沒有人能夠預測戰火會將人民的意志推向何方？武統臺灣牽涉到中共領導核心的穩定性，除非迫不得已，武力犯臺不能沒有周全的配套措施。遠距火力打擊可以作為戰爭手段，但不可能依恃為「終結戰爭」的工具，因而中共若想徹底達成政治管轄臺灣的目標，就得將解放軍地面部隊送上臺灣的土地。

若中共決定全面進犯臺灣，必會先運用前述聯合火力打擊，奪取完整制空、制海、制電磁權，癱瘓國軍大部分戰力，再統合三軍、火箭軍及特攻作戰，展開三棲進犯臺灣本島，同時可能運用海上民兵、軍商混合輸運等手段，大量運送登陸部隊。

共軍聯合登島作戰之前，火箭軍、優勢海空戰力、特戰部隊等，將持續實施「點穴打擊」，摧毀與破壞重要軍事目標，癱瘓作戰指管體系，延遲國軍戰力的重整時間，以利遂行登島任務。

現階段共軍登陸作戰，受限於運輸機與直升機空中投送能力的不足，主要兵力仍循傳統兩棲登陸模式。二〇一九年美國防部報告指出，共軍戰車登陸艦、中型坦克登陸艦（Landing Ship, Tank, LST）未見擴建計畫，評估尚不具備大規模兩棲正規登陸能力。事實上，中共並未停止兩棲造艦計畫，而是以具備三棲登陸作戰需求的大型兩棲艦艇作為兵力整建的目標。中共正藉由編裝組織調整與武器裝備的提升，逐步建立「超地平線」與「海空一體」的三棲作戰能力。

國軍在遭受中共聯合火力打擊之後，可以預見海空主戰兵力將難免遭受重創，這時陸上支援火力、水雷作戰能力等，將是遲滯中共登陸載具的關鍵戰力。國軍雖可藉主場優勢遂行反擊作戰，然而在敵人掌握空中優勢，而我方主戰兵力的武器裝備數量有限，當共軍源源不絕透過海空運輸增援地面作戰時，國軍將難以改變全般劣勢的戰場情勢。

有關拒止外軍介入的準備，毫無疑問地，中共如果決定發起全面三棲犯臺作戰，在廟算階段必定會詳細考量此一重要因素。

中共重點發展以陸制海的「反介入／區域拒止」能力多年，且已初具成果，包括東風－21D長程彈道反艦飛彈、超高音速滑行載具、轟－6K、轟－6H，以及潛艦部隊等多樣化武器系統。基本上，中共中、長程火力打擊射程已涵蓋關島。值得注意的是，被視為「航母殺手」的東風－21D導彈已量產部署，可直接威脅進入第一島鏈的航母戰鬥群。

近年共軍遠海長航的機隊組成，包括空警、轟－6、殲擊機、電戰機、加油機，以及新型隱形轟炸機轟－20的研發，均顯示中共在轟炸機的發展與運用上，不再限於對臺作戰。美國智庫研析，中共火箭軍將繼續增強大規模殺傷性武器能力，並使彈種多樣化。預判中共聯合火力打擊綜合能力的提升，將根據作戰需要呈現兩個發展趨勢。其一，是持續提高現有導彈精確制導能力，掌控第二島鏈內「以陸制海」的優勢，包括維持現有中、短程導彈數量，藉逐年汰換成具備變軌、多彈頭的新型導彈，預判將在二〇二五年前後，完成新型導彈量產列裝；其二，是持續發展「殺手鐧」武器，例如高超音速滑翔載具，而二〇三〇年以前，新型導彈、高超音速武器、空中預警機、無人機、衛星技術與數據資料鏈相互支援，將提升火箭軍、空軍遠程轟炸機遠距目獲與精確導引能力，成為拒止外軍進入第二島鏈的「殺手鐧」。

臺灣防衛的新希望：「整體防衛構想」

如果臺灣足夠堅定、絕不屈服，中共要達成統一的唯一方案，是採取三棲登陸的全面武力犯臺。

若全盤思考臺灣所面對的「灰色侵犯、武力進犯、預算匱乏、時間壓迫、意識分歧」等國防困境，當反制灰色侵犯時，為了鼓舞士氣、激勵民心，需要使用先進且高能見度的戰機及戰艦。然而當敵人採取全面武力進犯，必然會以遠距導彈、空中攻擊和網路戰，對臺灣發動壓倒性、毀滅性的先制打擊。面對這類打擊，價格昂貴的戰機與戰艦的戰場存活性令人質疑，而先進大型傳統武器的戰損，對民心士氣會產生重大斲傷。因此，當面臨生存威脅的全面進犯，那些戰場「存活性高、能見度低、成本效益大」的小型精準武器，反而是臺灣所迫切需要的戰力。

先進儎臺與武器當然有用，但臺灣無法負擔足以嚇阻或擊敗解放軍的「量」。無所不備，則無所不寡；處處防，則處處無防。要想處處完備，必須投入足夠的資源，可惜臺灣沒有取之不盡的國防預算來負擔大量昂貴的戰機、戰艦，或戰車等傳統武器。面臨這種困境，我們別無選擇，必須有所取捨及律定優序，考量中共各類軍事行動對我們生存的威脅，臺灣平衡威脅及困境合理的優序應為：

（一）冷靜面對「灰色侵犯」

面對持續不斷的灰色侵犯，傳統的觀念是國軍要有積極應對的作為，然而面對兩岸失衡的傳統武器資源，我們必須冷靜接受一定程度灰色侵犯的存在，避免一成不變硬碰硬的做法。無論如何，灰色侵犯並非攸關生死存亡，而且灰色地帶的運作，在某種層面上也具備了緩衝直接武統衝突的風險，如果徹底反制灰色侵犯，可能會促使中共走向更激進的作為，因此我們不應將灰色侵犯視為中共軍事威脅的重點，也不宜將大部分國防資源，投注在反制灰色侵犯的武器裝備。

（二）優先反制「全面進犯」

臺灣必須轉變觀念，將大部分國防資源優先投注在：可以有效反制中共全面武力進犯的武器裝備。也就是說，我們必須優先發展「機動、分散、彈性、精準、價廉、可信賴，並具成本效益的大量小型殺傷性武器系統」，例如岸防巡航飛彈系統、短程防空系統、防禦性水雷、微型飛彈突擊艇、無人機，以及先進監偵、目獲設備。這種類型的武器與裝備，機動靈活、戰場存活性高，一方面讓對手知道，如果貿然發動入侵勢必要付出慘痛代價；二方面必須讓敵人認知，即便付出慘痛代價，依舊沒把握拿下臺灣。若能做到這兩點，敵人自然不敢輕舉妄動，因此這種「性價比」極高的小型殺傷性武器，最能在當前臺灣有限的國防預算之下，滿足抵禦中共全面性攻臺的作戰需求。

過去數十年，臺灣軍事採購著重昂貴、先進的武器，表面上很華麗，但實際上能投入與解放軍作戰時的效用卻很有限。二、三十年前，採購重點放在複雜昂貴的先進武器相當合理，因為可以用來壓制中國的傳統武器。然而隨著解放軍現代化的完成，情勢已然翻轉，臺灣現今擁有的高科技武器，中國都有相對等級，且數量更多，某些甚至比臺灣更為先進。這些問題不是加倍購買像是M1A2戰車這樣昂貴的武器裝備就能解決的，因為它雖號稱「地表最強戰車」，但也是「地表最重戰車」，很難在叢林、稻田、橋梁、密集城鎮中機動，寄望將之運用在對付解放軍登陸作戰，說來或許合理，問題是，解放軍執行三棲登陸前必然已經取得空中優勢。在這種戰場狀況下，M1A2戰車只會成為敵人空中武力與無人攻擊機的靶標，根本連與敵方主戰部隊接觸的機會都沒有。二〇二〇年九月，亞塞拜然與亞美尼亞間的戰爭，就充分說明了這個現代化戰場的特性。

臺灣必須停止花費大筆國防預算在購買昂貴的傳統武器。這種先進戰力或許在表面上好看，然而因其價格昂貴，臺灣只能少量購買，而「量」的不足造成臺灣整體國防戰力的「華而不實」，面對長期且高強度的戰爭必然脆弱不堪。所以，**臺灣讓解放軍無法一擊致勝的方法，是擁有大量讓中國無法在第一擊中摧毀的武器**。舉例而言：大量水雷、反艦飛彈、無人機，和微型飛彈突擊艇等，遠較傳統大型作戰艦臺有更高的生存能力，而且更適合臺灣的地理特質，因為它們的體積不大，可分散部署在臺灣全島各角落，讓解放軍難以偵測、鎖定，也無法在第一擊中摧毀。

對於許多資深的軍中幹部或是長期醉心於研究先進傳統武器的民間專家而言，很難接受上述的概念。然而在兩岸衝突中，居於絕對弱勢的臺灣，不得不接受此殘酷現實。

世界正在默默地進行一場現代戰爭的革命。多年來，世界軍事強國花費了絕大部分的資源去發展少量昂貴的先進武器，但是隨著匿蹤、5G、網路、無人技術、人工智慧等科技大幅躍進，傳統強調兵力集中、對敵人形成戰力優勢的戰爭思維已然改變。大量機動分散的小型武器系統，將限制敵人在單位時間內可以接戰的目標，增加攻擊的複雜性，並擾亂用兵節奏、減低作戰效率，大幅增加達成任務所需的時間和資源。這代表**運用大量小型精準不對稱武器的軍隊，能夠打敗那些配備少量、昂貴、先進傳統武器的對手。**

當臺灣面對一場生存威脅，必須打一場輸不起的戰爭時，這種作戰觀念的轉變是成敗的關鍵！而充分運用創新／不對稱作戰概念的「整體防衛構想」正是秉此發展而成。

第三部

整體防衛構想

第七章　整體防衛構想的創新與不對稱思維

在有形戰力對比懸殊，注定要失敗的情況下，弱勢者唯一的機會就是採用創新／不對稱作戰。

什麼是「整體防衛構想」

「整體防衛構想」（Overall Defense Concept, ODC）以創新及不對稱概念為思考軸心，針對兩岸懸殊軍力對比，結合臺海戰場環境特性，發展低成本、高效益、數量多、品質精、高存活的小型、精準、致命武器，目的是將臺灣防禦的優勢極大化，以阻止解放軍成功侵略或政治控制臺灣。

在架構上，「整體防衛構想」包括「戰力整建」與「作戰構想」兩大要素：

(1) 戰力整建：在設計、構建一個能存活、有韌性，且能在平時與戰時、傳統與不對稱間取得平衡的可恃戰力，它包括三個要素：高存活性戰力、傳統戰力、不對稱戰力。

(2)作戰構想：在不對稱作戰概念下，反制全面來犯之敵，使其無法達成奪臺任務，其組成概分四大要項：戰力防護、濱海決勝、灘岸殲敵、縱深防禦。

重新審視臺灣的防衛戰略

國家的整體戰鬥能力，取決於「能力」、「意志」、「戰略」三個元素。「能力」是一種有形的力量，指的是國家的軍事力量，我們通常稱之為「有形戰力」。能力是影響勝負的最重要元素，但它不能決定一切，尤其在雙方差距並非極端懸殊的時候。因此作為弱勢者的一方，在建立能力的時候必須謹記利用有限的資源，鋪陳出最大的能力效果，而非不顧成本效益，一意追求最先進的武器裝備。

「意志」是一種無形的力量，在軍隊之中，這種力量來自於個人歸屬在群體的榮譽感，它是實踐忠誠、責任、無私、正直、勇氣等價值觀的根本，我們通常稱之為「無形戰力」。「意志」無法自行成為「能力」，但它能激發及提升「能力」的強度，在「能力」不變的原則下，短期內能對戰爭結果產生重大影響的就是「意志」。看俄烏戰爭就知道，當一個國家群體的抵抗意志很堅定，戰鬥能力自然會爆發出來。

「戰略」的價值在訂定具體的目標，並述明實現這個目標的方法及手段。戰略極為重要，尤其是弱勢國家，當能力不如對手時，就必須仰賴正確且適當的「戰略」。如果我們有了「能力」，也顯得「意志」堅強，但卻缺乏正確的「戰略」，終究是有勇無謀、徒勞無功，以致難以成事。

「整體防衛構想」是一個以「拒止式嚇阻」（Deterrence by Denial）為理論基礎的防衛戰略，其目的是使敵人在有意妄啟戰端之前，意識到無法達成政治目標而不得不捨棄興師的念頭。它也是以「不對稱作戰」為執行手段的防衛戰略，目的在使敵人在準備戰爭之際就意識到無法達成勝戰任務，而不得不放棄啟戰企圖。

我在二〇一七年擔任參謀總長時開始推動「整體防衛構想」，於同年《國防報告書》中首次刊出，並再於《二〇一九年國防報告書》中錄載內容綱要。

> 我們會基於「整體防衛構想」，將投資聚焦在臺灣所需的能力，「整體防衛構想」是我的承諾，這會使國軍更聰明、更靈活，也具備更高的存活力。

以上這段話是摘錄自蔡英文總統於二〇一九至二〇二〇年間，在美國「戰略暨國際研究中心」（CSIS）、「哈德遜研究所」（Hudson Institute），以及澳洲「澳洲戰略政策研究所」（ASPI），公開視訊演講中的談話精要。由此可以看出，她在這段時間對「整體防衛構想」的接受及肯定程度。不過在二〇二一年三月，國防部發布的《四年期國防總檢討》，以及同年十一月的《國防報告書》中，「整體防衛構想」的名詞已不再出現。報告內容中雖仍然強調「不對稱作戰」的重要性，但有關國軍軍事戰略強調的重點，除了「防衛固守，重層嚇阻」以外，已經調整為：「拒敵於彼岸、擊敵於海上、毀敵於水際、殲敵於灘岸」；至於建軍的優先目標，則改為：「遠程打擊、制空作戰、制海作戰」。

這些改變令人玩味。在文字敘述上，《二〇二一年四年期國防總檢討》及《國防報告書》，所揭示的國軍軍事戰略顯得氣勢恢宏，不過深入思考臺灣的國防資源及軍事能力，不禁又令人困惑：國軍從哪兒來的能力及資源，可以執行這項從彼岸到我境，從天空到海上，處處能掌控、時時可殲敵的軍事戰略？如果做不到，這些有關國家安全的軍事文件豈不成了空泛的戰鬥文學，毫無實質功能？進一步想，這種死生之地、存亡之道的國家重大議題，我們豈能僅用華麗的詞彙，堆砌出毫無實踐可能的建軍與用兵構想，並據以作為臺灣防衛作戰的指導？

如果國軍具備大量令敵畏懼的遠距攻擊能力，而且有能力控制周邊海、空域，我們還需要擔心中共武力來犯嗎？擺在面前的事實是：我們不想面對海峽兩岸已經是敵強我弱的戰略形勢；不願面對敵方資源極多，我方資源有限的無奈現實；不肯面對以傳統武器對抗解放軍侵犯必定失敗的結果，仍然抱殘守缺，沿襲著過去幾十年不變的建軍及備戰套路，仰望著力不可及的戰略目標，執著在一成不變的傳統建軍路上。

不論我們能否接受，臺灣的防衛戰略已經到了不得不改變的時刻，這是我在參謀總長任內殫精竭慮、戮力推動「整體防衛構想」的主要原因。在具體說明之前，有必要先將臺灣傳統的建軍與作戰思維，與「整體防衛構想」做個原則性的比較。

臺灣的傳統建軍與作戰思維

隨著美、中大國競爭的態勢日趨尖銳，兩岸衝突風險也跟著迅速升高，在此關鍵時刻，正確的自我防衛策略對臺灣來說比以前顯得更為重要。面對當前敵情威脅以及美方在戰時以軍事方式介入的不確定性，建立適切的不對稱戰力，以彌補武器裝備的劣勢是國軍不得不的改變。然而在我們眾口一致言必稱不對稱作戰的同時，卻仍大量投資在採購戰機、戰車等傳統武器裝備，究其原因，乃是國軍的建軍思維始終脫離不了以下的傳統框架：

（一）過於執著建置傳統戰力，輕忽發展不對稱戰力

傳統武器系統是過去幾十年來，國軍戰力整備的重點所在，戰機、戰艦等能見度高的傳統儎臺，在平時能夠有效反制解放軍灰色侵犯的軍事威懾，維持社會大眾對國防的信心。然而依

解放軍當前所擁有龐大數量的遠距精準武器，一旦在政治上決定全面武力犯臺，如前幾章分析過的，國軍這些大型昂貴的傳統武器儎臺很容易遭到敵人的遠距攻擊，反而是那些機動、分散、精準、致命的小型武器系統，不但在戰場上有很高的存活性，也能夠在關鍵的時刻對敵人做有效的攻擊。可惜的是，小型武器系統的展示性較低，難以吸引社會大眾注目，政治上不具吸引力，而且也不適用於反制承平時期敵人在灰色地帶的軍事活動。

由於國防財力的限制，臺灣究竟應該將投資重點放在大型傳統武器儎臺，還是戰場存活性較高的小型精準武器系統，確實是魚與熊掌難以兼顧的難題。面對此種困境，較佳的策略應是：針對威脅的輕重緩急，做出適切的國防資源分配，將大部分的國防財力，投注在適合反制全面性武力犯臺的武器系統。至於戰場存活性較低，比較適合反制承平時期灰色侵犯的昂貴傳統武器，應以「行有餘力」的方式適量建置。因為中共可以利用灰色侵犯不斷威嚇臺灣，但卻構成不了對臺灣實質的生存威脅。確保臺灣安全的本質問題其實並不複雜，這不是「二選一」的抉擇，而是「臺灣生存的不得不然」。

我們必須面對現實。當臺灣的國防財力無法面面俱全，那麼能夠有效嚇阻敵人全面犯臺的武器裝備，必然，也必須是我們最優先的選項。

（二）偏好大型華麗儀臺，輕視小型機動戰力

臺灣目前「重層嚇阻、防衛固守」的軍事戰略，聚焦在整個臺灣海峽，並以透過逐次消耗敵軍的方式來防衛臺灣。然而依兩岸極端不平衡的軍力現況對比，仰賴現有傳統武器，臺灣絕無可能達成此戰略目標。

如果解放軍發起全面武力犯臺，面對敵人數量龐大的長程飛彈、遠距火箭、自主性無人攻擊機，以及絕對優勢的空中武力攻擊，在作戰初期，傳統武器儀臺及裝備很難有機會發揮應有功能。例如：固定式偵蒐雷達將在開戰後數小時被摧毀；海、空軍基地也將遭受連續性的攻擊；後勤設施被摧毀、跑道被破壞、戰機無法起飛、油彈無法補給……等，在戰爭初始階段如果國軍戰力折損泰半，民心士氣肯定跌落谷底，進而動搖集體的防衛意志。

臺灣沒有足夠的國防財力與中國進行軍備競賽，更無可能建構足以自我防衛的對稱性傳統武器裝備。因此採取不對稱戰略，充分利用臺灣的地形優勢與龐大的民間資源，反制中共從海、空而來的武力投射，避開大型軍艦、戰機，或戰車硬碰硬式的傳統對稱作戰，取而代之的是運用大量、小型、分散、機動、致命的兵力，轉型為現代化機動游擊作戰。未出動時「藏於九地之下」，需要時「動於九天之上」，利用機動靈活的精準武器特性，在敵人進犯兵力最脆弱的時機施予致命打擊，這種充分運用「創新與不對稱」思維所建構的戰略，才能符合當前兩岸失衡的戰略情勢所需，有效達成防衛臺灣的目的。

（三）建軍忽視成本效益，缺乏「機會成本」概念

所有的軍事問題都可以當作在「合理分配及有效使用資源」的過程中，所產生的經濟問題來處理，不過國軍的建軍制度，從未意識到這個關鍵問題的重要性。

現行臺灣的建軍機制是採「由下而上」的程序。各軍種依自己的需求，建案向上呈報爭取預算執行。國防部依建案程序，審核通過後納入施政計畫，並俟行政、立法院通過年度總預算案，再進行相關武器裝備的採購作業。

這種武器籌獲程序，軍種各憑本事爭取預算大餅，沒有任何環節或機制進行整體性的成本效益評估，換句話說，國軍的建軍機制缺乏成本意識。成本意識指的是**「節約成本」**與**「控制成本」，節約成本是「精確計算性價比」，控制成本是「嚴格監控執行成果」，若能做到這兩點，就可將投資效益最佳化**。另一個問題是缺乏「機會成本」的評估機制。機會成本（opportunity cost）是指，在採取特定決策或行動所要付出的代價。也就是選擇「最優」，就必須捨棄「次優」的決策或行動。而在決策過程中，由於面臨多項「不可並存」的選擇，因而無論做出什麼選擇，都必須放棄其他選擇。那些被放棄的選擇可能會帶來更好的結果，但由於沒有被選擇，所以就喪失那「更好結果」的機會，這就是所謂的「機會成本」。

只要有選擇、取捨的存在，機會成本便存在。優質的決策機制會力求把機會成本降至最低，意即為了現行選擇而被迫放棄或犧牲的代價也最低。因此，國軍應該改變為「由上而下」

需求導向式的建軍機制，重視成本觀念及資源分配，在有限的國防資源下做最有效的安排，確保能優先獲得防衛作戰最需要的資源，盡可能刪減不必要的開支，以更聰明、務實的方式，妥善運用臺灣有限的國防預算，讓建軍發展朝正確的方向邁進。

（四）建軍急迫意識不足，輕視立即可恃戰力

武器的建置要有針對性，更要考量建構的期程，因為遠水再強大也救不了近火。國防自主固然為臺灣一貫追求的目標，但是現在我們面臨的情況是國防資源有限，威脅卻與日俱增，因此重大軍事投資除了必須注重成本效益，更需考量執行風險與戰力籌建的時效性，如此才能應對短期迫切的威脅，滿足防衛作戰的實際需求。

臺灣偏好投資先進華麗的傳統武器，但這種武器因為複雜且精密程度較高，因此也具備了價格昂貴、建造期程冗長的特性。美國前印太司令部司令戴維森上將，以及參謀首長聯席會議主席密利，兩人在國會聽證時所公開宣稱，二〇二七年中共將具備全面犯臺能力的警語，臺灣不能等閒視之。如果我們嚴肅以對，二〇二七年就是一個值得警惕的時間點。國軍身處此一關鍵時刻，如果持續倚賴籌建大型昂貴的傳統武器，將造成戰力整建時間上的緩不濟急。面對迫在眉睫的威脅，我們建軍整備需要以能夠應對短期迫切威脅的「即戰力」為優先整建項目。

（五）缺乏「重點優先」概念，處處都想爭戰求勝

戰略設計的邏輯，在於優先處理「最大的威脅」。就當前中國可能的犯臺場景，小自威懾、騷擾、封鎖、奪取外島，大到聯合火力打擊、全面武力犯臺等不一而足。以臺灣有限的國防預算不可能面面俱到，然而國軍當前的建軍規劃卻仍是從彼岸到我境，將之無遠弗屆的全部納為重點，這種罔顧有限資源的現實，絕對無法有效解決所有威脅。我們必須仔細思考，在資源不足的情況下，要在戰場上有效擊滅犯敵，「縮小打擊面」是不得不為的選擇，因此如何合理分配有限資源，並優先投資在能夠反制臺灣生存威脅的戰力是毫無疑問的戰略必要。無論威脅大小、場景如何，處處想周全兼顧、時時都能爭戰求勝的戰略目標，絕無可能實現。

「整體防衛構想」的建軍與作戰思維

雖然以臺灣的國防資源，難以實現國軍想憑藉著傳統武力從彼岸到我境的每個戰場，都徹底擊敗敵人這種超乎現實的戰略規劃。但就防衛作戰而言，這並不意謂我們沒有機會贏得勝利，但要達成勝戰目標，首先得務實地面對在軍事上敵強我弱的客觀事實，收起具主觀浪漫的這種全方位作戰思維。

「整體防衛構想」是依據兩岸戰力懸殊的現況，融合「創新與不對稱」概念發展出來的防

衛戰略。「創新與不對稱」概念的核心，是依據兩岸軍力現狀，分別在性質、形式、成本、性能、數量等各方面所呈現的不對等狀態下，建立一種在兩岸戰場之中，具備高度適應性的不對稱作戰能力，並藉以尋求在不同的時間、空間、領域，運用不對稱作戰的特性，抵消敵方傳統戰力的優勢，塑造有利的戰場條件，獲致所需戰果，以成功達成整體防衛的目標。其具體手段是採取「量多、價廉、易行、分散、機動、隱匿、精準、殺傷」等形式，以發展出有韌性的不對稱戰力，這種特性的戰力，在戰時甚難被鎖定、攻擊，具有極高的戰場存活性。而藉由此種創新、不對稱的作戰方式，也可迫使對手必須研擬對策，投注資源以為因應。這些資源的挪移，會對敵方兵力籌建的性質、規模、速度以及質量，造成排擠或限制，有助紓解我方長期處於被動，窮於追趕應付威脅的壓力。

創新與不對稱概念並非魔法，也非萬靈丹，臺灣要在戰力極端劣勢下，企圖運用非傳統戰爭的方法達成防衛目的，既不能過度浪漫，也不可天馬行空。首先我們必須務實思考：「在當前戰力劣勢的情況下，所能達成最佳的『合理』目標是什麼？」而這個最佳的「合理」目標，不但是我們「企達」的目標，也是在務實地評估自身能力後，運用創新／不對稱概念塑造出的「可達」目標。

具體地說，**「整體防衛構想」就是依據當前敵強我弱的戰略形勢，以「務實的態度」、「創新的思維」，針對臺海戰場環境特性及敵我作戰能力，重新定義「勝戰」，並以達成此勝**

戰目標作為建軍及備戰的準備，以成功達成防衛臺灣的目標。

（一）重新定義「勝戰」

「整體防衛構想」定義的「勝戰」是：使敵人奪臺任務失敗！

兩岸戰力懸殊，一旦無法避免戰爭而全面開戰，如果臺灣預先的戰爭規劃是企圖在每個時間、空間、領域的戰場上均殲滅敵人，這種設想絕對是昧於事實，紙上談兵。然而臺灣作為絕對弱勢的一方並非毫無機會，未來中共軍力即使變得再強，臺灣仍然有機會利用特殊的地理環境及創新／不對稱的作戰方法，達成防衛目標。為了實現此一「勝戰」目標，「整體防衛構想」在「戰力整建」與「作戰構想」的規劃上，其重點在於除了能夠應對平時的灰色侵犯外，當面臨敵兵全面進犯時，必須有能力達成下述兩個作戰目標：①使敵人無法登陸立足②即使登陸也無法有效控制臺灣。

這種作戰構想的設計是，以臺灣有限的弱勢兵力，不應該追求（事實上也不可能達成）在戰場上徹底擊敗敵人的作戰目標，其用兵重點反而是使敵攻臺兵力無法完成其作戰任務，達到其奪取臺灣的戰爭目標，而「整體防衛構想」就是在這種作戰思維下，整建所需戰力及指導如何用兵。

（二）拋棄傳統殲滅戰，採用創新／不對稱作戰

傳統戰爭所謂殲滅戰，是以徹底消滅敵人的作戰部隊為戰爭目標，手段則是集中優勢兵力圍殲敵人。在戰術的考量及運用，則以能否殲滅敵人為標準。自古以來，殲滅戰是消滅敵人最直接、最有效的手段。國軍長久以來規劃的防衛作戰，基本上沿襲著這些傳統作戰的思維。在三、四十年前，這做法沒有太大問題，因為當時國軍傳統武器的數量雖然不及解放軍，但仍然享有質的優勢。但盱衡當前軍力對比，解放軍不但在數量上繼續擴大領先，品質也已迎頭趕上，甚至猶有過之。如今在資源及能力均屬劣勢的形勢下，如果國軍繼續執著於傳統殲滅戰，無異是自尋敗亡。因此，唯一的出路就是改變作戰思維，採用不對稱作戰方式取代傳統殲滅戰，如此方能達成防衛作戰的目標。

（三）拋棄「控制」思維，採取「拒止」概念

傳統臺灣防衛作戰的思維就是「制空、制海、反登陸」，一直到二〇二一年《四年期國防總檢討》，仍然將「制空、制海」列為最優先的建軍目標。就當前兩岸軍事實力，戰時臺灣想要在臺海掌握制空、制海權是戰略囈語、痴人說夢，如果能夠制空、制海，我們根本無需擔憂解放軍的三棲進犯。

國軍已經沒有能力在臺灣周邊掌握制空及制海優勢，因為解放軍有能力在任一戰場壓制臺

灣的傳統戰力，這是不得不接受的現實。因此**臺灣應該做的是採用「區域拒止」的概念，用來取代「區域控制」的傳統思維**。

何謂區域拒止？「拒止」（denial）的門檻遠低於「控制」（control），這是臺灣有能力做到的作戰構想。拒止只需要防止敵人有效控制，即便自己也無法控制該領域。就當前敵我兵力現況，國軍必須拋棄在各領域以傳統作戰方式與敵人爭奪控制權的思維，放下對過往作戰觀念的執著，坦誠面對兩岸戰力差距的現實，改採彈性的拒止作戰概念，在各領域進行不對稱的拒止作戰，拋棄「控制」，改採「拒止」。

「整體防衛構想」之所以要強調這種作戰思維的改變，是因為這種改變會牽動整體戰力整建的方向，影響深遠。對臺灣而言，維持空中優勢與遂行空域拒止任務所需的戰力，兩者截然不同；奪取制海權與達成海域拒止所需要的武器裝備，也有顯著的差異。

攻勢作戰中，奪取制空、制海權是勝戰的必要條件，然而在防衛作戰卻不盡然如此。兵力居於弱勢卻執意於制空、制海的戰力整備，就是在與敵人的強點拚搏，完全違背不對稱作戰的邏輯思維。此外，不論我們採取何種作戰思維，都得面對資源有限的現實問題，遂行制空、制海作戰所需的戰力整建成本，將遠高於採取空域拒止與海域拒止作戰。以臺灣相對弱勢稀少的國防財力來看，不論如何大量投資，都無法運用傳統海空戰力與解放軍正面拚搏。將大部分國防財力投注於奪取制空、制海，一旦作戰失敗，就意謂著臺灣防衛作戰失敗，豈能不嚴肅以待？

（四）攻擊敵人執行任務的能力

要達成「整體防衛構想」重新定義的勝戰目標：「迫使敵人奪臺任務失敗」——重點在掌握敵人的戰略重心，攻擊敵人執行任務的能力。

所謂「任務」，在戰略及戰術上有不同涵意。戰略任務是達成戰爭目標的具體行動，戰術任務則是達成特定作戰目標的具體行動。臺海防衛戰爭中，戰略性的攻擊敵人任務，就是要「迫使敵人奪臺任務失敗」。欲達成此戰略目標，首要是找出敵人的戰略重心（Center of Gravity），也就是「敵執行奪臺任務最關鍵的能力」，這是敵人的要害；只要能有效攻擊敵人的戰略重心，就能獲得決定性的戰果。至於戰術性的攻擊敵人任務，與戰略性攻擊敵人任務的行動概念不同，亦可以所謂的「任務擊殺」（mission kill）稱之，是指在即使無法摧毀敵方武器儎臺的情況下，仍能迫使該儎臺失去繼續執行任務的能力。攻擊敵人的「任務」與徹底殲滅敵人作戰部隊，是兩種不同的作戰思維，執行上亦有頗大的困難度；前者是不對稱作戰的概念，後者則是傳統殲滅戰的思維。

（五）形塑有利的戰場條件

散地則無戰，爭地則無攻。依臺灣有限的資源與能力，絕無能力把每一個所望區域都納為可能的戰場。形塑有利的戰場條件影響防衛作戰成敗至極，預想戰場的選擇，關鍵在兩個要件：①**我方部隊、裝備，具有優勢的存活條件②我方具備「完整『擊殺鏈』（Kill Chains）」的能力**。

我們期望的戰場，是要使敵人在上述條件中居於劣勢，而我方具有高度的戰場存活能力，可以達成「全軍」的目的，具備完整的「擊殺鏈」能力，則能有效達成「破敵」的任務。

基於有限的國防資源，國軍在臺海防衛作戰中，不可能冀望在每個戰場都建立作戰能力，也不可能期盼在每個戰場都擊敗敵人，擘劃關鍵決戰場域，並形塑有利的戰場條件至關重要，因為這是高效打擊敵方戰略重心的必要條件，更是勝戰的不二法門。

(六) 結合地理環境優勢，善用民間資源

臺灣的地理環境特殊，解放軍遠道而來，第一個要面對的巨大障礙就是臺灣海峽這道天塹深溝。七十年前，臺灣海峽是中華民國得以繼續存在的關鍵因素；七十年後，即使科技不斷進步，解放軍的武器裝備幾乎全面現代化，然而臺灣海峽仍是一道難以跨越的壁壘鴻溝。

除了海峽，臺灣中央山脈縱貫南北，東部海岸地勢陡峭，同樣形成防衛的自然障礙。先不論難度高低，由於花東地勢險峻，進出道路柔腸寸斷，國軍只要封鎖少數公路、鐵路、隧道，登陸部隊就陷入進不了、退不得的險境。相對而言，西部地區地勢平坦，較適合進行登陸作戰，但臺灣地狹人稠，適合人居的西岸地區，多數已經高度都市化，適合登陸的灘頭有限，周

邊建築星羅棋布、街道狹窄、巷弄曲折，大型重裝武器機動緩慢、行動受限，難以發揮戰力。

防衛作戰的戰場，雖然無可選擇地必然會在臺灣自家的院子，然而對防衛的一方來說，無論是地形地物的熟悉程度，還是結合自家資源運用於作戰，都占了「主場優勢」。敵人遠道而來，武器裝備、輜重補給、戰爭所需物資等樣樣都得自備，這是無比龐雜的後勤作業。反觀我方居於防守位置，除了武器系統，其他軍民通用裝備盡可就地運用，這種主場優勢提供「彌補我方資源不足」的利基，因而應當充分掌握、徹底發揮在防衛作戰之中。

「整體防衛構想」的精神是：「不足的國防資源＋豐沛的民間資源」。防衛作戰不能僅憑恃軍隊本身的能力，若能充分運用民間資源，將可大幅提升國軍戰力。這是解放軍攻臺必然欠缺的優勢，臺灣必須重視並充分運用。

（七）建立具有可信度的國土防衛機制

國內外有關臺灣防衛能力的評估，共同結論幾乎都是：「臺灣缺乏自我防衛決心，人民沒有意願挺身而戰。」造成這種論述的一個主要原因，是社會大眾對國家安全及戰爭的認知有重大歧異。團結一致的臺灣，是嚇阻中共武力犯臺的重要因素，不過在臺灣受困於國家認同、意識形態、政黨伐交的環境下，追求「全民團結一致」是個相當難以達成的目標。即使如此，**「整體防衛構想」仍想方設法在臺灣無法消弭意識分歧，全民難以團結一致的情況下，建立一**

個可信的嚇阻能力。我們必須為成功找方法，而不是為失敗找理由，「國土防衛部隊」就是在這種思維下的具體解決方案。

目前臺灣的後備改革計畫是延續舊有制度，企圖藉著教召訓練後備軍人，組織成與正規部隊一樣型態的部隊。二〇二二年起基於內外在的壓力，雖然增加了教召人數也延長了訓練期程，然而在訓練內容及方式未有大幅興革的限制下，此種改革方案很難讓人相信國軍的後備戰力能從此脫胎換骨、浴火重生。

在國軍沒有意願針對後備戰力作結構性的改革情況下，「整體防衛構想」另外提出一個完全不同於現行後備制度的倡議：「國土防衛部隊」主要由自願民眾所組成，在國防、內政相關政府部門的支持及管制下，採社區化、機動游擊式的作戰方式，協力正規部隊實施國土防衛作戰，並由現役或甫退役的「特種作戰部隊」人員擔任核心領導幹部，負責訓練國土防衛部隊戰技及戰法。目前國軍熟悉各式技能的特戰菁英，在防衛作戰中缺乏明確的任務定位，由他們來組織與訓練城鎮機動游擊戰，相信定能人盡其才。又，考量成本效益及戰場需求，國土防衛部隊的武器裝備以輕巧及機動為原則，平時分屯在社區內的軍方、警察、消防、岸巡等駐所，由國土防衛部隊自行負責管理，以方便戰時迅速取用。

國土防衛部隊是小型、機動的地區性游擊兵力，與區域內軍械及武器庫就近連結，一旦動員就能夠機動、快速的進入戰術位置。國土防衛部隊與正規部隊不同，除核心幹部外，因是採社區化的組織編組，因此國家並不需要提供營舍供其住宿。成員平時各有民間職業，每年則定期在責任區內就地實施小部隊的編組、機動、武器、戰傷急救等戰鬥訓練，以維持相對較低的成本及可行性。

「國土防衛部隊」的作戰特性有別於傳統陸上部隊強調的統一、控制、集中、組合等作戰型態，以小部隊採行獨立、拒止、機動、分散、靈活等方式與敵作戰。「國土防衛部隊」不需要接受傳統軍隊冗長、循序漸進的集合式訓練，他們甚至不需要制服，角色則是融入一般民眾，進行打帶跑的「拒止式」游擊戰，而不是與入侵敵軍進行「控制式」的城鎮保衛作戰。**從抗敵及防衛意志的觀點來看，「國土防衛部隊」最重要的是組織，而非戰鬥技能。**臺灣如果能建立一個有韌性的國土防衛機制，將使得解放軍攻臺計畫變得極端複雜，從而也增強了臺灣嚇阻戰爭發生的能力。

在臺灣，許多人認為一旦戰爭爆發，鮮少年輕人會有意願挺身而出，為護衛家園而戰。對此，「整體防衛構想」的觀念是，政府應該主動建立一套具體可行的衛國機制，使得那些愛國、愛鄉、愛土但不願長期在軍中服務的熱血青年，能夠有機會、管道，身體力行地參與國土防衛的工作，而非僅在個人的電腦鍵盤上說嘴論戰。此外，「國土防衛部隊」的另外一個優點是，在承平時期可以納為國家災難防救機制的一環，隨時動員執行災害防救任務，這可以替代或減輕正規部隊的負荷，使他們更能專注於戰訓本務。

「整體防衛構想」與國軍現行作戰思維的差異

依據二〇二一年《四年期國防總檢討》，現行國軍強調優先建立遠距精準攻擊、制空、制海的作戰能力，目的在使國軍能夠從彼岸到本島，處處都能擊敗解放軍。這種企圖從「整體防衛構想」來看，以臺灣有限的國防資源，根本無法滿足需要大量遠距攻擊武器及大型傳統海空軍observed臺來執行廣泛遠距的作戰需求。

解放軍在同類型武器裝備數量上享有絕對優勢，投資大部分國防資源於傳統大型先進武器裝備、與敵之強點競爭的作戰構想，注定失敗。「整體防衛構想」則尋求利用臺灣的地理環境優勢，建立及運用成本較低的不對稱戰力，迫使解放軍在攻臺行動必須付出高昂且難以承受的代價；而且即便代價高昂，仍無法成功奪占臺灣。

「整體防衛構想」將臺灣從尋求長程打擊中國內陸，爭取制空、制海作戰，轉向建立「拒止」解放軍以武力占領臺灣的能力，國軍應該利用臺灣的地理環境優勢，當解放軍入侵部隊在渡海階段戰力最為脆弱的時機，整合空中、海上、陸岸的資源予敵致命打擊，而不是試圖以遠距飛彈攻擊中國內陸，並在遠距離的海空域處處與解放軍交戰。

這兩種作戰概念的不同，在於國軍現行戰力整建的優先項目在遠距離攻陸武器、戰機、戰艦，而「整體防衛構想」戰力整建的優先項目，則放在大量的小型機動精準殺傷性武器；它們與戰機、戰艦、戰車等傳統武器儀臺相比，生存能力更強，投資、維護、訓練成本更低。

基於以上種種傳統與不對稱作戰的思維差異，「整體防衛構想」在二〇一七年推出後，深受美國官方重視，其內容概要於二〇一八年首先由前美國國防部資深官員唐安竹（Drew Thompson）在美國「戰爭困境」（War on the Rocks）網站為文介紹，隨後我在卸任公職後於二〇二〇年在美國《外交家雜誌》（*The Diplomat*）再行撰文闡釋，自此「整體防衛構想」在國外政軍學界受到廣泛重視，不時有專家學者刊文肯定，並明確指出這是當前臺灣防衛最適切的策略。而在國內方面，由於外界對「整體防衛構想」的內容了解不足，且對臺灣不對稱作戰的涵義詮釋各異，因此在實質的討論上並不若國外熱烈，而媒體關注焦點亦局限在某些專有名詞上的說文解字，或刻意藉此著墨人事傾軋，鮮有深入探討內容。

近幾年，國軍不再使用「整體防衛構想」一詞，但囿於多重考量，面對媒體詢問時，仍然否認已經拋棄「整體防衛構想」，惟仍不時強調「不對稱作戰」是臺灣防衛作戰的優先選項，不過在《國防報告書》等官方文件所敘述的兵力整建優先項目與作戰構想上，則與「整體防衛構想」的內涵顯得鑿枘不入，存在著明顯落差。

第八章　戰力整建：如何打造整體防衛構想

未來戰場將由大量低成本、機動、分散、致命性的小型武器主導，而非少量昂貴、集中、高科技的大型武器儀臺。

戰力整建的全般性思考

「整體防衛構想」的首要目標，是在臺灣有限的國防資源下，整建適合臺灣防衛作戰所需的戰力。為達成此目標，首先必須務實面對當前兩岸軍事實力的重大差距、整體國防資源的懸殊對比、可能面臨的中短期迫切危機、以及臺灣人民頗為分歧的危機意識，以不對稱思維，充分運用臺灣特有的地理環境，有效配置不足的國防資源，運用務實可行的方法，設計出能夠以小搏大、以弱敵強的戰力整建及作戰運用藍圖。戰力整建必須依循一套嚴謹的戰略思維程序，若沒這套思維程序，就容易見樹不見林，不但無法形成所需戰力，更徒然浪費國防資源。沒有

「整體防衛構想」指導的武器裝備，容易失去方向，無法轉換成致勝的條件。

基本上，面對當前中共的軍事威脅，戰力整建必須達成下列目標：①有效嚇阻及反制解放軍全面進犯的企圖②即使人民意識形態分歧，仍能建立可信的嚇阻能力③將臺灣有限的國防資源做最佳的配置，並建立優先次序④建立能夠有效因應中短期迫切危機的即戰力⑤足以應對承平時期中共對我實施的灰色侵犯。

基於以上目標，「整體防衛構想」將「戰力整建」劃分為三個主要區塊，分別為「高存活戰力」、「傳統戰力」、「不對稱戰力」。

「高存活戰力」是戰力整建最優先考慮的事項，缺乏戰場存活性的武器裝備，很容易在戰爭初期就受到敵人遠距離武器及空中火力的攻擊，從而喪失後續作戰能力。**「高存活戰力」的整建要旨在於能夠「機動、偽裝、隱蔽、欺敵、備援、快速修護、抗炸」**。

「傳統戰力」是國力的表徵，可以建立人民對國防的信心，臺灣的主權維護與海空域巡弋需要傳統戰力來擔綱，同時它也能夠用來有效反制中國的灰色侵犯。然而囿於臺灣的國防財力有限，先進傳統武器價格昂貴，且戰場存活能力較低，因此，**「傳統戰力」的整建要旨在於「量少、質精、效高」**。

「不對稱戰力」在承平時期並不彰顯，但戰時卻是臺灣賴以生存的關鍵，它可以提供非傳統性作戰能力，其特點是能夠利用臺灣地理環境的防禦優勢及敵人弱點，以最少的資源獲得戰術上最大的效果。臺灣所需要的不對稱武器系統特性是「小型、量多、機動、分散、存活、殺傷、成本效益」，它們必須廉價且容易研發與維護，同時要具備強韌性與持久性，更必須擁有難以鎖定與反制的能力，增加敵軍作戰的難度。**「不對稱戰力」的整建要旨是「一大堆機動、分散、精準、致命的小東西」**。

戰力整建應該考量些什麼

（一）國防資源的聚焦、分配與優先次序

受限於總體經濟規模，臺灣不能期望光靠增加國防預算解決國防困境，更重要的是要明確地律定資源分配的優先次序，並聚焦在最關鍵的戰力上，也就是說，要將有限的國防資源做最佳化的配置，讓珍貴的經費都花在刀口。為了能夠有效率的分配資源，必須有一套可以審查、評估、監督、考核的制度，以落實預算的最佳化。然而現行國軍的戰略規劃及建軍制度，並沒有這樣的評估及運作機制。

1. 我們的建軍制度為何無法有效分配資源？

概括而言，現今國軍無法有效分配及使用預算的原因有三：

(1)軍事戰略的敘述過於籠統，以致任何武器裝備的籌獲，幾乎都能符合戰略需求。「戰略」指導「建軍」是簡單的道理，當戰略過於簡化模糊，建軍缺乏明確的指導，想要最佳化資源分配不啻是緣木求魚。

(2)當前國軍建軍程序係由各軍種發起，呈報國防部實施預算審核。各軍種在本位主義下搶食預算大餅，很自然的形成「由下而上」的軍種分配式建軍，想要最佳化資源分配必然是困難重重。

(3)某些情況下，建軍投資是基於政治指示，而這種以政治為導向的戰力整建項目，雖非必然不符合作戰需求，但這類軍事投資在啟動之初，不會考量國防資源分配最佳化的問題。

2.臺灣所需的建軍制度

前面所說的建軍積習在軍中存在已久，如果想要優化臺灣國防資源的分配，國軍必須從以下方面著手：

(1)針對威脅種類律定戰略優先順序，清楚闡釋軍事戰略的目標（ends）、方法（ways）、手段（means），如此方能有明確的建軍指導。

(2)將目前「由下而上」的軍種分配式建軍，更改為「由上而下」的整合需求式建軍。國防部依據敵情威脅、軍事戰略需求、聯合作戰構想、結合可用預算，以嚴謹的科學量化方式全般審視戰力需求，據以訂定戰力整建優先順序。各軍種則依據國防部的指令投資建案，如此方能整建出符合戰略需求的武器裝備，並優化國防資源分配。

(3) 政治導向的軍事採購很難避免，差別只在多寡及合理性。政治階層必須體認「政治決定是否打，軍隊決定如何打」的簡單道理。軍事作戰有其專業，政治涉入武器裝備的採購，在某種程度上來說就是政治在決定如何打仗，如此很容易陷入《孫子兵法》所說「不知三軍之事而同三軍之政」的危境，政治領導階層必須謹記克制。

(二) 明確定義「不對稱戰力」的內涵

臺灣必須建立創新／不對稱戰力，以反制解放軍全面犯臺威脅，這點在政、軍、學各界並無太大爭議。雖然如此，國軍近年仍然投資鉅額經費大量採購戰機、戰車等傳統裝備，其所持理由竟如《二〇一九年國防報告書》所述，因此等武器可用來執行「灘岸殲敵」任務，所以被歸類於不對稱戰力，這種詮釋從「整體防衛構想」的概念來看，實在啼笑皆非。如果這種詮釋可以被接受，幾乎所有武器裝備都可歸類為符合不對稱定義的戰力。之所以有這種現象，究其原因，是臺灣內部對不對稱戰力缺乏共識，沒有清楚定義不對稱戰力的內涵。因此，為了將有限的國防資源優先投資在我們最需要的項目，前提是我們要具體定義何謂「不對稱戰力」。

（三）優先講求成本效益與作戰效能

「整體防衛構想」重視成本效益、資源管理及優先次序，要在有限的國防資源下做最有效率的安排，確保能夠優先獲得防衛作戰所需的資源，並盡量撙節不必要的開支。臺灣的國防預算極為有限，每件重大軍事投資都必須付出極高的機會成本，因此籌建任何武器裝備，最需要精算的就是成本效益。通常我們在審議軍事投資案件時，都聚焦在單一武器系統的性能，而未針對相關成本效益做整體評估，往往耗費鉅資購買昂貴的戰機及所攜帶的遠攻武器，卻避而不談戰時機場是否有能力維持堪用、這些戰機能不能起飛作戰的問題；耗費鉅資籌建昂貴的重型戰車，卻避重就輕應對戰爭時因為臺灣的高度城市化，要如何發揮這些戰車的功能、道路橋梁又能否支撐這些戰車的重量，以及如何抵擋敵人來自空中的攻擊等問題，而這種輕忽造成的隱形資源浪費極其可觀。此外，整體防衛作戰必須選擇重點、律定優序，不可能樣樣兼顧，否則就會淪於「無所不備，無所不寡」的窘境。優先整建的武器必須講求成本效益及作戰效能，並具備高度戰場存活能力的特點。總體而言，若要在戰爭中勝出，就必須將有限的資源做最適切的安排與運用。

（四）重視「即戰力」

戰力整建必須因應敵情發展，不但要注重長期的威脅，亦須兼顧短期的風險。尤其在二〇二一年之後，國際間極為關注短期內中共對臺可能的軍事行動，並不斷提出警語，這凸顯當前國軍在兵力整建上，除了作戰需求、整建成本以外，整建時間也極其重要。「整體防衛構想」的戰力整建重點並非大型、複雜、昂貴的儎臺，而在小型分散的殺傷性武器，主要考量並非僅因採購成本較低，可以大量建置、易於分散部署、戰場存活性高，更重要的是籌建時間不長，較可能在中短期內服役，進而形成有效的「即戰力」。這並不是說臺灣不需要規劃長期的建軍，或是不應該採購籌建時程冗長的武器裝備，而是我們必須依據敵情威脅，分析所需武器裝備的輕重緩急，並以反制「近、中程」最可能的軍事威脅為優先考慮。

（五）謹記儎臺不能殺敵，彈藥才行

國人對主要武器裝備的籌建，多聚焦於先進、複雜、華麗的戰機、戰艦、戰車等儎臺，往往忽略了搭配這些武器裝備所必備的彈藥及數量。在戰力整建的工作上，我們必須深刻體認儎臺之所以可畏，是因為上面裝載的武器而非儎臺本身。不論是戰機、戰艦或戰車，如果缺少武器彈藥，就完全沒有存在價值，在作戰行動中不再是資產，反而是負債。大家矚目的華麗戰艦、戰機與戰車，不論性能如何先進，允其量仍只是攜帶武器彈藥以執行攻擊任務的儎臺罷了。我們不能僅重視儎臺的性能，必須謹記儎臺的價值是因其所攜帶的彈藥。長久以來，國軍採購武器經常過於重視儎臺而輕忽彈藥的整備，每當軍購價格受到立法院質疑，即以犧牲彈藥數量的方式妥協過關，這種徒具耀眼戩臺卻彈藥不足的整建作為極不可取。涉及武器採購作業的每個人，都當謹記：戩臺不能殺敵，彈藥才能！

（六）捨棄「一比一汰換」的舊方法

臺灣以一個弱勢方的建軍規劃而言，最怠惰、不可取的就是採取「一比一汰換」的建軍模式僅是將舊有的武器裝備汰舊換新。如果兵力處於優勢，一比一汰換或許勉能接受；若兵力處於劣勢，一比一汰換則代表我們既不願思考也不想成長，甘於繼續處於劣勢，而沿襲這種建軍模式，最終注定失敗。國軍過往的建軍規劃，各軍種幾乎都循一比一汰換的方式進行，這代表國軍一直在傳統建軍模式中汰換老舊裝備，然而面對當前敵強我弱的戰略態勢、國防資源差距不斷擴大的情況，最要緊的是捨棄傳統做法，改採創新／不對稱建軍思維，儘快發展另外一種不對稱的作戰方式與手段，才能有效嚇阻、反制解放軍的全面威脅。

（七）走出「源頭打擊」的迷失

「高成本」的武器彈藥，不論多麼先進，如果既不能用來嚇阻敵人，也不能用來擊敗敵人，更不能確認它的精度及威力，其效益就該受質疑。

解放軍當今的戰略，標榜著遠程精準火力打擊，而基於對抗心理，臺灣也在二〇二一年的

「四年期國防總檢討」以及《國防報告書》中將遠程攻擊列為戰力整備的最優先項目。或許是長年受到中共彈道飛彈、遠距離巡弋飛彈威脅，臺灣有為數眾多的「遠距制敵」粉絲，每當提到臺灣有「源頭打擊」的能力，均難掩興奮之情，彷彿有了遠距離攻擊武器就能使中共心生恐懼，不敢以武力犯臺，一切問題亦可迎刃而解。然而當我們深入分析，會發覺情況恐非如此：

1. 嚇阻效果的分析

從嚇阻的角度看，臺灣沒有核子武器。中國大陸幅員遼闊、目標眾多，由於傳統彈頭破壞力有限，如欲使用遠距攻擊嚇阻中國，先決條件是必須具備大量遠程精準飛彈，因為對已經決心以武力進犯臺灣的中共而言，規模太小的打擊並不會令其感到痛苦並因此止步。也因此，臺灣需要的傳統飛彈數量，必須多到足以造成核戰規模的破壞，這才可能達到報復性嚇阻的目的。可惜遠距離攻擊武器所費不貲，臺灣的國防財力完全無法負擔，貿然行之，不但達不到嚇阻目的，也無法造成解放軍關鍵的損害。

從歷史的角度來看，這種以遠距武力打擊另一方的內陸，藉此增強自己的戰鬥意志的方法，往往會激起對方人民的憤怒並因此團結一致地支持他們的政府。毫無疑問地，無論國軍如何努力只打擊合法的軍事目標，北京都會盡其所能讓臺北看起來像是在故意打擊中國平民，徒然升高中國人民對臺灣的惡感，從而更加支持共軍以武力犯臺的行動，也有利中共領導階層鞏固對臺發動戰爭的正當性。因此，當臺灣的遠程打擊能否有效威懾北京仍屬存疑之際，這種攻擊卻已在不經意間，幫助中共凝聚人民對其興戰犯臺的支持度。

除此之外，俄烏戰爭也給了我們一些啟示：若開戰之初，烏克蘭發射數百枚遠程攻陸飛彈，將俄羅斯境內打得遍地烽火，如今烏克蘭能夠站在這場戰爭的道德制高點嗎？他們又將如何說服歐美國家提供軍事援助？

2. 作戰實務的問題

從作戰實務分析，要發揮遠距離攻擊武器的效能，首先得問我方有什麼偵測裝備能「看」到那麼遠的目標？如果連「看」都有問題，遑論「定位、追蹤、鎖定」了。即便攻擊的是內陸的固定目標，發射飛彈以後要如何進行戰果評估？命中了嗎？摧毀了嗎？需要再度攻擊嗎？如果不具備此種能力，這種遠程攻擊不啻盲人揮劍，想要以此贏得戰爭的奇思遐想，最好趁早放棄。

在作戰實務上，要建立有效的遠距攻擊能力，最基本的需求也必須同時具備目標獲得循環程序的能力以資配合：

(1) 決定（Decide）：接戰前要先決定所想要打擊的目標。這是目標價值評估，是作戰指揮官選擇目標的優先順序，而選擇是多管道情資來源的考驗。這個選擇在戰場上會主導隨後而來的武器獲得、後勤準備、訓練方式、接戰姿態……等。在戰略設計上，也會影響作戰準備、國防投資的方向和順序。決定要打什麼，就像賭博要下多大的注，需要精準的情報準備和穩當的戰略評估。

(2) 偵測（Detect）：當決定預想攻擊的目標，我們要有能力精確地偵測並鎖定這個既定目標，這是整體情監偵體系最重要的一塊。不管是哪種遠程攻擊武器，要是少了這部分的能力，除了固定式陸地目標，其他目標連攻擊的機會都沒有。

(3) 投射（Deliver）：當決定預想目標，並偵測鎖定之後，就要把遠程攻擊武器適時的向目標投射（攻擊），這是武器性能的優劣、戰術戰法的設計和執行，以及訓練方法與成效的挑戰。

(4) 評估（Assess）：這和第一步的「決定」環環相扣。在攻擊後，要有能力立即評估各種攻擊的可能結果，評估是否擊中、損傷不足或完全擊毀。縱然面對的是固定式陸地目標，也無法省去這道程序，否則，我們便無法知道自己是否需要持續攻擊以獲得所望戰果，還是選擇攻擊另一個重要目標？如此3DA（Decide、Detect、Deliver、Assess）的程序循環不息、步步到位，才能發揮武器的效能。臺灣現有從陸地發射的遠程攻陸武器，對於目標之「即時目獲」與「不受干擾」的導引能力相當有限。因而在建立更可恃的目獲或擊殺鏈能力以前，投資太多遠距制敵武器並不合乎效益，沒有精熟的遙測技術，只是把武器投射出去，就像在賭場盲目地試運氣，無法產生任何作戰效能。

3. 成本效益的評估

岸置遠距攻陸飛彈的造價極其高昂，空射遠距攻擊武器亦所費不貲。舉例來說，空軍F－16攜載的長程精準導引武器（如美國去年出售的AGM－84H、SLAM－ER，或仍爭取中的AGM－158），造價遠高於如JDAM衛星導引炸彈，或雷射導引炸彈等其他精準導引彈械。平均而言，遠程遙攻飛彈的單擊成本，相當於雷射導引等精靈炸彈的二十倍以上。若再考慮破壞力與籌載量的差異（西方巡弋飛彈彈頭最大僅一千磅級，為兩千磅級精準導引炸彈的一半），有效反制較大型目標所需的遠程飛彈數量與成本，投資更加可觀。其次，以臺海用兵的可能型態，我們必須考慮戰時空軍基地的可恃性。也就是說，倘若機場跑道遭受共軍飛彈、火箭、空中攻擊等方式癱瘓、壓制，戰機難有機會起飛作戰，那些必須由戰機攜載發射的遠距制敵武器，基本上都將無用武之地，昂貴、精準遠程空射飛彈的投資亦將形同虛擲。

4. 作戰效能的釐清

眾所周知，解放軍已經生產、部署了數倍於臺灣的大量遠距離攻擊武器，這是解放軍在臺海戰場上的超級強項。我們跟對岸比遠距飛彈互射，會是什麼結果？如果臺灣將建軍重點優先置於遠距離攻擊武器，想與對方互轟一決勝負，就是陷入一種對稱式作戰思維，「以己之弱對彼之強」而不自知，這對國軍近年不斷強調不對稱作戰的重要性也形成了反諷。再進一步言，不對稱作戰概念是避強擊弱，如果投入鉅資與敵人的超級強項競爭，完全違背不對稱作戰的基本原則。

綜合以上分析，以臺灣有限的國防資源及對目標偵蒐定位的配套能力，遠程精準攻擊武器並非投資效益最佳，或排序優先的選項。即便因特定作戰任務或迫切需求，也只宜酌量採購，並優先選擇無需仰賴跑道或戰機攜載的彈藥，且不應投注過多資源。

近年來國內不論政、軍、學、民間各界，似乎不約而同將遠距離反制飛彈視為臺灣的一種不對稱戰力，然而這問題的重點在於：臺灣發展長程攻陸飛彈，在戰略或戰術運用上是否真的有那麼高的價值？遠距離飛彈本身的造價極其昂貴，投入那麼多資金研究發展，對採守勢作戰的臺灣而言，並不是一個划算的選擇。因為就戰術應用來說，遠程攻陸飛彈對臺海防禦的助益非常有限。如果我們將同樣的鉅額資源挹注在大量低成本、高存活性的中短距離精準殺傷性武器，必能提升國軍不對稱戰力，也更能滿足臺灣防衛作戰所需的可恃戰力。

射程愈遠的飛彈造價愈貴，而遠距打擊對勝戰並沒有決定性的影響，反而會大量消耗有限的國防預算，進而減低關鍵防衛戰力，此種防衛手段的效益不高。戰爭不是為了逞一時之勇，也不是為了賭一時之氣，最後的勝戰才是終極目標。我們「能力有限」是不爭的事實，若還陷入「目標無限」的迷思，這場戰爭就不是智者的戰局。

雖然根據國內報導，大部分國人似乎都支持發展長程飛彈，但是我仍要強調，根本的重點是如何聰明地分配國防資源，並律定明確的優先次序據以執行。臺灣的國防資源有限，如果一個耗費鉅資的計畫僅有激勵人心士氣的效果，卻不能嚇阻敵人採取行動、對敵人造成實質威脅、有助防禦作戰、無關戰爭勝負，那真是值得再深思。

臺灣不該因為有能力製造遠距離攻擊飛彈，就對戰爭信心滿滿，在欠缺遠距監偵及目標獲得的能力之下，遠距離攻擊能力充其量只能增加些許戰術運用彈性而已。我們必須謹記，**戰場的選擇與己身具備的戰鬥能力息息相關**，不能恣意妄為。如果我們將大量的資源拿來研發及部署昂貴的遠距離攻擊武器，但是卻沒有配套的偵測目標能力，這樣的遠距離攻擊能力就不完整，無法對敵人造成有意義的殺傷，亦無法影響戰爭勝負。

俄烏戰爭期間，俄軍在開戰後二十天內已發射千枚遠距精準飛彈，卻沒有對戰局產生決定性影響，甚至接著動用最新型極音速長程飛彈（Hypersonic Missile），影響所及仍如美國國防部長奧斯汀，接受哥倫比亞電視臺（CBS）訪問時所述：「俄羅斯為重振在烏克蘭的作戰氣勢，不惜動用極音速飛彈，但事實上這種下一代武器，並不是戰爭遊戲的改變者。」

長程精準飛彈沒有我們想像的那麼威武，而且相較於對岸，臺灣在軍事上是一個國防資源較缺乏的弱勢者，不該陷入此種科技迷思，將大量資源投資在這種無法嚇阻北京武統的武器。

高存活戰力

先為不可勝，以待敵之可勝。

——孫子

高存活戰力是指在戰爭全程，能夠憑藉武器裝備本身具備的特性，有效迴避敵人的攻擊，進而保存完整戰力，以遂行後續作戰任務。在決定投資整建某一種戰力之前，最重要的是評估該系統在戰時的存活能力，無論多麼先進的武器裝備，只要在戰時存活能力不足，就沒有投資的價值。換句話說，無論多麼先進的武器裝備，凡屬固定式、不可移動的武器裝備，以及必須依賴固定式設施始能發揮戰力，或是戰時無法運用機動、分散、隱蔽、欺敵、偽裝等手段來保護自己，以迴避敵人遠距離兵火力攻擊的系統、設施、武器、裝備，那麼都不屬於高存活戰力的範疇，也不應是國軍建軍的優先選項。

高存活戰力是「整體防衛構想」在戰力整建方面的首要考量。在臺灣經常有人主張，國軍在防衛作戰時應該發揮積極主動的攻勢作為，以遠距攻擊、源頭打擊、境外決戰等方式與敵決戰。這種浪漫論調出於不了解當前兩岸國防資源差距，或軍事實力懸殊對比的民間論調尚情有可原，如果出自官方窗口，就是昧於事實的譁眾之論。當前擺明的事實是，解放軍在遠距離的攻擊能力已經超出國軍太多，當面臨全面性進犯的大規模作戰型態，以臺灣的國防資源及軍事實力，絕對沒有能力在境外或遠域與解放軍進行對稱性的傳統作戰。

可以想見，在戰爭初期不論臺灣是否以相對而言極為少數的遠距武器，對敵境實施無關勝負的攻擊，臺灣勢必將遭到解放軍極為嚴峻的大規模遠距及空中攻擊。國軍如何實施戰力防護作為，適切保存戰力，俾據以遂行後續防衛作戰，就成為臺灣防衛作戰勝負的關鍵。然而有效保存戰力的關鍵因素，端賴國軍使用的武器裝備是否具備高度的戰場存活性。

（一）高存活戰力的關鍵：指管通資情監偵（C4ISR）系統

現代戰爭講究情報與速度，若有一方能快速掌握戰場、辨識敵我、下達決策，就能早一步打擊對方作戰重心，迫使對手指揮癱瘓失能。時間差產生的時間不對等，也是一種不對稱。反之，若在「觀察、了解、決定、行動」的循環上步步慢，很難僅透過武器裝備的不對稱造就反轉戰局的機會。所以現代化戰爭之勝負，已非僅由儎臺、裝備、武器產生的兵火力決定，更重要的是從資訊的獲得到完成攻擊之間的速度優勢，要想迅速有效的遂行「指管通資情監偵」的戰場管理任務，就必須具備高可靠度、高妥善率、高存活力，以及高保密性的現代化軍隊的神經中樞——C4ISR這七種不同系統組合成的系統體系（system of systems，又稱系統中的系統）。戰時軍隊的情資獲取、指揮管制，以及武器系統適時對敵攻擊，都需要C4ISR的支持。少了系統體系的支持，軍隊將變得又聾、又瞎、又啞，毫無整合性的作戰能力。解放軍對臺灣的侵略，必將Ｃ４ＩＳＲ列為優先攻擊項目。說高存活力的Ｃ４ＩＳＲ是臺灣防衛作戰的成敗關鍵，一點都不為過。

1. 建立強韌的通資網路系統

Ｃ４ＩＳＲ在戰場管理機制中，「通信、資訊」是支持「指揮、管制、情蒐、監控、偵察」的底層基礎。國軍傳統上對通資系統[10]的關注重點，主要集中在維持「裝備」可靠度與可用率的後勤作業能量，這當然是確保系統能夠正常運作的重要因素，但為了確保系統在遭受攻擊的情境下還能順利支援作戰，那就應該把焦點向上提升到「系統」層級，將「存活能力」納入到系統規劃設計之初的重要考量因素。

系統存活能力評估的是系統在遭受攻擊、故障或事故時，仍能及時完成任務的程度或能力。就通資系統的特性而言，要強調的重點是「完成任務的程度」。也就是說，必須要存活下來的是「需要完成的任務」，而不是任何特定的子系統或系統的組成元素。存活力的核心概念是，即使一部分通資網路系統遭到損壞或摧毀，系統仍具備完成任務的能力。

10 通資系統：指用以蒐集、控制、傳輸、儲存、流通、刪除資訊或對資訊為其他處理、使用或分享之系統。

「高存活網路系統」並非將「網路系統」視為必須確保存活的主要目標，而是將網路系統運作的「任務」視為主要的服務對象。這些服務對象轉換到通信系統，就成了通信節點間必須維持的最低流量；轉換到資訊系統，就成了這些流量所乘載信息的機密性、完整性與可用性。

通資網路系統的存活能力會因損壞程度的加劇而遞減，為使系統在受損狀態下仍能最大程度的完成任務，就須對加諸網路系統的負載訂出優序，並有所取捨。這需要系統工程人員與作戰人員共同協商、定義、區分出「必要與一般」服務的類別、等級，以及其所需的最低品質標準。因此，一個具備高存活能力的網路系統，必須要能識別各類型的必要服務，即使在系統遭到損壞、未及修復的情況下，仍能以所需的最低品質標準提供各類型的必要服務。

「及時性」是高存活網路系統提供必要服務所需具備的關鍵需求，「指管情監偵」對及時性的要求雖然有所差異，但也都在幾毫秒到幾分鐘的時間範圍內，這意味著系統從意識到自己遭受攻擊，到做出反應，並繼續提供服務的過程，必須在比毫秒更短的時間內完成，否則即會損及部分必要服務的及時性。這麼短的反應時間，說明系統在進行災損判斷、檢修、復原之前，必須先自動辨識災損狀態、重新配置殘存資源、持續提供必要服務。對高存活網路系統而言，這考驗的不僅是部隊的系統維護能量，更在考驗國軍在規劃階段設計的系統功能，以及先期配置給系統的可用資源。

概括而言，所謂通資系統的存活能力可以歸納如下：

(1)高存活能力的通資系統，追求的不只是系統的強固性或抗攻擊性，系統強固性雖然也有助於提升系統的存活力，但高存活能力的通資系統更在意「系統在承受攻擊」的情境下，持續執行任務的強健性，特別是系統功能的可恢復性。

(2)存活能力要求系統在承受攻擊、故障或事故的情況下，仍具有「強健性」（robustness）。所謂強健性指的是「系統」，而不是組成系統的單一「節點」。因為在通資系統中，任何單一節點都可能故障或遭受破壞，存活能力並不要求系統任何特定的實體元件非留存不可，只有通資系統能夠持續提供必要服務，才是系統高存活能力的主要標的。雖然威脅來源中也存在硬體故障與隨機發生的事故，但解決方案不能只在「裝備」層級，以建立複式備援提升可靠度與可用率的方式因應，精心策劃的蓄意攻擊能讓在正常情況下，幾乎不可能同時發生的低概率事件成真，因此高存活能力必須在「系統」層級尋求解決方案。

(3)目前國軍的通資網路系統，已經具備同時提供必要服務（Essential Services）與一般服務（Non-Essential Services）的功能。封閉式、實體隔離的有界網路系統架構，也能有效防護網路的入侵威脅。此一國防資訊基礎設施在實體層面上，以環狀、網狀的拓墣結構，結合「自動尋徑」等自我修復能力所構建的通資網路系統，基本上已經能即時將受損區域的流量，自動導引到異地殘存的可用資源上，展現出部分系統在受損情況下，仍能完成任務的系統存活能力。然而，這樣的存活能力雖足以免於故障、事故等內、外部因素所致的網路失能，但戰時在承受敵人高強度、飽和性攻擊下，還能多大程度的支持作戰任務、提供必要服務，仍然是個嚴肅的考驗。

國軍通資網路系統的另外一個問題是，在現行「有界網路」的架構下，並未與作戰部門就任務需求、屬性，定義出必要服務與一般服務的區分，並訂出各類必要服務的最低品質標準。提高系統存活力的首要工作，應該先對此作出檢討，以降低通資網路系統處於極端環境下的服務負荷，並作為尋求外部資源，擴增網路節點、鏈路時的需求依據。

提高國軍通資系統存活力的另一個積極性做法，是充分運用民間資源，如果能將國防資訊基礎設施（Defense Information Infrastructure, DII），規劃成能與國家資訊基礎設施（National Information Infrastructure, NII）介接的開放式、無界網路系統架構，則在節點與鏈路的使用上，可最大程度地運用國家的可用資源，而不受限於國軍自有資源的有限性。如此，再結合國軍後勤、維護能量，利用戰時的機會窗口將修復的受損設施重新投入戰鬥序列，可望大幅提升國軍通資網路系統的存活力。

另一個提高國軍通資系統存活力的方法，是在公、民營國家資訊基礎設施的資源上，國軍以用戶的身分依不同的作戰需求，建立一分散、獨立、機動、衛星通訊等複式備援性的通資網路系統。此種資源共享的方式，相較於國軍自建、自維的經費需求，將可大幅降低，並獲得大量額外具互補性的系統網路資源。不過由於公、民營國家資訊基礎設施屬於開放性架構，遭到敵網路攻擊的風險自然較高，這是國軍在保守心態下裹足不前的原因。然而「欲求非常之功，則無務為萬全之計」，戰時分散部署的部隊成為移動式存取資訊資產的用戶，即使封閉式網路系統架構，對戰時移動性用戶提供的通資服務，仍然會給敵方提供新增的攻擊面。屆時網路駭客使用近年不斷進化出的新型攻擊樣態，一樣會成為國軍現階段實體隔離、網路中心式安全架構難以因應的資安威脅。因此，此一戰時必須面對的通資「安全性」議題，不能成為國軍提高戰時通資系統及指管機制存活力的阻礙藉口，而是必須解決的問題，國軍領導階層當深思。

2. 融入軍民共用的5G通訊

一個高存活的C4ISR，戰時能夠讓作戰指揮官運用情報、通信及指管等手段，指揮部隊有條不紊地執行作戰任務。如果偵蒐的情報失準或是延遲送達，擁有再先進的武器也難以發揮作戰效能。這就是為什麼先進國家不斷的在作戰領域上精進影像、電子、通信，以及人工智慧等技術。隨著5G通訊時代的來臨，這些戰場管理科技將會有令人想像不到的快速發展。

由於5G科技已改良的移動式頻寬，可以提供在機動行進間的用戶高品質及豐富資源的服務，其「可靠性高」與「低延遲」特性，使重要資訊能夠透過可靠且不延遲的通信管道傳遞，更由於透過5G科技可以充分滿足大量機器之間的通訊，透過大範圍的偵蒐及通信裝備，大規模資訊的即時傳輸，使得從情監偵和大數據取得的資料，能夠不延遲地傳送給電腦學習和人工智慧引擎。

將5G科技運用在軍事方面，必須仰賴與民間公司的合作。長久以來，現代化科技都由軍方主導以帶動民間企業，但由於運算技術及通信科技的快速發展，如今民間企業的資源及技術已經領先軍方。為了建立快速、敏捷及情資共享的通資網路，國軍必須拋開保守心態，趁早融入軍民共用的5G通資環境。

未來在戰場，5G的發展有兩大方向：第一為提供快速、安全的5G網路，使戰場內不同部隊的情資可以即時共享給不同的武器平臺；第二為結合軍事及民間通信網路，且可自動分配資訊傳輸的通信管道。重量不到一公斤，體積比一個精緻點心盒還小的5G網路基地臺，可以安裝在任何型式、任何大小的空中或地面的無人載具上。另外，每座基地臺的涵蓋範圍都具彈性，任何一座基地臺受損，可立即調整其他基地臺的涵蓋範圍，以確保通信不會中斷。

在未來臺灣的防衛作戰，軍民融合的5G通訊絕對必要且可行，因為戰場在臺灣，我們掌握了主場優勢，在廣設5G基地臺的情況下，誰掌握基地臺，誰就掌握高效即時和不易被干擾的通訊優勢。

從建立高存活戰力的立場觀之，5G通訊提供了極為強韌的通資戰力，與4G通訊比較，由於使用的頻率更高，5G基地臺必須布得更密，要以攻擊基地臺的方式阻斷大面積通訊，不但成本較高也較難執行，而且即使部分遭到摧毀，也很容易以行動基地臺的方式復原。毫無疑問，5G通訊在未來防衛作戰是絕對必要的，國軍不能再蹉跎，必須立即行動。

3.高存活的情、監、偵、目獲系統

不論科技多麼進步，無可避免的，戰爭必然在混亂與有序之間進行，而混亂與有序之間的分野就有賴正確的情報。戰爭所需的情報類別甚多，及時獲得的戰略情報可以讓政府的關鍵決策者，在敵人入侵之前有較長的應變時間，國軍也可以利用這些時間及時完成作戰準備。然而戰爭一旦開打，最重要的莫過於有關敵人的即時目標動態，少了即時性的目標資料，整個作戰體系就如同盲人揮劍、暗夜臨淵，即使擁有再先進的武器，再精良的裝備，戰力都無從發揮。

兩岸一旦開戰，國軍在戰場上最需要的情報就是訊號情報（SIGNT）及圖像情報（IMINT）。訊號情報概分為通信情報（COMINT）、電子情報（ELINT），以及量測與特徵情報（MASINT）。

通信情報是從敵人相關的通信中獲得的資訊；電子情報是除了通信以外，從敵人電磁輻射中所獲得的技術資訊；量測與特徵情報則主要用在分析目標電子輻射的特徵；圖像情報是藉著衛星或航空攝影等手段，獲得可見光、紅外線、合成孔徑雷達等的目標成像。在這些情報當中，又以即時電子情報最為重要，而絕大部分即時目標電子情報來自遍佈本、外島各地的雷達站，這些雷達站偵獲的目標資料，經由戰管系統綜合、分析、處理、顯示後構成所需的戰情顯示系統，即時提供指揮官實施作戰指揮與管制。

在任何作戰時期或任何作戰場景，ＩＳＴＡＲ的能力均為能否發揮戰力的關鍵。臺灣擁有世界數一數二密集的對空及平面偵蒐網絡，對空偵蒐網絡是由空軍長程預警雷達、中遠程雷達站，以及野戰防空系統的雷達組成。對海偵蒐系統則由海軍的中遠程及海巡的近程雷達站組成。然而很不幸的是，由於大部分對空及對海偵蒐雷達均為固定式設施，使得這些對空及對海偵蒐網絡也成為臺灣防衛作戰的軟肋。

為了癱瘓臺灣的防衛作戰能力，只要戰事一啟，臺灣Ｃ４ＩＳＲ系統必然是敵人最優先攻擊的目標。這些固定的雷達偵蒐設施在遭到精準遠距及空中攻擊之下，短時間內即無存活機會，這是非常嚴重的問題；沒有這些偵蒐系統就無法掌握敵軍目標，沒有目標資料就無法指管、無從接敵，更無法攻擊。以此原則審視國軍現有裝備，確實令人憂心，臺灣亟需重新審視當前整體偵蒐系統的脆弱性，儘速建構一個具備多重、機動、彈性、高存活性的情、監、偵、目獲系統，以下幾項即是。

4.機動化、聯網化、多重備援的雷達偵蒐系統

臺灣雖然已經存在密集的對空及對海偵測雷達網絡，但是最大的罩門是大部分雷達均屬固定式設施，機動式雷達數量太少。這在二、三十年前，解放軍遠距離攻擊武器的數量及精準度不足時，尚不致形成嚴重的戰力缺口，但現在中共彈道及巡弋飛彈科技已走在世界前端，這種

固定式的情、監、偵、目獲系統，就成了致命性的缺失。在遭受攻擊、失去功能之後，臺灣的對空及平面監偵網絡必然支離破碎，屆時不僅無法掌握敵人目標，恐怕連指管自己的機艦都成了問題，這是臺灣防衛作戰極其嚴重的問題。然而，監偵設備並非高大上的華麗武器，引不起政府高層及一般民眾的重視。再者，由於承平時期這些系統可滿足任務所需，以致軍方對此秉持著傳統一對一的汰舊換新思維以維持系統運作。沒有強大的壓力，連思考如何強化這些系統的戰時存活性都顯得意興闌珊，遑論積極建案籌建更具韌性的監偵系統。

機動是存活的不二法門，對一般武器裝備而言，只要保持機動、分散、隱蔽的原則，即能提高戰時存活能力。然而對必須發出輻射信號的雷達裝備而言，除了需迴避遠距精準武器及空中攻擊以外，尚須面對高速反輻射及反輻射攻擊無人機的多重威脅，在這種複雜的戰場環境之下，即使能夠機動，仍不能保證能存活，還需配合適時管制電磁發射的時間，這才能降低遭受攻擊的可能性。觀察烏俄戰爭，可發現近中程機動化野戰防空雷達有不錯的戰場存活能力。除此之外，建立數量足夠且可相互備援的小型雷達，透過聯網化整合，俾能在戰時維持最基本的情監偵及目獲能力，亦是國軍籌建高存活偵蒐系統的努力方向。

在電子偵察情報方面，國軍幾乎面臨和上述同樣的困境。國軍電子偵察（電偵）能力長期依賴陸地上固定式的電偵站，雖在平時可依仗地理位置、海拔高度等地利之便，提供相當優質的電子情報蒐集，但由於過度依賴固定式地面電偵設施，因而戰時的存活能力仍然堪虞，如何將這些電偵系統機動化以提升戰場存活能力，亦是當務之急。

(1) 收發分離式多基雷達系統

收發分離式多基雷達系統，是一種將雷達的發射與接收模組，分別部署在不同地點的機動型雷達偵蒐系統。接收模組因為遠離發射裝置，且不發出電磁信號，對抗電子反制及反輻射攻擊的能力，較傳統雷達相對優勢。而所謂多基的意思，代表整個系統可以由多部發射及接收車組成，如此可以利用多角度的目標偵測形成一個雷達網絡，提升對空中目標——尤其是隱形飛機的偵測能力。不過這種分離式雷達系統在功能上仍有其局限性，一旦主動雷達端遭受攻擊，或被迫停止發射電磁波，整個系統亦將失去功能。然而其發射及接收端分離部署的系統設計方式，可以使接收端具有極佳的存活能力，有利系統復原速度，對提升整體偵蒐系統的存活能力仍然有所助益。相較而言，採取與整體電磁背景環境相似的「近無源雷達」可能是更好的選項。

(2) 被動式雷達偵蒐系統

被動式雷達偵蒐系統的概念已經存在多年，由於空中各類電磁訊號太多，使得被動雷達系統在信號處理上變得甚為複雜。然而，隨著計算機運算速度的快速躍進，已經有能力快速有效地處理這些龐大無用的訊號數據，這才會使被動式雷達務實可用。

被動式雷達偵蒐系統的戰場存活能力，更優於分離式多基雷達系統。它不會發射可能吸引敵方反輻射導彈，或觸發反制措施的射頻（無線電頻率）「特徵」，這種特性高度提升了被動式系統的安全性。被動式雷達系統，運用的是商業廣播和電視臺等近共振連續波發射器的信號，由於電視和無線電傳輸覆蓋了地球，並延伸至距離遙遠的天際，因此雷達系統可以無限制地利用商業廣播信號精確地偵蒐目標。也因為廣播電臺和電視信號可以貼近地面傳播，因此也為被動式雷達偵蒐系統提供了良好的目標照明能力。

被動式偵蒐雷達是一種多元性的偵測系統，可以使用一個、兩個、三個，或更多個商業廣播信號來精確地追蹤目標。以沉默哨兵（Silent Sentry）雷達為例，該系統使用的相位陣列（由一群天線組成的陣列）雷達天線，可以掃瞄九十度到三百六十度的方位角，偵測距離超過九十英里，比某些傳統雷達系統偵蒐範圍更廣，信號處理器每秒可以針對兩百多個目標更新八次資料，整個系統占地僅二十七平方英尺，也由於所運用廣播電臺及電視的頻率較低，故可降低氣候的影響。此外，系統可以安裝在建築物上，也可以是車載式的機動偵蒐系統，使用堪稱方便靈活，國軍應該深入研究並設法購置籌建，以強化整體偵蒐系統的存活性及備援能力。

5. 光電系統

光電（Electro-Optical/Infra-Red, EO/IR）系統是光學和電子學的結合，範圍一般而言包括了可見光、紅外線及雷射系統。以紅外線偵測系統來說，探測到的紅外線輻射是來自目標本身，不需要系統主動發出電磁信號，這種以偵測目標本身散發的紅外線信號，是典型的被動式偵測系統，因此紅外線偵測系統具有極高之隱蔽性，從而具備了極高的戰場存活性，此外，專門用來反制雷達偵測的匿蹤戰機，在光電系統下幾乎無所遁形。但光電系統的最大缺點是偵測距離較短，難以跟一般雷達相比，同時光電系統的偵測效果也易受到不良天候氣象影響。然而不論其效能限制所受到的影響，運用這種被動系統實施偵測、追瞄（追蹤瞄準）、攻擊，由於事先毫無預警，可以對入侵的敵人造成極高的心理壓力，讓對方不敢恣意妄為。

在偵蒐方面，為了彌補光電系統偵測範圍較短的限制，臺灣應該採量大且低成本的方式，裝置光電感測器的無人機，藉由聯網化（Intelligent Connected）的機制運作，建立一個高存活的情、監、偵、目獲系統。在防護力方面，國軍應該盡量配置運用光電系統的各式車載及人攜式防空飛彈，以增加整體防空系統的存活能力。

6. 衛星偵照

衛星偵照（偵察照相）在臺灣整體偵蒐系統裡扮演重要的角色，也一直為國安部門及國軍提供著極有價值的C4ISTAR資源。隨著偵照技術的精進，高規格商用遙測衛星，現在已經可以精確、近即時的偵照監控共軍動態，並執行戰損評估（Battle Damage Assessment, BDA），而商用通訊衛星強韌性與存活性皆高，甚至擁有一定程度作業安全性的高速寬頻通信。

現行國軍衛星偵照的情資，在戰時必將是解放軍企圖干擾反制的目標。俄烏戰爭中，俄羅斯就不斷干擾外國衛星。為確保我國在戰時仍能持續獲得並有效運用衛星提供的偵照功能，以提高此一偵蒐管道的存活能力，臺灣必須透過國際間的合作機制，積極爭取共同商議，建立一個具備抗干擾性的衛星資源分享機制。

7. 近接防護與電子誘餌

為了達到最佳偵蒐效果，國軍現有的遠程雷達全都建構在高山峻嶺上，其中尤以偵測距離遠達三千公里以上的長程預警偵蒐雷達最為典型。這些雷達系統從以前到現在，都是國軍聯合情監偵體系的主要骨幹。過去解放軍彈道飛彈精確度不夠，且反輻射飛彈、攻擊型無人機的能力不足的情況下，問題沒那麼嚴重，然而以現今解放軍具備的遠、近程高精準打擊能力來看，臺灣這些大型固定式雷達系統就顯得脆弱不堪了。戰事一旦開打，這些設施必然是敵人優先攻擊的目標，可能在數小時內就會被摧毀或癱瘓。承平時期，這些雷達設施可以精確掌握中共海空軍對臺灣的灰色侵犯，而國軍平時反制敵灰色活動的調兵遣將及指揮管制，全部依賴這些具備遠程偵蒐能力的固定設施，它們一旦遭到攻擊失去功能，將嚴重影響國軍指管情監偵的運作。這些設施既不能移動，也沒有自我防護能力，戰時若想維持系統功能的運作，只能仰賴以下四種手段：

(1) 盡可能建置具有機動能力的系統，才能在這些設施遭到破壞時頂替其原有角色功能。

(2) 為這些設施安裝近接防禦系統（Close-In Weapon System, CIWS），以硬殺方式保護其安全。

(3) 在這些設施附近加裝電子式誘餌，以軟殺方式轉移敵人精準武器的攻擊。

(4) 部署適當的精銳地面兵力，防止敵人特戰兵力攻擊。

我必須直言不諱地指出，這類大型固定式偵蒐設施雖然十分重要，但也是沉重的防護負擔。暫不說購置這些類如方陣快砲、海公羊〔滾轉體飛彈〔Rolling Airframe Missile, RAM；RAM也有公羊的意思〕）等近迫武器所費不貲，即使裝設恐怕仍無法保證其絕對的防護效果，更別提如今我們在這方面投資與關注不足，因而現階段國軍應該立即要做的工作，應該是制定一套因應戰損的標準戰術、技術、程序，並反覆演練，以備戰時的必然之需。

8. 機動分散式的指管架構

戰時指揮官的指揮與聯參組織對部隊的指揮與管制，是軍隊兵火力發揮的關鍵，作戰時各部隊的行動管制、情報資訊的傳遞、聯合火力的協調、後勤資源的調配等諸多戰場作為，均有賴指管機制的順暢運作方能有效發揮。俄烏戰爭中，外界分析俄軍的整體指揮管制架構未能發揮聯合作戰的效能，似乎是俄軍戰事進行不順的原因之一。

指揮管制的要點，在於確保各部隊都能在統一的作戰概念下採取聯合行動，最大限度地發揮部隊戰鬥力。然而現代化戰爭除了講究分工明確的指揮管制以外，爭取指揮速度與確保指管機密，也是爭取作戰勝利的關鍵要素。古今戰爭在作戰管制上最大的不同，就屬指管命令的下達與下級回報的傳輸方式；現代戰爭講究的是即時性的指管，任何指管命令或回報的延遲均會影響下級部隊的作戰效能，而確保指管流暢的根本，在於具有高存活能力的指管通訊系統，以及一個有彈性的指管機制。由於例行的海空偵巡及突發狀況的處置需要，國軍在海空方面的指管機制及系統經營有年，基本上已有成熟穩定的模式可循，而陸上部隊由於平時不需面對如海空般敵情壓迫性的任務型態，且全域性、大規模的演訓十分有限，因此在整體指管機制及系統建置上雖然籌建多年，但在作戰架構、系統架構、技術架構的配合始終未臻理想，因此難有具體成效，我國陸軍應該深入思考未來在臺灣陸上可能的作戰場景及特性，加速完成一套高存活、保密強、有韌性的指管系統。已經接受過戰場考驗的美國「增強型定位報告系統」（Enhanced Position Location Reporting System, EPLRS）可以作為參考，俾能有效節省研發時間及預算需求。另外，類似美國陸軍 Nett Warrior 系統的步兵幹部戰況知覺（situational awareness）系統，協助基層部隊獲得並分享即時戰場情報和圖像，使能快速做出有效的戰術處置；例如直接攻擊敵人、申請遠程火力打擊目標，或是迴避敵方定位與攻擊等。

9. 多重備援的指管通訊系統

本章稍前已經討論過如何建立一個有韌性的高頻寬、低延遲通資系統，然而一旦因為戰損因素造成通資系統無法順利運作，為了仍能有效指揮整體作戰，一組能夠滿足基本指管運作的多重備援指管架構至關重要。臺灣的C4ISR是中共對臺動武首要攻擊目標，以衛星作為指管備援手段是合適的方法。衛星通信主要優勢在於不易受到地形影響，且臺灣面積較小，不需要太多衛星即可涵蓋所有作戰地區。雖然其頻寬受到限制，然純就指管需求而言，已能適應臺灣的戰場環境。不過衛星通信仍需仰賴網路科技，要使衛星成為指管備援手段，也必須注意敵人網路攻擊的威脅，因此提升指管網路防護能力，確保衛星指管資訊安全，才能使衛星指管備援成為可以依恃的手段。

國軍現行使用「同步軌道」衛星，與地球自轉同步，始終固定於地表上空的某個特定位置；涵蓋範圍雖大，然保密性欠佳，通信延遲時間較長，且地面裝備體積較大，必須以車載或艦載方式移動，僅能勉強成為指管備援系統。

10. 低軌衛星的運用：星鏈系統

俄烏戰爭期間，由於俄軍持續攻擊烏克蘭的通訊基礎設施，烏克蘭的通訊系統受到網路中斷影響，此時 Space-X 協助提供的星鏈系統就適時發揮作用，烏克蘭因而仍可順利指管部隊的行動。

Space-X 計畫在二〇二〇年代中期之前，在三百四十公里、五百五十公里、一千一百五十公里三個軌道部署接近一萬兩千顆巨量衛星群，目的是為世界各地的偏鄉和連線不良的地區提供網路服務。星鏈網路最大的優勢在於使用大量的低軌道衛星鏈結成網，雖然其涵蓋範圍較小，且不會固定在地表上空的特定位置，但藉由衛星群體接力巡航的方式，可以解決涵蓋範圍較小的問題，尤其是其低延遲特性等同於地面通信品質，如果配備此種衛星通訊作為戰時指管的多重備援手段，可確保部隊指管命令及回報能夠適時完成。

美國五角大廈電子戰設備主管川培爾（Dave Tremper）表示，同樣以電戰技術人員角度看，Space-X 以私人企業擊退俄軍正規電戰部隊的成就相當驚人，其在俄軍攻擊發生後無論應變速度或系統更新效率，都是美軍要學習的對象，希望日後美軍能具備相同應變能力。國軍同樣也應深入研究，並將星鏈系統納為指揮管制的備援手段，才能確保指管系統在戰時的高存活能力。

11. 強韌彈性的指管機制

軍隊在作戰時的指揮模式分類，大致可分為中央集權式的「統一指揮」，以及權責下授式的「分權指揮」。

統一指揮在強調聯合作戰的現代化戰爭中極為重要，因為統一指揮的方式可使下級各類型部隊，不但能夠統一行動，也可以相互配合，藉由即時的情報分享、兵火力的適當分配與整合、適時的資源補充與相互調配，才能將所屬各部隊的戰力發揮極致。遂行統一指揮的先決條件，是對戰場敵我狀況有一定的覺知能力。然而戰場畢竟在有序與混亂之間不斷的變化，對統一指揮的執行造成極大的挑戰。因此部隊在戰場上若只依靠統一指揮方式作戰，極可能因為指管系統的戰損，或超出預期的突發事件，造成指揮體系的紊亂，終至部隊行動不知所從，戰力無法發揮，此現象尤其容易發生在弱勢方部隊。

權責下授式的分權指揮，是部隊在分散行動時的指揮方式，通常上級只下達原則性指示，下級指揮官根據所負任務和戰術狀況，獨立自主地指揮部隊完成任務。

我們需要統一指揮，但也需要權責下授的分權指揮，使能在「不可預知的形勢發展」中由下級指揮官自主決定，但他們仍需反映上級指揮官的意圖。這不是依賴戰時不可靠的通信系統，而是一個相互認同了解的作戰構想。統一指揮的方式雖具備統合各部隊行動，發揮聯合戰力的優點，然當戰場狀況混沌不明、無法掌握，統一指揮將有其困難性，此時若仍執意為之，很可能發生錯誤指揮，造成下級部隊失去作戰效能，甚而遭致無謂損傷。此時如果能夠充分授權下級指揮官，依戰術狀況自行裁奪指揮，由於他在現場，能夠充分掌握戰場狀況，反而能夠發揮作戰效能，順利達成任務。

俄烏戰爭中，俄羅斯高階軍官的偏高陣亡率引起各界矚目。據相關分析，這與俄羅斯軍隊的指揮習慣採取高度集權的方式，權責未能充分下授，在戰場狀況不明的情況下，高階將校不得不親赴前線，使得他們被攻擊的機率大幅上升。這也是過度強調集權式指揮，缺乏彈性的分權式指揮所致。

以臺灣的防衛作戰情況，由於C4ISR系統遭敵優先遠距攻擊的易損性，過度強調統一指揮的作戰方式，亦將存在極高的指揮失能風險，因此建立一個能統一指揮，也能分權指揮的彈性指揮機制，並經常在演訓時演練，絕對是國軍的戰備整備要項。

12. 機動分散式指揮所

國軍各級主、備用指揮所均為固定式設施，最基層的部隊則是野戰時擇適當戰術位置，臨時搭建的簡易指揮所。目前幾乎所有固定式指揮所都屬於洞穴或地下化的建築。從外表看，都有相當程度的抗炸強固性，然而在遭受敵精準武器攻擊時，其外在附屬設施諸如電力、空調、空氣循環、除溼、通信裝備，以及天線等，仍將遭到不同程度的損壞，進而限制指揮所的作業甚至失能。因此若過度依賴固定式指揮所，將造成指揮體系的潛在風險，解決之道是建立車載式機動備援指揮所。至於基層部隊野戰指揮所方面，以帳篷臨時搭建的指揮所，不論機動性或功能性都過於簡陋，難以符合講究指揮速度的現代化作戰。現今科技一日千里，電子器材的價格與體積巨幅下降，建置車載式機動指揮所並不需要鉅額預算，從強化指揮系統的強韌性及存活能力的角度，這種投資有其必要性。

（二）高存活的武器系統

現代化戰爭的武器系統講究遠距、精準、效高，戰場指揮官無不希望擁有取之不盡、用之不竭的高科技武器，能夠殲敵於千里之外，且自己並不會遭受攻擊，這將使戰爭變得簡單。然而不幸的是，這種奢侈的願望只能存在於強勢一方；對於弱勢而言，如果存在這種對稱性思維，終將因資源的相對不足而失敗。相反的，作為弱勢在資源不足的情況下，所應思考的方向恰恰相反：如何提高己身的存活能力，使優勢敵方的武器攻擊效果降低，然後再伺機痛擊對手，這才是求取戰爭最後勝利的正解。

作戰環境中，武器系統的生存能力，通常被定義為在交戰全程維持任務執行的能力。一般而言，是否具備較高的存活能力，通常可由以下幾個因素評估：

(1) **不易遭到偵測：**所謂偵測的定義包括聲波、影像、溫度，或電磁波等方式，任何武器裝備如果不容易被上述任一方式偵測，自然就不容易遭受攻擊。依照此定義，諸如固定式、大型、依賴基地、行動遲緩、不易偽裝的武器裝備都不合格，因此不宜成為臺灣防衛戰力的主要選項。

(2) **不易遭受攻擊：**雖然不易被偵測在相當程度上代表不易被攻擊，然而兩者之間卻非絕對的關係。一架隱形轟炸機的安全是藉由隱身設計及建造科技，然而一旦被偵測到，由於較大、較慢，且較不靈活的特性，存活性反而較一般戰機低。因此作為弱勢的武器系統，除了要具備低偵測性，更要聚焦於不易受到攻擊的特性，而體積愈小、機動能力愈高、愈能分散部署的武器，自然應成為優先選項。

(3) **承受攻擊之韌力：** 如果武器、裝備、設施，因為作戰需求及功能的限制，無法滿足不易被偵知、攻擊的條件，那麼提高其強固性以承受更高的攻擊能力，就變得極為重要。我曾經建議空軍在臺灣東部洞穴化基地出入口外，建構防爆牆及裝置自動化近接防禦系統，從而能反制巡航飛彈的攻擊，即是一個具體的作為。

(4) **快速恢復的能力：** 如果任何設施、裝置，無法運用上述方式提高存活能力，那麼建立快速修復的能力就顯得無比重要。譬如機場跑道的維護就是一個具體例證。臺灣投資超過一半的國防經費建立空中武力，但戰時若戰機無法起降，絕對是防衛作戰的超級災難，如何充分運用民間資源，建立快速修復能力是不容忽視的議題。

總體而言，建立高存活武器系統的核心價值，乃在提高國軍部隊及武器裝備的「任務生存能力」。如果從任務執行能力的觀點來看，所謂建立高存活戰力，就應將大量、機動、分散、偽裝、欺敵、價廉等元素都包括在內。有關此類武器的具體籌建要項、方式及原因，將在「不對稱戰力」乙節詳細說明。

（三）高存活的後勤系統

縱然處於承平時期，後勤支援牽涉的資產管理、物流體系、維修保養等問題，已經是千絲萬縷難以掌握，遑論戰時尚需考量運輸、分配、及時、威脅、安全等因素。持續不斷的後勤支援是戰力維持與發揮的基礎，缺少後勤支援，作戰難以為繼。古今戰爭，後勤支援之良窳往往決定了戰爭的成敗。未來的戰場環境，如何確保分散在各處機動部隊能夠源源不斷、及時地獲得所需補給，不僅僅是戰場指揮官用兵的考量重點，更是後勤人員必須貫徹的嚴肅任務。俄烏戰爭中，雖然俄軍擁有壓倒性的傳統武器與先進軍事科技的優勢，然而外界分析其在各戰線推進遲緩的原因，均將效能不彰、易遭受攻擊的後勤支援列為關鍵因素。臺灣國防資源有限，面對平時即左支右絀的後勤資源，戰時高威脅場景下更形困窘。國軍須建立一個高存活能力的後勤支援系統，方能將所需補給安全、迅速、及時地輸送到各作戰部隊，要達成此目的，國軍應該深入研析並建立下述能量：

1. 整合民間資源

臺灣戮力推動國防自主多年，各軍種委商保修亦行之有年，戰時應善用這些民間維保人力，組成機動游修小組，協助部隊裝備妥善，以維護持續戰力。除此之外，民間重型機械裝備齊全，能量為陸軍工兵部隊望塵莫及，此類裝具均可為部隊所用。這些後勤支援能量可以納為機制，在平時教召動員時即予納入反覆演練，國軍不要僅聚焦於作戰人力的教召訓練，相較之下，後勤支援人力在戰時更為迫切。

2. 分散式小型庫貯

一旦戰爭爆發，如何迅速動員人力，儘速獲得所需武器裝備，是建立戰力及減少損失的關鍵作為。目前國軍的武器裝備均採集中庫貯、統一保管方式，不單戰時分發取用耗時不便，更容易遭受敵遠距精準飛彈攻擊。國軍必須慎重考量將包含小型精準彈藥等輕便武器裝備，分散貯存於警察、消防、海巡等公務機關駐點，如此分貯方式不但能增加敵遠距精準攻擊的複雜度，也可以方便部隊迅速取用。此種不同於傳統的庫貯方式，或許國人一時之間不易接受，然而卻是臺灣在緊急時刻迅速建立應急戰力的重要方法，希望政府及國軍能夠積極推動。

3. 多元化後勤輸運

俄烏戰爭初期，俄軍在基輔北部停留數日，綿延六十餘公里的後勤車隊吸引許多目光。理論上這種大規模後勤車隊在公路上停滯許久，勢將產生極高的風險，所幸烏克蘭是時並無足夠的空中及地面攻擊能力，這才能夠倖存。但如果遭逢的是強勁對手實施密集的空中打擊，俄軍補給線將立即崩潰，後續作戰難以為繼，此種現象國軍應引以為鑑。想要確保安全的後勤支援，必須具備多元化的後勤支援方式，未來臺灣防衛作戰，在解放軍遠距精準武器的威脅下，國軍部隊必須以機動、分散、小規模兵力的作戰方式應對，分據不同地點的兵力編組，勢將對後勤支援造成重大考驗。傳統龐大而鈍重的後勤輸運方式，必然無法滿足分散式作戰的後勤支援需求，且負責補給保修作業的地面運輸車隊，更常成為敵人的攻擊目標，相較之下，多軸飛行器型式的小型無人機，不僅雷達截面積小，不易為敵人發現，且移動靈活、操作便利，雖然無法滿足重型組件的運送，但由於分散式作戰部隊，戰場補給需求多半屬於重量較輕的糧食、彈藥、油料等常見消耗品，小型運補無人機可以發揮極為強大的功能。目前全球已有多個國家投入無人機運補的研究，且已獲得具體成果，國軍亦應深入研究其可行性，藉整合徵用民間商用無人機的資源與多樣化的運送方式，以提升後勤輸運系統的存活能力。

4. 足夠的彈藥戰備存量

「**儀臺無法殺敵，彈藥才行**」，**這是「整體防衛構想」不對稱作戰強調的重點**。華麗的儀臺在平時雖可藉酷炫的外型及性能帶給民眾信心，但在戰時，充沛的彈藥儲量才是殺敵致勝的保證。從歷來實戰經驗得知，彈藥的消耗及需求遠高於事前的估算。美、俄同樣具備高科技作戰能力，但美軍在波灣及中東戰場，與俄軍在俄烏戰場的攻擊效果截然不同，其差別即在精準彈藥的使用數量。國軍應儘快改變重儀臺輕彈藥之風氣，才能建立確實可戰的實力。

傳統戰力

數量要少，品質要精，效能要高。

二〇二一年十一月，第一個F－16V（Block20）型機聯隊舉行接裝典禮，蔡英文總統到場校閱並致詞表示，此次升級順利完成，F－16V強化戰機匿蹤性、遠距偵知及視距外作戰能力，性能大幅提升，更能因應現代戰爭型態，未來隨著構改及自購F－16C／D完成，國防戰力會更加堅強。國內媒體也紛紛報導這次盛會，臺灣戰機逾三百架，實力排名世界前十五，歡喜之情溢於言表，國內對臺灣的自我防禦能力顯得自信滿滿。

耗資一千餘億元的F－16A／B戰機升級案，以及花費二千餘億元的六十六架F－16C／D軍購案，兩案總計耗資四千餘億元，以臺灣的經濟規模而言，確實是一項大手筆的軍事投資，這也象徵著政府對傳統戰力的高度重視。事實上，深入分析現有傳統戰力在臺灣整體國防資源所占比例，毫無疑問，臺灣確實將大部分的國防財力投資在傳統戰力的整建上。

（一）傳統戰力的角色演變

過去數十年，臺灣在建軍及備戰上均採取對稱式的作戰思維以對抗中共的軍事威脅，然而隨著兩岸軍事實力差距的擴大，這種防衛概念已經無法滿足勝戰需求。對比兩岸傳統戰力，解放軍占有明顯的優勢，包含先進戰機、戰艦、潛艦、戰車、長程攻陸飛彈等典型傳統兵力，無論是質與量，解放軍都超越國軍甚多。

從學理上觀之，不論戰爭的型態、強弱的對比，最嚴重的戰略錯誤就是「以己之短較敵之長」，先進複雜的傳統武器及儎臺極其昂貴，以兩岸國防資源的巨大落差，臺灣絕對無法負擔這種軍備競賽，然而話雖如此，長久以來向美國軍購先進的傳統武器及儎臺，始終在臺灣國防扮演著不可或缺的角色，其原因不外乎大型傳統華麗的先進儎臺，在人民心中是國力的表徵，是國家的門面，由於它的高能見度，是承平時期反制中共灰色侵犯及戍守領空、領海的有效兵力。具備先進傳統戰力對於鞏固軍心及士氣具有絕對效益，而重視傳統武器及儎臺，也代表對捍衛國家安全的決心。此外，先進酷炫的武器儎臺也提供了年輕世代投身軍旅的部分誘因。

除此之外，傳統武器儎臺在臺灣尚有一個頗為特殊的角色功能，也就是它除了防衛功能以外也隱含著政治和象徵上的特殊意義。在臺灣有許多人認為美國願意長期出售臺灣先進傳統武器儎臺意味著美國將會有意願以軍事方式介入臺海衝突，這種主觀感性上的認知事涉國家生存安全，確實有必要以理性的方式再深入解析。理論上，一個國家是否願意以軍事行動支援另一個國家，其衡量指標應在於它是否願意承擔須付出的高昂成本；美軍在歐洲與日、韓駐軍所投入的那些無法回收的鉅額經費，就是很好的例證。因此，向臺灣出售武器就意謂美國願意介入臺海，打一場必然會有高額損失的戰爭，邏輯上很難說得通。也因此臺灣如果只是主觀上的認定，美國願意對臺軍售就暗示美國願意介入臺海衝突，這種認知有很大的風險。

1. 為何不能沒有傳統戰力？

傳統先進的武器儎臺當然有其不可取代的價值。近年解放軍戰機幾乎天天侵犯我防空識別區；同一時間解放軍海軍艦船，或公務船舶壓迫我鄰近海域的作業也無時無刻不在。中共遂行此種灰色侵犯活動有多重的目的，包括了政治軍事施壓、恫嚇我民心士氣、刺探我海空防反應、壓縮我訓練與作業空域、消耗我國防資源，同時亦可提供解放軍戰場經營、境外海空作戰指揮管制，以及實兵任務訓練機會。這種在不侵犯法定主權的方式下，對我遂行軍事恫嚇、造成心理威脅與政治施壓行為，已經成為中共風險最低、效益最高的對臺鬥爭手段。未來也可以認定這種灰色侵犯行為，不單會持續進行，而且會日趨擴大。

面對解放軍經常性的海空灰色侵犯，我們唯一能做的是運用戰機、戰艦這種傳統武器儎臺，實施攔截、伴飛、併航、監控等反制作為。傳統武器對臺灣社會大眾的士氣能夠提供正面的激勵作用，也能增進人民對國軍的信心，進而達到反制、減低中共威懾的效果。面對灰色地帶威脅，這些傳統武器儎臺能向國內和國際社會傳達，臺灣不會在壓迫下屈服的決心，其效果無法由小型不對稱武器取代。基於這些原因，臺灣必須維持一定數量的傳統武器儎臺，才能在解放軍進行灰色侵犯行動時有效反制。

然而這種灰色侵犯不論如何發展，終究只是威懾作戰，不至於威脅臺灣的生存。同時間解放軍默默進行的整軍經武，不斷為全面性軍事進犯做準備的行動，才是臺灣生存所面臨的最大威脅。

2.傳統戰力戰場存活能力較低

兩岸現有戰力嚴重失衡，尤其在遠距攻擊能力，解放軍不論在質與量上都占有絕對優勢，這種戰略態勢極端地威脅了臺灣傳統戰力。由於傳統戰力是國防力量的表徵，若迅速遭到殲滅，對民心士氣的重創可想而知，不但可能造成臺灣人民心理恐慌、意志不堅，甚至可以逼迫臺灣提早坐上談判桌，免去複雜且風險極高的後續侵犯行動。如果此景象不幸成真，這些平時華麗耀眼的高大上武器儎臺，反而成了中共以軍事行動解放臺灣的助力，這豈不是以鉅資建軍的最大悲劇？

我們當然可以藉著戰力防護的手段來降低損失，但殘酷的事實卻不容我們如此樂觀，更不用說耗資數百億興建，每年還要花費數十億維持的遠程監偵雷達以及許多固定式偵蒐系統，很可能開戰後數小時內就會被摧毀。即使某些能夠機動的武器儎臺，仍然具備目標顯著、不易躲藏，敵人容易偵測及鎖定的脆弱性。尤有甚者，傳統武器儎臺藉以發揮戰力的附屬設施及必要條件，例如戰機戰艦對固定海空基地的依賴，重型戰車行駛道路與橋梁的重量限制，這些條件增加了傳統戰力的戰場易損性，嚴重拖累本身的戰鬥力，因而在全面性進犯的作戰場景中，作戰效能極為有限。

3. 該如何整建臺灣的傳統戰力？

如果臺灣的國防預算沒有上限，我們可以購買大量的柴電潛艦、神盾艦、F－35戰鬥機。可惜，臺灣沒有取之不盡的國防預算，無法大量採購昂貴、精美、先進的戰艦和飛機，這些傳統戰力除了採購的價格高昂，後續整體後勤須投入的資金更是可觀。

姑且不論傳統武器裝備的戰場易損性，即使在戰時真的能克敵制勝，我們仍須面對嚴酷的事實，那就是籌建時間的問題。

如果以美軍前印太司令部司令戴維森上將以及參謀首長聯席會議主席密利的國會證詞，以二〇二七年為極度威脅節點。面對如此急迫的戰力需求，國軍現今向美採購的傳統武器儎臺，尚需多久時間才能成軍？這些購案需要長時間的籌建、測試、接收、訓練方能形成戰力。舉例來說，耗資千餘億元的F－16A／B性能提升案，起始於二〇一　年，直至十年後，也就是二〇二一年十一月，首支F－16V聯隊才正式成軍。至於耗資數百億元向美採購的M1A2戰車，也要到二〇二七年才能完成。至於耗資二千餘億採購的F－16C／D戰機，預估二〇二三年可取得首批交貨的二架新機。而即使這些高大上的武器裝備可以如期交貨，各軍種仍需花費很長時間建立操作、維修、保養的能力，更別說後續必須籌備的彈藥、零組件、訓練所需投入的時間與經費，這些經常被忽略的時間及維持成本，若探究起來極其驚人！

4. 傳統戰力適切的整建原則

囿於國防財力，不論是質或量，臺灣在傳統軍武都沒能力與中共競爭，事實上也不應該與對岸競爭。雖然傳統武器儎臺戰場存活性較低，在全面性犯臺作戰中不適於作為可恃的主要戰力，然而全面分析臺海可能衝突的光譜，臺灣未來所面臨的各項威脅，終究並非僅只全面性進犯一項，仍有可能遭遇各種樣態的有限衝突。這種類型衝突對臺灣而言雖非生存威脅，然若處理不當，陣前丟盔棄甲，將嚴重傷及國家形象及人民士氣。此外就國內外政治現實面而言，諸如東、南沙外島的主權宣示及疆土巡弋，仍需傳統武器儎臺賴以執行。因此臺灣無法，也不應該完全放棄高端海空儎臺，因為這些儎臺仍有助於對抗許多可能的有限性衝突場景。

綜合前述分析，我們可以得出以下結論：

(1) 大型先進的傳統武器儎臺是國力的象徵，它能彰顯國防的能力，也能提振人民士氣，增加社會大眾對國防安全的信心。

(2) 傳統海空戰力由於高能見度，是承平時期反制中共灰色侵犯及戍守領空、領海的有效兵力，對於鞏固軍心及士氣具有正面的效益，因此有其必要性。

(3) 傳統海空武器儎臺能夠承擔局部、區域、有限度的武力衝突，因此先進、高品質的傳統海空武器儎臺，是確保有效應對處理的重要條件。

(4) 傳統戰力囿於作戰特性，戰場存活力較低，無法適應中共為武統所發動的全面性戰爭。因此不宜過量投資，以免排擠攸關生存威脅的不對稱戰力。

臺灣可能面臨的軍事衝突不止一端，傳統海空戰力適合應對從灰色進犯到小規模的有限軍事衝突，然而在所有衝突樣態中，存亡威脅就只有全面性的武力進犯一種。臺灣的國防資源有限，我們能夠做的就是將有限的資源做最合理的分配，以達到最佳的平衡。因此，**臺灣傳統戰力的整建原則應為「量少、質精、效高」，其重點在高品質及先進的作戰效能，俾使其在處理灰色侵犯及有限度的武裝衝突時能夠維持國人對國軍防衛的信心，至於數量則只要滿足最低需求，不宜過量投資以減低機會成本，避免排擠攸關生存威脅的不對稱戰力。**

(二) 空軍傳統戰力結構有什麼問題?

我們需要高存活力的空域拒止戰力，不是數量龐大的戰鬥機。

兩岸軍力差距日益擴大，臺灣空防挑戰日益嚴峻，解放軍藉由彈道飛彈、巡弋飛彈、無人機群、空中攻擊，以及多管火箭構築的遠距離攻擊武器，有能力癱瘓臺灣所有機場。臺灣脆弱的機場跑道加上飛機無法分散到中共空襲和飛彈打擊範圍之外的機場，使得空軍的戰機及跑道，很難在戰爭初期多波次的轟炸中保持堪用。愛國者、天弓三型飛彈、跑道維修能力以及隱藏在山洞中、停放戰機的洞庫，在解放軍遠距離及空中攻擊彈藥數量的優勢下，並無足夠能力保障大部分戰機的存活與起降。而在高度對峙的衝突中，我空軍戰機即便能免於第一波攻擊，由於機場所受到的損害，接著也可能會面臨戰機飛得上去，卻降落不了的窘境。儘管這種作戰場景不需有豐富的專業知識即能預期，然而無視於這種難以克服的艱難處境，臺灣的政治和軍事領導人仍然不惜投入鉅額國防預算，不遺餘力地新購並性能提升更多的戰鬥機隊，仍然企圖建立一支以高性能戰機為主力的空中戰力。

以戰機為中心的空中防禦做法極為昂貴，就以現正進行的F－16型戰機升級及籌建專案來看，兩個專案僅僅在儎臺的投資就接近四千億元，要形成實質戰力尚需足夠的精準彈藥，而正進行籌獲中的四型精準彈藥AGM－154「聯合遙攻武器」（JSOW）、AGM－88「高速反輻射飛彈」（HARM）、AGM－84H／K「增程型距外陸攻飛彈」（SLAM-ER），以及AGM－158「聯合空對地遙攻飛彈」（JASSM）等，又將耗資千餘億元。購買這些戰機及武器彈藥需要鉅額資金，如何維護這些高價的戰機，使其維持最低的妥善率，花費同樣嚇人！我們從年度國防經費支出可以看出，戰機維護花費超出國軍所有武器裝備維保支出的五十%。如果國軍年度裝備維護費以八百億元估算，這代表國軍每年必須支出四百餘億元去維持戰機的最低妥善率。當政府以編列特別預算的方式採購更多戰機的同時，千萬別忘了這僅是整建戰機能力的頭期款而已，未來仍有大筆維護經費要花。不過這些投入仍非全部，駕駛戰機所需的高素質人力亦是所費不貲，培訓一名能夠在第一線執勤的飛行員，平均需投資一億餘元。更嚴峻的事實是，處於F－16A／B戰機性能提升陸續接裝，以及F－16C／D新機籌獲的關鍵時期，空軍卻面臨「飛行座艙比」嚴重不足的問題。飛行員不足造成任務負荷過重，資深飛行員無暇帶飛訓練資淺飛行員，導致資淺飛行員訓練不足、戰技生疏，不但影響實質戰力，更潛存著飛安風險。招募及飛行人力不足，始終是空軍的痛腳，繼續增加戰機數量只會使情況更形惡化。**近幾年，我們都知道戰機失事頻繁，苦情悲劇也重複上演，在各界頻頻為空軍飛行員訓練不足而提出諸如增加招募、強化訓練，以及後備飛行員制度等解方之餘，卻鮮少有人認真省思：臺灣真的需要這麼多的戰機嗎？**

若要在戰爭中勝出，就必須以最聰明的方式運用有限資源與預算。

至於在實戰中整體戰力及資源較為弱勢的一方，戰機所能發揮的作戰功能也值得深入研析。從俄烏戰爭觀察，烏克蘭空軍相對弱勢的戰鬥機群，在戰爭期間幾乎成了隱形戰力，沒有什麼可以稱道的戰果。俄羅斯運用遠距精準武器對機場的攻擊，以及優勢的戰機出擊率使之輕易掌握了戰場空優。但即使如此，烏克蘭的防空系統，卻沒有因此而完全癱瘓，機動型野戰防空系統及大量單兵攜帶刺針防空系統，對俄軍低空戰機或直升機造成莫大的威脅。宣稱擊落大量俄國戰機或直升機的，幾乎都是野戰防空系統或肩射防空飛彈這類武器，空軍戰機鮮有擊落敵機的紀錄。

由於戰機造價昂貴，如果臺灣執意將超高比例的國防經費投注在戰鬥機群，一旦臺灣遭逢兵燹之厄，這些戰機很可能會因為機場或戰管設施遭到攻擊破壞，不是被摧毀於地面，就是無法起飛作戰，會是臺灣軍事作戰的超級災難。面對如此高的風險，仍然持續投入鉅額資金，是聰明的做法嗎？

美國知名智庫蘭德公司，曾經針對臺灣空防進行深入的研究及科學的量化分析，其結論是語重心長地指出：「**為了要繼續提供可信的嚇阻，並被外界視為能在自己的領空進行對抗，臺灣應該投資並強化地對空飛彈，而非戰機。**」

1. 空軍的脆弱在機場、戰管，不在戰機

想要建立一個有韌性的空防戰力，首先是找出核心問題之所在。空軍的問題不在戰機數量的多寡，而在戰時戰機是否能夠正常起降運作以發揮戰鬥能力。當臺灣一古腦的要建立更強大的戰鬥機群之際，有兩個致命性的隱憂被嚴重忽略：

(1) 若機場跑道、設施遭到破壞，如何使那些在地面或洞庫的飛機發揮戰力？

戰爭中，沒有什麼比看到大量的先進戰機被摧毀，或癱瘓在機場更容易削弱民眾的抗敵意志。解放軍如果對臺灣發動全面性進犯，極其合理的推斷是他們會在戰爭初始運用長程武器及空中攻擊，摧毀臺灣所有停在機場的戰機及機場跑道、設施。因為以解放軍的實力，這種做法並不困難，也是效率甚高、風險極低的作戰行動。如果沒有完整的跑道，任何飛機都甭想起飛。如果對機場沒有妥善的防護方案，再先進的戰機都無價值。

依據蘭德公司的研究，解放軍只要六十九至兩百枚短程彈道飛彈，就可暫時癱瘓臺灣大部分空軍基地，讓臺灣的戰機無法起飛。臺灣超過一半的國防預算投注於空軍，如果戰機在戰時無法起飛作戰，這是極為可怕的軍事災難。

臺灣每當發生軍機失事，基於愛國心及人情味，塑造飛行線上的英雄總是成為最簡單易行的危機處理方式，然而這種方法往往間接導致了一些低效益的加碼投資。例如空軍就因F－5戰機的意外事故，向國外採購昂貴的逃生座椅進行更換，但理性分析，他們真正該做的是加速汰除這些已經難以承擔現代空戰任務的老舊戰機，而非繼續加碼不符成本效益的投資，然而守護空權的飛行員性命關天，無人敢於置喙這個政策的妥適性。相對於對戰機不計成本、不管效益的投資，國軍卻相對忽視機場防護的投資，這點從每年國防預算的投資課目及金額上可以一目瞭然。

(2) 空軍指揮戰機作戰的管理系統多為固定式設施，在開戰數小時內可能盡遭破壞。若失去戰管能力，地面作戰中心將無法指揮戰機遂行空中作戰，因為無論多麼先進的戰機，囿於其本身偵蒐特性及能力，均需依賴戰管系統以發揮戰鬥能力，在失去戰管系統指揮、管制、引導的功能下，雖不致如盲人揮劍，但是視力、視野嚴重受限是不爭的事實，再先進的戰機都無法在這樣的情況下發揮作戰效能。

跑道及戰管這兩項臺灣空戰短板，不論快速修補及因應措施做得再好，效果都有限，要解決這種致命的脆弱性，歸根究柢仍在重新客觀思考，並找出在當前作戰環境下，最適切的空防作戰方式。目前國軍將制空作戰列為優先兵力整建項目，然而考量敵我戰力對比，臺灣應該以建立「空域拒止」的能力來取代「制空」作戰的能力，意即，**臺灣應該減少脆弱性過高的戰機投資，增加投資戰場存活性高的機動防空系統**。

2. 老舊戰機已是臺灣空防戰力的負債而非資產

美國空軍部長肯達爾在二〇二一年十二月「雷根國防論壇」表示，現役C－130運輸機、A－10（Warthog）戰機與一些舊型加油機，均屬於應被汰換的老軍機，即使在過去二十年的中東戰爭中很管用，但現在卻難以應付與中國的衝突。肯達爾直言：「**如果這些武器裝備不能威脅中國，為什麼我們還在繼續使用？**」他提到，空軍軍機的機齡平均三十歲，已拖住空軍的發展，但「遺憾的是，淘汰案一直遭到國會議員的抵制」。這點似乎與臺灣狀況頗為一致。臺灣的老舊戰機毫無牽制解放軍的能力，戰時無論在地面或空中都會遭到摧毀，重挫全軍士氣及民心。維持老舊戰機是件完全不合理的戰略決策。當然，我能深刻理解這種說法在政治上的不正確，因為戰鬥機聯隊一直是空軍的驕傲和士氣來源，讓臺灣放棄戰機的主張並不合宜，國軍也不可能大刀闊斧。但是在臺灣未來幾年即將擁有六十六架新製F－16C／D戰機的當下，仍然不願汰除需要龐大經費維持的老舊戰機，到頭來只是讓已經不符所需的國防資金加速淌血。這是個嚴酷事實，臺灣的生存威脅與維持眾多的戰鬥機群，孰輕孰重？

從軍事作戰的立場來看，綜合考量臺灣國防資源的限制，**兩岸遠距火力及空中作戰能力的對比，國軍應該立即著手縮減行政、運輸機隊並規劃汰除F－5及幻象機隊，再逐步籌建出一套更有韌性的機動防空系統後漸次汰除經國號戰機，構建一支以F－16戰機及大量機動防空系統為主，可以有效遂行「空域拒止」任務的兵力結構**。

此方案乍看之下或許過於激進，但是考量空軍戰機的維護保養占了國軍過半的維持費，且囿於戰機必須依附機場的存活特性，戰機在戰時很可能完全無法發揮戰力，那麼這些運作投資也就形同虛擲。放手大力改革才是當前兩岸戰略態勢下，不得不為的空戰兵力結構調整方案。

(三) 海軍傳統戰力結構有什麼問題?

我們不得不建立海域拒止（Sea Denial）戰力，以取代制海（Sea Control）戰力。

海軍向來以「制海」為主要任務，目前國軍也將「制海」戰力列為前三大優先整建項目，海軍的作戰構想也是在完成戰力保存以後，將戰艦駛往境外海上截擊解放軍。這樣的作戰思維在我海軍享有些許質的優勢時還說得通，但如今中共海軍不但已完成現代化，其大型戰艦的數量已經超越美國海軍成為世界第一大海軍，面對這種極端的變化，如果臺灣不思改變做法，仍然執意發展傳統大型戰艦並企圖與解放軍在遠海正面對抗，顯然是徹底的罔顧現實。

在臺灣不可能獲得空優的情況下，海軍艦隊奔赴遠海與中共海軍正面對抗，面對大批次敵人的空中攻擊，作戰艦艇的安危堪虞，艦隊的下場難以想像，而且除了空中威脅，敵人水面、水下、電磁的攻擊亦在所難免，在這種困難的作戰環境下，我海軍艦隊就算勉強存活，也將難以發揮戰力，更別提達成制海任務。

臺灣持續以大型作戰艦艇作為海上作戰的主力思維，已經面臨極為嚴峻的考驗。當今美海軍陸戰隊尋求轉型，將反艦飛彈列為優先部署的武器，企圖以不對稱作戰方式反制解放軍海軍之際，如果臺灣還執意以海軍艦隊一己之力，馳赴遠海與解放軍一決勝負，這種思維著實令人擔憂。俄烏戰爭中，烏克蘭以兩枚總價約四千萬臺幣的海王星反艦飛彈，一舉擊沉價值逾兩百億臺幣的莫斯科號旗艦例子，國軍理當深切省思。

1. 艦隊的轉型

除了為赴遠海遂行海上截擊作戰所需的大型作戰艦艇，海軍目前也在建造大型兩棲運輸艦、救難艦和傳統潛艦，這些造艦專案所費不貲，也自然都得付出極高的機會成本，而堆高這種機會成本的因素，尚不止這些建造中的專案。海軍目前尚擁有一支龐大老舊卻捨不得汰除的兩棲艦艇，既無法在承平時期反制灰色侵犯，戰時也不可能阻止解放軍的入侵行動，然而為了維持這些兩棲船艦的資金和人力，就得犧牲相對的資源去整建其他更迫切需要的戰力。兩棲艦艇當然也可以執行災害防救、人道救援，以及外島運輸的任務，但這些工作並沒有「不可替代性」，只要委託民間商用船舶即可以極低的成本執行，海軍救難艦艇也可以用同樣的委商方式取代。總而言之，海軍不宜也不該，繼續勉力維持老舊的兩棲艦艇及為數眾多的登陸艇，也沒有必要再投資建立新的兩棲艦隊。該做的是將這些資源轉用於戰場存活性高，能夠有效反制中共全面性進犯的大量機動力高，具備精準打擊能力的輕快兵力。

要建立一支能夠嚇阻、反制中共全面性進犯的作戰能力，就得優化海軍的兵力結構。想要繼續組建一支海軍艦隊與對岸爭奪制海權，或在中共全方位犯臺時馳赴遠海，與解放軍海軍正面對抗實施截擊作戰，都是「以己之短，對彼之長」的不智之舉。面對當前解放軍海空威脅及任務需求，海軍應將現行依賴大型作戰艦艇奔赴遠海，以及與共軍遂行截擊作戰的作戰思維，調整為岸、海協同作戰之「濱海決勝」戰力結構：

(1) 籌建量適質精、續航力最遠可達南沙水域護衛主權的巡防艦隊，主要任務為平時執行海域巡邏、兵力展示、外島巡弋、主權維護，以及反制解放軍的灰色侵犯。戰時可擔任較小型作戰艦艇的海上指揮艦，並聯合陸上及空中兵力遂行三軍聯合作戰，以達成「拒止」解放軍侵入我濱海區域，保衛我領海及國土安全。之所以選擇此型作戰艦艇，是綜合其存活、機動、作戰、指管、通信、續航等能力，以達成平、戰時期的多重任務所需。

(2) 繼續整建沱江級輕型護衛艦，因為該型艦擁有快速、匿蹤的高存活能力，以及戰時適合在濱海區域於海上作戰的特性。此型艦艇亦可於平時海象較為緩和時，擔任海域巡邏及反制解放軍灰色地帶的威懾行動。

(3) 高度智能化之有人／無人匿蹤微型飛彈突擊艇，此型快艇具備絕佳戰場存活性，可運用高度智能化的特性，遂行網路化指管型式的蜂群戰術[11]，甚至在海象不允許的情況下，仍能於分散式的漁港對海峽敵艦遂行反艦飛彈攻擊。

(4) 汰除兩棲及救難艦艇，所需任務以委商方式執行，將節省的資源轉挹注於作戰所需，並依需要賡續籌建快速布雷艦，水雷反制作戰能力則以籌建輕型模組化裝置，結合友軍黑鷹通用直升機的方式建立，以降低成本效益，提高作戰效能。

(5)繼續擴建岸置機動反艦飛彈戰力，並輔以小型機動防空兵力，聯合海空作戰兵力共同遂行打擊海峽半渡及濱海區域之敵作戰及兩棲登陸艦艇。

2.反封鎖作戰的省思

本書第六章已談過反制中共封鎖作戰的問題，但由於這個議題廣為注目、意見亦頗為分歧，在此再費點篇幅多做一些引申。

封鎖作戰對臺灣來說最大的威脅是影響戰略物資的進口。舉例來說，僅僅兩、三週的天然氣戰備存量就是臺灣的軟肋，解放軍若想封鎖臺灣，單單是公開宣布要封鎖，就會得到非常好的威懾效果，更何況從高雄與基隆等主要港口外海的「聚焦式封鎖」，或是擴及南海、太平洋遠海海域的「擴張式封鎖」，都會造成深遠的影響。

如果臺灣遭到封鎖，除了會造成物價上漲、外資撤離，航運界必然也會因忌憚損失而缺乏攬貨承運動機。另一方面，由於地緣因素，這種現象會擴散影響到南海海域的船運，進而影響到其他區域國家如日本、韓國甚至中國本身的經濟，如果再考量國際社會對臺灣先進製程晶片

11 蜂群戰術：主要由複數以上的智能無人機、艇實施，鎖定並精準打擊目標或探測敵情。

的需求，或是對中國實施經濟制裁等因素，這些副作用自然會影響中國會否將封鎖列為其攻臺優先選項，然而，不論廟算如何，臺灣仍然必須考量此一深具威脅的作戰想定。

臺灣面對封鎖的困境，簡言之就是：「靠自己，護不了；靠別人，不可信」，很難找到萬全之策。就臺灣的軍事能力，以護航作戰保護海上交通線（Sea Line of Communication, SLOC），已經不是「需不需要」或「應不應該」，而是「有無能力」的問題。就軍事實力而言，解放軍已是全球最大的海軍，當前連美軍都無法保證，可運用其海軍戰力來維護臺灣附近海域的海上交通線安全，遑論以臺灣目前連自我防護都顯得力有未逮的海軍艦隊，來執行臺灣四周海域的護航作戰。直白地說，即使再給海軍二十年的建軍整備時間，恐怕都難以達成。

具體反制封鎖的手段在本書第六章已經有所論述，在此不贅述。現在的問題是我們必須面對現實，不能再存有自欺欺人的浪漫思想，比較可行的做法是政府以亞太地區的共同利益為基礎，積極推動區域整合性的反封鎖安全機制，才是以臺灣資源及能力均無法獨立達成反封鎖作戰情況下的解決方案。

3. 陸戰隊的任務與戰力轉型

一支可以聯合海軍擊沉敵艦，可以協同陸軍防禦灘頭的海陸雙能兵力。

在臺灣，陸戰隊向來被視為國軍的菁英部隊，所憑藉的不是兩棲作戰的攻勢型作戰特性，而是其勇猛驃悍、訓練嚴格的隊風。但是在現行兩岸軍事形勢下，即使身為國軍的菁英部隊，也苦於找不到核心戰場發揮，陸戰隊的建軍或用兵失去方向感在所難免。

理論上在臺灣防衛作戰的守勢戰略下，攻勢特性的陸戰隊並無存在價值，然而因此而裁撤這支最優質的菁英部隊，對作戰實務而言並不合理，因而陸戰隊如何轉型，就成了一個必須嚴肅面對的課題。

陸戰隊應該重新調整其現行的兩棲攻擊任務，重新定義其為最精良的濱海及反登陸戰力，並將任務及兵力結構調整如下：

(1) 汰除戰甲車等重型裝備：在海軍苦於難以獲得海岸防禦飛彈部隊人力之際，陸戰隊可以仿效美國陸戰隊的兵力轉型，組建濱海作戰部隊，在海軍的統一指揮下，以岸置機動反艦飛彈攻擊濱海區域的敵方水面艦艇。如此可以減輕海軍海鋒大隊的作戰負荷，甚至取代其作戰任務，協力海軍艦隊遂行濱海決勝任務。

(2) 專責激浪區的防禦作戰任務：激浪區是外海與登陸海灘的交界區域。轉型後的陸戰隊不再裝配兩棲突擊載具和兩棲裝備，而是配備海岸防禦所需的不對稱武器系統，聯合海空戰力，攻擊接近海岸的敵人兩棲艦艇，並協同陸軍，攻擊敵人執行三棲登陸作戰的登陸艇和登陸部隊。

這樣的任務調整改變不可謂不大，然而在臺灣不適宜，也不需要擁有攻擊性的兩棲登陸作戰部隊之際，無論如何困難，陸戰隊的轉型都勢在必行。當三棲及陸上戰力強大的美軍陸戰隊，都可以為了對抗像解放軍如此強敵而毅然決然地汰除所有戰車，進行戰力轉型之時，臺灣海軍陸戰隊毫無道理繼續墨守成規，不願做出改變。事實上陸戰隊的兵力轉型在實務上並沒有想像的困難，重點在觀念及心態的改變，放棄部分現有的兩棲作戰裝備，轉而購買新型海岸防禦武器即可。至於人員專長轉換、訓練與後勤支援的建立，在陸戰隊傳統重視榮譽的隊風下，我有充分信心，必能順利完成。

(四) 陸軍傳統戰力結構之省思

我們需要的是機動靈活的不對稱戰力，不是裝甲大軍。

傳統作戰觀念，裝甲、機械化是陸軍戰力的表徵，也是陸軍對外展示的門面。從這個觀點來看，M－41、M－60、CM－11、CM－12戰車，CM3／33／34裝甲車、M110A2、M109A2／A5自走砲，M114、M115、T－65等多型式的牽引砲，這些數量龐大、老舊的傳統武器裝備，一直擔任陸軍戰力的核心也就不足為奇了。然而重型機械化武器的特性，自然也帶給陸軍諸多的問題。

首先是戰爭型態的改變。裝甲武器在傳統地面作戰是最有威力的殺人工具，但隨著科技發展，飛彈、火箭、攻擊無人機等殺傷力強大的精準武器問世，大型機械化裝備在戰場的易損性也急遽增高，這使得裝甲部隊在戰場的價值已不若以往。先不論戰甲裝備在現代化地面作戰受到的威脅，光看臺灣數十年來隨著社會發展所帶來高度城市化的戰場環境改變，臺灣的地形崎嶇複雜，戰時橋梁易遭破壞，不利於重型戰車機動。如果不能迅速投入戰場，火力將無從發揮。戰車性能再好，不能及時發揚火力等於無效兵力；在機動過程，也容易成為敵人獵殺的目標。這些對裝甲大軍作戰所帶來的不利影響，即使外行人都可感受到，然而這些因素顯然被刻意忽略或漠視，這現象可以從最近臺灣向美軍購M1A2戰車，以及M109A6自走砲的專案看出端倪。

除了現代化戰爭的適應性，如何訓練、操作、使用、維護這些裝甲武器，對陸軍就已經形成嚴重的障礙。臺灣地區多山，地狹人稠，開闊地區不多，相對可供裝甲部隊訓練的場地自然有限，而且訓練部隊人員還必須熟練操作這些複雜的重型機械，更是高難度的挑戰。我們可以簡單思考一下，以臺灣這少數幾個訓場，提供數以千計的戰甲車輛實施野地操作訓練，每年每車每人可以分配的時數是多麼稀少！

此外，保養維護的挑戰也不低。由於使用時數及行駛速率偏低，容易導致汽缸長年低溫積碳，所造成連帶的零附件損害問題，這些都是海、空軍裝備因為經常性使用，不容易發生的毛病。陸軍裝甲部隊的裝備妥善率向來令人質疑，也屢遭詬病，不過由於在平時，他們不需要執行像海、空軍一樣壓力繁重的巡弋任務，因此不需要接受嚴峻的現實考驗。一旦面臨解放軍的全面進犯，或必須面對國土防衛地面作戰任務，這些重型裝備的妥善與否，就是不得不面對的現實問題。

陸軍必須深刻體悟，數量龐大、老舊、低妥善率的重機械裝備，不但難以發揮所望戰力，也經年累月地在腐蝕官士兵的士氣與形象。這些重裝備已經是陸軍戰力的負債而非資產，因此要調整陸軍兵力結構的首要，是捨得汰除老舊過時的重裝甲機械裝備，將節省下來的資金挹注於野戰防空及反裝甲飛彈、火箭，以及快速靈活機動的火砲系統。

雙亞戰爭及俄烏戰爭中，人攜式反裝甲武器效能已經展現出無可懷疑的說服力，反之裝甲武器在戰場上的價值已經受到質疑，不再是地面作戰勝負的決定者，更證明了小型、機動、精準、致命的武器裝備，在現代戰爭中對弱勢者的價值，這是戰具典範轉移（Paradigm Shift）的先兆。面對兩岸資源、兵力、火力均極為懸殊的情勢下，如何將陸軍徹底轉型成以不對稱戰力，而非裝甲大軍來擔負防衛臺灣的任務，已經迫在眉睫。

不對稱戰力

一大堆機動、分散、精準、致命的小東西。

兩岸國防資源懸殊，臺灣無法與中國進行軍備競賽，亦無法以傳統戰力與中國進行全面性的殲滅戰，我們必須衡量自身條件，以創新及不對稱的思維，重新建構一套正確、有效的防衛作戰構想，方能嚇阻及反制中國可能的全面性侵臺行動。「整體防衛構想」正是在此種戰略思維下的產物。發展高存活力、機動性高、致命性強，並且負擔得起的不對稱戰力，以有效嚇阻及反制解放軍來自三棲及空降的全面性攻擊，便能夠成功達成嚇阻，甚至在必要時擊敗來犯解放軍的主要憑藉。

不對稱戰力是一種概念，並無放諸四海皆準的具體武器種類。基於數位科技的創新發展，明日之戰爭型態必將不同於以往，不論國力強弱，創新／不對稱是條必行之路。然而遂行不對稱作戰所需的具體武器裝備與戰術戰法，將隨著敵對雙方的戰略形勢、軍事能力、地理環境、社會民情而各異其趣。眾所皆知，中共為了反制強大的美軍航母打擊群戰力，發展出東風－21D彈道反艦飛彈。就美中戰略形勢及軍事能力來看，這種彈道反艦飛彈對解放軍而言是一種有效的不對稱戰力，然而同樣的武器系統不適於臺灣運用在反制中共對我們的侵略戰爭中。臺灣需要的不對稱戰力有其獨特性，必須依據臺海作戰環境，針對中共的軍事能力，避開解放軍的戰力強點，並攻擊解放軍的作戰弱點而發展，而且我們國防資源要能負擔得起。

臺灣需要的不對稱戰力本質，簡單來說就是「一大堆機動、分散、精準、致命的小東西」。這些武器可發揮非傳統作戰能力、運用天然環境提供之防衛優勢及敵軍進犯作戰的弱處，以最精簡的武器發揮最大的戰術衝擊效果。即使敵人明知這種武器的存在，也難以定位、攻擊、摧毀；若執意發動入侵，勢將因為這些大量的小型殺傷性武器付出慘痛的代價。為了反制生存威脅，臺灣應該將大部分的國防資源，優先投注於發展這些不對稱能力。

不對稱戰力在平時的功能並不彰顯，戰時卻極為重要。它提供的是一種有異於傳統的作戰能力，主要是運用臺灣地理上的天然獨特性，建立敵人難以突破的防禦優勢，以低成本、最有效的兵力及作戰型態，針對敵人侵臺作戰行動的弱點有效打擊，獲得戰術上最大的效果，進而迫使敵人犯臺任務行動失敗，達成臺灣防衛的作戰目標。

如果中共為了完成統一大業，在「和平統一」陷入絕望的情況下，不計代價執意對臺灣發動全方位武力進犯，俾以實質占領統治臺灣的情形下達成統一目標，合理的判斷，以下作戰場景勢必難免：

(1) 先期發動大規模的長程導彈、空中及網路攻擊。

(2) 儘速摧毀臺灣海空戰力，掌控臺灣周邊的制空、制海權，封鎖臺灣對外交通，拒止外援。

(3)採空、機降及大規模跨海方式遂行三棲登陸作戰，以徹底奪占臺灣。

至於臺灣防衛作戰所需的不對稱戰力，具體的內涵是什麼呢？簡要地說，必須符合以下幾點需求：

(1)防衛作戰初期，面臨敵長程導彈、火箭及空中的高密度攻擊下，不會快速損失崩潰，戰力仍能保持完整，以有效反制敵人後續實質的侵犯行動。

(2)鑑於中國軍力的快速成長，臺灣的可恃戰力必須在短時間內籌建完成，如果以美軍前印太司令部司令戴維森上將，以及參謀聯席會議主席密利的警示為基準，臺灣戰力整備的機會之窗，不能超過二〇二七年。

(3)面對中共三棲進犯，臺灣需建立的武器不僅需要存活性高，而且要針對敵人的戰略重心——兩棲船團及大型空降載具，具備精準且致命性的攻擊能力。

(4)由於臺灣的國防預算有限，國軍所架構出的不對稱戰力，必須是全國配合得上，也是我們國防財力範圍內所能承擔。

再就具體的兵力整建項目而言，臺灣需要的不對稱戰力項目為：①海岸防衛反艦飛彈系統②匿蹤輕型飛彈攻擊艦③人工智能微型飛彈突擊艇④水雷／快速布雷艇⑤各類型偵察／攻擊無人飛行系統及反無人機系統⑥岸基機動近、中程精準彈藥⑦精準導引多管火箭⑧精準反裝甲飛彈⑨機動區域防空系統⑩人攜式防空飛彈及反裝甲火箭⑪高存活／機動C4ISR及目獲系統。

（一）如何整建不對稱戰力

1. 空域拒止作戰

建立一支以機動防空系統為主的空防部隊。

國民政府遷臺初期，由於共同防禦條約及美國軍援政策，臺灣的空中戰力在海峽維持了一長段時間的優勢，空軍的戰機經常沿著大陸外海巡弋，在幾場小規模的空戰衝突中，藉著較佳的戰機性能及響尾蛇飛彈，我們都能取得優異的戰果，許多黑貓及飛蝙蝠中隊可歌可泣的故事，也都發生在這段時期。然而隨著中國在一九九〇年代經濟起飛，空軍及海航戰力呈現跳躍式成長。

一九九九年臺灣發布「兩國論」，解放軍軍機開始強勢於海峽中線附近實施經常性巡弋，而後隨著戰力的成長及戰略的擴張，中共軍機於二〇一四年開始經由巴士海峽飛往西太平洋，再自二〇一六年之後侵入臺灣西南空域，如今幾乎成為例行任務。從這些灰色侵犯事件的發展，可以看出這些年解放軍掌控臺海空域的能力及企圖，兩岸空中戰力敵長我消已經無法迴避，且是不得不正視的嚴峻事實。如果臺灣繼續堅持傳統建軍之路，將大半國防資金投入戰機的籌建，這種以弱擊強的策略淪於失敗之途，只是早晚的問題。

臺灣的空防策略必須儘早改弦易轍，徹底放棄以戰機為主奪取空優的「制空」思維，改以各類型機動防空系統為主的「空域拒止」概念。為何要做此基本作戰思維的改變，原因有以下幾點：

(1) 制空作戰基本上是一種取得空中優勢的概念，必須依賴優勢的空中戰力，也就是要擁有比敵方數量更多、品質更高的戰鬥機隊及優質的空管能力。過去臺灣曾經享有此種優勢，然而此情此景不復存在，如果臺灣仍然堅持與對岸在空戰上一決勝負，優劣勝負，不待蓍龜。

(2) 繼續購買先進戰機，或將現有戰機性能提升，除了資金以外，還牽涉到在時間方面無法因應短期威脅的因素，這也是「整體防衛構想」所重視的有效資源分配的問題。

(3) 二〇二一年十二月，國防部所提供立法院有關「因應二〇二五年中共全面犯臺國軍強化戰力作法」的報告中說明，中共在作戰初期會採取「由演轉戰」策略，將發射彈道飛彈、巡弋飛彈攻擊臺灣各防空陣地、雷達站、指揮所，有趣的是對機場設施及跑道的攻擊卻避而不談。這其實反映出了機場是戰機的命脈，我們並無有效因應之道的尷尬。如果戰時戰機因跑道損壞而無法起飛，鉅額投資全打了水漂不談，因機會成本所造成的其他防衛手段不足，導致全面性空防失敗，那才是臺灣空防作戰的最大災難。

(4) 空防能力必須以有效保存戰力為前提，而昂貴的先進戰機顯然不符這項條件。我們必須體認臺灣打的是防衛作戰，在資源弱勢下一味發展制空戰力以爭取空優絕非聰明辦法。我們應只要確保攸關我們生存的空域不受解放軍控制，即可達成此目的，因此具備機動、分散、存活，以及投資相對成本較低的機動防空武器系統，要比昂貴的戰鬥機隊更為適用。

以臺灣有限的國防資源，該如何最佳化空防結構？以科學量化分析著名的美國蘭德公司，在二〇一六年四月發表了一篇長達一百七十二頁的研究報告。依據其評估，以臺灣目前的兵力結構，未來二十年必須花費二百二十億美元維持空中戰力，外加三十三億美元（事實上為超過四十億美元）提升F－16A／B戰機的性能。不幸的是，等到這些戰機完成性能提升以後，解放軍將具備更先進的戰機。面對解放軍高度的空中威脅，如何有效率地運用這筆鉅額資金，才是解決臺灣空防問題的重點所在。

報告列舉臺灣在空防上四種不同的兵力結構，面對三種態樣作戰場景的量化分析。這四種兵力結構分別為：

A、基準型：保留臺灣三百二十八架現役戰鬥機。

B、混編型：保留F－16，退役幻象與IDF，省下的預算用來組建四個愛國者導彈連，以及二十一個使用AIM－9X和AIM－120導彈的「防空排」。

C、籌建具備短場起降能力戰機：將所有現役戰鬥機汰除，轉而購買五十七架F－35B型戰機。

D、地空飛彈主導型：現役戰鬥機只保留五十架F－16，由於戰機數量低，必須防禦的機場少，可重點組建地對空飛彈，包括十三個新型愛國者連，以及四十個防空排。

針對這四種兵力結構，分別應對與敵戰機爭奪制空權、壓制與威懾敵機攻擊、面對敵機全面來襲等三種作戰場景，加以電腦模擬量化分析後，結論是**臺灣必須降低對戰機效能的期待，徹底改變空防策略，因為如果繼續維持目前空軍戰機的規模，臺灣將無能力，也必然會錯過建立一個在戰時以防空系統為主，更具備作戰效益的部隊**。

因此臺灣在空防戰力的具體興革，以及整建方式應為：

a. 保留現有愛三、弓三、弓二，以及其他短程野戰防空系統，將空射天劍系統研改為陸射系統，以增加戰場適應性。

b. 採購NASAMS（National Advanced Surface to Air Missile System）中短程防空系統，配合AIM－120中程空對空飛彈為主要武器，亦可發射AIM－9X先進型響尾蛇飛彈，可與空軍戰機共用美製空對空飛彈武器。此種防空系統不僅可強化現行空防戰力，亦可防止在機場癱瘓、戰機失能的情況下，彈性轉用無法運作的戰機飛彈，最佳化臺灣在空防的投資及作戰能力。NASAMS具聯網功能，能透過火力分派系統與其他射擊單位協調作戰，大幅增進總體攔截效能。NASAMS可固定部署或以車載機動，故可擔任重點設施如空軍基地防空，或野戰防空等任務。

c. 採購美軍「整合防空暨飛彈防禦戰鬥指揮系統」（IBCS: Integrated air and missile defense

Battle Command System）。此系統可以統一指揮與管制國軍各型偵測器、飛彈發射器及指揮儎臺，使能更有效的反制敵空中機彈威脅。透過將各路戰情彙整、目標評估，IBCS可進行威脅排序，並建議由何作戰單位攔截反制最為有利，從而將有限兵力火力資源做最有效的即時運用。

d. 採購美國陸軍的 IM-SHORAD 短程野戰防空系統（Initial Maneuver-Short Range Air Defense），以強化部隊野戰防空與反無人機能力。

e. 車載型近迫防禦武器系統（如美國 LPWS/Phalanx 方陣快砲），提升重要設施對陸攻巡航飛彈之防禦。

IM-SHORAD 短程野戰防空系統。
（來源：US Army Photo / Alamy Stock Photo）

2.海域拒止作戰

建立一支機動、分散、存活、致命的智能化海域拒止戰力。

兩岸海上戰力的消長，與空中戰力的變化頗為相似。政府遷臺初期國軍仍維持攻勢戰略之際，中共幾無中大型艦艇，反而是我國海軍艦艇經常在大陸沿岸我外島海域巡邏執行任務。然而隨著中國經濟起飛及科技發展，解放軍不斷的進行現代化工程，其新型作戰艦艇以令人瞠目結舌的速度成軍服役。整體海上戰力快速增長，海軍戰略也由「近海防禦」逐漸轉向「遠海護衛」，其戰略表述的文字雖低調內斂，然而作戰艦艇的噸位及能力，謂之為已具備遠洋作戰能力的「藍水海軍」（Blue-water navy）毫不為過。

就整體發展策略觀察，解放軍海軍現代化的努力，涵蓋面甚為廣泛。儼臺方面從航空母艦、大型驅逐艦、護衛艦、巡邏艦、潛艦等作戰艦艇，推至兩棲攻擊、運輸、水雷、油彈補給等特業艦艇等無所不備，而在海航、無人載具、各類型防空、反艦、反潛及遠距導彈等現代化武器齊頭並進。舉凡因應臺海情勢發展，強勢控制臺灣周邊海域，及至強化東海、南海鄰近海域海權維護，進而針對影響中共國家利益發展之全球海域的積極介入，幾乎無所不在。

反觀臺灣海軍戰力受限於預算資源、國防科技、思想觀念的束縛，近二十年新增兵力屈指可數，整體戰力非但沒有增加，反而相對遞減。兩岸海軍實力已經完全翻轉，我國海軍如果仍固守傳統海權觀念，繼續維持以艦隊之力，企圖在海上擊敗敵艦隊以奪取制海權，已經是不切實際之舉。吾輩資深海軍軍官自入伍開始的基礎教育，即接受馬漢（Alfred Thayer Mahan）的海權論述，海軍的功能在對抗其他海軍，以爭取制海權的觀念下成長，並且也親身經歷數十載與對岸相較的大海軍經驗，面對這種改變確實難以下嚥。然而現實究竟冷酷無情，無論多少豪情壯志都無法改變的事實是：我們已經沒有能力僅憑艦隊一己之力與解放軍爭奪制海權。

兩岸海軍皆欲掌握制海權的戰爭目標，中共是為了武力統一臺灣，我們則是為了防衛固守。從這個宏觀的角度來看，雙方制海權的爭奪就只是手段，而非目的。兩岸國防資源差距如此之大，臺灣不應該，也沒有資源繼續發展「制海」能力，臺灣能做的，也能夠做到的是發展「海域拒止」能力。

所謂「制海」，基本上是一種排它性的「控制」概念，制海權是一種軍事理論，指海軍兵力在一定時間、一定海域內能夠全面掌握的控制權力。要想獲得所望海域的制海權，自然需具備較對手為優的海空兵力，這也是目前臺灣沒有能力遂行制海作戰的主要原因。而所謂「海域拒止」，雖也是排他性，但卻不是一種「控制」性質，而是一種「反控制」的概念。換句話說，我們因為能力的限制因素，並不尋求「控制」這片所望海域，但是我們可以運用適切的手段，使敵人也「無法控制」這片所望海域。

「海域拒止」是弱勢海軍，以不對稱方式對抗強大對手的有效手段。以臺灣的實力，無法在遠洋海域建立「海域拒止」能力，然而臺灣確實是可以藉著整合陸岸、海上，以及空中的兵火力，在濱海區域建立可信的「海域拒止」能力。

為了「拒止」解放軍在臺灣所望的海域橫行無阻，我們應從依賴大型水面艦隊爭奪制海權的傳統觀念，轉變成以大量、機動、分散、致命的輕快戰力為反制手段。這種分散致命式的戰力結構，可以在解放軍占有優勢的先制攻擊能力下，仍具備絕佳的存活能力，再有效率地配合空中及岸置防空與反艦武器系統，使侵臺解放軍艦隊付出高昂且無法承受的代價，最終難以達成其以武力統一臺灣的任務，這也就是「整體防衛構想」所強調：在敵強我弱的形勢下，勝戰的定義是「使敵人奪臺任務失敗」，而非「在戰場上徹底殲滅敵人」。

解放軍如啟動全面侵臺計畫，海軍港口基地、大型主戰艦艇及關鍵設施，在敵人高密度、大規模先制攻擊下，很容易在尚未與敵人海上部隊接戰前即遭受到嚴重損害，進而喪失遂行後續作戰任務之能力。就戰術層面而言，解放軍橫跨海峽的作戰行動，作戰重心為兩棲登陸船團。而以「拒止」概念所組建的整合性對海攻擊戰力，不需要大型作戰艦艇奔赴遠海與敵一決雌雄，而是整合陸岸、空中及海上的有限戰力，抓住戰機，適時攻擊敵作戰重心，迫使其喪失後續登陸作戰之能力。對臺灣而言，能夠掌握此一戰機，就能達成防衛作戰的「勝戰」目標。

要達成防衛作戰的勝戰目標，最重要的是儘早整建一支具備不對稱作戰能力的海軍戰力。

其具體整建項目如下：

(1) 具備高速機動、匿蹤、精準反艦能力的中型及輕快作戰艦艇；
(2) 具備網路、智能化的有／無人微型飛彈突擊艇；
(3) 具備機動、高存活力的岸基雷達及反艦飛彈車組；
(4) 具備網路、智能化的情監偵目獲無人飛行載具系統；
(5) 具備自動化布雷方式的快速布雷艦艇，以及數量足夠的智慧型及傳統水雷；
(6) 積極研發微型智能潛航器；
(7) 停止投資並汰除老舊兩棲及救難艦艇及載具。

3. 灘岸拒止作戰

建立一支機動、分散、精準、致命的灘岸打擊武力。

沒有人能夠預測，如果兩岸兵戎相見，是否有可能發展至灘岸作戰。中共固然可以利用外交施壓、灰色威懾、混合式威脅、海空封鎖，甚至聯合火力打擊等多種方式脅迫臺灣就範，但是如果臺灣堅不妥協，北京唯一能夠達成統一的手段，就是解放軍踏上臺灣的土地進行實質占領，這代表中共必須遂行三棲登陸作戰。

三棲登陸作戰是高度複雜的聯合作業，也是所有作戰類型中最艱難的一種，同時還是登陸部隊最脆弱的時刻。假如國軍守不住這一關，敵人搶灘成功，順利建立灘頭堡，後續重裝部隊源源不絕登陸，國軍再想要逆轉勝，難度恐千百倍於灘岸殲敵。也由於登陸作戰的脆弱性，可以確定在沒有取得制空、制海權之前，解放軍不會嘗試登陸。而一旦能夠控制臺灣周邊海空域，解放軍戰機與無人機就會毫不留情，極盡所能地攻擊國軍地面部隊。這種情況下，地面部隊愈是集中，武器裝備體積愈大，就愈容易被解放軍鎖定攻擊。為了提高存活率，並增加解放軍戰機及無人機攻擊的難度，國軍地面部隊必須盡可能以機動、分散的小部隊方式行動。

由於臺灣地理環境的限制，能夠用來進行大型三棲登陸作戰的海灘有限。國軍灘岸防禦部隊可以事先安置在隱蔽的戰術位置待命，所有在海上進行三棲登陸的敵軍艦艇，必將暴露在激浪區水雷及灘岸的火力攻擊範圍。國軍在此關鍵時刻的勝負因素，就在如何一方面有效迴避敵人的空中攻擊，同時又能精準攻擊自海上而來的敵人。為滿足此條件，傳統陸軍慣用的大型火砲及裝甲戰力絕對無法勝任，因為傳統裝甲火力對移動中的登陸舟波不但沒有殺傷力，龐大鈍重的身軀反而成了敵空中攻擊最有利的目標。因此以**傳統的陸軍裝甲部隊從事灘岸防禦作戰，非但徒勞無功，反而適得其反**。國軍最適合也是最需要的灘岸防禦武器，是可以有效遂行防空及反艦的小型、機動、短程精準武器，例如從簡易發射架發射的地獄火飛彈，到人攜式反戰車飛彈都屬此類。相較於機動式陸基反艦飛彈，短程精準武器體積更小，更容易藉機動、分散、偽裝作為使敵人難以從空中鎖定，同時又能有效擊毀敵登陸舟波。當兩棲艦船接近灘岸地區以利登陸部隊換乘舟艇上岸，這時是兩棲艦船最脆弱的時候，臺灣應充分運用這個有利的時機殲滅企圖登陸之敵。另外一個極為重要的因素是，小型精準武器造價相對低廉，可以大量部署，使臺灣的灘岸防禦能力更為強韌。

臺灣大眾常可在軍事演習中，看見在海岸邊成排成列的戰車及火砲對著海上的目標射擊。由於臺灣缺乏大型火砲射擊靶場，把這種場面當成火力展示以提升民眾對軍隊的信心倒也無可厚非，

AGM-114L 地獄火飛彈。（來源：WIKI / US Army）

但是如果真把它當成灘岸防禦的方法，恐怕就是嚴重的錯謬選擇。須知此種精確性不足的砲火，落在海上只能濺起些許水花，對運動中的船艇殺傷力甚低。想要在敵登陸部隊乘艇上岸前即予殲滅，最佳方法是運用精準性武器精準攻擊敵軍的三棲艦船及登陸舟波。可惜臺灣陸軍常年無法脫離傳統地面作戰裝甲砲火的窠臼，類此小型機動精準武器屈指可數，恐難有效遂行灘岸防禦。如今迅速籌購乃當務之急，以下臚列具體的不對稱戰力整建項目，希望提供陸軍深入評估。

(1) 陸射型地獄火飛彈之陸上發射系統（發射架、射控裝備等），用以執行中近程攻船／反舟波／反裝甲任務。此系統可以彈性運用陸軍現有直升機發射的地獄火系列反裝甲飛彈。陸射／岸防型地獄火飛彈目前有瑞典、挪威等國使用，可由人員攜行布設隱蔽陣地，即便空中都難以偵測，存活性極佳，非常適合臺灣反登陸作戰使用。國軍已擁有相當數量的地獄火飛彈，只需引進陸上發射系統即可迅速構建戰力，也不需大筆投資。

(2) 低成本攻艇導引火箭（Low-Cost Guided Imaging Rocket, LOGIR）及雷射導引精準火箭（Advanced Precision Kill Weapon System, APKWS）。此兩型武器，是為攻擊小型艦艇之紅外線影像或雷射導引精準火箭而專門設計，可大幅提升陸軍反舟波攻擊能力，較之同射程飛彈系統，導引火箭單價顯著便宜；尤其 LOGIR 因為是紅外線自主導引，可同時接戰較多的目標，是極具成本效益的武器。

(3) 除現有水雷，再增購智慧型水雷、遠程空投水雷（Quickstrike-ER），以大幅強化我攻防能力與嚇阻選項。

(4) 增購機動多管火箭系統（M142 High Mobility Artillery Rocket System, HIMARS）與陸軍戰術飛彈（MGM-140 Army Tactical Missile System, ATACMS），並搭配各型精準導引增程火箭彈，廣泛部署並儘快形成戰力。多管火箭為攻擊灘岸的有效武器，陸軍目前多管火箭不論在數量或精準度上均亟待提升，需增購並多樣化彈種，因類似彈種與射程選項豐富，亦可跨作戰區提供火力支援，戰術運用彈性極大，同時戰場存活性甚佳，是非常適合灘岸防衛的作戰武器。

(5) 透過美國軍售體系，代為採購以色列製「超視距長釘」（Spike-NLOS）反裝甲飛彈，用以執行中近程攻船／反舟波／反裝甲任務。

(6) 籌建輕型偵蒐／攻擊無人機，大幅提升基層部隊偵攻一體的戰力。

(7) 增購「標槍」（Javelin）人員攜行式反裝甲飛彈、新一代「無線導引拖式」（TOW 2B RF）重型反裝甲飛彈、「刺針」（Stinger）人員攜行式防空飛彈等武器，並擴大部署至各基層地面部隊。此類戰場存活率極高的武器，陸軍仍需繼續強化，甚至普及部署至各級作戰及國土防衛部隊，以提升部隊基本野戰防空，以及反制共軍最新裝甲威脅之能力。

機動多管火箭系統。（來源：WIKI / U.S. Army photo）

以色列「超視距長釘」反裝甲飛彈。（來源：WIKI / Rhk111）

「標槍」人員攜行式反裝甲飛彈。（來源：WIKI / United States Army）

獨立、分散、分權式指揮的小部隊機動作戰。

4. 縱深拒止作戰

一旦解放軍全面進犯，最佳的防禦底線是「不使敵人登陸立足」，然而戰爭的規劃不能一廂情願，必須考慮最糟的作戰場景：**如果臺灣防衛作戰無法有效阻止敵人登陸，最後一道防線就只能依賴地面部隊**。由於敵我戰力的懸殊，尤其是在失去空優的情況下，國軍絕無法依賴陸軍傳統的裝甲戰力與解放軍實施正面對決，因此「整體防衛構想」強調應拋棄傳統「控制」的作戰思維，改採「拒止」的作戰概念。也就是說，面臨臺灣防衛地面作戰的最後防線時，不能採取

「固守陣地」作戰到最後一兵一卒的觀念。軍隊是一種有組織的群體，透過紀律、訓練，以及共同的目標而形成作戰的力量，但不論任何型式的群體，一旦受到強大的壓力，意志就可能發生變化。意志愈堅強的軍隊愈能承受壓力，然而一旦遭遇嚴重的損傷，士氣因而受損，就會產生恐懼的氛圍。面臨敵人掌握空優的攻勢作戰，固守陣地的作戰構想很可能會因為大量的損傷，在短時間內面臨全面潰敗。

縱深拒止作戰的概念，只要達成讓敵人無法有效控制的目標即可，並不需要設定必須堅守的「主要防線」。拒止作戰的概念並不需要特別側重某一個戰場，因此也沒有必要進行所謂決定勝負存亡的「會戰」。此作戰概念與後備部隊「城鎮守備旅」的構想並不相同，一旦解放軍部隊成功登陸並展開陸上作戰，長期的機動消耗戰可能就是臺灣的唯一選擇。在後續的地面作戰場景中，並無任何城鎮有必須堅守的價值，也沒有任何城鎮具備了戰略要域的特性，要**保證這場消耗戰將無休無止進行下去的最好方法，是保持戰力的存在與戰術的彈性，並進行一系列永無休止的機動作戰**。

對於拒止作戰的概念而言，機動作戰是關鍵。機動作戰並不容易，相較於靜態防禦，機動作戰在部隊的指揮與管制更為困難。要執行機動作戰，需要嚴謹的紀律與良好的訓練，若缺乏紀律，原本有組織的軍隊就變成散兵游勇。以機動方式執行作戰，必須有靈活的戰術及精確的指管，因為部隊必須在敵方戰火下不斷地執行機動及撤離作戰，如果戰術運用及行動管制執行得當，一系列無休止的機動、轉進、打帶跑作戰，可以不斷延長地面戰鬥的時間，使解放軍無法有效控制所望城鎮區域，陷入異地作戰泥淖而無法脫身的困境。

解放軍部隊要成功登陸並遂行地面作戰，一定要先取得絕對制空權。國軍部隊在缺少空中掩護下，原本在解放軍搶灘以前準備好的防衛部署，很容易遭到空中攻擊而被壓制失效。可以想見，由空中攻擊有良好遮蔽以及具備人攜式防空武器的地面輕裝部隊時，並不容易，因此解放軍的空中戰機、武裝直升機、無人機，必將攻擊矛頭對準國軍的裝甲部隊及補給部隊，這時大型鈍重的裝甲車輛非但無從發揮戰力，反而會成為防衛戰力的短板。事實上，面對國軍所有可能的國土防衛作戰計畫，解放軍指揮官最希望面對的可能就是與國軍進行大規模、決定性的會戰，當國軍集結大部分的裝甲戰力準備投入決戰，解放軍就可以在會戰之前從空中擊滅大部分的國軍主力部隊。因此國軍適切的防衛戰術，應該是採取機動式拒止作戰。

為了有效執行機動拒止作戰，國軍地面部隊在武器裝備及作戰訓練應聚焦於以下重點：

(1) 獨立、分散、小型的作戰行動

掌握制空權是解放軍執行登陸及陸上作戰的首要條件；沒有掌握制空權，解放軍將毫無機會也不可能進行登陸及地面作戰。因此國軍擬定國土防衛作戰計畫時，必須將敵人已全面掌握空優納為假定事項，並作為後續作戰計畫的依據。解放軍一旦掌握作戰區域的制空權，其空中兵力及攻擊無人機就會傾全力攻擊國軍地面部隊。而國軍地面部隊愈是集中，裝甲車輛愈多，目標就愈明顯，也愈容易被敵空中兵力鎖定攻擊。為了增加敵空中兵力偵知及鎖定的難度，國軍地面部隊應盡可能以最分散、最小的單位遂行作戰行動，如此才能提高存活率。因此，連隊以下的戰術行動，將遠較旅營層級的部隊更具存活性與殺傷力；營隊以上的單位很可能在遂行戰術行動以前，就已經被敵空中兵力鎖定而遭到殲滅。然而如此作戰行動的安排，需要相應的武器裝備、作戰訓練，以及指管授權的配合才能達成戰場所需。

(2) 機動、偽裝、隱蔽的作為

基於高存活性是縱深拒止作戰的首要條件，因此國軍地面作戰部隊首需強調機動、偽裝、隱蔽的作為。遂行國土防衛作戰時，敵空中兵力與武裝無人機是國軍地面部隊最大的威脅。解放軍空中兵力的首要目標，是瓦解國軍地面部隊的防禦態勢，其重點必在摧毀國軍重裝甲武器裝備。國軍目前擁有大量履帶型裝甲武器車輛，它們雖然具備較強大的火力，但是由於履帶式的機動方式，並不適合臺灣遍布各地高度城市化的地形地貌；另外，國軍裝甲部隊一直苦於缺乏足夠的訓練場地，數以千計的裝甲車輛只能依序排隊，久久輪流至基地進訓一次。撇開訓練質量不足的問題，更令人不安的是，當基層部隊揮汗如雨、盡心盡力地在訓練基地進行野戰訓練，一旦戰爭爆發，卻必須前往與平時「野外地形」訓練基地迥然不同的都市環境作戰，這種「訓用不一」的情況長期遭到漠視。現行陸軍部隊的兵力結構，沿襲自一九五〇年代以前的大陸戰場概念，裝甲主力掛帥的傳統思維始終沒有改變，沒有針對臺灣地面作戰特性有過任何創新思維，這是臺灣國土防衛作戰最大的隱憂。

為了提高國軍在高度城市化的作戰效益，陸軍必須減少龐大鈍重的履帶裝甲，轉而組建更能適應臺灣都市地形的輪式車輛，配備人攜式防空系統、微型飛彈、反裝甲飛彈、火箭，以及各式先進輕便型火砲及兵器，輔以戰場所需的輕型偵蒐及攻擊無人機，如此才能建構出在臺灣戰場環境中，發揮更高的存活力、機動力、打擊力，也唯有這種型態的地面部隊，才能有效執行機動的縱深拒止作戰。

(3) 權責下授的分權指揮

國軍對各級作戰部隊的指揮與管制，向來採取集中式的統一指揮模式。以國軍作戰部隊的結構及規模，這種指揮模式在日常演訓時並無重大窒礙；然而在戰時，若通信設施遭到攻擊損壞，想要始終維持統一指揮模式勢不可能。因此，一個有韌性的軍隊在戰時不但要能夠在統一指揮下執行作戰任務，即使因戰況不利必須採用分權指揮時，也一樣能夠發揮戰力。可以想見，國軍一旦被迫遂行國土防衛地面作戰，支離破碎的通信設施很可能無法支撐統一指揮模式的網路所需。這時候獨立、分散、機動的小部隊作戰模式就顯得重要，而各個小型作戰單位依據權責，獨立判斷，持續遂行機動性的縱深拒止作戰，這是國土防衛作戰成敗的關鍵。這種分權式指揮作戰並不簡單，各個小型作戰單位的相互協調、協力作戰，有賴對全般作戰構想的透徹理解，以及充分授權小部隊作戰領導幹部。這都需在準則教令中，明確律定實施的原則與要領，透過持續的訓練方能有成。

(4) 小部隊的火力整合

一個能夠獨立機動作戰的部隊，必須配備足夠的戰鬥資源才能發揮所需戰力。國軍地面部隊需要將火力整合到可能的最小作戰單位，獨立機動部隊需要配賦獨立作戰所需的偵蒐、通信、機動、指管、打擊等武器及裝備，譬如偵蒐／攻擊式無人機、人攜式防空系統、反裝甲火箭、車載式輕便砲火、反戰車飛彈、微形飛彈、攜行式指管通信，以及電子戰等設備等。這些裝備及武器必須是最小作戰的標準配備。現行陸軍部隊的編裝是將武器裝備大部分集中保留在營、旅級單位，這種編配方式會導致極高風險，因為敵人空中兵力可以有機會在現地，或運送過程中攻擊。此外，這些小型部隊必須有能力對抗多重領域的威脅。例如利用攻擊無人機及反裝甲武器，對抗敵登陸艇及戰甲車輛，使用人攜式防空系統反制敵空中兵力，甚至運用電子戰裝備干擾解放軍通信及指管架構。

以上所說的小部隊作戰、編裝、訓練等，都與現行陸軍的體制架構大相逕庭，對長期接受陸軍傳統教育及訓練思維的幹部而言，必然很難接受這種創新作戰思維。不過，在對不對稱作戰模式嗤之以鼻、完全排斥之際，陸軍各級幹部也應該深刻內省，在面對沒有制空權的國土防衛作戰，現行陸軍部隊的作戰構想、編制、裝備、訓練方式，真的有能力對抗解放軍的空地聯合作戰攻勢，成功地防衛國土嗎？臺灣陸軍需一場坦誠的內部大省思，徹底興革，不能只是任由體制內的領導人，循著傳統守舊的思維，繼續維持陸軍一成不變的傳統作戰模式。

綜合而論，縱深拒止作戰的具體不對稱戰力整建項目概可歸納如下：

A、籌建低成本小型偵蒐／攻擊無人機；
B、籌購更多人攜式防空武器；
C、籌購更多人攜式反裝甲飛彈／火箭；
D、籌建人攜式電子戰裝備；
E、籌建微形飛彈（Mini-Missile）；
F、建置／改裝機動性高之輪型車輛及火砲系統，汰除老舊履帶型戰甲車輛；
G、建立獨立、機動、分權指揮機制的小部隊兵力結構及作戰機制。

5. 發展低成本智能化武器系統

未來戰爭的勝負將由大量小型智能化的武器決定。

人工智能科技的快速發展和廣泛應用，已經對現代化戰爭產生巨大的衝擊。僅僅在一九八〇年代，先進國家的軍事作戰概念仍聚焦在研發先進、高端、複雜、威力強大的武器系統，但是這種尖端系統有重大的缺陷，一是它們並不具備完全左右戰爭的能力，二是它們的造價昂貴到難以為繼的地步。美國F－22戰機、海狼級潛艦，以及朱瓦特級驅逐艦都說明了這個趨勢。但是大數據、高速網路、人工智慧、高端晶片、奈米科技，以及無人系統等領域的科技成果，正在快速改變軍用武器及作戰概念的發展。很顯然，未來戰爭正在向智能化方向快速發展，人工智慧已經廣泛地應用於軍事領域，大量智能化武器裝備陸續問世，許多無人飛行器、無人戰車、作戰機器人、無人艦艇、無人潛航器等，都已經成為具有自主能力的武器儎臺，並實際投入戰場運作。

由於軍民用市場快速的需求增長，過去二十年這些智能化武器的發展已經呈現「量多而簡單」，而非「量少而複雜」的趨勢。這些科技的快速進展、成本的穩定下降、性能的不斷提升，使得智能化武器的破壞力、攻擊範圍與精準度，甚至超越了有人系統。由於價格持續降低、性能不斷提升，未來戰爭勝負的關鍵已經由少數昂貴的大型先進武器，轉移至成本低廉的大量、小型智能化武器。

從臺灣防衛作戰的立場看待此一小、多、智能化武器系統正一步步主宰未來戰爭的趨勢時，我們無疑相當幸運。如果我們能夠拋棄傳統戰爭思維，積極籌建成本低廉的小型、智能化武器系統，對於臺灣防衛作戰必然大有裨益。考量臺灣的國防資源及科技能力，現階段我們野心不必太高，可以考量的是檢視那些少數昂貴的高端系統，能夠以大量、低成本、智能化的武器系統所替代。

以下列舉數項臺灣防衛作戰的迫切所需，也是我們付得起、做得到的大量、小型、低成本、智能化系統：

(1) 飽受外界曲解的「微型飛彈突擊艇」

建立一個「人為指管、智能輔助」的有人／無人協同作戰系統。

依據「整體防衛構想」的指導，國軍在二〇一八年完成「微型飛彈突擊艇」的建案作業，隨後經過行政院施政計畫作業程序的核准，並經過立法院預算審議通過，正式投入預算開始籌建。依最初的建案計畫，微型飛彈突擊艇將在二〇一九年開工，二〇二〇年完成首批四艘製造，二〇二二年前完成作戰測評。不過令人遺憾的是，專案在開始執行以後，二〇二〇年十一月，立法院審查國防部預算時，海軍表示此案評估「不符合作戰需求」，並將預算全數減列，以致本案實質上已經無疾而終，宣告夭折。

本案最終決定不再執行，既然是政府行政部門的決策，也經過立法機關的同意，本不需再予置喙，不過鑑於此專案是「整體防衛構想」兵力架構的重要一環，過往國人並不了解全案設計構想，這個專案也不斷遭致批評，因而在此特別還原諸多細節，期望各界充分了解，俾對未來國防建軍能收醍醐灌頂之效。

A、性能說明

微型飛彈突擊艇專案，規劃籌建三十艘有人、三十艘無人，共計六十艘微型飛彈快艇。預計於二〇二三年開始服役，之後與岸置機動反艦飛彈發射車搭配，在網狀化之系統指揮管制下，形成多元化、多重配置、多方位出擊的反艦打擊火網。

微型飛彈突擊艇是「整體防衛構想」所強調「大量、小型、智能化」不對稱戰力的具體實踐，最初構想是建造一百艘高速、匿蹤、低成本、智能化、高存活、強殺傷的有人及無人微型飛彈快艇，在網狀化的高速指管下，藉吃水淺、靈活運轉的特性，平時隱藏於遍布全島的小型漁港，接獲命令後以高速發動奇襲，發揮蜂群戰術攻擊效果，予敵跨海侵臺艦隊致命打擊，是「濱海決勝」及「灘岸殲敵」階段的殺手鐧武器。

為了確認臺灣造船界具備製造智能化無人快艇的能力，當初在建案階段我特別請教在業界享有令譽的一中型造船公司負責人，確認臺灣已有為新加坡海軍製造無人艇的實績以後，對國軍即將在數年內建立一支有韌性的海上打擊即戰力，有了殷切的期待。

微型飛彈突擊艇採用先進的三胴船體（trimaran）設計，船體結構為鋁合金／FRP複合材料，滿載排水量約五十噸，動力採用燃氣渦輪主機及全向式噴水推進器各一部，滿載排水量最大速率四十節以上，續航力為一百二十浬／二十節，載人型艇員三至四人，外形設計不僅具雷達匿蹤效果，前衛流線形狀迥異於一般船艇，對年輕人深具吸引力。

B、爭議與釐清

微型飛彈突擊艇專案在二〇一九年七月，我退伍後開始出現變化。首先紛至沓來的是負面報導及投書。回顧歷年國軍重大投資建案，在立法院通過並已獲賦法定預算開始執行以後，再由建案軍種以「不符作戰需求」為由主動終止建案的案例，在我軍旅生涯中從未見聞。除了陸續在媒體出現的各種批評，甚至還有高層官員匿名表示，海軍依據船體模擬的分析結果，評估認為微型飛彈突擊艇作戰效益受限，無法滿足作戰需求，最後立法院竟然不分黨派、團結一致終止本案的過程，讓我深刻感受到政治與資訊戰的威力。

由於媒體針對微型飛彈突擊艇的批評五花八門，甚至有些已經超越設計構想，涉及到具體細節的批評。以下針對各項疑問與誤解具體說明，希望能夠充分釐清，還原這個計畫的原始構想：

微型飛彈突擊艇面對的第一個問題是：海軍數十年前就有五十噸級的飛彈快艇，重新再造是走回頭路。

當時有人刻意例舉海鷗型飛彈快艇，並輔以老舊照片比擬微形飛彈突擊艇，以凸顯其反對立論正確。但單從外觀來看，其實完全可輕易分辨微形飛彈突擊艇智能化的架構與舊型海鷗飛彈快艇的世代差異。

第二個碰到的問題，是認為海軍現已有光六型飛彈快艇，不需再建微形飛彈突擊艇。

輕快兵力由於速度快、雷達截面積小，因而比大型作戰艦艇具備較高的存活性。然而輕快兵力受承重限制，無法長期於海上運動，所以比大型艦艇更依賴港口基地。光華六號快艇排水量近一百七十噸，吃水約二·五公尺，除了海軍基地，只能停泊少數第一類大型漁港，此種限制對戰時的疏散

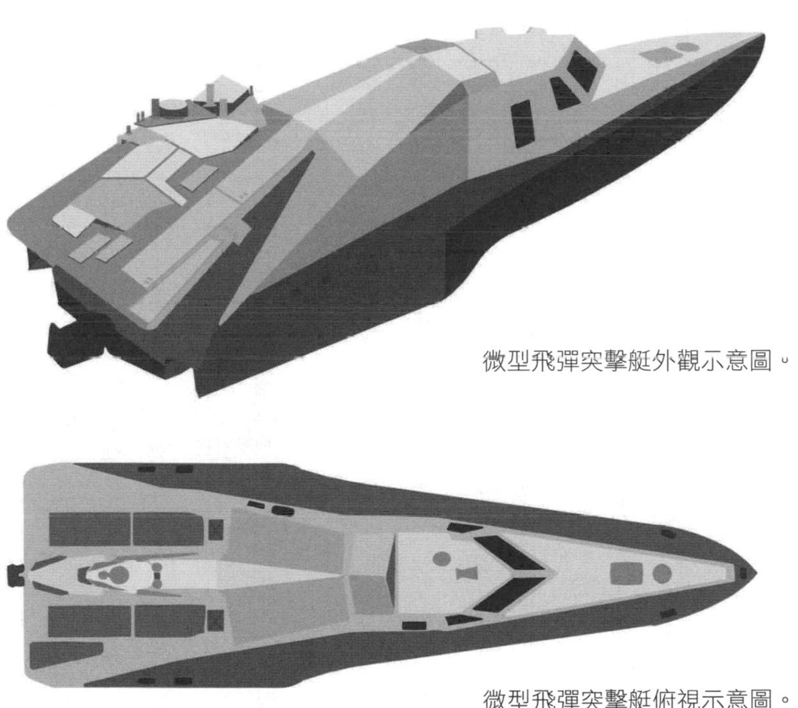

微型飛彈突擊艇外觀示意圖。

微型飛彈突擊艇俯視示意圖。

與存活力影響甚大。微型飛彈突擊艇由於採三胴船體設計，吃水僅一．五公尺左右，比一般五十噸級漁船吃水還要淺，故可在全臺二百餘處小型漁港停泊，這對戰時兵力的機動分散大有助益，即便解放軍運用衛星與無人機，也無能力針對超過二百餘處小型漁港逐個實施偵蒐定位。再者，解放軍沒有能力遠距離精準攻擊匿踪、小體積的目標，這對戰力的防護及保存極端重要。艦艇不論大小，都必須依賴港口停泊、補給才有持續戰力。如果可供停泊的港口太少，就會像空軍機場被摧毀，所有戰機都不能起降的道理一樣。微型艇能夠停泊的港口甚多，敵人根本無法追蹤鎖定，因此能夠提高攻擊難度，這是戰力保存的關鍵。

第三個問題，是批評微形飛彈突擊艇耐波力差，風浪過大無法出海作業。

這種批評十分有趣，因為微形飛彈突擊艇的設計理念，本來就是為了嚇阻及攻擊解放軍渡海準備執行登陸作戰的兵力。如果海象惡劣導致微形艇無法出海，那麼在相同的海象條件下，解放軍怎麼可能執行對海象要求更高的兩棲舟波登陸作業？據實務經驗，離岸十浬以內的風浪，通常顯著低於外海。即使微型飛彈突擊艇受外海風浪限制，只能在沿岸十浬內活動，但由於雄二、雄三飛彈射程長達百餘公里，仍可攻擊渡海到一半的敵軍艦艇。再退一步說，就算微型飛彈突擊艇真的被限制在港內無法出海作業，我們仍可以由港內發射飛彈攻擊百餘公里外的敵艦，這點從二〇一六年海軍金江軍艦在左營港內誤射雄三飛彈、擊中海峽作業漁船的不幸事件，已證明可行。

第四個問題，是部分人主張臺灣已經有岸置飛彈發射車，籌建微型飛彈突擊艇是投資浪費。機動飛彈發射車可藉機動、隱藏、偽裝、掩體強固化等措施保存戰力，並可利用機動移換戰術位置提升存活性，這是臺灣不對稱戰力整建的優先選擇。但鑑於國軍岸防飛彈系統，戰時為了提高隱蔽以確保自身安全，不適宜部署在沿岸地區，必須後撤至適宜的戰術位置，如此等於縮短了對敵海上艦船的攻擊距離。此外，岸防飛彈系統必須使用拖車型載具，高度仰賴公路機動，而戰時公路網之完整性、交通流量都將限制飛彈車之機動能力。如果我們能夠同時建立陸岸與海上多重配置的反艦飛彈攻擊網，此對共軍的威脅軸向，將可由岸防飛彈系統從東面單一方位的攻擊，擴展至東、南、北等不同方位，增加共軍飛彈防禦的困難度。這種陸、海雙翼攻擊模式，不僅可以倍增殲敵火力，同時更能複雜化敵人的反制作為，使我們的防禦能力更有彈性及韌性，遠非只建立岸防飛彈單一系統所能比擬。「分散式的攻擊手段」（disperse means of attack）是最簡單，也最基本的作戰概念。

第五個問題，是外界質疑微型飛彈突擊艇未裝設雷達，無法獨立偵蒐及攻擊。微形飛彈突擊艇仰賴國軍指管系統提供目標位置資料並下達指令攻擊，這絕不是因為微形飛彈突擊艇未裝設雷達，而是刻意的設計。囿於地球曲度限制，即使大型艦艇桅桿較高，平面雷達的偵蒐距離至多二十浬，遠低於雄二飛彈超過一百多公里的攻擊能力。現代海戰想要靠自身雷達偵獲並攻擊目標，不但距離過近，浪費飛彈射程能力，恐怕在偵蒐到目標之前，由於雷磁波發射暴露己身位置，早已被敵人先制攻擊。具有海上作戰實務經驗的人都知道，電磁波發射管制的重要性。現代海上飛彈作戰，若沒有遠距目標資料交換及協同作戰能力，根本行不通。結合無人機偵蒐系統、岸置機動遠距雷達，以及其他海上偵蒐方式所建立的網狀化數位指管系統，是國軍必須具備的偵蒐指管能力；而在離岸十浬範圍內，指管通訊尚可以民間電信服務備援，因而微型飛彈突擊艇在沿岸十浬內活動，等於擁有兩套指管系統。這種構想與配套，呈現量多、價廉、分散、機動、存活、致命的有人／無人微形飛彈突擊艇的兵力構建，這才是臺灣所需要的不對稱戰力建軍方向。

第六個問題，是海軍聲稱依據船體模擬的分析結果，認為微型飛彈突擊艇不符作戰需求。這種說法顯然未合邏輯。國軍重大武器裝備建案如果在通過作戰需求等嚴謹建案作業程序，再經過行政院核准、立法院審議通過，並且已經進入預算執行的階段，在此時刻出現所謂「經過船體模擬分析不符作戰需求」海軍主動要求撤案情事，內行人一看即知其中必有蹊蹺。一個如此重要的網絡化作戰系統，在完成部內建案評析程序及立法院通過預算後，海軍自己又再做一次所謂的船體模擬分析，並據以得出不符作戰需求的結論，並向立法院主動要求撤案並繳回預算，這種情事在國軍建軍史上確是前所未見，簡單來說，此一重大建案如果真的不符作戰需求，當初本就不應建案投資。

由以上說明可知，微形艇雷達截面積小、不怕長距離導彈攻擊，且配有人攜式刺針防空飛彈，可以有效反制近距離的空中威脅，出海後能夠在眾多的海上小目標中躲藏、隱匿、欺敵，也可以配合海巡艇、漁船、遊艇等混淆運用，且其成本低廉，臺灣是造艇業王國，有絕對的能力可以在短時間內建造完成，並快速成軍部署，而其大量、機動、隱匿、分散的特性，具有極高的戰場存活性，是針對敵大規模犯臺行動所設計的致命戰力。

戰時微型飛彈突擊艇只需在濱海區域機動，接收戰管中心透過資料鏈傳來的資訊，甚至預先與戰管中心約定的民間通訊手段，然後依指令以飛彈攻擊敵目標，再悄無聲息地就近返回遍布全臺的漁港，以極短的時間完成整補，而後出海再度接敵。可以預見在未來的臺海戰爭，敵人將對海軍港口基地猛烈攻擊，**海軍各式艦艇之中，微形飛彈突擊艇可能是唯一能夠重新整補，再度出港執行攻擊任務的兵力，此正是臺海防衛作戰所需要的「持續戰力」**。

微型飛彈突擊艇不僅符合臺海防衛需求，更符合創新、不對稱的作戰概念。《漢和雜誌》平可夫在其所著《解放軍攻臺計畫》一書中曾強調，臺灣海軍對中共真正有威脅是那些導彈快艇。此外，《美國海軍學會新聞網》（USNI）在二〇二一年十二月根據衛星照片，研判中國正在大連小平島潛艦基地附近的碼頭測試無人艇。反觀此時，臺灣卻以不符作戰需求為由，寧願浪費已經投入的資金，撤消此對臺灣防衛極為關鍵的不對稱戰力專案，委實令人扼腕無言，衷心期望當局能再深思。

(2) 未來戰爭的必然：低成本智能化無人機群

這純粹是觀念上的突破，也是科技發展的必然。過去二、三十年，原本在人們眼中只是視為休閒娛樂的遙控飛機，隨著通信頻寬及智能化科技不斷的發展進化，這些價格低廉的無人機，已經在各個領域扮演著不可或缺的角色。原本這些小型價廉的無人機，專門設計給沒有特殊技能，也沒有專業維修能力的玩家使用，現今已經普遍擴展至搜救、通信、勘查等用途，甚至在團體出外旅遊、特定集會活動與戶外婚禮場合，也經常看見那些裝有攝影機的四軸飛行器的蹤影。隨著智能化無人機的快速發展，未來會有更多智能化的商用無人機，轉型運用在不同的作戰領域。

關於無人機在戰場的實際運用，美製大型先進高端無人機，因為其精準的攻擊能力，在反恐戰場的卓越表現，吸引世人大量的目光。然而那些低調價廉的無人機，卻也加快腳步默默的改變了未來戰爭的型態。二〇二〇年九月至十一月，高加索亞塞拜然與亞美尼亞兩國歷經六週的血腥戰鬥，最終在亞美尼亞認輸後收場。這場規模不大的戰爭，決定勝負的不是像戰車一樣的傳統武器，而是那些沒沒無聞的小形無人機。亞塞拜然充分運用土耳其提供的無人機，摧毀大批亞美尼亞戰車、火砲及防空裝備，成了戰爭致勝的關鍵。而同樣的情形在二〇二二年俄烏戰爭中又重複上演。如果我們再不積極採取應對策進，難保相同的作戰場景不會發生在未來臺灣國土防衛的戰場上，當臺灣正興致高昂的花大錢向美國採購M1A2戰車及自走砲的當口，在如何籌建及反制無人機卻顯得緩步慢行，這令人擔憂，無人機戰力的落後，遲早將成臺灣防衛作戰的破口。

高加索雙亞戰爭及俄烏戰爭，凸顯出無人機已經成為戰場決勝的要角，並引發國軍在臺海防衛作戰中，如何有效應對共軍無人機攻擊的議題。然而令人興嘆的是，兩岸在無人機發展及戰力都存在著巨大的差距。相較於國軍在無人機發展的牛步，解放軍投注在無人機的研發與作戰運用則頗見成果。解放軍從一九九〇年代自以色列引進哈比無人機之後開始快速躍進，發展至今翼龍、彩虹等系列「偵察打擊一體」無人機，已經成為解放軍的現役裝備，甚至外銷有成。另外，在俄烏戰爭中，烏方使用美製「彈簧刀無人機」在摧毀俄軍戰車上表現極為亮眼，中共目前亦正積極發展此類「滯空彈藥無人機」並將之稱為「巡飛彈」，例如CM－501XA／CM－501X，結合智能化及5G的相關技術，使其能夠絲毫不費一兵一卒，即能於視距外對我方地面武器裝備進行精準打擊。

反觀國軍十餘年來，在「能夠自製，決不外購」的國防政策下，無人機的發展乏善可陳。銳鳶型機的性能屢遭部隊詬病，在不得已的情況下由陸軍移交給海軍使用，紅雀型無人機受限於性能也不受各軍種青睞，劍翔型無人機具有酷似哈比無人機的外型，但性能尚未得知，耗資數十億元歷經十餘年研發的騰雲型機至今未能完成，並迫使國軍不得不向美軍購MQ－9B海上衛士大型無人機，以建立遠距、高空的戰略監偵能力。

A、臺灣籌建智能化無人機的方向

無人機在未來戰場的重要性已無庸置疑，然而臺灣無人機研發及製造能力相對落後，繼續以追他人車尾燈的研發模式，差距只會愈來愈大，我們必須另擇適途，才能迎頭趕上。

目前不論是國產騰雲，或美製MQ－9海上衛士這類較大型無人機，由於價格昂貴，我們能夠擁有的數量不多，而且其受限於須跑道起降，使得它們不論在天空或地上，存活性都不高，並不全然適用於臺灣的戰場環境。臺灣務實發展的方向是針對防衛作戰及戰場環境的需要，充分運用市場商用科技，發展低成本、智能化的中小型無人機，並以之建構出有韌性的情監偵目獲（ISTAR）無人機網絡以及具備滯空彈藥攻擊能力的無人機，如此才能滿足臺海防衛作戰需求。

B、情監偵目獲無人機網絡

利用小型無人機搭載微型感測器、GPS模組、微處理器、人工智慧模組，以及數位無線電通信等裝置，建構出一座智能化的無人機群，雖然單一無人機能夠偵查及觀測的範圍相當有限，但當結合上百架無人機同時執行任務，每架無人機負責不同區域，觀測該區域的潛在目標。這種利用多重獨立的平臺，同時觀察的網絡，可以涵蓋非常廣闊的區域。無人機網絡所提供的情監偵目獲能力，可提供國軍建立「擊殺鏈」的重要組成元素。透過網絡內各個獨立的無人機，利用偵測影像及人工智慧來判別優先攻擊目標，並將目標資料以即時的方式，傳送給指管系統及武器載臺實施精準攻擊；如果敵人使用硬殺方式反制，我方可部署一大堆低價無人機配掛偵蒐器，利用5G技術連結提供目標資訊，藉由「偵蒐範圍重疊」及「超額數量」的方式，一旦被擊落隨即補上，以維持整個偵蒐網絡的正常運作。成功的無人機網絡仰賴無人機之間的通信，如果通信受到干擾，無人機網絡的構想就會失敗，然而無人機網絡採用超高頻率通信，因網絡內無人機之間通信距離短，而超高頻率的訊號對於短距離通信相當有效。另外，超高頻率訊號在傳遞中會被大氣吸收，故敵人很難在遠距離，利用超高頻率訊號干擾無人機運作。

假設戰時臺灣能夠在海峽上空部署數百，甚至上千具備情監偵功能的低成本無人機群，它們不但能夠向臺灣的指揮所、空中、海上、地面的武器載臺提供情監偵目獲資料，也可以消耗解放軍的地對空飛彈，還可以掩護高價的有人戰機；而如果具備這種功能的無人機群，是由臺美共同依臺海戰場環境特性研制，在解決臺美有／無人載具作戰互通性問題後，這些無人機群所偵測到的目獲資料就可以即時和美軍F－35、F－22等戰機共享，使得這些戰機不用開啟雷達就能瞄準及攻擊敵軍目標，大大提升這些先進匿蹤戰機的存活能力；而這些不對稱作戰的能力，才是臺灣應該極力向美國爭取的軍購（合作）項目，美國既然可以和其他國家合作開發先進武器（例如和挪威合作研發「海軍打擊飛彈」〔Naval Strike Missile, NSM〕），臺灣當然有充分理由要求與美國共同開發適合臺海作戰環境的專用武器裝備，既然向美國爭取先進傳統武器屢屢遭拒，為何仍然執意緊盯著美國現役武器裝備，而不願義正辭嚴的要求與美國合作研製臺灣真正需要的不對稱戰力呢？臺灣的國防規劃高層真的該用心想想了。

C、滯空彈藥無人機

滯空彈藥無人機是一種偵蒐暨攻擊性無人機，同時攜帶鏡頭及炸藥，集偵察、打擊於一體，可以獨立或是遠距操控方式，在發現及確認目標後攻擊並引爆炸藥，其大小、能力各有不同。有的僅能在空中短時間停留，有的卻可以飛行數小時，攻擊逾千公里以外的目標。滯空彈藥無人機相對於飛彈而言，成本較低，結合偵察、監視與打擊功能於一身，可大幅縮短「偵測」到「接戰」的時間及效率。如果大量運用成為智能化滯空彈藥無人機群，通過雙向數據鏈，可與指管系統建立數據交換網絡，對預定區域發起「蜂群」打擊。這種不需回收的低成本高精度武器，對地面部隊而言具強大殺傷力，極可能改變未來戰爭面貌。

依據二〇二一年亞塞拜然和亞美尼亞的武裝衝突，和二〇二二年的俄烏戰爭的實際作戰經驗，都顯示出這種滯空彈藥無人機由於體積較小，飛行高度低、飛行速度慢、雷達散射截面（Radar Cross-Section, RCS）小，與地形地貌所產生的交互信號干擾，使傳統防空系統對此類無人機的反制能力效果不彰。目前國軍所擁有的無人機數量極為有限，在無人機防禦上也僅能仰賴一般的防空系統，乏善可陳，共軍必然會利用國軍在此方面的短板，持續提升其滯空彈藥無人機的能力與數量，並充分運用於未來的武力犯臺作戰。

對臺灣的防衛作戰而言，發展滯空彈藥無人機，不需要解決太複雜的問題。譬如說在灘岸殲敵的作戰場景，滯空彈藥無人機並不需要精確的辨識目標敵我，它們可以搜尋並攻擊任何武裝車輛或部隊，只要在設定目標區輸入「預置路線」，一旦發現在「路線」活動的目標就採取攻擊。現今市場已具備便宜的光學辨識硬、軟體，而且愈來愈精準、愈來愈普遍，只要採購整合即可。從商用無人機的鏡頭可以聚焦，並拍出清晰相片的成熟科技，轉用於武器的「尋標」與「攻擊」應非難事。此外，由於滯空彈藥無人機的體積小，運輸及操作容易，且雷達截面積及熱源相對較低，因而不易被偵測，這些都是它的戰場優勢。目前臺灣對此類滯空彈藥無人機的發展令人嘆息，如果能夠儘速研發及大量部署，當敵人登陸時將是我方攻擊利器。試想當敵人登陸灘岸，重型武器裝備甫卸載完成之際，面對突然出現的成千上百滯空彈藥無人機對其實施的自殺式攻擊，當如何有效反制？

當前許多國家均已部署技術成熟的各類型攻擊無人機，臺灣應該積極爭取向美方申購此類滯空彈藥無人機，這種無人機的尖端科技含量不高，亦屬典型不對稱作戰武器系統，在美國不斷鼓勵臺灣有效配置國防資源積極建立不對稱戰力的當頭，即使考量本身利益，亦當願意配合臺灣儘速建立此一極為重要的不對稱防衛戰力。

未來戰爭的地面作戰勝負，將由大量的小型智能化偵打一體無人機群決定，想想當前國軍的戰備能力及作戰思維，豈能不讓人憂心忡忡？

D、對敵人無人機的反制

二〇一九年九月，沙烏地阿拉伯煉油廠遭葉門叛軍「青年運動」（Houthis）以廉價、慢速無人機偷襲，一度造成半數煉油能量癱瘓，而沙國配備的美製愛國者防空飛彈竟毫無反應，這結果不僅美軍，全世界均大感震驚。這種速度不快，也無匿蹤能力的小型無人機之所以難以對付，主因是現有防空雷達及紅外線偵測設備，都是針對高速、紅外線訊號強的有人作戰飛機所設計。中小型無人機多用非金屬複合材料製成，雷達波容易穿透，反射不易，加上螺旋槳引擎紅外線訊號較弱，防空系統根本偵測不到，當然就不會有反應。

中國在無人機的發展方面領先臺灣甚多，可以想像如果對臺發動全方位攻擊，無人機必為要角。未來中國無人機對臺灣的威脅，除大型無人機將以偵打一體的方式對臺攻擊，小型無人機也將運用於各種不同的作戰場景。此外，共軍已將退役的殲－6戰機大量改裝為攻擊無人機，一旦對臺發動攻擊，極可能預先運用殲－6無人機，跨海攻擊臺灣重要軍事設施。運用殲－6無人機的自殺性攻擊作戰模式確實十分棘手，恐迫使國軍消耗寶貴的防空飛彈，或被自殺攻擊重創的兩難困境。此外這種操作模式，亦可誘使我方雷達開機，以致暴露我方電磁發射位置，進而遭共軍反輻射飛彈攻擊。

反制無人機除以飛彈、火砲硬殺，小型無人機尚能以雷射攻擊或電磁波干擾反制。二〇二一年美國發展出以無人機攻擊無人機的技術，這種無人機可以單機飛行，也可以聯網組成蜂群，並能夠適應監視、電子戰和打擊等各種任務。目前國軍只能運用防空飛彈及砲火攻擊大型無人機，對極低空飛行的小型無人機，除了以火砲攻擊及電子干擾槍干擾外，尚無其他應付方法，即使運用愛國者、天弓等高檔防空系統，也未必能有效應付低空入侵的無人機。

國軍亟待建立對無人機攻擊的防禦能力，應持續挹注所需資源，積極開發電磁干擾、小型雷射武器，或購建低成本硬殺系統，同時盡可能做好各項偽裝、隱匿、強固，以及快速修復等戰力防護工作，以減低遭受敵無人機攻擊之損害。在自力研發方面，臺灣民間廠商已經建立一定程度的反無人機能力。二〇二二年二月，新加坡航空展就有臺灣民間廠商在會場展示反無人機系統，該系統是運用主動電子掃瞄陣列雷達（AESA），偵測接近重要價值目標，或關鍵基礎設施的攻擊無人機，每具AESA天線都具備重量輕、偵測角度廣的特性，即使對一般商用空拍機大小的飛行器，亦可在五公里距離範圍內偵獲。這些民間已經研發完成的能力，如果能與中科院合作，合作研改該所研發完成的自動化二十公厘火砲系統，並整合成全自動化反制小型無人機的火砲系統，當可建立各級部隊之反無人機能力。

(3) 研製智能化水雷

水雷是臺灣防衛作戰中最佳的不對稱武器，具有造價低廉、隱蔽待敵、效果驚人、使用方便，以及不受天候海象影響的特性，可以對敵人艦艇無預警地產生高強度之殺傷力，使敵人產生巨大心理威脅。歷史證明水雷相當難反制，並可有效遲滯進犯敵軍。一九五〇年以來，水雷愈來愈智慧化、愈來愈準確，也愈來愈難偵獲。現代化智慧型水雷一經布放，除了可藉由水壓、磁場及噪音的變化引爆，亦具備聲紋判讀鑑識的能力，一經識別為敵方船艦，可立即啟動推進攻擊，因攻擊距離近、時間短、速度快，被鎖定的船艦毫無迴避能力。

水雷作戰的價值之所以歷久不衰，原因在於造價低廉，布放後具有持續性的嚇阻效果。水雷反制作業困難緩慢且危險，掃、獵雷艦自我防衛能力薄弱，容易遭到空中及陸岸攻擊。基於這些特性，布雷作戰應為現階段防衛作戰中，最優先投資建構之不對稱武器系統。

綜觀臺灣防衛作戰全程，水雷作戰之運用，最適宜且最易執行的便是針對敵可能登陸灘岸，先期完成雷區規劃，在解放軍遂行三棲登陸作戰之前，於敵登陸灘岸海域，依規劃的「施放圖」完成布雷作業，結合陸岸火力攻擊，破壞、癱瘓、遲滯敵兩棲登陸艦艇，限制敵登陸部隊上岸時間，縮小敵軍登陸正面，以創造我軍反登陸作戰有利態勢，確保達成灘岸防禦任務。

國軍現有美製MK6以及國造萬象等數種繫留及沉底型式水雷，可經空中、水面及水下等多重方式布放，並藉由磁、聲、壓感應等單一或混合方式引爆。這些水雷雖經持續更新組件以維持正常運作，然而近年並未見國軍優先挹注明顯資金，研發與製造現代化智慧型水雷。國軍應調整國防資源分配的順序，優先發展智能化水雷實為當務之急。

關於布雷載具方面，海軍過去多以LCU通用登陸艇為主，必要時運用其他機艦、海巡艦艇，以及民間機漁船ＣＴ－６轉用，協力實施水雷布放，作業效率甚低。所幸海軍規劃及執行多年的四艘快速布雷艇已次第完成，這些具備「可程式化自動布雷系統」的專業布雷艦艇的成軍，可大幅增加布雷作業效率。這四艘快速布雷艇僅耗資九億餘元，可謂物美價廉，是「整體防衛構想」倡議的典型不對稱戰力，海軍應視需求賡續完備戰時所需快速布雷能量。

(4) 研發水下無人載具

由於海洋科學研究的需要，水下無人載具的發展已經有很長的歷史，它可以針對所望海域進行海底地形、海水溫度、深度、能見度、鹽分、底質、噪音等海洋環境的探測。一九九〇年代開始，隨著水下科技的進步及相關技術發展相對成熟，其運用在軍事領域的需求也愈來愈高，由於無人化可以大大降低人員傷亡，小型化可提高偵測難度，另具有高度的隱匿性、研發技術門檻較低、製作成本低廉，因此在軍事作戰上除了水雷反制作業以外，從水下／水面二度空間的情報、監視、偵察（ＩＳＲ），到守株待兔式的猝然攻擊，均已被廣泛的運用。可以預見不久的將來，水下無人載具將在海洋作戰的領域發揮巨大的影響，甚至改變未來作戰的思維與模式。

由於過於仰賴固定式監偵系統，這種在戰時具有高度易損的特性，使得戰場覺知及目標資料獲得的能力，成為國軍在全面防衛作戰的罩門。「整體防衛構想」大力倡導建立機動化監偵目獲系統，以及網絡化小型偵蒐無人機群，以提升國軍監偵系統的戰場存活性。然而基於「看得到就可能打得到」的原則，任何可偵測到的系統都有可能被攻擊、破壞，因而建立小型、低成本、網絡化的蜂群式水下無人載具，將可大幅提升國軍海上拒止作戰能力。

最近幾年，由於盡量採用現有的商業「準軍用」技術，成本有效降低，水下無人載具的前景發展蓬勃，各國在高效能電池、指管通信技術，以及簡化回收過程等項目上持續精進。可以預見隨著相關技術的發展成熟，成本更低、續航更強、功能更精的水下無人載具，必將陸續進入市場。

美海軍「水下無人載具總體發展規劃」，將水下無人載具區分為便攜式、輕型、重型，以及巨型等四種。考量臺灣整體國防資源、戰場環境及成本效益，國軍不必在需求及功能方面過於求全，宜將重點置於具備情監偵功能的便攜式，或輕型的採購與研發，以求短時間內建立所需即戰力。

(5) 強化電子戰裝具及做法

電子戰是使用電磁頻譜或定向能量，來控制頻譜、攻擊敵人，或反制敵人攻擊的行動。其目的是讓對手無法獲得電磁頻譜的優勢，並確保己方不受阻礙地使用電磁頻譜。傳統上將電子戰區分為電戰支援、電戰反制及電戰反反制。現在則傾向區分為電戰支援、電子防護及電子攻擊。電子攻擊的型態概分為主動及被動干擾的軟殺，以及實質破壞的硬殺。

電子戰是隱形武器，運用是否得宜，戰力能否發揮，影響現代戰爭勝負至鉅，因此各國均將電子戰裝備及相關電子參數列為極高機密，出口管制極其嚴格。臺灣民間電子產業雖然發展蓬勃，然而由於缺乏市場需求，幾乎沒有電子戰裝備的研發與生產能力。

就三軍的電子戰能力整備現況，陸軍最不重視此領域，不但欠缺電子攻擊能力，對電子防護的概念也有待加強。整體而言，空軍戰機及海軍戰艦由於獨立、整合性的戰鬥能力需求，向外採購時電子戰裝備均包裹於專案之內，也因為裝置了設備，自然需將電子作戰所需的戰術、技術及程序，融入日常巡弋及演訓之中。然而由於作戰特性不同，陸軍必須個別建案以建立電子戰能力，在敵情威脅不足、教育訓練不夠、缺乏電子作戰機制的情況下，電戰能力的建立迄今付之闕如。

我們面臨的現況是，陸軍各階層軍、士官的電子戰觀念普遍不足，作戰部隊缺乏電戰裝備，戰時若與電戰優勢的解放軍部隊接戰，很可能面臨重要電子設備無法正常運作，通訊系統被遮蔽，無人機遭到干擾，資料鏈中斷造成聾、盲、瞎，失去戰鬥能力的危險狀態。

陸軍當務之急是籌建旅級以下部隊電戰干擾裝置，包括能夠對敵人作戰部隊之指管、通信、無人機干擾的車載與人攜式電戰裝置，同時改善電子防護能力，籌建配發具有跳頻、加密、抑制等功能的通信設備，並建立電磁發射管制等作業程序。

陸軍可以參考美國陸軍現役步兵攻擊性電戰裝備「可變式無線電觀察暨偵測」（Versatile Radio Observation and Direction, VROD），以及VROD模組化適應性發射器（VROD Modular Adaptive Transmit, VMAX）系統和渡鴉爪（Raven Claw）中控電腦的結合。VROD負責偵測輻射源並判斷方向，同時分析頻譜，並將資訊回傳給渡鴉爪。多個VROD就可以對發射源做三角定位，在渡鴉爪上鎖定目標精準位置，然後申請各類型的火力支援。VMAX則是接收特定頻譜後，可以針對輻射源進行主動干擾和阻斷遮蔽，迫使敵人斷訊。

國軍另一個需要檢討的電戰問題，是資通電指揮部的角色定位。資通電指

可變式無線電觀察暨偵測。（來源：Operation 2021 / Alamy Stock Photo）

揮部下轄電戰大隊，有配備中科院研發，具偵蒐、干擾各類導航、偵察、通信、傳統雷達，以及無線通信的車載電子裝備，但他們現在的戰場定位不明，任務賦予不清，電子作戰必須結合部隊戰術才能發揮功能，這些裝備理應編制於作戰部隊，而非單獨存在，否則戰時會不知何去何從。我在任內推動不成，現在再次提醒，希望國軍能夠重新思考調整。

國軍在電子攻擊的能力整建上乏善可陳，然而解放軍在這個領域已發展多年，能夠運用具備電子攻擊能力的無人機，配合各型電戰機種對我遂行軟、硬殺的電子攻擊。同樣地，臺灣如果強化干擾敵方電子偵察及打擊能力，將可大幅提高攻臺難度，因此在遂行電子防護的同時，國軍更需思考及建立對敵電子攻擊的能力。譬如：干擾在戰場上之解放軍部隊接收太空訊號、衛星通信的能力；發展並運用能夠遮蔽北斗衛星訊號的干擾系統，部署在重要設施或軍事基地附近，干擾解放軍巡弋飛彈的定位，使其無法精確攻擊等，都是可以再精進的區塊。

(6) 精進網路戰能力及機制

網路戰的本質類似干擾敵方雷達，與阻斷通訊電子戰的延伸。網路戰和電子戰一樣，也是概分攻擊、防禦等二種作為，其中攻擊又分系統攻擊、資訊竊取、程式植入、混淆詐欺等主動惡意攻擊手段，防禦則為實體上的資訊安全防禦。

網路防禦作戰成本頗高，而且永遠不能保證百分之百的安全。過去網路防禦比較傾向於防止外來侵入，並降低破壞的概率，減少破壞的影響，這種防禦方式有點類似自我保護，沒有太高的積極性。現在網路防禦觀念傾向於「主動防禦」，想辦法主動地去識別潛在對手的能力和意圖，並在戰鬥中欺騙和阻擋敵人，增加敵人在進攻時必須付出的代價。對此，美國非營利性組織 MITRE 公司，二〇二一年九月重新定義「主動防禦」，提出通過結合拒止（Denial）和欺敵（Deception）的接戰方式（Engagement），來增加敵方的攻擊成本，減損其網路作戰的價值。也就是在對關鍵資訊資產做好阻絕防護的前提下，設置誘餌、構建欺敵環境，誘使敵方在攻擊行動中暴露出弱點、能力和意圖，我方得以運用這些獲得的知識來進化資安防護作為，強加敵方未來的攻擊成本，進而提升因應網路入侵的抗攻擊力，優化通資網路系統存活率。

現今另一個網路防禦的重要手段是「零信任架構」（ZeroTrust Architecture, ZTA）。當前幾乎所有行業的資訊資產，都已遷出傳統防護邊界向雲端平臺轉移，這使得網路作戰進化出了新的攻擊型態，讓敵網軍有更多機會入侵、獲取，未得到充分保護的資訊資產，導致現今以網路為中心的安全架構，很難再依賴外圍安全閘道的設置，有效因應來自網路的威脅。更由於網路使用者的移動性愈來愈強，需要一種適當的安全政策，讓網路使用者能從任何遠端，有效率的存取位於地端與雲端的機敏資訊，更加速了這種由「網路中心式安全架構」向「零信任架構」的轉移趨勢。

「零信任架構」是將使用者、設備，通過不可信任網絡連接到受保護資源，這種架構不再區分內、外網，不再以防護「網路」為重心，而是在更接近機敏資源的地方部署防護功能，驗證所有來存取機敏資源者的身分、設備，與所處環境的合規性，並為確保「端到端」網路連線提供更大的靈活性，以求同時提高網路的安全和效率。有鑑於此，二〇二一年五月，美國總統拜登發布「關於改善國家網路安全的行政命令」，指示執行機構制定實施「零信任架構」的計畫。

面對與日俱增的網路安全威脅，臺灣在國家整體網路安全的改進尚能與時俱進，早在二〇〇一年，行政院即成立「國家資通安全會報」（NICST）；二〇〇三年成立政府資安監控中心（G-SOC）；並自二〇〇八年起推動跨領域資安資訊分享和網絡安全分析，使臺灣能夠從「事件後反應」提升成「情報驅動反應」的資安機制。二〇一七年，「國家資安資訊分享與分析中心」（N-ISAC）提出國家級、關鍵基礎設施級，和組織級的三層網絡安全聯合防禦架構，其中關鍵基礎設施級包括了能源、水資源、通信、交通、金融、醫療、政府機構，和高科技園區等八個主要領域，由行政院協調，聯合中央業務主管機關提供網路安全保障，並與國家層級對接，進行橫向跨域聯防，形成網路安全聯防體系，緩解因網路攻擊造成的關鍵基礎設施運行中斷所造成的影響。

積極、主動、超前部署的做法，已成為未來網路防禦發展的趨勢。近年來世界各國紛紛採用這種做法，希望改變在網路安全事件後才反應的被動防禦。但是調整保護機制，完善應急措施，不僅僅是技術問題，在聯合主動防禦系統中引入拒止、欺騙等接敵手段，並進而分析訊息將其轉化為有用的情報，以達成有效的先制防禦，臺灣仍然面對複雜艱鉅的挑戰。

與民間關鍵基礎設施的資訊作業系統相較，國軍在設施、裝備及武器系統上多屬實體隔離、專網專用，因此在嚴密資安防護機制方面相對較易執行。因而國軍對資訊安全的管理，較之資安防護技術更為重視。多年來國軍在系統操作、通聯網路、移動式儲媒、社交工程郵件處理等作業細節的管制以及查核，均有不錯的管理成績，然而隨著5G及AI科技的快速進展，在未來的戰爭中不論是儎臺、武器、指管、情監偵等裝備設施，機動、分散、高韌性、智能化等是必然的趨勢。處於這種戰場環境，光憑嚴謹的資安管理不足以保障通資網路安全，未來網路安全將是極其細膩的專業，相關網路安全防禦科技及工具的引進，國軍必須與時俱進。

可以想見，中共一旦發動全面侵臺戰爭，必然會對臺灣的政府機關、國軍及民間的關鍵基礎設施進行網路攻擊。由於這種不局限於平戰或軍民的特性，網路安全的機制必須由國家層級的單位組織負責整合，這已是世界各國的普遍做法。國軍在遂行網路作戰時也必須與國家資安總力密切配合，而「主動防禦」及「零信任架構」這兩個網路安全防禦的重要科技及機制，必須在國家整體網路安全的架構下，儘速發展、引進、優化及落實。

相對於網路安全防護，網路攻擊要便宜且有效得多，這方面的發展臺灣顯然難與對岸相提並論。中共對網軍的經營已經行之有年，構成了多產且有效的網路間諜威脅，擁有強大的網路作戰能力，對網路攻擊技術的追求及擴散造成臺灣網路安全的極端威脅，戰時如果對臺灣實施網路攻擊，很可能對關鍵基礎設施造成相當程度的破壞。

中共對網路管控與執行，由國家安全部統籌指導與規劃，在軍隊方面則由戰略支援部隊網絡系統部專責，主要負責網際網路資訊蒐集、攻擊，與共軍內部網域安全維護等工作，軍方仍主導對外的網路系統攻擊、資訊竊取、程式植入、混淆詐欺等主動惡意攻擊手段。

臺灣現階段網路作戰主要仰賴資通電軍與中科院，這樣的組織架構從專業品質來看顯然不符需求，甚多的民間網安高手、先進駭客都未被整合在組織體系。政府頻頻以增加將額、擴大編制的方式，試圖迅速提升網路作戰的能力恐怕是矇頭轉向，沒抓到重點。網路作戰不需人海戰術，重點在品質，在人員的專業素養。階級的高低與人力的多寡並非重點，優質人力的整合才是戰力的關鍵。目前的體制無法將民間的駭客高手引進網路作戰的領域，如果不願鬆綁相關規定，建立非公務人員的特殊安全查核程序來招募優質人才，僅憑資通電軍的網路作戰人力，恐難冀望建立所望網路戰力。

目前我國不論在國家或國軍層級，均未訂有網路作戰的戰略指導及相關建軍整備計畫。負責網路作戰的資通電軍，組織架構完全不符網路作戰的專業所需。綜觀世界各國鮮少將資、通、電等三種不同業別的兵種，集中在單一獨立的組織內管理運用。網路作戰有獨立專業性，通信多屬維持系統以支援作戰部隊的兵力，電子作戰則必須與軍事作戰整合方能發揮功能，三者屬性完全不同，統一管理必然鑿枘不投，難以發揮功能。合理的編排是將通信及電戰回歸軍種，納為軍事作戰系統之一環，網路作戰部隊則結合國家資源及管理，納為國家整體網路安全聯防體系之一環，依專業分工，確保國軍並支援國家網路安全，同時建立彈性、有效的招募及運作機制，吸收民間專業高手、研發適用戰具、建立國家級數位靶場、嚴訓優質數位戰士，以建立整體網路戰力。

網路作戰為深層的不對稱作戰，講究的是高素質的創新作戰，絕對不能拘泥於國軍現行兵力結構與組織，其招募、訓練與運用，必須突破傳統窠臼方期有成。我們需要創新的精神、堅定的意志，在傳統兵力框架之外，創設出一個能夠結合民間專業能力的機制，才有望建立一支真正優質的網路戰力。

第九章　作戰構想：如何執行整體防衛構想

以「分散、機動、拒止」取代「集中、固守、控制」的作戰概念。

「整體防衛構想」的目標在於建立一個可信的嚇阻能力，使中共意識到即使解放軍的傳統戰力再強，仍然無法藉由武力達成統一臺灣的目的，從而避免臺海發生戰爭的風險。然而由於國際政治因素，臺灣未與任何國家建立實質上的軍事同盟，因此無法建立延伸式結盟嚇阻；也因為臺灣不具備核子武器，所以也不可能建立報復性嚇阻。因此「整體防衛構想」所採取的是拒止式嚇阻，由不對稱戰力所建立強韌的自我防衛能力，使北京政權認知，無法透過戰爭奪取臺灣。

為了達成嚇阻的效果，「整體防衛構想」在兵力整建所規劃的不對稱戰力，是建立能夠使敵人有所忌憚，而不致輕啟戰端的實力。然而實力必須與可信度相互搭配才能奏效，「作戰構想」就是在規劃何時、何處，以及如何使用這些不對稱戰力。更具體的說，作戰構想是針對不對稱戰力的用兵指導。質言之，戰力整建在「建力」，作戰構想在「用力」。

整體防衛構想有四根支柱：戰力防護、濱海決勝、灘岸殲敵、縱深防禦。

戰力防護：目的是指導國軍作戰部隊，在面對解放軍大量飛彈及空中攻擊，尤其是戰爭初期，如何以適當的方法確保大部分戰力仍能存活，如此當敵人進入預期的攻擊地點，才有能力集火反擊。沒有好的戰力防護，臺灣大部分軍事能力將在戰爭初始階段就被摧毀。

濱海決勝：目的是指導國軍作戰部隊，選擇適切的時機及地點，運用不對稱戰力打擊入侵敵人的戰略重心，使其喪失全面進犯的能力。之所以選擇濱海區域，是因為當解放軍跨海半渡接近臺灣附近水域時，是國軍最有利的時機，針對敵軍遂行空中、海上，以及岸上的三軍聯合火力打擊，迫使解放軍喪失後續作戰能力。

灘岸殲敵：目的是指導國軍作戰部隊，在濱海區域的戰鬥之後，若犯臺敵軍仍執意進行後續作戰，如何在搶灘及空降階段攻擊敵軍，使其喪失奪臺任務的能力。選擇灘岸攻擊敵人是因為臺灣各地已高度城市化，可供登陸及空降的場域有限，國軍可集中火力攻擊敵主要部隊。再者，三棲登陸是高度困難及複雜的作戰，搶灘及下卸時是敵人最脆弱的時機，國軍應掌握在敵人建立陸上作戰能力之前，及時摧毀敵人。

縱深防禦：目的是指導最後的防禦手段。如果臺灣能夠次第構建不對稱作戰能力，就可以期待達成「不使敵人登陸立足」的作戰目標。然而戰場狀況瞬息萬變，對戰事的設想更不能一廂情願，作戰的規劃必須考量最糟的狀況。如果敵人成功登陸，如何在地面作戰階段進行有效的縱深防禦，這必須有具體的規劃與準備。

戰力防護

像蝴蝶般輕盈，像蜜蜂般螫刺。
他的拳打不到我，因為他看不到我。
現在你看到我了，現在又看不到了。

——拳王阿里

當戰爭初始，解放軍對我國進行大量飛彈及空中攻擊時，我們不可避免地要採取守勢。防禦是一種有限的選擇，其核心精神就在戰力的保存。能夠有效保存力量、維持戰力，就能靜待進攻時機來臨。一旦出現有利的力量對比與時機，就可迅速而猛烈的轉守為攻，這是防禦作戰等待的最重要一刻。

有些人可能會主張，一旦我們面臨敵人的飛彈及空中攻擊，我們就應積極地運用遠距離攻陸飛彈實施反擊，這樣做或許暫時有利於民心士氣的維持，但是從全程作戰的觀點來看，積極的遠距反擊作為對戰爭勝負無關痛癢，只會招致敵方更多、更嚴厲的飛彈及空中攻擊。相同的資源我們比對方稀少太多，以長程飛彈反擊敵方長程飛彈的手段，是對稱性的作戰概念，與不對稱作戰的思維在本質上相互矛盾，最後失敗者必然是資源較少的一方。因此，運用各種防護手段維持我們的作戰能力，達到戰力保存的目的，才是臺灣負擔得起的低成本、高效益作戰手段，也才有利於後續的全般作戰。

戰力防護是整體防衛作戰構想中最重要的概念，強化存活率與遭受第一擊後的持續作戰能力，不僅對民心士氣的維持甚為重要，在作戰的任何階段都是國軍戰力的依託。「整體防衛構想」強調要構建高效益、小體積，以及機動強的武器儎臺，適於遂行欺敵、掩護以及誘導等戰術作為，讓敵人無法掌握，其目的都是為了有效達成戰力防護的目標。不過，這些投資並不具備傳統觀念中耀眼戰力的特性，長期以來遭到忽視並不足為奇，然而這些不顯眼的能力才是臺灣防衛作戰成敗的關鍵，它們才應該優先投資。

戰力防護與高存活戰力兩者之間相輔相乘。高存活戰力的重點在建立具備戰場存活特性的兵力，戰力防護強調的則是建立具體的「戰術、技術、程序」，使各作戰單位能夠據以在戰場發揮戰術機動、分散部署，欺敵、偽裝、隱匿、假設施、電子干擾、近接防護、多重配置、快速修復等手段，讓敵人難以偵測、攻擊及破壞，達到戰力保存的目的。

（一）重點是防護自己的作戰能力，而非全面性防護

「兵力、火力、防護力、指揮與領導」是戰力的四大元素，戰力防護的重要性不言可喻，然而不同的戰場環境、作戰型態所需使用的戰力防護手段自然相異。兩岸一旦開戰，解放軍必定優先攻擊國軍的指揮所、指管設施、通信裝置、雷達站、機場及港口等，其手段不外乎以遠距飛彈、空中兵力、長程火箭、無人機，以及特戰人員等實施攻擊。面對多樣化的攻擊方式，國軍可以採取飛彈防禦、防空火力、近迫武器等主動防護模式，或以機動、疏散、欺敵，甚至以多重配置、快速修護等被動模式因應，端看所需防護的目標特性而定。一般而言，固定且體積巨大的設施或裝備，其防護困難度最高，欲達到徹底的防護，只能採用諸如飛彈防禦、近迫武器等主動式防護手段，然而這樣做又牽涉到資源有限的問題，以我們反飛彈能力的庫貯絕對無法應付敵人大規模的飛彈攻擊。即使數量足夠，也無法達到百分之百的防護，因此最符合成本效益的戰力防護手段，仍是採用低成本的機動、分散方式，使敵人無法掌握我之位置及行蹤，從而達到迴避敵人遠距攻擊的目的。但是這種方式並不適用於現有已經建置完成的設施，諸如固定式的指揮所及監偵雷達系統，在資源不足必須有所取捨的情況下，我們戰力防護的原則就必須側重在「防護自己的作戰能力，而不是全面防護」。

（二）如何防護空軍的基地及戰機

臺灣目前空防的主力是三百多架空軍戰機，這些戰機耗費了超過一半以上的國防經費，然而卻是極其脆弱的空防結構。戰時如果因為機場設施及跑道的損害導致戰機無法起飛作戰，這將是臺灣軍事作戰上最大的災難。在不斷的採購新式戰機，卻又捨不得淘汰老舊戰機的同時，國軍始終不願嚴肅地面對機場防護的問題。然而，不願意面對並不表示問題不存在，以臺灣現行極端依賴戰機的空防結構，要討論空防問題，首先必須先解決機場的防護問題。而要解決機場防護問題，就必須整體思考包括飛彈防禦等所有的防護問題，沒有整體性的防護解方，難免掛一漏萬。

談到飛彈防禦，直白地說，面對解放軍大量彈道及巡弋飛彈，臺灣沒有本錢玩大規模飛彈防禦的戰爭遊戲。攔截彈道飛彈是難度最高，而往往成本效益最低的防護選項。具備反飛彈能力的飛彈，如愛國者三型及天弓三型等，均極昂貴，以臺灣的國防財力，沒有能力大量建構及庫貯。現行國軍將愛國者三型飛彈部署於臺北、臺中、高雄，企圖保護三個主要都會區域，這是超過能力所及的部署，並不實際。臺灣的國防資源有限，我們應該優先運用這些昂貴先進的防空武器防護我們的關鍵作戰能力，而非一般的都會區域。都會區域的防禦需要預先部署飛彈發射系統，並長時間開啟雷達，以便偵測、鎖定並摧毀來襲飛彈，這種防禦方式使得我們的飛彈發射裝置與偵蒐雷達位置，容易被敵人先行偵知，而遭到敵人反輻射飛彈或無人機攻擊，因此我們應該改變防空飛彈系統的運用方式。

蘭德公司在二〇一六年針對臺灣空防所發表的研究報告，提出具體的建議是淘汰大部分戰機，增購愛三／弓三，並採購更多的機動野戰防空飛彈。愛三／弓三雖然可以攔截彈道飛彈，然而考量戰力防護及戰場存活性，蘭德公司依據量化分析的模擬結論，並不主張過早開機進行區域飛彈防禦，而是等到解放軍戰機配合入侵部隊登陸作戰階段，才與機動野戰防空飛彈協同作戰，以支援地面部隊的反登陸作戰。不過明眼人一看即知，在臺灣的社會環境，這種科學化分析所得的結論，非常的政治不正確，也不太可能被採納，人民很難認同這種開戰之初放著天價武器不用，而等待「適當時機反擊」的戰術，反而會因此認為國軍無法保護臺灣免於飛彈攻擊、無能。

為了解決政治上的窒礙，同時滿足空中防禦的需求，且兼顧防空武器系統的存活性，國軍可以調整愛三／弓三專用於機場防護，盡可能確保戰機能夠起飛作戰，同時構建並運用更多的機動野戰防空雷達，搭配「整合防空暨飛彈防禦戰鬥指揮系統」（ＩＣＢＳ）的聯網化指管系統，此構想非常適用於臺灣的戰場環境。把野戰防空雷達聯網起來，可以截長補短，並減少單點失效的脆弱性，從而大幅提升存活性與統合戰力。

不過，如果針對飛彈防禦及防空作戰，總體來說愛三／弓三使用雷達所能提供的性能與功能，當然不是哨兵或蜂眼這種野戰防空檔次的雷達所能滿足，實質上更不可能替代，然而這種防空系統的架構，主要優勢在於可以透過聯網能力，把所有防空感測系統都整合在一起，同時大幅增加機動雷達與被動感測系統，例如多基雷達、光電／紅外線、電偵系統等的投資與部署，又因數量多，所以能夠透過分散獲得較佳的戰場存活性。

(三) 跑道需多重配置、精進搶修作業

解放軍假如攻擊臺灣，為了有效反制，確保我戰機能夠起飛，盡量運用空軍基地以外可作為戰機起降的跑道是必要的手段之一。桃園、小港、松山、豐年等民用機場以外，其他如臺中、嘉義、臺南、花蓮等軍民合用機場，以及高速公路備用跑道等，都要規劃在戰時納編軍事用途，容許作為戰機起降作業。想要達到此目的，空軍必須在各個備用跑道建立後勤支援能力，並定期實作演練，方能完備戰機的作戰整備。

另外一個要深入探究的是如何更有效率，更快速地修補遭受破壞的跑道。解放軍已經具備專門為破壞機場跑道而研發的集束彈，一枚足以釋放數以百計的子彈藥，除了大面積地直接摧毀跑道，還能充當詭雷殺害修理人員，這使得修補跑道變得更加困難。空軍在多年前購入跑道緊急搶修套件，爾後應將這些跑道搶修作業納為重點訓練考核，同時建立民間相關營造廠「整廠徵用」制度，於戰時將搶修作業重型機械直接配置在各個跑道旁，以爭取跑道修復的時間。然而不可諱言，國軍對於集束炸彈可能造成的大面積破壞，以及詭雷式設計對跑道搶修人員所

造成的威脅，目前仍缺乏有效的反制手段。這類搶修技術國外不斷精進，而臺灣耗費巨資購買新型戰機之際，也應該考慮這些不起眼，但真正攸關戰力的重要裝備。此外，攸關戰機整補的機場設施，包括基地保修、電力系統、彈藥整補、儲油設施、供油管線等，皆因抗炸能力不足易損性高，成為戰力防護的關鍵弱點。由於這些設施均是固定化裝置，只能以強固化或多重配置等方式因應。

（四）建立滑跳板起飛能力

在機場跑道受到攻擊損害，又希望戰機能夠起飛作戰的環境下，縮短最小起飛距離是可以思考的解決方法之一。所謂的滑跳板戰術一般運用在航空母艦艦載機，在機場建立滑跳板起飛的能力就是運用這種短場起降的概念，讓飛機能夠在較短跑道的情況下，用曲線的方式起飛，增加機動性。滑跳起降的好處是可以縮短起飛距離，只要有滑跳起飛裝置，戰機可以在各滑行道、戰備道起飛作戰。這種做法雖然有減少飛機載彈量及油料的缺點，但如果我方擁有機動滑跳板起飛能力，將可複雜化共軍攻擊我方機場跑道，企圖封閉我機場的評估及作業。戰機起飛距離愈短，可用跑道段就愈多，癱瘓機場所需資源也愈大。滑跳板是相對廉價的作為，若能讓敵人消耗更多資源才能達成相同的軍事目的，即有其作戰價值。

根據美軍一九九〇年的研究顯示，F－16使用仰角九度滑跳板，起飛所需距離（Ground

Roll）可縮短逾五成。美軍雖因無迫切需求致未深入實驗，但其分析數據仍可供我們參考。另從網路上亦可找到流傳甚廣的戰機以滑跳板起飛的畫面，其中就有蘇愷－27型戰機，以極短的距離滑行後藉由滑跳板順利升空。這些研究及試驗，意味著一旦「滑跳板戰術」驗證可行，解放軍所需攻擊機場的飛彈數量便得倍增。而為確保達成有效癱瘓臺灣跑道、封閉機場的目的，共軍的「近即時戰損評估」（BDA）能力亦須隨著耗資加強。

許多人批評滑跳板起飛不能替代F－35B戰機，所以毫無意義。其實F－35B也只是短場起飛、垂直降落，並非不需跑道。我在任內曾要求空軍研究在各機場建立滑跳板起飛的能力，讓戰機實施短場起降，以強化作戰韌性。由於此構想涉及滑跳板建置、人員訓練、飛航安全等因素，空軍對此並不熱衷，迄今沒有進度，當可預期。其實如以共軍為例，當年解放軍還沒有航母與專用艦載殲擊機時，就已經在陸地建置滑跳板模擬練習航母起飛，證明沒有滑跳專用戰機，一樣可以研究短場起飛，這是心態調整的問題，而非全然技術障礙。再者，作戰情報本就應講究虛實。假設我們機場末端架設滑跳板，解放軍經由衛星偵照查知，不論在實戰中是否運用，多少也會擔心我們已經具備「大幅縮短戰機起降所需跑道長度」的能力。

（五）增進開放式機堡的安全性

現行空軍基地內除室內機棚，幾乎所有機堡都是無實質隔離的開放式結構。我曾質疑此種做法，因為開放式機堡在平時不但不能防範昂貴戰機遭受強風豪雨的侵蝕，在戰時機場若遭敵轟炸攻擊，即便未能直接命中，亦容易遭受到間接性的炸彈碎片殺傷（Cheap Kill）。但所得到的答案，是空軍師承美軍模式，機堡均不裝門；若有颱風威脅，戰機均以戰備防颱轉場方式辦理。事實上，針對此議題過去空軍內部有不少討論，可惜最後均未獲致共識。我不太能理解為何長期以來空軍不願意為機堡裝設護門，只因為是承襲了美軍的做法；在臺灣這種高威脅環境下為機堡加門的措施，具有非常高的成本效益，為機堡加門所需預算甚少，且此舉可以使敵人無法知悉是否有飛機在機堡內，而且戰時可以防範因炸彈碎片所造成的任務殺傷，這是減低機場戰損最起碼的作為，現在開始，時猶未晚。

（六）加強防護空軍洞庫基地

由於中央山脈的高度及東部的陡峭山形，使得臺灣東部的洞穴基地可以免於遭受受限於拋物線飛行特性的彈道飛彈攻擊。然而解放軍的航母、大型戰艦，以及遠程轟炸機的陸續成軍，使得來自臺灣東方的遠距巡弋飛彈的威脅遽增，東部的洞穴已經不是空軍戰機的安全庇護所，甚至於只要有一枚巡航飛彈擊中洞穴入口，就可能對空軍戰力造成災難性的損害。

要確保洞穴中的戰機安全，必須有極嚴密的洞口防護措施。我在任時曾給空軍兩項具體指導，其一是在洞口前適當位置構築防爆牆，巡航飛彈囿於其飛行速度，路徑變換需要相當距離，此種結構可以保護洞穴機庫免於從東方而來的巡弋飛彈，或智能化炸彈的攻擊。此種防護措施價廉、效高、易行，值得儘快完成。其次是採購車載式機動近迫防禦武器系統（Close-In Weapon System, CIWS），這種全自動化的近接防禦系統對次音速飛彈，以及無人機有極佳的攔截效果。基於東部洞穴機庫的重要性，這是必要的關鍵投資，不過這兩項措施，自從我退伍迄今，幾年來未聞報載有何具體進展，實際情形不得而知。此事攸關東部空軍基地安全，國軍理應賦予高度重視。除此以外，對東部洞穴基地安全的威脅，甚至包括解放軍特戰人員經由空機降或滲透方式，以人攜式飛彈或爆破手段將出入口破壞封鎖，以上種種手段都可能使我洞穴內戰機封死洞內，無法升空作戰。此外，東部空軍基地的地面自我防衛兵力有限，陸軍作戰區必須將空軍基地納為防衛重點，部署適切兵力，才能有效預防。

（七）如何防護海軍艦隊的戰力

我國海軍在二十多年前就已經意識到，解放軍的遠程導彈及空中威脅，以海軍艦隊的能力並沒有有效的反制方法。再者，海軍艦隊主要任務是反制及攻擊解放軍的先遣作戰艦艇以及擔負登陸作戰的兩棲船團。因此在啟戰階段，解放軍使用遠程打擊火力及空中攻擊時，海軍艦隊最主要的工作是實施戰力防護。當時的作戰構想是只要臺海進入準戰爭狀態，為避免海軍主力在基地遭到共軍飛彈攻擊，艦隊主力作戰艦艇採取緊急離港，駛往西太平洋水域實施遠海機動，等待解放軍部隊跨海登陸臺灣，這時再返航展開反擊。如此的遠海機動戰力防護規劃雖非完備無缺，然而由於解放軍當時缺乏遠洋監偵及攻擊能力，此種戰力防護作為至少在開戰初期，可以確保海軍艦隊的戰力完整。只不過這項當年評估可行的戰術作為，經過二十年來解放軍遠洋戰力的飛躍成長，其適切性現在就需要進一步思考了。

隨著解放軍遠洋監偵能力漸趨完善，遠程打擊能力的大幅成長，即使海軍艦隊遠離臺灣本島兩百浬，共軍也能透過衛星、遠程預警機，以及無人機等各種監偵手段掌握我艦隊動向。最近幾年解放軍遼寧號、山東號航母戰鬥群，以及轟－6型遠程轟炸機，已陸續跨過第一島鏈進入西太平洋演訓。戰時如果海軍艦隊遠離臺灣本島滯留於西太平洋，面對敵航母空中兵力及轟－6，甚至最新型轟－20遠程隱形轟炸機的導彈攻擊威脅，在沒有陸基防空兵火力的掩護下，海軍艦隊的存活能力確實堪虞。據報載，近幾年國軍在演習時有將艦隊駛往日本西南群島領海以內，使解放軍有所忌憚而不敢攻擊的行動方式，這種一廂情願、罔顧政治現實的浪漫做法，甚而引發不同軍種發出「艦隊無用論」的議議。然而不論上述任一做法，即使部分海軍艦艇能夠倖免遭受攻擊，是否能夠在需要時刻再穿透敵水面艦隊、潛艦，以及空中兵力之堵截，成功返回臺海海域加入作戰行列，著實引人質疑。

很顯然，隨著解放軍遠洋作戰能力的快速發展，海軍艦隊遠海機動方式的戰力保存計畫顯然需要重新思考，這種群聚在西太平洋遠海，依己力獨立存活的艦隊活動形式，將使得解放軍的作戰計畫更容易在事前匡定目標，適時的實施遠距離偵測、定位、追踪、攻擊。這意味著海軍艦隊將無法以遠海機動的方式，獨立達成戰力防護的目的，也甚難適時返航對抗全面進犯的敵軍犯臺艦隊。

面對兩岸極端不平衡的遠洋戰力，海軍艦隊在戰爭初期的戰力防護作為必須改弦易轍。依據臺灣擁有的海上資源及特殊地理環境，目前比較可行且適宜的做法，是將海軍較大型的作戰艦艇與海巡大型艦艇，以及臨戰徵集的民用大型船舶混合編組，於東部傍岸海域實施戰力防護作業。至於小型艦艇則盡可能於不同之商、漁港內實施分散靠泊。這種兵力防護的做法有以下優點：

(1) 海軍艦艇、海巡船艦及民用船舶一起混編，敵人難以於遠距離外鑑別及標定目標，以致難以實施視距外攻擊。

(2) 傍岸實施戰力防護作業時，在陸岸以及艦隊防空系統的聯合協防下，可有效反制敵空中威脅，同時，亦可聯合陸岸兵力反制敵可能對我東部地區實施之空、機降攻擊。

(3) 東部高山極為接近岸邊，此種特殊地形可使自東部而來的敵反艦飛彈，在最後終端尋標與攻擊階段時受到干擾。

(4) 岸置機動反艦飛彈可以協助艦隊反制自東面而來的敵水面威脅。

(5) 在陸基及艦隊區域防空系統的掩護下，定、旋翼反潛機可以遂行反潛戰術作為，反制來自水下的威脅，同時軍、民混合方式的戰術編隊，亦可混淆敵潛艦的偵測識別能力。

(6)在戰況需要時，艦隊混合編組可以傍岸航行，在陸基防空及反水面兵火力的聯合協防下，適時駛赴所望海域攻擊犯臺之敵兩棲船團。

綜合而論，針對大型作戰艦艇的戰力防護，採取海上機動方式是必然之舉，小型作戰艦艇由於續航力的限制，只能留置於港內實施戰力防護，其防護方式有賴盡可能地分散於不同的商、漁港，並經常變換靠泊位置以保護自身安全。現行海軍光華六號飛彈快艇由於吃水的限制，只能停泊少數漁港，安全係數偏低；由此觀之，微形飛彈突擊艇可疏散靠泊於超過兩百多個漁港的作戰價值所在。

(八) 如何防護地面部隊的戰力

兩岸一旦全面衝突，不論戰況如何發展，只要中共執意武統，在臺灣堅不屈服的情況下，地面部隊的衝突在所難免。這時國軍地面部隊的戰力防護就變得異常重要。雖然陸軍在反制解放軍承平時期的灰色侵犯角色上顯得無足輕重，然而一旦面對解放軍全面武力進犯，其所能提供的嚇阻及防衛力量就變得十分巨大。因此一個有戰力、韌性強的地面部隊，對臺灣防衛作戰的重要性不言而喻。

在遠距離火力的威脅下，地面部隊的戰力防護相對容易，原因是地面部隊不像海、空軍兵力高度依賴基地。而即使有整補的需求，也不必集中於少數大型基地。因而在面對遠距離火力攻擊時，可以有較佳的戰場存活能力。地面部隊也可以藉諸多作為遂行戰力防護，諸如戰術機動、分散部署、快速變換位置、欺敵、偽裝、隱匿、設立假目標、電子干擾、近接防護、多重配置、快速修復、反無人機等措施，都可以在不同的戰場情況下，提供不同程度的防護效果。再以臺灣的戰場環境而言，地面部隊如果能夠做到機動與分散、偽裝與欺敵等行動要項，就可以達成戰力所需的防護程度。

1. 機動與分散

眾多兵力防護手段中，機動與分散無疑是最重要的行動，只要目標非屬固定型式，敵人的遠距離攻擊火力效果就將受到限制。因此地面部隊只要以機動的方式，將兵力分散至不同的戰術位置，並利用暗夜或有利時機適時變換位置，其遭受遠距離火力攻擊風險相對較低。事實上，以臺灣的複雜地形及高度城市化的地貌，諸如叢林、山區、城鎮中的橋梁涵洞、民間廠商與地下化設施等堅固的建物，均可提供隱蔽功能，也是地面部隊遂行戰術機動時極佳的戰力防護位置。因此對地面部隊而言，機動與分散是戰力防護的不二法門。

2. 偽裝與欺敵

戰場偽裝是通過模糊及融合己身與周邊環境的特性，從而達到欺騙敵人或降低己身被發現而遭致攻擊的危險。欺敵則是透過影響敵人的認知而達成。要影響敵人的認知，首在識別出敵人的認知傾向，或在必要時引導敵人的認知傾向；而強化一個已存在敵人心中的認知，又比引導敵人產生我希望的認知傾向來得容易。如果我方能夠清楚識別敵方的認知，就可以據此擬訂正確的欺敵方案，藉著有意或無意的釋出真實、虛假、半真半假等信息，誤導敵方的資訊，進而加強敵方既有的認知，並使敵方做出我方期望的反應。

地面部隊為達到降低遠距或空中攻擊威脅，所採取的偽裝與欺敵作為，不會特別困難。根據美軍在中東戰場的經驗，只要防守方做好欺敵和偽裝工作，即便是掌握絕對空優的美軍，也不見得能夠完全識別敵軍目標，甚至還常常誤擊偽裝的假目標。臺灣地形複雜多變，加上城鎮密集度高，地面部隊可利用自身與周邊環境的模糊與融合，並運用抗紅外線偽裝網、充氣式假目標等偽裝資材，結合地形、地物、地貌，隱匿人員及武器裝備，並確實遵守電磁防護程序，當可降低暴露風險，達到戰力防護的目的。

3. 野戰防空

機動分散與偽裝欺敵是成本效益最佳的戰力防護方式，然而這些作為均屬被動、靜默式的防護手段，一旦位置被敵方發現並鎖定，將無法再發揮防護效果。此時只能依賴主動、殺傷式的防衛手段，野戰防空就是主要的防護憑藉。雖然臺灣防空飛彈密度不低，然而這指的是諸如愛國者、天弓，甚至鷹式系列的區域防空設施。至於地面部隊賴以防護的野戰防空，則屬於自我防衛式的點防禦系統。由於陸軍長期將大部分的資源挹注於裝甲及陸航部隊，機會成本的因素，導致野戰防空的建置乏善可陳，人攜式防空飛彈以及新型防空機砲更是匱乏。目前各作戰區將野戰防空兵力集中在單一防空營的編制方式，使得分散部署以後的大部分地面部隊，在面對近接空中威脅時均缺乏自力防護手段。

除此以外，無人機對地面部隊的威脅已經足以左右戰局，最好的例證是二〇二〇年亞塞拜然與亞美尼亞的戰爭。亞塞拜然的攻擊無人機，成功摧毀了以裝甲部隊為主的亞美尼亞地面部隊及重要軍事設施。這場戰爭的焦點不是空戰新聞，也非裝甲部隊的交戰，從廣為流傳的影片上看到的，都是不同的無人機攻擊戰車的畫面。曾經是陸戰之王的鋼鐵戰車，不斷遭受無人機的攻擊摧毀而毫無招架之力，這種傳統戰爭從未見過的交戰模式，對國軍地面部隊是一個相當危險的信號，在國軍一意醉心於採購M1A2戰車的同時，無人機攻擊戰車的畫面，正標誌著現代地面戰爭已經發生了顛覆性的變化，進入了一個全新的時代。毫無疑問，不只是空中威脅，解放軍大量無人機必將成為未來國軍地面部隊的重大威脅。強化野戰防空，尤其是不需發射電磁波的人攜式防空系統，建立如第八章「不對稱戰力」一節所述的無人機反制能力，並發展相關戰術、技術、程序（TTP），已經是國軍地面部隊刻不容緩的要務。

濱海決勝

不論敵軍或我軍，離開基地愈遠，遭遇的麻煩會愈大，風險也愈高。

——拿破崙

研析兩岸軍事實力對比及解放軍武力犯臺方式，悲觀者認為兩岸軍力極端懸殊，臺灣完全沒有機會，解放軍已經具備快打速決的能力，在奪取臺海制空權後，僅憑特戰兵力，運用空、機降的立體作戰方式即可征服臺灣，不需從海上實施兩棲登陸作戰。少數浪漫者則認為，臺灣應該採取積極的態度，發展遠距精準飛彈攻擊大陸內地，實施源頭打擊，如此就可嚇阻對岸不敢武力進犯，或者即使進犯亦可防止敵人速戰速決，增加防禦縱深及打亂敵人作戰節奏。

這兩種論述，總結而言均脫離現實，將戰爭視之過簡，純藉所述幾萬名特戰人員，以空機降方式即能達成武力征服臺灣的任務，這種能力恐怕連美軍的空降作戰能力都不敢如此妄議，遑論毫無作戰經驗的解放軍空降部隊。即使完全掌握空中優勢，如何避免那些具備機動、防護、高存活的短程野戰防空以及人攜式防空飛彈的攻擊，也是重大問題。雖然料敵從寬並沒有錯，但過於浮誇的假定似乎也過分高估解放軍的實力。至於強調以遠程攻陸飛彈就可嚇阻解放軍武力犯臺，或遲滯其行動的說法，也過度膨脹了遠程攻陸飛彈的威力。一顆非核彈頭，攜載著一千磅傳統炸藥的攻陸飛彈，其實並沒有一般人想像的強大威力。二〇二二年的俄烏戰爭已經充分證明，長程精準攻陸飛彈並不能成為遊戲改變者。中國大陸幅員如此遼闊，目標如此眾多，如何期待只使用有限的傳統攻陸飛彈，就能獲得嚇阻或遲滯解放軍攻擊的效果？此外，我們也必須客觀地思考，在臺灣缺乏遠距攻陸飛彈精準測試場域及遠距情監偵目獲能力下，自主製造生產的成品，其精準度及效果恐怕不宜一廂情願的過度自信。這種想以傳統遠距攻陸飛彈達到嚇阻、防禦，甚至扭轉戰局的思維，到頭來只是耗費了巨大的機會成本。想要藉此阻擋執意進犯的解放軍，缺乏足夠的說服力。

對長期遭受中共文攻武嚇的臺灣人民來說，「遠距制敵」一詞確實可以激勵士氣、大快人心，不惜鉅資去建立遠距離攻擊能力的心態，可以理解。然而臺海戰場畢竟不是政治競技場，任何武器的功效仍得依據作戰實務及科學分析才是正途。如果我們的作戰構想是期望憑藉有限的遠程攻陸飛彈，就達到「延伸防衛縱深，拓展防衛空間」的目的，想要藉遠程飛彈來「攻擊敵人關鍵節點，以阻滯其戰爭計畫、破壞其作戰節奏、癱瘓其作戰能力」，這就過度膨脹了傳統遠距攻陸飛彈的威力。畢竟這類武器只是飛得比較遠，打得比較準的傳統炸彈而已，它與核彈的威力完全無法比擬。我們只要看俄烏戰爭中俄羅斯在戰場上投射了上千枚遠距精準攻陸飛彈，卻無法改變戰場形勢當可略知一二。遠程攻陸飛彈的功用大概只存在「迫使解放軍必須在遠離當面的機場與港口集結」這一項，而這種評估即使正確，國軍恐怕也難以利用這短暫的空間差距，迫使共軍無法達成武力侵臺的企圖。耗費鉅資發展昂貴的長程飛彈僅是為了打亂敵人作戰節奏，並不符合作戰及成本效益，且最終仍無法有效阻止敵人犯臺行動。我們必須謹記，「使敵人奪臺任務失敗」才是國軍在防衛作戰上有能力達成的勝戰目標。

就作戰實務而言，防衛空間的擴張牽涉到能力是否足以配合的問題，期望「遠距制敵」除了要擁有遠距飛彈以外，更重要的是具備擊殺鏈的能力，否則其攻擊效果必然存疑。

所謂「擊殺鏈」，基本上要具備以下能力：

(1) 搜尋：找尋所欲攻擊的目標；這是屬於戰時「情監偵」的技術，也是攻擊目標的第一步。

(2) 定位：辨識、確認目標位置，繼而決定接戰的武器與方法。

(3) 追瞄：對目標持續定位及追蹤，等待最有利的攻擊時機。

(4) 鎖定：追瞄的目的在持續獲得目標的位置及動態精度，鎖定則在確認目標的資料必須滿足攻擊精度所需。

(5) 打擊：確定對目標已完成精確的鎖定後，發射武器攻擊。

(6) 評估：打擊後必須立即進行攻擊的效果評估，是否命中？目標損傷是否如預期？並以此決定是否依擊殺鏈循環持續再攻擊。

建立擊殺鏈的能力，難度將隨著距離增加呈幾何級數增加。國軍在沒有建立遠距離擊殺鏈能力之下，勉強從事超過自己能夠有效控管的遠距攻擊，效果必然不彰。**評估是否具備遠距離攻擊能力，配備遠距離飛彈僅是其一，更重要的是建立一整套「擊殺鏈」的能力**，否則就像身處「視界僅三公尺」的濃霧之中，卻想槍擊十公尺以外的目標一樣，是徒然浪費資源。從這個作戰實務的角度來看，國軍在不具備遠距擊殺鏈的情況下，將數量、威力均極其有限的遠程攻陸飛彈寄予「遠距制敵」的厚望，一旦戰事真起，是否能通過考驗，著實令人擔心。

持平而論，有關臺灣建立遠距離攻擊武器這問題，較客觀理性的態度及做法，應該是在合理的資源分配下，建立某種有限度的遠距精準打擊能力，以提供一定程度的作戰層級彈性（Operational-level flexibility），或具特定價值的戰術效應。但這種遠距打擊能力，本身必須具備高度的存活性，例如無需仰賴飛機投射，且具備一定程度的突防能力，以及可接受的成本效益（針對特定目標之單位任務擊殺成本／cost per mission kill），並有可恃的目獲手段足以配合，唯有具備上述條件的「遠程制敵」能力才有其軍事意義。

臺海戰爭的勝負攸關臺灣的生存，我們必須規劃與臺灣國防資源相對稱的作戰構想，發展中短程精準彈藥，利用臺海地理特性精練三軍聯合作戰，阻絕並摧毀敵犯臺主力於濱海區域，這才是我們付得起、做得到的務實規劃。相較一味指望「遠距制敵」而言，「整體防衛構想」則是正視兩岸懸殊的戰力對比，極大化的運用臺灣身為防禦方的優勢，以彌補雙方在兵火力上的落差。**考量當前遠距離作戰能力，我們不宜隨興的無限擴展戰場，最務實的做法反而是縮小打擊面，集中資源打擊敵人戰略要害**，從而達成使敵人無法「完成奪臺任務」的勝戰目標，而依國軍現有戰力，在預想戰場的選擇上，最務實、最可行、最適切的作戰構想，是**充分整合可用之「空中、海上、陸岸」兵火力，打擊跨海半渡接近濱海地區的敵主力船團**。

（一）為什麼要選擇濱海決勝？

> 整合我們空中、海上、陸岸的作戰資源，發揮聯合作戰效能，在敵人戰力最脆弱的濱海地區，給予致命一擊。

「整體防衛構想」選擇以濱海區域作為預想決勝空間，是經由合理分析敵我雙方在戰力的差距，以及空間、時間的可能變化所做的務實規劃。選擇濱海決勝的基本考量如下：

1. 戰場遠近的影響

戰場位置的遠近，對戰爭勝敗具有決定性的影響。我們應該從一個自己占據優勢的位置發起攻擊，目標是聯合可用之兵火力，選擇性的攻擊敵人的要害。什麼是敵人的要害？簡單來說就是它的重心。敵人的重心是其「執行任務最關鍵的能力」，要朝著這個「點」攻擊，而不是沒有重點的「全面」攻擊，如此才有可能獲得決定性的戰果。濱海是國軍最有機會成功攻擊敵戰略重心的區域，解放軍當然希望國軍艦隊馳赴遠海與之直接對抗，因為在遠處孤立無援下，我方相對弱勢的艦隊戰力很容易會被殲滅殆盡，而敵人渴望什麼，我們就決不能讓敵人如願，這是戰略常識。

2. 作戰效能的發揮

依據《二〇二一年國防報告書》，為了反制共軍「快速奪取臺

戰場距離對聯合作戰的影響

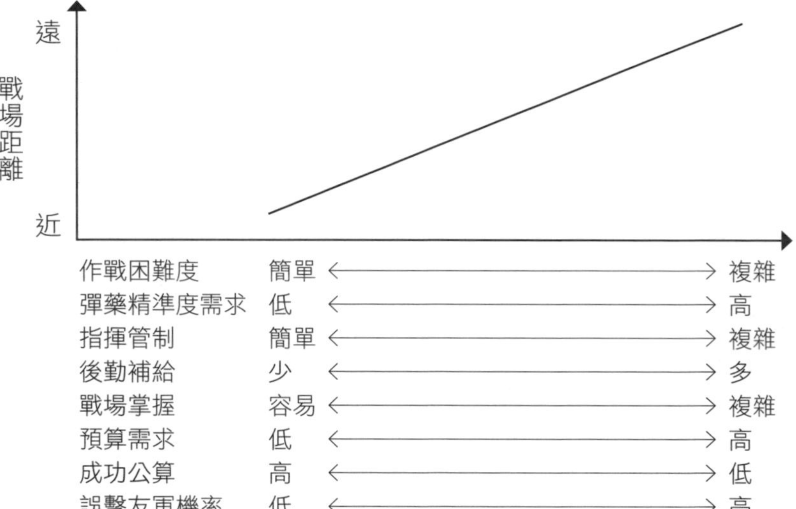

灣，避免外力介入」的企圖，國軍將延伸防衛縱深至大陸沿岸，也同時宣示要向臺灣的北面、東面與南面，延伸防衛縱深來拓展防衛空間。這種宣示聽來企圖旺盛、氣勢磅礡，然而其中卻存在著能力及邏輯上的矛盾，更是罔顧事實。直白的講，紙上談兵說來容易，但是一旦戰事真的發生，以臺灣的軍事實力，從何而來的資源及手段，能夠在如此遼闊的區域揮灑用兵、擊敗敵軍、達成防衛目標？以臺灣相對已經極為弱小的兵力，在大幅擴張防衛縱深的同時，兵力資源必然會更為稀釋，如此反而可能使解放軍更容易、更快速的在各個空間分別

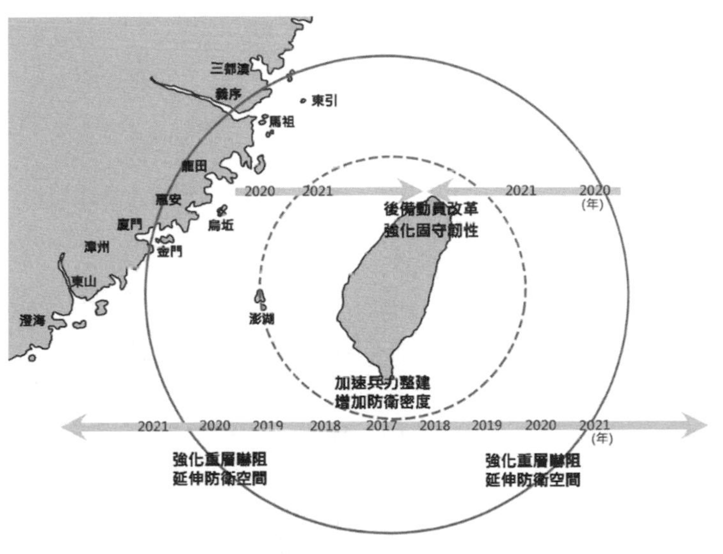

國防部在 2021 年的《國防報告書》，首度把中國沿岸一線畫入我國攻擊範圍。（來源：中華民國國防部網站）

擊破國軍。無所不備，則無所不寡，以當前兩岸軍事實力，國軍應該將重點置於嚇阻，以及擊退解放軍跨海進犯，這才比較合乎實力原則，而非隨意夸夸其詞，將防禦縱深延伸至大陸沿岸。而這問題的重點，是中共如果要全面侵犯臺灣，解放軍就必須先控制臺灣海峽，否則在跨海過程中將非常容易受到攻擊。因此制空及制海權的掌控，是敵軍跨海進犯的先決條件。如果國軍能有效將防禦縱深延伸至對岸，那解放軍如何控制海峽？還能奢想跨海犯臺嗎？我們應該以務實的態度來規劃我們的防衛方案，臺灣是防禦的一方，反制解放軍的跨海全面進犯，並不需要完全控制臺灣海峽，只要迫使解放軍不敢進入濱海區域即可達成防衛目的。**濱海決勝的涵義，並非單指狹義的沿海區域，而是指臺灣空中、海上及陸岸兵火力，在偵測及打擊能力上可以「同時」涵蓋的範圍**，如此可使三軍的聯合火力更為集中。整個濱海決勝的構想，就是利用共軍登陸部隊還在海上與空中時，能夠以陸海空三軍最大的火力進行決定性的聯合打擊，讓共軍的登陸行動無法成功。以當前國軍的作戰能力，欲執行過於擴散的防禦範圍其實是力有未逮。

3. 掌握目標的能力

什麼是關鍵性的攻擊？意思是能夠在最恰當的時刻，最適合的地點，以最精準、有效、節約的方式攻擊敵人的戰略重心，迫使敵人無法執行任務。距離太遠、區域過廣、非關鍵目標的單點攻擊，對作戰成敗的影響微乎其微，而對兵力弱勢者而言，成功的關鍵性攻擊攸關勝負至鉅。關鍵性的攻擊首在目標的偵測及鑑別，因此決戰場必須置於我軍戰時情監偵能力範圍之內，否則勢必難竟其功。臺灣固定雷達站在敵軍跨海侵犯階段勢必會被摧毀殆盡，機動雷達站受地形高度影響，能掌握目標的距離是選擇決戰場域的重要考量因素，我們必須面對現實，當防禦範圍過於擴散，國軍便無法有效掌握目標。

4. 攻擊目標的效果

臺灣處於資源弱勢的一方，不對稱作戰的要旨在攻擊敵人執行任務的能力，而非沿襲傳統作戰將重點置於消滅敵人的所有部隊，因此作戰時必須明確律定主要的攻擊目標，並集中兵火力形成重點攻擊。假如攻擊目標設定過於廣泛，很可能陷入盲目追逐、目標發散、失去重點、無謂消耗的情形，以致無法將火力集中在最關鍵的時刻。濱海區域是我方各式防空系統、岸置機動反艦飛彈能夠涵蓋的範圍，且海、空兵力又能迅速抵達的戰場，在此區域國軍有機會對敵登陸船團遂行陸、海、空聯合火力打擊，若超過濱海區域，依國軍戰力現況，上述兵火力涵蓋的條件將無法達成。

（二）濱海決勝的作戰要點

迅速而猛烈地轉守為攻，是防禦最偉大的一刻。

——克勞塞維茨

敵人一旦進入「濱海決勝」區域，國軍便要從「全然防禦」轉換成「積極進攻」。敵我兵力強、弱的概念，與戰場上的攻、防並沒有全然的關係。解放軍實力雖然相對強勢，然而在戰場上未必永遠是攻擊的一方；國軍實力雖處相對弱勢，也不必然僅能防禦。**臺灣在戰略上不得不採取守勢，然而在戰術上，攻擊卻是最佳的防禦手段。軍事行動到了戰術階段時，行動的重點在攻擊，防禦則只是攻擊的輔助或準備作為。**濱海決勝的主要攻擊目標設定在攻擊敵人的戰略重心，此舉至關重要，在整個跨海攻擊行動中，敵軍指揮管制的船艦和兩棲船團堪稱其戰略重心。兩棲作戰的複雜性超乎想像，不但要有周詳的規劃，臨場的指揮管制更是整個作戰行動的成敗關鍵，現場指管船艦如果遭到攻擊而失去任務執行的能力，將使龐大的兩棲作戰編組陷入慌亂失序的狀態。

解放軍跨海進犯的主要任務，是將地面作戰部隊藉由兩棲船團成功的送上陸岸，確保兩棲登陸船團的安全，也是解放軍能否全面進犯臺灣的成敗關鍵。指管船艦及兩棲船團，是敵人跨海行動時的戰略重心，若受損嚴重就只能宣告犯臺作戰行動失敗，是解放軍全面進犯的軍事災難，如果我們能夠重創敵兩棲船艦，將使敵軍失去登陸以後有效遂行地面作戰的能力。

在整個濱海決勝作戰期間，我們不該對空軍戰機及其所攜帶的遠距武器有過多的期許，因為如果無法掌握絕對的制空權，解放軍不會遂行跨海作戰。然而由於我軍分散部署及戰力防護的作為，解放軍仍可能面臨來自我方海上及陸岸的威脅，因此必然也會將此列為優先攻擊重點。在這種戰術下，海軍作戰艦艇已經不宜再沿用傳統的海上編隊、兵力集中的作戰方式與敵軍進行截擊作戰，這時候適宜的海上作戰是採取「分散式殺傷」（Distributed Lethality）的作戰概念，也就是透過小型海上機動編隊，形成多面向的水面機動打擊群。這種藉由兵力分散、同時間、多面向，並聯合海巡及民用船隻混合編組來掩護軍艦行動的作戰方式，會使敵軍無法掌握我軍主力位置。而吃水淺的微型飛彈突擊艇，這時可分別從分散在臺灣各地的小型漁港執行作戰任務。這些小型漁港作為微型飛彈突擊艇的基地，使解放軍難以鎖定；各艇配備的人攜式防空飛彈，則可用以反制來自空中的威脅。至於分散在陸岸各地的陸基機動反艦飛彈系統，即便在海上戰艦失去作戰能力的情況下，仍能藉由不斷的移動及攻擊，繼續保存戰力，並攻擊敵軍海上艦艇。二〇二二年俄烏戰爭中，俄羅斯黑海艦隊旗艦「莫斯科」號，遭到兩枚烏克蘭岸置海王星飛彈擊沉一事，可以具體說明岸置機動飛彈攻擊濱海區域敵艦的作戰效能。

國軍在濱海決勝的首要目標是攻擊敵人的戰略重心，只要有效達成，就可宣告防衛作戰成功，這也是「整體防衛構想」將濱海地區設定為「決勝場域」的主要原因。因為唯有在濱海區域，國軍的區域防空系統才有能力涵蓋空中、海上，陸岸兵力才能在防空飛彈系統保護下作戰。也唯有在濱海區域，國軍才有機會發揮空中、海上及岸上的三軍聯合火力對敵集中打擊，而在超出濱海區域的範圍，就沒有這些聯合作戰的有利條件了。

灘岸殲敵

在敵人最脆弱之際，給予重擊。

雖然中共有能力透過海空封鎖，甚至遠距離攻陸飛彈、多管火箭，以及空中攻擊，來壓迫臺灣屈服封鎖或懲罰臺灣。然而這些軍事選項並不足以威脅臺灣生存，只有全面入侵和占領，才會徹底征服及政治上統治臺灣，因此中共的三棲攻擊才是對臺灣生存的最大威脅。二〇二二年三月，美軍陸戰隊司令柏格上將接受《華盛頓郵報》專訪時表示，任何軍事行動的複雜棘手程度，都不如三棲登陸作戰；雖然侵略方可藉海空夾擊壓制守方，一旦登陸上岸，還是有許多後勤補給與後續跟進的問題需要克服。話雖如此，儘管解放軍以三棲登陸作戰方式攻打臺灣的複雜性與困難度，高得令人難以想像，但如果其他選項無法令臺灣屈服，三棲登陸作戰仍將是中共為達成武統目的不管多麼困難也必須做的最終選擇。

從近二十年來解放軍的發展歷程來看，其擴軍初期仍是以發展遠洋作戰能力，以及防止臺灣獨立為主。建軍項目著重海空軍的現代化及作戰能力。隨著主要作戰兵力的次第籌建完成，最近幾年已經將重點置於武統所需的三棲戰力，〇七五型兩棲攻擊艦的陸續成軍是個明顯的指標。解放軍正在逐步建立垂直立體登陸的能力，過去解放軍的〇七一型船塢運輸艦，攜帶的裝備、武器、兵力，都不若〇七五型兩棲攻擊艦，〇七五型兩棲攻擊艦可以容納更多的登陸部隊和武器裝備，能搭載的直升機數量也更多、能力更強，它可以從海上及空中同時發動登陸作戰，再運用氣墊船、商用滾裝貨輪、半潛船，以及其他登陸載具，構成解放軍完整的三棲登陸作戰體系，屆時將有能力採取立體化作戰方式，從海面及空中同時或交錯展開，針對臺灣的正面、側翼、縱深等各個區域，實施多方位的立體攻擊，如此將對臺灣的整體防衛作戰造成極大的壓力，而解放軍一旦成功度過此一最複雜，且困難的作戰階段，隨後的地面作戰將形成我方以地面部隊，對抗敵從陸、海、空三方而來的攻擊，由此可知國軍灘岸防禦作戰的重要性。

灘岸殲敵是「整體防衛構想」作戰構想中的重要一部。所謂灘岸並非狹隘地指敵人企圖自海上登陸的水域、海灘，亦泛指敵可能執行空、機降，以及企圖奪占港口、機場的所有作戰場域。敵人遂行登陸作戰時，在抵達灘岸之前，或是已經登陸成功但重型武器裝備尚未下卸之際，是其作戰能力最為脆弱的時刻。此時是攻擊灘岸及空機降入侵敵人的最有利時機，敵方這時也必將傾全力運用海上及空中火力，攻擊我軍的防禦兵力。即使如此，國軍仍有機會運用主場優勢，藉由臺灣高度城市化的地形地物，預先將兵力部署在有利戰力防護及火力發揚的戰術位置，能夠適時攻擊敵之主要登陸及空降部隊，迫使敵人無法有效建立灘頭堡及陸上根據地。三棲登陸作戰即使是日常演練，都有高度的困難性及複雜度，更遑論戰時要在砲火下進行登陸。我方應該掌握此一重要有利時機，運用適切的兵火力，傾全力摧毀敵人後續所需的陸上作戰能力。

（一）如何反制傍岸水際的敵軍

灘岸殲敵的作戰區，指的是登陸灘頭向外延伸數十公里的區域。不論是大型兩棲艦船抵達泊地進行登陸部隊換乘，或是直接搶灘登陸的水翼船，還是進行登陸作業的登陸艇、兩棲戰鬥車，抑或載運空降部隊之定、旋翼機、攻擊直升機，甚至是已經搶灘或空降著陸的地面部隊，都是灘岸作戰期間的攻擊目標。在此作戰階段及接敵過程中，即使國軍各類型兵力已經飽受敵人猛烈的海空攻擊，然而我們若能適切執行戰力防護措施，此時仍將有能力運用多種手段阻制，以及攻擊敵人的登陸作戰行動。當然，我們對戰爭的預期不能過於樂觀而失之一廂情願，因此在規劃各類防禦手段之前，我們必須以務實的態度先行評估屆時可能的戰場環境及戰術場景，如此方能研擬出與戰場情況相應的灘岸殲敵作戰方案。

兩岸戰爭如果持續進行到水際灘岸之間，代表敵人已經掌握絕對的空優及制海權，否則登陸作戰不太可能打到這個階段。合理的戰場想定是：國軍的主要海空兵力經過之前的交戰，海軍主戰艦艇已然所存無幾，空軍戰機的情況亦必相仿，即使始終藏匿於洞庫而倖免於攻擊的少數戰機，也必然因敵人此刻對機場更密集的轟炸、跑道持續受損而無法起飛作戰。各型區域防空飛彈這時不是已經耗盡，就是系統遭到攻擊而損毀，即便有少數倖存，也難以左右戰局。

攻擊或阻制尚在水際之敵，使其難以接近灘岸的做法，是「灘岸殲敵」階段的戰術上策。攻擊水際之敵的要件是「精準」，這僅能運用具有搜尋、追瞄、導引功能的精準彈藥方能奏效。這類武器彈藥幾乎所有戰機及戰艦均有配備，然而如前所述，在此作戰階段這些海空戰力已經難以具備作戰能力或存活空間，此時唯一能夠期待的戰力，就只剩下微形飛彈突擊艇、岸置機動精準飛彈，以及防禦性布雷等手段。微型飛彈突擊艇由於體積小、吃水淺，再加上若能分別停泊在不同的小漁港，並透過機動變換泊位及偽裝欺敵等手段，這時仍能保存相當的戰力攻擊尚在水際的敵人，這樣的評估應算合理。

在此一作戰場景中，岸置機動反艦飛彈車、陸射型地獄火飛彈、專司攻擊小型艦艇的低成本紅外線影像導引火箭（LOGIR）、雷射導引精準火箭（APKWS）等各類型的岸置精準武器，由於機動分散的特性，只要運用及藏匿得當，很有機會存活至「灘岸殲敵」階段，這時就能給予敵兩棲船艦致命的打擊。臺灣早年就能自主生產雄二／雄三反艦飛彈，然而囿於量產能力，多年來數量有限，僅能聊備一格。如果二〇二〇年一百套岸置機動魚叉飛彈系統，以及四百枚魚叉飛彈的軍購案能適時完成，則可補上這個戰力缺口。這類小型、機動、精準、致命的武器系統，完全符合「一大堆機動、致命小東西」的精義，對於反制水際之敵是多多益善。

防禦性布雷在防衛作戰中的效益更無庸置疑。國軍原本缺乏制式布雷艦艇，二〇二二年一月成軍的四艘快速布雷艇，已經適時補上此一缺口。這四艘快速布雷艇每艘均配備自動化布雷系統，可以在最適當的時刻，快速精準地完成布雷作業。以四艘僅僅九億餘元造價而言，這種高成本效益的系統就是典型的不對稱戰力。水雷具有隱匿、破壞力強、難以清除、造價便宜等特性，是最令解放軍感到棘手的作戰手段。面對已經或極可能布雷的灘頭水域，敵兩棲艦艇必然有所顧忌而不敢接近。倘若敵軍不顧一切遂行水雷反制作業，掃／獵雷艦必須面對我軍岸置機動精準彈藥攻擊的威脅。因此防禦性布雷作戰，絕對是反制解放軍兩棲艦船的不對稱作戰重點，有必要持續發展及強化。

（二）如何反制已登上灘岸的敵軍

第一層「岸際防禦」應該與最後一道「水際防禦」重疊。海上及岸置的精準火力，應鎖定並攻擊尚在水際的兩棲登陸艦艇。然而當敵人抵達灘岸，我們就必須使用爆炸範圍更大、殺傷性更擴散的武器摧毀已登陸灘岸、企圖建立灘頭堡的敵人。這類武器包括具備群集火力的多管火箭系統、攻擊無人機、反裝甲飛彈及火箭、傳統火砲，以及灘岸防禦火箭系統。

國軍自製的多管火箭系統射程有限，戰時勢必與地面防禦部隊一樣，推進到敵方登陸的灘頭後方。但解放軍部隊若要登陸，必然會先取得制空權；臺灣失去制空權，意味著原本準備好的灘岸防衛態勢，已在解放軍搶灘前遭到壓制。考量這種戰場環境，美製的海馬士高機動多管火箭系統（HIMARS），搭配長射程的陸軍地對地戰術飛彈（ATACMS），此時就能夠顯出其戰場價值。海馬士多管火箭系統由於射程長達三百公里，國軍可將它分散藏匿在遠離灘頭危險區的任何戰術位置，利用各型不同的火箭彈種或戰術地對地飛彈，對臺灣各處共軍登陸的灘岸迅速實施精準火力打擊，以因應突發狀況，而不需要以緩慢且危險的部隊移動方式實施跨區兵力增援。

長久以來，國軍在面對不同之敵登陸主力指向，均以機動調整地面兵力部署位置，實施跨作戰區增援以為因應。然而此種戰術調整不但曠日廢時、反應緩慢，且部隊在實施機動過程中極易遭受敵空中兵火力的攻擊。海馬士多管火箭系統在建案之初的考量，即在藉其高機動性及長程火力，能夠在任何地點攻擊集結在臺灣各處登陸灘岸的敵軍，以取代低效、危險的地面部隊跨區增援，是一種以火力代替兵力的思維，而非外界感興趣以及強調可以射至對岸的源頭打擊能力。

「境外作戰」成敗的關鍵在後勤。所以不論戰況如何，即使解放軍已經成功登陸進行縱深防禦階段，在沒有掌握機場或港口的情況下，後續兵力及後勤補給仍需經由灘岸，因此國軍仍然有必要持續攻擊灘岸。然而籌建陸軍地對地戰術飛彈（ATACMS）這種高檔武器所費不貲，以臺灣的國防資源不太可能大量配置。因而國軍仍有必要運用各類型傳統兵火力，配合尚存之短程機動防空系統或人攜式防空武器，提供防空掩護，並持續攻擊灘岸的敵軍。

國軍另外的作戰方案是運用無人載具攻擊灘岸的敵人。亞美尼亞與亞塞拜然的雙亞戰爭證實，未來戰爭最明顯的趨勢是透過大規模的無人機進行系統攻擊。如果解放軍成功登陸灘頭，國軍將被迫處於防禦狀態。又由於制空權已經為敵掌握，此時若再期待國軍定翼或旋翼機對敵發揮攻擊火力，顯得不切實際。此時，小型且可躲避雷達的無人載具系統，反而可以有效攻擊灘岸尚未形成戰力的敵軍。解放軍為了繼續提高後勤能量，只能受限在灘岸地區活動，承受極高的風險。因為整體攻臺兵力尚不足夠，已登陸的地面部隊又無法輕易撤退，在後續支援無法即時到位的情況下，解放軍將失去持續作戰的能力。

目前臺灣並不具備以無人載具攻擊敵地面部隊的能力，然而這種不對稱戰力攸關國軍能否有效執行灘岸殲敵任務。攻擊性無人載具系統的技術門檻及成本並不算高，可以大量擁有，也是典型的「一大堆機動、分散、精準、致命的小東西」。

（三）如何反制執行空、機降的敵軍

解放軍在執行全面進犯的過程中，從海上登陸的進犯途徑，雖可以在短時間內運送大規模的兵力，但是在作戰實務上，三棲登陸作戰的複雜性將導致極高的技術風險。為了確實達成任務，以定翼機投放空降部隊，以及直升機快速機降的作戰模式，將是解放軍侵臺作戰必然之舉。解放軍擁有上千數量的定、旋翼機可供執行大規模的空機降作戰，其可提供地面作戰的兵火力不容小覷，如果與海上登陸作戰配合得宜，將會造成國軍防衛作戰的高度壓力。

國軍實施募兵制後兵員數量大幅縮減，想要應付解放軍三棲作戰必然捉襟見肘。面對從海上而來的大規模的重裝敵軍，國軍部隊只能將重點放在應付來自灘岸的敵人。在兵力不足時，若是國軍又得面對同時而來的敵人空降及機降兵力，難免造成顧此失彼的情況。面對來自海上的威脅，國軍還可以聚焦於少數適合登陸的灘岸地區，相較之下，敵人空、機降場的選擇就顯得遼闊且難以事先掌握，這是國軍的困難所在。

要有效反制敵軍的空、機降作戰，必須針對其兵力特性及我軍的作戰資源著手。空、機降兵力的優點是行動快速，且對方難以事前掌握空機降地點；缺點是降落前的脆弱性，以及降落後缺乏重裝火力支援。因而反制空機降兵力的最佳時機是在降落作業前，先行攻擊飛機儀臺。由於空、機降作業最終需要在低空執行，因此即使以刺針飛彈這種人攜式防空武器攻擊，都可以獲得不錯的效果。人攜式防空武器具有絕佳的戰力防護效果，不管在哪個作戰階段敵人均難以輕易摧毀，這凸顯出此型武器在反空機降作戰中的價值。但由於小型輕便武器不夠顯眼，臺灣過去並不十分重視，地面部隊的人攜式防空武器配賦不多，最近幾年才意識到它的重要性而開始採購，但在時間及數量上仍遠不如實際作戰所需。

反空、機降作戰的第二個有利時機，是敵人完成空、機降作業初期。這時候敵軍的兵力分散，若能掌握這時機便容易各個擊破，然而在國軍常備部隊不足的情況下，要做到這點十分困難，唯一的方法只能寄望受過訓練且部署得宜的後備及國土防衛部隊。當此臺灣矢言改革後備制度之際，賦予後備及國土防衛部隊戰場所需的反空機降武器，並施予適切的訓練，乃當務之急。

臺灣東部為空軍戰機實施戰力防護的重要地區，且地面防衛兵力薄弱，自然是敵人亟欲奪取控制之地。但是東部地區缺乏適合大規模登陸作戰所需的灘岸地形，且受到中央山脈阻隔以致易守難攻，空機降作戰自然是敵人最佳的進犯手段。如何儘速強化國軍在東部地區反空機降的作戰能力，亦是刻不容緩的議題。

如果戰事進行到灘岸殲敵的階段，反空、機降作戰必是此階段成敗的關鍵。過往國軍地面部隊並不重視反空機降作戰所需的武器、裝備、部署及訓練，這點亟需改善加強。

（四）如何防禦港口、機場

解放軍要奪取臺灣，必須經由空中及海上運送大量部隊登陸，然囿於其現階段三棲正規運輸能力的不足，而且即使盡全力發展也可能受限於灘岸與指管能力等問題，無法一次將所有部隊送上臺灣，因此如欲取得足夠的兵力優勢進行地面作戰，必須依賴民用滾裝貨輪及半潛船等非正式輸具，以及運輸機運送後續登陸部隊。基於這種考量，奪占港口及機場以進行重型武器、裝備、人員及後勤輜重下卸，就變得異常重要。因此，國軍對港口及機場的防禦，亦將成為灘岸殲敵的成敗關鍵。

相對而言，機場的防禦比港口來得容易，原因是機場面積較小且地形空曠，有利於防禦的一方使用較少的部隊，以人攜式防空武器系統及重型武器裝備進行防空及地面防禦作戰。再者，解放軍為了癱瘓國軍空戰能力，勢必持續以遠距及空中兵火力破壞機場，如此也相對降低了運用機場實施後續部隊增援的機會。港口防禦則迥然不同，主要原因是占地太廣。過往國軍慣以「固、封、毀」的口訣來形容港口防禦，這在兵源充沛時期或許還說得通，但是以現行國軍部隊數量，根本無力也無暇執行港口固守及破壞任務。就現實面來看，唯一我們能夠考量的，是在必要時機封閉港口以防被敵軍所用，然而以防衛兵力封閉港口的方法並不可靠。我在任時，曾經提出一個結合民間人、物力的構想，並推動納入戰時民物力的徵用機制。這構想只要動員管制各港口的港務單位，徵用一艘中型民用船舶，指派引水人引領該船舶橫置於海港進出航道，再派遣潛水作業人員開啟艙內通海閥門，讓船舶泛水沉底，即可達到封港的目的。後續如需恢復，僅需派遣潛水作業人員關閉通海閥門，再進行船艙排水，即可使該船舶上浮脫離、恢復港口進出作業。這種做法即使敵人以地面部隊成功占領港口，但因為不了解泛水沉底的船艙內洩水之處，將難以讓船舶上浮脫離。這個構想在提出的當時並無人反對，但現在是否仍然受到重視，不得而知，不過並未聽聞有建立相關作業機制及實際演練的情事。

（五）如何善用民間資源強化防禦

基於兵力及資源的弱勢，國軍沒有能力在遠離臺灣本島的戰場與解放軍交戰並獲得勝利。然而在濱海及灘岸地區，國軍可利用臺灣特殊之地形地貌，建構符合戰場特性的不對稱武器裝備，同時妥善運用水際及灘岸間多樣化的民間資源，協助形塑有利防衛作戰的戰場條件，如此將可充分擴大臺灣有限的國防資源，最佳化國軍的防衛戰力。這種運用民間資源倍增實質防衛效果的手段，臺灣必須深入研究，並劍及履及地實踐。

為了增加解放軍三棲登陸作戰的困難度，臺灣可以運用民間資源，在適切的地點建立戰術障礙。這是一種成本甚低卻十分有效的灘岸防禦作為，若再配合防禦性布雷及國軍的灘岸防禦火力，可以收到以下的戰術效果：①遲滯敵人的前進速度②擾亂敵人的作戰節奏③打散敵人的搶灘隊形④迫使敵人改變行進方向⑤迫使敵人進退兩難。

在規劃整體灘岸防禦的具體作為上，最有效也是最容易運用的手段是利用水際至灘岸之間，公民營公共工程及私人水產養殖設施。可以運用的手段包括：

1. 利用離岸風力發電設施

近年來政府為推動綠色能源，正積極在離岸地區投資興建風力發電系統。我們在西部濱海公路的某些路段，可以見到許多高聳在海濱的風力渦輪發電機。如果稍微調整這些專案的工程計畫，盡量將風力發電機建置在適合大規模登陸的灘岸外海，將會增加敵軍擬定兩棲登陸作業的複雜性，以及登陸時「艦岸運動」的航行困擾。

2. 利用離岸水產養殖設施

臺灣水產養殖業頗為興盛，特別在雲林、嘉義近海有數量龐大的養蚵場。每個定置在海上的養蚵棚架幾乎長達百米，戰時若能適時將蚵架拖帶至紅色灘岸外海，由於數量龐大，若部署得宜，可構成解放軍難以克服的登陸障礙。

3. 在灘岸設置障礙

臺灣沿岸不難看見基於公共設施工程，或水土保持所需的設施。如堆疊在岸邊，雞爪形狀的鋼筋混凝土石塊。這種海岸完全不適合任何類型的登陸作業，對於在灘岸設置障礙物，以強化灘岸防禦的能力提供一定的啟發。臺灣適合大規模登陸作戰的海灘有限，然而卻有無限的大型物資能夠用來當作灘岸障礙物，要是能妥善結合兩者，就可阻擋敵登陸部隊重裝備通行。另外，臺灣有不計其數的公共／民間工程重型運輸機具，我們可用來運輸及鋪設這類大型障礙物。讓我們稍微發揮一點想像力：假設在有限的登陸灘岸，我們先以老舊中海級登陸艦横灘占位，繼之在灘岸布滿諸如「大型貨櫃、雞爪石、重型機械、大型車輛」等障礙物，如此將大幅壓縮解放軍可供搶灘的地點。即便搶灘成功，也很難想像解放軍接下來要如何處理這些大型障礙物。

「整體防衛構想」並非僅專注於不對稱武器的籌建及運用，這些結合民間資源的價廉、效高、易行的不對稱作戰方式，更是核心理念。以上這些需要政府主導協助，以結合民間資源的防衛手段，我在職期間均曾提出，衷心希望政府及國軍能夠繼續建立相關的動員徵用機制及具體的實施辦法，而非漫不經心，束之高閣。

縱深防禦

要運用輕巧靈活的不對稱戰力，而非鈍重的裝甲兵力。

不對稱戰力雖然無法像裝甲大軍那樣強力地輾壓敵人，但卻是弱勢防守者能夠持久、存活的最佳防禦手段。

臺灣防衛作戰理想的狀況是透過濱海決勝、灘岸殲敵的不對稱作戰，就能遏止解放軍全面犯臺的軍事行動。不過戰場狀況瞬息萬變，一旦開打，沒人能夠說得準戰事會發展成何種態勢？料敵從寬，禦敵從嚴是顛撲不破的作戰金句，如果臺灣已經竭盡所能，但是濱海卻無法決勝，灘岸又未能殲敵，下一步該如何妥善應對呢？

解放軍如果成功登陸，國軍應該如何遂行全面性的國土防衛作戰，向來不受重視，也從未全面演練。然而隨著俄烏戰爭所引起的後備討論，如何遂行國土防衛作戰漸漸受到重視，並引發許多辯論。有些論點主張，如果解放軍登陸成功並完成重型裝備下卸，臺灣已經沒有能力對抗，戰爭殘酷無情，平民何辜，因此政府應該訂定終戰指導，毫無止盡的抵抗將造成生靈塗炭。這種論點基本上否定了國土防衛作戰的必要性，甚而衍生出對陸軍部隊存在價值的質疑。不過從近日臺灣社會對延長徵兵制役期的呼籲日增看來，此類論點顯然未成主流。然而即使如此，這話題仍有釐清的必要，因為這是遂行地面防衛作戰必要性的根本。

戰爭的發生肇因於國家政治目標的需要，有時過度的戰爭行為確實會妨礙政治目標的達成，甚至在戰後留下難以解決的政治後遺。因此**啟戰前訂定終戰指導，俾利戰爭計畫的作為無可厚非。不過這種思維邏輯，基本上屬於強者的專利；身為弱勢防守者，戰前並沒有預估戰事**

發展的能力與條件，能夠成功抵抗、存活，是唯一的作戰目標。在敵人未放棄侵略前的任何終戰指導，都容易被理解為另一種形式的投降計畫。從嚇阻理論來看，要使敵人不敢輕啟戰端的本質，就在於讓他強烈地意識到侵略計畫不會成功，也達不到其政治目標；而在防守上設定愈多的障礙，就愈能嚇阻侵略者採取行動。侵略計畫愈容易訂定，政治目標愈容易達成，就愈容易使侵略者採取行動，因此制定一個周嚴的縱深防禦作戰機制，使敵人的侵略計畫複雜化，確實有其必要性。

（一）如何遂行縱深防禦作戰？

解放軍一旦登陸成功，且如願建立灘頭堡，就說明國軍地面作戰部隊已經沒有能力，以傳統會戰方式一舉殲滅登陸敵軍。此時採取持續性的消耗戰，可能是縱深防禦作戰的最佳選擇。**消耗戰指的不是一次單一的決定性會戰，而是一場「期望能把敵人拖垮」的持久戰**。這意味著國軍必須擔負起長期性、持續性的縱深防禦作戰。

消耗戰是逐漸耗損敵人戰鬥能力的作戰，相對於殲滅戰而言，其目的是不斷地削弱敵人力量，以便最後拖垮敵人。雖然單一消耗戰並不會獲得決定性的戰果，然而戰略性的消耗戰可以磨耗長期在境外作戰的敵人的士氣。在戰力不若敵人的情況下，於主場採取消耗戰是適切的選擇，因為諸如國內人民的支持、後勤補給的便利性、對地形地貌以及城市建築的熟悉度等，這些主場優勢因素，都可以藉以轉化為有利的消耗戰條件，進而拖垮入侵的敵軍部隊。

以「拒止」取代「控制」的概念，是「整體防衛構想」強調的作戰思維，這原則也適用於持續性的陸上縱深防禦消耗戰。國軍地面部隊應把重點放在「拒止」解放軍的「控制」，而非堅持「控制」某個特定的陸上要域。這意味著國軍地面部隊不需要固守某一特定作戰區域至最後一兵一卒，這點與現行陸軍單兵教戰總則防禦篇內所指導的「戰至最後一兵一卒，絕不放棄陣地」極為不同。彈性的縱深拒止作戰概念，是藉著機動與彈性的行動模式反制解放軍的入侵作戰。這包括製造敵人作戰部隊的傷亡、避免與敵人進行殲滅性會戰、採取一系列永無休止的機動作戰……等，就是以「拒止」概念所進行的作戰型式。我軍在戰力不若敵人的情況下，不堅持固守或控制任何地區，而是採取彈性機動作戰的方式，使敵人也無法有效「控制」所望區域。這種作戰概念強調的是機動與彈性，讓解放軍沒有機會在決定性的會戰中摧毀大量的國軍地面部隊。臺灣要贏得戰爭，靠自己的士兵戰至最後一兵一卒並非上策，讓敵方持續性的傷亡直到士氣被消磨殆盡，才是適切有效的策略。這種作戰概念有點類似游擊戰，是憑藉地利與人和而採取的一種防守型戰術，採取不斷地消耗敵人、刻意拉長時間的手段來拖垮敵人，這類型的作戰雖然在戰略上屬於防禦性質，但卻必須具備積極的攻擊性，專在出其不意的情況下打擊敵人，使敵人無法有效控制，讓他兵疲馬困，終至無以為繼。

要能夠執行及貫徹在「機動與彈性」作戰概念下的縱深防禦作戰，國軍地面部隊的作戰構想及編裝構型都必須有所調整。

（二）一大堆能夠獨立作戰的小型機動部隊

由於強調「機動與彈性」，因此縱深防禦作戰的每一個作戰單位都不能太大，否則將妨礙部隊的機動速度及調整彈性。因此一大堆機動性強、靈活性高，能夠適時隱藏，避免成為敵人的目標，又能夠伺機出擊的小規模快速部隊，是執行機動與彈性作戰的最佳編組。這種小型機動部隊可以充分發揮地利與人和，也容易「化民力為我力，融我力為戰力」。如果臺灣到處都有這種小型部隊實施機動性拒止作戰，就能夠嚴重傷害登陸的解放軍。

（三）權責充分下授的分散式指揮作戰

運用大量的小部隊，秉持「機動與彈性」概念進行的縱深防禦作戰，需要彈性的計畫、快速的機動、充分的協調，以及敏捷的應變。這種部隊小、數量多、變化快的作戰模式，重點在「速度」，因而很難使用聯合作戰所習用的統一指揮方式來運行。事實上，小型的機動作戰需要現場小部隊指揮官的當機立斷，迅速決定部隊的進擊或撤退，而非等待不在現場，無法掌握狀況的上級指揮官指令，而小規模快速攻擊、快速撤離的接戰模式，我們慣常運用的聯合行動、統一指揮的模式已然無法適用，權責充分下授的分散式獨立指揮，有其必要性。

（四）整合各式輕便現代化武器的兵火力

小部隊若想具備獨立機動作戰能力，就必須打破地面部隊那種步、砲、裝等傳統的編裝方式，而是將所有機動作戰所需的各式整合火力，都配賦予這些最小的作戰單位。舉凡可以快速機動的車輛、輕兵器、反裝甲火箭、人攜式防空武器、迷你飛彈、無人機、通資裝備等均應編配，其重點在輕便靈活，使能充分發揮機動與彈性的作戰能力。

（五）持續不斷地攻擊敵人的後勤支援

如果已經進入持續性的縱深防禦作戰，雙方最需要的都是源源不絕的後勤支援。由於是「在地作戰」的性質，我方占有主場優勢，作戰所需之後勤補給相對而言較為簡單；敵軍跨海而來，後勤支援問題就顯得極端重要，而且在執行上複雜無比，因此將敵人的後勤補給視為「縱深防禦」階段的戰略重心可謂恰當。在這種情況下，持續攻擊敵人來自空中及海上的後勤補給支援，迫使敵人失去長期作戰的能力，是此階段的成敗關鍵。而具備機動、分散、存活特性、具有不對稱戰力的小部隊作戰，正適合執行此類任務。如果沒有辦法將敵人推回海上，就讓他們的後勤支援難以為繼，這是不對稱作戰概念的實踐，也是間接路線取勝的體現。

（六）建立能有效遂行縱深防禦的國土防衛部隊

縱深防禦作戰是臺灣生死存亡的最後關鍵，我們需要冷靜地思考，如果臺灣已經瀕臨絕境，到底需要什麼型式的戰力才有機會絕處逢生？可以肯定的是，如果國軍仍然按照現行陸軍戰術教則指導的作戰要領，與敵人進行一場傳統地面作戰，我們必敗無疑。在這個最關鍵、生死存亡的作戰階段，能夠有效接戰制敵的不會是傳統的裝甲大軍，而是以小部隊進行戰鬥的組織架構，其作戰特性有別於傳統陸上部隊所強調的統一、控制、集中、組合等作戰型態，相反的是以小部隊採行獨立、拒止、機動、分散等方式與敵接戰。

要進行一場地面的「拒止」作戰，以現行陸軍的組織及編裝很難符合此需求，即便是在後備改革後，陸軍仍然強調後備兵力要與正規部隊一致，遵循傳統地面作戰型態。我們必須針對機動與彈性的拒止作戰需求，另行建立一支與常／後備部隊在結構上完全不同的「國土防衛部隊」，協助陸軍正規部隊進行縱深防禦式的國土防衛作戰，此一概念將在下一章具體敘述。

第十章　深層的嚇阻：建立國土防衛部隊

就軍事觀點來看，不論目標遠近都無法自外於敵人的攻擊，因而若想成功防衛國家安全，必須同時仰賴正規軍隊與民兵部隊。

——約米尼

二戰期間美軍攻擊日本硫磺島，其部隊總傷亡高達兩萬八千六百餘人。同樣在二戰期間，日本發動侵華戰爭，中國傷亡人數高達一千兩百七十八萬人，其中九百一十三萬為平民。而就在不久前發生的二〇二二年俄烏戰爭中，烏克蘭許多民兵參與戰爭，雖然犧牲慘重，卻有效延宕了俄軍攻勢進程。以上例子告訴我們：境外征伐是軍人應盡的責任，防衛守土則是全民無法迴避的宿命。

俄羅斯出人意料地對烏克蘭挑起戰火，舉世震驚。烏克蘭雖然地理上距離臺灣遙遠，但臺灣卻感同身受，原因在於同樣身為民主體制，國家生存也同樣遭受著獨裁強鄰的威脅，值得慶幸的是，俄烏戰爭也使得臺灣人民的危機意識開始發酵，民間呼籲恢復徵兵制的聲量前所未見，民調顯示高達七成的民眾願意上戰場為保衛臺灣而戰，尤有甚者，部分公民身體力行，志願加入草根的民防組織。烏克蘭藉由堅強的抗敵意志所獲得的防衛成果，給予了臺灣極為重要的啟示；面對巨大的強敵威脅，能夠嚇阻敵人冒進，確保國家安全的最重要依恃就是「全民一致的抗敵意志」。

對臺灣而言，全民防衛的概念主要在於透過全民的參與，讓敵人看到並且相信：臺灣社會有堅韌的防衛能力和抗敵意志，因而以武力侵犯的代價不但十分龐大也難以成功。這是嚇阻戰爭、維持兩岸和平的關鍵。

後備動員制度是全民防衛中的一個重要環節，其目的主要在彌補常備部隊的兵力不足。在兩岸軍力日益失衡的狀態下，目前國內外對於我國國防政策最熱門的話題有三：第一、國防預算的成長幅度；第二、如何強化不對稱戰力；第三、如何改革虛華不實的後備動員制度。

後備動員對縱深作戰至關緊要，即使擁有兩百萬龐大兵力的中共，亦不斷調整改革後備動員機制。中共在二〇一〇年十一屆全國人大常委會，第十次會議通過並實施《國防動員法》，另在二〇二一年十月全國人民代表大會常務委員會，通過「關於深化國防動員體制改革期間暫時調整適用相關法律規定的決定」，針對國防動員、人民武裝動員、經濟動員、人民防空、交通戰備、國防教育進行改革，主要目的在強化中共本身「平戰轉換」的能力，這顯示了當國家面對戰爭課題時，後備動員機制是無法輕忽的問題。

觀察當今各種型式的不對稱作戰，其中最值得探討的莫過於機動游擊作戰，因為即便如美國這樣的軍事強國，過去二十年間不斷地發展反制游擊戰的戰法、戰技及戰具，最後仍窮於應付神學士的長期游擊作戰。中共近二十年的武器發展，集中在現代化大國對抗的長程飛彈，以及制空制海的軍武領域，並未多加關注類似阿富汗戰場使用的游擊戰法，這必然會導致其在非正規作戰方面的能力限制，因此「後備部隊」的不對稱運用，是值得我們思考的方向。

「整體防衛構想」的作戰構想部分提出「不足的國防資源＋豐沛的民間資源」的概念，所指的資源不僅是物質，更包含了人力，這也是構成全民防衛的重要因素。

臺灣的後備制度出了什麼問題

臺灣現行軍隊動員方式可分為四類：①編實動員：補足各「常備部隊」之編現差額②擴編動員：擴充各類型「後備部隊」編現差額③戰耗補充：將各常、後備部隊之作戰損耗人員（裝備）予以適當補充（補給），以確保持續作戰能力④軍事勤務動員：戰時或非常事變時，為輔助戰時勤務或地方自衛防空等勤務需要之人員。在緊急命令生效後，國防部發布動員令，編制管理的各類型後備軍人依令，必須在二十四小時到指定後備部隊報到。

目前臺灣的後備軍人約二百三十萬人，列管退伍八年內的人力約八十萬人。現階段召訓對象區分志願役（約八萬），義務役（逐年遞減，二〇二七年歸零）及四個月軍事訓練（約六十萬）。國防部於二〇二〇年十月表示，有關後備動員制度的改革，主要包括成立全民防衛動員署並重新劃分後備部隊，分為第一類的灘岸守備旅，第二類的縱深與城鎮守備旅，與第三類的重要目標防護單位。並新編成五個灘岸守備旅，使總數達到十二個；重裝備部分將接收正規部隊的汰換裝備；後備部隊訓練也將原區分二年施訓一次更改為一年一訓，連續四年，後備軍人教育召集將由每次七天增至十四天，擴編動員召訓人數從十二萬五千人增加至二十六萬八千人。不過國防部於二〇二一年十二月在立法院再度表示取消後備部隊三大類型規劃，現在的國軍就是強化基本戰鬥教練，後備軍人在哪裡舉槍瞄準都一樣。

而在後備動員制度的組織改革方面，《國防部全民防衛動員署組織法》於二〇二一年五月二十一日，經立法院三讀通過，並於二〇二二年一月一日成立「國防部全民防衛動員署」，「後備指揮部」則改隸屬「國防部全民防衛動員署」轄下。不過才剛經過半年，國防部就於同年七月一日將之再改「編配」給「陸軍司令部」。從這一年半之間的多項重大改革政策一變再變的過程中，可以感受到國防部內心的徬徨與糾結。

（一）找出問題的關鍵

目前國軍的作戰想定，是依照「制空、制海、反登陸」的順序執行防衛作戰，後備動員部隊在反登陸階段扮演重要角色。然而過去軍方並不重視後備戰鬥能力的訓練培養。後備動員作業是以教召及點召方式執行，此召集工作雖然皆依照計畫執行，但重點似乎都置於「報到率」這類看得到的帳面成績，訓練成果外界無從得知，而為了避免招惹民怨，召訓單位多抱持多做多錯、不做不錯的鄉愿心態，僅求不惹事端、平安離營。後備部隊訓練因此長期形式化，重蹈過去部分服義務役的青年感嘆「浪費生命」的經驗。

二〇二〇年十月，美國《華爾街日報》針對我國後備議題進行報導，訪問數名接受四個月軍事訓練役的役男，發現訓練內容僅為基礎的步槍射擊，而且服役時的多數時間都在「出公差」與「整理環境」；至於後備教召方面，徵召入營的後備人員也未接受扎實有效的戰鬥訓練。這種情況引發外界諸多批評，認為在現行制度下的後備軍人毫無戰力可言。

現階段臺灣戰力基本上分為兩部分，一是總數尚不足二十萬的現役軍人，另一是號稱兩百三十萬的後備軍人。單看數字，臺灣後備軍力龐大充足，但事實上卻只是「虛胖」的表象。須知戰力繫之於「人員＋裝備＋訓練」，目前看到的「兩百三十萬」是「人員」，姑不論他們戰鬥意志的高低，後備軍人的「裝備」在哪裡？「訓練」又如何？

二〇二二年開始後備改革後的教召內容，大致可歸納出三個重點：一、訓練期程增加；

二、訓練難度加強；三、指揮體系由「後備指揮部」改隸各「作戰區」，但除了這三個改變以外，其餘基本照舊。一言以蔽之，此為「舊瓶」（制度沒變）裝「舊酒」（訓練目標沒變）的改革方案，只是瓶子較以往「略微放大」。過去的經驗告訴我們，期待以動員臨時組成的後備部隊來執行正規部隊任務，不論在武器裝備的獲得、訓練品質的維持，皆屬窒礙難行。目前臺灣的後備改革計畫是延續舊有制度，企圖將後備部隊組建成與正規部隊一樣的兵力型態，其方法僅是再擴大部隊、再增加動員人數、再延長教訓天數，但這種改革做法所需要的配套措施，諸如訓練場地、訓練設施、訓練內容、訓練強度、師資人力、裝備管理及保養維護等，均未說明如何改善，如此很難讓人期待後備戰力能夠從此脫胎換骨。後備動員問題可謂「冰凍三尺，非一日之寒」，以下我們分別分析一下訓練、裝備及人力等三個層面的問題所在。

1. 訓練問題

雖然國防部於二〇二〇年十月宣示，後備軍人教育召集將由五天增至十四天，後備部隊訓練更改為一年一訓，召訓人數從十二萬餘人增加到二十六萬餘人，然而實際上依據二〇二二年度的召訓計畫，預計可完成一次十四天召訓新制的後備召員其實僅一萬餘人，出現後備改革才剛上路即面臨跳票的窘境。分析其主要原因當在於幹部、裝備及設施短缺，訓練能量無法於短期內滿足需求所致。

後備制度最大的問題，是「常、後備部隊『形成一體』」的目標不切實際。由於役男的役期縮短至四個月，扣除五週入伍教育，僅剩十一週的訓練時間，再加上現實的環境中，軍人訓練所產生的諸如噪音對人身安全的危害，不時引起訓場周遭居民的陳情抗議，從而使得訓練地點、幅員，以及訓練時間受到諸多限制。基於時間及環境的限制，要訓練一名熟悉步槍、機槍操作，以及了解基本戰術的合格步兵已然不易，更遑論現代通訊系統或戰鬥車輛的合格操作人員。或許某些役男愛國愛鄉，充分把握此難得的學習機會，然而不可否認的是，絕大部分役男都在「數饅頭過日子」。「形成一體」的計畫只是理想，現實是「學者無心，教者無意」，再加上退伍後戰技自然會日漸荒廢，因此如果認為動員之後即可得到可用之兵，恐怕是緣木求魚。

2. 裝備問題

「常後一體」的政策，除了要整合常備與後備部隊的指揮權，還得規劃後備部隊配備與常備部隊使用同樣的裝備，此種構想確實有其窒礙難行之處。原因在於，目前即使是常備部隊，都僅能勉強維持本身裝備必須的妥善狀況，在這種情況下，欠缺人力、臨時編成的後備單位，使用常備部隊轉手過來的二手裝備，如何能夠維持適切妥善率？

過往後備部隊配備武器裝備太過老舊的問題常遭外界批評，如今國軍的改革做法還是沒能對症下藥。正確的做法應是先行思考並確認何種裝備才是後備部隊真正所需，然後進行採購與配備，並據之進行訓練才是正途。只想便宜行事的將正規部隊的汰舊裝備移撥給後備部隊，然後就想達成所謂「常後一體」的戰力目標，確實是匪夷所思。

3. 人力問題

目前國軍後備旅分為三類，分別是甲種旅（新訓旅）、乙種旅（各軍事院校含測考部的動員編成部隊），以及丙種旅（各縣市後備指揮部動員編成的縣市後備旅）。為因應教召改革工作，其中部分單位準備進行擴編，但卻出現員額增加，實際人力難以配合的問題。

甲種旅與乙種旅本身皆擁有訓練場地遂行教召任務，但丙種旅卻沒有相似等級的訓練資源。為配合訓練量的增加，國防部決定在北、中、南各增建一處召訓中心。針對新設召訓中心所需的人力，國防部計畫將丙種旅的常備幹部數，從目前的不足十五人擴編至八十人左右。不過根據媒體報導，配合三處新建召訓中心的成立，每個縣市後備指揮部皆將被抽調十餘名官兵，約占原先員額的五分之一。同時，國防部全民防衛動員室擴編為全民防衛動員署，所需增加員額可能亦將向各縣市後備指揮部抽調。此種挖東牆補西牆的做法，只是將人力短缺的問題推向各縣市後備指揮部，甚至陸軍的正規部隊，這種做法更容易造成人力資源缺乏的惡性循環。

（二）重新思考全民防衛機制

針對臺灣的全民防衛機制，我們不妨拿與臺灣狀況類似的國家作為借鏡。例如同樣「大敵當前」的愛沙尼亞、拉脫維亞以及立陶宛，亦即俗稱的「波羅的海三小國」。三小國同屬民主國家，地理位置與潛在侵略者俄羅斯緊緊相鄰，和潛在侵略者有著複雜的歷史與血緣關係；他們的國土範圍、經濟實力、軍事力量也與潛在侵略者差距懸殊。

三小國皆為北大西洋公約組織（North Atlantic Treaty Organization, NATO）成員國，因而受到北約集體安全機制的保護，但他們並未將本身的國家安全完全寄望於北約。在考量本身整體國力與俄羅斯差距甚大的情況下，二〇一四年以後，三小國紛紛採取「總體國防」政策，目的在將社會的力量整合於國防之中。

愛沙尼亞「國防聯盟」（Estonian Defense League）是國防部所轄的建制軍事組織，成立宗旨是依靠國民自由意志和主動精神，以強化國防、捍衛愛沙尼亞獨立及憲法秩序。領導階層及聯盟的少數幹部為職業軍人，多數成員均為自願參加的一般國民，平時執行協助災害救援與維護社會治安等工作。除了國防聯盟，愛沙尼亞另有婦女為主的國防志願組織（Naiskodukaitse）、青年成員為主的「幼鷹」（Young Eagles），以及年輕女性為主的「家鄉少女」（Home Daughters）等團體。拉脫維亞「國民兵」（Latvian National Guard）是重要的國家武裝部隊的其中一支，國民兵戰時以支持正規陸軍部隊，進行戰鬥支援及後勤補給任務，平時則維護社會公共安全和秩序，成員多數由從事災害救援，以及支持國防等國民兵職責的民間志願人士組成。除了國民兵，另有青年組織「青年衛隊」（Youth Guard），成員年齡自十歲至二十一歲不等。

立陶宛的「國防志願軍」（National Defense Volunteer Forces）成立於一九九一年，使原本就已存在的志願性民防組織合法化。二〇〇三年改制成為立陶宛陸軍（Lithuanian Land Force）的一分子。二〇〇四年，立陶宛成為北約會員國，國防志願軍的任務轉變為領土防禦，並兼任預備役人員的培訓，平時以地區災害救援以及維護社會治安等為主。

此外，在作戰能力的增強上，三小國採取「拒止」（denial）作為嚇阻俄羅斯入侵的策略，亦即增加俄方入侵、征服與占領的成本。愛沙尼亞與立陶宛已實施或恢復徵兵制，以擴充動員時可用的人力，並研議女性當兵的可行性。三小國發展後備部隊與民兵組織，是為了補充正規部隊作戰能力的不足，這些單位的特色是規模小、機動性高、具備可攜式但破壞性高的武器，並接受「持續性抵抗」相關技能的訓練，執行所謂「現代游擊戰」（modern guerrillas），目的在拖延或干擾敵軍的效果，爭取時間等待北約馳援。

前述三個與臺灣處境類似的國家，都擁有來自民間的防衛組織，戰時支援作戰，平時從事災害救援與治安維護。他們之所以如此，並非認為全民防衛足以擊敗俄國正規部隊，而是相信自己持續不懈、寧死不屈的抵抗，對嚇阻俄國相當重要。縱然三國皆是北約成員國，然而戰時北約需耗費相當時間方能完成部隊集結，因此他們必須盡可能地阻止俄國在短時間內達成全面占領。截至目前，這些小國採取的嚇阻強敵入侵的策略，都有不錯的成效。

就臺灣而言，國土防衛部隊能夠建立及向敵人傳達全國防衛決心，以增強嚇阻能力。我們已經耗費太多分析的時間和能量，在評估臺灣人民是否願意一戰，但其實一支健全可靠的國土防衛部隊即可平息這些爭辯，效果從這次的俄烏戰爭中即可得知：相較於企圖侵略占領城市的俄羅斯士兵，烏克蘭平民組織較之更為堅定地保衛家園和社區，兩邊如此鮮明的決心對比，激起了國際一致支持烏克蘭的迴響與行動。其次，各個國土防衛部隊在各自駐守範圍接受嚴格且實際的訓練，這可向自己的人民傳達強而有力的訊息：我們每個人都是防衛作戰的要角。再者，國土防衛部隊可進一步強化國家認同感和防衛意志。

俄羅斯軍隊可能在最後才能體會，即使該國身為侵略者，以諸般手段壓制烏克蘭的防守，如果沒有辦法穩定民心，就無法達到最終政治控制的目的。一支經過完整籌組、充分訓練、配備適切火力，且被賦予使用機動游擊戰術的國土防衛部隊，將使敵軍的政治控制更形困難。

臺灣處於世界公認的高度危險區域，但全民防衛長期遭到漠視，一旦談及全民防衛改革，各方議論分歧莫衷一是，任憑歲月蹉跎，始終原地踏步。其實中共對此可能更是心知肚明，戰爭勝負不僅由兩岸的軍事實力決定，更重要的是民心向背，以及占領之後能否穩定統治。

有鑑於此，二〇二二年三月，我與美國陸戰隊退役，現職美國喬治梅森大學（George Mason University）助理教授洪澤克（Michael Hunzeker），共同撰擬〈借鑑烏克蘭：正視臺灣的國土防衛之道〉的文章，發表於美國外交政策網站「戰爭困境」（War on the Rocks），呼籲建立一支常備且全志願者組成的國土防衛部隊。我們認為從烏克蘭國土防衛部隊的經驗看來，這類民眾抗敵模式值得創建，可能未來就是臺灣能否成功嚇阻及抵禦中共進犯的關鍵所在。

從頭創建國土防衛部隊是一項艱鉅的任務，唯有政府具有此等權力及資源，也唯有政府能夠將國土防衛部隊的任務，整合在臺灣的防衛構想及機制之中。我們相信，只要政府願意跨出全民防衛改革的第一步，儘管未來仍有長路要走，但效果是指日可待，在「嚇阻」敵人一事上絕對值得。

（三）後備制度的改革

現行國軍對於後備改革的努力與重視應予鼓勵，但改革方式值得商榷。目前推動的後備改革目標，包括「後備動員合一」、「常後一體」、「跨部會合作」，以及組織重整等，立意雖良善，但似乎只是考量政治現實，在既有框架不變的情況下進行部分修補，效果極其有限。惟有針對問題採取大刀闊斧的改革，徹底轉型後備系統，才可能解決長年沉痾。

亟待建立創新的全民防衛機制

國內外有關臺灣防衛能力的評估，有一種論述是「臺灣缺乏自我防衛決心，人民沒有意願挺身而戰」。會有這論述的一個主要原因，是社會大眾對國家安全及戰爭的認知有重大歧異。團結一致的臺灣是嚇阻中共武力犯臺的重要因素，不過在臺灣受困於國家認同、意識形態、惡質的政治環境，企圖追求「全民團結一致」是個極度奢侈、難以達成的目標。也有人批評臺灣年輕世代不願吃苦、排斥從軍服役，指出年輕人躲在鍵盤後嘲諷解放軍，喊打、喊殺毫不「嘴軟」，儼如義和團再世。至於部分擁有足夠人生閱歷的資深世代，則迫於敵強我弱的現實，普遍認為臺灣毫無勝算，認為兩岸不論是為民族統一或價值保衛，均不值得因此生靈塗炭，因而被年輕人貶為「投降族」。現實的問題是，無論是義和團還是投降族，都缺乏保家衛國的意願，所以在許多國外專家的眼中，抗敵意志薄弱是臺灣的致命傷。

無論臺灣的軍隊戰力如何、採取何種防禦策略，團結一致的臺灣永遠是嚇阻敵人來犯最有力的依恃。想方設法讓政治認同分歧與意識形態迥異的人民，在面對國家安全議題時都能拋棄成見，共同護衛家園，這是政府責無旁貸的責任，不能指望人民自發性的轉變。臺灣當然可以採購所想要的武器，但任何武器都比不上一支志願性質的國土防衛部隊，它最能傳達臺灣人民勇於承擔，展現自我防衛的決心。

目前臺灣有少數民間自行籌組的民防組織，這種現象雖然令人振奮，但這種未配賦武器裝備，任由民間熱忱拼湊起的防衛組織，不可能達到影響北京決策的目的。人民「自發」的反抗很少見，因為要克服集體行動的問題，以及可能使人民打退堂鼓的原始恐懼，適宜的訓練及明確的組織至關重要。

此外，民防組織也需要有辦法取得武器與彈藥。臺灣畢竟不像美國，槍枝和彈藥並非隨處可見，而且臺灣人民普遍也不熟悉槍械操作。有鑑於中共必然採取封鎖臺灣一途，將武器和彈藥交到人民手中，使人民懂得使用，並確保有足夠的數量供人民支撐下去，是非常重要的全民防衛機制。

另外，對防衛臺灣有益、我們還能做的，尚有確保衛星通信可供使用，以及訓練如何使用宣傳戰、社群軟體及資訊作戰。回顧國共對抗時期，我們都知道宣傳傳單對於游擊隊來說是最重要的武器，而在現今這個時代，就必須側重網路資訊傳播的影響力。

（一）建立國土防衛部隊機制

臺灣現行的後備動員機制與未來的改革計畫，仍然著重在如何強化正規部隊的作戰能力。此種仰賴徵集退伍軍人返回正規部隊的做法，嚴格來說不屬於全民防衛機制的概念。如果解放軍成功度過戰力最脆弱的登陸作戰，並開始進行陸上作戰，這意謂著單憑國軍的正規部隊，已經無法遏止解放軍對臺灣本土的有效控制，多增加幾個後備旅兵力，對後續作戰無關宏旨。然而現階段，期待政府大幅度改變後備動員機制已不可能，因此只能在不改變現行制度下，另行建立一種全民防衛機制，以強化國土防衛能力。

此外，囿於臺灣人民對國家認同的分歧，意識形態的差異，想要以團結一致為前提建立全民防衛機制殊無可能。在這種限制下，招募有志青年組成一支數萬人的國土防衛部隊，採取非正規的機動游擊作戰輔助正規部隊作戰，顯然是個適當的解決方案。

（二）如何組建及運用國土防衛部隊

「整體防衛構想」的作戰構想是「戰力防護、濱海決勝、灘岸殲敵、縱深防禦」，然而凡事均無必然，如果國軍竭盡所能仍然發生「濱海無法決勝、灘岸未能殲敵」的狀況，代表臺灣的正規部隊已經無法阻止敵人入侵本土，在這種存亡關鍵的時刻，採取有效的全民防衛機制，持續進行縱深防禦作戰，使敵人無法有效控制所占領域，就成為臺灣存續的唯一機會。針對這種最惡劣、最不期望出現的作戰想定，不同於現行「常後一體」的後備改革方案，「整體防衛構想」提出創新的「國土防衛部隊」概念，為的是有效解決並提供強化臺灣整體防衛縱深的具體作為。

「整體防衛構想」的全般概念，是臺灣應該在陸、海、空各空間領域都建立「拒止」解放軍全般「控制」的能力，意味著提高攻擊者的代價與困難度，而非試圖建立或維持對特定空間、區域或領地的「控制」。而**國土防衛部隊的任務，就在建立臺灣社會的全民拒止能力。具體來說，如果國軍正規部隊無法成功執行陸、海、空域的拒止作戰，國土防衛部隊就當挺身而出，在城市、鄉鎮與山區持續進行持久性的機動游擊拒止作戰**。

國土防衛部隊是一個「民兵」型式的戰鬥團體，其作戰特性有別於傳統陸上部隊強調的統一、控制、集中、組合等作戰型態，而是以小部隊採行獨立、拒止、機動、分散、靈活等方式與敵作戰並且能夠與附近的軍械庫快速連結，一旦動員即能機動、迅速地進入戰術位置。部隊成員不需要接受傳統軍隊冗長、循序漸進的集合式訓練；在某種程度上，他們甚至不需要穿軍服。他們的角色是融入一般群眾，進行打帶跑的「拒止式」機動游擊作戰，而不是與入侵敵軍進行「控制式」的城鎮或陣地保衛作戰。他們依志願者居住地來分派任務區域，目的在使國土防衛部隊可於自己的家園社區進行訓練和戰鬥。

將國土防衛兵力納入國防部現行的後備制度改革，是很合理的設計。不幸的是，此路已經不通，原因在於這兩年國軍已決定用比照原有後備制度加長訓期的方式進行改革。有鑑於此，我建議政府應該慎重考慮，另行設立一支國土防衛部隊，在國防部的管制之下獨立運作，位階應與陸、海、空軍同等，並設有同樣階級的指揮官。

儘管國土防衛部隊成員不像職業軍人一樣長期待在部隊裡，其核心幹部卻是由現役及退役的特種作戰軍士官擔任，這些受過國軍最嚴格訓練的特戰菁英具有優越的戰鬥技能，能夠訓練這些國土防衛戰士實施機動游擊作戰，這點將在接下來的小節再深入說明原因。

各國土防衛部隊可以使用輕型武器、非標準式戰術車輛、單兵反裝甲武器、人攜式防空武器、小型無人機、簡易爆炸裝置、輕便通信裝置、及野戰醫療包，以執行火力小組、班、排、連層級的作戰行動。此外，即使中共已登陸進犯，國土防衛部隊也需對外宣傳正在進行的作戰行動，以及向國際控訴中共的暴行。在戰爭初期贏得話語權十分重要，俄烏戰爭期間，烏克蘭就展現高明的資訊認知作戰，有效爭取了國際支持與堅定國內抗敵意志，這種做法深值臺灣學習。一支經過完整訓練及配備適切裝備的國土防衛部隊，在必要的時候相信也能有相同的作用。

國土防衛部隊的訓練時間不需比照正規部隊，每年僅需集中二至三次施予短期訓練，由於徵集時間有限，訓練必須視為神聖不可侵犯且分秒必爭的工作，全神貫注於武器的實際操作和戰術訓練，而且絕不能讓基本教練、儀式、服裝校閱等非作戰項目占用時間。國土防衛戰士亦需區分專長；畢竟要求一位兼職的國土防衛戰士，精通上述所有武器的操作並不實際，因此應該讓各個國土防衛單位都具有足額受過專長武器訓練的志願者，組成「全兵種」團隊進行作戰。至於所需武器裝備的存管及取用，政府可利用分散各地之警察、消防、海巡等駐所及據點，建立小型軍械庫以儲放，相關械彈的管理則仍由國土防衛部隊的領導幹部負責，如此一來戰時便能夠分散遭受敵先制攻擊的風險，並能夠在最短時間迅速取用。一旦敵軍進犯行動徵候出現，國土防衛戰士就會前往集結站報到，領取所需武器裝備，隨著敵軍入侵進程展開，先靜候等待敵主力突擊單位經過，再針對後勤車隊、補給站、指揮所，或是搭乘大型運輸機降落的後續部隊，進行打帶跑的機動游擊戰。

囿於國土防衛部隊缺乏應對敵軍的裝甲車輛，以及突擊部隊作戰所需的訓練及裝備，他們不應被派到前線作戰。從一九六八年的越共，到二〇〇三年的伊拉克敢死隊，再到二〇一七年的伊斯蘭國例子可知，反抗軍及游擊隊在與正規部隊正面交鋒時大多落居下風，因此這些作戰行動仍應由現役正規部隊來執行。

由於國土防衛部隊的組織及運作模式在臺灣仍屬首創且前所未見，以下謹依目標、組成、組織、幹部、成員等分類方式再行具體解說，期使國人更能深入理解。

1. 目標：協力正規部隊作戰

國土防衛部隊由「國土防衛指揮部」統籌指揮，採「社區化作戰責任區」，亦即部隊經由適切編組，在各自的居住地守備本身的鄉鎮與都市。在承平時期，他們負責協助社區災害防救，成為國家災難防救機制的一環，替代或減輕正規部隊的負荷，使正規部隊更能專注於戰訓本務工作。在戰時，他們的功能為防止敵軍控制臺灣本土，責任區就是全國各地的社區，任務包括：掌握責任區內的人流及車流、保護社區的重要關鍵設施，以及敵軍可能運用的次要登陸與空投、空降點。若敵軍突破正規部隊的防線，國土防衛部隊則運用許多非正規小部隊，執行城鎮或山地游擊作戰等任務。

國土防衛部隊的設計，主要是為了「分擔正規部隊」一部分難度較低的工作，而不是「參與正規部隊」。更正確地說，正規部隊與國土防衛部隊基於訓練不同、裝備不同，應分開運用、各別執行難度不同的戰鬥。在正規部隊與國土防衛部隊並行的全民防衛體制下，解放軍地面部隊如果登陸臺灣並繼續向內陸推進，就被迫要面對國軍正規部隊與國土防衛部隊兩個截然不同的作戰，這兩種作戰無論是使用的戰具、戰法，或是戰技各不相同，這將對敵人造成極大的困擾。

2. 組成：志願軍

國土防衛部隊成員主要由「志願軍」組成，主要招募自社會青壯年，現役保警及岸巡等人員亦可適時納編。部隊核心指揮幹部由各軍種的「特種作戰部隊」轉隸，負責戰技及戰鬥的訓練。目前國軍之中熟悉各式作戰技能的特戰菁英，在防衛作戰中的任務定位不明，由他們來組織與訓練城鄉游擊作戰非常適合。再以實際層面來看，這種組織的編成與制度可使志願者接受到戰場實用性非常高的軍事訓練，因為特戰人員原本就是接受獨立小部隊的戰鬥訓練，因而非常適合擔任各小型國土防衛部隊的領導幹部，負責訓練與整備。

3. 組織：社區化

國土防衛部隊的組織是針對解放軍占領、控制臺灣各地區的城市、鄉鎮，所採取的反制作為而設計，可配合國軍各作戰區，以各縣市為單位，組成機動作戰隊，其下再依不同狀況分成「數量、型式」不同的作戰「分隊」，這是國土防衛部隊最基層組織，人數不宜過多，否則集體行動時易暴露行蹤，難以達到隱匿效果。

4. 幹部：特種作戰軍士官

特戰部隊是國軍訓練最扎實，戰技最精湛的部隊，其優勢為運用獨立的通信網路，透過擾亂、削弱、反制、顛覆與先發制人等非正規手段來攻擊敵軍脆弱部，使對方難以有效反制。因此具備特戰背景的領導幹部，可以在所有作戰階段指揮國土防衛部隊以支援正規部隊作戰，這將使整體防衛作戰更為完整、更具彈性，進而提供我方各作戰階段關鍵優勢。

如前文所提，特戰菁英最佳的任務定位，是以其擅長的非正規作戰專長領導國土防衛部隊，因此特戰部隊應改隸屬國土防衛指揮部。他們平時指揮國土防衛部隊並負責戰技訓練工作，戰時則率領機動小部隊，執行城市、鄉鎮、社區的機動拒止游擊作戰。

5. 成員：愛國、愛鄉、愛土的志願青壯年

國土防衛部隊主要成員之所以來自志願參加社區防衛的一般青壯男女，是因為缺少自願自動、發自心底的抗敵意志，很難在敵人部隊占領的領土，特別是自己負責的地區已成為淪陷區之後，仍保有持續抗敵的決心。國土防衛部隊的小型編組，戰時要參與城市、鄉鎮，或山區的機動游擊作戰，而為了培養機動游擊作戰的技能，他們將接受與傳統作戰部隊完全不同的戰鬥及戰技訓練。根據多項民意調查，臺灣有為數不少的青年曾經表示，並非沒有意願執干戈以衛社稷，而是因為依據自身在軍中服役的經驗，認為並沒有學習到專業的作戰技能，也無法適應長期性的軍中管理生活，感覺留在軍中只是浪費生命。國土防衛部隊的召集、訓練、管理模式，將更適合這些「不想為軍旅生活所困」，但有志為國家貢獻一己之力的青年。

6. 任務：縱深防禦機動作戰

國土防衛部隊的平時任務，是在社區基層了解環境、認識民眾；在危機時期，維持社會持續、穩定的運作。國土防衛部隊具備緊急應變的能力，當面臨重大災難斷水、斷電、大樓倒塌等情境時，他們能有效執行包括外傷急救、社區搜救、設立與管理避難所等任務。這些民生機能的維持，是長期抵抗的前提。

國土防衛部隊的戰時任務，是執行機動游擊作戰，以達到拒止解放軍的占領及控制。具體

的手段是偷襲、攻擊、騷擾、抵抗占領，而非正面衝突。部隊成員也無需像藍波一般勇武，或使用精密複雜的武器，更不必做傳統繁瑣的班、排、連、營等組合性的任務訓練，而是保持任務、訓練、武器、裝備的單純化。他們戰技的重點在要能夠執行現代化「人攜式輕兵器」的操作與故障排除，其次是「熟悉地形地物」與「建立地方關係」。

7. 指揮：權責下授的分散式指揮

不同於正規部隊作戰強調的統一指揮，國土防衛作戰主要原則為獨立、機動作戰，因此作戰指揮與兵力管制方式強調的是權責下授的分散式指揮，也就是戰場上的攻擊、防禦、遭遇、追擊與撤離，完全授權由現場小隊長依戰術狀況決定。機動游擊作戰講究靈活、彈性，接戰現場的即時狀況影響甚大，若採取集權式的統一指揮，一旦指揮官不在現場，卻面對必須臨機應變的狀況時，將難以適時適所地下達正確的命令。

8. 訓練：定期徵集施訓

國土防衛作戰的訓練時間可採每年兩次、每次兩週；或每季一次，每次一週。以小隊為單位，教官由精通輕兵器戰技的特戰軍士官擔任，施予專業的游擊作戰技能。訓練場地除射擊訓練外，以社區環境為主，採社區即戰地、戰地即訓地的概念，就地訓練，不需另行投資興建，人員亦可採在社區就地自行居宿、當日往返的方式，不必強行留宿特定營區，以適應國軍營舍及訓練設施不足的現況，大幅降低訓練成本。

9. 武器裝備：小型、機動、輕便、致命

面對中共可能採取先發制人的網路、空中和導彈攻擊，在設計上必須使國土防衛部隊更具韌性與復原力，不允許發生傳統軍隊戰力遭到完全摧毀的情況。部隊成員必須分散在人口集中的區域，同時在數百個地點布建小型軍械庫，基本設置在社區的軍方、警察、消防、海岸巡等駐所內，軍械的管制及管理則由國土防衛部隊自行負責，分散各地且成員易於到達的小型軍械庫，如此一來可以減緩第一擊造成的破壞，並允許部隊成員在敵軍登陸以前，及時到所屬的軍械庫報到、取得武器，再隱匿於人群。

國土防衛部隊配發的武器與裝備，依任務賦予的不同，各部隊武器裝備有異，考量國防財力、成本效益，以及戰場需求，概括如下：①輕型武器②輕型戰術輪車及機車③爆破炸彈④榴彈發射器⑤人攜式反裝甲飛彈／火箭⑥人攜式短程防空飛彈⑦微型無人機⑧微型飛彈⑨人攜式通信裝置⑩短程加密對講機。

10. 作戰要旨：機動、分散、存活

國土防衛部隊平時以固定編組的小隊為基礎進行訓練，成員之間藉長期相處以培養相互默契及感情，戰時講求機動、分散、存活三個原則：

(1) 機動：為發揮機動游擊作戰的特性，每個小隊的責任區應接近該成員的居住地，成員要妥善利用熟悉的地形地物，更要與地方人士建立聯繫網絡，使用民用汽機車機動移防，個人裝備除了武器之外均攜回家中自行保管。為了隨時動員，平時的訓練與戰時的隊友一致，配備現代化小巧機動的輕兵器系統，未出動時隱匿得當，攻擊完成便立即離開。

(2) 分散：部隊若過度依賴統一指揮，容易出現「單點失能」的風險，因此不能以脆弱的通訊系統實施統一指揮。每一單位在平時即須了解戰時的任務與責任區，並具備獨立作業的能力，保持分散部署及隨時機動是戰時行動要則。

(3) 存活：某種程度上，國土防衛部隊成員基於對地形地物的了解，以及裝備的使用便利，相對於敵軍，可視為另一種「高存活戰力」。**對臺灣而言，存活即勝利。人員及裝備的存活，代表臺灣仍然在持續作戰，亦表示解放軍的失敗。高存活是一切的根本。**

戰時國土勢必面臨解放軍空襲或轟炸的第一擊，因此國土防衛部隊需要規劃良好的防護位置。在作戰模式上，由於可能身處淪陷區，因而保持行動的機密與隱密是存活的首要條件。再者，戰至最後一兵一卒不會贏得勝利，要存活才能持續抵抗，所以必須善用主場優勢，在熟悉

的大街小巷執行襲擾戰術，打帶跑，以拖待變耗損敵軍戰力。

機動游擊作戰的存活技能至為關鍵。相較於固守陣地式的防禦，機動游擊作戰強調的是「移動式襲擊與防衛」，這部分的專業交由特戰部隊的專業軍士官，能有效地指揮及訓練。

(三) 政府的角色與責任

基於全民防衛的觀念成立國土防衛指揮部，權責已不止於國防部，必須由政府帶頭推動，作業機制納入各軍種、部會、警、消、海巡等單位，以利人力、物力的協調整合與聯合作戰，並得積極推動以下工作：①修訂法律，並為企業與個人制訂配套的補償獎勵措施②訂定各部會任務、協調機制與合作方式③啟動國防組織及調整兵力結構④組織所需人力，籌獲所需武器⑤訂定召集方式、訓練內容、週期及具體執行方式。

建立創新的全民動員機制，基本精神在萬一發生戰事，有法源依據與具體做法，就能夠迅速動員全國的人力與物力。至於兩者之中，又以人力動員為重中之重。透過此設計與管制，最起碼限制了反戰的示威人群，也能杜絕街頭暴力事件，大幅降低人心的恐慌，確保社會秩序。另外，政府應考慮利用社會全體參與的方式來執行國土防衛，不僅僅是發放一本全國性的宣傳手冊，告知民眾在入侵時該怎麼做，應該也要發放針對例如醫療、後勤方面專業知識的手冊，告知每一個人在戰時應如何支援國土防衛作戰。

（四）國土防衛部隊的深層意涵

依臺灣社會習性，國土防衛作戰的成本與可行性勢必會遭受批評。但就成本而言，相較於某些臺灣已有意願支出的軍購項目，國土防衛部隊絕對具備較高的成本效益，如與幾十座M109A6帕拉丁式自走砲，或幾艘國造柴電潛艦比較，數萬名訓練有素的志願戰士，毫無疑問在提升臺灣嚇阻能力上物超所值。再者，就可行性來看，烏克蘭國土防衛部隊取得驚人成功的例子，應可消弭「兼差性質的公民戰士」在現代戰爭中沒有作用的偏見，他們不僅為深陷困境的烏克蘭爭取國際支持，更阻滯俄羅斯進犯行動。值得深思的是，假使烏克蘭的國土防衛部隊在數年之前已擴展建制，如今他們的效益又會提升到什麼程度？

當戰爭來臨，如果能**動用所有軍事與民間資源，集合全民力量進行防衛作戰，以強韌的全民防衛機制提醒中共，侵略臺灣的最後一步將會非常艱辛、難以成功，甚至讓中共從一開始便放棄進犯的念頭**，那麼我們就達到了嚇阻戰爭的目的。為了建立這種嚇阻能力的可信度，政府必須排除萬難，堅定落實創新的全民防衛機制，定期進行「指揮」層級的兵推及全國動員性的實兵演練，逐次找出計畫的錯誤與困難處，反覆修訂使其愈趨完備，並站在敵人的立場檢驗整個機制。當中共清楚地看到這一切、明白兩岸戰爭絕不是單純的軍事力量對決之後，北京自然不敢輕舉妄動、隨意發動戰爭。

根據民調，臺灣人民對於保衛國家有很強的意願、很高的期待，但同時也有許多輿論持續質疑臺灣人民的決心，特別是認為年輕世代沒有意願挺身護衛家園。與其不斷爭辯或臆測社會大眾參與國防的意願，政府不如先在某一個鄉鎮成立小型部隊實施編裝實驗，讓社會檢驗國土防衛部隊的潛能，再以此作為出發點，逐步推展至全國各地。至於對年輕世代的質疑，其重點應在於若政府沒有建立一套具體可行的機制，鼓勵年輕人參與，提供適當的管道，讓年輕人有機會證明自己，那麼這種揣測式的批評既不客觀，也不公平。這種轉型雖然困難，但我相信臺灣的青年男女絕對會願意支持。當然，政府也要提出相關鼓勵措施，不論男女，都應發予優渥的薪資，並建立類似參與相關公職或學校深造考選時的加分優先錄取等優惠制度，若能如此，則不虞招募所需。

（五）無論如何，絕不可毫無作為

國土防衛部隊的概念必將遭致嚴厲批評，這是全然可以預料的事。理由之一，是民兵式組織難以與解放軍正規部隊對抗，批評者會將國土防衛部隊比喻為鄉勇、團練而嗤之以鼻。此種批評若從純傳統軍事作戰的觀點來看或有其道理，然而國土防衛部隊的設計，是屬於全民防衛機制的具體實現，為輔助性質的防衛戰力，而非等同與敵正面廝殺的正規部隊。

第二次世界大戰時期，英國建立了本土防衛隊（Home Guard）的組織。所謂本土防衛隊，就是支持英國軍隊的武裝民兵，主要任務是在納粹德國軍隊入侵時，擔任正規部隊之外的另一個防禦力量。防衛隊在一九四〇年到一九四四年間運作，有一百五十萬志願者加入，成員為十七至六十五歲男性。防衛隊的任務包括減緩敵人的前進速度，以便讓正規軍有時間重新集結；防衛後方地區的關鍵通訊點和工廠，以免被敵人控制；或是防止敵人入侵時管制平民，以免造成恐懼、慌亂。除了分擔正規部隊作戰工作，對英國的防衛發揮了一定的作用，本土防衛隊參與者散發出的愛國熱忱和獻身精神，也相當鼓舞了全民作戰意志，證明了建立民兵制度、運用整體人民力量的可行性。

此外，清朝時期諸如湘軍、淮軍，此種類似團練的戰力，甚至超過清廷的八旗軍。拿臺灣現在的後備戰力來相比，我們恐怕未必強過所謂的鄉勇團練。鄉勇團練有其力量和優勢，並非全然負面，一切事在人為。從防衛作戰的角度而言，**國土防衛部隊顯現的抗敵意志及機動性，嚇阻效果遠比其戰力來得重要**，而這能迫使解放軍攻臺計畫變得無比複雜、困難，進而嚇阻其發動戰爭。

期望全民自動起身反抗入侵者，不管在哪個國家都不切實際。從阿富汗戰爭經驗來看，游擊組織型式的神學士，人數不到當地人口比率的千分之二，以臺灣人口換算，僅約四萬人。神學士由於人數不多，故採取化整為零策略，融入一般平民部落，獲得良好隱匿效果。相較之下，美國軍事力量雖然強大，近二十年亦不斷發展反制游擊戰的戰法、戰技及戰具，但最後仍以撤軍收場，由此可見，國土防衛部隊對防衛作戰的重要性。再者，觀察中共近二十年的武器發展，重點集中在大國對抗使用的長程飛彈與傳統軍武，缺少應對類似阿富汗戰場的游擊戰武器。臺灣若建立類似游擊組織的國土防衛部隊，只要幾萬青年自願加入，必定能夠產生極大的嚇阻力量，並對中共傳達訊息：臺灣人民擁有堅強的抗敵意志，即使攻破我們的正規防禦，你們也將陷入一場持續抵抗、永無止境的泥淖。

從頭建構可恃的國土防衛能力將耗費數年，因此，臺灣現在就該行動。俄羅斯侵犯烏克蘭固然是一場悲劇，卻也為國土防衛戰力的建構，開啟了一扇機會之窗。那些俄羅斯坦克橫掃烏克蘭邊境、火箭轟炸城市的赤裸裸影像，再再證明臺灣面臨的威脅真實存在，而烏克蘭本土兵力展現的抵抗策略及驚人的防衛成效，從大批俄軍地面裝備被擊毀的照片中當可得證。

國土防衛部隊的建立能強化民眾對臺灣安全的憂患意識，也會讓很多人開始思考自己在國土防衛上能做什麼、會做什麼？它將向臺灣民眾發出一道強而有力的信息——每個人都可以為強化國土防衛提供力量，並進一步增強國家的認同感和生存決心。

藉俄烏戰爭的發生，臺灣人民已經開始注意自身面對的威脅，也願意積極為自我防衛盡一份心力，此時我們需要的是領導統籌及資源提供，而「整體防衛構想」為此規劃了一個具體的藍圖。當然，肯定還有其他方法也可實行，任何相關的作為也都會有所幫助。此刻，不管我們決定採取怎樣的作為，**唯一錯誤的選項就是「毫無作為」**，這將白白浪費烏克蘭以無比昂貴的戰爭代價賜給我們的啟示與教訓！

雖然如前所述，建立全民防衛機制、成立國土防衛部隊的構想必然會招致技術、國人意願方面的批評與質疑，但我必須強調，**技術問題從來就是對改革裹足不前的藉口**，而民調無論結果如何，在政府未提供相應方法與管道之前，都屬假設性問題，最關鍵的重點，仍在政府是否有遠見、決心與魄力，建立一個創新、有韌性的全民國土防衛機制。

第四部

臺灣國防安全的未來

第十一章　整體防衛構想的實踐與挑戰

我知道你遇到很多阻礙，但是第一個嘗試改變的人，沒有不流血的，向來都是如此！

——電影《魔球》

我於二〇一七年開始在參謀本部推廣「整體防衛構想」，藉此規劃、建立國軍的不對稱戰力，其間也陸續到國防大學召集全校的教職及學官，向他們說明解釋。在互動討論過程中，雖然「整體防衛構想」可以被視為是國軍遷臺以來變化最大的軍事作戰思想，但當深刻認知到兩岸軍事實力以及國防資源的巨大差距時，大家都認為臺灣的防衛作戰確實不能再因循傳統思維，必須有結構性的改變。因此在推廣及交換意見的過程中，我的感受相當正面。年輕一代軍官願意接受新的觀念，覺得國防亟需變革，也十分認同不對稱的建軍及作戰思維。

「整體防衛構想」在推出之初，獲得美國政府、智庫及學者專家的高度肯定，並主動多方大力推廣。現行「整體防衛構想」的簡稱「ODC」，即出自當時美國國防部對「整體防衛構想」的簡稱，而非我本人予以命名。卸任參謀總長並退伍後，我前往華府智庫二〇四九計畫研究所（Project 2049 Institute）擔任訪問學者，這段時間除了我所前往拜會的美國行政部門及國會以外，華府知名智庫及專家學者，主動來訪、與我討論的不知凡幾。這時我才深刻地感受到「整體防衛構想」在美國研究兩岸軍事的專業圈內，所激起的迴響及受到的重視。自此之後，呼籲臺灣發展不對稱作戰的聲音此起彼落，這不僅從報章雜誌所刊登的投書及在各種不同場合的發言可以看出，甚至還數度見諸於參、眾議員所推動的《臺灣保證法案》（Taiwan Assurance Act 2019）草案條文、《二〇二一年度國防授權法案》（NDAA 2021, Sec. 1260A-b-2），以及《二〇二一年戰略競爭法案》（Strategic Competition Act of 2021, Sec. 212-4）等正式挺臺的立法內容，行政及立法部門產生如此共識，令我驚訝不已！而在臺灣方面，蔡英文總統在過去幾年曾數度在國際知名智庫的視訊演說中，公開支持「整體防衛構想」，其中包括二〇一九年四月九日戰略與國際研究中心論壇、二〇二〇年八月十二日哈德遜研究所、二〇二〇年八月二十七日澳洲戰略政策研究所的三次演講。二〇一九年七月，參謀總長職務由沈一鳴上將接任，授勳典禮上，蔡英文總統明示沈一鳴總長三個主要任務，其中之一就是繼續貫徹「整體防衛構想」的建軍指導。沈一鳴總長為人正直誠懇，處事絕不陽奉陰違，統帥下令，不對稱作戰的建軍政策自然得以延續。

不過好事似乎必然多磨。「整體防衛構想」在國安及國防高層官僚之間的推動，從最開始就舉步維艱，不論是基於建軍理念的不同，或是其他複雜的官僚政治因素，媒體也數度報導自我退伍離任後，「整體防衛構想」跟著人走茶涼、束之高閣。國防部雖曾於二〇二〇年回應媒體的詢問，公開否認這項傳聞，並表示從未拋棄「整體防衛構想」，不過令人遺憾的是，二〇二一年三月，國防部依法向立法院提出蔡英文總統第二任《四年期國防總檢討》，全篇重點再回歸傳統制空、制海、反登陸的備戰思維。自此以不對稱作戰概念為基底的「整體防衛構想」一詞，已經被列為軍中禁忌，再也無人提起。

我們該如何實踐「整體防衛構想」

從現在開始，任何不用你的模式去重整球隊的人，只會遲早成為被淘汰的恐龍。

——電影《魔球》

不管是戰略或作戰構想，都必須付諸實際的行動，才能期望有所成果。「整體防衛構想」自然不例外，如何具體實踐，牽涉到許多重要的國防改革工程。完整的思維邏輯是建軍及作戰不可或缺的根本，「整體防衛構想」的價值即在作為這整套思維邏輯的基石。沒有「整體防衛構想」支撐建軍、計畫、作戰、訓練、軍購、組織等作為，就沒辦法轉變成勝利的條件，國軍也無法在最佳時機點發出致勝一擊。

臺灣的資源有限，無法負擔與中國大陸進行「戰機對戰機、戰艦對戰艦、戰車對戰車」的高成本傳統戰鬥；「整體防衛構想」秉持的不對稱作戰概念，是運用大量較低成本的輕巧精準武器，例如機動防空飛彈、岸置機動反艦飛彈、微型飛彈突襲艇、水雷、便攜式反裝甲飛彈火箭等，來反制中共占有絕對優勢的傳統武器，如此方能以弱勢的一方形塑戰場的有利條件，並提高敵人在戰場上的困難度，讓敵人侵略計畫的複雜性及犯臺作戰成本，都高到其難以承受的地步。對於臺灣規模較小的國防預算，這是必須，也是相對聰明的運用資源方式。

就國軍發展現況而言，要能夠從一個全然的傳統作戰部隊，成功轉型為一個以不對稱為核心，有韌性、有戰鬥力的部隊，改造工程相當龐大且艱難，有許許多多建軍備戰的改革項目需要纖介不遺的次第完成。

（一）領導階層需要徹底翻轉觀念

近幾年，「以小博大、不對稱作戰」成為研究軍事作戰的顯學，面對中共龐大的軍事威脅，在軍中談到臺海防衛作戰，採取創新、不對稱的思維來建軍與用兵已經成為共識。但臺灣當前最大的問題，是領導階層對「不對稱戰力」的認知仍然植基於傳統的高大上武器：因為要執行濱海決勝，為了爭取制空權，空軍需要更多戰機；因為要遂行灘岸殲敵，陸軍需要更多重型戰車；海軍比較乾脆，直接拋棄已經成案的微型飛彈突襲艇——這些觀念都是對不對稱作戰涵義的扭曲。綿密、周全的思維邏輯是建軍備戰不可或缺的根本，**「整體防衛構想」在本質上，是偏重在有限的國防資源下，如何解決軍事問題的經濟學方式，而非純粹的軍事作戰思維，更不用說大部分人只是直接將其誤解為一種戰術戰法**。

國軍遷臺以來，軍中環境傳統封閉，重視紀律服從，沒有鼓勵下屬獨立思考並挑戰體制的風氣，一般部屬皆以達成上級命令為思考重心。領導階層對幹部的考評，也多著眼幹部對命令的貫徹能力，而非創新思考的能力。這種文化很自然的讓幹部養成不需「獨立思考」，只需「唯命是從」就能飛黃騰達的習性。如此封閉的環境與保守的文化，想要進行重大制度的改革，除了三軍統帥的堅定意志力，就只能寄望軍中領導階層。因為在講究服從的軍隊，高層領導對制度改革有絕對的影響力。不幸的是，領導階層沉浸傳統作戰數十年，思想方面並不容易立即接受不對稱作戰的思維，因此領導階層徹底翻轉觀念，絕對是落實「整體防衛構想」不對稱作戰的關鍵因素。

（二）認清事實，建構不對稱作戰防衛戰略

戰略是建軍備戰的根本，舉凡建軍構想、兵力整建、科技發展、作戰構想、資源分配、準

則教令、部隊訓練，無不源自軍事戰略。戰略雖然不需繁複，但也不能模糊，必須有明確的方向感及具體的指導，否則各項建軍備戰工作均將無所適從。數十年前臺灣在武器裝備上尚保有質的優勢時，類似「防衛固守、有效嚇阻」的戰略指導雖說不夠明確，但由於傳統戰術戰技的變化不大，因此在建軍備戰的指導上尚不至於失去方向，然而數位科技的日新月異，以前從未思考過的小型智能化、無人系統的戰場殺傷性已經顛覆了人們對傳統戰爭的認知，在這種變化趨勢下，再固守原有戰略口訣，將使軍事戰略與不對稱作戰完全脫節。直白地說，當前「防衛固守、重層嚇阻」的軍事戰略，已經無法指導如何建立不對稱戰力，我們不能再抱殘守缺，亟需重新制訂一個不對稱防衛戰略。

(三) 重整「由上而下」的建軍機制

國軍的建軍機制，是依據國家整體目標、國防政策、軍事任務，及未來戰爭發展趨勢，據以設計確立遠程戰略，策定建軍構想，指導武力構建及國防科技發展。現行重大武器裝備建案作業制度，有明文規範軍事投資計畫的作業範疇及流程，以及重大武器裝備評選及決策模式。然而，綜觀整個建案作業制度，都著重於審查程序的執行，滿足程序完備的「形式」原則，至於能否落實制度的預期效果，確保所獲武器裝備能夠滿足國軍作戰需求，向來乏人深入分析。

依現行制度，國軍軍事投資案分為自力研發與現貨市場採購兩種，而由於我國工業技術仍無法支應國軍主戰裝備的研發需求，因此以現貨採購的案件居多。礙於武獲來源及中共壓力，長久以來我們的商源有限，目前軍購品項多來自美國，但在軍購的過程中，臺灣實際需求項目常因美國政策因素而無法如願，以致實務上一般均事先確認美方供售意願，國軍再據以建案執行，相關武獲作業的審查機制基本上是先畫靶再射箭，因此「建案程序」經常只是為了符合作業規定而依程序進行。此外，對美軍購作業過程，美方態度隨著政治環境改變，導致不確定性極高，以致無法用同一種作業模式來處理。目前建案作業之各項文件已流於形式程序，徒增建案參謀作業困擾，浪費大多數時間於無益的文書作業，而非專注於武器的需求規劃及獲得管理。

如前面章節提到的，依國軍現行作業模式，各項戰力整建作業文件是由各軍種循「由下而上」的模式發展，無法落實「由上而下」的整體作戰需求指導，更無法支持軍事戰略的達成。「整體防衛構想」的設計理念，與美軍「戰略→任務→能力需求→解決方案」的戰略規劃作業程序相仿，亦與美軍「聯合戰力規劃」由上而下的精神不謀而合，從作戰概念、任務至能力的各階段，均置於整合性的架構下進行分析，且依所需能力執行兵力整建。如果要解決軍種本位主義的建軍窒礙，徹底實踐、執行，完備不對稱作戰所需，建立有韌性的不對稱戰力，國軍必須調整現有的建軍規劃流程，也就是改變現行三軍爭食國防預算大餅，「由下而上」的「平衡式建軍」流程，修訂為由參謀本部召集各軍種，考量敵情威脅、國防預算限制及國防科技能量，依「整體防衛構想」作戰指導——戰力防護、濱海決勝、灘岸殲敵、縱深防禦，轉換成賦予軍種的任務，再就執行任務所需的各項能力確認作戰需求，然後依據「聯合戰力規劃」作業模式建立優先順序，統合律定所需籌建戰力，而後三軍司令部再據此完成建案採購程序，建立「由上而下」的「整合式的需求建軍」。

(四) 籌獲不對稱作戰所需的武器裝備

「整體防衛構想」的認知，是臺灣無法承擔與對岸在傳統對稱性戰力上進行軍備競賽，因此必須利用大規模成本較低的不對稱武器，增加中國武力犯臺的難度與代價，藉以嚇阻中國發動全面性武力進犯。

未能深入理解「整體防衛構想」的人，常會把「濱海決勝、灘岸殲敵」等名詞與「整體防衛構想」畫上等號，覺得只要在戰時遂行「濱海決勝、灘岸殲敵」的作戰行動即能符合整體防衛構想精神，這是極大的謬誤。「濱海決勝、灘岸殲敵」等概念只是執行的手段之一，並非「整體防衛構想」的基本內涵，「不對稱作戰」才是核心思維。易言之，臺灣如果沒有建立不對稱戰力，將無法成功遂行「濱海決勝、灘岸殲敵」等任務。特別再次強調，中共如執意發起全方位犯臺，考量登陸作戰的脆弱性，解放軍勢必在發起跨海登陸作戰以前，以絕對優勢的彈道導彈、遠程火箭及空中攻擊，對臺灣主戰兵力進行毀滅性打擊。而不幸的是，類似戰機、戰艦、戰車等主戰儎臺，戰場存活力極其脆弱，要癱瘓這些戰力對解放軍而言，困難度不高。因此，若不建立大量機動、分散、存活性高、精準致命的不對稱戰力，臺灣沒有機會在後續的作戰中發揮戰力，克敵制勝。

籌建不對稱武器的核心考量，是具備高效率「戰力保存」的精準武器。戰力無法保存，就沒能力執行後續作戰，這是簡單明確的道理。考量國防資源不足，臺灣執行不對稱作戰並不需要心儀那些現代化、性能佳的傳統大型華麗儎臺，而須謹記「儎臺無法殺敵，彈藥才行」，以及「戰場存活性優先」的法則。臺灣先前正在執行的昂貴建軍計畫，已經耗費鉅額國防預算，導致無法全面性的投資不對稱作戰武器，因此如何在短時間內籌購不對稱作戰所需的高存活戰力，是當前最重要的課題。

我們必須謹記，不對稱作戰需要的是能夠存活的精準致命武器，而非高性能的傳統華麗儎臺，要落實「整體防衛構想」，就必須儘速籌獲所需的武器裝備，否則難以達成不對稱作戰整備的目標。

（五）根據不對稱戰略重整兵力結構

兵力規劃的途徑有許多種，例如以達成戰略目標為考量之「由上而下」的兵力規劃、以現有戰力為基礎之「由下而上」的兵力規劃、依特定作戰場景為依據的兵力規劃、依威脅及弱點為基準的兵力規劃、以功能及任務為導向的兵力規劃、以能力為基準的兵力規劃……等等；除此之外，還可以參考避險、科技，或預算等因素的兵力規劃。然而**不論採取哪一種方式，都必須在可以運用的國防資源限制之下，針對威脅規劃出一支能夠滿足戰略需求，能夠執行作戰構想的兵力結構**。

一個國家真正的軍事力量，雖然無法僅從兵力結構來評估，但從兵力結構的角度分析，能夠了解我們是否合理配置與運用國防資源、是否能有效地執行作戰構想，進而滿足國家及軍事戰略的需求。如果先撇開資源限制的因素不談，純粹從軍事戰略「打、裝、編、訓」的思維理則來看，要先律定「打」的作戰指導，之後才能決定要籌建何種武器裝備、何種兵力結構才能滿足「打」的規劃，如此一來建軍規劃才有明確合理的基石，三軍部隊的武器籌補、編裝型態、預算運用等，才能達到最佳化的目標。

不對稱作戰的主要內涵就是考量敵人的威脅，以及在本身資源的限制下，形塑最有利我方的戰場環境、律定最可行的作戰方式，以及規劃最適切的不對稱戰力。換句話說，「整體防衛構想」已經明確律定要怎麼「打」、如何「裝」，因此要能貫徹作戰構想，就得依據「打」的要求、「裝」的特性，「編」出讓資源與戰力最佳化的兵力結構。

（六）因應不對稱作戰發展所需準則

「準則」顧名思義，就是標準與原則的意思。「準則」一詞沒有四海皆準的定義，但廣為美國及北約國家所接受的是：**指導軍隊行動，以達成軍事目標的基本原則**。軍隊人數眾多、裝備複雜、任務多元化，發展一套實用且具前瞻性的準則，提供部隊遂行各類型任務的指導與標準，對軍隊的重要性不言而喻。

「整體防衛構想」不僅在建軍、用兵方面有明確的指導，甚至在不同作戰領域所需使用的武器都有具體規劃。既然「準則」對軍隊執行任務提供了指導性規範，而「整體防衛構想」的用兵思維、作戰構想皆與往昔傳統作戰不同，因此不能再用舊有準則指導新的作戰方式。國軍必須針對創新的作戰思維與不對稱武器，發展所需的不對稱作戰特定準則，以提供部隊在執行各類型任務時有所指導與依據。

現行國軍準則多如牛毛，每本都是連篇累牘，內容多是參考自幾十年前的美軍準則，甚至還有多國聯盟作戰的準則，而且極少更新，導致乏人研讀。就現況而言，國軍比較會去仔細閱讀的準則，多為聯合或軍種作戰要綱，而且多半是為了準備指揮參謀及戰爭學院考試時才行閱讀。

準則完全參考美軍的問題是美軍準則是運用前置部署及長距離的武力投射，以壓倒性的優勢戰力打擊敵人。臺灣沒有這種軍事實力，而在面對中共優勢兵力的威脅下，需求反而與美軍完全相反。臺灣不對稱作戰的首要強調是高度的存活能力，以及在遭受全面攻擊的狀況下，仍然可以敏捷靈活地機動於全島戰術要點，使用中短程精準武器攻擊敵人。因此要徹底實踐「整體防衛構想」規劃的不對稱作戰，就必須發展能夠準確連結、相輔相成的準則教範。

為了能夠將「整體防衛構想」轉換為具體的行動準則，我在參謀總長任內投注大量精力於準則發展，多次向美國多位資深準則專家解釋「整體防衛構想」的詳細內容，以及國軍現行準則現況，再與之深入研究討論，得到一些結論。然後成立部內準則編修專案小組，針對「整體防衛構想」各項作戰規劃擬定準則體系。由於我們的作戰環境與威脅固定，準則不需要太過複雜，準則編撰必須簡明扼要，務必使幹部一看即能心領神會，而且要導引他們必讀不可，否則無法執行訓練、演習及任務。為了慎重起見，準則體系的第一層「聯合作戰要綱」的編修作業，我曾親自主持七次編修會議，編修期間，由國防大學專業老師與相關聯戰參謀組成的編修小組，抱著高度的工作熱忱，歷經多番作業，終於殫思竭慮地編修出一本與臺灣作戰環境、威脅，以及不對稱作戰構想能夠相互結合的準則，我並親予核定令頒。只可惜，這些成品在我離任後均已束之高閣，無人聞問。

二〇二〇年十一月，報載習近平核頒解放軍試行的《聯合作戰綱要》。這是自二〇一五年底，習近平全面實施軍改以來，解放軍最重大的革新。隨著《聯合作戰綱要》施行，解放軍戰力有可能脫胎換骨，從各軍兵種自成體系，提升到各軍種聯合作戰一體化的層次。這一來一往，反映的是一般社會大眾看不到的戰力消長，如今旁觀事態發展，雖已事不關己，仍不勝唏噓。

準則是作戰指導的具體呈現，若軍隊缺少準則，部隊執行任務時就無所適從。準則提供了任務執行的指導、標準及原則，要檢驗不對稱作戰是否被務實地執行，最簡單的衡量標準就是檢視「整體防衛構想」的內涵是否已具體轉換成準則，並成為國軍各部隊的行動準據。沒有建立並推展不對稱作戰相關的準則教範，那麼一切都是虛浮不實的，不能奢言自己正在建立不對稱作戰能力。

（七）制訂彈性易行的作戰計畫

「整體防衛構想」的內涵，廣泛包括兩岸戰略形勢的發展、國家安全戰略的思維、整體防衛戰略的論述、兵力整建的規劃、用兵作戰的指導，由整體架構來看，這是一部具體敘述防衛臺灣安全的構想藍圖，也是一部整體化、全方位的長期行動計畫，更可以作為防衛臺灣的戰略計畫。但是我們到底該如何做，才能以現有的資源，實行此一戰略計畫，達成它的目標呢？關鍵就在「作戰計畫」的制定與落實。

戰爭通常指在一段時期內，敵對雙方或敵對各方所發生的一連串交戰事件。想贏得戰爭，一部整體性、長期性戰略計畫的擬定至關重要。因為戰略計畫透視、指導整個戰爭期間內的軍事行動，關係到戰爭的整體運作。然而，面對戰爭的錯綜複雜，即便有合理適切的戰略計畫仍然不足。戰略計畫的功能並非在戰時指揮各部隊如何行動，若要明確指導各部隊在戰場上的行動準據，各階層就必須有一份作戰計畫來貫徹整個戰略計畫。如何才能藉由「作戰計畫」達成不對稱作戰的目標？簡單來說，就是依據「整體防衛構想」的內涵，在特定的時間、空間內，運用可以動用的資源，安排適切彈性的戰術行動，有效率地執行任務，爭取達成戰場所望的作戰目標，這就是作戰計畫的功能與目的。少了作戰計畫，各部門、各組織、各部隊之間將無法協調，亦難以形成戰力。

普魯士名將老毛奇（Helmuth Karl Bernhard von Moltke）有句名言：**「沒有任何計畫在與敵主力接戰後仍然有效。」**這是戰場複雜性的至理名言。然而這絲毫不影響在戰爭以前，以殫精竭慮的精神擬定周嚴作戰計畫（deliberate plan）的價值。當然，指揮官與參謀組織必須有能力隨機調整，將既定計畫更新為可應急的作戰計畫（Adaptive plan），以因應戰場時時可見的動態變化。

整體而言，訂定一個彈性易行的作戰計畫是實踐「整體防衛構想」的關鍵工作，我們不可能拿著老舊的傳統作戰計畫，去執行以不對稱作戰為基底的全新作戰構想。

（八）徹底改革訓練體制及內涵

不對稱作戰必須經過轉化及實踐才能成為能力。能力的養成靠的是教育和訓練。**教育是要讓被教育的人，知道「為什麼」，或是會問「為什麼」；訓練則是讓被訓練的人重複做某些動作，直到完全熟練、成為習慣**。廣泛來說，訓練也屬教育領域的一種手段，是對「熟悉」的反覆鍛鍊，因此，要徹底落實不對稱作戰不能只是光喊口號。要使「整體防衛構想」生根發芽、發揮作用，就必須教育及訓練幹部、官兵知道「為什麼」，更要訓練官兵反覆鍛鍊不對稱作戰所需的戰術及戰鬥技能，唯有如此，「整體防衛構想」才可能成為有效的不對稱防衛戰力。

訓練要有針對性，必須結合實戰中的作戰需求。戰時需要什麼技能，平時就訓練這種技能。戰時擔任狙擊手，平時就要訓練狙擊槍的長程射擊；戰時擔任刺針飛彈操作手，平時就要訓練刺針飛彈的操作與保養。特別是科技兵種，想要形成可恃戰力，就必須在專業技術上不斷的反覆訓練。此外，訓練還要有適合的工具與環境，例如高科技模擬器、仿真戰場、VR視覺影像等，不能閉門造車、土法煉鋼。雖然勤訓苦練必有所成，但如果方法不對、工具不對、程序不對、方向不對，不僅浪費時間做白工，更會影響部隊士氣。

臺灣正面臨中共嚴峻的挑戰，然而根深柢固的官僚體制讓國軍的訓練方式僵化難變。國軍長期以來複製美軍準則、訓練模式，試圖達到美軍的戰力。當美軍因應實戰經驗，不斷地改進其訓練模式及程序時，國軍卻未能與時俱進。面對解放軍日益嚴重的威脅，國軍必須依據實際作戰需求，訂定國軍的訓練目標、訓練模式、訓練規範、訓練方法，發展出符合實戰需求，務實有效的訓練制度。

以大家熟知的年度「漢光演習」為例，這個國軍年度最大的演習區分為「指揮所演習」（Command Post Exercise, CPX）及「實兵演習」（Field Training Exercise, FTX）兩部分。指揮所演習的目的，是運用電腦模擬系統顯示的虛擬化戰場，訓練指揮官與參謀群如何指揮及管制所屬各部隊遂行作戰任務，並適切應變，處置各類臨機的戰場狀況。電腦模擬系統所展現的虛擬戰場狀況，並非憑空創造，都是交戰雙方在各別的指揮所內，不間斷地處置、回應、操作而形成的。國軍自從在二〇〇三年引進與美軍相同的聯合作戰演習方式後，多年來在「指揮所演習」的演訓方式，都是遵循以上所述概念及規範，基本上與先進國家相仿。然而觀察國軍近幾年漢光「指揮所演習」，似乎脫離了此一演訓規範，改為所謂的複合式或圖上兵推，將所有攻防雙方的演習成員集中在同一地點，每日兵推與研討混合進行，而非各自於作戰時的實際指揮所實施演習作業。如此做法，雖名曰在研究找出克敵戰術戰法，但這種與先進國家截然不同的演習方式，其效果確實令人存疑。就軍事專業而言，「演習的目的就是訓練」，指揮所演習就是在磨練指揮官與參謀群的指揮與作業能力，找出缺失並加以改進，並非在研究戰術戰法，演習時間寶貴，研究戰術戰法平日隨時均可為之，不必占用演習時間。至於演習的勝負，受到演習目的、想定設計、電腦系統參數的設定等眾多影響，與實戰情況自有差異，演習的目的在找出己身的問題及缺失據以改進，而非特別關注在勝負問題上，深切盼望國軍以後的指揮所演習能夠回歸正軌。

至於實兵演習，每年受到大眾矚目的公開射擊演練，嚴格說來並不符合戰術訓練的範疇，基本上它是一種「火力展示」（Fire Demonstrations），依臺灣所處的威脅環境，找機會公開展示，讓民眾看見國軍的武器裝備能飛、能航、能機動、能發揮火力，以增進國人信心，基本上無可厚非，但是國軍更應重視的是自由對抗演練的實兵演習，那才是嚴格鍛鍊的戰術階層訓練。

至於基層部隊的訓練精進，有賴所有軍士官幹部能夠積極主動，經常汲取新知、共同精進訓練方法，一來藉此提升部隊實質戰力，二來讓社會各界對軍隊能夠耳目一新、提升形象。過往，有許多年輕人之所以對軍隊反感，均出於難以認同訓練方法及風氣，這是身為軍中幹部必須念茲在茲、戮力改進的重要工作。

要徹底實踐「整體防衛構想」，務實的訓練是最基礎的元素，也是最重要的工作，期盼國軍能夠嚴肅地審視訓練制度，在「整體防衛構想」的架構下，規劃出戰略、作戰、戰術、戰技一系列的訓練模式，同時也期盼國軍上下能夠在訓練工作上，如同災害防救般竭盡所能。

為何有如此多的窒礙、挑戰

每當有這種事情發生，不管在任何一個行業，那些位於高階握有權勢者，就會開始瘋狂抵制。

——電影《魔球》

我本認為創新與不對稱作戰，是一種因應近幾年來兩岸戰略形勢快速地我消敵長，國軍必須要改變的軍事思想，然而觀察自二〇一七年迄今所出現的曲折起伏，才恍然領悟這不僅是思想觀念的轉變，也深深牽動著政治、官僚、派系、風氣、文化等所有層面，其推動阻力複雜得難以想像。綜合觀察，推動「整體防衛構想」所碰到的障礙，或可歸納為以下幾類：

（一）以政治為本的思維考量

二〇一六年民進黨再次執政以前，曾推出《國防政策藍皮書》，這在政黨政治的民主體制是值得肯定的事。從蔡英文總統執政初期，投入大量資源的國艦國造、國機國造、國防自主的堅持不懈，對美鉅額採購F－16、M1A2戰車、M109－A6等傳統武器儎臺，可以看出此國防藍皮書的重點在國防自主與對美軍購，不對稱作戰並未納入推動重點。不論正確與否，二〇一六年以後執政團隊確實是按照「國防政策藍皮書」的路線前進，「整體防衛構想」所強調的思維與做法確實與之鑿枘不投。不過情況即使如此，兩者應該也不至於完全無法相容，端看政策規劃者用什麼樣的心態及方法予以調和平衡。不過從後來政策轉折變化的過程來看，最少在二〇二一年下半年美國開始積極影響臺灣建軍方向以前，臺灣國防政策的執行與「整體防衛構想」仍屬相斥關係。

另一個在建軍決策中會牽涉到的政治因素，是考量人民的感受。當規劃籌建的武器裝備愈是先進，功能愈是耀眼，人民對政府防衛國家的決心就愈為深刻。向美國軍購可將臺灣防衛與美國可能的協助，在心理層面上進行深層的鏈結，這對任何執政黨而言，都是極為自然的政治思維。然而美國是世界軍事超強國家，供售的武器裝備多屬攻勢型傳統武器，往往與臺灣所需的小型不對稱武器背道而馳。因此在政治考量下，「整體防衛構想」建議的不對稱武器裝備，不受政治青睞也不令人意外。

不過追本溯源，如何建軍備戰以確保臺灣安全是一個軍事專業議題，在訂定的過程中如果以政治性的思維研議，難免失焦。如果在面對政治階層不想接受，又不願明說的環境下，想要順利推動不對稱作戰型式的國防改革，恐怕是難以竟其全功的。

（二）傳統軍事思維的根深柢固

如果把不對稱作戰形容為一種創新的思維，毋寧說這是臺灣處於兩岸戰略極度劣勢，在面臨嚴重生存威脅下，為了確保臺灣安全，我們必須做的選擇、必須有的思維，也是必須進行的改變。對任何人而言，接受新觀念並非什麼大不了的新鮮事。然而若是接受新觀念的要件，是必須推翻腦海中存在了幾十年的舊觀念，這就形成了一道難以跨越的鴻溝。

面臨兩岸軍力及國防資源如此巨大的改變，說我們需要充分利用海峽天塹，大量籌建機動海岸防衛飛彈系統，達成不對稱作戰構想時，很少人會提出反對意見。但是如果接下來說，為了提升戰場存活率並充分活用有限的國防預算，因此必須減少先進戰機、戰車，以及戰艦的配置，將資源具體挹注在不對稱戰力，不論哪一個軍種聽到這種說法，恐怕都會反對，期期以為不可——這就是問題所在。這種現象出現在長期服役的資深軍官身上，很容易理解，畢竟幾十年的犧牲、奉獻、訓練、信念、認同，都在這塊時時離不開自己的專業領域，突然間的價值剎離確實難以接受，需要經長期思索及自我辯證才能改變。

（三）對不對稱作戰涵義的曲解

不對稱作戰雖不算嶄新的概念，然而各國競相採用並與創新的概念鏈結，是近十幾年來各國國防改革的重點議題。由於科技的日新月異，使得各國不論軍力強弱，都可以針對各類不同的威脅，發展自己所需的不對稱戰力。傳統作戰是一種對稱式的作戰概念，交戰雙方只是爭取在同一時間、空間，維持較對方優勢的力量，以期獲得戰場的勝利，因此也比較容易以相對的兵力及火力，具體表達雙方戰力強弱與獲勝的機率。不對稱作戰概念是一種相對性的軍事思維，它並不拘束於傳統作戰的武器及方式，而是依據敵方於作戰全程「力、空、時」的特點與弱點，以避強擊弱的手段，給予敵人針對性的打擊。由於不對稱作戰並沒有一致公認的定義，不論軍民均易誤解，因此也容易形成「一個概念，各自詮釋」的現象。在《二〇一九年國防報告書》中的不對稱章節，就敘述我們亟需籌建M1A2戰車以有效達成「灘岸殲敵」任務。如果就連《國防報告書》都在臺海衝突的作戰場景中，把戰車視為不對稱戰力，那麼將任何想要的武器裝備都詮釋為不對稱戰力，也就不足為奇了。

另一個值得一提對不對稱作戰的誤解，是遠距離攻擊武器。就我的觀察，臺灣的軍事評論者對於臺灣亟需建立不對稱戰力一事頗有共識，然而當討論到什麼樣的武器系統屬於不對稱戰力，論點就五花八門。其中一個相當典型的議題是，為了發展臺灣不對稱戰力，我們應該優先發展長距離攻陸飛彈遂行源頭打擊。這種論調的適切性，我們可以拿美中對抗的作戰場景為例：痛感於一九九六年臺海飛彈危機時，因美國航母打擊群的介入而不得不草率收兵的不快經驗，中共發展東風21D長程彈道反艦飛彈，藉以反制美國航母打擊群的介入，這做法達到非常好的嚇阻效果。中共現行已經具備航母戰鬥群兵力，在類此作戰場景之下，如果中共派遣航母兵力反制美國航母打擊群，就屬於傳統對稱式的作戰方式，再對比雙方航母戰鬥群的作戰能力，中共必敗。但如果使用長程彈道反艦導彈嚇阻美國航母兵力的介入，戰前中共已立於優勢，這就是創新方式的不對稱作戰。

面對臺海戰爭，臺灣想藉遠距離攻陸飛彈作為不對稱作戰的重點，與上一段舉的例子相比，雖然都是遠距離攻擊武器，然而場景、環境不同，其意義就天差地遠。我們必須體認，美中航母戰力對比，強弱立判毫無疑問，因此中共以遠距離反艦導彈反制美軍航母，不論在理論上或實務上，都是非常合理的不對稱作戰選擇，但臺海作戰的場景完全不同，此話題先前討論過多次，此處不再贅述。我現在要強調的是：**不對稱作戰運用的定義是「因勢而定」：先看「敵有什麼」，再檢討「我有什麼」，然後想方設法選擇最佳的時機與場域，使用「以己之長，攻彼之短」的手段，針對敵「戰略重心」發出致命**一擊。這道理並不複雜，但一般人很難理解，在專家們各說各話的前提下，想要獲得全民共識，支持不對稱作戰的建軍方案，自然是困難重重。

（四）軍種各顯本事，爭食國防預算大餅

現行國軍的建軍是「由下而上」的機制，三軍競相搶食預算大餅的「平衡建軍」。這種機制在以前的戰爭型態還能運作，然而當戰爭邁向以不對稱作戰為需求，武器籌建就必須改為由

上而下的「整合需求式建軍」，這才能符合不對稱作戰所需。也就是說，應該改由參謀本部基於整體及聯合作戰的需求，統一決定所需籌建的武器項目，再依武器性質分配由各軍種執行建案程序。這道理許多人都了解，然而現行國防部組織法，職司三軍聯合作戰的參謀本部屬軍令系統，對於隸屬軍政系統的各軍種司令部並無指揮權。各軍種基於本位主義的狹隘制約，依然故我地醉心於傳統光鮮亮麗的戰機、戰艦、戰車等傳統武器，在這種情況下要施行可以因應當今威脅環境的「整合需求式建軍」機制，自然窒礙難行。

(五) 高層軍、文官僚的體制內掣肘

要從結構上改變國軍戰略構想，所牽涉到的改革範圍極其廣泛，改革工程極為浩大，且由於不對稱的作戰理念與傳統作戰觀念，在思維邏輯上有根本的不同，對任何一位經過二、三十年傳統作戰教育訓練的職業軍官而言，想要在短時間內改變慣有的思考方式並不容易，尤其是牽涉到改變龐大複雜的官僚體系的慣性運作，更是困難。然而進一步而言，在當前臺灣政軍運作的機制下，這種重大軍事變革是否能夠順利達成，其影響已非僅軍事領導階層，職司國家安全的高級文官階層，其思維與決策處理才更是關鍵。

無論在何種時間點要做出重大改革，都必須付出辛勞與代價，改革的工程不僅是在制度面、作業面造成衝擊，甚至會影響到人們的工作負擔。「整體防衛構想」是臺灣國防轉型的挑

戰，這是一種必須先破壞再建設的基礎改造工程，絕非僅僅召集幾場會議，撰寫幾分報告就可以竟其功。這牽涉到整個官僚體系每個人的觀念、每個運作機制的改變。與對岸比較，臺灣軍力規模雖小，然而國防組織仍可稱為龐大複雜，如果要進行根本上的國防改革，整個高層單位組織都需要同步動起來。官僚體系如果過於龐大，必然有沿襲已久的慣性與鈍性，正因為如此，組織中極少人願意沾惹麻煩主動求變，亟需領導階層拿出使命感及魄力。

第十二章　邁向新的防衛戰略

我們不能把臺灣的安全寄託在一個模糊的防衛戰略。因為，模糊的戰略既不能嚇阻，也無法防衛。

二〇二二年俄烏戰爭的發生大出世人所料，但也因為如此，給予我們再一次的機會審視戰爭發生的原因與國際關係的特性。二次大戰結束以後，雖然地域性的有限軍事衝突不斷，但從未發生如一、二次大戰這類大規模的戰爭。這種現象如果我們解釋為：聯合國這類的統裁機制發生了效用——毋寧說，是核子武器的問世形成的「相互保證毀滅」（Mutual Assured Destruction）效應，使得擁核大國竭盡所能地避免直接對抗。俄烏戰爭未發生前，美國警告俄羅斯勿輕舉妄動，否則將遭受嚴厲經濟制裁的同時，也明確地表達在任何情況下都不會直接參戰。在此相互叫牌的賽局過程中，聯合國完全失能，可以充分說明**當前國際行為規則是由大國，而非國際間的統裁機制決定**。大國為了維護自身利益，必須積極介入他國事務。

再由歐盟各國的反應來看，即使同處於歐盟或北約的政治、經濟及軍事架構之下，各國在面對戰爭議題時，首先考慮的都是自身的國家利益。這種國際現實主義的特性，在地緣政治之下更是凸顯。

臺灣的安全處境與烏克蘭並不全然相同，然而放在國際政治現實主義的框架下審視，卻有其相似點。撇開烏克蘭與俄羅斯，或臺灣與中國之間剪不斷，理還亂的種族、歷史、文化糾葛，光從地緣政治的角度，就有原則性的相似性。俄羅斯需要烏克蘭作為與北約國家之間的緩衝，因而積極介入烏克蘭政局，甚至不惜干戈以對，從國際現實主義的角度來看，這不難理解。再從同樣的觀點，臺灣位於亞太第一島鏈的中央位置，不論對美、中而言，地緣戰略的重要性都不言而喻。**未來臺灣的安全將決定於美、中大國之間的競爭**，這種說法並不為過。

美中大國博弈下，臺灣如何自處

在美中大國競爭下，目前基本上能維持臺海的穩定，亦即北京仍以「和平統一、一國兩制」為優先選項；臺灣則採取「不冒進、不挑釁」的態度，不宣布法理臺獨；美國繼續維持「一個中國」政策，也不支持臺灣獨立。這些基礎，基本上維持了目前臺海和平穩定的狀態。

然而在中國全球競爭能力不斷強大，國際政治角力版圖顯現「美中兩強競爭雙極化」的趨勢時，國際學者專家普遍對於臺海目前的穩定狀態，並無足夠的信心。

目前臺海安全問題的關鍵，在於缺乏互信。無論是美中或兩岸，互信基礎十分薄弱，這是臺海安全最嚴重的潛在危機。由於現行臺海兩岸缺乏對話機制，而中國將美國給予臺灣外交及軍售上的支持，解讀為「向臺獨勢力發出錯誤信號」。美國則將中國積極發展軍事力量，以及在南海與臺海的頻繁軍事活動，解讀為中國企圖在短期內改變臺海，甚至亞太現狀。這些猜忌，讓美中臺三方都相信，目前臺海穩定的局面，極可能在可預見的未來變質。在充滿猜疑的環境下，很容易錯誤解讀對方的意圖，從而導致政策的偏差而形成惡意螺旋現象，這將造成「臺海終將一戰」這種「自我實現預言」的結果成真，以致臺海情勢目前正處於「不穩定的穩定」狀態。

未來美中的大國競爭不會停歇，只要臺灣採取選邊站隊的立場，即意味著臺海之間的兩岸關係，將由太平洋之間的兩岸關係所主導。亦即臺灣的命運，將由美中兩強的角力結果來決定。在此狀況下，臺灣安全問題不能僅從臺海兩岸，而是必須置於美中對抗的大架構下來思考，如此才能看清楚全貌，並做出正確判斷。政治上如此，安全上更是如此。

（一）北京的立場

現階段兩岸與美國對臺灣問題各有盤算，綜合中方的立場與思維，概略可歸納為以下五點：

(1) 中共視臺灣問題為「核心利益」，沒有退讓的空間。因為事關中共領導人維護民族尊嚴和國家利益的誠信與決心，若態度軟弱，將直接動搖其統治基礎。

(2)「反獨促統」仍是中國對臺立場的基調。反獨是建立在「一個中國」的原則上，在未具備完備的武統能力以前，反獨仍將優先於促統。

(3) 為免過早攤牌，中共對美、臺皆抱持「戰略耐心」。中共期盼在二〇二七年前具備犯臺能力，但不致在臺灣宣布法理獨立以前，主動採取軍事侵犯方案，主要原因是北京認為兩岸未來的趨勢，必掌握在不斷發展和強大的中國手中。時間站在北京那一邊，二〇四九年以前，中國終將解決臺灣問題。

(4) 北京認為從二〇二一到二〇五〇年的三十年期間，美中軍力將逐漸向中國傾斜，連帶和平統一臺灣的可能性亦隨之增高；提前以武力統一臺灣，反而正中美方下懷。所以中國要盡量延遲跟美方的戰略攤牌，避免過早正面對決，惟中國抱持「戰略耐心」的前提是：美國未刻意踩踏中方在臺灣問題所劃的紅線。

(5) 中共的軍事現代化有一定的目標與時間表，惟是否達成軍事現代化的目標，與是否展開對臺軍事行動並沒有絕對的關聯。例如：臺獨是中國大陸認為不可跨越的紅線，當北京領導者判定臺灣已經正式走向獨立，即使解放軍那時不具備武統能力，也了解軍事行動將付出極大的代價，但仍會選擇以武力方式解決臺灣問題，並承受隨附而來的傷害。

概括而言，只要臺灣不踩臺獨紅線，中國基於內部權力穩定等各種因素，只會在「有把握」的前提下才會進行武力統一。何謂有把握？這牽涉到三個因素：一、中共全面武力進犯的能力；二、臺灣的自我防衛能力；三、美國介入的決心及方式。

（二）華盛頓的態度

美方對於臺灣問題的思維策略，或許會因為政黨政治的因素，隨著主政者的不同而做出某種程度的調整，惟基本政策仍將維持相當的一貫性。

美國目前對於臺海問題的立場，可以經由官方文件及公開發言見其端倪。

首先，根據二〇二二年二月，美國發布的《美國印太戰略》（Indo-Pacific Strategy of the United States），其中與臺灣有關的敘述為：

> 我們將與區域內外的夥伴一起維護臺海的和平與穩定，包括支持臺灣的自衛能力，確保臺灣的未來是根據臺灣民眾的意願與最大利益，並經由和平方式所決定。在此過程中，我們的做法與我們的「一個中國」政策，以及我們根據《臺灣關係法》、三個《聯合公報》和「六項保證」所做出的長期承諾維持一致。

其次，二〇二一年十二月，美國國務卿布林肯（Antony Blinken）在接受媒體專訪時表示：若中共入侵臺灣，那是一個「潛在的災難性決定」，「我們對臺灣做出堅定的承諾，以確保臺灣有自衛的能力」。國家安全顧問蘇利文（Jake Sullivan）在接受媒體訪問時，也重申美國將堅持「一個中國」政策和《臺灣關係法》。針對臺海問題，蘇利文稱美國反對任何片面改變現狀的做法，而最符合美國、臺灣和中國的利益，就是「維持現狀」。二〇二一年十二月，美國國防部印太安全事務助理部長瑞特納（Ely Ratner），在參議院外交委員會作證時，提出一個之前未曾公開說明的論點：

> 臺灣位居第一島鏈中心，又處於全球經濟和貿易往來要道，對美國的盟友網絡具有關鍵地位，臺灣的安全對美國護衛印太地區的利益極為重要。

瑞特納身為國防部印太戰略的負責人，此次發言的重要意義在於：美國公開且明白地表示，臺灣在地緣戰略地位上對美國的重要性。

歸納歷年美國政府要員的說法，可以看出包括「一個中國」政策、《臺灣關係法》、《三個聯合公報》，以及「六項保證」等政策或法律，仍是美方處理臺海問題的基礎。

臺灣在地緣戰略的重要性，始終是美國的懸念。事實上，美國的確擔心一旦中國統一臺灣，不但讓中國領土得以前推直接進入太平洋，同時也將斷裂第一島鏈，切割美國在亞太地區的前緣布局。這將使美國在亞太區域的影響力遭遇前所未見的挑戰。故在可預見的未來，美國將不遺餘力地阻止中國完成所謂「統一臺灣的神聖大業」。

（三）臺北的思維

在臺灣方面，普丁執意入侵烏克蘭的驚人決定，讓許多「知安不知危」的臺灣人民意識到：普丁若能做出這種危險的決策，誰能保證習近平不會？戰爭極端殘酷可怕，會造成數以百萬計人民的死傷與流離失所，經濟損失更是難以估計，因而發動戰爭理應謹慎再謹慎。不幸的是，是否發動戰爭，不必然是理性決策的結果。正因為如此，沒有人能夠完全掌握戰爭的因子，所以重點還是在，當面對戰爭威脅時，國家不可一日鬆懈，而應時時準備戰爭的來臨。

再者，**自助不見得必然人助，自己的國家終究得自己救**。俄烏戰爭爆發後，雖然世界各國對俄羅斯的譴責聲浪，以及各種制裁行動紛至沓來；但軍事方面則僅止於軍品援贈，沒有實際武力介入，最終烏國仍須依靠本身軍民力量抵擋入侵，國際現實至此再清晰不過。簡言之，經由俄烏戰爭，我們得到的啟示是：**無論是否認同「今日烏克蘭，明日臺灣」這句話，臺灣的安全既不能乞求中國的善意，亦不能依賴其他國家的友誼**。臺灣的安全歸根結柢還是得來自內求，亦即臺灣須自我檢視：是否具備「正確的戰略」、「堅定的意志」，以及「存活的能力」，如此才能迫使潛在敵人不敢輕舉妄動，也才能避免戰爭的發生。

「整體防衛構想」對臺灣安全的重要

臺灣的安全，未來當然會受到美中博弈結果的牽動；然而身為地緣政治兩強角力之下的弱勢者，臺灣安全的核心，歸根究柢仍得根植於自我的防衛能力。俄烏戰爭出人意料的戰事發展，讓全球強烈地意識到「嚇阻戰爭」的重要性遠勝過「打贏戰爭」。面對兩岸國防資源極端不對稱的情況，除了有形及無形的戰力以外，此時此刻對臺灣而言，正確的防衛戰略顯得比過去更加急迫。

烏克蘭在二〇一四年克里米亞危機之前，因為疏於國防經營及軍事變革，軍隊基本上是沿襲蘇聯時代的軍事傳統，與現代化軍事體制相較顯得落後不堪，戰力比前蘇聯時代更為羸弱。然而從二〇一六年起，經過美國與部分北約國家的協助，在防衛構想、作戰計畫、準則、訓練、裝備各方面，都進行了大規模的改革。即便由於國防資源的限制，烏克蘭的大型武器裝備，無論是質或量均遠不及俄羅斯，然而短短的五、六年間，烏軍的實際戰鬥力已有顯著進步。這說明了相對低成本、短時間的軍事轉型與現代化，有可能大幅提升部隊的實質戰力，進而造成敵軍重大傷亡。過去幾年，美國不僅援助了現在廣受矚目的標槍及刺針飛彈，用來執行不對稱作戰的人攜式精準導引武器，更藉此訓練烏克蘭部隊打一場不同於傳統的戰爭。就美國而言，臺灣與烏克蘭在政治、外交、經濟層面雖然顯著不同，但同樣面臨實力懸殊的安全威脅，不難推測這是美國目前大力建議臺灣推動不對稱作戰的考量。

倘若以更務實的角度分析，美國在烏克蘭推動的訓練與作戰準備，並強力建議臺灣採納的不對稱防衛構想，基本上就是美國針對「區域性對抗」的最新策略。也就是，除了政治圍堵及經濟制裁之外，軍事方面則以大量低成本的不對稱戰力，搭配「非徽臺性」的精準武器與彈藥，再輔以情報、監偵、戰場覺知、電子戰支援、網路攻擊等非接觸式軍事協助，直接、間接消耗敵手的作戰能力，進而削弱其整體國力。

這種策略對於美國暨核心盟邦而言，軍事、政治與經濟成本最低，大國之間直接發生戰爭的風險也較低，堪稱是將美國國家利益的極大化，也是最具成本效益的手段。從美國想要持續居於世界領導地位的最高戰略來看，這是符合美國國家利益的最佳戰略。

對美國而言，**俄烏戰爭驗證了以不對稱作戰模式的代理人戰略，不但能夠有效抵抗強敵的全面入侵，也符合美國的國家利益**。然而，從比較宏觀的角度看，美國從二〇一四年起對於烏克蘭的援助，可能礙於擔心刺激俄羅斯，始終過於自我設限，實質內容太少也太遲，以至於烏克蘭的不對稱防衛成效，僅限於開戰後加大俄軍的耗損、遲滯其軍事進展的層面，卻未能在戰爭前達到「嚇阻」的戰略層次，這對同樣沒有防衛條約承諾的臺灣，應極具參考與警惕的價值。

美國在俄烏戰前明白宣示「不會直接派兵介入」；戰爭爆發後則一再強調「臺灣不同於烏克蘭」。為了展現對臺灣安全的重視，除了派遣前美國參謀首長聯席會議主席穆倫上將（Admiral Michael Mullen）為首的五人國安團隊專機訪臺以外，跨黨派的國會議員亦來訪不斷。從這些策略考量及政治舉動，都在明確地向兩岸送出信號：臺灣的安全攸關美國的國家利益，美國當然有意願協助維護臺灣的安全，但是臺灣必須建立強韌的不對稱戰力，才能「嚇阻」中共的入侵。

強調不對稱作戰的「整體防衛構想」，不只是臺灣建立自我防衛的能力，以嚇阻中共進犯的最佳防衛戰略；也是美國希望與臺灣合作，協助維護臺灣安全的最佳策略。**將防衛臺灣安全的方式與其他國家利益相互結合，才是獲得外援的最佳途徑**。

若摒除外援因素不談，純粹從自我防衛的角度看，中共欲以武力達成統一臺灣的目的，目前只有「全面占領」，或「運用軍事威懾、奪取外島、全面封鎖、遠距打擊等手段迫使臺灣屈服」等兩個戰略選項。中共目前已經有能力執行奪取外島、遠距打擊等脅迫選項，但由於戰爭、民心之不可預測性，沒有人能夠保證以這類「有限戰爭」的手段，可以逼迫臺灣妥協談判，因而可確保臺灣屈服的選項，只有全面侵臺占領；而「整體防衛構想」的核心理念，就是聚焦於有效反制中共對臺灣的全面侵犯，此即為其對臺灣安全的核心戰略意涵。

（一）「整體防衛構想」與臺美安全關係

過去二十年，美國深陷在中東戰場的泥淖，軍事科技的研發重點都置於反恐作戰。反恐作戰與大國間的軍事競爭，在作戰需求上完全不同。最近幾年中共海軍新戰艦快速的下水成軍，已經成為全世界擁有最多，也最新的作戰艦艇。在空中戰力方面，則是新型戰機、無人機不斷問世。先進精準武器方面，中國的超高音速武器的研發、試射也領先美國，走在世界前端。反觀美國面臨海軍艦艇老舊，朱瓦特級驅逐艦及濱海作戰艦等發展方向錯誤，以致產生戰力間隙，因而美國在增加國防預算的同時，也正積極調整國防資源的分配，一方面汰除老舊武器裝備，另一方面積極研發新式武器，希望短時間內能夠有效壓制中國的武力崛起。

美國深刻明白，中國是其在全球保持領導地位的主要威脅，而這中間最重要的指標是臺灣。臺灣如果被中國統一，或許在安全方面尚不至於對美國形成威脅，但絕對是一記敲響美國作為世界領袖的喪鐘。從這點來看，臺灣被中國統一必對美國具有深遠的影響，美國不但因此將失去信譽，也將失去其他友盟國家的信任。針對這點，美國現處於困境之中，因為它對中國的嚇阻能力正逐漸下降。如果任由情況惡化，臺海是否生波的主要因素將不再是美國是否以軍事介入，而是由兩岸間的戰力對比來決定。

臺灣不被統一也不走向法理臺獨，能夠維持現狀最符合美國的利益。**美國對臺灣是否走向法理臺獨有很大的影響力，然而是否啟動統一臺灣的戰爭，球不在美國，而在中共的手上。**一旦美國的軍事介入能力不足以影響臺海戰爭的結果，臺灣的自我防衛能力就必須扮演主要的角色。然而以臺灣不足的國防預算，想要以對稱式的傳統戰爭抵抗中共武統，此無異以卵擊石。因此以不對稱作戰思維為主，可以在短期內迅速強化臺灣自我防衛能力的「整體防衛構想」，對美國就具有相當的意義。如果臺灣能夠貫徹落實「整體防衛構想」，由於這些高存活性的不對稱戰力，至少在短時間內可以有效反制中國的全面武力進犯，如此就容許美國擁有更多的時間，重新整備壓制中國的軍事能力。

目前就美方的認知，「整體防衛構想」聚焦於反制最嚴峻的作戰想定，亦即解放軍全面武力犯臺，以達到「拒止式嚇阻」中共武統的目的。臺灣已大量投資了傳統武器系統，現今應更合理地分配及運用有限的國防資源及時間，以強化不對稱作戰能力。綜言之，美方對於「整體防衛構想」抱持高度肯定，不樂見臺灣將「整體防衛構想」束之高閣。這從二〇二一年十二月，美國國防部印太助理部長瑞特納，在參議院外交關係委員會中的發言可以充分反映。瑞特納表示：

> 我們讚賞蔡總統優先發展臺灣自衛的不對稱能力，這些能力具有可信、韌性、機動、分散，並符合成本效益的特性。簡言之，這些都是在可負擔的財政能力下所投資訂製的致命能力，目的在應對來自中國的軍事威脅。

相對於美方支持「整體防衛構想」的理念，期待臺灣能藉此建立不對稱作戰的能力，臺灣卻因為政治、官僚，或個人等因素，不樂於使用「整體防衛構想」這個名詞，但是又不能不對美國的期待有所回應，因此就以「將全力推動不對稱作戰」的說法因應。然而在高唱不對稱作戰的同時，臺灣卻不惜鉅資繼續向美國採購戰機、戰車等昂貴的傳統武器儀臺。這種強烈反差，難免呈現言行不一的現象。為了具體回應美方的強烈呼籲，臺灣在二〇二一年提出兩千四百億的特別預算，其中八十%以上投資符合「整體防衛構想」倡議的不對稱戰力。

（二）「整體防衛構想」與臺美軍事關係

美國朝野熱辯戰時對臺灣的介入，應採戰略模糊或戰略清晰之際，臺灣的防衛戰略卻始終模糊不清。

近年來美國不斷的在公開場合與閉門會議中，強調不對稱戰力對臺灣防衛的重要性，其迫切焦慮的根本原因在於：無法理解臺灣現行的防衛戰略是什麼？臺灣不斷地強調重視不對稱戰力，卻絲毫未反映在官方的正式文件上。不論是《四年期國防總檢討》或是《國防報告書》，仍持續強調制空、制海、反登陸等傳統戰力的重要性與整建的優先性，也從未具體著墨如何運用這些傳統戰力以達成自我防衛的目標。在美國，無論是行政部門或專家學者，沒人能夠理解且清楚地描述臺灣的防衛戰略。相反地，對於強調整合臺灣地理環境優勢及民間設施資源，合理運用及分配有限的國防預算，建立不對稱作戰能力以嚇阻中共，並於必要時擊退入侵敵軍的「整體防衛構想」，能夠侃侃而談的美國專家學者卻不乏其人。其中最精闢的為二〇一九年十月的臺美國防工業會議，前印太安全事務副助理部長海大衛（David Helvey）的演說，他表示：

> 面對資源眾多，更有戰力且展現侵略企圖的敵人，臺灣必須運用一種戰力，可運用地形、先進科技、高技術創新勞工，以及具愛國意識的社會，同時利用敵人的弱點。這表示分散、機動及分權指揮的戰力，也就是許多的小東西，可在電磁環境與飛彈火網與空中打擊中執行任務……；高機動性的岸防飛彈、短程防空飛彈、水雷、小型快速攻擊艇等，都是非常適合臺灣地形與防衛任務的不對稱戰力……；與傳統武器系統，例如戰機或大型船艦相比，這些武器系統的操作與維護成本較低，存活率也比較高。

對照於美國對「整體防衛構想」的重視，臺灣近兩年雖然不斷強調不對稱戰力的重要性，卻絕口不提「整體防衛構想」這六個字。儘管國防部回應媒體詢問時宣稱：並未拋棄「整體防衛構想」；然而這種官方說法在美國卻無人相信。

面對臺海武力衝突，美國是否會採取軍事介入協防臺灣，究竟應採「戰略模糊」或「戰略清晰」，華府國防圈內曾經激起熱烈的討論。不過沒多久，官方即明確表態仍將維持一貫的「戰略模糊」政策。這宣示在明確地告知世人，美國會幫助臺灣自我防衛，但沒有明確表示如果臺灣遭到入侵，它將與中國開戰。正如同大多數華府專家的主張，**縱然美國明確宣示將為臺灣而戰，也未必能夠有效威懾中國，因為中國已經假設美國會這樣做**。因而對臺灣安全明確的承諾，反而會先引來一場美中全面性的對抗危機，所以把重點放在「強化臺灣不對稱防衛能力」的實務面，反而更符合美國的國家利益，這也是美國奉行「戰略模糊」政策的根本原因。

對臺灣而言，「戰略模糊」政策最重要的警示是，一廂情願地認為一旦臺海有事，美國必將馳援的想法極度危險。臺灣當務之急乃在「安全得自己顧」的認知，加強不對稱戰力以建立強韌的自我防衛能力，反而能夠自助人助，鋪設出一條美國最可能援臺的道路。

就臺美軍事合作關係的實務面而言，「戰略模糊」政策代表美國不會在臺海爆發戰爭前，先律定明確的軍事介入行動準據；再加上美國不清楚臺灣現行的防衛戰略及作戰構想，在這種「雙重模糊」的情形下，很難令人期待為了保障臺灣安全，臺美之間會有任何具體的聯合軍事行動。從這個角度不難理解，提供清晰概念及實際做法的「整體防衛構想」，對臺美軍事合作關係的價值了。

(三)「整體防衛構想」對軍購的影響

另一個臺美安全與軍事關係的重要觀察指標，是美國對臺軍售政策的調整。鑑於中國強勢崛起的威脅，臺灣在美國的國家安全戰略上變得比以前更加重要，而協助臺灣建立自我防衛能力最具體的指標——對臺軍售，也隨之產生結構性的改變；其中調整最大的部分，是積極的以「軍售政策」作為具體手段來形塑臺灣的不對稱戰力。

過去數十年，臺美之間的武器採購模式是臺灣提出軍購項目，美國依據「美中臺」三方的政治及安全互動關係，再決定是否供售。至於協商過程，大多聚焦於軍購品項的敏感性，甚少溝通臺灣的防衛戰略與不對稱戰力的需求。但現行美國對臺軍售政策已然轉變，美方會依據臺灣應建立的不對稱戰力需求，再決定是否供售，且明確說明美國無法強迫臺灣行事，但可透過軍售政策形塑臺灣的不對稱作戰能力。**美國在二〇二一年，強力推動臺灣採購足額的岸置機動魚叉反艦飛彈；二〇二二年拒絕售予臺灣已完成法定預算編列的MH－60R反潛直升機，以及已正式公布同意供售的M109A6自走砲，並宣稱不會核發E2D空中預警機的輸出許可。從對這幾項不同性質軍購案的積極推動與拒絕供售，兩種截然不同的態度可以看出，美國對臺軍售已經明顯定調為「以協助臺灣發展不對稱戰力」為主，這在美國對臺灣安全協助及軍售政策面是前所未有的改變**。從軍事作戰觀點分析，在臺灣有限的國防經費下，選擇購買海馬士多管火箭系統或精準岸置機動魚叉飛彈；對照反潛直升機、自走榴彈砲及E2D空中預警機，前者才是具備嚇阻中共進犯能力的「不對稱戰力」。美方的態度再清楚不過，這也明確對應著「整體防衛構想」強調的「華麗的儀臺不能殺敵，彈藥才行」的原則。

從這一連串軍購案的轉折及變化過程來看，凸顯出臺灣雖然不斷地強調不對稱作戰的重要性，但實際作為卻與美國對不對稱戰力的認知相違背。從美國的立場來看，或許如知名學者葛來儀在二〇二二年三月，接受《德國之聲》專訪時有感而發的評論，她表示：

> 我覺得有時候，臺灣的軍隊在討論不對稱戰力時，只是嘴上說說而已。我認為臺灣軍隊做的一些事情，有時是以不對稱戰力為重點，但有時又不是以這個目標為導向。

美國近年不斷呼籲，要求臺灣採取不對稱防衛戰力，顯然與美國自二〇一四年以來，協助烏克蘭軍隊的改造與現代化主軸如出一轍。美方強調不對稱戰力、防衛決心與國土防衛的作戰思維，此次在烏克蘭大放異彩，有效頓挫了俄軍的攻勢，從而打亂了俄羅斯的通盤戰略意圖。是以，這次烏克蘭的成功經驗，將會進一步強化美國對不對稱防衛構想的信心，爾後必定會以更堅定的態度與政策手段，促使臺灣加快落實籌建不對稱戰力的腳步。平心而論，這些都是美方多年來不斷藉由兵棋推演及電腦模擬分析的結論，絕非一時興起之作，如今已經明白地訴諸於政策手段對臺灣強力推動。而這種經由精密量化分析得出的政策結論，又與「整體防衛構想」的內涵契合，這也是美國自始至終都大力支持「整體防衛構想」的原因。

（四）「整體防衛構想」對美國軍事介入的影響

臺美雙方缺乏指管及作戰互通機制，戰時無法協同作戰，如果仍期望美國的軍事介入，臺灣的防衛作戰構想就必須盡可能地單純、聚焦。

如果臺海爆發戰爭，依據「戰略模糊」的政策，美國未必會以軍事方式介入，然而無庸置疑的是，臺灣的存在對美國保障其在印太地區利益具有關鍵價值，一旦中共犯臺成功，臺灣落入中國之手，美國在印太區域的領導威信及安全利益都將遭受嚴重損傷，因此面對中共武力侵臺，美國所能做出最有力的回應當然是出兵介入，儘管機率並不高，然而就臺灣防衛的立場，不管機率高低，都應做好準備。不過，回歸作戰實務的基本面，恐怕也容不得我們對此有太過樂觀的期待。

臺美相互之間並非盟邦關係，雙方不具備美日或美韓之間的軍事聯盟條約，雙邊軍事關係也十分有限，所有「聯盟作戰」所需的條件均付之闕如。目前美國援助臺灣的方式，仍僅限於《臺灣關係法》向臺灣提供武器裝備與訓練，雙方並未具體討論共同防禦所需的作戰構想及行動準據。

戰爭的複雜性超乎想像，即使雙方有共同戰鬥的意願，聯盟作戰所需的聯戰構想、指揮管制、任務分配、兵種協同、通信協定、敵我識別、防止誤擊、後勤支援等技術細節，都不可能臨時再行約定。直白地說，一旦臺海發生戰爭，即使美國有意以軍事介入，針對戰場實務，雙方亦無法聯合作戰，共同協力防禦臺灣的安全。

俄烏戰爭爆發後，美國及西方國家不斷地輸送武器裝備，如此才能支持烏克蘭持續抵抗俄羅斯的入侵。毫無疑問，這提供臺美一個重要啟示：武統一旦開始，臺灣四面環海，不具備烏克蘭那種「邊打邊支援」的地理環境；因而若想要獲得美方支援，最好現在就開始準備，不能等到戰爭爆發才倉促啟動。如果要建立一個臺美可信任、可運作的軍事合作平臺，臺灣必須爭取在承平時期就建立具體的軍事合作機制，重點包括：

(1) 建立臺美雙邊軍事合作「戰略框架」，著重在政策層面的商議；若未設定明確的戰略框架，直接商議工作階層的細節，內容容易失焦，難以達成共同的戰略目標。
(2) 在前述戰略框架之下，建立軍事合作機制，明確律定合作的範圍、組織和運作原則。
(3) 建立軍事合作機制下的具體行動準據，其中包括政策和工作層面的具體運作細節。
(4) 建立系統性的聯合演訓架構，定期舉行雙邊或多邊聯合演習，具體支持雙方聯盟作戰的執行。

(5)承平時期，仿效已經在以色列實施的措施，美國在臺灣實施「盟邦戰時貯備」（War Reserve Stocks for Allies）制度，將戰時所需的彈藥、配件，預先存放於臺灣。

概括而言，在建立臺美聯合作戰能力，以抵禦中共犯臺的共同目標下，必須建立一個明確的臺美戰略合作框架，將實現此共同目標的路徑及方式制度化，使雙方得以明確遵循，也唯有在雙方「聯合行動要則」制度化以後，美國以軍事介入的嚇阻能力才會具有可信度。然而，要實踐這些具體合作事項最大的障礙是，臺美之間缺乏相互理解、相互認同的「共同語言」，而「整體防衛構想」正可以適時的發揮此一重要功能。

如果臺美之間無法落實這些軍事合作事項，臺灣必須面對的現實是，當前美國的戰略模糊政策與臺灣現行的模糊戰略，在實務面上難以融合，雙方絕對無法執行聯合防衛作戰。如果臺灣仍然期待在戰時美國的軍事介入，唯一可行的方法就是保持臺灣自我防衛的作戰構想簡明且聚焦，如此才有可能在戰場上以劃分時域與空域的方式進行作戰任務分工。不幸以現行臺灣的軍事戰略，從開始就想「拒敵於彼岸」，無遠弗屆的廣大戰場來看，沒有任何臺美聯合行動的可行性。也只有「整體防衛構想」運用不對稱戰力，將戰場聚焦於「濱海、灘岸」，才有可能搭建出不得已之下的臺美聯戰平臺，為臨時性的戰時聯盟提供可能性。

臺灣需要戰略典範轉移

臺灣國防需要的是典範轉移（Paradigm Shift），而非細枝末節的調整。

誠如克勞塞維茨所言：「不論一個國家與敵人比較是如何的弱小，它還是不應該放棄最後的努力。」努力是必要的，但重點是必須在正確的軌道上，否則終將徒勞無功。正確的防衛戰略在任何階段對臺灣的安全而言，都是重中之重。

只有讓敵人相信你有「正確的戰略」、「堅定的意志」，以及能夠在戰場「存活的能力」，敵人才不敢輕舉妄動，也才能達成嚇阻的目的，避免戰爭來臨。沒有正確籌建作戰的武器是浪費國防資源，因此建立適切而具體的防衛戰略，才能在有限國防資源下進行正確的投資，使防衛能力最大化，是保衛臺灣安全的第一步。

一九四九年迄今，臺灣的防衛戰略由最初的「攻勢作戰」轉換為「攻守一體」，再調整成現今的「防衛固守」。這個漸進的改變是為了因應兩岸軍事實力的變化，而不得不從事的調整。然而深入觀察，不論臺灣在軍事戰略上如何演變，戰力整建的方式始終不脫傳統武器汰舊換新的模式。這在早期戰爭科技變化不大，解放軍戰力成長有限的環境中，這方式沒有什麼大問題。但近二十年來解放軍的實力一日千里，伴隨著數位科技的躍進，戰爭工具也不斷的創新變革，這些變化帶給國軍莫大的挑戰，以往按部就班汰舊換新的建軍方式，已經無法適應這種以前從未遭逢的巨大變局。然而令人憂心的是，臺灣對此變局感受不深，迄今仍緊緊擁抱著數十年的戰略典範。

一九六二年，哲學家孔恩（Thomas Kuhn）在其經典之作《科學革命的結構》（*The Structure of Scientific Revolution*）一書中，提出科學研究演進的過程不是漸進式的演化，幾乎都是經由打破傳統或舊有典範的革命，而後才有所成，他將此演進稱為「典範轉移」（paradigm shift）。「典範」是指在某個科學研究圈，眾人一致認同的信念、價值和研究方法。「典範」的影響力無窮，因為它在無形中對每一位個體的思維產生了制約效應。「典範轉移」就是在信念、價值，或方法上的轉變過程。由於此科學概念的廣泛適用性，如今已被運用在各行各業。而在非科學背景的行業中，「典範轉移」通常指的是長期形成的思維軌跡及思考模式的改變，或觀念的突破過程。

同樣在軍事科學的範疇，這種思維模式的轉變也完全適用。數十年來，每當我們描述臺灣的軍事戰略，總是用那經典八字的「戰略典範」簡單帶過，從過去的「防衛固守、有效嚇阻」，到現在的「防衛固守、重層嚇阻」，雖然出現「有效」到「重層」的差異，但這兩字之差，在嚇阻理論究竟代表什麼涵義，始終乏人探究，官方亦不做具體闡釋。至於實質的建軍備戰工作，仍是沿襲既往而沒有改變。這現象說明這八字戰略口訣形成的「典範」效應，仍然持續制約著所有軍事幹部的戰略思維。

戰略是建立能力的藝術。我們依據面對的威脅及可用的資源來制定戰略，再據以決定建軍方向及用兵方式。我們不能在沒有明確的戰略指導下，隨自己的意向籌建武器裝備。換句話說，必須先決定戰略，再由戰略指導該籌建何種武器，而非由武器來決定戰略。更要避免的是，戰略與武器各行其道，互不相干。如果這是個顛撲不破的思維理則，那麼國軍現在所遵循的模糊戰略就值得重新省思。一個簡單的指標足以檢驗我們的戰略是否發揮了功能，那就是無論籌建何種武器，幾乎都符合長久以來所遵循的八字戰略口訣。這結果意味著：我們的防衛戰略已經空洞化！沒有指導功能的戰略，等同沒有戰略。

戰略的定義，從古至今已經有許多戰略學家以不同的方式詮釋。要使戰略在戰爭中發揮功能，就必須把戰略定義成能夠實際發揮功能的架構，而非僅是琅琅上口的概念式詞彙。

現代常用的定義，**戰略指的是確認「目標」，並為目標找出實現的「方法」及「手段」，同時依據自身的資源及能力，保持這三者的最佳平衡**。

以美國為例，近幾十年頒布的「國家軍事戰略」，都能清楚闡述「目標、方法、手段」這三個不可或缺的元素。其戰略重點從冷戰時期的圍堵，至冷戰後能夠同時應對兩個區域性的戰爭，再到近二十年來的以反恐為主軸，不論戰略目標為何，都具體論述欲達成目標所要運用的方法及手段。何謂達成戰略目標的方法及手段？具體而言，是我們運用什麼「構想」

（Concept）來達成所望的戰略目標，以及我們如何合理地運用「資源」（Resources）來支持這個構想，少了達成戰略目標的方法（構想）與手段（資源），就不是完整的戰略。

從這個理則來看，目前臺灣「防衛固守，重層嚇阻」的軍事戰略，充其量只能視之為戰略目標，它缺少方法與手段。由於缺少這兩個戰略要素，使得臺灣的防衛戰略模糊不清，從而無法指導兵力規劃、作戰構想、武器籌獲、組織編裝、準則教令、計畫訓練等重要工作，這對臺灣國防是極其嚴重的結構性問題。

「戰略」對強勢者而言並不困難，然而對弱勢者，如何發揮創造力，進而發展出適切的戰略，找到勝利的契機就顯得無比重要。強勢者掌握優勢資源，戰略難免刻板缺乏變化，弱勢者必須因此趁勢造機，發展創新戰略，並據此達成防衛目標。當前兩岸戰力懸殊，若單憑力量，臺灣注定失敗。因而如何掙脫固有窠臼，合理運用資源，策訂一個能夠成功防衛臺灣的不對稱戰略，是國軍最大的考驗。

俄烏戰爭打破了戰機、裝甲、遠程飛彈決定戰場勝負的傳統觀念，也證明了小型、機動、精準、致命的武器裝備，在現代戰爭中對弱勢者的價值。面對兩岸資源、兵力、火力均極為懸殊的情勢下，深入研究如何以不對稱作戰防衛臺灣安全，並劍及履及地貫徹，已經是迫在眉睫的事。然而不可否認的是，臺灣的防衛戰略及建軍規劃，自始至終就沒有真的想要針對整建不對稱戰力進行浴火重生的改革。近幾年在一片不對稱作戰高唱入雲的洪聲中，只是在某些武器籌建上做了局部調整。

臺灣的國防安全已經面臨關鍵時刻，僅僅在武器籌建做些細枝末節的調整無濟於事，臺灣更需要的是整體國防戰略的「典範轉移」。對於建軍思維及作戰理念，我們內心並沒有全盤融入不對稱作戰，**我們必須進行徹頭徹尾的改變，拋棄那些大陸軍、大海軍、大空軍的傳統軍種思維**，當國家安全危在旦夕，讓我們覺得風光體面卻耗盡資財的先進戰機、神盾戰艦、最強戰車，已無多大的意義，少了華麗耀眼的傳統武器與戲臺，並不會減損軍隊保家衛國的價值。

面對整體國防的典範轉移，最關鍵的就屬防衛戰略的徹底省思。我們不可能一邊固守原有的戰略典範，一邊完成國防的典範轉移，進而建立一支有韌性的不對稱作戰能力；更不可能只是籌購幾項符合臺灣不對稱作戰涵義的武器裝備，就自認能夠建立不對稱作戰能力，所有這一切改變的最根本，還是戰略思維上一連串的徹底醒悟。唯有在戰略思維上的「典範轉移」，才可能建立嶄新的不對稱作戰信念、價值及實踐方法，調整武器裝備究竟只是治標。唯有打破傳統或舊有典範的革命，才稱得上是成功的「典範轉移」，也才是建立臺灣不對稱作戰能力的根本道路。**防衛戰略是體，武器裝備為用，唯有體用兼備才能標本並治**，如此才能從徹底改變思維軌跡及思考模式做起，建立一個有韌性的不對稱戰力體系。

不可諱言，儘管現今大部分的戰略專家與學者，都認為不對稱作戰是弱勢者必須採取的防衛手段，然而在臺灣，不論是政府、軍隊、民間，仍有為數不少的人抱持不同的看法，而愈是對尖端科技及傳統先進武器有深入研究者，接受度反而愈低。這種現象不難理解，因為不管怎麼說，不對稱作戰縱然能夠發揮防衛固守的效能，卻無法製造雷霆萬鈞、強勢輾壓、徹底殲滅這種偉大的軍事勝利。戰爭的殘酷無情恐怕遠超過我們的想像，身為弱勢的臺灣，沒有條件，也沒有資格對勝戰懷抱任何浪漫的憧憬，我們必須嚴肅地面對現實，在客觀條件極度惡劣的環境下，生存威脅才是我們要面對的課題，而非想像中偉大的軍事勝利。就臺灣安全防衛來說，不對稱作戰已經是必須，也是不得不的選擇，不論我們喜歡與否。

「整體防衛構想」是一個以「拒止式嚇阻」、「不對稱戰力」為基礎架構的防衛戰略，具體闡述在中共巨大的軍事威脅之下，臺灣應該如何建立及運用不對稱戰力，達成有效嚇阻中共的威脅並成功防衛臺灣的安全。生存威脅已迫在眉睫，國軍應採用最迅捷的方法認真檢討，重新採用「整體防衛構想」，並依需要調整，使能達到最佳化的效果。如果官方不論什麼原因仍然不願採用「整體防衛構想」，那麼更應該負起責任，儘速制定一套有邏輯、付得起、行得通、說得清楚的臺灣防衛戰略。我們期待臺灣能夠儘快進行一場「防衛戰略的典範轉移」，邁向一個嶄新的防衛戰略，否則各界念茲在茲的「建立不對稱作戰能力」，到頭來終將是南柯一夢。

「威脅迫在眉睫」並非危言聳聽。統一臺灣是中共「實現中華民族偉大復興」最重要的那塊拼圖，也是「中國夢」冠冕上最閃亮的寶石。時間並不站在我們這邊，臺灣未來的安全繫於執政者與全體人民的一念之間，唯有正確的變革才能有效應對，時間所剩無幾，千萬莫再蹉跎。

附錄

「整體防衛構想」摘要列表

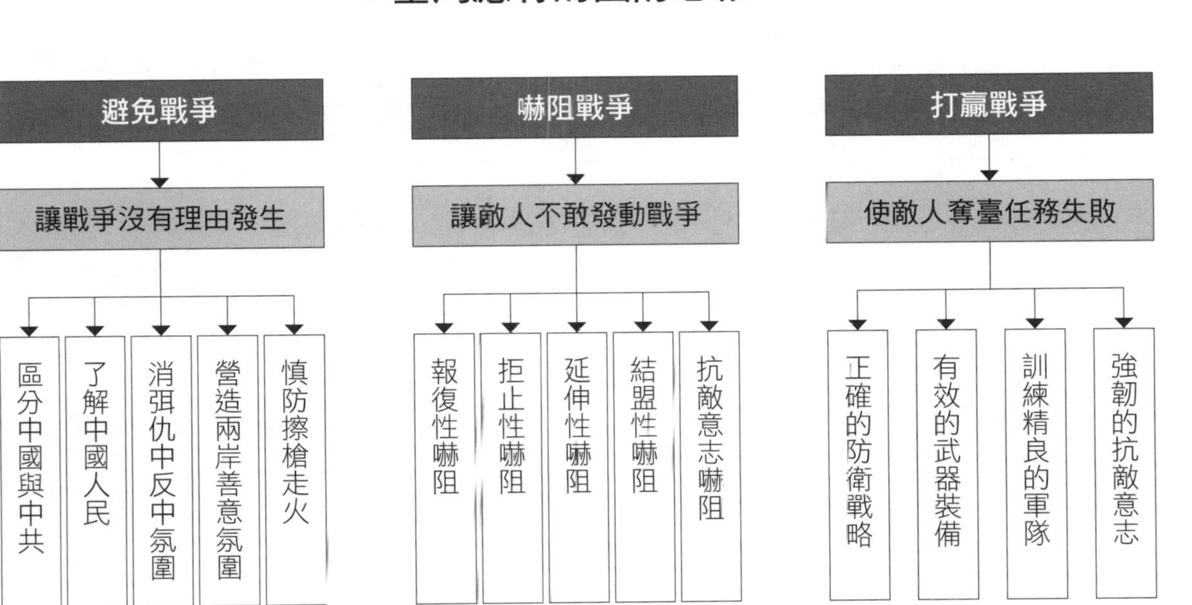
臺灣應有的國防思維
避免戰爭
讓戰爭沒有理由發生
區分中國與中共
了解中國人民
消弭仇中反中氛圍
營造兩岸善意氛圍
慎防擦槍走火
嚇阻戰爭
讓敵人不敢發動戰爭
報復性嚇阻
拒止性嚇阻
延伸性嚇阻
結盟性嚇阻
抗敵意志嚇阻
打贏戰爭
使敵人奪臺任務失敗
正確的防衛戰略
有效的武器裝備
訓練精良的軍隊
強韌的抗敵意志

臺灣國防的困境與解方

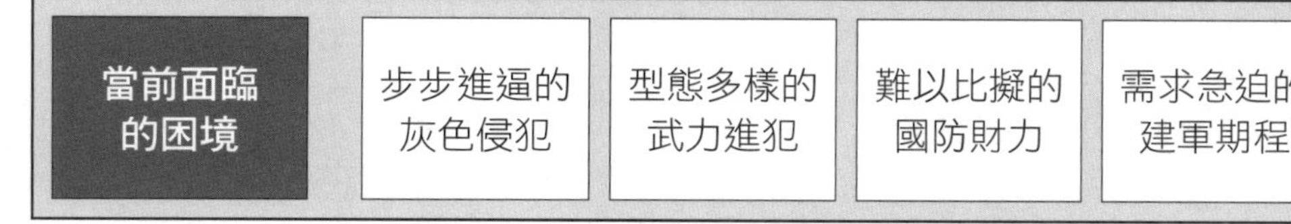
當前面臨的困境
步步進逼的灰色侵犯
型態多樣的武力進犯
難以比擬的國防財力
需求急迫的建軍期程
意識分歧的社會大眾

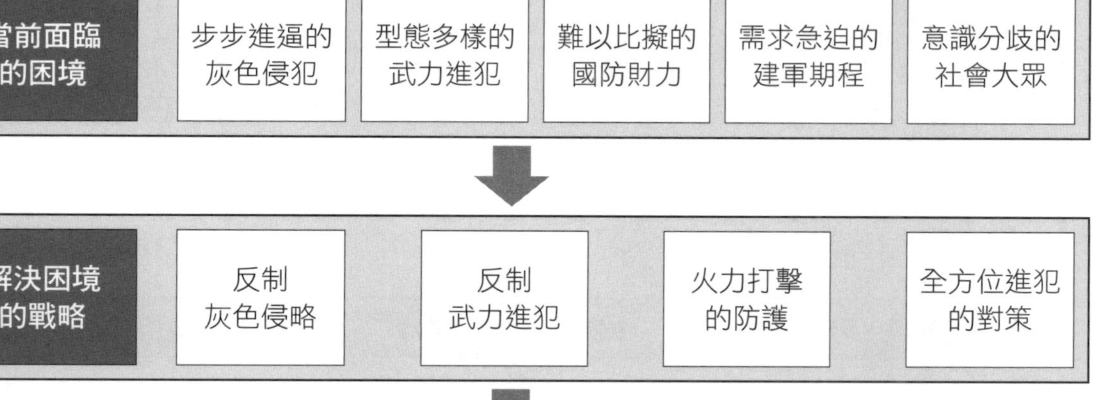
解決困境的戰略
反制灰色侵略
反制武力進犯
火力打擊的防護
全方位進犯的對策

臺灣防衛新希望
整體防衛構想
冷靜面對「灰色侵犯」
優先反制「全面進犯」

整體防衛構想的思維邏輯

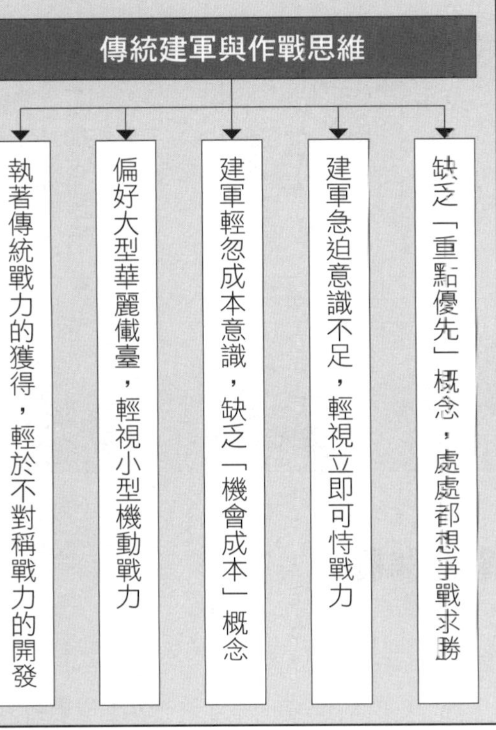

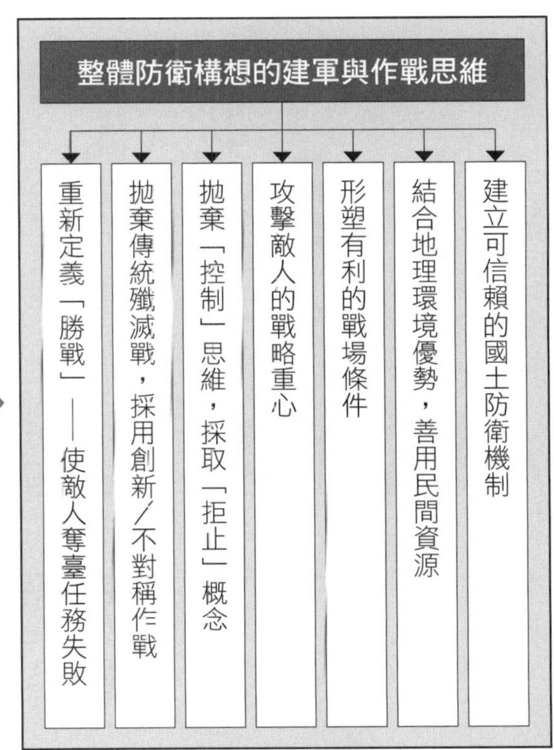

整體防衛構想全般架構

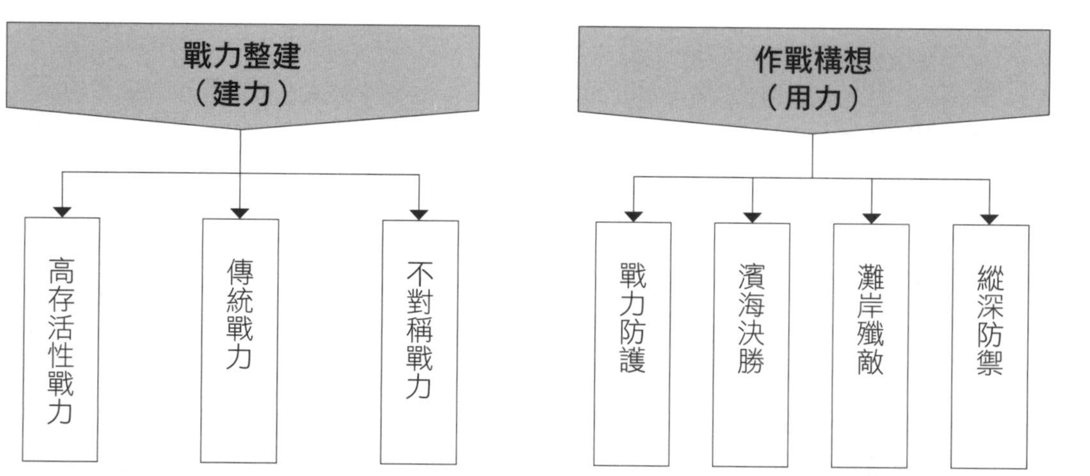

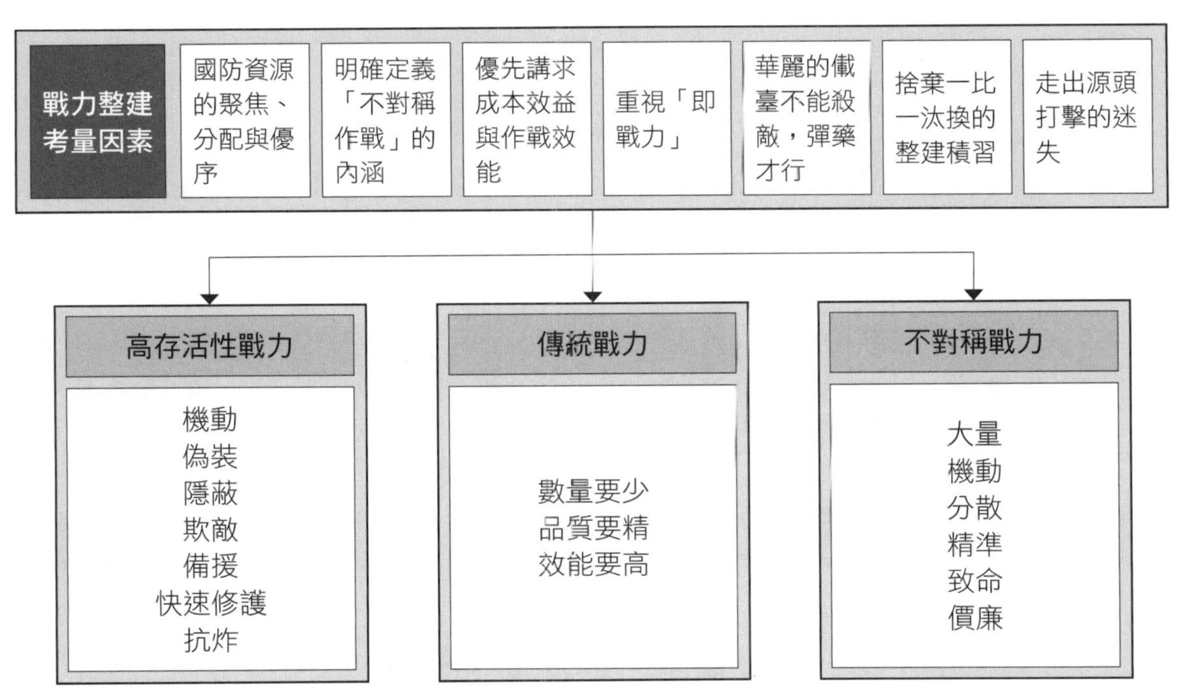
整體防衛構想－戰力整建
戰力整建考量因素
國防資源的聚焦、分配與優序
明確定義「不對稱作戰」的內涵
優先講求成本效益與作戰效能
重視「即戰力」
華麗的戲臺不能殺敵，彈藥才行
捨棄一比一汰換的整建積習
走出源頭打擊的迷失
高存活性戰力
機動
偽裝
隱蔽
欺敵
備援
快速修護
抗炸
傳統戰力
數量要少
品質要精
效能要高
不對稱戰力
大量
機動
分散
精準
致命
價廉

整體防衛構想－作戰構想

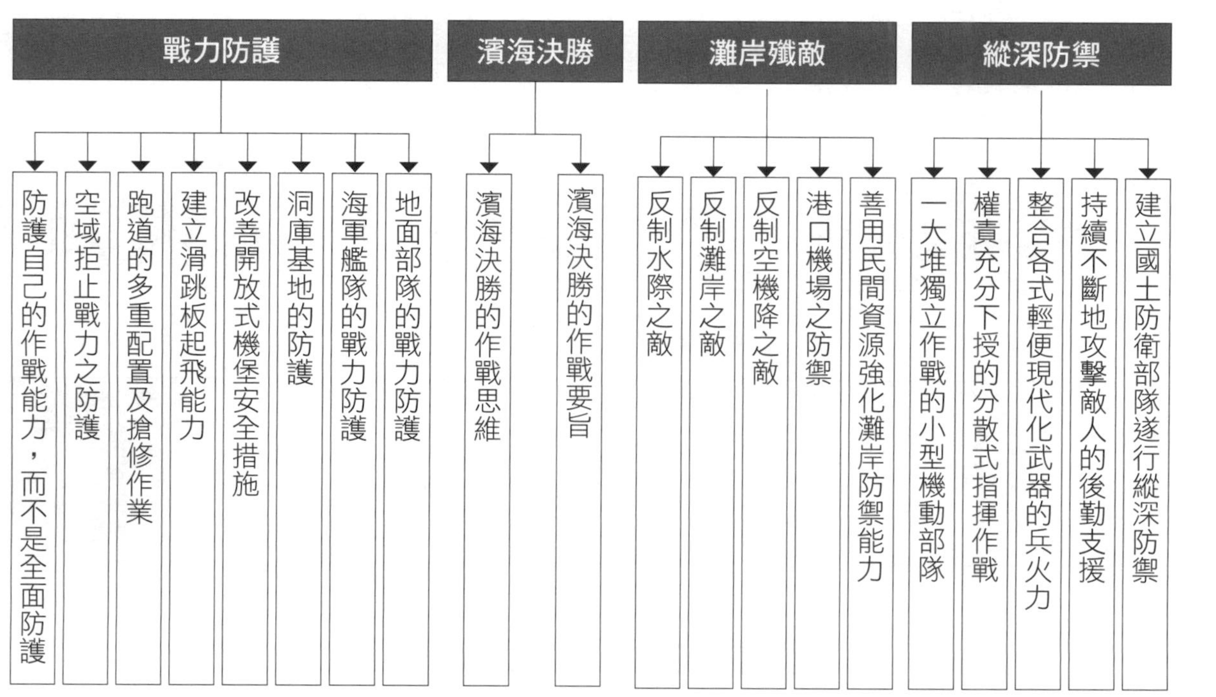
戰力防護
防護自己的作戰能力，而不是全面防護
空域拒止戰力之防護
跑道的多重配置及搶修作業
建立滑跳板起飛能力
改善開放式機堡安全措施
洞庫基地的防護
海軍艦隊的戰力防護
地面部隊的戰力防護
濱海決勝
濱海決勝的作戰思維
濱海決勝的作戰要旨
灘岸殲敵
反制水際之敵
反制灘岸之敵
反制空機降之敵
港口機場之防禦
善用民間資源強化灘岸防禦能力
縱深防禦
一大堆獨立作戰的小型機動部隊
權責充分下授的分散式指揮作戰
整合各式輕便現代化武器的兵火力
持續不斷地攻擊敵人的後勤支援
建立國土防衛部隊遂行縱深防禦

整體防衛構想的實踐與挑戰

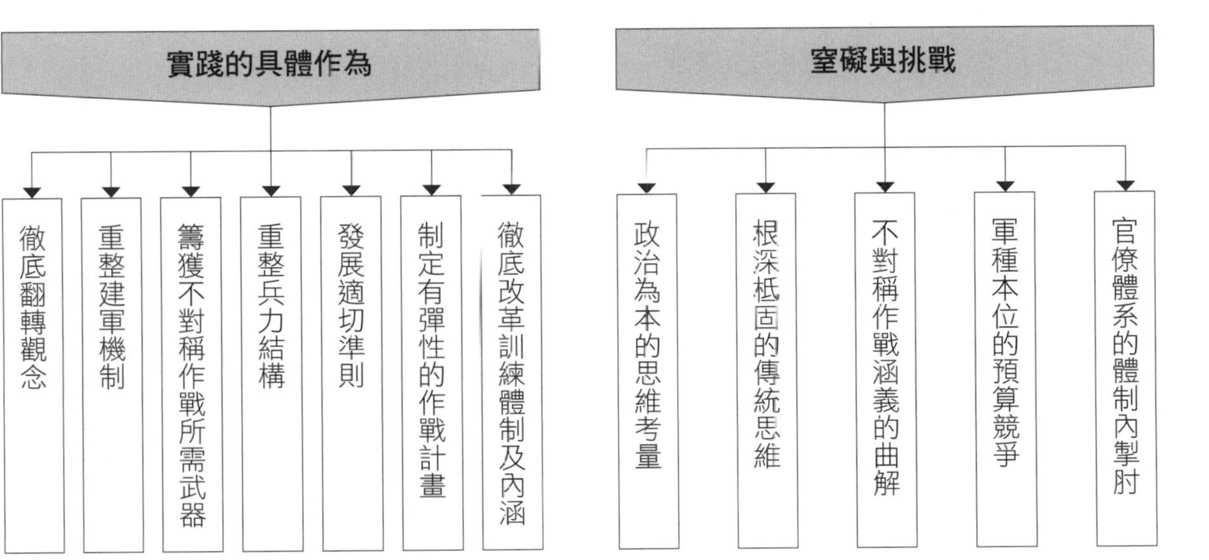

臺灣的勝算

以小制大的不對稱戰略，全臺灣人都應了解的整體防衛構想

2022年9月初版　　定價：新臺幣480元
2023年8月初版第十一刷

著者　李喜明
叢書主編　黃淑真
校對　馬文穎
繪圖　蔡杏元
內文排版　張靜怡
封面設計　兒日

出版者　聯經出版事業股份有限公司
地址　新北市汐止區大同路一段369號1樓
叢書主編電話　(02)86925588轉5322
台北聯經書房　台北市新生南路三段94號
電話　(02)23620308
郵政劃撥帳戶第0100559-3號
郵撥電話　(02)23620308
印刷者　文聯彩色製版印刷有限公司
總經銷　聯合發行股份有限公司
發行所　新北市新店區寶橋路235巷6弄6號2樓
電話　(02)29178022

副總編輯　陳逸華
總編輯　涂豐恩
總經理　陳芝宇
社長　羅國俊
發行人　林載爵

行政院新聞局出版事業登記證局版臺業字第0130號

本書如有缺頁，破損，倒裝請寄回台北聯經書房更換。　ISBN 978-957-08-6487-8 (平裝)
聯經網址：www.linkingbooks.com.tw
電子信箱：linking@udngroup.com

國家圖書館出版品預行編目資料

臺灣的勝算：以小制大的不對稱戰略，全臺灣人都應了解的整體防衛構想 / 李喜明著．初版．新北市．聯經．2022.09．512面．14.8×21公分．
ISBN 978-957-08-6487-8（平裝）
[2023年8月初版第十一刷]

1. CST: 國防 2. CST: 國防戰略 3. CST: 兩岸關係 4. CST: 臺灣

599.8　　111011524

A Handful of Dust

一掬塵土

伊夫林・沃 著

李斯毅 譯

BY

EVELYN WAUGH

目次
contents

第一章
在貝佛家那邊[1]

「有人受傷嗎？」

「沒有人受傷。真的謝天謝地。」貝佛太太說。「但是兩名女僕因為太過驚慌，從玻璃天窗往外跳了出去，跌到地面平坦的院子裡，幸好沒有生命危險。我想火勢應該沒有蔓延至臥室，不過整間屋子還是得重新裝修，因為所有的東西都被濃煙燻黑，而且泡了水，他們那種老式滅火器毀了屋裡的一切。儘管如此，他們沒有什麼好抱怨的——雖然重要的房間全都付之一炬，可是已經買了保險，因為席薇亞．紐波特認識保險公司的人。今天早

1　標題「在貝佛家那邊」：Du Côté de Chez Beaver，乃向法國作家普魯斯特（Marcel Proust）的《追憶似水年華》（*À la recherche du temps perdu*）第一冊《在斯萬家那邊》（*Du côté de chez Swann*）致意。

上我得趕快去拜訪紐波特夫婦，以免被討人厭的夏特太太搶走我的生意。」

貝佛太太背對著壁爐站立著，一面品嚐她每天早餐必吃的優格。她把優格捧在下巴旁邊，以湯匙大口大口地吃著。

「天啊，這玩意兒吃起來真噁心。約翰，我希望你也喜歡吃優格，你最近看起來很累。如果我沒有吃這玩意兒，還真不知道該如何撐過一整天。」

「不過，媽媽，我不像妳有那麼多事情要忙。」

「這倒是實話，兒子。」

約翰．貝佛的父親過世之後，他和母親便搬進位於索塞克斯花園區的一棟房子。這棟房子的裝潢與擺飾，比不上貝佛太太為客戶設計的那麼莊嚴高貴。屋子裡塞滿了貝佛太太從兩間更大的房子那兒買來但無法轉售出去的滯銷家具，既無法呈現任何時期的風格，也不具有現代感。至於那些最好看而且也是貝佛太太特別鍾愛的家具，都擺放在樓上的L型會客室。

約翰在一樓的餐廳後面有一間狹小陰暗的起居室，以及一臺電話。一名年邁的女僕負責幫他洗衣服，並且替他把擺放在鏡臺前與衣櫃上方的擺飾品撢去灰塵、打蠟、以對稱的方式擺好。那些色澤陰暗、形體笨重的裝飾品，都是他父親的結婚禮物及二十一歲的生日禮物：鑲著黃銅邊飾的象牙、包覆著刻有金箔紋章的豬皮，顯示出愛德華八世時期的奢華風格與陽剛之美。這些擺飾品必須好好保存——另外還有賽馬與狩獵時使用的保溫酒壺、雪茄盒、香菸罐、騎師雕像，以及以海泡石製成的精緻菸斗、袖釦與帽刷。

貝佛家有四名僕人，全部是女性，而且除了一位之外，其餘都上了年紀。

每當人們問約翰．貝佛為什麼與母親同住而不自立門戶，他有時會回答：因為他覺得母親希望有他作伴（他的母親雖然忙於做生意，但仍感到孤單）；有時則說：與母親同住能讓他每個星期節省五英鎊的開銷。

約翰．貝佛每個星期的收入並不固定，大約在六英鎊上下，因此與母親同住所省下的錢，對他而言非常重要。

他今年二十五歲，從牛津大學畢業之後，一直到經濟蕭條開始之前，他都在廣告代理商工作。經濟蕭條後，他就沒工作可做了，因此總是睡到很晚才起床，然後就坐在電話機旁，希望有人打電話來找他。

貝佛太太每天早上九點鐘準時到她的店裡工作，上午十一點半午休。只要情況允許，她會休息一個小時。倘若下午沒有重要的客戶預約，她就會開著她的雙人座轎車返回位於索塞克斯花園區的家。那時約翰．貝佛通常已經起床換好衣服，貝佛太太喜歡利用這段上午時光與兒子聊聊天。

「你昨晚過得如何？」

「奧黛莉晚上八點鐘打電話來邀我共進晚餐，我們一共十個人，到大使館餐廳吃飯，但這場飯局挺無聊的。吃過晚餐之後，我們去參加了某位女人舉辦的派對，那個女人叫卓密特。」

「我知道你說的是誰，她是美國人。我們去年四月為她訂製的法式印花布椅套，費用她還沒有付清。昨晚我也過得很無聊，整個晚上都沒拿到好牌，最後輸了四鎊十先令。」

「可憐的媽媽。」

「我要去薇歐拉．查森的餐廳吃午飯，你今天有什麼計畫？我沒有替你準備午餐。」

「目前還沒有計畫，但反正我可以去布拉特俱樂部用餐。」

「布拉特俱樂部的餐點很貴。如果我吩咐錢柏斯太太，我相信她可以替你張羅午餐。我本來以為會有人約你吃飯。」

「嗯，我還是可能有人約啊，現在還不到十二點。」

約翰．貝佛的邀約，通常都是在最後一刻才出現。有時候甚至更晚，當他已經開始獨自用餐，邀約電話才打來。（……「約翰，親愛的，我這裡有一點小麻煩。蘇妮亞到了，但是瑞奇沒有陪她來。可不可以請你幫個忙，過來充當蘇妮亞的男伴？麻煩你快一點，因為我們馬上就要就座了。」）然後他就會匆匆忙忙地趕搭計程車赴約，在第一道菜上桌之後抵達，連聲向在座其他人致歉……約翰．貝佛很少和他母親吵架，但他們最近一次起爭執，就是因為約翰在母親舉辦的午宴上突然接獲邀約。

「你這個週末要去哪裡？」

「海頓。」

「你要去拜訪誰？我忘了。」

「東尼・拉斯特。」

「噢，對。拉斯特太太很討人喜歡，不過東尼・拉斯特很無趣。我不知道你認識他們。」

「呃，其實我和他們不熟。有天晚上東尼在布拉特俱樂部邀請我去他們家作客，不過他可能已經忘記了。」

「發封電報提醒他吧。發電報遠遠好過打電話，因為他們比較沒有機會找藉口推辭。你明天出發前先發一封電報吧！他們還欠我一張桌子的錢。」

「他們是什麼樣的人？」

「拉斯特太太結婚之前，我經常遇到她。她叫做布蘭達・雷克斯，是聖克勞德爵士的女兒，長得非常漂亮，有沉魚落雁之貌。她單身的時候，許多人為她著迷，大家原以為她會嫁給裘克・葛蘭特—曼席斯，結果她選擇了東尼・拉斯特。東尼・拉斯特是個偽君子，我猜她應該差不多開始感到厭倦了。他們已經結婚五、六年，生活過得還不錯，可是一切都以他們住的那棟房子為重心。雖然我沒有看過那棟房子，但我聽說它又大又醜。他們至少有一個孩子，也許不只一個。」

「媽媽，您真了不起，我相信您知道每個人的事。」

「別人聊天的時候，你只要多留心聽，就可以知道很多事。這麼做會很有幫助。」

貝佛太太抽了一根菸，然後開車回店裡去。下午有個美國女人向貝佛太太買了兩條百衲被，每條價格為三十畿尼[2]。麥卓蘭德夫人也打電話詢問貝佛太太裝修浴室天花板的報價，還有一個陌生的年輕人以現金買了一個椅墊。貝佛太太在處理這些事情之餘，還利用空檔時間到地下室去了一趟，地下室有兩名無精打采的女孩正在包裝燈罩。地下室雖然裝了暖爐，可是依然很冷，牆壁也總是十分潮濕。這兩個女孩的動作都已經非常熟練，讓貝佛太太十分開心。尤其那個身材比較嬌小的女孩，搬移箱子時簡直和男人一樣俐落。

「就是這樣。」貝佛太太說。「喬依絲，妳做得很好。我很快就會調派妳去做比較有趣的工作。」

「謝謝妳，貝佛太太。」

然而貝佛太太心中暗忖：只要她們還受得了，就讓她們繼續待在包裝部門一段時間，因為她們長得不夠漂亮，不能到樓上負責銷售，儘管兩人都花了學費向貝佛太太學習交際應酬的本事。

約翰．貝佛坐在電話機旁，電話響了，從電話筒那頭傳來一個聲音說：「請問您是貝佛先生嗎？請稍等一下，提平夫人想和您說話。」

在等待過程中，約翰心裡充滿愉悅的期待。他知道提平夫人這天中午要舉辦午宴，因為昨晚他與提平夫人聊了一會兒，他認為提平夫人十分欣賞他。這時電話那頭傳來一陣咯咯笑聲……

「噢，貝佛先生，打擾你真是不好意思。不知道你方不方便告訴我，昨天晚上你在卓密特太太的派對上為我介紹的那個年輕人叫什麼名字。我是說那個蓄著紅色八字鬍的男人，我記得他好像是一位議員。」

「我想您指的是裘克．葛蘭特－曼席斯。」

「對，就是這個名字。你知不知道我可以在什麼地方找到他？」

「電話簿裡有他的電話，但我覺得他現在應該不在家。下午一點鐘左右，您或許可以在布拉特俱樂部裡找到他，他那個時間幾乎都會在布拉特俱樂部。」

「裘克．葛蘭特－曼席斯。布拉特俱樂部。非常感謝你，你人真好。希望你改天有空的時候可以過來看看我。再見。」

在這之後，電話就沒有再響起過。到了下午一點鐘，約翰．貝佛終於死心，他穿上大衣、戴上手套和黑色圓禮帽，帶著收合整齊的雨傘出門前往布拉特俱樂部。他搭乘平價的公車，在龐德街的街角處下車。

布拉特俱樂部充滿古典氣息，室外為優雅的喬治亞式建築[3]風格，室內則有雕工精緻

2 畿尼：Guinea，大英帝國於一六六三年至一八一三年間發行的金幣，原本價值一英鎊，即二十先令，後來金價上漲，一七一七年至一八一六年間畿尼的價值變為二十一先令。

3 喬治亞式建築：Georgian architecture，是指一七一四年至一八三〇年間在多數英語系國家流行的建築風格。

的飾板。然而這一切都是仿造的，因為這間俱樂部才成立不久，在戰爭結束後民生蓬勃發展之際才開始營業。這裡原本是專為年輕男性而設計，會員可以隨意跨坐在壁爐前，或者在橋牌室盡情玩樂，無須擔心年長會員因此感到不滿。不過，如今布拉特俱樂部的老闆們也都已經步入中年，比起剛退伍時的模樣，他們現在身材變胖了、頭髮也少了，而且更容易臉紅。不過他們依舊快活，因為終於輪到他們有資格嫌棄年輕人，批評晚輩欠缺男子氣概與紳士風度。

吧檯區的座位已經坐了六個人，約翰．貝佛只好去外面的房間，挑了一張扶手椅坐下。他一邊翻閱著《紐約客》，一邊希望有個認識的人可以出現。

裘克．葛蘭特－曼席斯走上樓來，坐在吧檯區的那幾個人紛紛向裘克打招呼：「哈囉，裘克，好兄弟，今天要喝點什麼？」或者只是簡單地說：「兄弟，你好嗎？」裘克的年紀尚輕，沒有老到有機會上戰場打仗，可是那些人不以為意。他們欣賞裘克的程度遠遠超出對約翰．貝佛的喜愛，甚至認為約翰根本不應該到這間俱樂部來。不過裘克卻停下腳步與約翰攀談。「嗨，你好嗎？」裘克說。「你今天喝什麼？」

「我還沒有點酒。」約翰低頭看看手錶。「但我想現在該是喝一杯的時候了。來一杯白蘭地加薑汁汽水。」

裘克向酒保點了酒，然後問約翰：「昨天晚上你在宴會上介紹給我的那位老小姐是誰？」

「那位是提平夫人。」

「大概就是她吧。這下子終於弄清楚了，樓下的服務生告訴我，有個叫這名字的女人邀請我今天中午與她共進午餐。」

「你會去嗎？」

「不會。我不喜歡那種應酬午宴，而且我今天起床的時候，就已經決定要在這裡吃生蠔。」

酒保端了酒過來。

「貝佛先生，您上個月還有十先令的酒錢尚未結清。」

「噢，謝謝你，麥克道格。請你改天再提醒我這件事好嗎？」

「好的，先生。」

約翰對裘克說：「我明天要去海頓。」

「是嗎？請代我問候東尼和布蘭達。」

「那個地方如何？」

「那裡非常安靜，你一定會喜歡。」

「沒有人玩紙上遊戲嗎？」

「噢，不是的，不會那樣無趣。他們經常和鄰居打橋牌、下西洋棋，或者玩一些簡單的撲克牌遊戲。」

「住起來舒服嗎？」

「還不錯，而且有很多酒可以喝，不過浴室不夠多。你整個早上都可以賴在床上。」

「我沒有見過布蘭達。」

「你會喜歡她的，她是一個很棒的女孩兒。我經常覺得，東尼．拉斯特是我認識的朋友之中最幸福的人之一，因為他有錢、喜歡自己所住的地方，而且有一個他非常疼愛的兒子，以及全心全意愛著他的妻子。在這個世界上他根本一點煩惱都沒有。」

「真令人羨慕。你該不會碰巧知道還有其他人要去拜訪他們吧？我在想是不是有機會搭個便車。」

「我沒聽說有人要去，不過搭火車其實挺方便的。」

「沒錯，但搭便車一定會更有趣。」

「也會比較省錢。」

「是的，我猜也會比較省錢……呃，我要到樓下去吃午餐了。你要不要再喝一杯？」

約翰．貝佛站起身來，準備下樓。

「好的，我想我可以再喝一杯。」

「噢，好的。麥克道格，請再給我們兩杯酒。」

麥克道格問：「貝佛先生，這兩杯酒是不是要記在您的帳上？」

「是的，麻煩你。」

約翰．貝佛離開之後，裘克對其他人說：「我剛才讓貝佛請我喝了一杯酒。」

「他一定很不高興。」

「他差點氣死。你們有沒有聽到任何與豬有關的消息？」

「沒有。為什麼這樣問？」

「我服務的選區，選民們老是寫信告訴我有關豬的事情。」

約翰走下樓，然而在踏進餐廳之前，他請服務生替他打個電話回家，問問有沒有人留言給他。

「提平夫人在幾分鐘前打電話給您，問您是否能參加她今天舉辦的午宴。」

「麻煩你打電話通知提平夫人，告訴她我很樂意參加，但是我會遲到幾分鐘。」

約翰．貝佛離開布拉特俱樂部時剛過下午一點半，他踩著輕盈的步伐，朝希爾街走去。

第二章　英式哥德建築

一

在海頓村與坎普頓拉斯特村之間，是占地寬闊的海頓莊園。海頓莊園以前曾是北約克夏郡最知名的建築物之一，於一八六四年以哥德式建築風格全面重建，如今已經不再那麼具有吸引力。這裡的庭園每天日落前對外開放，但如欲進入室內參觀，則必須提出書面申請。海頓莊園裡有一些不錯的畫像與家具，露臺上的視野也十分宜人。

以上文字摘自北約克夏郡的旅遊指南。這段文字並沒有造成東尼．拉斯特任何嚴重的困擾，因為他聽過更不厚道的評論。東尼的法蘭西絲姑媽從小在嚴苛的環境中成長，養成憤世嫉俗的個性。她說派克斯尼夫先生在設計海頓莊園時，肯定是抄襲他學生設計的孤兒院。然而這棟建築物每一塊上了釉的磚塊和塗了蠟的瓷瓦，全都是東尼的心肝寶貝。就某種程度而言，他知道要維護海頓莊園並非容易之事，但是這種大型宅邸本來就不易管理。海頓莊園不太符合現代人對舒適的要求，東尼心裡早就想針對幾個小地方進行整修，只要等他繳完遺產稅之後就要找人施工，不過他不打算改變這棟建築物的外觀與氛圍：佇立於藍天下的雉堞飾牆、每十五分鐘發出擾人聲響的中央鐘塔、大廳裡神聖的靜鬱氣息、天花板上漆著紅金雙色的菱形紋飾、雕刻著花紋的拋光花崗岩柱。白天的陽光穿過染色的彩繪玻璃窗，將這座大廳隱約照亮，夜晚的光線則來自一盞由黃銅鍛鐵打造的煤氣吊燈，這盞吊燈如今已經配上電線，並且裝設二十顆燈泡。設置於大廳下方的三葉型鑄鐵暖器已經相當老舊，會突然冒出一陣陣熱烘烘的暖氣，可是遠處的走廊卻有如洞穴般寒冷，因為東尼為了節省煤炭的消耗，刻意關閉幾條暖氣的管道。餐廳有挑高的屋頂與以脂松打造的高架走廊，臥室裡的床架都是由黃銅製成，而且上面刻有哥德式的帶狀紋飾。海頓莊園的每一間臥房都有名字：瑪洛莉、易索特、依蓮妮、莫卓德、梅爾林、葛懷尼、貝狄佛、藍斯洛、派斯瓦、崔斯坦、加拉哈。東尼自己的房間叫作摩根費，布蘭達的房間則是桂妮芬。這兩個房間的睡床都放在高起的平臺上，四面掛著錦緞，壁爐的造型宛如十三世紀的墳墓。從房間的凸肚窗往外望去，可以看見六座教堂的尖塔——這屋子裡的一切，都是東尼成長過程中喜悅與歡樂的泉源，曾經帶給他溫柔與驕傲的回憶。

海頓莊園不是現今流行的建築，這點東尼心知肚明。二十年前人們喜歡木骨架與老式白鑞的裝潢風格，現在大家都將骨灰盒式建築與柱廊視為時尚指標。然而總有一天，也許等到約翰安德魯當家的時候，世人又會重新肯定海頓莊園的地位。現在人們覺得這個地方「很有意思」，不久之前還有一位客氣有禮的年輕人想拍攝海頓莊園的照片，以作為建築評論之用。

摩根費這個房間的天花板尚未整修完成。為了呈現格木式天花板的效果，工人在水泥裡面釘上棋盤格狀的鑄型板條，並以藍色和金色的油漆繪出鋸齒形的雕飾，鑄型木條之間的方格則以都鐸王朝的玫瑰花和鳶尾花紋章交替裝飾。然而濕氣已經滲透天花板其中一個角落，留下了大片斑痕，金漆也失去光澤，顏色變得斑駁。另一個角落的木板條也已變形，以致與水泥分離。這天早上東尼睡醒之後，在拉鈴呼叫僕人之前，先在床上靜靜躺了十分鐘，細細端詳著天花板的各種缺陷。他再次打定主意要改善這些問題，然而他不太確定，這個年代能否輕易找到能夠勝任這種細膩工程的工匠。

東尼脫離襁褓期之後就一直睡在摩根費房。當初他被安排睡在這個房間，是因為他一直到長大後都還會做惡夢，而這個房間最靠近他父母親的房間，也就是與其相通的桂妮芬房。自從他搬進這個房間以來，就不曾從房間裡拿出任何東西，而且還每年添購新的物品，因此這個房間現在就像是一座展示館，陳列著東尼在青少年時期每個階段的收藏——

畫框裱著一張砲管噴出煙火的戰艦圖（這是《好朋友》雜誌副刊贈送的海報），牆上貼著他在私立學校念書時的照片集錦。一個被東尼命名為「博物館」的櫥櫃裡擺滿各式各樣古怪的珍藏品，包括雞蛋、蝴蝶標本、化石與銅板。一幅皮製雙連畫裡的人物，則是東尼的父親與母親。打從學生時代開始，他就一直把這幅畫擺放在床頭。另外還有八年前東尼準備向布蘭達求婚時的布蘭達獨照相片，以及約翰安德魯在受洗之後他與布蘭達的合照。一幅蝕鏤畫是海頓莊園原本的樣貌，那棟建築物後來被東尼的曾祖父拆除重建。東尼還有好幾個書櫃的藏書，包括《貝維斯》[4]、《居家土木》、《招魂》、《年輕的訪客》[5]、《房東與房客之相關法規》、《戰地春夢》[6]等。

全英國的人們正懷著悶悶不樂的情緒陸續醒來，但是東尼睡醒後在床上躺了十分鐘，愉快地思忖他整修天花板的計畫，然後才拉鈴呼叫僕人。

「夫人起床了嗎？」

「主人，夫人在大約十五分鐘前起床了。」

「那麼我要去她的房間吃早餐。」

東尼穿上睡袍和拖鞋，走進桂妮芬房。

布蘭達還躺在位於高臺的大床上。

她嫁進海頓莊園的時候，堅持要擁有一張現代款式的床鋪。早餐托盤擱在她身旁，棉被上散落著信封、信紙和報紙。尚未化妝的她，頭靠在一個藍色的小枕頭上，幾乎白皙無瑕的臉上透著粉紅色的珍珠光澤，膚色與她的手臂和頸部差不多。

「早安。」東尼說。

「親親。」

東尼在床頭邊的早餐托盤旁坐下，然後布蘭達往東尼的身上靠去。（她看起來宛如一位女神，從清澈無波的水底湧現。）布蘭達的嘴唇移開後，開始輕輕磨蹭東尼的臉頰，像隻小貓一樣。她總是這個樣子。

「有什麼新鮮事嗎？」

東尼隨手拿起一封信。

「沒有什麼特別的事情。我媽媽叫奶媽把約翰安德魯的身材尺寸寄去給她，因為她正在替約翰安德魯編織聖誕毛衣。市長希望我下個月可以舉辦一些活動。拜託，我應該舉辦活動嗎？」

「我想妳應該這麼做，我們已經好一陣子沒有幫市長舉辦派對了。」

4《貝維斯》：*Bevis: the Story of a Boy*，英國作家John Richard Jefferies於一八八二年出版的青少年小說。

5《年輕的訪客》：*The Young Visiters*，英國作家Daisy Ashford於一九一九年出版的小說。

6《戰地春夢》：*A Farewell to Arms*，美國作家海明威（Ernest Hemingway）於一九二九年寫成的半自傳體小說，內容以第一次世界大戰為背景，批判戰爭的荒謬、虛無和非理性。

「好吧，那麼他的演講稿由你來寫。我已經不年輕了，沒有辦法再寫以前那種小女生說話方式的演講稿。另外，安琪拉問我們要不要去她家跨年。」

「這個問題很容易回答：絕對不要。我們不去她家跨年。」

「我也覺得你不想去……可是她的新年派對聽起來會很有意思。」

「如果妳想去的話，妳就去吧。我沒辦法離開這裡。」

「沒關係，其實在打開信封之前，我就已經知道我們不會去參加。」

「呃，妳想想看，在這麼寒冷的冬天，還要千里迢迢跑到約克夏郡，哪有什麼樂趣可言？」

「親愛的，你別生氣，我知道我們不會去，我根本沒把這個邀請當成一回事。我只是認為，偶爾去別人家吃吃飯好像也挺不錯。」

此時布蘭達的女僕端了另一盤餐點進來，東尼要她放在窗戶旁的桌上，然後開始拆閱他的信件。他從窗戶往外望去，這天早上只能看見六個教堂尖塔中的四個。過了一會兒，東尼對布蘭達說：「好吧，那個週末我應該可以想辦法去參加安琪拉的派對。」

「親愛的，你確定這麼做不會太勉強自己嗎？」

「不會的。」

東尼吃早餐的時候，布蘭達朗讀報紙上的新聞給他聽。「瑞奇又發表了一場演說……貝比與裘克的合照很好看。一個美國女人生下雙胞胎，但這對雙胞胎的父親分別是她前後兩任丈夫。你覺得這種事情可能發生嗎?……燃氣烤箱工廠又雇用了兩個新人……有個小女孩在墓園被人用鞋帶勒死……我們之前去看的那齣與農場有關的舞臺劇，票房相當賣座。」布蘭達接著又讀了報上的連載小說，東尼則點燃他的菸斗。「我覺得你根本沒在聽我讀報。為什麼席薇亞不希望魯伯特收到那封信?」

「呃?噢，因為，妳也知道，席薇亞不太信任魯伯特。」

「我就知道你沒專心聽!小說裡根本沒有魯伯特這個角色。我以後再也不要讀報紙給你聽了。」

「好吧，坦白說，我剛才在思考一些事情。」

「噢。」

「我在想:這種感覺真好!現在是星期六的早晨，沒有人來打擾我們的週末時光。」

「噢，你這麼認為嗎?」

「妳不覺得很棒嗎?」

「呃，我有時候覺得，我們擁有這麼大的房子，卻鮮少找些親朋好友來過夜，實在沒有道理。」

「沒有道理?我不懂妳的意思。我辛辛苦苦維護這棟房子，可不是為了讓一大群無聊的傢伙把這裡當成旅館，方便他們隨意來去或是跑來嚼舌根。我們家族一直住在這裡，希望約翰安德魯將來也能接棒，好好維護這個地方。我不僅要對僕人負責，也要對這棟房子負責，英國人的生活就是這樣。如果不負起責任，就會有嚴重的後果……」東尼突然閉上嘴巴，眼睛盯著床鋪，因為布蘭達已經轉身背對著東尼，而且整個人縮進棉被裡，只露出頭頂。

「噢，老天。」布蘭達對著枕頭嘟囔。「我到底造了什麼孽！」

「我又開始妄自尊大了嗎？」

布蘭達側回身子，露出她的鼻子和一個眼睛。「噢，不，親愛的，這不叫妄自尊大，你根本不懂。」

「抱歉。」

布蘭達坐起身子。「再說，我不是那個意思。我也很高興沒有人來打擾我們。」

（像這種日常生活中的玩鬧，在東尼與布蘭達的生活中已經持續了七年。）

室外是標準的英國氣候：山谷間有霧氣，丘陵上有黯淡的陽光。隱蔽的大樹已經不再滴水，因為沒有樹葉可以留住剛剛下過的雨水，然而矮樹叢卻濕漉漉的。陽光照不到的地方十分陰暗，被陽光照亮的地方卻有如彩虹般絢爛。林間小徑的路面非常潮濕，溝渠裡則流水潺潺。

約翰安德魯騎著他的小馬，姿勢莊嚴挺拔，宛如一名小小貼身侍衛，班恩正在替他調整跳欄的高度。這匹叫作「霹靂」的小馬，是瑞奇舅舅送給約翰安德魯的六歲生日禮物。「霹靂」這個名字是約翰安德魯取的，他在取名之前曾與大人們討論許多次，原本把這匹馬喚作「克莉斯塔貝兒」，不過班恩覺得那個名字比較適合獵犬，不適合小馬。班恩說，以前有一匹紅棕色系的花色馬叫作「霹靂」，曾經摔死兩名騎師，但也曾連續四年贏得當地的越野比賽冠軍。班恩表示，牠是一匹可愛的小馬，可是某次打獵時受了傷，主人只好讓牠解脫。班恩知道許多馬匹的故事：有一匹叫「零號」的馬兒，某一年讓班恩在切斯特以十比三的賭注大贏五英鎊；還有一頭叫「薄荷」的騾子，在大戰期間因為誤喝軍隊的蘭姆酒而醉死。約翰安德魯不希望他的小馬和那頭騾子同名，因此他們最後決定將這匹小母馬取名為「霹靂」，儘管與牠冷靜沉著的個性不符。

「霹靂」是一匹棗紅色的馬，有長長的尾巴和鬃毛，而且班恩沒有剃掉牠腿上的粗毛。牠一直低頭吃草，抗拒約翰安德魯要牠抬起頭的指令。

在「霹靂」出現之前，約翰安德魯對騎馬有截然不同的態度。他經常騎著一匹叫作邦妮的雪特蘭矮種馬，由氣喘吁吁的奶媽牽著馬轡，帶領他在馬場邊的草地上慢跑。如今改由男人來教導約翰安德魯騎馬，奶媽只需要遠遠坐在輕便的摺凳上打毛線衣，甚至聽不到馬兒的聲音。班恩．哈克特因此得到升遷，他原本只負責照顧農場的馬匹，現在儼然成了種馬教練，他甚至把原本掛在脖子上的手帕換成以狐狸頭別針固定的領巾。班恩曾在英國各地累積各種不同的工作經驗。

東尼和布蘭達都不打獵，但他們希望約翰安德魯能對狩獵產生興趣。班恩認為將來馬廄一定會住滿馬匹，他也可以因此掌握大權，因為東尼．拉斯特先生絕不可能聘雇外人來管理馬廄。

班恩立起兩根柱子、裝上鐵架，然後放上一根白色的橫柵。他用這些東西在農場中央架設出一個兩英尺高的跳躍柵欄。

「慢慢來，慢慢跑。起跳的時候，身體在馬鞍上微微往前傾，這樣就可以像鳥兒一樣輕鬆飛過柵欄。記得要讓馬兒的頭保持筆直向前。」

「霹靂」開始向前跑，牠先輕快地跑了兩步，但卻突然改變想法，在起跳之前一個轉身，繞過柵欄。約翰安德魯為了保持身體平衡，急忙放掉韁繩，雙手緊緊抓住馬鬃，然後不好意思地看著班恩。班恩說：「你以為你的雙腿是用來做什麼的？拿著這個，等你準備起跳時，用這個輕輕抽牠一下。」他遞給約翰安德魯一根小馬鞭。

奶媽坐在圍欄外，重讀她妹妹寫給她的信。

約翰安德魯把「霹靂」騎回來，再次嘗試跳過柵欄。這次「霹靂」筆直地朝柵欄衝去。班恩大喊：「你的腿！」約翰安德魯急忙用力一踢，結果把腳上的馬鐙踢鬆了。班恩平舉著雙手，模樣宛如稻草人。「霹靂」起跳之後，約翰安德魯頓時從馬鞍上飛起，然後跌落在草地上，背部率先著地。

奶媽見狀嚇得站起身來。「啊！發生了什麼事？哈克特先生，約翰安德魯受傷了嗎？」

「他沒事。」班恩回答。

「我沒事。」約翰安德魯也說。「我猜牠剛才腳步沒算準。」

「腳步沒算準？見鬼！是你該死的腿沒夾緊，才會跌個狗吃屎。下次記得抓緊韁繩，只要一點小閃失，你的獵物就會溜掉了。」

約翰安德魯第三次試跳結束後，整個人氣喘吁吁，心情也七上八下。他腳上的一個馬鐙已經鬆脫且搖搖欲墜，他的一隻手緊緊抓著馬鬃，但是人還穩穩坐在馬鞍上。

「感覺如何？剛才你像燕子一樣輕輕掠過柵欄呢！要不要再跳一次？」

於是約翰安德魯又騎著「霹靂」跳了兩次，然後奶媽才走過來提醒他該進屋裡喝牛奶了。他們把馬兒牽回馬廄，奶媽嘴裡碎念：「噢，親愛的，你看看你的外套，上面沾滿了泥巴！」

班恩說：「不久之後你就可以在安特利競馬場騎著冠軍馬馳騁了。」

「祝你有個愉快的早晨，哈克特先生。」

「也祝妳有個愉快的早晨，女士。」

「班恩，再見。今晚我可不可以來看你照顧農場裡的馬？」

「這點不能由我決定，你必須問問奶媽。不過我可以告訴你，有一匹負責拉貨車的灰馬身上長蟲了，你想不想看我餵牠吃藥？」

「噢，太棒了！奶媽，拜託，我可以去看嗎？」

「你得去問你的母親。現在我們該回屋裡去了，你今天已經花夠多時間和馬匹相處了。」

「我喜歡騎馬，花再多時間都不夠！」約翰安德魯說。「永遠不嫌多。」在返回房屋途中，約翰安德魯問奶媽：「我可不可以在媽咪的房間喝牛奶？」

「這要看情況。」

奶媽回答問題時總是含糊其辭——例如：「我們看看再說。」或者「那得先問問看。」抑或「只要不亂問問題，就不必擔心別人騙你。」——完全不像班恩那麼明確果決且辛辣刻薄。

「要看什麼情況？」

「很多種情況。」

「舉個例子！」

「比方說，如果你不問我一大堆愚蠢的問題。」

「你這個愚蠢的老婊子！」

「約翰安德魯！你好大的膽子！你剛才說什麼？」

這句俏皮話所招致的反應，讓約翰安德魯感到非常得意。他甩開奶媽的手，在奶媽面前手舞足蹈，還開心地大喊：「愚蠢的老婊子，愚蠢的老婊子。」然後一路跑到屋子的側門。走進門廊後，奶媽一言不發地替他脫去綁腿，他看見奶媽嚴肅的表情，才驚覺事情不妙。

「回你的房間去！」奶媽說。「我要向你的母親報告這件事。」

「拜託，奶媽，我又不知道那個字是什麼意思！我不是故意的！」

「回你的房間去！」

布蘭達正在敷臉。

「夫人，自從班恩．哈克特開始教約翰安德魯騎馬以來，他就一直如此。這不是他的錯。」

布蘭達聽見約翰安德魯闖禍，露出不高興的表情。「奶媽，他到底說了什麼？」

「夫人，我實在沒有辦法重述他的措辭。」

「不行，妳一定要告訴我，否則我會胡思亂想，把事情想像得更嚴重。」

「沒有比這更嚴重的事情了……夫人，他罵我愚蠢的老婊子。」

布蘭達大吃一驚。「他說這種話？」

「他說了好幾次，甚至在我面前邊跳邊唱，一路回到家裡的門廊。」

「我明白了……嗯，妳做得沒錯，這種事情確實應該告訴我。」

「夫人，謝謝您。還有，夫人，既然我們聊到這件事，我想我應該告訴您：我覺得班恩．哈克特教他騎馬的進度太快了，實在非常危險。今天早上約翰安德魯還從馬背上摔下來，差一點受傷。」

「好的，奶媽。我會和拉斯特先生討論這件事。」

布蘭達把這件事告訴東尼之後，兩人哈哈大笑。布蘭達對東尼說：「親愛的，應該由你出面去找約翰安德魯談，因為你比我擅長擺臭臉。」

「我還以為叫別人婊子是件好事。」約翰安德魯辯解。「況且，班恩經常用這個字稱呼別人。」

「他不可以這樣說話。」

「全世界我最喜歡班恩！我覺得他很聰明！」

「如果拿他和你的母親相比，你應該不會比較喜歡他吧？」

「我比較喜歡他，而且喜歡得多。」

東尼認為應該改正約翰安德魯這種不當的言論，而此刻正是將他準備好的訓辭搬出來教誨孩子的時候。「約翰安德魯，你現在給我聽好，稱呼奶媽為愚蠢的老婊子是非常不禮貌的行為。別的不說，用這種字眼罵人非常壞心。你想想看，奶媽每天為你做多少事！」

「這是她的工作啊！」

「不准回嘴！其次，這種字眼與你的年齡和社會階級不符。紳士不會使用窮人說話的用語。你是紳士，等你長大後，這棟房子和所有的東西都歸你所有，你必須學習符合這種身分的說話方式，並且學習尊重比你不幸的人，尤其是女性。你明白嗎？」

「班恩是比我不幸的人嗎？」

「這與我們討論的內容無關。你現在上樓去向奶媽道歉，並承諾以後再也不對任何人使用這種字眼。」

「好吧。」

「還有，因為你今天太調皮，明天不准你騎馬。」

「明天是星期天！」

「好，那麼你後天不准騎馬。」

「可是您剛剛已經說了『明天』，更改處罰時間是不公平的。」

「約翰安德魯，不准爭辯。如果你不乖一點，我會把『霹靂』還給瑞奇舅舅，告訴他你是一個不聽話的小孩，不配擁有那匹馬。你應該不希望這種結果發生吧？對不對？」

「那麼瑞奇舅舅會怎麼處理『霹靂』？『霹靂』又載不動瑞奇舅舅，而且瑞奇舅舅經常出國。」

「瑞奇舅舅會把『霹靂』送給別的小男孩，但是這也與我們討論的事情無關。現在快點去向奶媽道歉。」

約翰安德魯走到門邊時又轉身問：「我星期一可以騎馬吧？因為您剛剛是說我明天不准騎馬。」

「好，你星期一可以騎馬。」

「太好了！『霹靂』今天表現得非常好！我們跳過很高的柵欄。牠第一次不肯跳，可是第二次身輕如燕。」

「你不是從馬背上摔下來嗎？」

「對，我摔了一次，但不是『霹靂』的錯，是我該死的腿沒夾緊，才會跌個狗吃屎。」

「你教訓約翰安德魯的結果如何？」布蘭達問東尼。

「很糟，簡直糟糕透了。」

「問題是，奶媽嫉妒約翰安德魯比較喜歡班恩。」

「我們最好不要插手管這件事。」

※

東尼和布蘭達坐在餐廳中央的小圓桌吃午餐。餐廳的暖氣似乎無法調整至均衡的狀態：坐在餐廳一側的人被壁爐烤得暖烘烘時，坐在另一側的人卻被從門窗縫隙鑽進屋裡的冷風凍到手腳發麻。布蘭達一直試著用屏風和移動式電暖爐改善這種情況，然而效果不彰。今天暖氣不均的情況，是屋內其他房間的溫度都舒適宜人，只有餐廳讓人冷得受不了。

雖然東尼和布蘭達都很健康，身材也十分標準，可是兩人都在節食。兩人一起控制飲食，有助他們注意飲食內容，並且避免單獨用餐時可能發生的極端行為——例如暴飲暴食，或者亂吃東西，吃了炒蛋又吃生牛肉三明治。他們現在的用餐原則，是每餐不能同時攝取蛋白質和澱粉。他們有一份清單，上面列出哪些食物含有蛋白質，哪些含有澱粉。由於大部分的餐點中都含有這兩種成分，因此東尼與布蘭達必須費盡心思選擇菜單。他們經常戲稱某些食物就像「鬼牌」一樣。

「我覺得這份清單對我很有幫助。」

「是的，親愛的。等我們開始覺得無聊時，可以改以字母的順序來選擇食物，每天吃不同字首的菜餚。不過，倘若我們只能吃果醬（Jam）和鰻魚凍（Jellied eels），我可能會吃不飽……你今天下午有什麼計畫？」

「沒什麼。卡特下午五點鐘會過來找我討論一些事。吃過午餐之後，我可能會去彼格斯坦頓一趟，羅瓦特農莊已經閒置許久，我們應該快點將它租出去。我必須去看看哪些地方需要整修。」

「如果你約我去看電影的話，我會很開心。」

「好，那麼我等星期一再去羅瓦特農莊。」

「我們看完電影之後還可以去伍爾沃斯走走，如何？」

由於布蘭達美麗大方，東尼細心體貼，朋友們都說他們是完美的組合，而且他們相處時總能化解各種問題。

他們今天的午餐是不含蛋白質的布丁，吃起來一點也不可口。

過了五分鐘，僕人拿著一封電報進來。東尼讀完電報後，氣憤地罵了一聲：「該死！」

「發生什麼事了？」

「一件非常可怕的事。妳自己看吧。」

布蘭達讀出電報的內容：「下午三點十八分抵達，期待這趟訪問。貝佛。」然後她問東尼：「貝佛是誰？」

「是一個年輕小伙子。」

「有個年輕小伙子來拜訪我們，聽起來不算太壞。」

「噢，不，一點也不好。等妳見過他之後，妳就會明白了。」

「他來這裡做什麼？是你邀請他來的嗎？」

「我想我可能邀請過他。有天晚上我去布拉特俱樂部，當時只有他一個人在，所以我們一起喝了幾杯。他說他想看看我們的房子……」

「我敢說你當時一定喝醉了。」

「不算太醉，可是我萬萬沒想到他真的會來。」

「好吧，我只能說是你活該，誰叫你自己一個人去倫敦談生意，留我獨自在家……他到底是什麼樣的人？」

「就是一個普通的年輕小伙子。我們去過的那間家具店，是他母親開的。」

「我以前認識她，她是一個可怕的女人。而且我突然想到，我們還欠她一些錢。」

「聽我說，我們必須打個電話給貝佛，騙他說我們身體不舒服。」

「現在已經太遲了，他已經上火車了。他可能正在吃西鐵供應的三先令六便士午餐，毫不在乎地把澱粉和蛋白質全吃進肚子……沒關係，我們可以讓他睡在『加拉哈』那間房，住過那個房間的客人，沒有人再回來過——我想是因為那個房間的床很不好睡。」

「我們要陪他做什麼？現在根本來不及邀請其他客人來陪他。」

「你去彼格斯坦頓吧！我會招呼他的，我一個人招呼他會比較容易。我們今晚可以帶他去看場電影，明天再帶他參觀這棟房子。如果我們運氣夠好，他可能明晚就會搭火車離開。他星期一早上要上班嗎？」

「我怎麼知道？」

三點十八分到站的火車絕非拜訪海頓莊園最適宜的班次，因為抵達主人家的時間大約為三點四十五分，距離下午茶時間還有一段尷尬的空檔，更何況約翰·貝佛與拉斯特夫婦完全不熟。但因為東尼不在家，由布蘭達自己一個人接待客人比較自在，她可以優雅地處理這種事。約翰·貝佛無論走到哪裡都不太受人歡迎，因此就算別人對他招呼不周，他也從不在意。

布蘭達在吸菸室接待貝佛，因為那是整間屋子裡比較不陰暗的房間。布蘭達說：「歡迎你來拜訪，可是我必須說明，我們並沒有舉辦派對，所以你可能會覺得無聊……東尼不巧有事外出，但是他很快就會回來……火車上是否擠滿了乘客？星期六通常有很多人搭車……你想不想到外面走走？再過一會兒就要天黑了，我們可以趁著還有陽光的時候去晒晒太陽……」如果東尼在場，布蘭達就無法這麼自在，因為她會一直留意東尼的目光，無法當個稱職的女主人。貝佛向來擅長與人聊天，他跟著布蘭達穿過落地窗走到外面的露臺，下階梯進入荷蘭式花園，然後在栽培橘子的溫室外散步，兩人互動時沒有任何尷尬。布蘭達甚至對貝佛說，她與他的母親十分熟識。

東尼及時趕回來喝下午茶，並且為自己未能在家迎接客人向貝佛致歉，但隨即又立刻進書房與代理商洽談公事。

布蘭達詢問貝佛關於倫敦的種種，以及最近有哪些派對。約翰．貝佛對這方面的事情非常清楚。

「波莉．卡克柏斯不久之後要舉辦一場派對。」

「對，我知道。」

「妳會參加嗎？」

「大概不會。我們現在已經不太出門了。」

即便是在社交圈裡已經流傳六個星期的笑話，對布蘭達而言仍然十分新鮮。在約翰．貝佛的潤飾與轉述下，布蘭達聽得相當開心。貝佛還提到好幾則與布蘭達的朋友有關的消息。

「瑪莉和賽門現在交往得如何？」

「噢，妳不知道嗎？他們早就分手了。」

「什麼時候？」

「他們今年夏天在奧地利分手的……」

「比利．安默林呢？」

「他和一個叫作席拉．史拉柏的女孩陷入熱戀。」

「海姆—哈巴爾德夫婦呢？」

「那段婚姻也經營得不太順利……黛絲開了一間新餐廳，生意很好……最近還有一間名為華倫的夜總會全新開幕。」

「我的老天。」布蘭達沉默片刻之後說：「大家的生活好像都很有趣。」

喝過下午茶之後，約翰安德魯被僕人帶進來。約翰安德魯立刻打斷布蘭達和貝佛的談話。「你好嗎？」約翰安德魯說。「我不知道家裡有客人要來，因為我爹地說他想要安靜過週末。你喜歡打獵嗎？」

「我好久沒打獵了。」

「班恩說，有錢人都應該去打獵，因為這麼做對國家有益。」

「我恐怕負擔不起。」

「你很窮嗎？」

「不好意思，貝佛先生，別讓這孩子煩你。」

「對，我很窮。」

「你是不是窮到可以罵別人『婊子』？」

「對，我非常窮。」

「你為什麼會變得這麼窮？」

「我一直都這麼窮。」

「噢。」約翰安德魯馬上就對這個話題失去興趣。「農場那匹灰馬長蛆了。」

「你怎麼知道？」

「是班恩說的。而且，只要檢查牠的糞便就可以看得出來。」

「噢，親愛的。」布蘭達說。「如果奶媽聽見你使用這些不雅的詞彙，她會怎麼說？」

「你今年幾歲？」

「二十五歲。你幾歲？」

「你是做什麼工作的？」

「沒做什麼。」

「好吧。如果我是你，我會找點事情做，賺點錢，這樣就有錢去打獵了。」

「但是這麼一來，我就不能罵別人『婊子』了。」

「反正我也不明白為什麼要罵別人『婊子』。」

稍晚當約翰安德魯在兒童房吃晚餐時，他對奶媽說：「我覺得貝佛先生很笨。妳不覺得嗎？」

「這個我不清楚。」奶媽回答。

「我認為他是來這裡拜訪過的客人當中最笨的一個。」

「做這種比較是不對的。」

「他一點都不討人喜歡，他的聲音聽起來很愚蠢，他的臉看起來也很愚蠢；他的眼睛很愚蠢，鼻子也很愚蠢。」約翰安德魯開始用禮拜儀式的讚美詩歌吟唱：「他的腳很愚蠢，他的腳趾很愚蠢，他的頭很愚蠢，他的衣服很愚蠢……」

「快點把你的晚餐吃完。」奶媽說。

當天吃晚餐前，布蘭達坐在梳妝臺前，東尼走到她身後，將臉靠在她的肩膀上，朝梳妝臺的鏡子做了一個鬼臉。

「關於貝佛來訪的這件事，我真的感到非常抱歉——我自己開溜了，留妳一個人招呼他。妳對他真的很好。」

布蘭達回答：「噢！其實也沒那麼糟啦。他挺可憐的。」

約翰・貝佛這時正在走廊另一頭的客房裡，仔細檢視房裡的一切，宛如這兒的常客。這個房間缺少閱讀用的桌燈，墨水瓶裡的墨汁也乾了，壁爐的火點燃之後又熄滅。他還發現浴廁離房間很遠，必須走上角樓的階梯才到得了。他一點都不喜歡這張床的外觀，躺在床上的感覺也不舒服，因為床正中央的彈簧壞掉了，躺在床上時會發出可怕的聲音。他回倫敦時打算購買三等車廂的座位，票價為十八先令，但是離開海頓莊園之前另得打賞僕人小費。

由於東尼自覺待客不周，因此吃晚餐時特別開了一瓶香檳招待貝佛，但其實東尼和布蘭達都不喜歡喝香檳。其實約翰・貝佛也不喜歡那瓶香檳，不過他很高興東尼如此款待他。僕人將香檳倒進一個高高的酒壺中，然後在桌邊依序為他們三人斟酒，以彰顯主人的待客之道。接著他們開車到位於彼格斯坦頓的大型電影院，那裡正在放映貝佛幾個月前就已經看過的某部電影。他們看完電影返回海頓莊園時，吸菸室裡已經準備好格羅格酒和三明治等他們享用。他們討論電影的內容，但是貝佛沒有告訴東尼和布蘭達他早已看過這部電影。最後，東尼帶著貝佛到「加拉哈」房的門口。

「希望你今晚睡得很好。」

「我一定會睡得很好。」

「明天早上要讓僕人叫你起床嗎？」

「我可以自己拉鈴叫僕人嗎？」

「當然可以。你需要的用品都備齊了嗎？」

「是的。謝謝。晚安。」

「晚安。」

然而東尼回到房間之後，他對布蘭達說：「妳知道，我覺得貝佛真的很討人厭。」

「噢！貝佛沒那麼糟糕啦。」布蘭達回答。

約翰・貝佛睡得一點也不舒服。他在床上輾轉難眠，希望能找到一處可以讓他安睡的位置，可是那張床根本無法讓人入睡。他心想，反正將來不會再到這裡拜訪，他明天就不給管家小費了；至於負責伺候他的男僕，他也只給五先令就好。最後他好不容易才習慣那張高低不平的破床，半夢半醒地睡到第二天早上。殊不知翌日一早就有令他沮喪的消息：星期天的報紙已經都送到女主人的臥房，因此他沒有報紙可讀。

每次一到星期天，東尼就會換上深色西裝，搭配硬領的白襯衫，然後前往教堂。他總是坐在一張他曾祖父重建這間教堂時以脂松打造的扶手椅上。教堂裡鋪著深紅色的厚地毯，還有一座壁爐，壁爐附有完整的爐柵和一根火鉗。以前東尼的父親如果不滿意牧師的布道內容，就會故意動動那根火鉗，讓它發出聲響。自從他父親當家之後，這座壁爐就不曾生過火，但東尼打算明年冬天重新點燃爐火。每年的聖誕節和感恩節，東尼都會站在黃銅製的老鷹雕像後方朗讀訓辭。

禮拜結束後，東尼會站在教堂門口與牧師的妹妹及村裡的居民聊天，然後從一條穿過原野的小徑走路回家，這條小徑直接通往海頓莊園位於花園圍牆邊的小門。他會先走到溫室，為自己摘幾朵小花，然後到園丁居住的小屋寒暄幾句（星期天晚餐的香氣，暖暖地從小門另一側飄出來），接著在書房裡安靜地喝一杯雪莉酒。以上就是東尼每個星期天簡單但隆重的固定行程。這種習慣或多或少受到他父母親的影響，只不過他父母親的規矩更為嚴謹，東尼也樂於這樣過生活。布蘭達一有機會就會調侃東尼是個擁有老靈魂的紳士，因為他個性正直而且敬畏上帝。東尼知道布蘭達在嘲笑他的古板，然而這一點兒也不會減少他每個星期進行這項行程的樂趣，就算突然有客人來訪，東尼也不會為了招待客人而改變行程。

因此，當東尼十點四十五分從書房走進大廳時，不禁倒抽一口氣：他看見貝佛已經全身穿戴整齊，顯然在等主人招呼他。不過，這個驚嚇相當短暫，因為貝佛向他道早安時，他發現貝佛手中拿著火車時刻表，看起來正在查詢火車班次。

「希望你昨晚睡得舒服。」

「我睡得非常好。」約翰．貝佛回答。儘管他蒼白的倦容顯然有不同的答案。

「很高興聽你這麼說。我在這裡每晚都睡得很好。嘿！你為什麼在看那本火車時刻表？你該不會準備離開了吧？」

「不好意思，我恐怕今晚就得告辭了。」

「這真是太糟糕了，我幾乎沒機會招待你。星期天的火車不太好搭，最好的班次在下午五點四十五分啟程，大約晚上九點鐘抵達倫敦，可是沿途停靠很多站，而且沒有餐飲車廂。」

「沒有關係。」

「你真的不能等到明天再離開嗎？」

「真的不能。」

位於公園另一頭的教堂傳來鐘聲。

「呃，我正準備去教堂，但我想你大概沒興趣與我同行吧？」貝佛在外作客時，總會順著主人的意思做任何事，即使這次的拜訪這麼不愉快，他仍說：「噢，好啊，我很樂意和你去教堂。」

「不，說真的，如果我是你，我就不會去，你一定不會喜歡的。我自己多多少少也是迫不得已才去教堂。你留在這裡就好，布蘭達過一會兒就會下樓。如果你想喝點東西，儘管拉鈴叫僕人替你準備。」

「噢，好吧。」

「那麼，待會兒見了。」東尼在玄關拿了帽子與手杖之後就出門。「我又冷落那個年輕小伙子了。」他心想。

教堂的鐘聲在車道上聽起來清晰又嘹亮，東尼加快腳步走向教堂。教堂的鐘聲停止後，接著發出一聲單響，提醒村民再過五分鐘教堂的風琴手就會開始演奏第一首詩歌。

東尼的腳步趕上奶媽和約翰安德魯。約翰安德魯懷著一種罕見的神祕情緒，用他戴著手套的小手牽起東尼的手，然後沒頭沒腦地開始講故事，一路說到他們抵達教堂。約翰安德魯所講的故事，是一九一七年在比利時的伊普爾市有隻名為「薄荷」的騾子，牠偷喝光了整個軍隊的蘭姆酒。約翰安德魯必須小跑步才追得上父親的腳步，因此上氣不接下氣地說著這個故事。東尼最後只回應一句：「真可憐的騾子。」

「噢，我也覺得牠很可憐，不過，這並不是一個可憐的故事，班恩說這個故事讓他笑破肚皮。」

教堂的鐘聲停了，風琴手在布簾後方看著東尼一行人走進教堂。東尼走在前面，奶媽和約翰安德魯跟在他身後。東尼在最前排的扶手椅上坐定身子，奶媽與約翰安德魯則坐在東尼後排的長椅上。東尼傾身低頭，將額頭輕靠在合十的雙手默禱半分鐘。等他默禱結束，風琴手才開始演奏詩歌。「噢，偉大的主，請不要審判祢的僕人……」禮拜儀式正式開始，東尼深深吸了一口教堂裡略帶霉味的氣息，他很喜歡這個味道。東尼熟練地做出禮拜程序中的各種動作：起立、坐下、低頭默禱，可是他的思緒不停亂飄，一會兒想起上個星期發生的事，一會兒又想到未來的計畫。雖然在禮拜儀式中偶爾有些引人注意的話題將他拉回現實，不過他那天早上心裡所想的大部分是整修浴室與廁所的計畫。他打算在家裡增設幾間衛浴，但是不改變房子原本的特色。

村子的郵政局長擔任司獻人員，他拿著奉獻袋走到東尼面前，東尼放了半克朗[7]到奉獻袋裡，約翰安德魯與奶媽都放了幾便士。

坦卓里爾牧師吃力地走上講道壇。牧師已經很老了，他這輩子大部分的時間都在印度服務，當初東尼父親是透過牙醫的推薦，才聘請他來這個教區擔任牧師。坦卓里爾牧師的聲音高貴又宏亮，是這一帶公認最好的牧師。

他的布道文都是他年輕時為駐軍的教堂所寫的，雖然他現在已經不在駐防地服務，可是他沒有修改任何布道文，因此大部分布道文的結語都會提及遠方的家鄉和愛人。不過村子裡的居民一點也不覺得奇怪，事實上，教堂裡提到的事情絕大多數與他們的生活毫無關連。他們很喜歡坦卓里爾牧師的布道文，每當牧師開始提到遠方的家鄉，他們就知道差不多可以拍拍膝蓋上的灰塵，準備拿起雨傘回家了。

「……因此，我們每個星期在這個嚴肅的時刻，都會脫掉帽子站在這裡。」牧師讀著他的布道文，以強而有力的年邁嗓音道出結語。「我們要記住：現在我們在這個地方駐守，是為了高貴的女王陛下，並且祈禱女王陛下可以派我們到地球最遠的地方執行她的命令。我們也要想想在遠方的愛人，以及我們為了女王命令而拋下的家人。雖然有遼闊的荒地與海洋將我們與親友分隔兩地，但是我們每個星期天早上都能與他們緊密相繫，用我們對國家的忠誠之心，跨越過高山和沙丘，與我們的親友結合為一，共同感念國家賜給我們的福祉，成為女王王權和皇冠下的榮耀子民。」

（曾經有一個園丁的太太對東尼說：坦卓里爾牧師把女王捧得好高。）

負責獻詩的詩班上臺。在最後的讚美歌聲中，會眾低頭默禱，然後陸續從教堂大門離開。到了教堂外，大夥兒才熱情地互相問候寒暄，並且開始閒話家常。

東尼與獸醫的太太及開設工廠的巴翠吉先生聊天，過了一會兒，牧師也走過來加入他

---

7 克朗：Half-crown，英國銀幣，價值兩先令六便士。

們。

「布蘭達夫人沒生病吧？」

「她沒生病，只是臨時有點事情。」每次布蘭達沒有陪東尼上教堂，東尼就會搬出這套說詞。「牧師，您今天的布道文很精彩。」

「親愛的好孩子，我很高興聽你這麼說，這篇是我最喜歡的布道文。不過，難道你以前沒聽過嗎？」

「沒有，我向您保證。」

「我在這個教區已經很久沒有使用這篇布道文了。每次我去別的教區支援布道，一定都是選用這篇的內容。讓我確認一下，我每次選用這篇布道文，都會註記布道日期。」年邁的牧師打開他隨身攜帶的記事本，這本記事本的黑色封面已經破破爛爛，內頁的紙張也因老舊而泛黃。「噢！我找到了。我第一次使用這篇布道文是在阿富汗的賈拉拉巴德，當時冷溪衛隊[8]在那個地方駐守。我第四次放假準備回英國前也在紅海講過這篇的內容，接著是在德文郡的錫德茅斯……法國的芒通鎮……漢普郡的溫徹斯特……然後是一九二一年的女童軍團大會、東米德蘭茲萊斯特郡的教堂籌畫協會……還有兩次在多塞特郡的伯恩茅斯，當時是一九二六年的冬天，可憐的艾達病得很重……看來確實沒有……我從一九一一年之後就不曾在這個教區講過這一篇。當時你年紀太小，可能還無法理解……」

牧師的妹妹在陪約翰安德魯說話，約翰安德魯告訴她「薄荷」的故事：「……班恩說，如果牠把那些蘭姆酒都吐出來的話，就不會死掉了。可是騾子不會嘔吐，馬也不會嘔吐……」

奶媽伸手緊緊拉住約翰安德魯，催促他快點回家去。「我提醒你多少次了：不要一天到晚與別人分享班恩・哈克特說的那些故事。坦卓里爾小姐並不想聽『薄荷』的故事，而且不准你再提到『嘔吐』這個詞！」

「可是這個詞只是表示身體不舒服。」

「好，反正坦卓里爾小姐對於身體不舒服的話題不感興趣。」

走廊和教堂大門的人潮漸漸散去，東尼便走向花園。花園的溫室種了許多美麗的小花，東尼摘了邊緣有深紅色皺摺的檸檬色康乃馨給自己和貝佛，還有一朵山茶花要送給布蘭達。

十一月的陽光從尖頂窗及凸肚窗照進來，由於玻璃上有染色的彩繪，因此陽光變成綠色、金色、紅色與蔚藍色。鉛製窗框將陽光隔成無數個光點和光塊。布蘭達從主樓梯慢慢走下來，腳步踩過交錯的暗影與虹彩。她將許多東西捧在胸前，包括一個袋子、一頂小帽、一幅完成一半的刺繡品、一捆凌亂的星期天報紙，整個人只露出眼睛和額頭，宛如罩著一層面紗。約翰・貝佛從樓下的陰暗處走出來，站在樓梯底端看著布蘭達。

---

8 冷溪衛隊：Coldstream Guards，英國御林軍的步兵衛隊。

「嗨，需要我幫妳拿東西嗎？」

「不必了，謝謝你。我把每個東西都牢牢地拿在手裡。你昨晚睡得好嗎？」

「非常好。」

「我敢說你睡得一點也不好。」

「呃，我本來就不是容易安睡的人。」

「你下次來訪時可以睡別的房間，但我猜你大概不會想再來了，很少人願意再次來訪，這實在令人難過，因為我們很喜歡招呼客人。我們住在這個地方，永遠交不到新朋友。」

「東尼去教堂了。」

「是的，他喜歡上教堂，可是他很快就會回來。我們出去走走吧！天氣好像不錯。」

東尼返抵家門時，布蘭達和約翰．貝佛都坐在書房裡，貝佛正在用撲克牌替布蘭達算命。「……妳現在再切一次牌。」貝佛說。「我看看局勢會不會明朗一些……噢，是的，有人會突然死掉，但是這將為妳帶來極大的喜悅與財富。事實上，妳會殺了某個人，可是我看不出來對方是男性還是女性……好，對方是女性……然後妳將遠渡重洋，嫁給六個黑人，並且生下十一個小孩，還會長出鬍子，最後死在異鄉。」

「胡說八道！我還以為你認真在替我算命。嗨，東尼，你今天去教堂還開心嗎？」

「非常開心。你們要不要喝點雪莉酒？」

吃午餐之前，當東尼與布蘭達獨處時，他說：「親愛的，妳真的很照顧貝佛。」

「噢……我本來就喜歡應酬——事實上，我一直在糗他。」

「我明白了。好吧，下午由我來陪他，他今天晚上就會離開了。」

「他今天晚上就要離開嗎？我真心覺得可惜。你知道，你和我個性不相同，每次有討人厭的傢伙來作客，你就會藉故溜走並且躲起來，但我卻可以從招呼客人的過程中獲得樂趣——我會奉承他們，並證明我能做個非常稱職的女主人。再說，貝佛也沒有那麼討人厭，他某些地方和我們很像。」

「他和我一點也不像。」東尼說。

吃過午餐之後，東尼對約翰．貝佛說：「呃，如果你感興趣的話，我可以帶你參觀一下這棟房子。我知道現在不流行這種建築風格——我的法蘭西絲姑媽甚至認為這種風格非常裝腔作勢——可是我認為它有自己的特色。」

他們花了兩個小時參觀海頓莊園。約翰．貝佛熟練地展現參觀房子的技巧，事實上，他從小就學會這套本領，尤其在他父親過世之後，他經常陪著母親看房子。貝佛太太的興趣就是參觀房屋，她失去丈夫後必須賺錢養家，因此乾脆做起裝潢房屋的生意。貝佛適時且適當地發表對海頓莊園的讚賞，讓東尼在炫耀他的寶貝房子時心情更加愉悅。

他們參觀了這棟房子的每一個角落：拉上窗簾的客廳有如學校的演講廳、隱密的迴廊、陰暗的室內庭院、東尼繼承這裡之前全家人每天聆聽禱告文的小型禮拜堂、餐具房、莊園辦公室、臥房、閣樓，以及隱藏在雉堞式城垛間的水槽。他們爬上旋轉樓梯，走到大時鐘的機件室裡等待三點半的鐘響。鐘聲的餘音還在東尼與約翰的耳中迴盪之際，他們已經從機件室走到收藏品室——收藏品室裡面有搪瓷、象牙、印章、鼻煙盒、陶瓷器皿、鍍金的黃銅製品及景泰藍瓷器。接著他們又在橡木畫廊裡仔細參觀每一幅畫作，分享彼此對這些作品的看法。東尼從書房拿出壯觀的檔案夾，檢視海頓莊園的原始建築藍圖與老舊的帳簿手稿，還有東尼祖先的旅遊日誌。在參觀過程中，約翰．貝佛三不五時地說：「我某個朋友在某個莊園也收藏了類似的東西。」東尼則回答他：「是的，我也見過，但是我的收藏比他的東西更古老。」最後他們來到吸菸室，東尼把貝佛交給布蘭達。

布蘭達正在專心刺繡，整個人縮在扶手椅裡。「呃。」她說話時沒有抬頭，眼睛始終盯著自己手中的作品。「你參觀之後有什麼感想？」

「這裡的一切都很壯觀。」

「你知道，你不需要這麼客套。」

「嗯，這裡有很多東西都很棒。」

「是的，我想，那些擺飾品應該都不錯。」

「所以，妳不喜歡這棟房子嗎？」

「我？我非常討厭這棟房子……這不是我的真心話，但有時候我真的希望這棟房子可以不要每個角落都這麼難看。不過，我寧死也不能對東尼說這些話，因為他非常喜歡這個地方……真的很可笑。當年我哥哥瑞奇賣掉我娘家那邊的房子時，我們一點也不在乎——

但你可知道，我們那棟房子是建築大師凡布魯[9]設計的……我認為，東尼和我現在還能撐起海頓莊園的門面，實在是相當幸運。你知道住在這棟房子裡要花費多少錢？若不是因為各種開銷，東尼和我應該可以過得很寬裕。我們屋裡有十五名僕人，另外還有園丁、木匠、守夜人，以及在農田裡的工人、定期來替大時鐘上發條的怪人、記帳員、疏通壕溝的工人。為了支付這些人的薪水，東尼和我每次去倫敦的時候都得特別挑選便宜的夜車搭乘，或是購買團體優惠票……倘若海頓莊園真的是一棟令人賞心悅目的房子，我不會覺得這麼糟糕……比方說，像我娘家的房子那麼漂亮……只不過東尼從小就住在這個地方，他對這棟房子當然有不同的感覺……」

東尼在喝下午茶的時候加入他們，他對貝佛說：「我無意趕客人，但如果你要趕搭火車回家，現在應該準備收拾行李了。」

「別擔心，我已經說服貝佛先生留到明天再離開。」布蘭達表示。

「你確定你不想今天就……」

「沒問題。我很樂意多待一天，現在趕著離開太掃興了，尤其還得搭那一班討厭的火車。」

9　凡布魯：（Sir John Vanbrugh, 1664-1726），英國建築師與劇作家，最有名的成就是設計英國牛津郡的世界文化遺產布倫海姆宮（Blenheim Palace）。

這時約翰安德魯走了進來，他說：「我還以為貝佛先生要回家了。」

「他明天才走。」

「噢。」

晚餐過後，東尼坐著看報紙，布蘭達和約翰．貝佛在沙發上玩猜謎遊戲。貝佛說：「我在想某種東西。」然後布蘭達就問他問題，以猜出他在想什麼。貝佛在想「薄荷」所喝的蘭姆酒，因為約翰安德魯喝下午茶的時候告訴他這個故事。布蘭達一下子就猜出來了。接著他們又聊到哪些朋友有相似之處，最後討論起他們彼此之間的共通點。

當晚他們互道再見，因為貝佛隔天早上要趕搭九點十分的火車。

「你們來倫敦的時候一定要告訴我。」

「我這個星期可能會去倫敦。」

第二天早上，貝佛給管家和男僕各十先令。布蘭達雖然待客周到，但是東尼仍充滿罪惡感，因此他特別下樓陪客人吃早餐，並且向客人道別，然後前往「桂妮芬」房。

「呃，這是我最後一次見他了。親愛的，妳對貝佛真好。我敢說他在回去的路上一定會想著妳是不是愛上他了。」

「噢，他沒有那麼討人厭啦！」

「這倒是。我帶他參觀房子時，他確實表現得很感興趣。」

✻

貝佛回到家的時候，他的母親正在吃優格。「有誰也去了海頓莊園？」

「沒有人。」

「沒有人？可憐的孩子。」

「他們根本不期望我去拜訪。一開始的時候真的很尷尬，後來情況才好轉一些。他們和您所說的一樣：拉斯特太太非常迷人，東尼．拉斯特則很少說話。」

「真希望我偶爾也能夠再見見她。」

「她說她想在倫敦租一間公寓。」

「真的嗎？」貝佛太太的生意包羅萬象，甚至包括為客戶裝修馬廄和車庫。「她想找什麼樣的公寓？」

「她需要一間簡單的公寓：兩個房間加上一間衛浴。不過這只是籠統的想法，她還沒有和東尼討論過這件事。」

「我一定可以幫她物色到一間符合她需求的公寓。」

二

如果布蘭達必須到倫敦逛街、剪頭髮或整骨（她很喜歡這項休閒娛樂），她會選擇在星期三出門，因為星期三的火車票價是平日的一半。她會在早上八點鐘出發，晚上十點過後不久返抵家門。她都搭三等車廂，車廂裡總是擠滿乘客，因為許多想去倫敦的家庭主婦也會精打細算在星期三外出。布蘭達通常會與她妹妹瑪卓莉共度一天，瑪卓莉的身材比布蘭達高大，以前報紙經常稱她們兩人為「可愛的雷克斯姊妹」。瑪卓莉的丈夫艾倫是倫敦南部選區一位保守但深具潛力的勞工黨候選人，他們的經濟環境雖然不太寬裕，可是在社交圈裡深受大家喜愛。他們住在波特曼廣場附近的一間小房子，往來帕丁頓火車站十分方便。瑪卓莉和艾倫養不起孩子，只養了一隻名叫琴恩的北京狗。

這天布蘭達突然興致一來，決定去倫敦走走。她吩咐管家打電話通知瑪卓莉，告訴瑪卓莉她抵達倫敦的時間。經過兩小時十五分鐘的車程，布蘭達雖然與另外四名乘客擠在同一排座位，可是走出火車車廂時看起來神清氣爽，宛如剛剛在大飯店裡享受過全身按摩與足底按摩，並且做完美甲和美髮。她一向不希望自己看起來憔悴，然而當她真的筋疲力竭時，例如從倫敦返回到海頓莊園時，模樣就會真的很狼狽，彷彿無家可歸之人。然後她會有氣無力地拿著牛奶和麵包坐在爐火旁吃，直到東尼帶她上床休息。

瑪卓莉戴著帽子坐在寫字桌旁，一臉困擾地面對著支票簿和一疊帳單發愁。

「親愛的，鄉下的生活怎麼把妳搞成這副模樣？妳看起來好臃腫。妳從哪裡弄來這套衣服？」

「我忘了。在某間服裝店買的。」

「海頓莊園有什麼新鮮事嗎？」

「還是老樣子。東尼對那棟封建時代的老房子依舊非常著迷，約翰安德魯則像馬房的下人一樣滿口髒話。」

「妳自己呢？」

「我？噢，我還好。」

「有人去拜訪海頓莊園嗎？」

「沒有人，除了上個週末東尼邀請一個叫貝佛的朋友來過夜。」

「是約翰・貝佛嗎？……真奇怪，我從來沒想過他會出現在東尼的邀約名單上。」

「東尼確實和他不熟……他是什麼樣的人？」

「我不認識他，但有時候會在瑪歌家遇到他。他很隨和，任何人約他，他都會捧場。」

「我覺得他挺可憐的。」

「噢，他才不可憐。妳喜歡上他了嗎？」

「老天！我沒有！」

她們帶琴恩去公園散步，可是琴恩不知惜福，不想跟主人出門，瑪卓莉和布蘭達必須一直用狗鍊拉牠，牠才願意跟她們走。瑪卓莉與布蘭達帶牠到華特開設的「身體能量」按摩店，牠在那兒靜靜站著不動，憂鬱地看著柏油路面，直到她們回家。琴恩只有一次表現出激動的情緒：有個小孩想摸牠，牠冷不防咬了那個孩子一口，然後一溜煙跑開，躲到幾碼外的一張椅子下，低著頭盯著一張紙屑。牠身上的毛髮顏色很淺，鼻子和嘴巴是粉紅色，眼睛外圍沒有毛髮的地方也是粉紅色。「我不覺得牠能感受人類的七情六慾。」瑪卓莉說。

瑪卓莉和布蘭達聊到她們的整骨師庫魯特威爾，以及瑪卓莉的新療法。布蘭達嫉妒地說：「庫魯特威爾從來沒有用那種方式替我整骨。」過了一會兒，她問瑪卓莉：「妳覺得貝佛先生的性生活精彩嗎？」

「我怎麼會知道？我猜應該乏善可陳吧……妳真的喜歡上他了？」

「噢！好吧。」布蘭達回答。「我很少認識年輕的男性……」

接著她們把琴恩留在家裡，出去逛街──布蘭達買了兒童用的毛巾、醃漬的桃子，並且為一名在海頓莊園服務滿六十年的老警衛買了一個時鐘，還替東尼買了一鍋產自莫克姆灣的鮮蝦，打算給他一個驚喜。她們和庫魯特威爾預約下午的時段，然後聊到波莉．卡克柏斯的派對。「妳一定要來參加！這場派對一定會很精彩。」

「我或許會參加……如果有人陪我一起去的話。東尼不喜歡波莉．卡克柏斯，可是像我這種年紀的女人不能獨自參加派對。」

她們吃午餐，用餐地點是艾伯馬勒街的一家新餐館，餐廳老闆是她們的朋友黛絲。她們才剛剛走進餐廳大門，瑪卓莉就對布蘭達說：「妳的運氣真好，貝佛先生的母親就坐在那兒。」

貝佛太太坐在餐廳中央的一張大圓桌，招待她的八位朋友吃飯。其實是黛絲出錢請貝佛太太這麼做的，因為這間餐廳的生意不如預期的興隆——換句話說，貝佛太太的這頓飯是免費的，而且黛絲還答應貝佛太太，如果這間餐館能繼續經營下去，春天的時候貝佛太太可以承包這兒重新裝潢的工程。貝佛太太這桌客人顯然是硬湊出來的組合，因為座上賓客彼此之間毫無關連——貝佛太太與他們都沒有特殊往來，客人們也互相不熟識——可是他們都算有頭有臉的人：一位個性隨和但仍有架子的公爵、一位閱歷豐富的未婚女士、一位舞蹈家、一位小說家、一位舞臺設計師、一位個性害羞的資淺牧師（他根本不清楚這是什麼樣的聚會，等他明白時已來不及脫身），以及卡克柏斯夫人。「老天，真是一場奇怪的聚會！」瑪卓莉小聲地說，並且客套地向那群人揮手打招呼。

「親愛的，妳們兩位都會來參加我的宴會吧？」波莉．卡克柏斯以她尖銳的嗓子說，宏亮的聲音傳遍整間餐廳。「但是請不要告訴別人這件事，因為這只是一場非常小型又私密的聚會，屋子裡也只能容納幾個人——受邀的全部都是我的老朋友。」

「我們去看看波莉真正的老朋友是哪些人，到時候肯定很有趣。」瑪卓莉對布蘭達說。「她根本沒有半個認識超過五年的朋友。」

「我真希望東尼也能像她一樣好客。」

（雖然波莉的財富大部分來自男性，但是她在女性社交圈裡深受歡迎。她們欣賞她的穿著打扮，經常以便宜的價格購買她的二手衣物。波莉就這樣低調地混進她嚮往的上流社交圈，沒有樹立任何敵人。就在不久之前，她嫁給一位脾氣很好卻一直沒有交往對象的伯爵，從那個時候開始，她才算是打通了社交圈的每個階層，除了最高階的圈子之外。）

吃過午餐之後，貝佛太太走到布蘭達與瑪卓莉的餐桌旁。「雖然我趕時間，但是我必須過來打聲招呼，和妳好好聊幾句。我們上次見面是好久以前的事了。約翰告訴我，他與你們夫妻共度一個非常愉快的週末。」

「應該說是一個非常平靜的週末。」

「那正是他喜歡的。我可憐的兒子，他在倫敦每天忙得暈頭轉向。布蘭達夫人，請妳告訴我，妳是否真的打算找間公寓？——我剛好有一間很適合妳的物件，那間公寓目前正在整修，聖誕節前夕就會完工。」貝佛太太說完之後看看手錶。「噢，親愛的，我真的得走了。今天晚上妳有沒有時間到我家喝杯雞尾酒？到時候我會提供妳更多與這間公寓有關的資訊。」

「我或許可以——」布蘭達不確定地說。

「那麼請妳一定要來。我六點鐘左右等妳過來。我猜妳應該不知道我住在哪裡吧？」

貝佛太太報出自己的住址，然後就匆匆離開。

「她說妳在找公寓，這是什麼意思啊？」瑪卓莉問。

「噢，我只是有這樣的念頭罷了……」

當天下午，布蘭達舒舒服服地躺在整骨師的治療床上，她的脊椎在整骨師強而有力的指壓下，發出有如專利按釦的劈啪聲響。布蘭達猜想著約翰．貝佛晚上會不會在家。「如果他那麼喜歡到處玩，也許他不會在家。」布蘭達暗忖。「再說，無論他在不在家，對我來說又有什麼差別呢？……」

事實上，約翰．貝佛當晚接獲兩個邀約，但是他選擇待在家裡。

貝佛太太為布蘭達詳細介紹那間公寓，因為她很清楚做生意的方法。貝佛太太說，人們對房屋最基本的要求，就是要有換衣服的空間，以及可以打電話。貝佛太太將貝爾格拉維亞廣場的一棟小房子隔成六間小公寓，每間公寓的租金是每星期三英鎊。每間公寓裡都有一間臥室與一套衛浴，衛浴設施都是最新式的，而且無限制供應熱水，充滿大西洋兩岸的優雅風情。臥室裡有附屬的大型更衣間，更衣間裡有電燈，臥室的空間足以容納一張大床。貝佛太太告訴布蘭達，公寓裡的一切可以滿足房客的長期需求。

「我回去問問我先生，然後再回覆妳。」

「妳應該會很快就給我答案吧？這麼棒的公寓每個人都搶著要。」

「我會很快給妳答覆。」

布蘭達離開貝佛家時，約翰．貝佛陪她走到火車站。通常她會在車廂裡吃些巧克力與圓麵包，因此他們先走到餐車去購買。距離火車出發的時間還早，車廂裡仍有空位，於是約翰．貝佛陪著布蘭達上車，與她並肩坐下。

「我猜你八成急著回去。」

「不，我一點也不急。」

「我可以在火車上讀報紙。」

「我想留下來陪妳。」

「你人真好。」然後，布蘭達害羞地問約翰．貝佛：「我想你大概不願意陪我去參加波莉的派對，對不對？」她不太習慣主動向男性提出邀約。

貝佛猶豫了一會兒。那天晚上有好幾場派對，他知道自己一定會受邀參加其中幾場……如果他答應布蘭達陪她去參加波莉的派對，就表示他當晚必須先請布蘭達去大使館餐廳或其他高級餐館用餐……晚餐至少要花三英鎊……而且他得招呼她，還得送她回家……倘若真如布蘭達所言，她現在沒有什麼朋友（這肯定是真的，否則她不會向他提出邀約），他可能整個晚上都會被布蘭達絆住……「我真希望自己能陪妳一起去。」於是他這麼回答。「可惜我那天晚上已經有約了。」

布蘭達察覺到他的遲疑。「我想你可能早就有自己的計畫了。」

「不過，或許我們可以在派對上碰面。」

「是的，如果我去參加的話。」

「我真希望可以陪妳一起去。」

「沒關係……我只是隨口問問而已。」

剛才買圓麵包時的愉悅氣氛，此刻已經蕩然無存。兩人沉默了一分鐘左右，約翰．貝佛說：「嗯，我想，或許我該告辭了。」

「對，你該回去了。謝謝你送我一程。」

約翰．貝佛步下月臺，距離發車時間還有八分鐘，但是車廂裡突然擠滿了乘客，讓布蘭達覺得格外疲憊。「那個可憐的男孩，他怎麼可能答應陪我去參加派對？」她心想。「不過，他其實可以拒絕得委婉一點。」

「累壞了吧？」

布蘭達點點頭。「我累翻了。」她回答。「累到谷底。」她坐著吃麵包、喝牛奶，無精打采地攪拌著牛奶，覺得全身上下都不對勁。

「妳今天過得愉快嗎？」

布蘭達又點點頭。「我去找瑪卓莉和她那隻髒狗，買了一些東西，然後在黛絲新開的餐廳吃午餐，接著再去整骨。就這樣。」

「妳知道，我希望妳不要再像這樣當天來回倫敦，這對妳而言太辛苦了。」

「我？噢，我一點都不辛苦。我只是累得想死，就是這樣……拜託，拜託，親愛的東尼，不要催我回床上休息，因為我已經累到不能動了。」

第二天，約翰・貝佛發了一封電報給布蘭達：我十六日晚上的約會取消了。妳還需要我陪妳去參加派對嗎？

布蘭達回覆：我很高興得知這個消息。重新考慮是件好事。布蘭達。

在此之前，他們都還沒直呼過彼此的名字。

「妳今天心情好像很好。」東尼說。

「我覺得全身舒暢。我想應該是庫魯特威爾的功勞，他矯正了我全身上下的神經與所有的循環系統。」

三

「媽咪去哪裡了？」

「倫敦。」

「她為什麼要去倫敦？」

「因為一位名叫卡克柏斯的夫人要舉辦派對。」

「那位夫人是好人嗎？」

「媽咪覺得她人很好，可是我不覺得。」

「為什麼？」

「因為她長得像猴子。」

「我想看看她長什麼模樣。她住在籠子裡嗎？她有沒有尾巴？班恩說他見過一個長得像魚的女人，那個女人全身長滿了鱗片，沒有皮膚。他在開羅的馬戲團裡看到那個女人。班恩還說，那個女人身上的味道也像魚一樣。」

布蘭達前往倫敦那天，東尼和約翰安德魯一起喝下午茶。「爹地，卡克柏斯夫人都吃什麼？」

「噢，堅果之類的東西。」

「堅果和什麼東西？」

「各種不同的堅果。」

接下來的幾天，約翰安德魯一直想像著這位全身毛茸茸而且頑皮淘氣的猴子伯爵夫人。她變成一個住在約翰安德魯世界裡的居民，如同那隻喝了蘭姆酒而醉死的騾子「薄荷」。每次約翰安德魯到村子裡去，如果有人親切地與他聊天，他就會提到這位伯爵夫人，並描述她如何倒掛在樹上朝著路人丟堅果。

「你不應該把別人說成那種樣子。」奶媽提醒他。「萬一你這些話被卡克柏斯夫人聽見，那該怎麼辦？」

「她會喋喋不休地一直抱怨，並且到處亂揮她的尾巴。但我想她會忙著抓又大又肥的跳蚤，然後就忘記我說她是猴子這件事。」

當晚布蘭達在瑪卓莉家過夜。布蘭達穿著打扮完畢之後到瑪卓莉的房間去。「親愛的，妳這身裝扮真好看，是新衣服嗎？」瑪卓莉問。

「還好。」

邀請瑪卓莉吃晚餐的朋友打了電話給她。（「妳確定艾倫今晚不來吃飯嗎？」「非常確定。他在坎伯威爾開會，因此他連波莉家的派對都無法參加。」「妳可不可以隨便找位男伴陪妳來？」「我想不出有什麼人可以陪我去。」「好吧，那我們吃晚餐時就會少一個人，也只能這樣了。我不知道今晚是怎麼回事，我本來打電話給約翰．貝佛，想找他來湊齊人數，結果連他也沒空。」）

「妳知道嗎？妳惹麻煩了。」瑪卓莉掛斷電話後對布蘭達說。「妳把全倫敦唯一有空的男人搶走了。」

「噢，天啊！我不知道……」

約翰．貝佛在晚上八點四十分抵達瑪卓莉家，看起來充滿自信。當天晚上他換衣服時，拒絕了兩場晚宴的邀約。他先到俱樂部將一張支票兌換成十英鎊現金，然後到艾斯皮諾沙餐廳預約了有長沙發的座位。雖然這是他頭一次帶女人出去吃飯，但是他清楚自己該怎麼做。

「我得仔細瞧瞧妳的貝佛先生。」瑪卓莉說。「我們一定要叫他脫掉外套，進來喝杯酒。」

兩姊妹下樓之後顯得有點害羞，約翰．貝佛反而表現得泰然自若。他看起來優雅從容，言行舉止比實際年齡成熟。

「噢，妳的貝佛先生並不像別人所說的那麼差。」從瑪卓莉的表情看來，她似乎想要這麼對布蘭達說。「他一點也不差。」約翰．貝佛看著眼前這兩個女人，她們都很漂亮，雖然看得出兩人是親姊妹，可是典型完全不同，各有各的迷人風情。貝佛開始明白自己這個星期以來為什麼心情如此浮動，以及他為什麼違背了自己的習慣和原則，以電報向布蘭達提出晚餐邀約。

「吉米．狄恩太太邀不到你吃晚餐，因此不太高興，不過我沒有告訴她你今晚的計畫。」瑪卓莉告訴貝佛。

「請代我向她致意。反正我們會在波莉那兒碰面。」

「我得出發了。狄恩太太的晚餐九點鐘開始。」瑪卓莉說。

「等一會兒再出門吧。」布蘭達說。「晚餐一定不會準時開始。」

布蘭達突然不想與約翰．貝佛獨處，但這恐怕是無可避免的結果。

「不，我必須走了。希望你們今晚玩得愉快。」瑪卓莉這時候反而比較像是姊姊，在一旁看著布蘭達害羞又充滿期待地展開探險。

瑪卓莉出門後，約翰．貝佛與布蘭達都有點尷尬，因為他們已經一個星期沒見面，然而彼此的思緒卻變得與對方更靠近。如果約翰．貝佛在這方面老練一點，他應該過去坐在布蘭達的座椅扶手上，立刻向她展開行動，如此一來或許就可以嚐到甜頭，然而他卻以一派輕鬆的口吻說：「我想，我們也該出門了。」

「好。我們要去哪裡？」

「我訂了艾斯皮諾沙餐廳的位子。」

「好的，很棒的選擇。但請你聽我說，我希望你知道，今天的晚餐由我請客。」

「當然不行……我不能讓妳請客。」

「當然由我請客，因為我比你大一歲，是個年長的已婚女性，而且生活富裕，因此，拜託，讓我請客。」

約翰．貝佛一直表示反對，直到他們準備坐進計程車。

他們之間的氣氛有點不太自然，約翰．貝佛不禁開始懷疑：「她是不是希望我直接撲上去？」因此，當計程車在大理石拱門[10]前等紅綠燈時，貝佛傾身貼向布蘭達，打算向她索吻，沒想到他一靠近，布蘭達就立刻往旁邊縮。他說：「拜託，布蘭達。」然而布蘭達卻扭頭望向窗外，並且迅速搖搖頭。不過，後來她雖然仍盯著窗外，手卻伸過去握住貝佛的手，兩人就這樣安靜地坐在計程車裡，一句話都沒說，直到抵達艾斯皮諾沙餐廳。

約翰．貝佛感到十分迷惘。

等他們一走進公開場合，貝佛又立刻恢復自信。艾斯皮諾沙餐廳的老闆帶他們走到預約的座位——位於大門右側的獨立包廂，是整間餐廳裡唯一不必擔心鄰桌客人聽見他們交談內容的座位。布蘭達把菜單交給約翰．貝佛，說：「由你負責點菜，替我點一點點東西就好，但裡面必須含有澱粉，不能有蛋白質。」

在艾斯皮諾沙餐廳裡，無論客人點什麼菜餚，價格其實都差不了多少，可是布蘭達不清楚這項規定。由於布蘭達堅持請客，因此約翰．貝佛不好意思點看起來很貴的菜餚。布蘭達堅持要喝香檳，並且為貝佛點了一杯白蘭地利口酒。「你一定無法想像，和年輕男士一起外出用餐是多麼刺激的事。我從來沒有這種經驗。」

直到動身前往波莉的派對之前，他們兩人都待在艾斯皮諾沙餐廳裡，可是他們只跳了一、兩支舞，大部分的時間都只是坐著聊天。布蘭達與貝佛雖然互有好感，但是對彼此了解得不多，因此有許多事情可以和對方分享。

聊了一會兒，約翰．貝佛突然說：「真抱歉，我剛才在計程車上表現得像個渾球……」

10 大理石拱門：Marble Arch，位於倫敦牛津街西端的白色大理石建築。

「嗯？」

於是他換個方式表達：「我剛才想親妳，是不是讓妳不高興？」

「我？不，我並沒有不高興。」

「那麼妳為什麼不讓我親妳？」

「噢，親愛的，你還有很多地方要學習。」

「什麼意思？」

「你不應該問這種問題。這一點你千萬要記住。」

約翰．貝佛的臉色一沉。「妳對我說話的態度，彷彿我是第一次和女孩子約會的大學生。」

「噢？這是約會嗎？」

「我認為不是。」

兩人沉默片刻後，布蘭達說：「我不知道和你出來吃飯是不是一個錯誤的決定。我們買單吧，該去波莉的派對了。」

然而服務生過了十分鐘才把帳單拿來，貝佛和布蘭達只好找話題聊天，於是他向她道歉。

「你應該學著隨和一點。」布蘭達嚴肅地說。「我不覺得你做不到。」最後服務生終於把帳單送上，布蘭達問貝佛：「我該給他多少小費？」貝佛回答之後，布蘭達問：「你確定這樣就足夠了嗎？我覺得應該要給這個數字的兩倍。」

「這樣就夠多了。」貝佛表示。他覺得自己又變成熟了，這也正是布蘭達希望他擁有的感覺。

當他們坐進計程車時，貝佛立刻就明白布蘭達希望他主動示愛，然而他決定這一次要讓布蘭達採取主動，於是他故意離她遠遠地坐著，開始談論一棟即將被拆除並改建成公寓的老房子。

「別說了。」布蘭達嬌嗔道。「坐到我這邊來。」

當約翰．貝佛親吻布蘭達時，布蘭達也以她習慣的方式輕輕撫摸貝佛的臉頰。

波莉的派對與布蘭達預期中的完全一樣，正如她去年所參加過最頂尖的那些派對：同樣出色的樂隊、同樣美味的點心，還有，同樣的客人。波莉並沒有企圖讓這場派對造成轟動，也不期待大夥兒在未來幾個月內仍持續談論這場派對的獨特性，因此她沒有邀請個性害羞的名流，或是引薦來自異鄉的陌生賓客；她只希望舉辦一場簡單又別緻的派對，也確實做到這點。她邀請的每位客人幾乎都出席了。倘若還有波莉尚未觸及的社交圈，反正那些圈子的人她都不認識。她只想邀請來參加派對的這些客人，而且他們也來了。波莉環視著她的賓客，卡克柏斯伯爵這天晚上乖乖換上他不常穿的正式禮服，坐在波莉身旁。波莉十分慶幸幾乎沒有她不喜歡的人出席這場派對。以前有些人會利用她的好客，隨意邀請與他們一同吃晚飯的朋友參加她的派對。今年她並沒有刻意提醒大家不要這麼做，不過客人們都很有分寸，想帶朋友來的人，一早就打電話詢問波莉他們是否可以攜伴參加。整體而言，即使客人想厚著臉皮帶人來，都還是會客客氣氣地徵求女主人同意。短短十八個月前還無視波莉存在的人，現在全來參加她舉辦的派對。波莉已經搖身成為已婚婦女社交圈裡的一員。

布蘭達與約翰・貝佛上樓時，布蘭達說：「待會兒請不要離開我身旁，因為我一個人都不認識。」這句話讓貝佛再度感覺自己是掌握主導權的男性。

他們直接走到樂隊前方，開始在舞池裡共舞。他們頂多只和認識的朋友打招呼，彼此很少交談。跳了半個小時的舞之後，布蘭達說：「好了，我讓你休息一下，但是請你不要拋下我獨自一人。」

布蘭達接著和裘克・葛蘭特─曼席斯及兩、三個老朋友跳舞，過程中一直沒看見約翰・貝佛的身影，最後才發現他坐在吧檯獨酌。他在吧檯坐了很久，偶爾和幾個走來拿酒然後離開的賓客閒聊幾句，可是始終沒有人坐下來陪他。他很不開心，氣憤中把一切的錯都算到布蘭達頭上。如果他和一大群朋友一起來參加這場派對，肯定會比現在好玩許多。

布蘭達看得出他心情不好，於是說：「我們去吃些點心吧。」

由於時間還早，除了幾對熱戀中的情侶坐下來吃點心之外，大部分的座位都還空著，兩面窗戶中間的大圓桌沒有人坐，於是他們選了那張桌子坐下。

「我剛才不是故意和別人跳那麼久。你是不是生氣了？」布蘭達試圖讓約翰·貝佛再次覺得自己很重要，便詢問他關於派對上其他客人的事。

過了一會兒，他們這張大圓桌就坐滿了人，全都是布蘭達剛踏入社交圈時認識的友人，也有她婚後最初兩年在東尼父親逝世前所認識的朋友，包括幾位三十多歲的男性，以及與她年齡相仿的已婚婦女。這些人都不認識貝佛，也沒有人欣賞他，但這桌的氣氛已經是全場最好的一桌了。布蘭達心想：「這個可憐的年輕人一定很討厭這種場面。」沒想到貝佛認為布蘭達這群老朋友是派對中最讓他滿意的一群人，他很開心能與這些人同桌。布蘭達低聲問貝佛：「你是不是覺得很無聊？」

「不，說真的，我覺得非常開心。」

「是嗎？我也很開心。我們再去跳舞吧！」

只可惜樂隊正在休息，舞池裡沒有半個人，只有幾對熱戀情侶為了避開人群，躲在舞池的陰暗角落卿卿我我。「噢，老天。」布蘭達說。「這下子我們慘了，我們沒辦法跳舞，可是原本的座位也已經被別人占去……看來我們只好回家了。」

「可是還不到凌晨兩點。」

「對我來說已經夠晚了。你不必送我回去，留下來，玩得開心一點。」

「我當然必須送妳回去。」約翰·貝佛說。

這天晚上晴朗但寒冷，布蘭達冷得發抖，因此貝佛在計程車上摟著布蘭達，不過他們沒有交談太多。

「這麼快就到了？」

他們在計程車裡靜靜坐了一會兒，然後布蘭達離開貝佛的懷抱，貝佛也馬上跟著布蘭達一起下車。

「我恐怕沒有辦法請你進去喝點東西。你知道，這裡不是我家，我不知道飲料和杯子放在哪裡。」

「沒關係。妳當然不需要請我進去。」

「那麼，晚安了，親愛的。非常感謝你今晚陪我，希望我沒有壞了你今晚的興致。」

「沒有。當然沒有。」約翰・貝佛表示。

「你明天早上會打電話給我嗎？……請答應我。」布蘭達將手擱在自己的脣邊向貝佛致意，然後轉身將鑰匙插入鑰匙孔。

貝佛猶豫著該不該回去那場派對，但最後決定不回去了，因為這裡離他家很近，而且波莉的那些客人此刻大概也都累了，於是他交代計程車司機前往索塞克斯花園。回到家後，他準備上床睡覺。

貝佛才剛剛脫掉衣服，就聽見樓下的電話響起，那鈴聲來自他的專用電話。他走下樓，經過兩段冷颼颼的階梯。電話那頭傳來布蘭達的聲音。

「親愛的，我剛剛本來想掛掉電話，因為我猜你可能又回波莉的派對去了。電話不在你的床邊嗎？」

「不，電話在一樓。」

「噢，天啊。打電話給你並不是好主意，對不對？」

「嗯，我也不知道。妳有什麼事情嗎？」

「我只是想向你說聲晚安。」

「噢，我明白了。那麼——晚安。」

「你明天早上會打電話給我嗎？」

「會。」

「一早就打給我，在你做任何事之前。」

「好的。」

「那麼，晚安。上帝保佑你。」

貝佛再度走過那兩段冷颼颼的階梯，上床休息。

「……你們兩個在派對中途離開。」

「我可以明白告訴妳，我和他之間清清白白。他甚至沒有進到屋裡來。」

「沒有人知道他有沒有進屋裡來。」

「我打電話給他，把他氣壞了。」

「他對妳有什麼感覺？」

「他一點也不懂我……他什麼都不懂，而且也很無趣。」

「妳打算繼續下去嗎？」

「我怎麼知道？」這時電話響起。「也許是他打來的。」

結果不是。

布蘭達在瑪卓莉的房間，兩人在床上吃早餐。瑪卓莉這個早上的表現比平常更像布蘭達的姊姊，她耐心地聆聽，並且給布蘭達忠告。「不過，說真的，他確實是一個枯燥乏味的年輕人。」

「這些我都明白，他是個二流貨色，諂媚又勢利。我也認為他像魚一樣冷漠，偏偏我就是對他有好感。反正事情總是這樣……我不確定他是不是真的那麼討人厭……他的母親令人作嘔，可是他非常崇拜她……而且他沒有什麼錢。我認為大家對他的看法並不公平。昨晚我聽他說了許多事：他訂過一次婚，但因為沒錢所以無法結婚，後來他就沒有再和什麼好女孩談過戀愛……他還有很多事情需要學習，這也是他吸引我的部分原因。」

「噢，親愛的，我看得出來，妳對他是認真的。」

這時電話鈴聲再度響起。

「這次可能是他打來的。」

然而電話那頭傳來的，是另一個耳熟的聲音。「早安，瑪卓莉。今天有什麼新鮮事嗎？」

「噢，波莉！聽說昨晚的派對很成功。」

「我應該沒讓大家失望吧？對了，妳姊姊和貝佛先生是什麼情況？」

「他們什麼情況？」

「他們交往多久了？」

「波莉，他們沒有交往！」

「別騙我了！他們昨天晚上玩得可開心了。那個男孩表現如何？這才是我想知道的。他一定有些我們所不知道的本事……」

掛了電話後，瑪卓莉對布蘭達說：「妳看，波莉在討論妳的風流韻事，此刻她正在向全倫敦宣傳這件事！」

「我還真希望有新聞可以讓她宣傳。那個小伙子甚至沒有打電話給我……算了，我不會再去吵他了。如果他沒有任何表示，我今天下午就回海頓莊園。現在這通電話可能是他打來的。」結果電話是艾倫從保守黨的中央辦公室打回來的，表示自己昨晚無法趕回來參加派對，對瑪卓莉感到非常抱歉。他還說：「聽說布蘭達做了丟臉的事。」

「我的天啊！」布蘭達驚呼。「大家真的以為我隨隨便便就能勾引到年輕小伙子嗎？」

「昨天晚上我在波莉那兒幾乎沒看到你。」貝佛太太說。「你躲到哪裡去了？」

「我們提早離開派對，因為布蘭達・拉斯特累了。」

「她看起來挺不錯的，我很高興你和她交朋友。你什麼時候會再和她見面？」

「我說我會再打電話給她。」

「那你為什麼還不打？」

「噢，母親，打電話給她也沒用。我沒有錢帶布蘭達．拉斯特這種女人到處吃喝玩樂。如果我打電話給她，她會問我：『你在做什麼？』然後我就必須邀她出去，而且每天都得如此！可是我根本沒錢約會。」

「我明白，兒子，這讓你很為難……可是你的財務狀況還算不錯，我應該慶幸自己沒有一個經常需要我幫忙還債的兒子。總之，你不該因此剝奪自己的各種樂趣。你知道，你已經二十五歲了，不久之後就會變成老光棍了。布蘭達來我們家的那天晚上，我看得出來她很喜歡你。」

「噢，她確實很喜歡我。」

「我希望她快點決定租下那間公寓，因為這種事情就像吃烤蛋糕一樣，打鐵就要趁熱。接下來我還會繼續物色其他適合的房子來分租，如果你知道哪些人會來租這些公寓，我敢保證你會嚇一大跳——因為其中許多人都已經在倫敦擁有房地產……好了，我該回去工作了。對了，我要出遠門兩天，錢柏斯太太會照顧你。席薇亞．紐波特找到一些想在鄉下買房子的歐洲人，因此我要帶他們去看幾間適合他們的物件。你中午要去哪裡吃飯？」

「瑪歌家。」

下午一點鐘，瑪卓莉與布蘭達帶著琴恩從公園散步回來，但約翰．貝佛還是沒有打電話來。「好吧，大概就是這樣了。」布蘭達說。「說真的，我很高興以這種方式收場。」她發了一封電報給東尼，表示自己將搭乘下午的火車回家，然後交代僕人收拾她的行李。

「可是我不知道要去哪裡吃午餐。」

「妳為什麼不一起去瑪歌家？我相信她一定很歡迎妳。」

「好，那麼妳打電話問問她的意思。」

結果，布蘭達因此又與約翰．貝佛碰面了。

約翰．貝佛的位子與布蘭達有一點距離，因此他們沒有交談。等到大夥兒要離開時，他才對布蘭達說：「我今天早上試著打電話給妳，可是電話一直占線。」

「噢，你少來。」布蘭達表示。「我罰你請我看電影。」

稍後布蘭達又發了一封電報給東尼：我要在瑪卓莉家多待一、兩天。我全心全意愛著你們父子倆。

四

「媽咪今天會回來嗎？」

「希望如此。」

「那個猴子太太的派對開好多天。我可不可以去火車站接媽咪？」

「可以，我們兩個一起去接她。」

「媽咪已經四天沒有看見『霹靂』了，也沒看到我騎馬跳過新的柵欄。爹地，我說得對不對？」

布蘭達搭乘的火車在下午三點十八分抵達，東尼與約翰安德魯提早到火車站等她，他們父子倆在火車站裡隨意閒逛，並且從自動販賣機買了巧克力。站長是東尼的老朋友，走過來和他們聊天。「尊夫人今天回來嗎？」

「我每天都在等她回來。你明白的，女士們到倫敦之後總是留連忘返。」

「山姆．布萊斯的太太自從去了倫敦之後，無論山姆說什麼，她都不肯回來，到最後山姆必須親自去倫敦把她帶回來，但她還刻意躲他。」

火車不久後就進站了，布蘭達風姿優雅地從三等車廂走出來。「你們兩個都來了！你們真是天使，我不值得你們如此費心。」

「噢，媽咪，妳沒有帶猴子太太回來！」

「你這孩子在說什麼？」

「他想像妳那位好朋友波莉長了一條尾巴。」

「仔細一想，就算波莉真的長了尾巴，我也不會覺得意外。」

布蘭達的行李只有兩個小皮箱。司機將皮箱綁在車子後方，然後就載著拉斯特一家人返回海頓莊園。

「最近有什麼新鮮事嗎？」

「班恩把柵欄架得好高，但我昨天騎著『霹靂』跳過那道柵欄六次，今天也跳了六次。池子裡又死了兩條魚，那兩條魚翻肚浮在水面上，而且都發脹了。奶媽昨天被茶壺燙到手指。爹地和我看見一隻狐狸，那隻狐狸離我們好近好近，一開始牠動也不動，然後突然一溜煙跑進樹林裡。我想要畫一幅畫，主題是戰爭，可是我沒有辦法畫完，因為我調出來的水彩顏色不對。那匹身上長蟲的載貨馬已經恢復健康了。」

「沒有特別的事情發生。」東尼對布蘭達說。「我們都很想念妳。妳這幾天在倫敦做什麼？」

「我嗎？噢，坦白說，我這幾天在倫敦不太乖。」

「妳買了很多東西嗎？」

「比這個更糟。我一直和年輕男人鬼混，而且花了好多錢，可是我真的覺得很開心。另外還有一件更可怕的事。」

「什麼事？」

「我不能說。我想我最好先別告訴你，因為你不會想聽的。」

「妳肯定買了一隻哈巴狗。」

「比這個還糟，而且糟糕許多。不過，其實我還沒有做，我只是非常想做這件事。」

「告訴我吧。」

「東尼，我物色了一間公寓。」

「呃，妳最好放棄這個念頭。馬上放棄。」

「好吧，我待會兒再找你討論，現在我會先試著不去思考這件事。」

「我已經決定了，妳不可能說服我。」

「爹地，什麼是公寓？」

布蘭達直接穿著睡衣吃晚餐。晚餐結束後，她在沙發上緊緊依偎著東尼，並且從他的咖啡杯旁拿起方糖往自己嘴裡塞。

「我猜這表示妳又要開始討論妳那間公寓了。」

「嗯。」

「妳應該還沒有簽約吧？」

「噢，還沒有。」布蘭達刻意用力搖搖頭。

「那麼，妳還沒有闖下大禍。」東尼把菸絲填入菸斗。

布蘭達跪坐在沙發上。「聽我說，難道你一點都不考慮嗎？」

「不考慮。」

「東尼，你知道嗎？每當你提到『公寓』時，你想像的畫面和我想像的非常不同。你所謂的公寓是有電梯、有身穿制服的管理員、有氣派大門、有豪華的大廳、有很多房間，還有廚房、儲藏室、餐廳、起居室及傭人房的宅邸……我說得對不對？」

「大概吧？」

「問題就在這裡。我指的公寓只有一個房間、一間浴室和一具電話。現在你知道其中的差別了嗎？我碰巧認識一位太太──」

「誰？」

「反正就是某位太太──她裝修了一間這樣的公寓，位於貝爾格拉維亞廣場附近，租金每個星期只要三英鎊，不需另外的費用，也沒有稅金，還有源源不絕的熱水和中央空調。需要的時候，可以找女僕來鋪床與打掃。你認為如何？」

「原來如此。」

「你聽我說，我的想法是：每個星期的房租只要三英鎊，這點小錢算什麼？一個晚上不到九先令！什麼地方能以不到九先令的花費租到條件這麼棒的房子？而且你一天到晚去俱樂部，俱樂部的開銷更高。我不能經常借住在瑪卓莉家，她會受不了我，何況她有一隻狗要照顧。再說，每次我去倫敦購物之後趕回來，你總是說：『妳為什麼不在倫敦過夜呢？妳特別趕回海頓實在太辛苦了。』你對我說過好幾次了。假如我們不在倫敦租一間公寓，每星期的開銷肯定會高過三英鎊。另外，我以後不去找庫魯特威爾整骨了。你覺得如何？」

「妳真的希望在倫敦租間公寓？」

「嗯。」

「好吧，但是我得好好考慮一下。或許我們負擔得起，然而這也表示我們必須暫緩重新裝修海頓莊園的計畫。」

「我真的不值得你對我這麼好。」贏得勝利的布蘭達表示。「但如果你不答應，我這個星期會一直拿這件事來煩你。」

布蘭達在海頓莊園只待三個晚上，然後就告訴東尼她必須返回倫敦處理公寓的事，然而那間公寓根本沒有什麼事情需要她費心，只要挑選油漆的顏色和幾件家具即可，因為貝佛太太已經打理好所有的瑣事，等著布蘭達驗收。公寓裡擺著一張床、一條地毯、一個梳妝臺和一張椅子——沒有多餘的空間再容納其他物品。貝佛太太本來還想賣一幅刺繡畫給布蘭達裝飾牆面，但是遭到布蘭達拒絕。布蘭達也婉拒了一臺電子暖被爐、一臺可以放在浴室的小型體重計、一臺電冰箱、一個老爺鐘、一組由人造象牙製成的西洋棋、一套精緻的十八世紀法文詩集、一臺按摩器，以及一臺可收納於攝政時期亮漆木盒裡的無線電收音機。貝佛太太將這些東西全部集中在她店裡的某個角落，當成專門為布蘭達設置的「推薦專區」。她不介意布蘭達對於裝潢公寓的需求如此簡約，因為她與一位住在布蘭達公寓樓上的加拿大女士做了一筆不錯的生意：那位太太花了一大筆錢讓貝佛太太為她家的牆面鍍銘。

這段期間，布蘭達都住在瑪卓莉家，她們姊妹倆的關係因此漸漸惡化。有一天早上，瑪卓莉對布蘭達說：「我很抱歉以如此浮誇的態度表達我的想法，但我實在不喜歡妳那個貝佛先生整天待在我家，而且直呼我的名字。」

「噢，好吧，反正我的公寓不久之後就裝潢好了。」

「而且我必須再次提醒妳，我覺得妳正犯下一個可笑的錯誤。」

「那是因為妳不欣賞貝佛先生。」

「不光如此，我還覺得東尼非常無辜。」

「噢，東尼不會有事的。」

「如果你們為了這件事而吵架——」

「我們不會為這件事情吵架。」

「這很難說。萬一你們吵架，我可不希望艾倫誤會我偷偷幫著妳做這種事。」

「妳之前和羅賓・畢斯利搞曖昧的時候，我可沒有用這種態度對妳。」

「我和羅賓・畢斯利根本不是妳和貝佛先生這種關係！」

關於布蘭達的緋聞，只有瑪卓莉一個人反對，其他人都站在布蘭達這邊。早上大夥兒打電話彼此寒暄時，談論的話題都和布蘭達有關。即便與她不熟的人，也都興奮地表示自己曾看見她與約翰・貝佛一起上餐廳或戲院。這個秋天沒有什麼浪漫韻事發生，那些分手或談戀愛的人都是不起眼的小角色，布蘭達的戀情正好滿足大家長久以來的期盼，可以讓他們躺在床上透過電話與別人談論這件八卦，彷彿對布蘭達的喜悅也感同身受。對他們而言，布蘭達的出軌散發出一種特殊的光芒，因為在過去五年內，她一直是充滿傳奇色彩的女子，宛如鮮少現身的鬼魅，或者是童話故事裡遭到囚禁的公主。如今她出現在眾人面前，比那些原本舉止拘謹但突然改變行事風格的女士更令人著迷。而且，布蘭達選擇的對象，也讓這椿韻事增添不少想像空間。約翰．貝佛向來是大家熟悉而且瞧不起的傢伙，如今託布蘭達之福，貝佛突然變成了雲端上的耀眼男神。倘若布蘭達在經過七年忠貞婚姻生活後選擇與曾勾引過良家婦女的裘克．葛蘭特—曼席斯或羅賓．畢斯利那種花花公子發生戀情並導致婚變，肯定會是令人興奮的八卦消息，可是頂多像八點檔的喜劇，不夠曲折離奇。對波莉、黛絲和安琪拉那些愛嚼舌根的女人而言，布蘭達看上約翰．貝佛，就已經將外遇提升至如詩一般的境界。

貝佛太太毫不掩飾她的喜悅。「當然，我與約翰聊天時都沒有提過這個話題，但如果這個傳聞是真的，我認為對約翰來說非常好。雖然他一天到晚有人約，身邊的朋友也不少，可是那是另外一回事。長久以來我一直覺得他彷彿缺少了什麼，也覺得像布蘭達．拉斯特這種迷人又見過世面的女性正好可以幫助他。約翰的本性其實非常熱情，但因為他很敏感，所以很少表現出這一面……說真的，上個星期我就覺得好像有什麼事情正在醞釀，所以刻意找藉口離開幾天。如果我不這麼做，他們的好事永遠不會有進展，因為約翰就連在我面前也顯得害羞又保守。我會叫人把您買的西洋棋包裝好，今天下午就送去給您。謝謝您的惠顧。」

約翰．貝佛這輩子頭一次發現別人對他產生興趣，甚至重視他。女性開始仔細端詳他，懷疑自己是否忽略了他哪些長處；男性則將他視為平起平坐之輩，甚至把他當成一位可敬的競爭對手。他們可能暗忖著：「貝佛是怎麼辦到的？」現在，只要約翰一走進布拉特俱樂部，大夥兒就會馬上在吧檯區挪出空位給他，並且向他寒暄：「嗨，好傢伙，要不要喝一杯？」

布蘭達每天早上和晚上都會打電話給東尼，有時候約翰安德魯也會與她說幾句話，而且情緒就像波莉．卡克柏斯一樣興奮，只顧著自己說話，根本不聽布蘭達說什麼。她每逢週末就會返回海頓莊園，週末結束之後再回到倫敦。公寓的牆壁都已經油漆好了，可是熱水的供應還不太穩定。房間裡的一切聞起來都很新——牆壁、床單、窗簾——新的暖爐也散發出一種不太好聞的熱鐵味。

這天晚上，她照例打電話回海頓莊園。「我在公寓裡。」

「噢。好的。」

「親愛的，你起碼可以裝出很感興趣的樣子吧？像我就非常興奮。」

「那公寓是什麼樣子？」

「嗯，房間裡現在有很多種味道，浴室裡也有奇怪的聲音。打開熱水的水龍頭時，只會冒出一股熱氣，冷水的水龍頭卻一直滴水。自來水的顏色很混濁，櫥櫃的門卡卡的，窗簾也沒有辦法完全拉攏，所以街上的路燈整晚都會照進房間裡……可是這間公寓真的很可愛。」

「我想也是。」

「東尼，你可不可以友善一點？這裡的一切都讓我非常興奮——無論是公寓的大門、彈簧門鎖，還有所有的東西……今天有人送花給我——我收到好多花，公寓裡幾乎快擺不下了，但因為我沒有花瓶，只好把花暫時放在洗臉盆裡。這些花應該不是你送的吧？」

「是的……確實是我送的。」

「親愛的，我也希望是你送的……這就是你的風格。」

「三分鐘時間到了。」接線生提醒他們。

「我們必須掛電話了。」

「妳什麼時候回來？」

「我過幾天就回去了。晚安，親愛的。」

等在一旁的約翰．貝佛對布蘭達說：「你們聊得真久。」

剛才布蘭達與東尼通電話時，她得不停揮開約翰的手，因為他一直假裝要切斷電話。

「東尼竟然還特別送花給我，他很甜蜜，對不對？」

「我不太喜歡東尼這傢伙。」

「沒有關係，帥哥，因為東尼一點也不喜歡你。」

「他不喜歡我嗎？為什麼？」

「除了我以外，沒有人喜歡你。你必須明白這一點……真奇怪，我竟然會喜歡你。」

約翰．貝佛受到他堂哥的邀約，將與他的母親前往愛爾蘭過聖誕節。東尼和布蘭達在海頓莊園舉行家庭派對，受邀人包括瑪卓莉、艾倫、布蘭達的母親、東尼的姑媽法蘭西絲，以及拉斯特家族中另外兩個比較貧窮的家庭。就和東尼一樣，海頓莊園的一切對這兩個家庭的男主人也深具意義，但他們是長子繼承制度下的受害者，所以無從抱怨。兒童房裡擺著一棵小型聖誕樹，那是約翰安德魯專屬的聖誕樹。樓下中央走廊上那棵大型聖誕樹，則由比較貧窮的拉斯特兩家一起負責裝飾，並且在大家喝完晚茶之後點亮半個小時（兩名男僕拿著濕海綿站在角落待命，以防蠟燭翻覆而引發火災）。海頓莊園裡的每個僕人都收到聖誕禮物，但是禮物的價值依照他們的職等高低而有所不同。所有的客人也有禮物（貧窮的拉斯特兩家收到的禮物是支票）。艾倫每次赴宴總會帶一種黑松露甜點當作伴手禮，他自己很愛吃這種精緻的點心。大夥兒都吃了不少東西，因為已經快到節禮日[11]的晚

11 節禮日：Boxing Day，聖誕節的次日。

上了，每個人變得有點無精打采。僕人在桌邊以銀湯勺逐一替大家的聖誕布丁淋上滾熱的白蘭地，每一個人都戴上紙帽、拉開彩炮、點燃室內使用的煙火，彼此獻上聖誕祝福。今年的活動都和往常一樣，沒有任何事能破壞屋內的祥和寧靜。唱詩班來了，他們站在松樹下的走道吟唱聖誕頌，並享用主人提供的熱潘趣酒和甜餅乾。牧師的聖誕布道文每年都一樣，教區居民對內容都很熟悉。

「要我們察覺聖誕節已經到來，實在有點困難。」牧師布道時以溫柔的眼神環顧會眾，有人正以圍巾摀著嘴巴咳嗽，有人則隔著羊毛手套輕輕撫摸凍瘡。牧師說：「因為我們不需要生火取暖，也無庸擔心門窗無法抵擋寒冷的風雪，只能任憑異國的烈陽無情地照在我們身上。我們無法回家與親人團聚，只能與被我們征服的異邦人彼此茫然互視。縱使他們對我們充滿感恩，但他們終究是未開化的異教徒。」牧師說著說著，開始失去類比的脈絡。「沒有伯利恆安靜的牛與驢，我們身邊只有飢腸轆轆的老虎與充滿異國風情的駱駝，還有鬼祟狡猾的豺狼與笨重無趣的大象……」牧師一邊翻閱已經褪色的手稿，一邊繼續布道。他這番話語多年前曾感動過征討異邦的軍隊，但現在這些會眾們只能再聽一遍。自從坦卓里爾牧師搬進這個教區之後，他們每年都得聆聽一次這篇布道文。東尼與大部分的客人都覺得這是他們聖誕節慶中不可或缺的一環，難以避免。「飢腸轆轆的老虎與充滿異國風情的駱駝」多年來一直是拉斯特家族開玩笑的口頭禪，他們玩遊戲的時候經常提到這句話。

對布蘭達而言，與這些親戚玩遊戲是聖誕假期中最難熬的部分。布蘭達一點也不喜歡玩遊戲，而且每當她看東尼為了參加猜謎遊戲而換上正式服裝，就忍不住替東尼難為情。除此之外，最讓她深感折磨的，是如果她不表現出興致勃勃的模樣，那些貧困的親戚就會誤以為她認為自己比大家優越。不過，倘若布蘭達的觀察力夠敏銳，就會知道這種顧慮是多餘的，因為她丈夫那邊的親人根本只把她當成堂嫂，而非海頓莊園的女主人，對她相當包容。對拉斯特家族的成員來說，他們覺得自己比布蘭達更有權利住在海頓莊園。說話尖酸刻薄的法蘭西絲姑媽很快就發現布蘭達的困擾，為了讓布蘭達放心，她對布蘭達說：「親愛的孩子，妳的憂慮是多餘的，因為只有富人才會察覺自己與窮人之間有鴻溝，窮人根本渾然不知。」然而布蘭達還是很不自在，而且大夥兒每個晚上都會把她從房間找出來玩遊戲，要她提出問題或回答問題，或者依照這些親戚的指令做出奇怪的動作、付罰金、畫圖、寫詩、裝扮自己，甚至在屋內被人追逐或躲進櫥櫃裡。那年的聖誕節是星期五，因此聖誕派對持續很多天，從星期四開始一直進行至星期一。

布蘭達不許約翰．貝佛送她聖誕禮物或寫信給她，她這麼做是為了保護自己，因為無論約翰寫什麼，都可能對她造成傷害。儘管如此，布蘭達每天還是懷著緊張的心情等待郵差，期待約翰違背她的囑咐。布蘭達寄了一枚戒指到愛爾蘭給約翰，那枚戒指的造型是三個串在一起的黃金指環與白金指環，她訂購這份禮物之後一小時就後悔了。星期二那天，布蘭達收到約翰寄來的感謝函，信上寫道：「親愛的布蘭達，非常感謝妳這份迷人的聖誕禮物。妳一定不難想像，當我看見這個粉紅色的小皮盒時的開心，以及我打開盒子那一刻的驚喜。妳真甜蜜，送我一份如此美好的禮物，請讓我再次感謝妳。我希望妳們家的聖誕派對辦得很成功。這裡很無聊，昨天其他人都去打獵了，但是我去了禮拜堂。結果去打獵的人都玩得不開心。我母親和我一起來，她要我問候妳。我們可能明天或後天就會離開這裡，因為我母親感冒了，身體很不舒服。」

這封信只寫了一頁紙的長度，因為約翰是利用晚餐前的時間寫下這封信，但是他忘了把信寫完，直接放進信封寄出。

他的字寫得大大的，有點像小女生的字跡，每一行的間距很大。

布蘭達讀這封信的時候有點不開心，但她把信拿給瑪卓莉看，說：「我沒有資格抱怨，因為他從來沒有說過他喜歡我。總之，這是一個很蠢的禮物。」

東尼對於前往安琪拉家作客一事感到幾分焦躁，因為他一向討厭出遠門。

「你可以不必一起去，親愛的。我的朋友會陪我，沒有關係。」

「不行，我要陪妳去。過去三個星期，我們相處的時間太短了。」

於是星期三他們兩人獨處一整天，布蘭達使出渾身解數，讓東尼不再那麼焦慮。這天她對待東尼特別溫柔，也沒有開玩笑捉弄他。

星期四他們北上前往約克夏郡，結果約翰．貝佛也在安琪拉家。東尼抵達後半個小時內就發現了約翰，他把這個消息告訴待在樓上的布蘭達。

「告訴妳一件非常奇怪的事。」東尼說。「妳猜猜看誰也在這裡？」

「誰？」

「我們的老朋友貝佛。」

「這有什麼好奇怪的？」

「噢，我也說不上來。我早就已經忘了這個人，妳應該也不記得他了吧？妳覺得他是不是發一封電報給安琪拉之後就自己跑來了，就像他到我們家的時候那樣？」

「我也不清楚。」

東尼覺得約翰・貝佛一定很孤單，因此刻意跑去向他打招呼。東尼說：「我們上次見面之後又發生了許多事情，布蘭達在倫敦租了一間公寓。」

「是的，我知道。」

「你怎麼知道？」

「呃，因為那間公寓是我母親租給她的。」

東尼相當驚訝，並且為了這件事去找布蘭達抱怨。「妳從來沒有告訴我那間公寓的房東是誰。如果我知道房東是誰，我的態度不會那麼客氣。」

「我知道，親愛的，這就是我沒告訴你的原因。」

參加這場宴會的賓客當中，有一半的人不明白約翰・貝佛為何出現在這兒，另一半的人則心裡有數。基於這個原因，約翰不太敢與布蘭達說話。倘若他們只是普通朋友，聊天的機會可能還會多一點。因此安琪拉對她的丈夫說：「我覺得邀請貝佛是錯誤的決定，誰知道會演變成這種情況。」

布蘭達沒有主動向貝佛提及那封寫了一半的信，但是她注意到貝佛手上戴著那枚戒指，而且在說話時會習慣性地轉動戒指。

跨年夜那天，附近還有另外一場派對，但是東尼提早回家，稍晚布蘭達才與約翰搭同一部車回去。隔天吃早餐時，布蘭達對東尼說：「我有一個新年願望。」

「妳的願望是不是希望自己多花一些時間待在家裡？」

「噢，不，正好相反。聽我說，東尼，我是認真的：我想去上課。」

「不會又是整骨課吧？我以為妳的整骨療程已經結束了。」

「不，我想上經濟學之類的課。你知道的，我一直覺得自己無事可做，因為家裡有傭人打理一切，所以現在正是我去找事情做的時候。最近你經常提到你想進入議會，所以，假如我去上經濟課，將來在你參選的時候就能替你拉票，並且幫你撰寫演講稿或處理其他雜事——你明白我的意思，就像艾倫在克萊德賽德競選時，瑪卓莉也幫他做這些事。倫敦有各式各樣的課程，大學裡開設的課程，很多女孩子都去上課。你不覺得這是一個很棒的主意嗎？」

「這確實比整骨好得多。」東尼承認。

於是拉斯特夫婦就這樣展開新的一年。

第三章
倒楣的東尼

一

每天晚上九點到十點之間，布拉特俱樂部經常可看見一些打著白色領帶、身穿燕尾服的男士獨自用餐。他們品嚐著豐盛奢華的餐點，可是情緒明顯低落。這些都是在最後一刻被女伴放鴿子的男子。他們稍早分別坐在各家餐館的大廳，滿心期待地等候二十分鐘，眼睛盯著旋轉門，除了三不五時拿出懷錶確認時間，還點了雞尾酒來喝，直到有人打電話到餐廳，通知他們女方不克前來，於是他們才到布拉特俱樂部來碰碰運氣，或多或少希望能遇見幾個朋友與他們作伴，但其實他們更期望俱樂部裡空無一人，或者全是陌生面孔，好讓他們可以盡情表現憂鬱，先坐在靠牆的座位盯著胡桃木桌發呆，然後痛快地大吃大喝。

二月中旬的某個夜晚，裘克．葛蘭特—曼席斯就在這種情況下來到布拉特俱樂部。

「有人在嗎？」

「先生，今晚客人不多，只有拉斯特先生一人在餐廳裡。」

裘克在餐廳角落的座位找到了東尼．拉斯特。東尼沒有穿正式的燕尾服，身旁的空位上散著報紙與雜誌，面前還攤放著另外一份報紙。他的晚餐已經吃了一半，桌上那瓶勃甘地紅酒也喝了四分之三。「哈囉！」東尼向裘客打招呼。「你被放鴿子了嗎？過來和我一起坐吧！」

裘克已經好一陣子沒有見到東尼，覺得有點尷尬，因為裘克和大家一樣，很好奇東尼對於布蘭達與約翰．貝佛的緋聞到底知道多少，以及東尼心裡有什麼感受。儘管如此，裘克還是坐到東尼身旁。

「你被放鴿子了嗎？」東尼又問裘克一次。

「是的。我以後不會再約那個臭婊子出來了。」

「喝一杯吧。我自己也喝了很多。喝酒是最好的抒發方式。」

他們喝完剩下的勃甘地紅酒，然後又點一瓶。

「我才剛剛抵達倫敦。」東尼表示。「今晚我會待在俱樂部裡。」

「你在倫敦租了一間公寓，不是嗎？」

「嗯，那間公寓是布蘭達要租的，那個地方根本沒辦法睡兩個人……我們試過，但真的太擠了。」

「布蘭達今晚在哪裡？」

「她出門去了。我沒有告訴她我要來倫敦……這真是個愚蠢的決定。可是你應該可以理解，我已經受夠自己一個人待在海頓莊園。我想見布蘭達，於是我一時興起就跑來倫敦了，事情就是這樣。這真是一個該死的蠢決定，我早該知道她可能已經有約……而且她很有原則，不會輕易放朋友鴿子……總之結果就是如此。她說，如果她可以提早走開，晚一點就會打電話到這裡來找我。」

東尼和裘克在不知不覺中已經喝了很多酒。

大部分的時候都是東尼在說話。「我實在不懂布蘭達為什麼會突然有那個奇怪的念頭，說她想修經濟學。」東尼表示。「我本來不認為她會這麼認真，殊不知她對這門課似乎真的很感興趣……我猜這是一件好事。你知道，布蘭達在海頓莊園整天沒事做，當然她寧死也不肯承認這一點，但我相信她在家裡待得有點無聊。我想過這件事，這就是我的想法，布蘭達一定太無聊了……說不定她以後也會對經濟學感到厭煩……無論如何，現在她似乎很快樂。最近我們每個週末都舉行派對……裘克，希望你有空也來參加我們的派對，因為我和布蘭達的新朋友們根本處不來。」

「是她在學校裡一起上經濟學的朋友嗎？」

「不是，但全都是我不認識的人，而我相信他們也覺得我很無聊。我思考了很久，這就是我的結論：他們認為我很無趣。每次他們提到我，都說我是『老男孩』。約翰安德魯聽見他們是這麼說的。」

「噢，他們還真是不友善。」

「對啊！真的很不友善。」

他們喝完勃甘地紅酒之後，又喝了一些葡萄酒。東尼說：「我說，你下個週末到海頓莊園來找我們，好不好？」

「我很樂意去拜訪你們。」

「希望你真的會來。我現在很少和老朋友見面……到時候當然會有很多人來參加派對，但你不會介意，對不對？……裘克，你是個喜歡社交的傢伙……你不介意人多的地方，可是我不喜歡。」他們又喝了一些葡萄酒。東尼說：「海頓莊園的衛浴不敷使用，你知道的……你當然知道，因為你以前來過。你以前常常來看我們。你不像那些新朋友一樣，覺得我很無趣。你不覺得我無趣，對吧？」

「老朋友，我不覺得你無趣。」

「即使像我現在這樣醉醺醺的，你也不覺得無趣嗎？……我們本來會有新的衛浴，我都已經計畫好了，要加蓋四間新的衛浴，是我們當地一位專家設計的……可是布蘭達想在倫敦租一間公寓，為了節省開銷，我只好暫緩計畫……這是不是很好笑？為了布蘭達的經濟學，我們必須學著經濟一點。」

「是的，很好笑。我們再喝點葡萄酒吧。」

東尼說：「你今天晚上的情緒似乎很不好。」

「確實如此。我很擔心『養豬方案』。選民不斷寫信給我。」

「我的情緒也不好，非常不好。可是我現在沒事了，喝醉真的是天底下最棒的事，所以我把自己灌醉，現在已經不覺得情緒低落了……我大老遠跑到倫敦，結果發現沒有人歡迎我來，真的很令人沮喪。可笑的是，你情緒低潮是因為你的女伴放你鴿子，我情緒低潮卻是因為我太太不肯放別人鴿子。」

「是的，真是可笑。」

「不過，你不知道，我已經低潮了好幾個星期……非常低潮……要不要喝點白蘭地？」

「好啊，有何不可？畢竟人生之中除了女人與豬以外，還有其他的東西。」

他們喝了一些白蘭地。過了一會兒之後，裘克開始打起精神。

一名服務生走到他們的桌旁，說：「先生，布蘭達夫人留言給您。」

「好，讓我和她說說話。」

「並不是布蘭達夫人來電，而是有人替她傳話。」

「我要接聽電話。」

東尼走到大廳去接電話。他拿起電話筒，說：「親愛的。」

「是拉斯特先生嗎？布蘭達夫人要留言給您。」

「請把話筒交給她。」

「她沒有辦法接聽電話，但是要我傳話給您。她很抱歉今晚無法與您共度，她非常累，已經回房休息了。」

「請轉告她，我要和她說話。」

「我恐怕無能為力，因為她已經上床休息，她很累。」

「她很累，而且已經上床睡覺了？」

「是的。」

「好，可是我想和她說話。」

但電話那頭只回答一句：「晚安。」

「那個老男孩喝醉了。」約翰．貝佛掛斷電話之後表示。

「噢，老天。我很不滿他的行為。他突然跑到倫敦來，到底想做什麼？應該讓他學到一點教訓，以後不可以這樣說來就來。」

「他經常這麼做嗎？」

「不，他很少這樣。」

電話鈴聲再度響起。「你覺得會不會又是東尼？這次最好由我接聽。」

「我想和布蘭達．拉斯特夫人說話。」

「東尼，親愛的，是我，我是布蘭達。」

「有個該死的蠢蛋說我不能和妳說話。」

「因為我在剛才用餐的地方留話，請他們轉告你我累了。你今晚過得愉快嗎？」

「糟糕透了。我現在和裘克在一起，他擔心著『養豬方案』。我們可不可以去找妳？」

「不行，現在不行。親愛的，我很累，而且準備就寢了。」

「我們要去看妳。」

「東尼，你是不是喝醉了？」

「我喝得爛醉如泥。裘克和我要去看妳。」

「東尼，不行。你聽見了沒？我不能讓你來這裡大吵大鬧，你會害我在這裡丟人現眼。」

「面子一點也不重要，裘克和我現在就去找妳。」

「東尼，聽著，請你不要來，今晚不要來。請你乖乖待在俱樂部裡，不要到這裡來，好嗎？」

「我一會兒就到。」東尼說完後就掛上電話。

「噢，天啊！」布蘭達驚呼。「這一點也不像東尼。我得馬上打電話到布拉特俱樂部給裘克，他應該比較清醒理智。」

「是布蘭達打來的。」

「我也這麼想。」

「她在公寓裡。我告訴她，我們要過去找她。」

「太好了，我已經好幾個星期沒看見她了。我很欣賞布蘭達。」

「我也好愛她。她是個好女孩。」

「她很棒。」

「葛蘭特—曼席斯先生，有一位小姐打電話找您。」服務生說。

「誰？」

「她沒有說。」

「好的，我馬上去接聽。」

布蘭達對裘克說：「裘克，你到底把我丈夫怎麼了？」

「他只是有點喝醉，如此而已。」

「他剛剛對我大呼小叫。你聽我說，他剛才恐嚇著說要來我這裡，可是我今晚不想在這種情況下見他，我已經累壞了。你明白我的意思嗎？」

「是的，我明白。」

「那麼，可不可以拜託你不要讓他到我這裡來。你是不是也喝醉了？」

「有一點。」

「噢，老天！我可以信任你嗎？」

「我盡量試試。」

「嗯，這個回答聽起來不是很好。再見……」布蘭達掛上電話，轉頭對約翰·貝佛說：「約翰，你必須離開了。那兩個流氓隨時會出現。你有計程車錢嗎？你可以從我的皮包裡找到一些零錢。」

「是你的女伴打電話來嗎？」

「是的。」

「她打電話來向你道歉嗎？」

「不算是。」

「你們應該要和好。我們應該再喝一點白蘭地，還是直接去找布蘭達？」

「我們再喝一點白蘭地吧。」

「裘克，你現在已經不沮喪了，對不對？反正沮喪也沒有用。我現在已經不覺得沮喪了。我剛才心情很差，但是現在不會。」

「我的心情很好，我沒事。」

「那麼我們再喝一點白蘭地，然後再去布蘭達那兒。」

「好。」

半個小時之後，他們坐上裘克的車。東尼突然說：「你知道嗎？如果我是你，我不會開車去。」

「不開車？」

「對，不開車，因為他們會說喝醉的人不應該開車。」

「誰會這麼說？」

「被撞到的人。他們會說喝醉的人不應該開車。」

「呃，我確實喝醉了。」裘克說。

「那麼我們就不應該開車去。」

「但是走路太遠了。」

「我們可以搭計程車。」

「噢，管他的，我要開車。」

「或許我們不要去找布蘭達。」東尼說。

「我們最好還是到布蘭達那兒一趟。」裘克說。「因為她在等我們。」

「你說得沒錯，可是我沒有辦法走那麼遠，更何況我不覺得她希望我們去。」

「她看到我們會很開心的。」

「對，但是這趟路很遠，我們還是去別的地方吧。」

「我想去看布蘭達。」裘克堅持。「因為我很喜歡布蘭達。」

「她是一個好女孩。」

「她是一個好女孩。」

「好吧，那我們就搭計程車去布蘭達的公寓吧。」東尼說。

然而計程車才行駛到半途，裘克突然又說：「我們不要去找布蘭達了，去別的地方吧！我們去小酒館！」

「去哪裡對我來說都一樣。叫司機隨便載我們去一間小酒館吧！」

「我們要去小酒館。」裘克對計程車司機說。

計程車隨即掉頭，朝攝政街駛去。

「我們可以在小酒館裡打電話給布蘭達。」

「是的，我想我們應該這樣做。布蘭達是一個好女孩。」

「非常好的女孩。」

計程車轉向金色廣場，然後駛往辛克街。這一區很髒，住戶大部分是亞洲人。

「你知道嗎？我覺得司機要載我們去老百酒館。」

「老百酒館還開著嗎？我還以為那家小酒館好幾年前就倒閉了。」

結果老百酒館大門的霓虹燈仍舊明亮耀眼。一個擺著臭臉、頭戴尖帽、身穿鑲綴外套的男子替東尼和裘克打開計程車車門。

老百酒館從來沒有停業過。三十年來，曾有許多夜總會如雨後春筍般開幕，那些夜總會的名稱五花八門，經營者也都形形色色，它們都自詡尊貴，但最後皆無法長久經營，如曇花一現遭警方查封或落入債權人手中，只有老百酒館在逆境中屹立不搖。然而老百酒館並非沒有受過任何處分，事實絕非如此。地方法官曾經下令老百酒館關門，並且吊銷其營業執照、宣告其營業場所不合法，次數多到數不清。這間酒館的老闆和員工更是經常進出監獄，議會與調查委員也經常前來訪查，但無論哪位內政大臣或警察局長上臺升官或因信用破產而被迫退休，老百酒館始終在晚上九點準時開門營業，直到凌晨四點，而且店裡總會供應源源不絕的可疑酒類。一位親切的年輕女子招呼東尼與裘克走進這棟搖搖欲墜的破舊建築。

「請先在這張紙上簽名。」年輕女子說。「入場費是每人五先令。」那張紙上寫著：我受邀至辛克街一百號，參加威布里吉上尉舉辦的喝酒派對。東尼與裘克分別在那張紙上簽了假名字。

經營這家小酒館的成本不高，因為除了樂隊之外，其餘的員工都不支薪，他們的謀生方式是偷拿客人口袋裡的錢或者故意找錯錢給喝醉的客人。年輕的小姐可以免費入場，但是她們得想辦法讓男客花錢消費。

「東尼，上次我來這個地方，是你婚禮前夕的單身派對。」

「那天晚上我喝醉了。」

「你喝得爛醉如泥。」

「我可以告訴你那天晚上誰喝醉了——瑞奇。他還弄壞了一臺口香糖販賣機。」

「他喝得很醉。」

「我說，你該不會又開始為了那個女人而心情沮喪吧？」東尼問裘克。

「我一點也不沮喪。」

「來吧，我們進去吧。」

舞池裡都是人，一個老先生跑到樂隊前方想指揮樂隊。「我喜歡這間小酒館。」裘克說。「我們要喝點什麼？」

「白蘭地。」

他們必須點整瓶酒，不能點單杯。他們填寫了一張蒙特摩瑞西酒廠的訂購單，然後付了兩英鎊。那瓶白蘭地送上來的時候，酒瓶上有個標籤寫著：陳年老酒，頂級香檳。蒙特摩瑞西酒廠進口。服務生還送來薑汁汽水及四個玻璃杯。兩個分別叫作米莉和貝比絲的年輕女孩到他們的桌子坐下。米莉問：「你們會在城裡待很久嗎？」貝比絲則問：「你們有沒有香菸？」

東尼和貝比絲在舞池共舞時，貝比絲問他：「你喜歡跳舞嗎？」

「我不喜歡。妳呢？」

「還可以。」

「既然如此，我們回去坐下吧。」

服務生走過來問東尼：「您要不要買張彩券？彩券可以兌換一盒巧克力。」

「不要。」

「買一張彩券給我吧。」貝比絲對東尼說。

裘克與米莉分享關於養豬的事宜。

……米莉突然問他：「你已經結婚了，對不對？」

「我還沒結婚。」裘克回答。

「噢，別騙我，我看得出來。」米莉說。「你的朋友也已經結婚了吧？」

「對，他已婚。」

「假如你知道有多少紳士來夜總會只是為了說太太的壞話，肯定會大吃一驚。」

「他到這兒來不是為了說他太太的壞話。」

東尼傾身越過桌面對貝比絲說：「妳知道嗎？問題在於我太太實在過於勤奮好學。她正在修經濟學的課。」

貝比絲說：「我覺得女孩子有自己的嗜好是件好事。」

服務生問：「你們要吃什麼點心？」

「不需要，我們剛剛吃過晚餐。」

「點一份鱈魚如何？」

「說實話，我真正需要的是打一通電話。請問電話在哪裡？」

「你是真的需要打電話，還是想上洗手間？」米莉問。

「我要打電話。」

「電話在樓上的辦公室。」

東尼打電話給布蘭達，電話響了很久之後布蘭達才接聽。「哈囉，哪位？」

「我想替東尼．拉斯特先生和裘克．葛蘭特—曼席斯先生傳話。」

「噢，東尼，是你啊。呃，有什麼事情嗎？」

「妳聽得出我的聲音？」

「當然。」

「噢，我原本只想要留話，但既然妳接聽了，我可以直接告訴妳，對不對？」

「是的。」

「呃，裘克和我感到非常抱歉，我們今晚沒有辦法去找妳了。」

「噢。」

「希望妳不覺得我們失禮，但我們有一些事情要忙。」

「東尼，沒有關係。」

「我是不是把妳吵醒了？」

「東尼，沒有關係。」

「呃，晚安。」

東尼下樓回到他們的座位。「我剛才打電話給布蘭達了，她聽起來不太高興。你覺得我們是不是應該去她那兒一趟？」

「我們之前答應過她要去的。」裘克說。

「你們不應該讓女士失望。」米莉表示。

「噢，可是現在已經太晚了。」

貝比絲問：「你們兩位是軍官嗎？」

「不是，妳為什麼這樣問？」

「我以為你們是軍官。」

米莉說：「我最喜歡生意人，因為生意人有比較多話題可聊。」

「你們是做哪一行的？」

「我設計郵差的帽子。」裘克回答。

「噢，那麼這位先生呢？」

「我朋友負責訓練海獅。」

「怎麼可能！」

貝比絲說：「我有一位紳士朋友在報社工作。」

過了一會兒，裘克問東尼：「我說，我們是不是應該去找布蘭達了？」

「我已經告訴她我們不去了，不是嗎？」

「對……但她可能還是希望我們去。」

「不然你去打個電話給她，問清楚她是不是真的希望我們去。」

「好的。」十分鐘後，裘克回到座位。「我覺得她聽起來真的很生氣。」裘克說。「但最後我告訴她我們不去了。」

「她可能累了。」東尼說。「她一大早就要起床讀經濟學，而且我突然想到，今晚稍早的時候，確實有人告訴我布蘭達累了。」

「老天，桌上怎麼會有這條可怕的魚？」

「服務生說是你點的。」

「大概真的是我點的。」

「我可以拿這條魚去餵夜總會的貓。」貝比絲說。「那隻貓很可愛，名字叫作黑莓。」

他們又跳了一、兩支舞，然後裘克問東尼：「你覺得我們是不是應該再打個電話給布蘭達？」

「或許我們應該這麼做。她好像很生我們的氣。」

「我們走吧！出去之後再打電話給她。」

「你們今晚不到我們那邊過夜嗎？」貝比絲問。

「今天晚上恐怕不行。」

「別這麼掃興嘛！」米莉說。

「沒辦法，我們今晚真的不行！」

「好吧。嗯，那就送我們一些禮物吧！你們應該知道，我們是職業的舞伴。」貝比絲表示。

「噢，好的，真抱歉。妳們要多少錢？」

「噢，這種事情由紳士來決定。」

東尼付了一英鎊。「你們可以大方一點。」貝比絲說。「我們陪你們坐了兩個小時。」

於是裘克又付了一英鎊。「找一個你們時間比較充裕的晚上，再回來這裡看看我們。」米莉說。

「我突然身體不舒服。」東尼上樓的時候表示。「我想我們還是不要打電話給布蘭達了。」

「找人留話給她吧。」

「這是個好主意……嗨！」東尼對那個擺臭臉的門房說：「可否請你打這個電話給布蘭達夫人，告訴她葛蘭特—曼席斯先生與拉斯特先生今晚無法去拜訪她，並因此感到非常抱歉。你聽懂了嗎？」他交代完畢後給了那個男人半克朗的小費。東尼和裘克漫步到辛克街，東尼說：「這樣布蘭達應該就不會生氣了。」

「我告訴你我打算怎麼做：我要走到她公寓的大門，然後按一下門鈴。說不定她為了等我們還沒有入睡。」

「好的，那你就去做吧。裘克，你真是一個好朋友。」

「噢，因為我很欣賞布蘭達……她是一個好女孩。」

「她是一個好女孩……我真希望自己沒有身體不舒服。」

東尼在隔天早上八點鐘醒來，悲慘兮兮地在腦中回想昨夜殘存的記憶。他回憶得越多，越覺得自己的行徑可鄙。九點鐘他洗完澡並且喝了早茶，十點鐘的時候，他考慮該不該打電話給布蘭達，結果這個難題因為布蘭達主動打電話來而得以解決。

「呃，東尼，你還好嗎？」

「糟糕透了。我昨晚喝醉了。」

「你確實喝醉了。」

「而且我充滿罪惡感。」

「我一點也不驚訝。」

「我無法清楚記得每一件事，但是在我的印象中，我和裘克做了很討人厭的事。」

「沒錯。」

「妳很生氣嗎？」

「嗯，我昨晚確實很生氣。東尼，你們兩個大男人為什麼這麼胡鬧？」

「因為我們心情不好。」

「我猜你今天早上心情更不好……裘克剛剛派人送了一盒白色玫瑰花給我。」

「我真希望自己也能像裘克那麼貼心。」

「你們真的很幼稚，兩個人一樣幼稚。」

「妳已經不生氣了吧？」

「親愛的，我當然不生氣了。我希望你立刻回海頓莊園，明天你就不會這麼沮喪了。」

「我不能去看看妳嗎？」

「今天恐怕不行，我今天整個早上都有課，中午也有飯局。不過我星期五晚上或星期六早上就會回去。」

「我明白了。難道妳不能推掉中午的飯局，或者翹一堂課嗎？」

「親愛的，我沒辦法。」

「我明白。妳人真好，對於昨晚的事情如此寬宏大量。」

「真是太幸運了。」布蘭達掛斷電話之後對約翰．貝佛說。「以我對東尼的了解，他接下來好幾個星期都會深受罪惡感折磨。昨天晚上真的讓我很生氣，可是卻值得。東尼現在感到非常慚愧，因此無論我做什麼，他都不會有怨言。但他一點也不開心，真是個可憐的傢伙。所以這是好事，他必須學到一點教訓，以後不可以突然跑來倫敦找我。」

「妳很懂得如何給別人教訓。」約翰．貝佛說。

東尼在下午三點十八分走出火車車廂，覺得又冷又累，而且滿懷罪惡感。約翰安德魯到火車站月臺來接他。「哈囉，爹地，你在倫敦玩得開心嗎？你不介意我到火車站來吧？我拜託奶媽讓我來的。」

「約翰安德魯，真高興見到你。」

「媽咪還好嗎？」

「她聽起來還不錯，可是我沒有見到她。」

「你說你去倫敦是為了看她。」

「是的，我本來想去看她，但最後出了一點差錯。不過我和她通過好幾次電話。」

「可是，爹地，你也可以在家裡和媽咪通電話，不是嗎？你為什麼要大老遠跑去倫敦打電話給她呢？……爹地，為什麼？」

「如果要完全解釋清楚，得花上很多時間。」

「嗯，那就告訴我其中一部分就好。爹地，為什麼？」

「聽我說，我累了。如果你一直問我問題，我以後永遠不許你到火車站接我。」

約翰安德魯的臉垮了下來。「我還以為你喜歡我來接你。」

「如果你哭，我就讓你和道森坐在前座。你已經長大了，這種年紀還哭哭啼啼很丟臉。」

約翰安德魯泫然欲泣地說：「那麼我就去前座和道森一起坐。」

東尼拿起傳話筒要司機停車，但是司機沒聽到，東尼只好把傳話筒掛回吊鉤。他們一路上都沒有說話，約翰安德魯斜倚著車窗隱隱啜泣。抵達家門後，東尼說：「奶媽，我不希望約翰安德魯再到火車站去，除非經過夫人或我的特別允許。」

「不是我的錯，先生。今天我不准他去火車站，結果他還是跑去了。約翰安德魯，來吧，脫掉你的外套。天啊，你的手帕呢？」

東尼獨自坐在書房的壁爐前，他自言自語地說：「兩個三十歲的男人，卻像剛入伍的毛頭小子一樣胡鬧——喝得醉醺醺、打電話騷擾別人、在老百酒館與妓女跳舞……但布蘭達卻對我們如此包容，這讓我感覺更糟。」他打起瞌睡，然後才上樓換衣服。吃晚餐的時候，他交代管家：「安伯洛斯，如果以後只有我一個人用餐，我就在書房裡吃。」晚餐過後，他拿了一本書坐在壁爐前，可是根本無心閱讀。晚上十點鐘，東尼上樓之前先在壁爐裡添加了一些木柴，然後拴緊書房的窗戶、關上電燈。這天晚上，他在布蘭達空盪盪的房間過夜。

二

這是星期三發生的事。到了星期四，東尼的心情就平復了。早上他去議會開會，下午到農場與代理商討論是否要購買新的牽引機。從下午開始，東尼就不斷告訴自己：「到了明天這個時候，布蘭達與裘克就會在這裡了。」東尼在書房的壁爐前吃飯，早在幾個星期之前他就已經放棄飲食控制。（「安伯洛斯，我自己一個人吃飯的時候，不需準備正式的晚餐，只要兩道菜就好。」）他把代理商交付的帳本讀過一遍，然後上床睡覺。上床時他對自己說：「等我醒來的時候，就是週末了。」

然而第二天裘克發了一封電報給東尼：週末無法前往，必須拜訪選民。可否改下下個星期？東尼以電報回覆：隨時歡迎，我都在家。「裘克一定和那個女孩子和好了。」東尼心想。

布蘭達也寫了一封信回來，信上以鉛筆寫著：

我星期六回去，將與波莉和她一位名叫維若妮卡的朋友同行，我們會搭波莉的車回去，女僕可能會帶著行李搭三點十八分抵達的火車。可否轉告安伯洛斯與莫索普太太準備招待客人？我們最好安排波莉睡在「萊尼斯」房，你知道她很講究臥房的舒適。維若妮卡可以睡在其他的房間——但是不要安排在「加拉哈」房。波莉說，維若妮卡是一個很有趣的人。貝佛太太也會到海頓莊園一趟，請你不要介意，她只是去談生意。她想替我們整修起居室。波莉會帶著她的司機。另外，請告訴莫索普太太，下個星期我想讓女僕葛林蕭留在海頓莊園，因為在倫敦帶著葛林蕭既麻煩又花錢，更何況我不需要她服侍。你認為呢？不過，她會縫衣服，這一點很有用。我很想念約翰安德魯。我們所有人會在星期天晚上離開海頓。親愛的，請保持清醒，不要又喝醉了。

布蘭達

東尼發現自己不知道該怎麼打發星期五的時間，他該寫的信早上十點鐘就寫完了，於是他到農莊去，可是那裡也沒有事情讓他做。以前覺得繁瑣的雜事，現在只需花一點點時間就可以做完。東尼從來沒有想過，自己以前每天都花很多時間與布蘭達相伴。他看見約翰安德魯在牧場騎馬，這孩子顯然還在因為星期三的爭執而悶悶不樂。東尼看著約翰安德魯完成一次成功的跳躍，給予他熱烈的掌聲。約翰安德魯說：「牠平時跳得更好。」過了一會兒，他問東尼：「媽咪什麼時候回來？」

「明天才會回來。」

「噢。」

「我今天下午要去小貝頓一趟，你想不想一起去？或許我們可以去看養狗場。」

約翰安德魯過去幾個星期一直期待著去看養狗場，可是他卻回答：「不，謝謝。我想完成一幅我正在進行的畫。」

「你可以利用別的時間畫畫。」

「可是我想在今天下午畫。」

東尼離開後，班恩對約翰安德魯說：「你為什麼用那種態度對你父親說話？而且你明明從聖誕節之後就一直吵著說要去養狗場。」

「我不想和他一起去。」約翰安德魯回答。

「你這個不知感恩的小雜種！你對待你父親的方式令人作嘔。」

「你不能在我面前說『雜種』和『令人作嘔』！這是奶媽說的。」

東尼獨自前往小貝頓，並且與布林克上校談論一些生意方面的事。東尼原本期望上校夫婦會邀請他多待一會兒，可是上校夫婦準備出去喝下午茶，東尼只好在黃昏時開車返回海頓莊園。

海頓莊園的花園瀰漫著薄霧，城垛及塔樓看起來是一片灰，鍋爐工人正準備降下主塔的旗幟。

「可憐的布蘭達，妳這間起居室真的很糟糕。」貝佛太太表示。

「我們不常使用這間起居室。」東尼冷冷地說。

「我想也是。」那個叫維若妮卡的女人接話。

「我不覺得這間起居室有什麼不好。」波莉說。「只不過有點發霉。」

「妳知道的。」布蘭達看都不看東尼一眼，直接向貝佛太太說明。「我的想法是，我希望樓下有一間可以睡覺的房間，但目前樓下只有吸菸室和書房，起居室很大卻破破爛爛。我想，我需要一間供我個人使用的小型起居室，妳覺得妳幫得上忙嗎？」

「可是，親愛的布蘭達，這間起居室的形狀不對。」黛絲說。「還有那個煙囪——那個煙囪是什麼做成的？粉紅色的花崗岩？還有水泥牆面與護牆板，這裡的一切都很糟糕，光線也太暗。」

「我可以理解布蘭達想要的。」貝佛太太以溫柔的口吻說。「我認為整修並非不可能，只是我必須思考一下該怎麼做。如同維若妮卡所說的，這個房間的結構限制了許多可能性……你們知道嗎？唯一能做的就是完全不管它，用別種方式讓人忘記這個房間的原貌，如果你們明白我的意思……比方說，我們可以用鍍鉻板遮住牆面，並且在地板鋪上天然羊毛地毯……我不知道這樣是否符合你們的預算？」

「我建議直接拆掉這間起居室。」維若妮卡說。

東尼不想繼續聽她們討論，於是轉身走開。

「妳真的希望讓貝佛太太整修我們的起居室？」

「親愛的，如果你不希望整修，那我們就不整修。」

「妳能想像起居室牆面裝上鍍鉻板的樣子嗎？」

「噢，那只是她的提議罷了。」

他們換衣服的時候，東尼一如往昔地進進出出「摩根費」與「桂妮芬」這兩個房間。東尼拿著他的背心走回「桂妮芬」問布蘭達：「妳明天該不會又要回倫敦了吧？」

「我一定得回去。」

東尼又走回「摩根費」去找他的領帶，然後拿著領帶回到布蘭達的房間，到梳妝臺前坐在布蘭達身旁，打上領帶。

「還有一件事。」布蘭達說。「你對於葛林蕭有什麼想法？——留著她好像有點浪費。」

「妳以前常說，妳一定要她來服侍妳。」

「沒錯，但是我現在住在租來的公寓，一切從簡，不需要僕人伺候我。」

「住？親愛的，妳的口吻聽起來彷彿打算在那裡定居。」

「親愛的，你可不可以先往旁邊挪一下，我看不到鏡子。」

「布蘭達，妳的經濟學還要上多久？」

「我？我不知道。」

「妳怎麼可能不知道要上到什麼時候？」

「噢，因為有那麼多東西要學，真的很令人驚訝……剛開始上課的時候，我真的落後好多。」

「布蘭達……」

「現在快穿上你的西裝，到樓下去吧！她們已經在樓下等我們了。」

當天晚上，波莉和貝佛太太下西洋棋，布蘭達和維若妮卡坐在沙發上縫衣服，並討論彼此的女紅手藝。這些女士們偶爾也會互相交談，但她們有自己的專用語，東尼聽不懂。那些專用語有如小偷的行話，發音怪腔怪調。東尼坐在她們這個小團體之外，倚著一盞燈閱讀。

當晚大夥兒上樓之後，客人們又跑到布蘭達的房間，布蘭達換了衣服爬上床，女客們還繼續和她聊天。東尼可以透過更衣室的門聽見她們壓低聲音的笑語。她們用電壺煮了熱水，然後一起喝助眠茶。

過了不久，客人們笑著離開，東尼便到布蘭達的房間去。房裡很暗，但是布蘭達聽見東尼的腳步聲，並看見房門打開後從外面透進來的光線，於是打開床邊的小燈。

「東尼，有事嗎？」布蘭達問。

布蘭達躺在床上，頭埋在枕頭裡，臉上散發著潔膚乳液的油光，一隻手臂為了打開床頭燈開關而露在棉被外。「東尼，有事嗎？」她說。「我快睡著了。」

「妳很累嗎？」

「嗯。」

「妳想獨處？」

「我好累……我剛才喝了不少波莉帶來的助眠茶。」

「我明白了……呃，晚安。」

「晚安……你不會因此生氣，對不對？……我真的好累。」

東尼橫過床親吻布蘭達，但是布蘭達緊閉著雙眼，身體僵住不動，沒有任何回應。東尼關上電燈之後，心情落寞地走回自己的房間。

「希望布蘭達夫人不是生病了。」

「不，沒什麼事，非常謝謝你。你知道，她平日在倫敦很忙也很累，因此星期天想休息一下。」

「她那些了不起的課程上得如何？」

「據我所知非常好，她上課的熱情似乎毫無減退。」

「那很好，不久之後我們就可以拿各種經濟問題去請教她了。不過，我相信您和約翰安德魯一定很想她吧？」

「是的，我們非常想她。」

「嗯，請代我問候布蘭達夫人。」

「我一定會。非常謝謝你。」

東尼走出教堂大門，沿著他平常走的道路來到溫室，先摘了一朵梔子花給自己，然後又摘了一些幾乎黑色的康乃馨給那些女客。東尼走進家門時，那些女客馬上爆出一陣笑聲，讓他困惑地倚在門邊，不知道該不該進去。

「進來吧，親愛的，沒事。我們只是在猜你會把什麼顏色的花插在衣襟上，結果沒有人猜對。」

那些女士將東尼帶回來的花別在胸口時，除了貝佛太太之外，其他人都還忍不住竊笑。貝佛太太說：「無論你想買鮮花或是種子，請務必一定要來找我。你可能不知道，我也做這方面的生意……我販賣各種非常罕見的花卉。我曾經替席薇亞．紐波特及各式各樣的客戶處理花藝事務。」

「妳可以和我的工頭談談。」

「呃，坦白說，我已經找他談過了——在你今天早上去教堂的時候——他對這方面的事相當了解。」

女士們早早就離開了海頓莊園，因為她們要趕著返回倫敦吃晚餐。在車上時，黛絲說：「天啊！這棟房子真難看！」

「現在妳可以理解我這些年的感受了。」布蘭達說。

「可憐的布蘭達。」維若妮卡一面說，一面將她的康乃馨從車窗丟到路旁。

隔天，布蘭達告訴波莉：「妳知道嗎？其實我一點也不喜歡東尼這個樣子。」

「那個老男孩又怎麼了嗎？」波莉問。

「他沒有說什麼，可是我覺得他這段時間在海頓莊園裡很無聊。」

「我不擔心這個。」

「噢，我不是擔心。只不過，假如他因此染上酒癮之類的壞習慣，恐怕會讓一切變得更麻煩。」

「我不應該這麼說，可是他本來就愛喝酒……我們應該讓他愛上別的女人。」

「如果我們真的這麼做……有適合的人選嗎？」

「可以找那個西碧兒啊！」

「親愛的，東尼和西碧兒已經認識很久了。」

「或者找蘇姬·德·佛寇艾斯特哈西。」

「東尼不擅長和美國人相處。」

「沒關係，我們一定可以幫他找到對象。」

「問題是，東尼已經習慣我了——他不可能輕易喜歡別人……妳覺得應該替他找個像我的人？還是完全不同典型的人呢？」

「我會建議找個和妳不同典型的女人，可是這真的很難決定。」

接著她們就從各個角度討論這個問題。

三

布蘭達寫信給東尼：

親愛的東尼：

很抱歉很久沒有寫信或打電話給你，因為我忙著研究複本位制[12]，內容相當複雜。星期六我會再與波莉一起回海頓去。我真高興她願意再訪海頓莊園，幸好「萊尼斯」那個房間不像其他的房間那麼糟。

12 複本位制：Bimetalism，經濟學上之貨幣標準，英國、美國、法國在十八世紀至十九世紀曾長期採用。在這種制度之下，金幣與銀幣都具有無限法償的能力，可自由鑄造、流通、輸出與輸入。金幣和銀幣也可以自由兌換。

我還會帶一位很迷人的女孩子回去，我們必須好好招待她，因為她以前曾經歷過一段悲慘的生活，現在與我住在同一棟分租公寓裡。她的名字是珍妮・阿巴杜・阿卡巴。她本身不是黑人，但是她之前的丈夫是黑人。關於她的故事，到時候再讓她自己告訴你。我希望她會搭乘三點十八分的火車抵達海頓。我現在應該停筆，準備去上課了。請你遠離那些邪惡的酒精。

布蘭達

我昨晚在巴黎餐廳見到裘克和一個不要臉的金髮女郎同桌吃飯，那個女人是誰？瑪卓莉的那隻狗——牠叫金恩嗎？不對，是琴恩——不知道怎麼回事，竟然得了風濕病，因此瑪卓莉忙著照顧牠。她覺得那隻狗的骨盆歪了，可是庫魯特威爾不肯幫狗整骨。這個庫魯特威爾真的很差勁，也不想想瑪卓莉之前替他介紹那麼多客戶。

「妳確定東尼會看上珍妮・阿巴杜・阿卡巴嗎？」

「我沒有辦法百分之百確定。」波莉回答。「她很無趣，但起碼是個不錯的試驗品。」

「爹地，媽咪今天會回來嗎？」

「是的。」

「還有誰會來？」

「一個名叫珍妮．阿巴杜．阿卡巴的人。」

「好蠢的名字。她是外國人嗎？」

「我不知道。」

「聽起來像是外國人，對不對？爹地，你覺得她會不會一句英文都不懂？她是黑人嗎？」

「媽咪她說不是黑人。」

「噢，還有誰會來？」

「卡克柏斯夫人。」

「那個猴子女人！你知道嗎？她和猴子一點也不像，但或許長得有一點點像，而且我也不認為她有尾巴，因為我看得很仔細……除非她把尾巴捲起來，藏在兩腿中間。爹地，你覺得她把尾巴藏起來了嗎？」

「倘若她真的這麼做，我也不覺得奇怪。」

「可是那樣子會很不舒服。」

雖然東尼與約翰安德魯已經和好如初，但是這個星期讓人覺得死氣沉沉。

波莉．卡克柏斯打算故意晚一點抵達海頓莊園。「先給那個女孩子一點時間適應環境。」波莉表示。因此她和布蘭達等珍妮已經出發前往火車站，然後才搭車離開倫敦。這天天氣寒冷，而且不時下著小雨。一個行動果決的嬌小女性用厚毛毯裹著身軀，一路走到海頓莊園的大門前。她撩起面紗，將粉撲從她的包包拿出來修補妝容，並且用紅潤的舌尖舔去手指上的胭脂。

這位女士抵達時，東尼正在吸菸室裡。最近白天書房很吵，因為工人正在書房隔壁的起居室整修牆壁，拆除水泥花飾窗格。

「阿巴杜．阿卡巴王妃來訪。」

東尼起身去迎接客人，並且遠遠就聞到一股濃郁的麝香。

「噢，拉斯特先生。」她說。「這棟老建築真漂亮。」

「它已經不是原本的樣貌了，因為我們整修過好多地方。」東尼回答。

「啊，但它的氛圍還是非常迷人。我總覺得房子的氛圍是最重要的，這裡如此尊貴，如此寧靜。不過，你當然已經習慣了。假如你和我一樣，曾經那麼不快樂，你就會懂得欣賞這些事物。」

東尼說：「不好意思，布蘭達還沒回來。她和卡克柏斯夫人一起搭車。」

「布蘭達是一個很好的朋友。」王妃脫去她身上的毛毯，坐到壁爐前方的小凳子上，然後抬起頭看著東尼。「你介不介意我脫掉帽子？」

「不會，不會……我當然不介意。」

她把帽子丟在沙發上，放下深黑色的捲曲長髮。「你知道嗎？拉斯特先生，我要直接稱你為泰迪，請你也改口叫我珍妮，我希望你不覺得這樣的稱呼太過親密。『王妃』這個頭銜聽起來太正式了，不是嗎？而且還會讓人聯想到緊身褲和金色的穗飾……」她一邊繼續說著，一邊將手伸向爐火，髮絲因此微微垂落在臉前。「在摩洛哥，我丈夫並不是被稱為『王子』，他的頭銜是『穆萊』[13]——可是女性沒有對等的稱謂，因此我在歐洲時都說自己的頭銜是王妃……但其實穆萊的地位遠比王子高……我丈夫是先知的後裔。你對東方文化感興趣嗎？」

「沒有……有。我的意思是，我對東方文化不太了解。」

「東方對我有驚人的吸引力。你必須去東方一趟，泰迪。我相信你一定會喜歡東方的。我也是對布蘭達這樣說的。」

「我猜妳想先看看妳的房間。」東尼表示。「僕人馬上會送茶過來。」

「不，我想待在這裡。我喜歡像貓咪一樣在壁爐前蜷縮起身子。如果你對我好，我就會開心地喵喵叫；如果你對我壞，我就不理你——我就像是一隻貓……泰迪，你希望我喵喵叫嗎？」

「呃……好……請便，如果妳想這麼做的話。」

「英國紳士都如此溫柔體貼，能回來和英國人待在一起真好……英國是我的家，有時

---

13 穆萊：Moulay，摩洛哥給予男性貴族的榮譽稱號。

候我會回想自己的人生。特別是在這種與可愛的英國事物及親切的英國鄉親共聚的時刻，我就覺得過去那段時光簡直是可怕的夢魘……然後我會想到我身上的傷痕……」

「布蘭達告訴我，妳們在同一棟房子裡分租公寓，那裡的公寓必然很方便。」

「泰迪，你真是典型的英國人——你談論私事或親密事物時總是那麼含蓄……我喜歡你這種樣子。你知道，我喜歡穩定、平凡且美好的事物……尤其在我經歷過那些磨難之後。」

「妳該不會也和布蘭達一樣，正在攻讀經濟學吧？」

「我沒有。布蘭達在念經濟學嗎？她從來沒有告訴過我。她真是一個很好的人，但是她怎麼可能有時間念書呢？」

「啊，午茶總算準備好了。」東尼說。「我希望妳願意吃一點鬆餅。最近我們有些客人在節食，不過我覺得鬆餅是少數能幫助我們熬過英國寒冬的美食。」

「沒有鬆餅真的不行。」珍妮附和地表示。

她開心地吃著鬆餅，不時用舌頭舔舔嘴唇上的鬆餅屑和奶油。她的下巴也沾了一滴奶油，閃閃發光，然而她沒發現，只有東尼看見。約翰安德魯被奶媽帶進來見客，讓東尼鬆了一口氣。

「過來見見阿巴杜·阿卡巴王妃。」

約翰安德魯從來沒有見過王妃，因此心醉神迷地看著她。

「你不過來親吻我一下嗎？」

約翰安德魯走向珍妮之後，她親吻了他的嘴。

「噢！」約翰安德魯往後退了一步，抹去嘴巴上的口紅印……然後說：「好香的味道。」

珍妮說：「這香味是我和東方最後的連繫。」

「妳的下巴有奶油。」

她從包包裡拿出小鏡子，攬鏡自照後笑說：「我怎麼會如此失態？我的下巴真的有奶油！泰迪，你應該提醒我的。」

「妳為什麼叫我爹地泰迪？」

「因為我希望我們能夠成為好朋友。」

「這理由很可笑。」

約翰安德魯和他們共處一個小時，從頭到尾一直迷戀地看著珍妮。「妳有皇冠嗎？」他問。「妳怎麼學英文？那枚大大的戒指是什麼？價值很多錢嗎？妳的指甲為什麼是那種顏色？妳會不會騎馬？」

珍妮回答了約翰安德魯的每個問題，偶爾用神祕的眼神看看東尼。她拿出一條香氣濃郁的手帕，讓約翰安德魯看手帕上的花紋刺繡，說：「我現在只剩下這個皇冠……」她還告訴約翰安德魯，她以前的馬兒是什麼樣子——毛髮黑得發亮，奔跑時會彎著頸子，讓汗水飛濺在銀製的馬銜上，插在牠頭上的羽飾也會不停晃動……牠的馬具上有純銀製成的飾紐，馬鞍是深紅色的。「在穆萊生日那天……」

「穆萊是誰？」

「一個長得非常英俊但是心腸很壞的男人。」珍妮沉重地回答。「他生日的時候，他手下所有的騎士都會到大廣場集合，穿著他們最名貴的衣服，戴著他們最精緻的配件與珠寶，手裡拿著長長的寶劍。穆萊則坐在深紅色頂篷下的寶座。」

「什麼是頂篷？」

「像帳篷一樣的東西。」珍妮以激亢的口吻回答，然後又恢復原本溫柔的語調說：「所有的騎士都騎著馬匹馳騁過平原，在飛揚的塵土中一路揮舞寶劍，來到穆萊的面前。現場圍觀的觀眾都因緊張而忘了呼吸，深怕那些騎士會撞上穆萊。然而當他們全速奔馳而來時，會在距離穆萊短短幾英尺處停下——如同你我之間現在的距離——他們會勒住馬匹的鞍繩，讓馬兒以後腿站立、高高舉起前腿，向穆萊行禮。」

「噢，可是他們不應該這麼做。」約翰安德魯說。「這樣做違反了馬術的規定。這是班恩說的。」

「他們是世界上最優秀的騎士。大家都知道。」

「噢，不，如果他們這麼做，就不會是最好的騎士。他們不應該這樣騎馬，那是最糟糕的騎法之一。他們是土人嗎？」

「是的，當然是。」

「班恩說土人根本不是人類。」

「啊，我猜他指的是一般的黑人，可是這些騎士是閃米族[14]。」

「閃米族是什麼？」

「他們就像猶太人一樣。」

「班恩說猶太人比土人還要差勁。」

「噢，親愛的，你真是一個嚴厲的小男孩。我以前也像你一樣嚴格，但是生命讓我學會寬容。」

「生命沒有讓班恩學會寬容。」約翰安德魯說。「媽咪什麼時候回來？我還以為她回來了，不然我才不想停止畫畫。」

這時奶媽過來帶約翰安德魯回房，約翰安德魯沒有先問珍妮的意思，就直接走過去親吻她，向她道晚安。「晚安，小男孩強尼。」珍妮說。

「妳叫我什麼？」

「小男孩強尼。」

「妳很會幫別人亂取名字。」

14 閃米族：Semitic，起源於阿拉伯半島和敘利亞沙漠的游牧民族，相傳挪亞之子閃（Shem）為其祖先。阿拉伯人、猶太人及敘利亞人都是閃米族，今天生活在西亞北非的大部分居民，則為阿拉伯化的古代閃米族後裔。

上樓回房間之後，約翰安德魯把湯匙擱在浸泡著麵包的牛奶裡，然後若有所思地說：「奶媽，我覺得王妃真的很漂亮。妳覺得呢？」

奶媽擤擤鼻涕回答：「假如每個人的想法都一樣，這個世界會變得很無聊。」

「她長得比坦卓里爾小姐漂亮，我覺得她是我所見過最漂亮的女士……妳覺得她會不會想看我洗澡？」

這時，在樓下的珍妮繼續與東尼聊天。她說：「這孩子就像天使一樣可愛……我很喜歡小孩，但這也是我人生中最大的悲劇。當穆萊發現我無法生育時，他頭一次顯露出他可怕的另一面。但那不是我的錯……你知道，我有子宮異位的問題。我不知道我為什麼要告訴你這些，可是我覺得你可以了解我的痛苦。我再怎麼努力也只是白費時間，對不對？我明明知道他會因此喜歡上別人，卻還得假裝不在乎……我可以分辨出別人會不會馬上與我變成真正的朋友……」

波莉和布蘭達在七點前才抵達海頓莊園，布蘭達一回到家就直奔兒童房。「噢，媽咪！」約翰安德魯說。「樓下有一位非常漂亮的女士，請妳叫她上來與我道晚安。可是奶媽認為那位女士不會想上樓。」

「爹地喜歡她嗎？」

「爹地沒有說太多話……那位女士根本不懂馬，也不懂土人，可是她真的很漂亮。請妳叫她上來。」

布蘭達下樓，發現珍妮和波莉和東尼坐在吸菸室裡。「約翰安德魯很喜歡妳，他不肯乖乖睡覺，除非能夠向妳道晚安。」布蘭達告訴珍妮。

她們一起上樓時，珍妮表示：「他們父子兩人都很可愛。」

「妳和東尼相處得如何？真抱歉，妳抵達海頓莊園的時候，我還沒回來。」

「他非常有同情心，個性也很溫柔……可是有點憂鬱。」

她們來到兒童房，坐在約翰安德魯的小床邊。約翰安德魯把寢具往後一扔，從棉被裡爬出來，依偎在珍妮身旁。「躺回棉被裡去。」珍妮對約翰安德魯說。「否則我要打人囉。」

「妳會打得很用力嗎？我不介意。」

「噢，老天啊。」布蘭達對珍妮說。「妳怎麼會讓他如此著迷？他通常不會如此。」

布蘭達與珍妮離開兒童房之後，奶媽打開另外一扇窗子。

「呸！」奶媽碎念著。「她把整個房間都弄臭了。」

「妳不喜歡她的味道嗎？我覺得很好聞。」

布蘭達帶波莉上樓到「萊尼斯」房。那是一間大套房，當初因為愛德華國王準備來訪，所以特別以東印度緞木裝潢這個房間。那時候的愛德華國王還只是威爾斯王子，大夥兒原本期待他會來海頓參加射擊會，結果他沒現身。

「妳覺得這個計畫行得通嗎？」布蘭達焦慮地問波莉。

「現在還很難說，但我確定一切會順順利利。」

「她搞錯對象了，現在為她瘋狂的人是約翰安德魯……真的很尷尬。」

「我敢說東尼只是比較害羞。然而珍妮一直喊錯他的名字，我該不該糾正她呢？」

「不需要，隨便她怎麼喊都好。」

布蘭達與東尼在房間裡更衣時，東尼問：「布蘭達，那個可笑的女人是誰？」

「親愛的，你不喜歡她嗎？」

布蘭達的語氣中明顯帶著失望與苦惱，東尼清楚感受到布蘭達的情緒……「我沒有不喜歡她，但是她非常可笑，不是嗎？」

「她可笑嗎？……噢，老天，你知道的，她的人生很悲慘。」

「她是這麼說的沒錯。」

「東尼，請你對她好一點，拜託。」

「噢，我會好好招待她的。她是猶太人嗎？」

「我不知道。我從來沒思考過這方面的問題，也許是吧？」

吃過晚餐後，波莉表示她累了，請布蘭達陪她上樓換衣服。「給他們一點機會相處。」

波莉偷偷對布蘭達說。

「親愛的波莉，我覺得這個方法行不通……妳也知道，那個老男孩還算有點品味，而且有幽默感。」

「妳也覺得吃晚餐的時候珍妮表現不太好，對不對？」

「她還得繼續努力才行……而且，畢竟東尼已經和我在一起七年了，硬要他就此改變，實在太突然了。」

「累了嗎？」

「嗯，有一點。」

「妳讓我花了很長的時間獨自陪伴阿巴杜·阿卡巴。」

「我知道。親愛的，真的很抱歉。可是波莉拖了很久才上床……你和珍妮王妃相處得很糟嗎？我希望你可以試著多欣賞她一些。」

「她真的很糟糕。」

「我們應該要寬容一點……她經歷過很可怕的傷害。」

「她告訴我了。」

「我看過她身上的傷疤。」

「不管怎麼說，我比較希望能夠花時間與妳相處。」

「噢。」

「布蘭達，妳該不會因為我那天晚上喝醉打電話吵妳而氣到現在吧？」

「不，親愛的，我看起來像是在生氣嗎？」

「……我不知道，妳看起來很……妳這個星期過得愉快嗎？」

「不太好，課業很難。複本位制，你知道的。」

「噢，對……呃，我猜妳想休息了。」

「嗯……我真的很累。晚安，親愛的。」

「晚安。」

「媽咪，我可不可以去向王妃說早安？」

「我想她應該還沒有起床。」

「媽咪，我可不可以去看她？我只偷瞄一眼，如果她還在睡覺，我就馬上離開。」

「我不知道她睡在哪個房間。」

「夫人，她住在『加拉哈』房。」正在替布蘭達換衣服的女僕葛林蕭說。

「噢，老天！怎麼可以讓她睡在那個房間？」

「夫人，是拉斯特先生吩咐的。」

「呃，如果她睡那個房間，她現在可能已經醒了。」

約翰安德魯從房間溜出去，快步跑向走廊那頭的「加拉哈」房。「我可以進去嗎？」

「哈囉，小男孩強尼，請進。」

約翰安德魯轉開門把，在門邊踟躕不前，一腳跨進房間裡，一腳還在房間外。「妳吃過早餐了嗎？媽咪說，妳應該還沒有起床。」

「我醒來好久了。你知道嗎？我以前受過傷，所以總是睡不好。即使是最柔軟的床，對我來說都嫌太硬。」

「噢？為什麼受傷？妳出車禍嗎？」

「不是車禍，小男孩強尼。不是因為意外……進來吧，房門打開之後有點冷。你看，這裡有葡萄。你想不想吃點葡萄？」

約翰安德魯爬到珍妮的床上。「妳今天要做什麼？」

「我不知道，還沒有人告訴我應該做什麼。」

「好，我告訴妳。我們早上先去教堂，因為我一定得去。然後我們去看『霹靂』。我會讓妳看我平常在哪裡練習跳躍。然後妳可以來看我吃午餐，因為我都很早吃。接著我們去布魯頓森林，我們不必帶奶媽去，她不喜歡走爛泥巴路。妳會在布魯頓森林外面看見一條溝渠，以前有人曾經在那條溝渠中抓到一隻狐狸，那隻狐狸差點就跑掉了。接著妳可以到我房間喝茶，我有一臺小型的留聲機，是瑞奇舅舅送我的聖誕禮物。那臺留聲機會播放『爸爸在客廳貼壁紙』，妳有沒有聽過那首歌？班恩也會唱。我還可以讓妳看看我的書和我最近畫的一幅畫，主題是馬斯頓荒原戰役[15]。」

---

15 馬斯頓荒原戰役：Battle of Marston Moor。馬斯頓荒原戰役發生於一六四四年七月二日，是一六四二年至一六四六年間第一次英國內戰的一場戰役。

「我覺得你安排得非常好，可是你不覺得我應該花一點時間陪陪你的爹地、媽咪及卡克柏斯夫人？」

「噢，他們……我還可以告訴妳卡克柏斯夫人有尾巴的笑話。拜託，請妳一定要陪我一整天，好嗎？」

「嗯，我們看情況再說。」

「珍妮和東尼一起去教堂了。這是個好徵兆，不是嗎？」

「呃，波莉，這並不盡然。東尼喜歡自己一個人去教堂，或者由我陪他去。上教堂是他與村民閒聊的時間。」

「珍妮不會妨礙東尼與村民聊天的。」

「妳一點也不了解那個老男孩。他比妳想像中的還要古怪。」

「牧師，從你的布道文，我知道你很了解東方。」

「是的，是的，我大半輩子都在那兒度過。」

「東方充滿了神祕的魅力，對不對？」

「噢，該走了啦！」約翰安德魯拉拉珍妮的外套。「我們該去看『霹靂』了。」

於是東尼獨自一人摘花回家。

午餐之後，布蘭達對東尼說：「你為什麼不帶珍妮參觀一下這棟房子呢？」

「噢，對。好的。」

東尼帶珍妮到起居室，說：「布蘭達打算整修這個房間。」

起居室裡堆著木板、梯子和好幾包水泥。

「噢，泰迪，真可惜，我不喜歡看見老房子變現代化。」

「反正我們很少使用這個房間。」

「噢，可是……」珍妮伸手去摸散落在地板上的百合花飾板，以及失去光澤的鍍金碎片及印刷模板。「你知道，布蘭達和我是非常要好的朋友，我不想批評她……可是自從我來到這兒之後，我常覺得她不懂這個地方有多美，也覺得她不懂這個地方對你有多重要。」

「請妳再告訴我一些關於妳的悲慘遭遇吧。」東尼一邊說，一邊帶珍妮回到中央大廳。

「聊你的事情會讓你害羞，對不對？泰迪，你知道嗎？把事情鎖在心裡是不對的。我以前也很不快樂。」

東尼環顧四周，希望有人可以出來幫他脫困。這時候救星果然出現了。「噢，你們在這裡！」一個小男孩以果決的語氣說。「走吧，我們該去森林了。我們必須快一點，不然天色就要變暗了。」

「噢，小男孩強尼，我們真的要去嗎？我和你爹地還在聊天。」

「我們快走吧！我都計畫好了。看過森林之後，妳可以和我上樓喝茶。」

東尼慢慢走回書房。由於裝修工人今天休假，所以他可以安靜地待在書房裡。兩個小時之後，布蘭達來找他。「東尼，你怎麼自己一個人躲在這裡？我們還以為你和珍妮在一起。她到哪裡去了？」

「約翰安德魯帶她出去了……我被她煩得忍不住想罵人，還好約翰安德魯帶她離開。」

「噢，老天。我和波莉在吸菸室，不如你也過來喝杯茶吧。可是你的樣子看起來有點好笑——你剛才是不是睡著了？」

「我們得承認這個計畫失敗了。顯然是失敗了。」

「那個老男孩到底想要什麼？他又不是什麼受歡迎的男性。」

「我敢說，如果珍妮沒有搞錯東尼的名字，事情會順利得多。」

「無論如何，妳現在可以釋懷了，因為妳比大部分的妻子花費更多心思協助丈夫重新振作。」

「沒錯，這句話倒是真的。」布蘭達說。

四

布蘭達在倫敦待了五天，然後回到海頓莊園。「我下週末不會回來。」她說。「我要去維若妮卡家。」

「我也受邀嗎？」

「嗯，你當然也受邀了，可是我已經替你回絕了，因為你自己也很清楚，你討厭出遠門。」

「我不介意去維若妮卡家。」

「噢，親愛的，我真希望早點知悉你的想法，維若妮卡一定會很開心……可是現在恐怕已經太遲了。她家很小……而且，坦白說，我覺得你不喜歡她。」

「我非常討厭她。」

「嗯，那麼……」

「噢，沒有關係。我猜妳星期一就會回來海頓莊園，對嗎？妳知道的，星期三要舉辦打獵活動。」

「這裡要舉行打獵活動？」

「是的，親愛的。妳知道我們每年都會舉辦這種活動。」

「確實如此。」

「妳這次不能待到打獵活動結束之後再回倫敦嗎？」

「親愛的，這是不可能的。你知道，如果我錯過一堂課，我就會落後進度，接下來的課程也會因此跟不上。除此之外，我對打獵比賽一向沒什麼興趣。」

「班恩想知道我們願不願意也讓約翰安德魯參加。」

「噢，約翰安德魯年紀還太小。」

「我說的不是讓他真的參與狩獵，但是我覺得他應該可以騎著他的小馬，和大人們一起前往第一座樹林。我想約翰安德魯應該會喜歡這麼做。」

「這樣安全嗎？」

「噢，當然，當然安全。」

「但願如此。我真希望我能待在這裡看他參加打獵活動。」

「妳可以改變妳的計畫。」

「噢，不行，那是絕對不可能的事。東尼，不要為了這種事情和我吵架。」

這是布蘭達剛回到家時與東尼的對話，但後來情況稍有好轉。那個週末裘克來訪，艾倫和瑪卓莉也來了，另外還有一對夫妻，他們是東尼的老朋友。這場派對是布蘭達特別為東尼安排的，東尼顯得十分開心。他和艾倫黎明時就帶著獵槍出去獵兔，晚餐後，四位男士玩義大利式撞球，東尼老友的太太在一旁觀賞。「那個老男孩快樂得像隻雲雀。」布蘭達對瑪卓莉說。「他終於適應新的生活方式了。」

這時東尼與其他男客氣喘吁吁、臉色漲紅地走進來，表示要喝威士忌和蘇打水。

「東尼剛才差點打破玻璃。」裘克告訴布蘭達。

當晚東尼在「桂妮芬」房過夜。

「一切都很順利，對不對？」東尼突然問。

「是的，當然，親愛的。」

「我自己一個人待在這裡的時候，總是覺得非常沮喪，而且經常胡思亂想。」

「你不可以胡思亂想，東尼。你知道這麼做是不對的。」

「我不會再胡思亂想了。」東尼表示。

第二天，布蘭達陪東尼去教堂，她決定這個週末要把所有的時間都拿來陪伴東尼，因為短期之內不會再有這種機會。

「布蘭達夫人，您那些深奧的經濟學課程上得如何？」

「我覺得非常有趣。」

「關於我們財務透支的問題，我一定得找時間向您請教。」

「哈哈。」

「『霹靂』還好嗎？」坦卓里爾小姐問。

「我星期三要騎『霹靂』去打獵。」約翰安德魯說。他對於即將到來的狩獵活動相當感興趣，因此早就把阿巴杜．阿卡巴王妃的事忘得一乾二淨了。「祈求上帝保佑，讓獵犬追蹤到獵物的氣味；祈求上帝保佑，讓我看見獵物的行蹤；祈求上帝保佑，別讓我犯任何錯誤；祈求上帝保佑班恩與霹靂；祈求上帝保佑，讓我跳過非常高的欄杆。」約翰安德魯在禮拜過程中不停地這樣祈禱著。

布蘭達陪東尼散步走過村莊和溫室，並且替東尼挑選插在衣襟上的花。吃午餐的時候，東尼顯得神采飛揚，布蘭達早就忘了東尼也可以這般風趣。飯後東尼換了衣服，與裘克去打高爾夫球。他們在俱樂部裡待了一會兒，東尼說：「星期三海頓莊園將舉行打獵比賽，你不能留到那時候再離開嗎？」

「我一定得回倫敦，我必須參加一場養豬方案的辯論會。」

「我真希望你可以待著。聽我說，你何不邀請那個女孩到這兒來呢？其他人明天就會離開，你可以打電話約她來。」

「我可以試試。」

「她會不會討厭這種臨時邀約？她可以睡在『萊尼斯』房。波莉連續兩個週末都睡在那個房間，所以應該還算舒適。」

「她可能會喜歡這個點子，讓我打電話問問她。」

「你何不也和大夥兒一起去打獵呢？有一個叫作布林克威爾的傢伙，他手下有一些不錯的雇工可以當你的打獵助手。」

「好吧，也許我會參加。」

「裘克要留下來。他會邀請那個不要臉的金髮女郎過來，妳應該不介意吧？」

「我？當然不介意。」

「這真是一個愉快的週末。」

「我也覺得你看起來很開心。」

「這種感覺就像從前一樣——就宛如妳開始上經濟學之前的日子。」

瑪卓莉問裘克：「你認為東尼知道貝佛先生的事嗎？」

「他絕對不知情。」

「我還沒有告訴艾倫。你覺得艾倫知道嗎？」

「我想他也不知道。」

「噢，裘克，你覺得這件事最後的結果會如何？」

「布蘭達不久之後就會對貝佛感到厭倦。」

「問題是，貝佛根本不是真心對待布蘭達。假如貝佛真的關心布蘭達，一切早就結束了……布蘭達真笨。」

「如果妳想知道我的看法，我會說布蘭達這件事情處理得很好。」

東尼那對夫妻老友在交談時則說：「你覺得瑪卓莉和艾倫知道布蘭達的事嗎？」

「我確定他們完全不知情。」

布蘭達對艾倫說：「東尼非常開心，對不對？」

「他整個人充滿元氣。」

「我開始有點擔心他……你覺得他會不會已經知道我的事了？」

「老天，不會的。他根本不可能料想得到。」

布蘭達說：「我不希望東尼難過，你應該明白……在這件事情當中，瑪卓莉一直像個保姆似的，她非常擔心害怕。」

「是嗎？我沒有和她討論過這件事。」

「你是不是聽說過什麼傳言？」

「親愛的布蘭達，我根本不知道妳做了什麼事，而且我也不想知道。」

「噢……我還以為每個人都已經知道了。」

「這正是剛剛出軌的人才會有的想法：他們以為沒有人知道，或者每個人都知道，然而事實上，只有少數像波莉與西碧兒那樣的人，才會到處打探別人的隱私，其他人根本沒有興趣。」

「噢。」

當天稍晚，艾倫對瑪卓莉說：「布蘭達今晚想向我透露她和貝佛之間的事。」

「我不知道你也曉得這件事。」

「噢，我早就知道了，可是我並不想和她討論，以免她誤會自己是什麼重要的人物。」

「整件事情我都抱持反對意見。你認識貝佛嗎？」

「我見過那個傢伙。再說，這是布蘭達和東尼之間的事，與我們無關。」

五

裘克的金髮女友叫作拉特莉夫人。從波莉所分享的八卦，加上裘克透露的訊息，東尼對拉特莉夫人已有初步認識。她的年紀大約三十出頭，曾經嫁給某個住在卡茲莫爾的少校。那名少校身材高大，但名聲不佳。拉特莉夫人原是美國人，但現在已經放棄美國籍。她非常富有，金銀珠寶可以裝滿五個大行李箱，可是沒有不動產。裘克去年夏天在法國的比亞里茨認識了拉特莉夫人，兩人後來又在倫敦相遇。當時拉特莉夫人非常熱衷打橋牌，她打得很好，而且每天玩六、七個小時。她平均每三個星期換一家飯店入住，定期注射嗎啡。後來她不玩橋牌了，經常一連幾天獨自待在飯店房間內，每隔一段時間就喝冰牛奶提神。

拉特莉夫人星期一駕著小飛機抵達海頓莊園，這是頭一次有人以這種交通方式來訪，因此屋裡上上下下全都興奮不已。在裘克的指揮下，鍋爐工人和園丁先在花園裡釘上一塊防塵布，標示出小飛機的降落地點，並且點燃一堆濕樹葉，以告知拉特莉夫人風的方向。

她的五箱行李將以一般的方式抵達海頓莊園，由一位年長且盡職的女僕搭乘火車護送過來，其中一個行李箱裡裝著她自備的床單。她的床單不是絲質布料、沒有特殊染色，也沒有花邊或綴飾，只有小小的姓名縮寫刺繡，而且字型很普通。

東尼、裘克與約翰安德魯到屋外看拉特莉夫人降落。她從小飛機的駕駛座爬出來，先伸展一下四肢，然後解開皮製安全帽的扣環，走到他們面前。「這趟行程花了四十二分鐘。」拉特莉夫人說。「在逆風的情況下，這算相當不錯的結果。」

她的身材高䠷、站姿直挺，戴著安全帽並穿著連身工作服，看起來非常樸素，與東尼想像中的模樣完全不同。東尼原本以為她可能會比較類似唱詩班的女孩，身穿絲質短裙與內衣，從一顆綁著緞帶的大型復活節彩蛋裡跳出來，嘴裡喊著：「哈囉，男孩們！」拉特莉夫人以熟練但淡然的口吻與大家打招呼。

「妳星期三會去打獵嗎？」約翰安德魯問她。「妳知道嗎？大夥兒會在這裡集合。」

「如果我有馬兒可騎，或許我可以參加半天的打獵行程。這將會是我今年頭一次打獵。」

「也是我的第一次。」

「我們肯定會表現得很生疏。」拉特莉夫人對約翰安德魯說話的態度，宛如把約翰安德魯當成大人看待。「所以你得先帶我熟悉一下環境。」

「我猜大家可能會先去布魯頓森林，因為那裡有一隻大大的狐狸。我和我爸爸看過那隻狐狸。」

裘克與拉特莉夫人獨處時，裘克說：「我真高興妳能到這裡來。妳覺得東尼怎麼樣？」

「他太太是不是我們在法國餐廳見過的那個漂亮的女人？」

「沒錯。」

「你說那個女人愛上了一個年輕小伙子？」

「是的。」

「真是可笑……再告訴我一次這位男主人的名字。」

「東尼．拉斯特。那棟房子很難看，對不對？」

「是嗎？我沒有特別留意這棟房子是什麼模樣。」

拉特莉夫人是一個很容易招待的客人，星期一吃過晚餐之後，她將四副撲克牌攤放在吸菸室的桌上，耐心地獨自玩起單人牌戲。她全神貫注地玩了一整個晚上。「你們不必等我。」她對僕人們說。「我會坐在這裡玩到遊戲結束，通常得花好幾個小時。」

僕人告訴她如何關燈，然後就任由她獨處。

第二天，裘克問東尼：「你的農莊裡有沒有豬？」

「有。」

「如果我想去看看豬，你會介意嗎？」

「一點也不介意——可是你為什麼想看豬？」

「你有請專人照顧豬隻嗎？有沒有人能為我解說豬隻的狀況？」

「有的。」

「嗯。我想我一整個早上都會忙著看豬並且問問題，因為不久之後我必須發表一篇關於豬的演講。」

他們一直到中午才見到拉特莉夫人。東尼原本以為她還在睡覺，結果發現她穿著工作褲從起居室裡走出來。「我很早就下樓了。」拉特莉夫人解釋。「我看見工人們在拆除起居室的天花板，忍不住跑去幫他們忙，希望你不介意。」

下午他們到附近的馬車出租行去找可以陪同打獵的工人。喝過午茶之後，東尼寫信給布蘭達。過去幾個星期以來，東尼已經很習慣寫信給布蘭達。

週末過得很愉快，我要向妳的體貼致上一千次感謝，希望妳下個星期會回家，也希望妳回家後可以多待幾天，但我知道妳真的很忙。

那位不要臉的金髮女郎和我們想像的完全不同——她不太說話，而且有點冷漠，與裘克以往的品味大不相同。我敢說她還搞不清楚海頓莊園是什麼地方，也不知道我叫什麼名字。

起居室的裝修工程進行得很順利。工頭今天告訴我，他們這個週末之前就會開始鍍鉻，但妳知道我一點也不喜歡這個點子。

約翰安德魯滔滔不絕地談著星期三的打獵，我希望他到時候不會出事。裘克和他的金髮女郎也會參加打獵。

海頓莊園位於三個打獵區的分界點，由於彼格斯坦頓的打獵區環境最差，因此該區的打獵愛好者對於享有整片森林的貝頓區狩獵者心懷怨念，而且他們脾氣不好，互相瞧不起彼此，也討厭陌生人。他們內部常有紛爭，只有在批評打獵活動的主辦人時才會團結一致。然而對於本次活動的主辦人殷區上校而言，因為這種奇怪的傳統而蒙受惡劣對待，實在很不公平。殷區上校是一個膽小又不起眼的男人，可是他願意自掏腰包為鄉間鄰里舉辦這種休閒活動。他本身很少打獵，平時喜歡自己一個人躲在鄉間小巷裡靜靜吃著薑汁餅乾，或者在日落時分拖著沉重的腳步在鄉間慢跑。他那落寞又孤單的紅色身影，與綠色的耕地形成強烈對比。他常在黃昏時左顧右盼，大聲地向路旁的鄉下人問路。殷區上校的地位帶給他唯一且實質的樂趣，就是他可以在自己管理的多家公司的董事會上恣意炫耀身分地位。

彼格斯坦頓的狩獵隊伍每個星期舉行兩次聚會，雖然星期三很少舉行大型比賽，可是海頓莊園的聚會深受大家支持，因為這裡是鄉間最好的地區，而且行前酒會總能吸引鄉里間許多厚臉皮的老婦人參加。有人步行而來，有人搭乘各式各樣的交通工具抵達；有人因害羞而畏縮不前，還有一些東尼不太認識的人會擠在點心桌旁邊大吃大喝。坦卓里爾牧師的姪女最近正好來拜訪他，因此他騎摩托車載著他的姪女出席行前酒會。

約翰安德魯站在「霹靂」旁，因為情緒亢奮而顯得異常嚴肅。班恩向附近鄰居借了一匹強壯的牝馬，希望待會兒約翰安德魯被奶媽帶回家之後，他就可以加入狩獵陣容。在約翰安德魯的殷殷懇求下，奶媽留在屋裡，與其他女僕擠在透氣窗邊觀看外面的活動。奶媽今天心情不好，替約翰安德魯換衣服時還動怒。約翰安德魯說：「如果我打死狐狸，希望殷區上校會給我一點獎賞。」

「你不可能有機會看見死狐狸。」奶媽回答。

奶媽此刻正從小小的透氣窗觀看屋外的熱鬧景象，心裡很不高興。「這些都是班恩．哈克特搞出來的無聊事。」她討厭眼前的一切：獵犬、主辦人、田野、狩獵者，以及傳至她耳邊的低聲細語。她也討厭坦卓里爾牧師姪女的雨衣、裘克雇來的打獵助手，以及拉特莉夫人的高禮帽和圓襬禮服。東尼笑著與賓客閒聊，客人包括帶著小獵犬的神經怪老頭、攝影記者、美麗迷人但無法駕馭自己馬兒的瑞朋小姐。瑞朋小姐那匹年幼的駿馬一直在草地上往旁邊跳來跳去。參加打獵活動的人身後還有馬伕、備用的馬匹，和許多態度客氣但不知為何許人的旁觀者——奶媽認為眼前的荒唐場面都是班恩造成的。「約翰安德魯昨晚過了十一點才上床。」她回想著。「那孩子實在興奮過頭了。」

不久之後，大夥兒就朝著布魯頓森林出發。那條通往南邊的車道會經過坎普頓拉斯特，大家沿著大馬路走半英里路之後，再穿越過一片原野。「約翰安德魯最遠只能騎到森林那邊。」東尼對班恩說。

「好的，主人。讓他在那裡停留一會兒，看看獵犬如何搜尋獵物，應該沒有關係，對吧？」

「沒有關係，我想應該可以讓他待一會兒。」

「假如約翰安德魯臨時想脫隊回家，我們可以到附近騎騎馬，只要不離開大馬路和柵欄，是嗎？」

「這也沒有關係，但是他不可以在外面待超過一個小時。」

「主人，您該不會要我在打獵時還得特別帶約翰安德魯回家吧？」

「嗯，他在下午一點之前必須回到家。」

「主人，我會注意這一點。」然後班恩轉頭對約翰安德魯說：「不必擔心，你一定會有足夠的時間玩個開心。」

他們等到狩獵隊伍出發之後，才一臉認真地快步跟上。他們後方還有一輛以低檔慢速行駛並且不時排放濃煙的汽車。約翰安德魯騎得氣喘吁吁，有點頭暈；「霹靂」的頭不停上下擺動，因為還不習慣馬銜鐵的感覺。他們越過田野時，「霹靂」曾試圖脫隊兩次，載著約翰安德魯不停繞圈子。班恩提醒約翰安德魯：「孩子，控制住你的馬。」他騎到約翰安德魯身旁，以便在「霹靂」企圖奔開時抓住韁繩。由於「霹靂」厭倦了乖乖往前走，因此突然往前爆衝，讓約翰安德魯嚇一大跳，身子往前傾而失去平衡。他急忙抓緊馬鞍前緣以穩住身子，一臉愧疚地看著班恩。「我今天騎得很差，你覺得別人有沒有發現？」

「沒關係，孩子，打獵的時候不可能還隨時注意騎馬學校教你的禮儀。」

裘克與拉特莉夫人並肩馳騁。她跨坐在馬鞍上，說：「我喜歡這匹笨馬。」當拉特莉夫人跨上馬背的那一刻，就已經顯示出她具有精湛的騎術。

當彼格斯坦頓的人們發現拉特莉夫人身手不凡時，都露出難掩的憎怨，因為這與他們固有的成見相悖——他們認為每一個參加打獵的人都是小丑或膽小鬼，而其餘的陌生人則全是沒有禮貌的瘋子，可能會對於周圍的人產生嚴重威脅。

在前往村莊途中，瑞朋小姐經過一輛麵包店的小貨車時發生了一點意外。她的馬兒突然抬起前腳，只以後腿站立，發狂似地在柏油碎石路上蹦蹦跳跳。班恩和約翰安德魯趕緊從瑞朋小姐身旁騎走，以免被她的馬踢傷，同時不禁皺起眉頭低聲咒罵。大家都知道那匹馬兒很難控制，瑞朋小姐的父親這幾個月來一直想把牠賣掉，最後甚至已經降價到八英鎊。雖然那匹馬有時可以跳得很高，然而狂野的性情十分難駕馭，不適合騎乘。瑞朋小姐的父親該不會是打算讓瑞朋小姐今天到這兒來展示這匹馬，以提高將牠售出的機率吧？他可真是一個吝嗇的傢伙，為了區區八英鎊，竟然拿自己女兒的性命當賭注。再說，無論瑞朋小姐騎哪一匹馬，都不可能招來生意。

瑞朋小姐的馬突然往前狂奔，從大夥兒身邊跑走。瑞朋小姐滿臉通紅，髮髻也歪了，她將身子往後傾，以全身力氣拉著馬。「她這麼做也沒用。」裘克說。

稍後他們在森林裡又見到了瑞朋小姐，她的馬兒全身是汗，馬勒上也滿是汗沫，但此刻終於乖乖歇息，低頭吃著樹林外圍的莎草。瑞朋小姐也同樣氣喘吁吁，忙著整理她的面紗、頭髮及圓頂禮帽。約翰安德魯騎馬來到裘克身邊。

「葛蘭特—曼席斯先生，現在要做什麼？」

「獵犬正在森林裡尋找獵物。」

「噢。」

「你玩得開心嗎？」

「噢，是的。霹靂顯得精力充沛，我從來沒有見過牠這種樣子。」

他們等了好一段時間，森林深處才傳來號角聲。大夥兒站在田野角落的柵欄旁，但所謂的大夥兒，是指除了瑞朋小姐以外的每個人。瑞朋小姐幾分鐘前還和大家在一起，但突然間又不見人影，因為她聊天聊到一半，她的馬兒突然又朝著海頓丘陵疾馳而去。過了半個小時，裘克說：「他們準備把獵犬叫回來了。」

「這是不是表示森林裡沒有獵物？」

「恐怕是的。」

「我不喜歡這種事發生在我們的森林裡。」班恩說。「會讓我們顏面盡失。」

事實上，彼格斯坦頓狩獵隊隊員對於打獵的熱情也已經開始消退，他們說東尼·拉斯特自己根本不打獵，大家還能對這種活動有什麼好期待的？這時開始有人聊起天來，還繪聲繪影地說：上星期某天深夜，獵場管理員在森林裡偷偷埋了一些東西。

狩獵隊伍再次啟程，並且朝著海頓莊園的反方向前進。班恩這時才想起自己的職責。

「先生，您覺得我是不是應該帶這位年輕的紳士回家了？」他問裘克。

「拉斯特先生是怎麼交代的？」

「先生，主人說約翰安德魯最遠只能到森林，但是他沒說哪一座森林。」

「這麼聽起來，約翰安德魯恐怕得回去了。」

「噢，曼席斯先生。」約翰安德魯哀嚎。

「好的。小主人，我們走吧！你今天已經玩夠了。」

「可是我什麼都沒有獵到。」

「如果你今天準時回家，你父親才會樂意讓你下次再出來打獵。」

「但是可能不會有下次了，因為世界也許會毀滅。班恩，拜託！曼席斯先生，拜託！」

「真可惜，他們竟然還沒有打到任何獵物。」班恩說。「小主人一直期待著今天的狩獵活動。」

「儘管如此，我認為拉斯特先生會希望約翰安德魯現在就回去。」裘克表示。

約翰安德魯的命運就此決定了。獵犬群繼續朝前方邁進，他卻只能和班恩往另一個方向走。當他們騎回大馬路時，約翰安德魯幾乎快哭了。

「你看！」班恩試圖讓約翰安德魯打起精神，說：「瑞朋小姐騎著那匹瘋馬回來了，她似乎也想和我們一起回去。從她那副模樣看來，她一定從馬背跌下來過。」

瑞朋小姐的帽子和背上都沾滿了泥巴與青苔，在她消失的那二十分鐘中，她的馬兒讓她嚐盡了苦頭。「我要帶牠回去了。」她說。「今天早上我根本無法駕馭牠。」於是瑞朋小姐、班恩與約翰安德魯朝著村莊的方向蹣跚前進。「我想拉斯特先生會讓我進屋打電話叫車，我可不希望在這種情況下還得騎馬回家。我實在不知道這匹馬今天中了什麼邪。」瑞朋小姐表示。「上星期六我也騎著牠出門，可是牠從來沒有像今天這麼難以控制。」

「或許牠希望由男人駕馭牠。」班恩說。

「噢，馬伕對牠也沒轍，我父親甚至不敢靠近牠。」瑞朋小姐剛才飽受驚嚇，因此說話時欠缺思考。「至少……我的意思是……在今天這種情況下，我不認為換成別人騎牠就會比較穩當。」

這匹馬此時變得安安靜靜，步伐也與其他的馬兒一致。他們三人並肩騎著，瑞朋小姐在馬路最外側，約翰安德魯則騎著小馬在瑞朋小姐與班恩的中間。

然後，事情發生了：他們走到馬路的轉彎處時，迎面駛來一輛在鄉間接送居民的單層巴士。那輛巴士開得很慢，巴士的司機看見他們三人之後立刻減速，並且將巴士駛向路旁。坦卓里爾牧師的姪女對打獵活動不感興趣，因此騎著機車跟在他們後方準備回海頓莊園，她看見這個情況，也將車速減慢，然而當她發現瑞朋小姐的馬可能又要開始失控時，就直接將機車停下來。

班恩對瑞朋小姐說：「小姐，讓我帶頭先走，牠看了之後就會乖乖跟在我後面。妳不要用力勒牠的嘴，只要輕輕拍打牠就好。」

瑞朋小姐照著班恩的指示去做，每一個人都以善意為出發點來處理眼前的突發狀況。

他們來到巴士前方，瑞朋小姐的馬兒雖然不喜歡這輛巴士，不過似乎還能勉強耐住性子。巴士上的乘客興致勃勃地看著他們三人，就在這個時候，坦卓里爾牧師的姪女那輛放空檔慢速滑行的機車，突然因為汽缸逆火而發出尖銳的爆裂聲。

瑞朋小姐的馬兒當下受了驚嚇，出於本能往側邊一閃，因為牠覺得自己即將被前方的巴士與後方的機車夾擊。牠猛力撞上原本走在牠旁邊的小馬，於是約翰安德魯被撞落馬鞍，跌落到地上。瑞朋小姐那匹棗紅色駿馬接著抬起前腳，轉向一側，試圖從巴士前方跳開。

「小姐，快控制住牠！用妳的馬鞭！」班恩急忙大喊。

「那個小男孩從馬背摔下來了。」

瑞朋小姐鞭打她的馬，那匹馬才終於不再亂跳，但卻沿著大馬路朝村莊的方向直衝而去，並且在飛奔離開前一腳將約翰安德魯踢到水溝裡。約翰安德魯彎著身子，動也不動地躺在溝渠中。

每個人都同意，這場意外並不是任何人的錯。

這個不幸的消息傳至裘克與拉特莉夫人耳中時，已經是一個小時之後的事了。當時他們正站在另一座森林外圍，等候獵犬搜尋獵物。殷區上校宣布停止狩獵活動，並且將獵犬帶回養狗場。五分鐘前大夥兒還在議論東尼・拉斯特肯定下令殺光了當地所有的狐狸，但在聽見約翰安德魯的死訊後立刻閉上嘴巴。稍後等他們回家洗過澡之後，就會開始批評瑞朋小姐的父親，好讓自己心裡不會過意不去，不過這時每個人都驚訝不已，不敢多說話。有人借了一輛車給裘克和拉特莉夫人，好讓他們趕回海頓莊園。他們的馬交給一名馬伕照顧。

「這真是最可怕的事。」裘克在他們借來的車上說。「我們要怎麼告訴東尼這個壞消息呢？」

「像這種場合，我是最不適合待在一旁的人。」拉特莉夫人表示。

他們經過意外發生的地點時，還有很多人聚集在那兒討論著。

他們返回海頓莊園時，有許多人在附近徘徊，走廊上也有好幾個人談論著這件事。醫生正穿上外套準備離開。

「這孩子當場死亡，死因是後腦受到猛烈撞擊。」醫生說。「真令人傷心，我很喜歡這個孩子。不過，這個意外並非任何人的錯。」

奶媽哭個不停，坦卓里爾牧師與他的姪女也站在一旁。一名警察和班恩，以及兩個協助把約翰安德魯的屍體搬回來的男人，全都待在僕人休息室裡。「不是這孩子的錯。」班恩說。

「不是任何人的錯。」他們說。

「他今天很不開心。可憐的小鬼。」班恩說。

「如果真要說是誰的錯，那得怪葛蘭特—曼席斯先生叫他回家。」

「這不是任何人的錯。」其他人說。

東尼獨自在書房裡，裘克進去時，東尼開口的第一句話是：「我們必須告訴布蘭達。」

「你知道去哪裡通知她嗎？」

「她可能在上課……可是我們不能用電話通知她……無論如何，安伯洛斯已經打了電話到學校和她的公寓，可是都沒有辦法聯繫上她……我們該怎麼告訴她呢？」

裘克什麼話都沒說，他站在壁爐前，雙手插在馬褲的口袋裡，身體背對東尼。東尼問他：「當時你不在現場，是嗎？」

「不在。我們去了另外一座森林。」

「第一個告訴我這件事的人，是坦卓里爾牧師的姪女……然後我們看著他們把屍體運回來，班恩再將發生的經過告訴我……這件事對那個女孩子來說，真的非常可怕。」

「你是指瑞朋小姐嗎？」

「是的。她剛剛才離開這裡……事情發生之後，她也從馬背上跌下來。她的馬在村莊裡滑倒了……她自己的狀況也很糟，真是一個可憐的女孩。她不僅跌得很慘，心裡也很難受……因為約翰安德魯的緣故。她原本不知道自己的馬踢傷了約翰安德魯，是意外發生之後才得知的……當時她在藥房包紮頭部的傷口，別人才告訴她發生了什麼事。她從馬背上跌下來時弄傷了頭，傷得不輕。我派人開車送她回家去了……這件事不是她的錯。」

「不，不是任何人的錯。事情就這樣發生了。」

「沒錯。」東尼接話。「事情就這樣發生了……我們該如何告訴布蘭達？」

「我們必須到倫敦通知她。」

「對……但我想我必須留在這裡。不知道為什麼，但我覺得自己應該留在這裡，可能還有很多事情等著我去處理，如果要求別人替我做，實在說不過去……」

「由我去通知布蘭達吧。」裘克說。

「還有很多事等著我去處理……醫生說需要驗屍。當然，這只是必要的程序而已，可是這對瑞朋小姐那個年輕女孩而言，卻是相當折磨人的事。她必須提出證明……她自己的情況也很糟，我希望我對她不算太壞。他們把約翰安德魯抬進來的時候，我整個人都傻了。瑞朋小姐看起來也嚇壞了，我猜她父親一定對她很兇……真希望布蘭達在這裡，因為她會把每個人都照顧得好好的，而我卻腦子一團混亂。」

東尼與裘克兩人無言地站了一會兒，東尼又說：「你真的願意替我跑一趟倫敦，去告訴布蘭達這件事情嗎？」

「是的，我願意去。」裘克回答。

過了一會兒，拉特莉夫人走進書房。「殷區上校剛剛來過。」拉特莉夫人說。「我和他談了一會兒，他想向你致哀。」

「他還在嗎？」

「不，他離開了。我告訴他，你現在可能不希望受到打擾。他說，你應該會很欣慰，他已經終止今天的打獵活動。」

「謝謝他特別過來致哀。你們今天過得還好嗎？」

「不好。」

「真抱歉。我們上個星期在布魯頓森林看見一隻狐狸，我是說約翰安德魯和我……裘克現在要北上前往倫敦，替我去接布蘭達回來。」

「我可以開飛機載裘克去倫敦，這樣比較快。」拉特莉夫人說。

「是的，這樣會比較快。」

「我現在就去換衣服，十分鐘之內就好。」

「我也去換衣服。」裘克說。

只剩東尼一人時，他拉了鈴叫僕人過來。一名年輕男僕走進書房，他才剛來海頓莊園服務不久。

「可否請你告訴安伯洛斯先生，拉特莉夫人今天就會離開，她要駕飛機載葛蘭特—曼席斯先生去倫敦。布蘭達夫人晚上可能會搭火車回來。」

「好的，主人。」

「在兩位客人離開之前，最好先讓他們吃點午餐。我和他們一起用餐……還有，請你打電話給殷區上校，謝謝他剛才來訪，告訴他我會寫信給他。另外，也請你打電話給瑞朋先生，關心一下瑞朋小姐的情況……並且打電話到牧師的住處，詢問坦卓里爾牧師方不方便讓我今晚過去拜訪他。目前為止他都沒有來訪嗎？」

「不是的，主人，坦卓里爾牧師幾分鐘前才剛剛離開。」

「請你轉告牧師，我必須和他討論後事如何準備。」

「好的，主人。」

這名男僕事後表示，拉斯特先生把每一件事都處理得十分妥當。

書房裡安安靜靜，因為起居室的工人今天暫停施工。

拉特莉夫人比裘克早一步換裝完畢。

「僕人們正在準備午餐。」

「我們不必吃午餐。」拉特莉夫人說。「你忘了我們原本應該還在打獵。」

「最好吃點東西再上路。」東尼表示。過了一會，他又說：「要裘克去通知布蘭達這個消息，一定讓他很為難。不知道布蘭達什麼時候才會到家。」

東尼說到這兒時，他的語氣讓拉特莉夫人忍不住問道：「你等她回來的這段時間要做些什麼？」

「我不知道，但我想一定會有事可做。」

「聽我說。」拉特莉夫人表示。「還是讓裘克開車去倫敦吧，我留在這裡陪你，等布蘭達夫人回來。」

「這麼做太為難妳了。」

「不會的。我決定留下來。」

東尼說：「我知道我這麼想真的很荒唐，可是我確實希望妳留下來……我的意思是，妳不覺得為難嗎？我的腦子現在一團亂，無法相信竟然發生這種事。」

「可是事情真的發生了。」

男僕進來書房回報，表示坦卓里爾牧師將於下午茶時間結束後來訪，至於瑞朋小姐則已經上床休息。

「葛蘭特－曼席斯先生要開他的車北上倫敦，但今天晚上可能會再回來。」東尼告訴男僕。「拉特莉夫人要在這裡等布蘭達夫人回來。」

「好的，主人。另外，殷區上校想知道，如果在葬禮上請那些參加狩獵的人演奏『歸於塵土』這首曲子，不知道您介不介意？」

「請你回覆殷區上校，我會再寫信與他聯絡。」男僕離開書房之後，東尼對拉特莉夫人說：「那個提議實在非常糟糕。」

「噢，我不這麼想。我認為他只是想幫忙。」

「他這次擔任狩獵活動的主辦人，可是大家都不滿意。」

下午兩點半過後，裘克動身前往倫敦，東尼和拉特莉夫人則留在書房裡喝咖啡。

「這段時間恐怕非常尷尬。」東尼表示。「畢竟妳我還不熟識。」

「你不必替我擔心。」

「硬要妳留在這裡陪我，對妳來說一定很為難。」

「請你不要再擔心這種事。」

「我會盡量試試……但可笑的是，其實我根本不是在擔心這件事，我只是嘴上說說而已……我腦子裡不斷想著別的事情。」

過了片刻，東尼又說：「這件事對布蘭達的打擊會更嚴重，妳知道她除了約翰安德魯之外什麼都沒有，而我還擁有她與這棟心愛的房子……然而對布蘭達來說，約翰安德魯就是她最重視的一切……這是當然的……妳知道她最近很少見到約翰安德魯，因為她經常待在倫敦。我擔心這件事會對她造成嚴重的打擊。」

「我們永遠無法知道什麼事會對別人造成嚴重的打擊。」

「可是，妳應該明白，我非常了解布蘭達。」

六

由於書房的窗戶開著，鐘塔上的大鐘開始報時的時候，聲音不僅在鐘樓的紋飾與高塔的尖端間迴盪，從安靜的書房裡聽起來也格外清晰。東尼和拉特莉夫人已經好一陣子沒有說話，拉特莉夫人背對東尼而坐，獨自玩著複雜且需要耐性的單人牌戲，她面前的桌上攤放著四副撲克牌。東尼吃完午餐之後，就一直坐在壁爐前的椅子上。

「現在才四點鐘？」東尼問。

「我還以為你睡著了。」

「我沒睡著，我只是在沉思……裘克現在應該已經在半途中了，可能在艾勒斯柏利或者崔令附近。」

「開車比較慢。」

「意外發生至今還不到四小時……我實在難以想像這竟是今天發生的事。五個小時之前，大夥兒還聚在這裡喝酒。」東尼說到這兒時停頓了一會兒，於是拉特莉夫人又開始洗牌，接著重新發牌。「我接到消息的時間是十二點二十八分，當時我看了手錶……十二點五十分的時候，他們把約翰安德魯的屍體抬回來……也就是三個小時之前……這實在令人難以置信，對不對？一切都不一樣了，事情發生得這麼突然。」

「意外總是讓人措手不及。」拉特莉夫人說。

「再過不到一個小時，布蘭達就會接獲消息……假如裘克能夠在她的公寓裡順利找到她。當然，她可能出門去了，如此一來，裘克也不知道可以去哪裡找她，因為公寓裡沒人。布蘭達出門時會鎖門，讓公寓空著……她大半天都在外面，我知道，因為我有時候會打電話給她，可是都沒有人接聽。裘克可能花好幾個小時也找不到布蘭達……他可能得耗費從意外發生至今這麼長的時間。如此一來，時間就過了八小時。不過，布蘭達很可能在晚上八點前都不會回到公寓……想想看，從意外發生到現在，以及從現在到布蘭達接獲消息，中間的時間實在很漫長，讓人無法想像，對不對？然後布蘭達還得搭火車回來海頓莊園。我記得有一班九點多出發的火車，她可能趕得上那班車。我不知道我是不是應該也到倫敦一趟……可是我不想離開約翰安德魯。」

（拉特莉夫人專心玩她的牌戲，熟練地將撲克牌在桌上往前或往後移動，動作宛如織布機的梭子。經過排列，撲克牌從原本的混亂狀況慢慢顯出條理，並且建立起一套順序，她面前的紙牌變成秩序清晰且互相關連的排列。）

「……當然，當裘克抵達布蘭達的公寓時，她也可能剛好在家。這麼一來，她就可以趕上她以前經常搭乘的那班火車——在她租下那間公寓之前，她經常早上去倫敦、晚上回海頓莊園……我試著去想像那種場面：裘克抵達倫敦，布蘭達看見裘克時非常驚訝，然後裘克告訴她發生了什麼事……這項任務對裘克而言真的很為難他……布蘭達可能在五點半或更早之前就會接獲消息。」

「真可惜你沒有辦法靜下心情。」拉特莉夫人說。

「等布蘭達接到消息，我可能會覺得好過一些……現在我覺得一切都不對勁，彷彿偷藏了一個布蘭達不知道的祕密……我不清楚她的課程怎麼安排，但我猜她最後一堂課大概五點鐘結束……如果她下課之後要和朋友出去喝茶或喝雞尾酒，不知道會不會先回公寓換衣服？她不可能老是待在公寓裡，因為那間公寓太小了。」

拉特莉夫人看著交錯排列的撲克牌沉思，然後將它們往自己這邊收攏，再隨意將其排列成行。如果不是因為紅磚六的位置不對，以及角落某區的花色無法一致，剛剛那場牌戲原本可以順利結束。「這真是折磨人。」

窗外再度傳來鐘聲。

「只過了十五分鐘嗎？……妳知道，如果只有我自己一人待在這兒，我可能已經發瘋了，謝謝妳留下來陪我。」

「你會不會玩『比齊克』[16]？」

「我恐怕不會玩。」

「那麼『皮克特』[17]呢？」

「不會。除了『動物翻牌』之外，我什麼都不會。」

「真可惜。」

「我必須發電報通知瑪卓莉和其他幾位親友，不過我最好先等裘克找到布蘭達。妳想一想，假如我的電報送達瑪卓莉手中的時候，還不知情的布蘭達正好在她身旁，這對布蘭達而言會是多麼大的打擊。」

「你必須試著不要胡思亂想。你會擲骰子嗎？」

「不會。」

「很簡單，我來教你。棋桌上有骰子。」

「我沒事，真的。我不想玩骰子。」

「你去拿骰子，然後坐到我這邊來。我們還有六個小時要打發。」

拉特莉夫人教東尼如何擲骰子。東尼說：「我在電影上看過──行李員和計程車司機經常擲骰子玩。」

「當然，你一定看過別人擲骰子，很簡單的……你看，你贏了，這些籌碼全歸你了。」

過了一會兒，東尼又說：「我剛剛又想到一件事。」

「難道你就不能暫停思考嗎？」

---

16 比齊克：Bezique，一種雙人牌戲，需要使用六十四張撲克牌。（只使用數字七以上的撲克牌，需用兩副撲克牌。）

17 皮克特：Piquet，一種雙人牌戲，需要使用三十二張撲克牌。（只使用數字七以上的撲克牌。）

「假如報社已經得到消息，布蘭達可能會在布告欄上看見這個消息，或者當她隨意拿起一份晚報閱讀時，報上就有這則消息……說不定還有照片。」

「沒錯，剛才你說你要發電報時，我也想到這一點。」

「這非常有可能，對不對？報社很快就會接獲消息。我們該怎麼辦？」

「我們什麼都不能做，只能靜靜等待……來吧，大男孩，擲骰子吧。」

「我已經不想玩了。我真的很擔心。」

「我知道你很擔心，這點你不說我也能體會……可是你現在手氣正順，不應該停止。」

「很抱歉，但妳這麼說並不能改變我的想法。」

東尼開始在書房裡來回踱步，一會兒走到窗戶旁，一會兒又走到壁爐前。他將菸絲填入菸斗。「至少我們可以查一查晚報有沒有報導這件事。我可以打電話到俱樂部，問問那裡的門房。」

「這麼做也無法避免你太太讀報，所以我們只能等待。你剛才說，你會玩的那種紙牌遊戲叫什麼名稱？動物遊戲？」

「動物翻牌。」

「我要學。」

「那是給小孩子玩的遊戲，我們兩個大人來玩很可笑。」

「教教我。」

「好吧。我們要各選一種動物。」

「好的。我是狗，你是雞。然後呢？」

東尼向拉特莉夫人說明遊戲規則。

「我覺得你必須先放鬆心情，然後再玩這個遊戲。」拉特莉夫人表示。「可是我很樂意嘗試所有的東西。」

他們各拿一疊牌，開始出牌。過了一會兒，當兩張八出現時，「汪汪！」拉特莉夫人立刻學小狗叫，並且伸手摸牌。

接著又出現另一組相同的牌。「汪汪！」拉特莉夫人又學小狗叫。「你知道嗎？我覺得你根本沒有專心玩牌。」

「噢！」東尼這時才趕緊學雞叫：「咕咕咕。」

「別傻了。」拉特莉夫人說。「現在又沒有相同的牌……」

男僕亞伯特走進書房拉上窗簾時，他們還在玩這個牌戲。東尼手中只剩兩張牌，因此輪流打出來。拉特莉夫人手上因為太多牌，不得不分成兩疊。他們發現亞伯特在書房裡時，趕緊暫停玩牌。

亞伯特離開書房後，東尼說：「不知道這個男僕會怎麼想。」

（「他竟然坐在書房裡學雞叫。」亞伯特告訴別人。「他的兒子才剛死，屍體還放在樓上。」）

「我們最好停止玩這個牌戲。」

「這個遊戲不好玩，但卻是你唯一會玩的牌戲。」

拉特莉夫人將桌面上的撲克牌收攏，然後將它們整理回原本的兩副牌。安伯洛斯和亞伯特端茶進來，東尼看看手錶。「五點鐘了。窗子已經關上，所以我們沒聽見鐘聲，不過裘克現在肯定已抵達倫敦。」

拉特莉夫人說：「我想喝點威士忌。」

裘克沒有看過布蘭達的公寓。這間公寓位於一棟毫無特色的房屋裡，該住宅區的房子全部都是這種風格，貝佛太太很不欣賞這棟屋子裡的樓梯間與走廊占用太多空間。這裡沒有幫忙房客搬東西的管理員，但是一名清潔女工每個星期有三天早上會帶著水桶與拖把來打掃。寫著房客姓名的告示牌上顯示布蘭達在家，然而裘克不太相信告示牌，因為他覺得布蘭達每天進出公寓時一定經常忘記更換牌子。裘克在二樓找到了布蘭達的公寓。那道通往二樓的大理石階梯，走到中間轉彎處就變成了褪色的地毯，那地毯是貝佛太太在整修房屋之前的舊有裝潢。裘克按了門鈴，並且聽見公寓內傳來門鈴的回聲，可是沒有人來開門。時間已經是下午五點多，裘克原本就不期望布蘭達會在公寓裡。他在返回倫敦途中已經做了決定，如果布蘭達不在公寓裡，他就去俱樂部打電話給布蘭達的每個朋友，以詢問布蘭達的下落。裘克又按了一次門鈴，並且習慣性地等候片刻，最後才轉身離開。就在這個時候，隔壁公寓的門打開了，一個身穿深紅色天鵝絨裙衫、膚色黝黑的女子探出頭來看著裘克。這名女子戴著東方風格的大型金項鍊，項鍊上鑲著不透明而且不值錢的石頭浮雕。

「你找布蘭達．拉斯特夫人嗎？」

「是的。妳是她的朋友嗎？」

「噢，我們是很好的朋友。」阿巴杜．阿卡巴王妃回答。

「或許妳可以告訴我，我應該去哪裡找她？」

「我想她一定在卡克柏斯夫人那兒。我正要去，我可以替你傳話。」

「這件事我得親自對她說。」

「嗯，請等我五分鐘，我們可以一起去卡克柏斯夫人家。你先進來吧。」

阿巴杜．阿卡巴王妃的單人房裡堆放著亂七八糟的東西，顯示東方人欠缺擺設裝飾品的正確觀念：應該配戴在摩爾國王皇袍上的寶劍，被懸掛在牆壁的畫架上；祈禱用的地蓆，被隨意放在長沙發上；來自烏茲別克布卡拉城的壁毯，被當成地毯放在地板上；在日本橫濱地區專門販售給遊船觀光客的披肩，被放在梳妝臺上；從埃及塞得港買回來的八角桌，上面擺著白色肥皂石雕刻的西藏佛像；購自孟買的六隻象牙製大象雕像，被排列在壁爐架上。房間裡還有來自其他地區的文化產物，例如刻有花卉浮雕的玻璃瓶及粉盒、從塞內加爾帶回來的陽具模型、一個荷蘭銅碗、一個用腐蝕製版法製成的垃圾桶、王妃在某個海邊旅館的晚宴上獲贈的黑臉布娃娃、十多張鑲了框的王妃照片、一幅用彩色木頭拼湊成的園藝圖，以及一架以煙燻橡木製成的都鐸風格收音機。這麼多東西擺在這麼小的房間裡，看起來非常雜亂。王妃坐在梳妝臺的鏡子前，裘克則坐在她後面的長沙發上。

「你叫什麼名字？」阿巴杜．阿卡巴王妃轉頭問裘克。裘克告訴她之後，她說：「噢，對，我聽他們提過你的名字。我上上個週末去了海頓莊園……那裡真是一棟奇特又有趣的老建築。」

「我應該告訴妳，海頓莊園今天早上發生一樁可怕的意外。」

坐在皮椅上的珍妮．阿巴杜．阿卡巴轉過身，因為驚訝而睜大雙眼。她將手壓著自己的胸口。

「快！」珍妮輕聲地說。「快告訴我。我沒有辦法承受。是不是有人死了？」

裘克點點頭。「他們的兒子……不幸被馬兒踢死了。」

「小男孩強尼？」

「約翰安德魯。」

「約翰安德魯……死了？太可憐了！」

「不是任何人的錯。」

「噢，不對。」珍妮說。「是我的錯，全是我的錯。我根本不應該去那裡……可怕的詛咒跟隨著我，無論我到什麼地方，我只會帶給人們哀傷……真希望死的人是我……這樣我就不必再面對悲傷的事了。我覺得自己像個謀殺者，那個勇敢的小生命就這樣被殺害了。」

「呃，說真的，妳知道，妳不應該這樣想。」

「已經不是頭一次發生這種事了……這種事情總是一再發生、而且在任何地方都發生過。我被厄運追殺……毫不留情。噢，老天啊！」珍妮．阿巴杜．阿卜巴說。「我究竟犯了什麼錯，才會淪落到這種地步？」

她站起身子想自己一個人靜一靜，可是除了浴室之外她沒有地方可去。裘克隔著浴室門說：「呃，我必須跟著妳去波莉家一趟，將這個壞消息當面告訴布蘭達。」

「請再給我一分鐘，我馬上就好。」等到珍妮走出浴室時，她的精神確實振作了一些。「你在倫敦有車嗎？」她問。「還是我應該打電話叫計程車？」

下午茶時間結束後，坦卓里爾牧師終於來到海頓莊園。東尼在書房裡迎接坦卓里爾牧師，然後他們兩人就到別處去說話，談了半個小時。因為剛才拉特莉夫人請僕人把酒和酒杯直接留在書房裡，所以東尼回書房的時候，便先走到放酒的托盤那兒，替自己倒一杯加薑汁的威士忌。拉特莉夫人還在玩她的單人牌戲，沒有抬起頭。她一邊玩牌一邊問東尼：

「你們聊得不愉快嗎？」

「非常糟糕。」東尼一口氣喝完他的威士忌，然後又倒一杯。

「也幫我倒一杯好嗎？」拉特莉夫人說。

東尼說：「我找坦卓里爾牧師來，只是想安排約翰安德魯的後事，可是他卻一直安慰我，令我非常痛苦……畢竟在現在這個時候，我最不想聽的就是宗教的大道理。」

「可是有些人喜歡聽。」拉特莉夫人表示。

「當然。」東尼停了一會兒又說：「可是妳又沒有孩子……」

「我有兩個兒子。」拉特莉夫人說。

「妳有孩子？真抱歉，我不知道……我們彼此認識不深，我真失禮。」

「沒有關係，大家都很驚訝我有兩個兒子。我不常和他們見面，他們在外地上學，去年夏天我帶他們去看電影，才發現他們已經長得很大了，其中一個將來肯定會非常英俊，像他爸爸一樣。」

「六點十五分了。」東尼說。「我想裘克應該已經找到布蘭達了。」

卡克柏斯夫人家正在舉行一場小型聚會，座上嘉賓包括維若妮卡、黛絲、西碧兒、蘇姬・德・佛寇艾斯特哈西，以及另外四、五個人，所有的客人都是女性。這些女人都是來見一位名叫諾思考特夫人的算命師。貝佛太太先認識諾思考特夫人，然後就開始替她介紹客人以賺取佣金。諾思考特夫人的算命服務每次收費五枚金幣，貝佛太太可抽佣兩英鎊十二先令六便士。諾思考特夫人採用新式的算命法：閱讀客人腳底的紋路。這些女客迫不及待地等著諾思考特夫人替她們算命。「她花好長的時間替黛絲算命。」

「因為她會看得很仔細。」波莉說。「所以腳底會很癢。」

黛絲剛剛算完命，大夥兒追問黛絲：「諾思考特夫人怎麼說？」

「我不能說，說出來就不準了。」黛絲回答。

這些女士以抽撲克牌的方式決定算命的先後順序，現在輪到布蘭達。她走到隔壁房間去見諾思考特夫人，諾思考特夫人坐在扶手椅旁邊的高凳上，外表看起來像是一個邋遢的中年婦女，但說話時會刻意裝出附庸風雅的上流社會口音。布蘭達坐下之後脫去鞋子與絲襪。諾思考特夫人把布蘭達的腳放在自己的膝蓋上，一臉嚴肅地端詳片刻，然後再把布蘭達的腳抬高，用一個銀製鉛筆盒的尖角，順著布蘭達的腳底紋路滑動。布蘭達因為覺得癢而忍不住動動腳趾，但是仍專注地聆聽諾思考特夫人的分析結果。

其他賓客在隔壁房間聊天。「貝佛先生今天去哪兒了？」

「他和他母親搭飛機去法國看新的壁紙。布蘭達一直很不放心，擔心他會發生意外。」

「布蘭達這麼愛他，實在非常感人，對不對？但我不清楚貝佛先生對布蘭達是什麼樣的感情……」

諾思考特夫人對布蘭達說：「星期四妳什麼事都別做。」

「任何事都不能做嗎？」

「不要做重要的事。妳是充滿智慧與想像力的人，而且富有同情心，可是太衝動又太熱情，很容易被別人牽著鼻子走。妳很有藝術天分，只可惜沒有機會發揮妳的才華。」

「能不能談談我的感情問題？」

「我正要提到感情方面的事。從大腳趾一直延伸到足弓的紋路，都是代表妳的情人。」

「好，請繼續說……」

這時有人宣布阿巴杜．阿卡巴王妃來訪。「布蘭達在哪兒？」王妃一進門就問。「我還以為她在這裡。」

「諾思考特夫人正在替她算命。」

「裘克．曼席斯想見布蘭達，他人在樓下。」

「裘克想見布蘭達？……妳怎麼會把裘克帶到這裡來？」

「發生了一件非常重大的事，他必須與布蘭達單獨談一談。」

「我的老天，聽起來好神祕！好吧，布蘭達馬上就出來了，我們現在不能打擾她們。如果打擾她們，諾思考特夫人會生氣。」

於是阿卡巴王妃只好把不幸的消息告訴大家。

在另一個房間裡，布蘭達已經開始覺得腳底發冷。「有四個男人主宰妳的命運。」諾思考特夫人說。「一個溫柔又忠實，可是尚未向妳吐露他的愛意。另外一個是熱情霸道，因此妳有點怕他。」

「我的天啊！」布蘭達說。「這聽起來真令人興奮！他們是誰？」

「還有一個是妳必須迴避的，他不僅鐵石心腸，而且非常貪婪。」

「我打賭這個人是貝佛先生。希望不是。」

裘克在樓下的小客廳等布蘭達。波莉的客人來約她吃午餐時，通常會先在這間小客廳裡坐坐。現在的時間是六點五分。

不久之後，布蘭達終於穿回絲襪和鞋子，回去找她的朋友們。「算命太好玩了。」布蘭達說。「奇怪，為什麼妳們的表情看起來那麼奇怪？」

「裘克．葛蘭特—曼席斯在樓下，他來找妳。」

「裘克？真是令人意外。該不會發生了什麼可怕的事情吧？」

「妳最好快點到樓下去找他。」

布蘭達突然被這房間裡的詭異氣氛以及她朋友臉上的奇怪表情嚇壞了，急急忙忙跑下樓，到裘克等候的小客廳去。

「裘克，發生了什麼事？快點告訴我，我好害怕，不是什麼可怕的事情吧？」

「我很遺憾，發生了一場非常嚴重的意外。」

「是約翰嗎？」

「是的。」

「他死了？」

裘克點點頭。

布蘭達跌坐在一張又硬又小的國王椅上，雙手握拳放在膝蓋上，靜靜坐著不動，宛如一個教養良好的小孩突然被帶進一間滿是大人的房間。「告訴我，發生了什麼事？為什麼你會比我還先知道？」

「我從週末以來就一直待在海頓莊園。」

「海頓莊園？」

「妳不記得了嗎？約翰安德魯今天去打獵。」

布蘭達皺著眉頭，這時才搞清楚死的人是她的兒子約翰安德魯，而不是她的情人約翰・貝佛。「約翰……是約翰安德魯……我……噢，感謝老天……」然後開始嚎啕大哭。

布蘭達無助地慟哭，轉身將額頭靠在那張國王椅的金色椅背上。

諾思考特夫人在樓上正抓著蘇姬・德・佛寇艾斯特哈西的腳，說著：「有四個男人主宰妳的命運，一個忠實且溫柔，可是尚未向妳透露他的愛意……」

七

寂靜的海頓莊園裡，管家房間旁邊的電話響起之後，就立刻被轉接至書房。東尼接聽起電話。

「我是裘克。我見到布蘭達了，她會搭晚上七點鐘的火車回去。」

「她是不是嚇壞了？」

「是的，當然。」

「她現在在哪裡？」

「她在我旁邊。我在波莉家打這通電話。」

「我可以和她說話嗎？」

「最好先不要。」

「好吧……我會去火車站接她。你會陪她一起回來嗎？」

「不會。」

「好吧。謝謝你幫忙。如果沒有你和拉特莉夫人，我真不知道應該怎麼辦才好。」

「噢，這點小事不算什麼。我會送布蘭達上車。」

布蘭達已經停止哭泣，彎著身子坐在椅子上。裘克與東尼通電話時，她的頭抬都沒有抬一下，只默默地說：「是的，我會搭乘七點鐘的火車回去。」

「我們該走了。我想妳大概還要回公寓整理行李。」

「我的皮包……在樓上。請你幫我上去拿，我沒有辦法再走進那個地方。」

在返回公寓途中，布蘭達一句話都沒說。裘克開車，她坐在副駕駛座，兩眼直視著前方。他們抵達公寓之後，布蘭達打開門讓裘克進去。她的公寓裡幾乎沒有家具，布蘭達在唯一的椅子上坐下。「現在距離火車出發時刻還有一段時間，請你告訴我到底發生了什麼事。」

於是裘克把事情經過告訴布蘭達。

「可憐的孩子。」布蘭達說。「我可憐的孩子。」

然後她打開衣櫥，將一些衣物放進行李箱，並且進出浴室一、兩次。「我帶這些就夠了。」她說。「我們還有很多時間。」

「妳想吃點東西嗎？」

「噢，不。我什麼都不想吃。」布蘭達又坐下來，看著鏡中的自己，可是沒有補妝的打算。「你告訴我這個消息的時候，我一下子沒弄懂你的意思。」她說。「我不知道自己說了什麼。」

「我了解。」

「我那時候有沒有說什麼奇怪的話？」

「妳很清楚自己說了什麼。」

「是的，我知道……但我不是那個意思……我猜現在我再怎麼解釋也於事無補。」

裘克說：「妳確定妳的東西都帶齊了嗎？」

「是的，就這些東西。」布蘭達朝著床上那個小行李箱點點頭。她看起來十分柔弱無助。

「嗯，那麼我們最好趕緊前往火車站。」

「好吧。其實時間還早，但是無所謂。」

裘克開車載布蘭達到火車站。由於這天是星期三，車廂裡擠滿在倫敦購物後準備返家的家庭主婦。

布蘭達坐在某一排座位的中央，兩旁的婦人好奇地看著她，懷疑她是不是身體不舒服。

「妳要不要看看書，以便打發時間？」

「不，不需要。我總是搭乘三等車廂。」

「妳為什麼不搭頭等車廂？」

「我不想看書。」

「要不要吃點東西？」

「我不想吃。」

「那麼，我要向妳說再見了。」

「再見。」

裘克離開時，一個手裡提著大包小包的女人從他身旁擠上車廂。

當約翰安德魯發生意外的消息傳來時，瑪卓莉對艾倫說：「唉，總之，這也表示布蘭達與貝佛先生的關係要結束了。」

可是波莉・卡克柏斯卻對維若妮卡說：「對布蘭達而言，這表示她和東尼之間已經完了。」

比較窮困的拉斯特家族接到電報時嚇了一大跳，他們住在里斯伯勒王子城附近某個占地遼闊但不太賺錢的養雞農莊。他們目前還沒有人想到，倘若將來又有什麼意外發生，他們會成為海頓莊園的繼承人，但就算他們想到這一點，他們對約翰安德魯的驟逝還是感到同樣哀傷。

裘克從帕丁頓火車站開車到布拉特俱樂部。一個坐在吧檯旁的男人說：「東尼・拉斯特的兒子發生了可怕的意外。」

「我知道，意外發生時我就在那兒。」

「不會吧？當時你也在那裡？真的很可怕。」

過了一會兒，有人打電話到俱樂部，接電話的服務生問裘克：「阿巴杜・阿卡巴王妃想知道你是不是在俱樂部？」

「不，不。請告訴她我不在這兒。」

八

隔天上午十一點，警方開始進行調查，但是調查很快就結束了。醫生、公車司機、班恩、瑞朋小姐都提供了相關證詞。警方讓瑞朋小姐坐著回答，她的臉色蒼白，說話時聲音不停顫抖。瑞朋小姐的父親坐在旁邊的椅子上，兩個眼睛始終瞪著她。瑞朋小姐的帽子底下是她光溜溜的頭皮，因為醫護人員必須剃光她的頭髮才能包紮她頭上的傷口。根據驗屍官的報告摘要，證據顯示這場不幸事件並非任何人的錯。他同時也向拉斯特先生與布蘭達夫人致上深深的哀悼，並且讓他們先行離席。殷區上校與這次狩獵活動的祕書也列席旁聽，調查過程進行得非常謹慎莊嚴，以表達每個人心中的遺憾。

布蘭達說：「請稍等，我必須安慰一下可憐的瑞朋小姐。」

布蘭達的應對進退十分周到，等到所有的客人都離開後，東尼對她說：「我真希望妳昨天也在這兒。昨天有好多人，我根本不知道應該對他們說什麼。」

「你昨天在做什麼？」

「那個不要臉的金髮女郎也在這兒……我們玩了『動物翻牌』。」

「『動物翻牌』？好玩嗎？」

「普通……想想看，昨天這個時候，什麼事都沒發生。這種感覺真奇怪。」

「我可憐的孩子。」布蘭達說。

昨天布蘭達回到海頓莊園之後，她與東尼幾乎沒有交談。東尼開車到火車站去接她，他們回到家時，拉特莉夫人已經上床休息。隔天一大早，拉特莉夫人沒有與他們夫妻打招呼，就直接駕著飛機離開海頓莊園。東尼和布蘭達都聽見飛機飛過屋頂的聲音，當時布蘭達正在洗澡，東尼則在書房裡處理一些必須回覆的信件。

這天的天氣反覆無常，一會兒晴空萬里，一會兒狂風呼嘯，白雲與烏雲高掛在天空，始終徘徊不去，但是房子周圍的禿樹被風吹得搖搖晃晃，飛散的稻草在馬廄前的空地隨著疾風迴旋。班恩已經換掉剛才接受審訊時所穿的正式服裝，開始忙著他的日常工作。「霹靂」昨天也被瑞朋小姐的馬踢中一腳，因此右前腿有一點跛。

布蘭達脫去帽子，隨手丟在走廊的椅子上。「妳沒有什麼事情要和我討論吧？」東尼問。

「沒有任何事情需要討論。」

「不，我認為我們應該討論一下葬禮的事。」

「噢，當然。」

「好極了。明天討論的話，妳方便嗎？」

布蘭達探頭看了起居室一眼，說：「工人已經快完成整修工程了，對不對？」

布蘭達的動作比平常緩慢許多，說話的語氣也變得死氣沉沉，臉上毫無表情。她在走廊中央的扶手椅坐下，那張椅子從來沒有人坐過。東尼把手放在布蘭達的肩膀上，但是布蘭達說：「不要這樣。」她說這句話時沒有表現出不耐煩或情緒緊繃的態度，可是面無表情。東尼只好說：「那麼我去書房回完那些信。」

「好的。」

「吃午餐時見。」

「好。」

布蘭達站起身子，無精打采地尋找她的帽子，找到後才以非常遲緩的腳步走上樓梯。陽光從她身旁的彩繪玻璃照進屋內，在她周圍閃閃發光。

她坐在房間裡靠窗的椅子上，眼睛看著窗外的草原、暗褐色的耕地、隨風搖擺的禿樹、教堂的高塔，以及在樓下露臺隨風形成漩渦飛舞的灰塵與樹葉。布蘭達手裡還拿著帽子，手指則焦躁地撥弄別在帽緣的別針。

奶媽敲門後走進來，她的眼睛哭得紅通通的。「夫人，抱歉，我剛才整理了約翰安德魯的遺物，這條手帕不是他的。」

手帕上的濃郁香氣，以及手帕角落處的皇冠刺繡，都透露出它主人的身分。

「我知道這條手帕是誰的，我會拿去還給她。」

「我不知道這條手帕為什麼會在這兒。」奶媽說。

奶媽離開後，布蘭達望著窗外那些令人心煩的景象，自言自語地說：「我可憐的孩子。我可憐的孩子。」

❇

「主人，我正在想約翰安德魯那匹小馬的事。」

「噢，班恩。你有什麼想法？」

「您想留著牠嗎？」

「我還沒有想過這件事……不，我不想留著牠。」

「住在雷斯妥的威斯麥考特先生有意買下那匹馬。他覺得那匹馬很適合他的女兒。」

「好。」

「您想賣多少錢？」

「噢，我不知道……價格方面，只要你覺得合理就可以了。」

「主人，那是一匹很好的小馬，而且一直受到很好的照顧，所以我覺得至少可賣到二十五英鎊。」

「好的，班恩，這件事情交給你來處理。」

「主人，我是不是應該開價三十英鎊，好讓買方殺價？」

「就照你的意思去做。」

「好的，主人。」

吃午餐時，東尼對布蘭達說：「裘克打電話來，詢問有沒有需要他幫忙的地方。」

「他人真好。你為什麼不邀請他來這裡度週末呢？」

「妳希望他來嗎？」

「週末我不會留在這裡，我要去維若妮卡家。」

「妳要去維若妮卡家？」

「是的，你忘了嗎？」

由於房間裡還有僕人在，因此他們沒有針對這件事多說什麼。稍後等他們在書房獨處時，東尼問布蘭達：「妳週末時真的要離開？」

「是的。我沒有辦法待在這個地方。你應該能體會我的心情，不是嗎？」

「是的，我當然懂，但我覺得我們應該一起離開，到國外去散散心。」

布蘭達沒有回應東尼，只是繼續自說自話：「我沒有辦法留在這裡。一切都結束了，你不明白嗎？我們在這裡的日子已經完全結束了。」

「親愛的，妳到底想要表達什麼？」

「請不要逼我說明……我現在沒有辦法解釋。」

「可是，布蘭達，甜心，我不明白妳的想法。我們都還年輕，還可以有別的孩子。當然，我們永遠不會忘記約翰安德魯，他永遠是我們的長子，可是……」

「不要再說了。東尼，請你不要再說了。」

東尼閉上嘴，但是過了一會兒，他又說：「妳明天就要去維若妮卡家？」

「嗯。」

「那麼我想我應該會邀請裘克過來。」

「好的，我覺得這樣很好。」

「過一陣子等我們調適好心情之後，再來討論將來的計畫吧。」

「好，過一陣子再討論。」

翌日早晨。

「我母親寄來一封慰問信。」布蘭達將信遞給東尼。聖克勞德夫人在信中寫道：

……我無法到海頓莊園參加葬禮，可是我將會每分每秒思念著你們與我摯愛的外孫。我會想念你們三人歡慶聖誕的愉快情景。親愛的孩子，在這種悲傷的時刻，你們必須互相扶持，因為愛的力量比悲傷更強大……

「我收到裘克的電報。」東尼說。「他可以來海頓莊園度週末。」

此時在維若妮卡家，維若妮卡說：「我們這下子可尷尬了，因為布蘭達竟然說她要來這兒度週末。我還以為她不來了。我不知道能和她聊些什麼。」

＊

吃完晚餐後，東尼與裘克兩人單獨坐著休息，東尼對裘克說：「我一直試著去搞懂一切，但我想我現在終於弄明白了。我不能只從自己的角度去思考布蘭達應該怎麼做，畢竟布蘭達和我確實有許多方面不盡相同。因為維若妮卡那些人是陌生人，她們不認識約翰安德魯，也不曾在海頓莊園生活，所以布蘭達想和她們在一起，以便忘記憂傷。布蘭達一定是這麼想的，對不對？布蘭達現在需要一個人靜一靜，遠離可能提醒她這場悲劇的任何事物……不過，我還是覺得讓布蘭達離開這兒是一個糟糕的決定。我無法告訴你她待在這裡的時候有多麼悲慘……她簡直就像機械人。這場意外給她的打擊，比對我的打擊還要嚴重，我看得出來，可是我卻沒有辦法給她任何幫助，那種感覺真的很糟。」

裘克沒有回答。

約翰．貝佛也去了維若妮卡家。布蘭達對他說：「星期三那天，我還以為是你發生了意外。那一刻，我才真的明白自己深深愛上你了。」

「噢，我知道妳愛我，因為妳一天到晚這麼說。」

「你這個傻瓜。」布蘭達表示。「接下來我會讓你知道，我有多麼多麼愛你。」

星期一早晨，東尼在吃早餐時收到一封信。

親愛的東尼：

我不會再回海頓莊園了。葛林蕭會替我收拾行李，送到我住的公寓，然後我就不需要她繼續服侍我了。

你一定早就發覺事情不對勁了吧？

我愛上了約翰．貝佛，我要和你離婚，與他結婚。倘若約翰安德魯沒有死，或許事情不會演變到這個地步，我不確定，但既然不幸已經發生，我沒有辦法與你重新開始，請你不要太在意。在收到離婚判決之前，我們不應該再和彼此見面，但今後我們仍是好朋友。總而言之，無論你如何看待我，我永遠會把你當成一個非常重要的人。

獻上我真摯的愛

布蘭達

東尼讀完信的第一個念頭，就是布蘭達發瘋了。「就我所知，她根本只和貝佛見過兩次面。」東尼表示。

但稍後當他把這封信拿給裘克看時，裘克卻說：「真遺憾，沒想到事情會變成這樣。」

「這一切不是真的吧？」

「是真的，這恐怕千真萬確，而且我們很早以前就知道這件事了。」

東尼花了好幾天的時間才完全弄懂裘克這句話的意思，因為他一直深愛著布蘭達，而且非常信任她。

第四章
英式哥德建築之二

一

「那個老男孩的情況如何？」

「不太好。這件事讓我覺得自己禽獸不如。」布蘭達說。「我覺得他很介意。」

「呃，但如果他一點都不在乎，妳也會不高興。」波莉安慰布蘭達。

「嗯，我想我會不高興。」

「無論發生什麼事，我都支持妳。」珍妮・阿巴杜・阿卡巴說。

「噢，現在一切都還算順利。」布蘭達表示。「只不過親戚們有點尷尬。」

過去三個星期，東尼一直和裘克同住。拉特莉夫人去了加州，因此東尼很感謝還有裘克作伴。他們幾乎每晚都一起用餐，可是不再去布拉特俱樂部。約翰·貝佛也不去布拉特俱樂部了，因為東尼和貝佛都擔心會遇見對方。東尼與裘克改去布朗俱樂部，因為貝佛不是那裡的會員。貝佛現在都和布蘭達在一起，大部分的時間都待在貝佛太太租給布蘭達的公寓裡。

貝佛太太不喜歡這件事的發展，因為她的工人尚未完成海頓莊園的裝修工程，就提前遭到辭退。

第一個星期，東尼見了幾位讓他心生反感的客人，其中一位是試圖扮演和事佬的艾倫。

「只要等幾個星期，布蘭達就會回到你身邊。」艾倫說。「她一定會對約翰·貝佛感到厭倦。」

「可是我不希望她回到我身邊。」

「我了解你的感受，但是你用古板的方式處理這件事是不對的。若不是因為布蘭達受到約翰安德魯驟逝的刺激，你們的婚姻危機根本不會發生。瑪卓莉去年不也成天黏著羅賓·畢斯利那個蠢蛋？當時她瘋狂迷上羅賓·畢斯利，但我假裝不知情，他們後來也就散了。如果我是你，我就當成一切都沒發生過。」

瑪卓莉對東尼說：「布蘭達當然不愛貝佛，她不可能會愛上他……如果她現在覺得自己愛上了貝佛，你就有責任幫助布蘭達，不要讓她丟人現眼。你必須拒絕和她離婚——無論如何，起碼要等布蘭達找到比較合適的對象再談離婚。」

聖克勞德夫人向東尼表示：「布蘭達真的非常、非常愚蠢。她一向是個容易動情的女孩，可是我相信她還沒有犯錯，這一點我非常確信，因為布蘭達不是那種會輕易犯錯的人。我沒有見過貝佛先生，而且我也不想見他。我知道那個人在各方面都不適合布蘭達，布蘭達不會想嫁給那種人。東尼，讓我告訴你事情是怎麼發生的：布蘭達一定是覺得自己被你冷落了——婚姻進入這種階段時，經常會發生這一類的事，我知道非常多的例子——這時如果有個年輕男人跑來追求布蘭達、每天約她見面，她當然會受寵若驚。反正就是這麼一回事，布蘭達沒有犯錯。小約翰安德魯發生意外，擾亂了布蘭達的心，因此她根本不知道自己說了什麼或寫了什麼。再過幾年，你們兩人會一起笑著回憶這段小小的爭吵。」

自從葬禮那天下午至今，東尼都沒有見到布蘭達，兩人只有通過一次電話。

第二個星期是東尼覺得最寂寞的時候，其他人提供的建議也只是徒增他的困惑。艾倫一直在他身邊鼓勵他們復合。「我和布蘭達聊過。」艾倫表示。「她已經對貝佛感到厭倦，現在只想回到海頓與你重修舊好。」

雖然艾倫在場時，東尼下定決心無論艾倫說什麼他都不聽，然而艾倫的話語及其產生的畫面，卻在東尼的心頭盤旋不去。於是他打了一通電話給布蘭達。布蘭達以冷淡且陰沉的口吻接聽電話。

「布蘭達，我是東尼。」

「嗨，東尼，有什麼事情嗎？」

「我剛才和艾倫談過，他告訴我，妳回心轉意了。」

「我不明白你的意思。」

「他說妳打算離開貝佛，回到海頓莊園。」

「艾倫是這麼說的嗎？」

「是的。這難道不是真的？」

「恐怕不是真的。艾倫是一個愛管閒事的笨蛋。今天下午他來找我，告訴我你不想離婚，可是你同意讓我自己待在倫敦，只要不鬧出醜聞，隨便我想做什麼都可以。因為這個主意聽起來不錯，我本來正想打電話給你。我猜這就是他的外交伎倆。總而言之，目前為止我並不打算回海頓莊園。」

「噢，我明白了。其實我也覺得妳不可能回來……我只是想打個電話求證。」

「沒關係。東尼，你一切都還好吧？」

「我很好，謝謝。」

「那就好。我也很好。再見。」

東尼與布蘭達就只有說這麼多。近來他們兩人都避免出現在可能遇見對方的場合。

他們覺得由布蘭達擔任這樁離婚案件的原告會比較容易。東尼沒有聘請他們的家庭律師，反而找了一間比較不有名但專門處理離婚官司的律師事務所。東尼原本期待這家事務所會有特殊的專業手段，甚至輕輕鬆鬆就可辦妥一切，沒想到他們卻讓人失望，而且難以信任。

「我想布蘭達夫人一定會非常謹慎，司法人員也可能會調查你們的離婚申請……除此之外，還有錢的問題。您知道，依照目前的安排，既然她是無辜的受害者，她可以向法庭請求可觀的贍養費。」

「噢，沒關係。」東尼表示。「我已經和她的妹夫討論過這件事，我們協議由我每年給她五百英鎊，她自己每年另有四百英鎊的收入。而且據我所知，貝佛先生也有點錢。」

「可惜我們不能將這些協議內容寫下來。」律師表示。「這麼做的話可能會構成共謀罪。」

「布蘭達夫人說話算話。」東尼回答。

「我們只想保護客戶的權益，即使發生的可能性很低都得小心。」律師以忠誠的口吻表示，因為他不像東尼那般深愛且信賴布蘭達。

依據安排，布蘭達離開海頓莊園之後的第四個週末，是東尼出軌的日子。律師事務所安排了海邊飯店的套房（「我們總是安排客戶到那家飯店，那裡的服務生很習慣幫忙提供證據」），並且雇用私家偵探前往拍照。「現在您只缺少一個女伴。」律師表示。律師輕鬆的口吻，一點兒也無法減少東尼心中的鬱悶。「我們有時候會提供客戶一些幫助，可是經常招致抱怨，因此我們認為最好的方式是由客戶自己挑選女伴。日前我們有個棘手的案例，那位客戶是一個道德感強烈而且非常內向的男士，最後是由即將與他離婚的妻子出面幫忙，她戴上紅色假髮扮演外遇對象，結果非常成功。」

「我不認為我也能這麼做。」

「是，您說得沒錯。我只是把這件事當成一樁趣聞與您分享。」

「我應該可以找到願意幫我的人。」東尼說。

「我相信您一定可以。」律師向東尼客氣地鞠躬。

然而稍後東尼找裘克討論時，卻又覺得事情沒那麼簡單。「一名紳士沒辦法隨隨便便開口找女孩子幫忙這種事。」他說。「因為無論如何解釋都不對。如果你說純粹只是為了符合訴請離婚的法律要件，這樣聽起來很侮辱人；但如果你說想與對方來真的，聽起來又很奇怪——我的意思是很冒昧，假如你以前從來不曾對那個女孩有過任何表示，這件事辦妥之後也不打算與她有所發展……當然，你可以去問問西碧兒那個老女人的意願。」

可是，連西碧兒都拒絕了。「假如在別的時候，我會一口答應。」西碧兒說。「不過現在沒辦法，因為我目前有交往對象，如果被他知道，他會對我產生誤解……有一個長得很漂亮的女孩叫作珍妮·阿巴杜·阿卡巴，不知道你認不認識？」

「是的，我見過她。」

「呃，她不適合嗎？」

「她不適合。」

「噢，老天，我不知道還能建議你去找誰。」

「我們最好去老百酒館碰碰運氣。」裘克說。

他們先在裘克家吃晚餐。最近他們覺得布朗俱樂部的氣氛有點陰沉，因為人們總會避免與心情不好的熟人寒暄。東尼與裘克喝了一大瓶香檳，可是仍無法重現上次去辛克街時那種愉悅的心情。東尼問：「去一趟老百酒館真的會有幫助嗎？」

「我們可以試試看。但是我們必須記住：我們不是去那裡找樂子的。」

「當然，我們不是去找樂子的。」

位於辛克街一百號的老百酒館已經開門營業，樂隊對著空盪盪的舞池演奏，服務生則坐在角落的小桌子吃東西。兩、三個女孩子圍在吃角子老虎旁，她們輸了好幾先令，抱怨著天氣太冷。東尼與裘克點了一瓶法國蒙莫朗西酒廠的紅酒，等服務生把酒送上。

「你有沒有看上哪個女孩？」裘克問。

「我都可以。」

「你最好挑一個你喜歡的，因為你必須和她共度週末。」

這時米莉和貝比絲走下樓來。

「郵差帽的生意還好嗎？」米莉問。

東尼和裘克一時之間忘記了他們先前隨口捏造的職業。

「你們是上個月來過的那兩個人，沒錯吧？」

「是的。不好意思，我們那天喝得很醉。」

「是嗎？」米莉和貝比絲在上班時間很少遇見清醒的男人。

「呃，過來坐坐吧！妳們好嗎？」

「我好像有點感冒。」貝比絲說。「我覺得身體不太舒服。那些該死的傢伙為什麼不把暖氣開強一點？」

米莉看起來比貝比絲開心，坐在椅子上隨音樂搖擺身體。「你想跳舞嗎？」她問東尼。他們兩人走進空盪盪的舞池。

「我這個朋友正打算找位女士陪他去海邊度週末。」裘克告訴貝比絲。

「什麼？這種天氣還想去海邊？大概只有孤單寂寞的女孩子才會願意陪他去。」貝比絲用手帕擤擤鼻涕。

「他是為了辦離婚手續。」

「噢，我明白了。呃，他怎麼不帶米莉去呢？米莉不太容易感冒，而且她在飯店裡會表現出合宜的舉止。這裡有許多女孩懂得如何陪男人在城裡吃喝玩樂，但如果你的朋友想辦妥離婚，就得找一個舉止合宜的淑女幫忙。」

「經常有人拜託妳們做這種事嗎？」

「偶爾，這算是一種不錯的消遣——不過接下這種工作也表示必須一直陪男人說話，而且那些男人總是不停談論著他們的妻子。」

東尼在跳舞時開門見山向米莉提出邀約。「妳願不願意週末和我一起出遊？」他問。

「我不介意啊。」米莉回答。「要去哪兒？」

「我考慮去布萊頓。」

「噢……是為了離婚嗎？」

「是的。」

「如果我帶我的女兒同行，你會介意嗎？她不會惹麻煩的。」

「我會。」

「你的意思是說你不介意？」

「我的意思是我介意。」

「噢……你應該沒想到我有個八歲的女兒吧？」

「我沒想到。」

「她叫作溫妮，我十六歲的時候懷了她。我是家裡年紀最小的孩子，由於繼父一直騷擾我和姊姊們，因此我自己出來討生活。溫妮住在芬奇利區某位太太家，我每個星期付那位太太二十八先令，這筆錢不包括替溫妮買衣服的花費。溫妮很喜歡海邊。」

「不行。」東尼表示。「抱歉，我們不能帶她同行。我們可以買個可愛的禮物回來送她。」

「好吧……有位男士在聖誕節時送她一輛腳踏車，結果她從腳踏車上跌下來，膝蓋受了傷……我們什麼時候出發？」

「妳想搭火車還是汽車？」

「噢，火車。因為溫妮搭汽車會暈車。」

「我們不能讓溫妮去。」

「好，她不去，但總之我們搭火車去。」

最後他們決定星期六下午在維多利亞火車站碰面。

裘克給了貝比絲十先令小費，然後他就陪東尼回家。東尼最近睡得不好，因為每當他獨處時，就會不由自主想到約翰．貝佛到海頓莊園拜訪之後發生的每一件事。東尼努力思索自己當初忽略了哪些細節，以及如果他說了哪些話或做了哪些事，就能扭轉今天這種局面。他也回憶自己與布蘭達初識時的情景，探索任何應該早點察覺布蘭達可能變心的蛛絲馬跡。他還重溫自己過去八年人生中的每一幕，這些事都讓他輾轉難眠。

二

東尼與米莉約在頭等車廂售票口前碰面，兩名私家偵探來得最早，他們在約定時間之前的十分鐘就抵達了。東尼已經在律師事務所看過這兩名私家偵探的照片，因此不會認錯人。這兩位偵探都是個性爽朗的中年男性，頭上戴著軟呢帽，身上穿著厚重的外套。他們十分期待這個週末到來，由於他們平時的工作都是站在街角緊盯某棟建築的大門，因此同事們都搶著要接這項任務，競爭相當激烈。如果是一般的離婚案件，律師通常會放心交由飯店服務生拍照存證，因為聘請私家偵探拍照的費用比較昂貴，但也讓客戶認為自己備受尊崇。

那天倫敦有霧，所以車站很早就亮了燈。

接著抵達火車站的是東尼，忠實的裘克也來為東尼送行。他們買了車票之後，就等候米莉到來。那兩名敬業的私家偵探刻意低調行事，假裝看著牆上的海報，其實偷偷從柱子後方觀察一切。

「這個週末會像在地獄一樣難熬。」東尼說。

米莉十分鐘後才抵達火車站。她從暗處走來，一名搬運工人提著她的行李箱走在她前方，還有一個小女孩牽著她的手走在她身後。米莉衣櫃裡的衣服大部分是晚禮服，因為白天她通常只會穿著睡袍窩在壁爐前。她出現在火車站的方式雖然不算特別隆重，但是也夠體面。「如果我遲到了，真的非常抱歉，因為溫妮找不到她的鞋子。」米莉說。「我帶她來，因為我知道你不會在意。她搭火車只需購買半票。」

溫妮是個長相平凡的小女孩，臉上戴著大大的金邊眼鏡。她一開口說話，大家就發現她少了兩顆門牙。

「我希望妳並非真的打算帶她同行。」

「是的，我確實打算帶她一起去。」米莉回答。「她不會惹麻煩——她帶了拼圖。」

東尼彎下腰對溫妮說：「小妹妹，妳一定不會喜歡無聊的大飯店。妳跟著這位親切的先生走，他會帶妳去玩具店，讓妳買一個最大的洋娃娃，然後開車送妳回家。妳應該比較喜歡這個點子，對不對？」

「不。」溫妮回答。「我想去海邊。我不想和那個人去玩具店，也不想要洋娃娃。我想和我媽媽到海邊玩。」

除了那兩名私家偵探之外，這時還有不少路人開始偷看這個成員獨特的小團體。

「噢，老天！」東尼說。「我猜她非得和我們一起去海邊了。」

兩名私家偵探隔著一小段距離偷偷尾隨他們走到月臺，東尼先帶米莉和溫妮到火車的用餐車廂。「妳看！」米莉對溫妮說。「我們要搭乘頭等車廂去海邊，是不是很棒？我們可以喝茶。」

「我可以吃冰淇淋嗎？」

「我猜這裡沒有賣冰淇淋，不過妳可以喝一點好茶。」

「可是我想吃冰淇淋。」

「等我們到布萊頓，妳就可以吃冰淇淋了。妳現在先乖乖玩拼圖，否則我以後不再帶妳到海邊玩。」

「她真像是小說裡描寫的那種可怕的小孩。」裘克在離開時忍不住對東尼說。

在前往布萊頓途中，溫妮一直要任性，雖然沒有驚人的舉動，然而她很清楚典型的胡鬧方式，甚至使出一些司空見慣但效果驚人的絕招，例如故意喘氣、不停咕噥、抱怨想吐。

律師事先替東尼訂好了飯店的房間。飯店櫃檯人員看見溫妮時非常驚訝。「我們為您保留了一間雙人房與單人房，兩個房間相通，包含浴室與起居室。」櫃檯人員告訴東尼。

「可是我們不知道您會帶女兒來。您需要再多訂一間房嗎？」

「噢，沒關係，溫妮可以和我一起睡。」米莉表示。

站在櫃檯不遠處的兩名私家偵探彼此交換一個不贊同的眼神。

東尼在旅客登記簿寫下：拉斯特先生，拉斯特太太。

「還有女兒。」櫃檯人員用手指指登記簿。

東尼遲疑了一會兒，回答：「她是我的姪女。」然後在登記簿的另一行寫下：史密斯小姐。

隨後辦理入住登記的私家偵探，轉頭對他的同事說：「他處理得很好，很機靈，可是我不喜歡這個案子的發展，這個案子完全不合常態。他們要做這種齷齪但是假裝體面的事，竟然還帶小孩同行。我們得完成任務，但如果他想符合訴請離婚的條件，把小孩子扯進來不會有任何好處。」

「不如我們速戰速決吧？」他的同事不以為意地說。

走進飯店樓上的房間之後，溫妮問：「海在哪裡？」

「過了馬路就是海。」

「我想去看海。」

「小寶貝，現在已經天黑了，妳明天就可以看到海。」

「我今天就想看海。」

「妳現在帶她去吧！」東尼對米莉說。

「你不介意自己一個人留在這裡？」

「完全不介意。」

「我們不會去太久。」

「沒有關係，妳讓她好好看個過癮。」

東尼下樓到酒吧去。當他看見那兩名私家偵探也坐在酒吧裡時，頓時覺得非常開心，因為他希望找男性聊聊天。「晚安。」他走過去打招呼。

兩名私家偵探不明就裡地看了東尼一眼。這個案子迄今發生的一切，彷彿都是刻意考驗他們的專業反應。「晚安。」比較資深的偵探回答。「今晚的天氣真糟，又濕又冷。」

「我請你們喝一杯吧！」東尼說。

他們來這裡的開銷，本來就是由東尼買單，因此這項提議似乎有點多餘。然而那個比較年輕的偵探卻因此雀躍起來，說：「那我就點酒囉！希望你不要介意。」

「過來陪我坐坐，我很孤單。」

他們拿著酒，坐到酒保聽不見他們談話內容的座位。「拉斯特先生，你這麼做是不對的。」比較資深的偵探說。「你根本不應該發現我們。我不知道我們公司的人會怎麼看待這件事。」

「這杯酒敬您。」年輕的偵探對東尼說。

「這位是詹姆士，我的同事。」資深的偵探告訴東尼。「我叫作布蘭金梭普。詹姆士對這一類的案子還不太熟悉。」

「我也不熟。」東尼回答。

「這個週末我們為了這個案子跑來海邊，沒想到天氣卻這麼糟，真可惜。」布蘭金梭普說。「雨大風也大，我的膝關節可真的吃不消。」

「請告訴我。」東尼問。「像這種類型的海邊度假之旅，帶小孩同行是常見的事嗎？」

「當然不。」

「我也認為不太尋常。」

「拉斯特先生，既然您問了這個問題，我的看法是：帶小孩同行很不尋常，也十分不智。這麼做會讓一切看來都不對勁，偏偏這種案件最重要的就是外界的觀感。當然，就詹姆士和我來說，處理上不會有問題，因為我們提供證據時不會提及有小孩同行，可是您不能信賴那些飯店服務生，說不定您會不巧遇上沒有出庭作證經驗的服務生，他可能會隨口說出所有的細節，到時候我們就有麻煩了。拉斯特先生，雖然我不希望這種事情發生，但事實就是如此。」

「這件事對你的影響，絕對不會比對我的影響強烈。」

「我很喜歡小孩。」剛進入私家偵探這一行的詹姆士說。「以後我們工作時也帶個小孩在身邊好嗎？」

「請告訴我。」他們坐了一會兒之後，東尼問道。「你們來海邊工作時，看過不少準備離婚的人。請告訴我，那些人都怎麼熬過週末？」

「夏天比較容易。」布蘭金梭普說。「年輕的女士通常會去游泳，而男士們則到海邊閱讀報紙；有些人會開車兜風，有些人只在酒吧逗留。他們多半都很期待星期一到來。」

東尼上樓時，米莉和她的女兒已經回到起居室。

「我點了一客冰淇淋。」米莉說。

「很好。」

「我想吃晚餐。我想吃晚餐。」

「不行，親愛的，妳不能吃晚餐。妳已經吃了一客冰淇淋。」

於是東尼又返回酒吧。「詹姆士先生。」東尼說。「你剛才說你很喜歡小孩，我應該沒有記錯吧？」

「是的，沒錯。」

「我猜，你大概不願意陪伴與我同行的小女孩吃晚餐吧？如果你肯，我會非常感激你的善行。」

「噢，不行，先生，我沒辦法。」

「我會好好報答你的。」

「噢，先生，我並非故意不肯幫忙，但這不在我的工作範圍內。」

詹姆士有點動搖，然而布蘭金梭普這時開口說：「拉斯特先生，我們不能幫您這個忙。」

東尼離開之後，布蘭金梭普向詹姆士分享他的工作經驗。這是他第一次和詹姆士搭檔，他覺得有義務讓這位後輩學聰明點。「我們要處理的問題只有一個——讓客人明白離婚不是兒戲。」

後來米莉與東尼答應溫妮明天可以吃兩、三客冰淇淋，但也逼迫她乖乖上床睡覺，讓溫妮有點不高興。

「今晚我們要怎麼睡？」米莉問東尼。

「噢，照妳的意思吧！」

「照你的意思吧！」

「嗯。或許溫妮和妳一起睡會比較開心……當然，明天早上服務生送早餐進來的時候，溫妮必須到單人房去睡。」

於是米莉讓溫妮睡在雙人房的床上。東尼驚訝的是，他與米莉下樓吃晚餐前，溫妮就已經睡著了。

東尼和米莉換了衣服之後，心情也變得不太一樣。米莉換上她最漂亮的朱紅色露背晚禮服，並且重新化妝，還把原本的捲髮梳直。她穿上紅色高跟鞋、戴上手環與假珍珠耳環，然後在耳後抹上香水，一甩家庭主婦的形象，恢復平常上班時的嬌豔風采，宛如因天氣寒冬而待在軍營裡喪失氣勢的軍隊，再次接獲命令後雄赳赳地重赴戰場。東尼在鏡子前將雪茄裝入雪茄盒裡，再把雪茄盒放進他的燕尾服外套口袋。他提醒自己：眼前的情況對他而言也能虛幻可怕，但他終究是這趟旅行的主人，因此他先敲敲連通兩個房間的房門，然後平心靜氣地走進他客人的房間。過去一個月以來，東尼一直活在突然失序的世界裡，彷彿各種事物的合理性與體面性，還有他經歷或學習期待的一切，都只是不起眼且不重要的東西，被人錯放在梳妝臺上某處。他沒有做出任何不道德的可恥行徑，但也沒有任何能引起他注意的瘋狂新鮮事。他的一切早已是一團混亂，再也沒有任何事能夠驚動他的雙耳。他站在門邊朝米莉露出微笑。「非常迷人。」他說。「妳看起來非常迷人。我們可以下樓吃晚餐了嗎？」

他們的房間位於二樓，米莉挽著東尼的手臂，兩人一步一步走下樓，前往明亮的一樓大廳。

「開心一點嘛。」米莉說。「你可以點牛舌三明治。吃了之後，或許你就會開口聊天了。」

「抱歉，我是不是很無趣？」

「我只是開開玩笑。你很嚴肅，對不對？」

儘管天氣寒冷，飯店大廳裡還是擠滿了來海邊度週末的旅客，而且持續有更多客人從大廳的旋轉門走入飯店。他們從冷冰冰的外頭走進來，每個人的眼睛都濕濕的，臉頰也被凍得僵硬。

「全部都是猶太人。」米莉嫌棄地說。「不過，偶爾離開老百酒館出來走走，也挺不錯的。」

一個剛剛走進飯店的人，是米莉的朋友。那個男人正在指揮服務生替他搬行李進來。如果在其他場合，那個男人肯定會是搶眼的人物，因為他身上穿著長長的毛皮外套，頭上戴著貝雷帽，毛皮外套底下露出格紋襪與黑白相間的鞋子。「把行李搬到樓上房間，然後替我打開行李箱。動作快一點。」他命令服務生。他是一個身材矮壯的年輕男性，與他同行的女伴也穿著毛皮外套，正站在旁邊欣賞飯店大廳的展示櫥窗。

「噢，我的天啊！」米莉驚呼。

她與那名年輕男子互道問候。「這位是丹恩。」米莉向東尼介紹。

「呃，呃，呃。」丹恩說。「接下來要做什麼？」

「我可以喝一杯嗎？」丹恩的女伴問。

「寶貝，妳當然可以喝一杯，如果我進去端酒。米莉，你們要不要和我們喝一杯？會不會打擾你們？」

他們一起走進華麗且光彩奪目的酒吧。「我冷得要命。」寶貝說。

丹恩脫掉他的毛皮長外套，外套裡面是紫色的燈籠褲裝，搭配花格子絲質襯衫。那種花色的絲質襯衫，東尼認為比較適合當睡衣穿。「你們馬上就會覺得溫暖了。」東尼說。

「這個地方都是討厭的猶太人。」寶貝說。

「我一向認為，猶太人聚集的飯店就是好飯店。」

「猶太人聚集的飯店就是地獄。」寶貝回答。

「你們不要在意寶貝說的話。她覺得冷，所以脾氣不太好。」丹恩向東尼解釋。

「坐在你那輛破車裡，哪個人不覺得冷？」

他們喝了幾杯雞尾酒之後，丹恩和寶貝就回房間去了。他們說待會兒要去參加朋友舉辦的派對，所以必須好好打扮一下，派對地點距離這家飯店不遠。東尼和米莉到餐廳吃晚餐。「丹恩是一個很好的人。」米莉說。「他經常光臨老百酒館。我們那裡有各式各樣的客人，丹恩是屬於正派的那一種。我原本有一次要陪他出國，但後來他有事情所以無法成行。」

「他的女伴似乎不太喜歡我們。」

「噢，別想太多，她只是覺得冷。」

吃晚餐時，東尼找不到和米莉聊天的話題。起初他先聊鄰座的客人，一如他在艾斯皮諾沙餐廳與布蘭達吃晚飯時那樣。「角落那邊坐著一個漂亮的女孩。」

「親愛的，那麼你為什麼不過去和她同桌吃飯？」米莉不悅地說。

「妳看看那個女人手上的鑽戒，妳覺得那顆鑽石是真的嗎？」

「如果你想知道，為什麼不去問她呢？」

「那個女人長得很有趣──那個正在跳舞、皮膚很黑的女人。」

「我相信她一定很高興你這樣讚美她。」

這時東尼才明白，他對其他女性表露出興趣，對米莉而言是不禮貌的行為。

東尼與米莉喝了一點香檳，不過東尼發現那兩名私家偵探也點了香檳，因此不太高興。等律師事務所向他請款時，他一定要好好抱怨一下，因為那兩個偵探沒有幫忙照顧溫妮，還大搖大擺喝起名貴的香檳。吃晚餐的時候，東尼心裡一直煩惱著晚餐結束後要做什麼，結果當他點燃雪茄時，這個問題就解決了：丹恩從餐廳另一頭走來，對東尼與米莉說：「如果你們今晚沒有特別的計畫，何不與我們一起到我朋友那兒參加派對？你們一定會喜歡的，因為他都用最頂級的餐點招待客人。」

「噢，我們一定要去看看。」米莉說。

丹恩的晚宴服是由藍色的布料剪裁而成，在人工燈光的照射下，照理說看起來應該會像黑色，但不知什麼原因，他的衣服看起來還是非常鮮艷的藍色。

於是米莉與東尼去了丹恩的朋友家，受到最好的款待。派對上有二、三十個客人，那些人看起來都與丹恩屬於同一種類型。丹恩的朋友非常好客，不是忙著處理當晚不時出問題的無線收音機，就是一直在客人之間穿梭，替每個人斟酒。「這瓶酒很棒。」他一邊說，一邊把酒瓶的標籤給客人看。「對你沒有壞處，保證是好東西。」

因此大家都喝了不少酒。

丹恩的朋友發現東尼在這場派對中似乎顯得落落寡歡，於是走到東尼身旁，把手放在東尼的肩膀上。「我真高興丹恩邀請你來我的派對。」他對東尼說。「希望你在這裡玩得開心，我很高興認識你，歡迎你以後再來玩，而且選在人少一點的時候來，到時我可以帶你好好參觀這個地方。你喜歡玫瑰花嗎？」

「是的，我非常喜歡。」

「歡迎你在玫瑰花開的時候再來一趟。如果你喜歡玫瑰花，那時你一定會覺得很棒。該死的無線收音機，又出問題了。」

東尼不禁自省：如果別人臨時帶著他不認識的朋友拜訪海頓莊園，他是不是也能表現得像這位主人一樣親切友善。

那天晚上，他一度與丹恩同坐在沙發上休息。丹恩說：「米莉那個女孩子很不錯。」

「是的。」

「我發現一件關於米莉的事，讓我來告訴你：米莉所吸引的男性，與其他女孩子不太一樣，例如你和我。」

「是的。」

「你應該沒想到她有一個八歲大的女兒，對不對？」

「真的沒想到。我很驚訝。」

「我原本也不知道，直到我帶她去迪比度週末時，她才告訴我她想帶她的孩子一起去。結果那個週末當然泡湯了，但我還是一樣喜歡米莉。你可以放心，她在任何地方都會表現得規規矩矩。」丹恩說這句話時，以嫌惡的表情看了他的女伴一眼。寶貝正在喝酒，嘴巴張得大大的。

這場派對過了凌晨三點才結束，丹恩的朋友再次邀請東尼於玫瑰花盛開時來訪。「我敢說，你不可能在英國南部其他地方找到比這裡更美的玫瑰花。」丹恩的朋友說。

丹恩開車送他們回旅館，寶貝坐在前座，與丹恩有點小爭執。「你到哪裡去了？」寶貝不停追問丹恩。「我一整個晚上都沒看到你，你究竟跑到哪裡去了？你躲在什麼地方？你邀請女孩子出來玩，卻這樣對待女孩子，真的非常糟糕。」

東尼和米莉坐在後座，米莉一方面出於習慣，另一方面因為疲倦，就把頭靠在東尼的肩膀上，手也緊緊握著東尼的手。然而回到房間之後，米莉又馬上與東尼保持距離，說：「走路的時候放輕腳步，不要吵醒溫妮。」

東尼在溫暖的小房間躺了大約一個小時，腦子不斷回想過去三個月發生的每一件事，最後才終於沉沉睡去。

東尼被溫妮叫醒。「媽媽還在睡覺。」溫妮說。

東尼看了一下手錶。「我想也是。」他回答，因為才早上七點十五分。「妳應該回床上繼續睡覺。」

「不要。我已經換好衣服了，我們到外面去吧！」

溫妮走到窗戶旁邊拉開窗簾，房間裡頓時充滿冰冷的晨光。「雨幾乎停了。」溫妮說。

「妳想做什麼？」

「我想去碼頭。」

「碼頭現在還沒有開放。」

「噢，可是我想到海邊去。走吧！」

東尼知道自己沒有機會繼續睡覺了，於是他對溫妮說：「好吧，妳先出去一下，我得換件衣服。」

「我要在這裡等，因為媽媽打鼾的聲音好吵。」

二十分鐘後，東尼與溫妮走到樓下的大廳，看見身穿圍裙的服務生正忙著疊放桌椅以清掃地毯。他們走出旋轉門時，一陣冰冷的寒風向他們襲來，鋪著柏油的海濱步道因為下雨而變得濕漉漉，兩、三個女人快步走在步道上，為避開冷風而低著頭，戴著手套的手裡緊緊抱著聖經。四、五名健壯的老先生正蹣跚地準備游泳，發出如馬一般的嘶嘶聲。

「噢，天氣才沒有那麼冷吧！」溫妮說。

他們往海灘走去，在風雨中踉蹌而行，然後穿越過沙灘抵達海邊。溫妮朝海裡丟了幾塊石頭，剛才那些準備下水的老先生都已經在水裡了，其中一些人還帶狗一起游泳，狗兒在他們身旁一邊游泳、一邊噴著鼻息。

溫妮問：「你為什麼不游泳？」

「太冷了。」

「可是那些人在游泳啊。我也想游泳。」

「妳必須先問過妳的母親。」

「我猜你一定怕水，所以才不肯游泳。你會游泳嗎？」

「會。」

「是嗎？那你為什麼不游泳？我敢打賭你不會游泳。」

「好吧，我確實不會游泳。」

「那麼你剛才為什麼說你會游泳？你是個騙子。」

他們沿著沙灘走，溫妮跑跑跳跳，追逐著打上沙灘的海浪。「我的褲子濕掉了。」她說。

「我們最好回飯店去換衣服。」

「褲子濕掉的感覺很不舒服。我們回飯店去吃早餐吧！」

依飯店的規定，星期天早上八點鐘樓下餐廳還沒開始供應早餐，因此他們等了好久，工作人員才備妥餐點。早餐不供應冰淇淋，讓溫妮很不高興。她吃了葡萄柚、燻鮭魚、炒蛋和吐司，三不五時抱怨她的衣服濕了。吃完早餐後，東尼送溫妮上樓換衣服，然後在飯店的休息室裡抽了一根菸，順便閱讀星期天的報紙。到了九點鐘，布蘭金梭普走進休息室，打斷東尼閱報。「昨晚我們找不到您。」布蘭金梭普說。

「我們去參加了一場派對。」

「您不該這麼做——我們不是限制您的自由，但我們不敢保證這樣做會不會衍生其他問題。您吃過早餐了嗎？」

「是的，我和溫妮在餐廳吃過了。」

「拉斯特先生，您到底在想什麼啊？您必須讓飯店服務生看見您和那個女人一起吃早餐。」

「噢，可是米莉還在睡覺，我不想叫醒她。」

「您都付她錢了，不是嗎？不行，不行，拉斯特先生，您這樣是行不通的。如果您不多用點心思，永遠都沒有辦法離婚。」

「好吧。」東尼說。「那麼我再吃一次早餐。」

「記住，最好是在床上吃。」

「在床上吃。」東尼重複一次，然後意興闌珊地上樓回房。

溫妮已經拉開了窗簾，可是米莉還在睡覺。「我媽媽剛才醒來一次，後來又翻過身繼續睡覺。你快點叫她起床，我想去碼頭。」

「米莉！」東尼以強硬的口氣呼喚。「米莉！」

「噢。」米莉應聲。「現在幾點了？」

「我們該吃早餐了。」

「我不想吃早餐。我還想再睡一會兒。」

「你已經吃過早餐了。」溫妮對東尼說。

「快點起床。」東尼催促米莉。「妳稍後還有很多時間可以睡覺，別忘了我們到這裡來的目的。」

米莉在床上坐起身。「好吧。」她說。「溫妮，親愛的，把椅子上的外套拿給媽媽。」

米莉是個有良心的女孩，會做好自己分內的事，雖然這似乎不是一件有趣的工作。「可是現在時間還早……」

東尼回到自己的房間，脫掉鞋子、襯衫、領帶、外套與背心，換上睡袍。

「你真貪吃。」溫妮對東尼說。「你吃兩次早餐。」

「等妳長大之後就會明白。這是規定。現在我希望妳在客廳安安靜靜待十五分鐘，如果妳答應我，接下來妳想做什麼都可以。」

「我可以游泳嗎？」

「當然可以，只要妳現在乖乖聽話。」

東尼拉緊身上的袍子，走到米莉的床邊。「我這樣穿還可以嗎？」

「你看起來宛如年輕女孩的白馬王子。」米莉回答。

「好。那麼，我按服務鈴了。」

服務生將早餐送來房間後，東尼立刻下床，回房間穿上他剛才脫掉的衣物。「為了製造這些我出軌的證據，實在很大費周章。」他說。「一想到報紙會把這一切描述成『親密關係』，我就覺得可笑。」

「我現在可以去游泳了嗎？」

「當然。」

米莉翻個身之後又繼續睡覺，於是東尼便帶溫妮到海邊去。起風了，海浪不停拍打著沙灘。

「這個小女孩想游泳。」東尼對海灘管理員說。

「今天天氣不好，小孩子不可以下水。」海灘管理員回答。

「這個男人竟然打算讓小孩游泳。」幾個站在旁邊的路人說。「他是不是想淹死那孩子？」「他沒有資格照顧小孩。」「冷酷無情的禽獸。」

「可是我想游泳。」溫妮說。「你說過，如果你吃兩次早餐，我就可以去游泳。」

聚在一旁等東尼出糗的群眾彼此互看一眼。「他吃了兩次早餐？還以這種理由答應讓那孩子游泳？這個男人真的是怪胎。」

「沒關係。」東尼說。「我們到碼頭去。」

幾個圍觀的群眾一路跟著東尼與溫妮到碼頭，因為他們想知道這個瘋狂的父親還會做出什麼惡劣的怪事。「這個男人吃了兩次早餐，還打算淹死自己的女兒。」他們對其他的路人說，並且一臉懷疑地盯著為了逗溫妮開心而去打彈珠遊戲的東尼。今天早上每個人都在週報上讀到一篇關於人類天性的報導，東尼的行為完全符合該報導的論點。

「嗯。」布蘭達的律師說。「我們勝券在握了，所有的資料都已經依照正常的方式備妥，但我猜大概要等下次開庭時才會知道結果——現在就下定論還太早。不過，如果妳也能備妥一套證詞，肯定不會有什麼壞處。我已經請人替妳打好證詞，這份稿子妳最好隨時帶在身邊，把內容清清楚楚地記在心裡。」

「……我的婚姻原本幸福美滿。」布蘭達讀著。「直到去年聖誕節前夕，我開始覺得我丈夫對我的態度變了。當我到倫敦上課時，他總是選擇留在海頓莊園。我發現他不再像從前那麼在乎我，而且他開始酗酒。有一次他喝醉了，一直打電話到我們在倫敦承租的公寓胡鬧，還叫一個也喝得醉醺醺的朋友跑來敲門。我們真的要提到這些嗎？」

「不一定，但我建議妳在證詞裡提到這些事，因為法官做出判決時，很多時候會受到心理感受的影響。妳提到這些事，腦袋清楚的法官就會開始思考：為什麼一個婚姻幸福美滿的男人週末會帶陌生女子到海邊。提供東尼墮落的證據，對妳的離婚官司絕對有幫助。」

「我明白了。」布蘭達又繼續讀：「從那時候開始，我就聘請私家偵探監視我丈夫的一舉一動。私家偵探把他們查到的結果告訴我，於是我在四月五日離開了我丈夫。是的，這份證詞說明得非常清楚。」

三

聖克勞德夫人有一種傳統觀念，她認為一家之主就應該充滿權威且具備非凡的判斷力。因此當她從瑪卓莉那兒聽聞布蘭達的任性行徑後，第一反應就是打電報叫正在突尼西亞挖探古墳的瑞奇立即趕回英國。然而瑞奇沒有馬上啟程，他沒有搭乘第一班船或第二班船，反而不慌不忙、慢條斯理地離開突尼西亞，一如他平常的作風。等東尼前往布萊頓之後，瑞奇才抵達倫敦。瑞奇先在家裡的書房舉行一場家庭會議，參加這場會議的人包括他的母親、布蘭達、瑪卓莉、艾倫以及律師。稍後他又分別與每個人詳談這個問題，並邀請約翰．貝佛到外面的餐廳共進午餐。他還找裘克一起吃飯，以及打電話給東尼的法蘭西絲姑媽。星期四晚上，他約了東尼到布朗俱樂部吃晚餐。

瑞奇比布蘭達年長八歲。有時候，人們可以看出他與瑪卓莉有些難以形容的相似處，可是無論在個性或外表上，他與布蘭達都有令人無法想像的差異。瑞奇從小就長得矮矮胖胖，現在的身材更是胖到不像話的地步，就連他自己也不習慣身上有那麼多肉，彷彿那些肉是當天早上才從他身上長出來的，他還在學習如何適應。他的眼神經常閃爍不定，像一名隨時準備發動攻擊的亡命之徒，但明瞭自己無法飛天而去。不過，人們之所以有這種印象，完全是由於他的外表：他的臉很胖，眼睛被肥肉夾成一條小縫，因此讓人覺得他看起來十分可疑。瑞奇走路時小心翼翼，但這並非因為他對自己笨重的體態感到不好意思，而是他必須努力保持身體的平衡。瑞奇從來不覺得自己和一般人有什麼不同。

瑞奇．聖克勞德將他大部分的時間與收入都花在前往海外考古，他在倫敦的房子擺滿他的探險成果——古希臘人酒罐碎片、已經腐蝕的無柄銅斧、骨骸的碎片與焦黑的木棍、希臘羅馬時期的大理石人頭像（但人頭像的五官已經因歲月而磨損消逝）。瑞奇曾經自費出版兩本關於他工作成果的專題論文，並且獻給皇室成員。每次只要他返回倫敦，就一定會出席上議院的議會。瑞奇所有的朋友都已經超過四十歲，這些年來他也認為自己是這個年齡層的一員。總之，已經沒有哪個母親會想把女兒嫁給他。

「關於布蘭達這件事，實在非常令人遺憾。」瑞奇．聖克勞德說。

東尼表示贊同。

「當然，我母親很不高興，我也十分不滿。坦白說，如果要我說實話，我覺得布蘭達做的事極為愚蠢。不僅愚蠢，而且大錯特錯。我明白你一定為了這件事心煩意亂。」

「是的。」東尼回答。

「可是，雖然我能體會你的感受，我認為你不該報復布蘭達。」

「我是照著布蘭達的意思去做。」

「親愛的東尼，布蘭達根本不知道她自己想要什麼。昨天我和貝佛那小子見面，我一點也不喜歡他。你喜歡他嗎？」

「我根本不認識他。」

「呃，我可以向你保證，我一點也不喜歡他，可是你現在卻把布蘭達往他懷裡送。總之依我看來就是如此，而且我認為你這麼做就是報復。當然，布蘭達此刻以為自己愛上了貝佛，但這種愛情不會持續太久。和貝佛那種人交往，絕對不可能長久。布蘭達一年內一定會想回到你身邊，你等著看。艾倫和我的看法一樣。」

「我已經告訴艾倫，我不希望布蘭達回來我身邊。」

「呃，這種想法就是報復。」

「不是的。我只是對布蘭達不再有相同的感覺了。」

「為什麼要有相同的感覺？人年紀大了之後，感覺本來就會變。好比十年前我對蘇美文明[18]以後的事物都毫無興趣，不過現在我可以向你保證，我發現連公曆紀元之後的古物也非常重要。」

瑞奇花了一些時間分享他最近挖掘到的咒語板。「幾乎每座墳墓裡都有這種咒語板，內容大多是關於鬥爭。人們以潦草的文字刻在鉛板上，再從煙囪丟進墳墓裡。」瑞奇說。「目前我們已經找到四十三面鉛板，偏偏布蘭達在這個時候搞出這種丟人的事，我只好趕回來處理，所以我當然生氣。」

接著瑞奇好一會兒沒有說話，只是靜靜地吃東西。剛才最後那句評論，讓他們的對話又回到原點。他顯然還有很多話想說，正在思考最簡易的表達方式。瑞奇吃東西的模樣很不優雅，大聲地咀嚼食物。（而且他吃東西時有個習慣：別人通常不吃的食物，他會照樣吃光，可是他自己沒有意識到這一點，例如鱈魚的頭和尾巴、雞骨頭、桃子核、蘋果核、

---

18 蘇美文明：Sumerian age，發現於美索不達米亞文明中最早的文明體系，也是全世界最早產生的文明之一，可追溯至距今六五〇〇年前。

乳酪的硬皮，以及朝鮮薊的硬纖維。）

「除此之外，你知道，這並非全是布蘭達的錯。」瑞奇說。

「我並沒有特別思考這是誰的錯。」

「嗯，這樣很好，可是你好像寧可扮演受害者的角色——還說你對布蘭達已經沒有相同的感覺。我想要表達的是：吵架這種事，也得要有兩個人才吵得起來。我認為你們的感情破裂已經有好一段時間了。比方說，你經常酗酒——說到這個，再喝一點勃甘地紅酒吧。」

「這是布蘭達說的嗎？」

「是的。而且你和別的女人鬼混。布蘭達還沒離開前，你曾經帶一個摩爾女人住進海頓莊園。呃，你知道這麼做有點過分。我一向鼓勵人們勇敢做自己，但是不能把責任推給別人。你應該聽得懂我的意思。」

「這也是布蘭達說的？」

「對。請不要誤會我在對你說教，可是我覺得，既然事實如此，你就不應該和布蘭達鬥氣。」

「她說我酗酒，而且和一個摩爾女人有染？」

「呃，我不記得她是怎麼說的，不過她說你最近經常喝醉，而且你顯然對那個女人很有好感。」

身材肥胖的瑞奇坐在東尼對面，又點了梅子和奶油，東尼則表示自己已經吃飽。

東尼在前一個週末就已經想像過各種可能發生的情況，因此現在什麼事都嚇不倒他。

「這正好可以解釋我想討論的事。」瑞奇繼續以溫和的口吻表示。「我想談一談錢的問題。我知道，約翰安德魯過世之後，布蘭達在情緒不穩的情況下曾與你達成贍養費的口頭協定。」

「是的，我答應每年給她五百英鎊。」

「嗯，你知道，我認為你沒有權利因為布蘭達寬宏大量就占她便宜。她隨隨便便就答應了你的提議——她說她當時根本心不在焉。」

「不然她想要多少？」

「我們到外面喝杯咖啡吧。」

他們走進沒有人的吸菸室，在壁爐前坐下。瑞奇說：「我和律師及家人討論過了，我們決定將贍養費提高到兩千英鎊。」

「那是不可能的事，我根本付不出那麼多錢。」

「噢，你明白，我必須考量布蘭達的利益。她自己沒有什麼錢，將來也不可能再有收入。我母親的生活費是我依照我父親的遺囑給的，我沒有能力幫助布蘭達。我打算去利比亞沙漠的某個綠洲，因此目前正在努力籌錢。貝佛那小子幾乎沒有任何財產，看起來也沒有什麼收入，所以你可以明白——。」

「可是，親愛的瑞奇，你我都明白，我不可能拿得出那麼多錢。」

「那筆錢還不到你收入的三分之一。」

「沒錯，可是我的錢幾乎都拿去修房子了。你知道嗎？我和布蘭達每年的花費加起來還不到一千英鎊，因為我們必須省吃儉用，才能負擔海頓莊園的各種開銷。」

「沒想到你用這種藉口推拖，東尼。我覺得你非常不講道理，硬說一個單身男子無法靠剩下的四千英鎊舒服過日子，未免太荒謬了。我這輩子都沒賺過那麼多錢。」

「我得放棄海頓莊園才有辦法舒服過日子。」

「噢，我當初也賣掉了布拉克萊那棟房子。但我向你保證，老朋友，我從來沒有後悔過。當時當然很痛苦，因為要放棄自己熟悉的一切。不過我可以告訴你，買賣手續辦妥之後，我覺得自己變成了一個不同的人，我可以自由自在，前往我想去的地方。」

「可是除了海頓莊園之外，我哪裡都不想去。」

「你知道。我覺得那些勞工黨說得沒錯，大房子是英國老舊的象徵。」

「請你告訴我，當布蘭達同意這項提議時，她知不知道這表示我必須因此放棄海頓莊園？」

「她知道，我們提過這一點。我敢說，你會發現把海頓莊園賣給學校之類的買家是輕而易舉的事。我記得當初我要賣布拉克萊那棟房子時，房屋仲介還對我說，可惜那棟房子不是哥德式建築，因為學校與莊園偏好哥德式建築。我敢說你一定可以賣到很好的價格，等房子脫手後，你會發現自己變得比現在更富有。」

「不，我不可能賣掉房子。」東尼說。

「你讓這件事變得非常棘手，也害大家都尷尬。」瑞奇說。「我真不懂你為什麼要這個樣子。」

「再說，我不認為布蘭達期待或希望我賣掉海頓莊園。」

「噢，她確實這麼希望，親愛的朋友，我可以向你保證。」

「我不相信。」

「呃。」瑞奇吐了一口雪茄菸圈。「事實上，除了錢之外還有別的理由，或許我應該把所有的事都告訴你，我本來不想說的。其實是貝佛在搞鬼。他說，除非布蘭達從你這兒得到可觀的贍養費，否則他不會娶布蘭達。貝佛說，如果沒有大筆贍養費，對布蘭達不公平。就某種意義上來說，我能理解他的想法。」

「是的，我明白他的想法。」東尼說。「那麼，你真正的建議，其實是要我放棄海頓莊園，好讓布蘭達包養貝佛。」

「我沒有那個意思。」瑞奇說。

「總之我不會答應賣掉海頓莊園。討論到此為止，如果你想說的就是這些，也許我該告辭了。」

「不，我想說的不只這些。事實上，我猜我表達得很糟，因為我太尊重你的感受。你知道的，我剛才的意思，並不是在請你答應什麼，而只是說明我們這邊的提議。我試著不要撕破臉，但發現根本不可能。布蘭達會向法院主張每年兩千英鎊的贍養費，而且從我們手上的證據看來，我們這邊會勝訴。很抱歉，是你逼我這麼坦白。」

「我沒想到布蘭達會這麼做。」

「坦白說，我們本來也不打算這麼做，全是貝佛的主意。」

「你們似乎已經讓我陷入無力反抗的處境。」

「我無意這麼做。」

「我想確定布蘭達是不是同意這一切。如果我打電話問她，你介意嗎？」

「一點也不介意，親愛的朋友，而且我碰巧知道布蘭達今晚在瑪卓莉家。」

「布蘭達，我是東尼……我剛才和瑞奇吃晚餐。」

「我知道，他提過要約你吃飯。」

「他說妳打算要求一大筆贍養費，是真的嗎？」

「東尼，你不要那麼兇。律師會處理一切，你找我談也沒有用。」

「妳知道律師打算開口要求兩千英鎊的贍養費嗎？」

「嗯，他們是這樣說的。我知道這個數字聽起來很多，但是……」

「妳很清楚我的經濟狀況，不是嗎？妳知道我得賣掉海頓莊園才付得出這筆贍養費，不是嗎？……哈囉，妳還在嗎？」

「是的，我還在。」

「妳知道這麼一來我得賣掉海頓莊園？」

「東尼，不要把我說得像禽獸一樣，這些日子以來我們真的有許多問題。」

「所以妳很清楚這個要求很過分。」

「是的……我想是的。」

「好，我只想確定這一點。」

「東尼，你的口氣聽起來好奇怪……別掛斷電話。」

然而東尼還是掛上了電話，走回吸菸室。他原本對許多事情充滿疑惑，但現在突然全部想通了。他的哥德式世界遭受嚴重的打擊，森林裡的空地不再出現穿著閃亮盔甲的騎士，綠色的草坪也不再有公主穿著刺繡鞋走過的足跡，身上有斑點的奶油色獨角獸亦已遠遠跑開……

瑞奇大咧咧地坐在椅子上。「如何？」

「我和布蘭達聯絡過了，你說得沒錯，真抱歉我剛才不相信你，因為一開始聽起來真的很難置信。」

「沒有關係，我親愛的朋友。」

「我已經決定要怎麼做了。」

「很好。」

「我不會和布蘭達離婚。我在布萊頓被拍到的照片根本沒有證據價值，因為有個小女孩從頭到尾都和我們在一起，而且那兩晚她都和我的女伴睡同一個房間。假如你們真的要打官司，我會提出抗辯，而且我一定會贏。不過，我猜等你們看過那些證據，你們自然會放棄打官司的念頭。我打算離開這個傷心地半年左右的時間，等我回來時，如果布蘭達還想要離婚，我願意和她離婚，但是關於贍養費，我一毛錢都不會給她。你聽清楚了嗎？」

「可是，親愛的朋友，你聽我說。」

「晚安，謝謝你招待的晚餐。祝福你的挖寶之旅順利。」

東尼走出俱樂部時，發現公告上有約翰・貝佛申請布朗俱樂部會員的消息。

「誰能料到那個老男孩竟然這麼做。」波莉・卡克柏斯說。

「現在我終於明白為什麼報紙一天到晚討論離婚法的改革案了。」維若妮卡表示。

「東尼竟然就這樣全身而退，實在太野蠻了。」

「布蘭達他們所犯的錯，就是太早將一切告訴東尼。」蘇姬說。

「布蘭達就是這樣，她太容易信任別人了。」珍妮・阿巴杜・阿卡巴表示。

「我真心覺得東尼處理這件事的方法很差勁。」瑪卓莉說。

「噢，我不這麼認為。」艾倫回答。「我覺得是妳那個愚蠢的哥哥把整件事搞得更糟了。」

第五章 尋找一座城市

一

「你知不知道，繞著甲板走幾圈才能走到一英里？」

「不，我不知道。」東尼回答。「但我覺得你已經走了很長的距離。」

「我已經繞了二十二圈。如果你習慣了精彩的生活，海上的日子馬上就會讓你覺得無精打采。這艘船不是很舒適，你經常搭乘這條航線的郵輪嗎？」

「我以前從來沒搭過。」

「噢，我還以為你在西印度群島做生意。這個時節出遊的旅客並不多，事實上正好相反，搭船的旅客全都是準備回家的人，你應該明白我的意思。你要上哪兒去？」

「我要去德門拉拉[19]。」

「噢，你要去那裡採礦嗎？」

「不是的。坦白說，我要去那裡尋找一座城市。」

這位友善的旅客聞言後有點訝異，隨即笑了出來。「你剛才說，你要去尋找一座城市？」

「沒錯。」

「你當真這麼說？」

「是的。」

「我還以為你是說……呃，先聊到這兒吧，我在吃晚餐之前必須再多走幾圈。」

這位旅客走到甲板上，並且微微跨開雙腳，以維持身體的平衡。他偶爾還得伸手扶著欄杆。

在過去的一個小時裡，這位旅客以規律的步伐在甲板上繞圈子，每隔三分鐘就會從東尼面前經過。一開始，東尼只是抬起頭看著他從前方慢慢走來，然後轉身往大海的方向走去。那個人總會對東尼點點頭，隨口說聲「哈囉」或「風浪有點大」，或者是「我們又見面了」，最後才停下腳步，開始與東尼攀談。

那人離開後，東尼便往船尾方向走去，以免這種尷尬的情況繼續發生。他沿著樓梯走到下層甲板，這兒有許多動物被關在固定於走道旁的木板箱內——有配種用的公牛、長毛品種的賽馬，還有幾隻小型獵犬，這些動物都將被外銷至西印度群島。東尼從這些木板箱之間的走道步向船尾，然後坐在絞盤旁，看著海平面一會兒升至煙囪上方，一會兒又往下降，露出一大片漸漸轉暗的天空。比起在船身中央，在船尾更能感受到郵輪搖晃的強度。被鍊住的動物在狹窄的木板箱裡不安地走來走去，小獵犬不時發出哀鳴，一名印度水手將在風中飛揚一整天的衣物從洗衣繩上拿下來。

船身激起的浪花，馬上就被高高的海浪吞沒。他們朝西邊航行而去，通過英吉利海峽。隨著夜幕低垂，法國海岸的燈塔在黑暗中閃耀著光芒。一名服務生走到燈光明亮的上層甲板，一邊輕敲著小銅鑼，一邊四處走動，提醒旅客們用餐時間已到。剛才那位親切的旅客從甲板走下來，在吃晚餐前先洗個澡。溫熱的海水在浴池兩側飛濺，將肥皂溶成稀薄但黏稠的泡沫。他是當天晚上唯一盛裝用餐的男性。東尼繼續坐在陰暗的角落裡，等到第二輪的銅鑼聲響起，他才回艙房脫掉大衣，到樓下去吃晚餐。

這是東尼在海上度過的第一個晚上。

東尼被安排在船長桌用餐，但是當天晚上船長在指揮航行，沒有來吃晚餐。東尼兩旁的位子都沒有人坐。由於風浪不算大，還不需要使用餐具框來固定碗盤，但是服務生已經

---

19 德門拉拉：Demerara，位於南美洲北部，現今圭亞那合作共和國（Cooperative Republic of Guyana）的一部分。

收起餐桌上的花瓶，並且將桌巾濡濕，以便讓桌巾固定於餐桌上。一位黑人副主教坐在東尼的對面，他吃東西時雖然舉止優雅，可是他那雙黑色的手在溽濕的白色桌巾上看起來異常巨大。「與我們同桌的客人今晚出席率很低。」黑人副主教說。「我看得出來你沒有暈船。我太太在艙房裡休息，她暈船。」

他告訴東尼，他去國會參加會議，現在正準備返家。

樓上有一間名為「音樂與寫字房」的休息室，這個房間的光線比較柔和，因為白天有窗戶上的彩繪玻璃隔離陽光，晚上有粉紅色的絲質燈罩柔化燈光。旅客們可以在這裡喝咖啡，有些人坐在笨重且以繡帷裝飾的長沙發上，有些人則坐在固定於寫字桌前的旋轉椅上。服務生每天會花一個小時整理壁櫥裡的小說，這個擺滿書的壁櫥就是郵輪上的圖書館。

「這艘郵輪不是很好。」那位友善的旅客在東尼身旁坐下說道。「可是我認為等到天亮之後，一切看起來會比較好。」

東尼點燃一根雪茄，服務生馬上走過來告訴他這個房間禁菸。「沒關係。」那位友善的旅客對該名服務生說。「我們正準備到酒吧去。」過了幾分鐘之後，這位旅客對東尼說：「你知道嗎？我應該向你道歉。吃晚餐之前，我以為你是一個瘋子。當你說你要去德門拉拉尋找一座城市時，我真心這麼認為。呃，因為那聽起來十分瘋狂。然後，和我一起用餐的事務長——剛才我和他在同一桌吃飯，他那一桌的客人全都是個性活潑的人，而且也最引人注目。事務長告訴我你的背景，你是一位探險家，對不對？」

「嗯，仔細想想，我想我應該算是一個探險家。」東尼回答。

要東尼認為自己是個探險家，其實並不容易，因為他轉變成這種身分還不到兩個星期。他有兩個大木箱，箱子上寫著他的名字，並標明「旅途中派不上用場的東西」——這兩個大木箱裡裝著他不熟悉的新奇物品，例如醫藥箱、自動獵槍、露營用具、馱鞍、攝影機、炸藥、消毒劑、可收摺的獨木舟、濾水器、罐裝奶油。其中最奇怪的東西，是麥辛傑醫師口中所謂的「交易品」——這些東西讓東尼無法說服自己這趟探險之旅是件嚴肅的事。那些交易品都是麥辛傑醫師準備的，他挑選了音樂盒、玩具老鼠、鏡子、梳子、香水、藥丸、魚鉤、斧頭、彩色信號彈，以及一捲捲人造絲。這些東西全部收放在一個標示為「交易品」的箱子裡。麥辛傑醫師是東尼的新朋友，麥辛傑醫師此刻躺在床鋪上的模樣，就是剛才那位黑人副主教所謂的暈船。自從東尼認識麥辛傑醫師以來，這是他頭一次覺得麥辛傑醫師表現得像個人類。

東尼這輩子很少離開英國。十八歲那年，在他上大學之前的夏天，他曾經為了學習法語，到法國的都爾[20]近郊一位年長的紳士家居住。（……那位年長的紳士住在一棟灰色的石造房屋，屋外四周都是葡萄樹。浴室裡擺著一個長毛狗布娃娃，那個老紳士將那隻長毛

---

20 都爾：Tours，法國一座古老的城市，目前為安德爾羅亞爾省（Indre-et-Loire）的首府。

狗布娃娃取名為「Stop」（停止），因為那時候流行替小狗取英文名字。當時東尼沿著筆直的白色道路騎腳踏車到古堡參觀，他把麵包和小牛肉冷盤繫在腳踏車的車尾，馬路上的風沙不僅穿透了食物的包裝紙，也磨擦著東尼的牙齒。由於那個小鎮還住著另外兩個英國男孩，因此東尼幾乎沒有學會什麼法文。小鎮舉行市集那天，其中一個男孩談了戀愛，另一個男孩頭一次因為喝太多氣泡酒而醉倒。那天晚上東尼摸彩抽中一隻鴿子，他放走了那隻鴿子，但隨後就發現那隻鴿子又被摸彩攤的老闆用捕蝶網抓回來……）在那趟法國之旅後，東尼和一位在牛津大學貝利奧爾學院認識的朋友一起到中歐旅遊數星期（由於德國馬克貶值，他們發現自己突然變得很富裕，可以入住飯店裡最大的套房。東尼只花了幾先令，就能在慕尼黑買到一件毛皮大衣，送給一位不會說英文的女孩。）後來他和布蘭達到義大利的里維耶拉度蜜月，住在一間別人借給他們的別墅。（……位於別墅和港口之間，有白扁柏與橄欖樹，以及半山上的圓型教堂。晚上他們坐在咖啡店外，看著釣魚的小船與照映在平靜河面上的燈影，等待快艇經過時突然濺起的水聲以及擾亂的波動。那艘快艇的主人是一名時髦的年輕官員，他將那艘快艇命名為「爵士女郎」，每天幾乎都花二十個小時在這個小碼頭來回馳騁……）還有一次出國，是東尼與布蘭達跟著布拉特俱樂部的高爾夫球隊到法國北邊的勒圖凱。這些就是東尼僅有的出國經驗。在他父親過世之後，他再也沒有離開過英國，因為他們負擔不起出國的費用，必須等付完遺產稅之後才有閒錢。除此之外，東尼喜歡待在海頓莊園，而布蘭達也放不下約翰安德魯。

就這樣，東尼一直對旅行沒有多大興趣。當他決定出國時，第一個想法就是去找旅行社，然後帶著一大疊色彩鮮艷的旅遊指南回家。那些旅遊指南印著大型郵輪、棕櫚樹林、黑人女性、拱門廢墟等圖片。東尼必須離開這裡，因為遇上這種事情的丈夫，就該一走了之。任何會讓他聯想到海頓莊園的事物，對他來說都像染上了毒藥。東尼想要遠離每一個認識他和布蘭達的人，到一個不會隨時遇見布蘭達、約翰・貝佛或瑞奇・聖克勞德的地方住上幾個月。這種逃避一切的心態主宰著他的思維。東尼帶著那疊旅遊指南到格雷維爾俱樂部，他加入這家俱樂部已經好多年了，但是很少使用。他之所以沒有取消會籍，是因為他一直忘記通知銀行止付俱樂部的會費。現在既然布拉特俱樂部與布朗俱樂部令他產生反感，他很慶幸自己還保有格雷維爾俱樂部的會員資格。格雷維爾俱樂部是一間深受知識分子喜愛的俱樂部，會員多半是大學教授、作家，或是博物館及學術機構的職員。這些會員很喜歡聊天，因此當東尼坐在扶手椅上閱讀旅遊指南、身旁擺滿圖文並茂的旅遊廣告時，有一位東尼不認識的會員走過來問他是否打算出國旅遊。東尼對於陌生人問他這個問題並不感到驚訝，他比較驚訝的是這位發問者的外型。

麥辛傑醫師雖然很年輕，但是蓄著鬍子。在東尼認識的年輕人當中，沒幾個人蓄鬍。麥辛傑醫師的體型相當瘦小，皮膚晒得很黑，而且儘管年紀很輕，頭卻已經禿了。他的臉和手都晒成紅褐色，但紅褐色的肌膚延伸到額頭處就突然結束，隔著一條線與蒼白的頭頂分隔。麥辛傑醫師戴著金屬鏡框眼鏡，他身上那套藍色斜紋毛邊西裝，顯然讓他覺得不太自在。

東尼告訴麥辛傑醫師，自己確實考慮搭乘郵輪去旅行。

「不久之後我也要出國。」麥辛傑醫師說。「我要去巴西。至少目的地會是巴西或荷屬圭亞那，我不太確定，因為那些國家的邊境沒有明確的界線。我原本上個星期就要出發了，但是計畫受阻。你認不認識一個尼加拉瓜人？他有時候自稱彭森比，有時候又叫作費茲．克萊倫斯。」

「不，我想我不認識。」

「你很幸運。那個傢伙搶走了我兩百英鎊和幾把機關槍。」

「機關槍？」

「是的。我旅行時會隨身攜帶一、兩把槍。你明白的，主要是用來嚇唬別人，或者用來交易。現在已經不太容易買到機關槍了，你想過要買機關槍嗎？」

「我沒想過。」

「那麼請你相信我，現在真的很難買到機關槍，你沒辦法隨便走進店裡就買到機關槍。」

「我想也是。」

「不管怎麼說，雖然我不一定需要那些機關槍，卻不能沒有那兩百英鎊。」

東尼的腿上攤著一張阿加迪爾[21]海港的照片，麥辛傑醫師將頭探過東尼的肩膀，眼睛看著這張照片。「啊，沒錯。」麥辛傑醫師說。「這是一個很有趣的小地方，我敢說你一定認識住在那裡的辛格曼先生。」

「不。我還沒有去過這個地方。」

「你一定會喜歡他——他是一個非常坦率的傢伙。他以前做過許多事，在摩洛哥的局勢平定前，他曾經販售軍火彈藥給阿特拉斯。當然，有了投降協定，這樣賺錢很容易，可是他賺得比大部分的人還要多。我相信他目前在摩加多爾[22]經營餐廳。」麥辛傑醫師語焉不詳地繼續說道。「真可惜我沒讓皇家地理學會參與這次的探險活動，我必須自行私下募款。」

此刻是下午一點鐘，格雷維爾俱樂部裡的人越來越多。一位埃及古物學家正拿出一些聖甲蟲形狀的寶石給一位教堂週刊的編輯欣賞。

「我們最好到樓上去吃午餐。」麥辛傑醫師說。

東尼原本不打算在格雷維爾俱樂部吃午餐，可是他覺得麥辛傑醫師的邀約很吸引他，而且他也沒有其他邀約。

麥辛傑醫師的午餐是一顆蘋果和一個米布丁（「我對吃東西很謹慎。」他說。）東尼則吃冷牛排和腰子派。他們坐在樓上大餐廳的窗戶旁，餐廳裡其餘的座位很快就被其他會

21 阿加迪爾：Agadir，位於非洲摩洛哥（Morocco）西南方的大西洋沿海城市。

22 摩加多爾：Mogador，摩洛哥西部的大城，現已改名為索維拉（Essaouira）。

員坐滿了。那些會員在用餐時仍繼續著與人攀談的傳統，甚至可以往後靠在座椅上，轉頭與隔壁桌的人聊天——這種行為讓原本已經不佳的服務品質雪上加霜。東尼完全不在意別人在聊什麼，他只專注聆聽著麥辛傑醫師告訴他的事。

「……你知道，從十六世紀的第一批出發的探險隊開始，就有一個未曾中止的傳統：每個探險家都想去尋找那座城市。然而那座城市的正確位置眾說紛紜，有人說在馬托格羅索州[23]，有人說在奧利諾科河[24]上游，即現今的委內瑞拉境內。我以前認為它在烏拉利庫瑞拉河[25]沿岸某處，去年我到那邊，開始與皮威族印地安人建立關係。之前去造訪過皮威族的白人，沒有一個人能活著離開。我從皮威族人那裡得知應該朝哪個方向去尋找那座城市，當然，他們並沒有去過那座城市，可是他們知道那座城市的一切。住在玻利瓦爾城[26]與帕拉州[27]之間的印地安人都知道那座城市的事，只不過他們不肯說出來，他們真的是非常奇怪的民族。儘管如此，我和一個皮威族人變成了結拜兄弟——並且舉行了一場有趣的儀式。他們先將我埋進土裡，一直深埋到脖子的高度，接著他們族裡的每個女性都在我的頭上吐口水。我和那個皮威族人分食了一隻癩蝦蟆、一條蛇與一隻甲蟲，然後就成了結拜兄弟——呃，他告訴我那座城市位於庫蘭特尼河[28]和塔庫圖河[29]之間的河流上游，那裡有一大片尚未開發的鄉下土地，我一直很想去看看。」

麥辛傑醫師接著又說：「我查過相關的歷史，因此多多少少知道那個城市為什麼會在那個地方。十五世紀初，印加帝國全盛時期之際，秘魯人遷徙到那片土地，建立那座城市。這些都記載在西班牙早期的文獻中，是廣為人知的傳說。一名年輕的王子叛變，帶領他的支持者逃進森林。大部分的部落都曾經有過領土遭到異族入侵的經驗。」

「你覺得這座城市是什麼模樣？」

「很難說。每個部落對它的形容都不盡相同。皮威族人用『光彩奪目』或『閃亮耀眼』形容它，阿庫納人說它『水源豐足』，帕塔莫納斯人則說它宛如『色彩豔麗的羽毛』。最奇妙的是瓦勞人，瓦勞人以他們製造的一種芳香果醬來稱呼那座城市。當然，我們都不知道，在與世隔絕五百年之後，那座城市的文明會發展或衰退到什麼程度……」

那天離開格雷維爾俱樂部之前，東尼撕掉了他手中那疊郵輪旅遊指南，因為他已經決定參加麥辛傑醫師的探險隊。

---

23 馬托格羅索州：Matto Grosso，位於巴西西部，是巴西第三大州。

24 奧利諾科河：Orinoco，南美洲的第三大河。

25 烏拉利庫瑞拉河：Uraricuera，位於巴西北部的河流。

26 玻利瓦爾城：Ciudad Bolívar，委內瑞拉玻利瓦爾州（Estado Bolívar）的首府。

27 帕拉州：Pará，位於巴西北部。

28 庫蘭特尼河：Courantyne，南美洲蘇利南共和國（Republiek Suriname）境內最長的河流。

29 塔庫圖河：Takutu，巴西境內的河流。

「你經常從事探險旅行嗎？」

「不。坦白說，這是我的第一次。」

「啊。呃，我敢說，實際從事探險之旅，一定會比聽起來更有趣。」那個友善的旅客表示。「否則人們不會如此熱衷。」

這艘郵輪專為熱帶地區航線設計，各項設施都符合讓旅客舒適自在的需求，因此吸菸室的溫度比甲板還要涼快一些。東尼走回他的艙房，拿了帽子與外套，然後走回船尾他在晚餐前所坐的地方。這天夜裡沒有星星，除了船燈照亮的一小圈區域之外，周圍幾乎什麼東西都看不到。船頭左側遠處有座燈塔，燈塔短短長長地發出光亮，海浪的波峰在甲板步道的燈光反射處瞬間發亮，然後又往後退去，消失在後方的黑暗深淵。關在木板箱裡的小獵犬被驚醒，發出嗚咽的哀鳴。

東尼已經好幾天沒有想起前些日子發生的事，因為他的思緒都被那座城市所占據，那座被形容為「光彩奪目」、「水源豐足」、「色彩豔麗的羽毛」、「氣味芳香的果醬」的城市。他心裡已經有一個非常清楚的影像：那座城市是哥德式建築，建築物上有風向標、尖塔、怪物雕像、城垛、穹窿與雕花窗飾、涼亭與屋頂露臺，宛如美化之後的海頓莊園。三角旗與橫幡在甜甜的微風中飄揚，所有的一切彷彿都閃閃發光，看起來明亮清晰。珊瑚色的堡壘位於種滿雛菊的綠色山丘上，周圍有樹叢與小溪，景緻就像一幅織錦畫，畫上繡著紋章和傳說中的奇妙動物，以及彼此對稱但不成比例的花朵。

郵輪在黑暗的海面上顛簸而行，朝著那座光芒萬丈的聖殿航行而去。

「我懷疑到底有沒有人在照顧那些小狗。」那位友善的旅客走到東尼面前說。「明天我得去問問事務長，我們應該讓那些小狗運動一下，牠們一直被關在籠子裡，真的很可憐。」

第二天他們來到大西洋。沉重的波浪從陰暗不透明的海底深處捲起，波峰點綴著水沫，看起來像是丘陵高處殘留的白雪。橄欖色、藍色與深綠色的海水，色彩有如戰場上軍人的制服，但是在陽光下看起來呈鉛灰色，就像石板一樣。頭頂上的天空如鋼鐵般帶點灰色，蓬鬆的雲朵快速飛過，讓陽光偶爾露臉半個小時。桅杆在天際緩緩晃動，船頭在海平面上上下下地顛簸前行。與東尼變成朋友的那位友善男子帶著兩隻小獵犬在甲板上散步，獵犬一邊嗅著甲板上的排水口，一邊往前走去，將狗鍊拉得緊緊的，那個男人則在牠們身後以搖晃的腳步蹣跚而行。他帶了一副望遠鏡，偶爾拿起來欣賞海上風光，而且每次經過東尼面前，就把望遠鏡借給東尼使用。

「我剛才和無線電通訊員聊天。」他對東尼說。「十一點左右，我們可能就會經過雅茅斯城堡[30]附近。」

幾乎沒有人站著，甲板上的旅客都躺在遮陽篷下的長椅上，滿臉愁容地裹著方格花紋

---

30 雅茅斯城堡：Yarmouth Castle，英國南部懷特島（Isle of Wight）上的一座城堡，興建於一五四七年。

毛毯。麥辛傑醫師一直待在他的艙房裡，東尼去探望他的時候，發現他因為服用過量的暈船藥而變得反應遲緩。夜裡的風開始變涼，到了吃晚餐的時間，風吹得又兇又猛，服務生將舷窗鎖緊，容易摔壞的東西都被改放到艙房的地板上。一陣強風突然吹起，「音樂與寫字房」裡的咖啡杯頓時摔破十來個。那天夜裡，船上的人幾乎都無法入睡，船殼板不停嘎嘎作響，行李箱也一直在牆邊左右滑動。東尼用安全帶將自己固定在床上，心裡繼續想像著那座城市。

……地毯與天篷，織錦畫與天鵝絨，升降閘門與棱堡，護城河上有戲水的禽鳥，沿岸長滿了金鳳花，孔雀拖著華麗的長尾巴走過草坪，頭頂上的天空就像藍寶石，銀鈴般的鐘聲在以條紋大理石打造的尖塔上響起，聽起來如天鵝絨般柔順悅耳。

一連幾天都是陰暗且令人疲憊的天氣，終日只有鹹鹹的海風與濕濕的霧氣，霧笛的聲響、旅客的呻吟與金屬緊繃的嘎嘎聲不絕於耳，這一切直到郵輪通過亞速群島[31]之後才終於結束。甲板上的遮陽篷又重新架起，旅客也把躺椅搬到迎風處。正午時分的太陽高掛天空，郵輪平穩地往前行駛，藍色海水拍打著船側，漣漪在船尾後方消失於海平面。旅客用留聲機播放音樂，玩起甲板網球[32]。飛魚飛躍出海面，形成一彎明亮的弧形。（「快看，恩尼，快過來看，那裡有一隻鯊魚。」「那才不是鯊魚，那是海豚。」「布林克先生說是那是一隻鼠海豚。」「牠又出現了。噢，真希望我帶了照相機。」）在清澈平靜的海面下，推進器規律地轉動著。小獵犬輕快地跑過旅客面前時，大家都忍不住伸手撫摸牠們。在談笑聲中，布林克先生打趣地表示，應該也讓賽馬出來跑一跑，甚至突發奇想，表示公牛也應該活動一下。布林克先生和一群愉快的旅客每天都與事務長同桌用餐。

麥辛傑醫師終於走出艙房，到甲板上和餐廳裡露臉。副主教的妻子也出現了，她的膚色比她丈夫白皙許多。東尼身旁的座位，坐著一位名叫泰瑞絲．狄維特的女孩，在之前那段天色灰暗的日子裡，東尼曾經見過她一、兩次。泰瑞絲．狄維特看起來很孤單，她那張沒有血色的瘦小臉龐上有一雙大大的深色眼眸，身上經常裹著毛皮大衣與毛毯或抱著椅墊。她說：「過去那幾天真是太可怕了，但我看你還能到處走動，真令我羨慕。」

「從現在開始，一路上應該都會是風平浪靜的好天氣。」東尼回答，接著又不能免俗地問一句：「妳要去很遠的地方嗎？」

「我要到千里達，我家在千里達……我曾經試著從旅客名單中猜測你是誰。」

「結果妳認為我是誰？」

「呃……當時我猜你是史特拉普上校。」

「我看起來那麼老嗎？」

「上校的年紀都很大嗎？我不知道，千里達沒有上校這種軍階。不過我現在已經知道

---

31 亞速群島：Azores，位於北大西洋中央的群島。

32 甲板網球：Deck Tennis，一種供郵輪乘客玩的運動遊戲，類似網球，但使用橡膠環而不用球與球拍。

你是誰了，因為我問了服務生的領班。請與我分享你的探險之旅。」

「妳最好去問麥辛傑醫師，他比我更清楚。」

「不要，我要你告訴我。」

泰瑞絲．狄維特今年十八歲，身材瘦小，皮膚黝黑，下巴微翹，一般人會把注意力放在她深邃的大眼睛與高聳的額頭上。她還有一點嬰兒肥，而且舉手投足之間經常都顯得興高采烈，宛如剛剛擺脫沉重的學業負擔，但還沒有被人生的各種包袱累垮。過去兩年她都在巴黎念書。

「……我們有些人會在寢室裡偷藏口紅和胭脂，在夜裡偷偷化妝。有一個叫作安東妮特的女孩，塗了口紅參加星期天的彌撒，因此與蘇普利斯夫人起爭執。那個學期結束後，她就離開學校了。她真勇敢，我們都很佩服她……可是她長得不漂亮，而且一天到晚吃巧克力……」

「……我準備要回家去結婚……不，我還沒有訂婚，但是你知道，我能嫁的年輕男性真的很少。他們必須是天主教徒，而且是來自千里達的家族。我不能嫁給英國官員，然後跟隨他在英國定居。不過，我找對象並不難，因為我沒有兄弟姊妹，而我父親的房子是千里達最頂級的房屋之一。你一定要來千里達看看我家，我家是石頭打造的，位於城外。我們家族在法國大革命期間搬至千里達，當地還有另外兩、三個富裕的家族，我應該會嫁入其中之一，然後我的兒子會繼承我父親的房子，一切就這麼簡單……」

泰瑞絲穿著一件小外套，那件外套是當時流行的款式。除了一串珍珠項鍊之外，她沒有穿戴別的飾品。「在蘇普利斯夫人的學生當中，有一個已經訂婚的美國女孩，她的戒指上有一顆大鑽石，可是除了晚上睡覺時間之外，她不可以戴著那枚戒指。有一天，那個女孩子收到她未婚夫寄來的信，信上說他要娶別的女孩了，讓她哭得非常傷心。我們大家都讀了那封信，大部分的人讀完之後也跟著開始哭……我回千里達之後才找對象，因此事情會簡單得多。」

東尼把他的探險計畫與泰瑞絲分享，並且告訴她關於中世紀秘魯移民的故事，以及那些移民隊伍如何讓駱駝背負精密的工藝品，穿越過高山和叢林。他還提及那些持續流傳到海外的傳說，誘使許多探險家爭先恐後地進入叢林。東尼表示他們的探險隊即將溯溪而上，然後穿越過矮樹叢，沿著印地安人的路線橫渡沒有人走過的國度。他告訴泰瑞絲他們可能會沿著哪一條溪流往上走，以及麥辛傑醫師教他如何利用樹皮打造獨木舟，接著再度下水溯溪，最後像維京人到達拜占庭城那般抵達那座城市的城牆外。東尼並且補充道：「不過，當然，那座城市裡可能什麼東西都沒有，但無論如何，我覺得這將會是一趟非常有趣的旅行。」

「我真希望自己是個男人。」泰瑞絲．狄維特說。

吃過晚餐之後，他們隨著留聲機播放的音樂共舞，泰瑞絲坐在甲板酒吧外的椅子上，用兩根吸管喝檸檬汁。

整個星期，藍色的海水一天比一天清澈平靜，陽光也越來越暖和，不僅照亮了郵輪，也讓船上的旅客充滿愉悅與舒暢的感受。藍色的海洋將陽光化成一千個亮點，旅客在尋找海豚和飛魚時因此眼花撩亂。在海洋的淺灘處，可以看見清澈蔚藍的海水底下有銀色的沙地與平滑的圓石。甲板的遮陽篷下是柔軟且溫暖的乘涼躺椅，郵輪航行在一望無際的藍色汪洋上，在陽光下閃閃發亮。

東尼與泰瑞絲．狄維特玩擲圈圈和甲板曲棍球，並隔著一小段距離朝著水桶丟擲繩環。(「我們應該改搭小船。」麥辛傑醫師偷偷對東尼說。「這麼一來，就不用玩那些討人厭的甲板遊戲了。」) 東尼連贏兩次船上的賭局，賺了十八先令。他在理髮廳買了一隻用羊毛編織的小兔子送給狄維特小姐。

東尼以前很少與單身的小姐聊天，除了坦卓里爾小姐之外，他想不出來自己身邊還有哪些未婚女性。泰瑞絲先開口直呼他「東尼」，因為她看見布蘭達在東尼的香菸盒上親手刻寫的名字。泰瑞絲說：「真有趣，那個拋棄了美國女孩的男人，名字也叫作東尼。」從那次聊天起，東尼與泰瑞絲就開始直呼彼此的名字。其他的旅客也很滿意這樣的發展，因為除了這段即將萌芽的浪漫情事之外，郵輪上沒有任何有趣的事。

「我真不敢相信，這艘郵輪和我們之前那段寒冷又痛苦的日子所搭乘的郵輪竟是同一艘。」泰瑞絲說。

他們抵達第一座島嶼，島上有一整片棕櫚樹，棕櫚樹後方的山坡上還有茂密的樹林，海灣堤岸的沖積地則有一個小城鎮。泰瑞絲與東尼上岸後跑去游泳，泰瑞絲游得不好，一直以可笑的姿勢將頭伸出水面。她向東尼解釋，在千里達幾乎沒有人游泳。他們在紮實的銀色海灘上躺了一會兒，然後搭乘東尼租來的那輛不太堅固的雙馬馬車返回城鎮。經過一些破舊的小屋時，幾名小黑人跑出來乞討，甚至在滾滾沙塵中拉住車軸的後方用力搖晃馬車。由於這個小城鎮沒有地方可吃晚餐，於是他們在夕陽西下時就返回郵輪。雖然郵輪停泊處與小城鎮還有一段距離，但是當東尼與泰瑞絲吃完晚餐站在甲板的欄杆旁聊天時，在郵輪的絞盤未運轉的空檔期間，他們都能聽見城鎮裡人們在街上聊天和歌唱的聲音。泰瑞絲伸手挽著東尼，甲板上到處是旅客與仲介商，以及忙著登記貨物清冊的小黑人土著。那天晚上郵輪沒有舉行舞會，於是他們在甲板上散步，然後東尼親吻了泰瑞絲。

麥辛傑醫師在郵輪即將啟航時才返回船上，因為他在小城鎮裡遇見一個熟人。麥辛傑醫師注意到東尼與泰瑞絲逐漸加溫的情誼，便向東尼表達他強烈反對的意見。麥辛傑醫師告訴東尼，他某個朋友和女人亂搞，結果在士麥拿[33]的小巷子裡遭人刺殺。

郵輪停靠在這個小島之後，船上的成員有了改變，因為換了一批旅客。黑人副主教和郵輪上的每個人握手之後就下船了，他在船上的最後一個早晨，他的妻子拿著奉獻箱到處

33 士麥拿：Smyrna，位於愛琴海伊茲密爾灣東南角，為土耳其第三大城，現稱伊茲密爾（Izmir）。

找人捐款，以募集修理管風琴的基金。船長始終不曾在用餐時間到餐廳露面，東尼在船上認識的第一位朋友也不再為了吃晚餐而換上正式服裝。艙房裡因為整天鎖著門而變得相當悶熱。

到巴貝多[34]之後，東尼與泰瑞絲又一起游泳，並且開車環島，還參觀了當地的城堡造型教堂。他們在城外山上的一間飯店吃飯，享用飛魚大餐。

「你應該到我家去，見識一下什麼是真正的克里奧爾[35]式美食。」泰瑞絲說。「我們有很多古老的食譜，都是早期殖民人士流傳下來的。你一定要去見見我父親和母親。」

從飯店餐廳的露臺上可以看見郵輪的燈光，明亮的甲板上有走動的人影與一扇扇舷窗。

「後天就會抵達千里達了。」東尼說。

他們又聊了許多關於探險之旅的事，泰瑞絲認為探險之旅一定非常危險。「我一點都不喜歡麥辛傑醫師。」她對東尼說。「一點也不喜歡。」

「接下來妳就要挑選自己的丈夫了。」

「是的，一共有七位人選。我喜歡其中一位叫作何諾瑞的人，但是我已經兩年沒見到他了，這是當然的。他為了當上工程師而努力求學。還有一位叫作孟多沙的人，他很有錢，可是他並非真正的千里達人，他祖父來自多明尼加，人們認為他有黑人的血統。我猜我最後會嫁給何諾瑞，因為我母親每次寫信給我總會提到何諾瑞，而且他會在聖誕節和我生日時寄禮物給我，只不過那些禮物都是很蠢的東西，因為西班牙港[36]的商店沒有什麼好玩意兒。」

過了一會兒，泰瑞絲又說：「你回程時會到千里達來探望我，對不對？我到時候就可以再見到你了。你會在叢林待很久嗎？」

「我猜妳那個時候應該已經結婚了。」

「東尼，你為什麼還不結婚？」

「我已經結婚了。」

「你結婚了？」

「是的。」

「你在開玩笑。」

「沒有。我真的已經結婚了。應該說，我結過婚。」

「噢。」

「妳很驚訝嗎？」

「我也說不上來。不知道為什麼，我一直認為你還沒結婚。你太太在哪裡？」

「她在英國。我們之間有些不愉快。」

34　巴貝多：Barbados，位於加勒比海與大西洋邊界的島國，是西印度群島最東端的島嶼，為大英國協成員國。

35　克里奧爾：Créole，克里奧爾人，指歐洲白種人在殖民地國家的移民後裔。

36　西班牙港：Port of Spain，千里達及托巴哥的首都，是該國人口第三多的城市。

「噢……現在幾點了？」

「時間還很早。」

「我們回船上去吧。」

「妳想回去了嗎？」

「是的。請帶我回去吧。今天真是愉快的一天。」

「妳這句話彷彿是在與我道別。」

「是嗎？我也不知道。」

黑人司機以飛快的速度開車送他們返回城裡，然後他們搭乘小船，在海上緩慢地浮浮沉沉，回到郵輪上。稍早他們之間的氣氛還很愉快時，東尼買了一個小魚造型的填充玩偶給泰瑞絲，可是泰瑞絲把那個玩偶遺留在飯店裡了。「無所謂。」她說。

過了巴貝多之後，海水就不再蔚藍。在千里達附近的海域，海水陰暗且不透明，海裡充滿奧利諾科河從陸地沖刷下來的泥沙。泰瑞絲一整天都待在艙房裡打包行李。

翌日，泰瑞絲匆匆向東尼道別，她的父親搭乘接駁船來接她。泰瑞絲的父親是一個精瘦結實的男人，有著古銅色的肌膚，臉上蓄著長長的灰鬍子。他頭上戴著巴拿馬帽，身上穿時髦的絲質衣褲，嘴裡叼著方頭雪茄，看起來宛如上個世紀蓄養奴隸的地主。泰瑞絲沒有向東尼介紹自己的父親，只輕描淡寫地對父親說：「這個人是我在船上認識的。」

東尼隔天在千里達城裡看見泰瑞絲和一位女士開車經過，那位女士顯然是泰瑞絲的母親。泰瑞絲向東尼揮手，可是沒有停車。「這些貨真價實的老克里奧爾人，全都是冷淡無情的傢伙。」東尼在船上最初認識的那位友善的朋友說。這個人現在又開始與東尼熱絡起來。「他們大部分的人都窮得像教堂裡的老鼠，可是個性非常驕傲。我有好多次的經驗，這些人在船上會一直找我聊天，然而上岸之後就頭也不回地走掉。他們會邀請你去他們家裡作客嗎？根本不可能。」

東尼這兩天都和這位朋友待在一起，這個人在千里達有生意上的往來。第二天下起大雨，所以他們待在飯店裡休息，麥辛傑醫師則到農業學校去請教技術方面的問題。

千里達與喬治敦[37]中間是一片泥濘的海洋，卸了許多貨品的郵輪在波浪中劇烈翻騰，於是麥辛傑醫師又回到他的艙房休息。雨一直下個不停，四周瀰漫著薄霧，讓他們宛如在棕色的小水坑裡移動。霧笛在雨中規律地發出聲響，郵輪上只剩下十來位旅客。東尼一個人在空盪盪的甲板上憂鬱地徘徊，或者獨自坐在「音樂與寫字房」裡，回想他不願觸碰的那段往事。他所有的思緒又回到海頓莊園高聳的榆林大道與正在萌芽的矮灌木林上。

第二天，他們抵達德門拉拉河的河口，海關的倉庫散發出濃濃的糖味，蜜蜂的嗡嗡聲

37 喬治敦：Georgetown，圭亞那的首都與最大城。

不絕於耳。卸貨有一段冗長的程序，由麥辛傑醫師負責處理。東尼點燃一根雪茄，在碼頭上閒逛。碼頭邊擺滿各式各樣的小型貨品，遠方那頭的河岸有一片低矮蒼翠的紅樹林，紅樹林後方則是葉片有如羽毛的棕櫚樹林，透過棕櫚樹林能隱約看見城裡房屋的錫製屋頂，那些屋頂被剛剛下完的雨水洗滌得乾乾淨淨。碼頭上的黑人碼頭工人，一邊工作一邊哼著充滿節奏感的旋律；西印度人則拿著發貨單和貨物帳單匆匆忙忙地跑來跑去。過了一會兒，麥辛傑醫師告訴東尼一切手續都已經辦妥，他們可以進城到飯店去了。

二

煤油燈放在兩張吊床中間的地上，掛著白色蚊帳的吊床看起來像巨大的蠶繭。此刻是晚上八點鐘，太陽下山後已經過了兩個小時，河流與叢林在這樣的夜裡顯得更加深沉。原本不停嘶吼的猴子都已安靜下來，可是周圍的樹蛙仍持續以粗啞的聲音彼此唱和。鳥兒也還醒著，此起彼落地發出鳴叫。在遙遠的叢林深處，偶爾會傳來樹木倒下時碎裂的回聲。

擔任船員的六名黑人男孩遠遠蹲在營火旁，三天前他們在叢林某處摘了不少玉蜀黍，那片叢林原本應該是農田，但現在已經被人棄置，長滿各種野生雜草，看起來面目全非。（那片農田曾經種滿外來的植物、水果與穀物，如今什麼都沒有，變回原本荒涼的模樣。）那些黑人男孩利用營火的餘燼將玉蜀黍烤熟。

營火與煤油燈發出微弱的光芒，亮度只能讓他們看見頭頂上那片破爛的屋頂、從郵輪卸下來但早已爬滿螞蟻的糧食，以及巨木的樹幹和生長在林間的矮樹叢，至於那些巨木的頂端，則消失在無垠的黑暗夜色之中。

成群的蝙蝠像乾掉的水果，一隻隻倒掛在茅草屋頂之下，巨大的蜘蛛則在蝙蝠的影子下方爬來爬去。這個地方曾經是橡膠的集散地，也是距離海岸最遠處的商業據點。麥辛傑醫師在地圖上畫了一個三角記號，並以紅筆註記：「第一營區」。

這趟旅程的第一階段已經完成，過去十天他們搭乘一艘寬而淺的小船逆流而上，經過一、兩個急湍（在急湍處除了倚靠裝設在船側的馬達之外，還得依照船長的口令，大夥兒動作一致地用力划動船槳。水手長站在船頭，拿著長桿避開河中的岩石。）太陽下山之後，他們就在沙洲或附近叢林的空地上紮營，曾經也有一、兩次住在橡膠工人或淘金客遺留下來的「房子」。

在船上航行時，東尼與麥辛傑醫師一整天都躺在他們的貨物與糧食間，用棕櫚葉搭蓋的篷子遮陽。白天天氣比較炎熱時，他們就會陷入昏睡。他們在船上吃罐頭食物，喝蘭姆酒及河水。河水雖然呈紅褐色，可是非常清澈。對東尼而言，這裡的夜晚彷彿永無止境：十二小時的黑暗，而且比城市裡的廣場還要吵鬧，因為叢林裡有動物的尖吼、蛙類的鳴叫，以及宛如喇叭聲的狂風呼嘯。麥辛傑醫師可以從這些聲音的輪替分辨出時間。東尼無法藉由煤油燈的光線閱讀，連日的疲倦與慵懶，也導致他的睡眠極不規律，而且入睡時間極短。白天在溫暖的遮陽篷下及成堆的貨品糧食間，麥辛傑醫師與東尼已經把各種話題都聊完了，因此夜裡兩人無話可說。東尼躺在黑夜裡卻毫無睡意，雙手不停搔著身上的癢處。

自從他們離開喬治敦之後，東尼全身上下都不舒服。他的臉頰和脖子被河水反射的陽光晒傷，而且由於開始脫皮，他沒辦法刮鬍子，下巴與喉結周圍都長滿堅硬的鬍渣，刺得他非常難受；暴露在外的皮膚都已經被卡布利蚋叮遍，那些卡布利蚋甚至有辦法鑽進他的襯衫釦眼與長褲腰縫。晚上他換上寬鬆的睡衣褲之後，卡布利蚋就叮他的腳踝。他還在叢林間發現一種紅色小蟲，那種紅色小蟲在他身上爬動，並且潛藏到他的皮膚底下。麥辛傑醫師給他隔絕蚊蟲的苦油，但無論他擦在哪個部位，那裡就會長出疹子。每天盥洗之後，東尼得用菸頭將自己身上的蝨子燙掉，但這麼做會在他的皮膚上留下使他過敏的傷疤。一個黑人男孩從腳趾甲、後腳跟和拇指球的硬皮處挖出蝨子，東尼的左手也被工蟻咬傷，傷口又腫又痛。

每當東尼抓癢的時候，吊床的支架就會不停晃動。麥辛傑醫師轉身對東尼說：「噢，老天！別再抓了。」東尼只好試著不去抓癢，後來改成安靜地抓癢，但最後他實在受不了，又使盡力氣猛抓，把皮膚抓破了十幾處。「噢，老天！」麥辛傑醫師說。

「八點半了。」東尼心想。「倫敦這個時候正準備開始吃晚餐。」每年這個時候，倫敦每天晚上都會有人舉行晚宴。（東尼與布蘭達訂婚之前，都會去參加每一場晚宴。如果他和布蘭達在不同的晚宴廳用餐，他會先在賓客群裡尋找布蘭達的身影，然後故意在樓梯間徘徊，等待布蘭達向他靠近。晚一點的時候，他會找機會送布蘭達回家。聖克勞德女士當時盡全力幫他，讓他更容易追到布蘭達。後來他與布蘭達順利結婚，婚後他們在倫敦住了兩年，直到東尼的父親過世。後來他們就很少參加派對，每個星期頂多參加一、兩場。接著布蘭達生下約翰安德魯，等她身體復原後，因為心情愉快而在某個月多參加了幾場宴會。）東尼開始想像此刻倫敦正在舉行晚宴，而且布蘭達出席了晚宴，與每個新朋友打招呼時會露出驚訝的表情。只要舉行晚宴的場地有壁爐，布蘭達就會盡可能地往爐火靠近。不過，現在已是五月底了，還有人在壁爐生火嗎？他已經不記得了，因為海頓莊園幾乎每天晚上都會在壁爐生火，無論什麼季節。

稍後，東尼又開始一陣亂抓癢，並且突然想到英國現在根本不是晚上八點半，因為有五個小時的時差。在旅程中，他們必須每天調整手錶的時間。英國在哪個方向？這應該很容易分辨，由於太陽從東邊升起，而英國在美洲的東邊，所以他和麥辛傑醫師會比較晚看見太陽。他們看見的是二手太陽，因為太陽已經先被波莉．卡克柏斯、貝佛太太及阿巴杜．阿卡巴王妃使用過了，太陽已經被她們玷汙了……就宛如布蘭達以前用十英鎊或十五英鎊向波莉購買的二手洋裝……想著想著，東尼終於睡著了。

一個小時之後，東尼醒了。他聽見麥辛傑醫師正一邊咒罵、一邊跨坐在吊床上，並且在自己的大腳趾上擦拭碘酒、包覆繃帶。

「我被吸血蝙蝠咬傷了。我一定是睡著時把腳貼近了蚊帳。天知道在我睡醒之前，那隻吸血蝙蝠已經咬了我多久。煤油燈不是應該驅走吸血蝙蝠嗎？顯然完全沒用。」

那些黑人男孩還醒著，在營火旁吃東西。「主人，這裡的吸血蝙蝠很壞。」他們說。「因此我們不敢離開營火旁。」

「我可能會因此生病，該死。」麥辛傑醫師說。「我可能已經損失好幾品脫的血液。」

布蘭達和裘克在安克里治公館跳舞。由於時間已晚，派對上的賓客陸續離開，因此他們到現在才終於能夠愉快地共舞。宴會廳裡掛著繡帷，還點了蠟燭。安克里治夫人剛剛行了屈膝禮，向最後離開的王室成員道別。

「我不喜歡待到這麼晚。」布蘭達說。「可是我又不忍心叫我的貝佛先生陪我提早離席，因為他很興奮能夠參加這種晚宴，我希望他玩得開心。然而話說回來，我費了好大的工夫才拜託安克里治夫人邀請他來……」過了一會兒，布蘭達又說：「我想，這應該是我最後一年有資格參加這種派對了。」

「妳的離婚手續快辦妥了嗎？」

「我不知道，裘克，這件事不是我能決定的。比較讓我苦惱的是，我不知道該如何才能滿足貝佛先生，他變得很難掌控。我現在每個星期都得帶他出來享受一點奢華的生活，但如果我離了婚，或許他就不會如此難以取悅了。你有東尼的消息嗎？」

「我已經好一陣子沒有和東尼聯絡了。他上岸時曾經發了一封電報給我。他和一個騙子醫生去探險。」

「那種探險安全嗎？」

「噢，我想是吧？現在全世界都已經相當文明了，不是嗎？——到處都有遊覽巴士和餐廳。」

「也對，我想也是……我希望東尼不要老是低頭沉思，我不希望他不快樂。」

「我相信他會慢慢習慣的。」

「我真心希望如此。你知道，雖然東尼的行徑非常怪異，但我真的很喜歡他。」

距離營區大約一、兩英里遠的地方，有一個印地安人的村落，東尼與麥辛傑醫師打算到那裡徵召一些挑夫，以便展開長達兩百英里的拜訪皮威族之旅。目前跟著他們的黑人男孩都只在河上討生活，不能進入印地安人的領土，因此將駕船離開。

黎明破曉時，東尼與麥辛傑醫師各自喝了一杯熱可可，並且吃了一些餅乾及昨晚打開但沒吃完的罐頭牛肉，然後就前往印地安人的村子。一個黑人男孩走在隊伍最前方，以短彎刀開路，麥辛傑醫師與東尼跟在他身後，兩人一前一後地走著，最後面還有另一個黑人男孩，這個男孩拿著交易品的樣本——包括一把價值二十美金的比利時槍、幾捲印花棉布、一面框著彩色賽璐珞的握柄鏡，以及幾瓶香氣濃郁的髮油。

那是一條崎嶇且人煙稀少的道路，沿途有許多斷樹擋住通道。他們還得涉水經過兩條深達膝蓋的河流，那兩條河最終都流向同一條大河。一路上常有密如網絡的裸露樹根，有時候還有濕滑的腐葉土。

最後他們終於抵達印地安人的村落，那個村子宛如突然出現在他們眼前，因為穿過一片樹叢之後就變成一大片寬闊的空地。村子裡有八、九間圓錐形的泥造茅屋，屋頂是由棕櫚葉搭建而成。雖然屋外沒有看見任何人影，但因為有兩、三縷炊煙細細直直地飄進清晨的空中，所以他們確定這個地方有人居住。

「他們膽子很小。」黑人男孩說。

「去找個人來和我們說話。」麥辛傑醫師說。

這個黑人男孩走到最靠近他們的茅屋門前，偷偷往裡面窺探。

「沒有男人，只有女人。」他轉頭報告。「她們正在穿衣服。」接著他對著屋裡大喊：「快點出來，老闆要和妳們說話！」

最後終於有一個老婦人怯生生地走出來，她身上穿著一件迎接陌生人時才會穿上的印花布長袍，但那件袍子已經很髒了。她的雙腿內彎，搖搖晃晃地走向訪客。她的腳踝繫著藍色的珠子，頭髮又長又髒，兩個眼睛一直盯著她手裡拿的那個裝盛某種液體的陶碗。她走到東尼與麥辛傑醫師面前，先把陶碗放在地上，然後與他們握手，然而她的視線始終往下看。接著她把陶碗拿起來，交給麥辛傑醫師。

「這是卡西利。」麥辛傑醫師向東尼說明。「當地人用發酵的樹薯做成的飲料。」

他喝了一些，然後把陶碗交給東尼，陶碗裡裝著一種紫色的黏稠液體。等東尼也喝了一些之後，麥辛傑醫師才說明：「這種飲料是以非常有趣的方式製成的：印地安女人先把樹薯根嚼碎，然後吐進中空的樹幹裡。」

麥辛傑醫師以瓦皮西亞納語對著那個老婦人說話，她這時才抬起頭看著麥辛傑醫師，然而她那宛如蒙古人的棕色面孔卻顯得十分茫然。她不明白麥辛傑醫師的話語，而且似乎也不想明白。麥辛傑醫師提高了說話的音量，並且重複剛才所說的話，但是那個老婦人只是從東尼手中拿走陶碗，放到地上。

這時候茅屋門邊出現了幾張臉孔，其中一個女人大膽地走出來。她的體格很結實，充滿自信地對訪客露出微笑。

「早安。」她說。「你們好嗎？我叫作羅莎，我的英文很好，我住在富比士先生下面兩年。你們給我香菸。」

「這個女人為什麼不回答我的問題？」

「因為她不說英文。」

「可是我對她說的是瓦皮西亞納語。」

「她是馬古西人。這裡都是馬古西人。」

「噢，原來如此。男人都到哪裡去了？」

「男人已經出去打獵三天了。」

「他們什麼時候回來？」

「他們去抓野豬。」

「他們什麼時候回來？」

「不對，野豬，很多野豬。男人去打獵。你們給我香菸。」

「聽我說，羅莎，我想去皮威族那裡。」

「不對，這裡是馬古西人。這裡都是馬古西人。」

「可是我們想去找皮威族。」

「不對，全部都是馬古西人。你們給我香菸。」

「再說下去也是白費口舌。」麥辛傑醫師說。「我們必須等男人回來。」他從口袋裡拿出一包香菸。「妳看。」他說。「這是香菸。」

「給我。」

「等男人打獵回來之後，妳到河邊來通知我，明白嗎？」

「不對。男人去打野豬。你給我香菸。」

於是麥辛傑醫師把香菸給了羅莎。

「你還有什麼？」羅莎問。

麥辛傑醫師指指第二個黑人男孩剛才放在地上的交易品。

「給我。」她說。

「等男人回來之後，如果他們陪我去找皮威族，我就給妳很多東西。」

「不對，這裡全部都是馬古西人。」

「這樣說下去也不會有任何進展。」麥辛傑醫師說。「我們最好回營區去等。既然印地安男人已經出去三天，大概不久之後就會回來……真希望我會說馬古西語。」

東尼與麥辛傑醫師一行四人轉身離開村子。他們回到營區時，東尼的手錶顯示時間是上午十點。

瓦魯潘河畔的上午十點鐘，正是英國西敏區的諮詢時間。長久以來，選民們一直希望裘克提出問題諮詢，這天下午，他終於開口提問了。

「第二十個問題。」裘克說。

幾位閣員聞言後翻閱著議程表。

二十號。

「請問農業部：目前日本的豬肉派大量傾銷至英國，貴部成員是否準備考慮修正規定：將八點五分的基本豬款，從原本規定的腹部厚度二點五英寸改為兩英寸？」

這個問題由農業部的次長代表部長回答。他說：「這件事已經引起我們密切關注。您一定知道，進口豬肉派的問題，應該由貿易部來回答，而不是農業部。至於基本豬款的規定，您當然一定也相當清楚，但是我必須提醒您，八點五分的豬，腹部厚度是依照培根醃製商的要求而規定的，與製作豬肉派並沒有直接關連。這方面的事宜，由一個獨立的委員會負責處理，可是他們還沒有提出報告。」

「貴部門是否可以考慮提高豬肩肥肉量的上限？」

「關於這個問題，我會再多加留意。」

當天下午裘克離開議會時，覺得自己終於對選民做出實質貢獻，因此心情非常愉悅。

兩天後，外出打獵的印地安人回來了。等待的過程冗長又乏味，麥辛傑醫師每天都花幾個小時清點他們的存糧，東尼則帶著槍到叢林裡打獵，可是獵物早就已經從河岸遷徙到其他地方。一個黑人男孩被魟魚刺傷了腳部和小腿，傷勢非常嚴重，此後他們不敢再到河裡洗澡，改用鋅桶裝水來洗。印地安男人回來的消息一傳到營區，東尼與麥辛傑醫師就立刻到村子去找他們，可是那些印地安人已經開始舉行慶功宴，而且每個人都喝醉了。印地安男人全躺在吊床上，女人則用葫蘆瓢裝盛那種名為卡西利的飲料，走來走去忙著服侍男人，四處充斥著烤野豬肉的臭味。

「他們要過一個星期才會清醒。」麥辛傑醫師說。

那個星期，黑人男孩就在營區閒晃，他們有時候會洗洗衣服，把衣服晾在舷緣晒太陽；有時候會出去捕魚，並且帶著許多漁獲回來，串在柴枝上用火烤（那種魚沒有味道，而且肉質堅韌）。晚上他們通常會圍在營火旁唱歌，但是被魟魚刺傷的那個男孩一直躺在吊床上呻吟，大聲吵著要止痛藥。

到了第六天，那些印地安男人出現了。那些印地安人先與大家握手，然後就退到矮樹叢邊站著，眼睛一直盯著營區裡的各種設備。東尼想替他們拍照，但他們卻像害羞的小女生一樣笑著跑開。麥辛傑醫師把他買來的交易品陳列在地上。

那些印地安人在日落的時候離開，可是隔天又回來，而且這次帶了更多人，整個村落的人都帶來了。羅莎直接坐到東尼掛在茅草屋簷下方的吊床上。

「給我香菸。」她說。

「妳告訴他們，我要去找皮威族。」麥辛傑醫師說。

「皮威族是壞人，馬古西人不去找皮威族。」

「妳告訴他們，我要十個人跟我們去，我會給他們槍。」

「你給我香菸……」

這樣的交涉持續了兩天，最後有十二個男人同意參加，但是其中七人堅持要帶他們的妻子同行，而且其中一位妻子正是羅莎。等到一切都談妥之後，村子裡又舉行了一場慶典，結果所有的印地安人再度喝醉。但這一次因為印地安女人沒有時間準備足夠的卡西利，因此印地安人醉倒的時間比較短。他們只醉了三天，然後探險隊就出發了。

其中一個印地安男人負責拿單管前膛式長獵槍，其餘的人拿弓箭。這些印地安男人都裸著上身，除了圍在腰間的紅色棉布之外，什麼衣物都沒穿。女人則穿著骯髒的印花布長袍——那些棉袍是多年前一位巡迴傳教士送給她們的，讓她們在這種外出場合可穿。她們的肩上背著枝條編織的馱籃，馱籃有一條帶子纏在她們的額頭上，以便保持馱籃的平衡。最沉重的行李都放在印地安女人肩上的馱籃裡，包括她們與丈夫的糧食。除此之外，羅莎還帶了一把有著銀製傘柄的破雨傘，這把傘是富比士先生留給她的紀念品。

那些黑人男孩順著河流返回海岸邊，麥辛傑醫師以堅固的錫桶裝了許多糧食，藏在河岸的隱密處。

「不准動這些糧食。假如我們在皮威族的領土遇到緊急狀況，還可以派人回來拿這些糧食。」

東尼和麥辛傑醫師緊緊跟隨在那個拿槍並且擔任嚮導的印地安人身後，而他們後方的隊伍則在叢林拖了大約半英里長。

「從現在開始，地圖對我們已經沒有用處了。」麥辛傑醫師喜孜孜地表示。

（小威廉．皮特[38]曾說：「把地圖收起來吧——從現在開始的好多年，你們都不會再用到它了……」麥辛傑醫師的話讓東尼回想起以前在私立學校念書時所讀到的句子，他還想到滿是墨水痕的小書桌、維京海盜掠奪財物的彩色圖片，以及總是打著鮮豔領帶的歷史老師卓特先生。）

三

「媽媽，布蘭達想找工作。」

「為什麼？」

「和每個想找工作的人一樣：她沒有錢，而且沒有工作可做。她想知道妳店裡需不需要人手。」

「呃……這個問題我很難回答。如果在其他的時間點，她會是我想雇用的那種店員……可是我不知道，就目前的情況來看，我不確定雇用她是不是明智之舉。」

「反正我也只告訴她，我會來問問妳的意思。」

「約翰，你一向什麼事都不告訴我，我也不想讓你覺得我干涉你太多，但你和布蘭達之間現在到底是什麼關係？」

「我不知道。」

「你一向什麼事都不告訴我。」貝佛太太重申。「可是現在有很多流言蜚語。布蘭達

38 小威廉．皮特：William Pitt the Younger，一七五九年五月二十八日—一八〇六年一月二十三日，一七八三年擔任英國首相，時年二十四歲，是英國歷史上最年輕的首相。

到底會不會離婚？」

「我不知道。」

貝佛太太嘆了一口氣。「好吧，我必須回去工作了。你今天要去哪裡吃午餐？」

「布拉特俱樂部。」

「可憐的約翰。我還以為你打算加入布朗俱樂部。」

「我還沒有接到布朗俱樂部的通知，我甚至不知道他們什麼時候才會投票選出新會員。」

「你父親以前是會員。」

「我覺得我不會被選上……反正我也負擔不起那裡的會費。」

「我對你不太滿意，約翰。我覺得事情的發展和我在聖誕節時期望的不一樣。」

「我的電話響了，也許是瑪歌，她已經好幾個星期沒約我了。」

結果打電話來的人是布蘭達。

「我母親店裡恐怕沒有適合妳的工作。」約翰對布蘭達說。

「噢，好吧，我本來還以為會有好消息。我現在真的需要一點好運。」

「我也需要好運。關於布朗俱樂部的事，妳問過艾倫了嗎？」

「是的，我問了。艾倫說，布朗俱樂部上個星期選了十位新會員。」

「噢，這表示我被拒絕了嗎？」

「我也不清楚。男士俱樂部的規定真奇怪。」

「我還以為妳會叫艾倫與瑞奇投我一票。」

「我拜託過他們了。再說，那很重要嗎？你想不想去維若妮卡家度週末？」

「我不確定我會不會想去。」

「我希望你去。」

「可是維若妮卡家那麼小——而且我覺得她不喜歡我。誰會參加？」

「我會。」

「好吧……呃，我再告訴妳我的決定。」

「今晚我可以和你見面嗎？」

「我再和妳聯絡。」

「噢，我的老天！」布蘭達掛斷電話之後說。「他現在已經討厭我了。他無法成為布朗俱樂部的會員，又不是我的錯。事實上，我相信瑞奇真的盡力幫助他了。」

珍妮・阿巴杜・阿卡巴在布蘭達的房間裡，她每天早上這個時候都會穿著睡袍來找布蘭達，然後兩人一起閱報。她的睡袍布料是以非洲的條紋柏柏絲[39]製成的。

「我們一起去麗思飯店吃一頓愜意的午餐吧。」珍妮提議。

「在麗思飯店吃午餐一點也不愜意，而且要花八先令六便士。珍妮，我已經三個星期

---

39 柏柏絲：Berber silk，西北非洲閃含語系的柏柏民族所產的絲。

沒有進帳了，律師也不肯幫我忙。我以前從來沒有像現在這麼苦過。」

「這一切是不是都該怪東尼？他讓妳陷入這種處境。」

「唉，現在批評東尼有什麼用？我想他在巴西那種地方也不會玩得太開心。」

「我聽說海頓莊園在整修浴室——而妳卻在挨餓。他根本不應該花錢請貝佛太太做那些事。」

「妳說得沒錯，我真心覺得他這麼做很過分。」

過了一會兒，珍妮回去換衣服，布蘭達打電話到街角的熟食店，叫了一些三明治，她打算一整天待在床上。布蘭達現在每個星期都有兩、三天這樣過日子。但如果艾倫到外地去發表演講（他經常受邀），瑪卓莉就會邀請布蘭達共進晚餐。海姆．修柏特家今天晚上要舉行派對，可是他們沒有邀請約翰．貝佛。布蘭達心想：「如果我去參加這場派對，但是沒有找貝佛同行，他一定會和我大吵一架……但想想看，瑪卓莉可能會去參加。算了，晚上我還是待在房間裡吃三明治吧。還好街角就有一家小店，而且他們有很多種類的三明治。」布蘭達最近在閱讀日前出版的納爾遜[40]傳記，那本書很厚，可以讓她讀到晚上。

下午一點鐘，珍妮換上享用愜意午餐的外出服，過來向布蘭達道別（珍妮有布蘭達公寓的鑰匙。）「我約了波莉和蘇姬。」她說。「我們要去黛絲的餐廳，我希望妳也能參加。」

「我？噢，我在家裡待著就好。」布蘭達回答，但是心裡暗忖：「她怎麼不會偶爾想到要請我吃頓飯？」

東尼他們走了兩個星期，平均每天大約走十五英里路，但有時候會走更長的距離，有時候距離較短，由走在最前面的印地安男人決定他們紮營的地點，取決因素是水源，以及附近是否有邪靈。

麥辛傑醫師畫出他們的路線圖，這麼做可以幫助他思考。他每個鐘頭都會讀一次氣壓錶的數據。到了晚上，如果紮營的時間夠早，麥辛傑醫師會把握最後一小時的日光，詳細記錄他們沿途看見的一切。「乾涸的水道、三間廢棄茅屋、石礫地。」

「我們已經抵達亞馬遜河流域了。」某天麥辛傑醫師心滿意足地宣布。「你看，河水往南邊流。」可是過了不久，他們又來到一條朝著反方向流動的河。「這真奇怪。」麥辛傑醫師說。「但是這個發現非常具有科學價值。」

隔天，他們在短短兩英里路之內就涉過了四條溪流，那些河流有的往北流，有的往南流。麥辛傑醫師覺得他畫的路線圖變得越來越不真實。

「這些河流有名字嗎？」他問羅莎。

「馬古西人稱它為瓦魯潘河。」

---

40 納爾遜：Horatio Nelson，英國十八世紀末至十九世紀初的著名海軍將領及軍事家。

「不，我問的不是我們第一次紮營的那條河，我問的是這些河流的名字。」

「對，瓦魯潘河。」

「我問的是這條河。」

「馬古西人把所有的河都稱為瓦魯潘河。」

「再說下去也是白費口舌。」麥辛傑醫師說。

他們走到河邊，費力地通過隱蔽的樹叢。小徑上長滿雜草，而且被斷樹阻隔，全靠印地安人的眼睛與記憶，才得以找到正確的路徑。他們偶爾會走到乾燥的草原，一叢叢暗褐色的乾草從烤焦的地上冒出來，數以千計的蜥蜴在他們腳邊跑來跑去，草叢發出的颯颯聲宛如報紙翻動的聲音，這個與世隔絕的地方讓人感到非常炎熱。有時候他們會爬到紅色的圓石丘上去吹風，但是那些紅色的圓石很容易鬆動，他們有時會被落石砸傷腳。辛辛苦苦爬上圓石丘頂之後，他們就在風中躺著休息，直到身上汗濕的衣物讓他們發冷。從這些圓石丘可以看見遠處的山頂，以及他們剛才經過的叢林，還有落在他們後方那些替他們搬運貨品的印地安人。那些印地安男女接著陸續抵達，在草地坐下後就靠在他們所搬運的行李上歇憩。等到最後一個印地安人抵達，麥辛傑醫師就宣布繼續趕路，沿著下坡路進入他們前方的綠色森林。

東尼和麥辛傑醫師一路上很少交談，無論在行進或休息時，因為他們經常處於情緒緊繃且筋疲力竭的狀態。晚上盥洗之後，他們會換上乾燥的襯衫與法蘭絨長褲，然後閒聊幾句，但大部分是關於當天他們走了幾英里路、他們目前可能在什麼地點，以及他們的雙腳是否無恙。洗過澡之後，他們會喝一點蘭姆酒和水，晚餐通常是罐頭燉牛肉和米飯，還有麵餃。印地安人則吃玉米粉和煙燻豬肉，以及偶爾在路上發現的佳餚——犰狳、鬣蜥蜴和棕櫚樹上那些又肥又白的蛆蟲。印地安女人攜帶的魚乾可以讓他們吃上八天，魚乾的臭味越來越濃，直到被他們吃光。然而那股臭味依然縈繞在他們與糧食的周圍，幸好最後漸漸淡去，與營區裡的各種怪味混合為一。

這個地方沒有印地安人。在過去的五天，他們飽受缺水之苦，因為他們經過的河流大多已經乾涸，只能在河床附近尋找殘留的小水坑。不過在兩個星期後，他們又找到一條往東南方潺潺流動的河。其實他們已經來到皮威族居住地的外圍，麥辛傑醫師將他們紮營的地點標註為「第二營區」。這條河的河面上有大批卡布利蚋出沒。

「約翰，我認為你應該放個假了。」

「媽媽，我要放什麼假？」

「你應該做些改變……我七月要去加州，去費西鮑姆斯家——我要去找阿諾．費西鮑姆斯太太，不是住在巴黎的那個費西鮑姆斯。我想，如果你和我一起去，對你會有好處。」

「好吧，媽媽。」

「你喜歡這個主意，對不對？」

「我嗎？是的，我可能會喜歡。」

「你現在的說話方式就和布蘭達一樣。一個大男人用這種方式說話，聽起來非常可笑。」

「對不起，媽媽。」

「總之，就這麼決定了。」

太陽下山後，卡布利蚋也跟著消失了。在太陽下山之前的一整天，他們必須緊緊包住自己，因為卡布利蚋會叮咬他們暴露於外的肌膚，就像家蠅不可能放過果醬。等卡布利蚋吃飽喝足了，人類才會感受到牠們的叮咬。牠們在人類身上留下又紅又痛的腫包，腫包中央會有一個黑點。東尼與麥辛傑醫師都戴著棉質手套，這種手套是他們為這趟旅途特別準備的，而且他們的帽子都附有棉質面紗。稍晚他們叫兩個印地安女人蹲在他們的吊床旁，要她們揮動帶有樹葉的樹枝，利用這種微弱的風驅趕卡布利蚋。可是只要東尼與麥辛傑醫師一打瞌睡，那些印地安女人就偷懶停止動作，導致東尼與麥辛傑醫師立刻被叮咬上百個腫包，因此馬上醒來。那些印地安人可以忍受卡布利蚋，宛如牛可以忍受牛虻的叮咬。他們只會偶爾不耐煩地拍打一下自己的肩膀與大腿。

天黑之後，卡布利蚋肆虐的情況稍微好轉一些，這個營區夜裡蚊子不多，可是他們整晚都可以聽見吸血蝙蝠摩擦並拍打他們蚊帳的聲音。

印地安人不想到森林裡打獵，他們說這個地方沒有獵物，然而麥辛傑醫師認為，這些印地安人是因為害怕皮威族的邪靈，所以不敢去打獵。他們的食物不若麥辛傑醫師所預計的充足，而且路上很難隨時清點糧食的數量，他們少了一袋玉米粉、半袋糖與一袋米。麥辛傑醫師實施非常嚴格的配給制度，一切的飲食都由他親自分配，每種食物都以一個瓷漆杯計量。儘管如此，那些印地安女人還是背著他偷偷吃糖。麥辛傑醫師與東尼已經喝光了蘭姆酒，只剩下最後一瓶，留在緊急時刻才能飲用。

「我們不能只吃現有的補給品。」麥辛傑醫師生氣地說。「男人必須出去打獵覓食。」可是那些印地安人聽了麥辛傑醫師的命令之後都面無表情，他們眼睛看著地上，沒有打算離開營區。

「這裡沒有鳥，也沒有動物。」羅莎向麥辛傑醫師解釋。「鳥和動物都走光了。或許他們可以去捕魚。」

那些印地安人不喜歡被勉強去做他們不願做的事。他們看著河邊堆著一袋袋、一捆捆食物，打算等那些東西全部吃完再說。吃光那些東西還得花上好一段時間，到那個時候他們才願意開始打獵和捕魚。

另外，他們必須打造獨木舟。

「這裡顯然是亞馬遜河。」麥辛傑醫師說。「最後可能會流向布蘭科河[41]，或是尼格羅

---

41 布蘭科河：Rio Branco，尼格羅河的主要北部支流，意為「白河」。

河[42]。皮威族就住在河岸邊，而且根據各種傳言推敲，那座城市必定就在我們的下游，位於其中一條支流上。等我們抵達第一個皮威族村落，就可找幾個嚮導為我們帶路。」一

獨木舟要用樹皮打造，印地安人花了三天的時間尋找並砍伐樹齡足夠且樹幹筆直的樹木。他們總共砍掉四棵樹，並且為了在樹木倒下的地點直接製作獨木舟，還把方圓數英尺內的矮樹叢全都砍光。他們又花了一個星期，用刀刃寬扁的小刀剝去樹皮。這些印地安人雖然很有耐心，可是手腳笨拙，他們從樹幹剝下樹皮時，不小心弄裂了其中一張樹皮。東尼與麥辛傑醫師什麼忙也幫不上，整個星期只能專心防止印地安女人偷糖。那些印地安男人在營區與樹林間來來去去的過程中，從來不會發出任何聲音，彷彿他們的赤腳不會踩到落葉，他們的裸身不會騷動樹叢。他們說話時總是簡短扼要，而且聲音很小。印地安男人從來不與女人一起談天說笑，但有時候會在工作時發發牢騷。他們唯一一次哈哈大笑，是某個印地安人在剝樹皮時不小心手滑，將刀刃深深切進自己的姆指。麥辛傑醫師用碘酒、紗布與繃帶替那個人療傷，從此之後，印地安女人就經常跑來找麥辛傑醫師，將自己手上或腿上的擦傷給麥辛傑醫師看，要他替她們療傷。

那些印地安男人一天之內就搞定了兩棵樹，第二天又完成另外一棵樹（樹皮裂開的那一棵），後來再經過兩天，第四棵樹也大功告成。第四棵樹比前面幾棵樹都來得粗大。切斷最後的樹皮纖維之後，四個印地安男人圍在樹幹旁，將樹皮完整剝起，樹皮馬上就捲曲起來，形成一個中空的圓柱。這些男人把樹皮帶到河邊，讓樹皮漂浮在水面上，然後用藤

蔓做成的繩子綁住，將另一端固定在樹上。

所有的樹皮都準備好之後，製作獨木舟就簡單了。四個男人負責將樹皮攤開，另外兩人負責固定獨木舟的支柱。他們讓樹皮的兩端張開並微微捲起，以便增加浮力。（當獨木舟載滿人與貨品時，吃水深度只有一、兩英寸。）那些印地安男人接著開始打造單側扁平的船槳，製作船槳對他們來說也是簡單的事。

麥辛傑醫師每天都去問羅莎：「獨木舟什麼時候會完成？妳去問問那些男人。」而羅莎總是回答：「馬上就好。」

「還需要幾天的時間？——四天？——五天？——還需要幾天？」

「不，不需要那麼多天。馬上就好。」

最後，當獨木舟即將完成之際，麥辛傑醫師又開始忙著各項安排。他將存糧分類，並且把必要的物資分成兩組。他和東尼將搭乘不同的獨木舟，兩人各持一把來福槍、一些彈藥、一架照相機、一些罐頭與交易品，還有他們各自的行李。第三艘獨木舟只載印地安人，以及麵粉、白米、糖、玉米粉和印地安人的糧食。由於獨木舟載不下所有的東西，他們只好在河岸附近設置一個臨時的「備用物資堆放處」。

「我們應該帶八個印地安男人同行，另外四個男人和印地安女人留下來看守營區。只

42 尼格羅河：Rio Negro，亞馬遜河北岸最大的支流，意為「黑河」。

要我們找到皮威族，一切就沒問題了，到時候這些馬古西人可以回家去。我覺得他們應該不會偷走糧食，營區裡也沒有什麼對他們有用的東西。」

「我們是不是應該找羅莎一起去，讓她擔任我們與馬古西人的翻譯？」

「對，或許我們應該帶她一起去。我來告訴她這個決定。」

當天晚上，除了船槳以外，所有的東西都準備妥當了。剛入夜的第一個小時，是一天當中最令人開心的時刻，因為東尼與麥辛傑醫師終於可以暫時拋開討人厭的手套與面紗。他們叫羅莎到他們吃飯和睡覺的營區。

「羅莎，我們決定帶妳和我們一起前往河流下游。我們需要妳幫忙與男人溝通，妳聽懂了嗎？」

羅莎什麼話都沒說，而且面無表情。麥辛傑醫師與羅莎中間擺著一口箱子，箱子上的煤油燈從下方照著羅莎的臉，顴骨高聳的陰影遮住了她的眼睛。她的頭髮又長又亂，額頭與嘴唇附近有幾個淡淡的刺青，矮胖的身子外罩著髒兮兮的棉布長袍，褐色的雙腿微微往外彎曲。

「妳聽懂了嗎？」

羅莎依然沉默不語。她彷彿看著麥辛傑醫師與東尼身後的黑暗叢林，可是她的雙眼只是茫然地盯著暗處。

「聽我說，羅莎，四個男人和其他的女人留在營區裡，八個男人和我們搭獨木舟去皮威族的村落，妳也和我們一起去。等我們抵達皮威族的村落，妳和那八個男人就可以搭船回營區找你們的同胞，然後返回馬古西的村落。妳聽懂了嗎？」

最後羅莎才終於開口：「馬古西人不和皮威族一起走。」

「我沒有要你們和皮威族一起走。你們帶我們去找皮威族，然後你們就可以回馬古西人的村落。妳聽懂了嗎？」

羅莎舉起手畫了一個大圈圈，圈圈裡包括他們的營區、他們走過的路徑，以及他們身後的寬廣草原。她說：「馬古西人在這邊。」然後舉起另外一隻手，指指下游的隱蔽區域。「皮威族在那邊。」她說。「馬古西人不和皮威族一起走。」

「聽我說，羅莎。妳是講道理而且文明的女性，妳替黑人紳士富比士先生工作了兩年，妳喜歡香菸——」

「對，給我香菸。」

「只要妳和那些男人一起搭上獨木舟，我就給妳很多很多香菸。」

羅莎又冷冷地望向前方，一句話也不說。

「聽著，妳必須叫妳的丈夫和另外七個男人保護妳。沒有妳，我們沒有辦法和那些男人溝通。」

「男人不去。」羅莎說。

「男人一定得去，唯一的問題，是妳願不願意和我們一起去。」

「馬古西人不和皮威族一起走。」羅莎說。

「噢，老天！」麥辛傑醫師疲憊地說。「算了，算了。我們明天早上再談這件事。」

「你給我香菸。」

「如果這個女人不和我們一起去，結果會很麻煩。」麥辛傑醫師說。

「如果印地安人都不和我們一起去，結果會更麻煩。」東尼說。

第二天，獨木舟都完成了。到了中午，獨木舟就被推進河裡，綁在岸邊。印地安人靜靜地準備午餐，東尼和麥辛傑醫師也沉默地吃牛舌、米飯與桃子罐頭。

「我們的糧食還夠吃。」麥辛傑醫師說。「至少還可以撐三個星期。我們這一、兩天就可以找到皮威族人。我們明天出發。」

這些印地安人的報酬——來福槍、魚鉤、棉布——早就已經留在他們的村落裡。另外還有六箱交易品，要等到旅程後段再拿來與印地安人交換東西。一把火藥或二十枚子彈可以交換一條野豬腿，一條項鍊的價值可以換到一隻肥鳥。

吃完午餐後，時間大約是下午一點鐘。麥辛傑醫師把羅莎叫過來。「我們明天就啟程。」他說。

「對，馬上。」

「妳去告訴那些男人我昨天告訴妳的事。八個人和我們一起搭上獨木舟，其他人留在這裡等，妳也和我們一起去。這些糧食留在這裡，那些糧食搬到獨木舟上。妳去告訴他們。」

羅莎一句話都沒說。

「妳聽懂了嗎？」

「沒有人要上船。」羅莎說。「全部的人要往那個方向走。」她用手指向他們來這裡時所走的路。「明天或後天全部的人要回村落去。」

麥辛傑醫師沉默了一會兒，最後才說：「妳去叫那些男人過來……」等羅莎搖搖擺擺地走回營火旁，麥辛傑醫師便對東尼說：「恐嚇他們也沒用。他們非常奇怪，很容易受驚嚇，如果你嚇唬他們，他們會害怕地逃走，讓你無依無靠。但是不用太擔心，我應該可以說服他們。」

東尼和麥辛傑醫師看羅莎在營火旁對那些印地安男人說話，可是那些男人都沒有過來。羅莎說完後就安靜地和那些印地安人蹲在營火旁，其中一個印地安女人將頭靠在羅莎的腿上，羅莎開始替那個女人抓頭蝨，但是被麥辛傑醫師的呼喚聲打斷。

「我們最好走過去和他們談一談。」

有些印地安人坐在吊床上，其他的人蹲在地上。他們把土灑在營火上，將營火弄熄，然後瞇起眼睛，以不信任的眼神看著東尼和麥辛傑醫師。只有羅莎沒理他們，她低著頭，全神貫注地替她的朋友抓頭蝨，並且將頭蝨捏扁。

「怎麼回事？」麥辛傑醫師問羅莎。「我叫妳帶男人來找我。」

羅莎還是一句話都不說。

「所以，馬古西人全都是膽小鬼。馬古西人害怕皮威族。」麥辛傑醫師故意激他們。

「樹薯田。」羅莎說。「我們必須回去挖樹薯，不然樹薯會爛掉。」

「聽我說，我只需要你們的男人幫我一、兩個星期，這樣就夠了。一、兩個星期之後，一切就結束了，你們的男人就可以回家。」

「現在是挖樹薯的時間。馬古西人必須在開始下大雨之前挖樹薯，所有的人現在就必須回去。」

「他們根本是想勒索我們。」麥辛傑醫師對東尼說。「我們再給他們一些交易品。」

他和東尼打開其中一口箱子，把裡面的東西拿出來放在毯子上。這些東西是他們之前一同在牛津街的廉價商店買來的。印地安人靜靜地看著這些物品，看了很長一段時間。這些東西包括香水瓶、藥罐、鑲著玻璃寶石的賽璐珞梳子、鏡子、刻有雕花的鋁柄小刀、絲帶、項鍊。另外還有更具價值的交易品，例如斧頭、銅製彈夾、扁平狀的紅色火藥瓶。

「你給我這個東西。」羅莎指著一個淺藍色的玫瑰花飾，那是划船比賽的隊徽。「給我這個東西。」她又說了一次，然後還將香水抹在手心，深深吸一口氣。

「與我們一起搭上獨木舟的男人，可以從這裡面選三樣東西。」

然而羅莎又以沒有抑揚頓挫的語調表示：「馬古西人現在要挖樹薯田。」

「這樣溝通一點用處都沒有。」麥辛傑醫師抱怨。經過半個小時之後，交涉終於宣告失敗。「我們必須拿老鼠出來。我本來打算在遇上皮威族的時候才動用老鼠，真可惜。可是這些馬古西人一定會為老鼠而屈服，我知道這些印地安人在想什麼。」

老鼠是比較昂貴的商品，每隻價值三先令六便士。東尼還清楚記得它們擺在玩具店地板上展示時的可笑模樣。

這些機械老鼠是德國製造的，體型和大型老鼠一樣，可是外表漆著鮮豔的綠色與白色圓點。它們有大大的玻璃眼珠，還有硬硬的鬍鬚以及綠色和白色的環狀尾巴。這些機械老鼠可藉由隱藏式的輪子四處移動，而且身體裡面有鈴鐺，移動時會發出聲響。麥辛傑醫師從箱子裡拿出一隻老鼠，打開外面的包裝盒，然後讓印地安人仔細觀賞。毫無疑問，這隻老鼠已經吸引了印地安人的注意。麥辛傑醫師替機械老鼠上緊發條，印地安人在聽見發條聲時，都顯得不安且躁動。

他們紮營的地點是一片堅硬的泥地，洪水季節會淹水。麥辛傑醫師先把機械老鼠擺在腳邊，然後鬆開手讓它往前跑。這隻玩具老鼠發出輕快的鈴聲，朝著那群印地安人奔去。東尼原本擔心它在中途會翻倒或被樹根卡住，可是它通行無阻，幸運地選了一條平坦的路線前進，造成的效果遠遠超出麥辛傑醫師的預期。那些印地安男人驚訝地倒抽一口氣，並發出一連串恐懼的小嘀咕，印地安女人則發出高亢且驚恐的尖叫聲，所有人開始潰散奔逃。他們棕色的裸足踩過地上的落葉與斷枝，裸露的臂膀像蝙蝠一樣亂揮，每個人爭先恐後地跑進矮樹叢，顧不得身上破舊的棉袍被荊棘勾破。在這隻機械老鼠叮叮噹噹地抵達距離最近的印地安人蹲坐地點之前，整個營區的印地安人早就已經跑光了。

「呃，真該死！」麥辛傑醫師說。「這下子比我預期的結果還糟。」

「總之這種結果任誰也料想不到。」

「噢，沒有關係。他們待會兒就會回來的。我了解他們。」

可是一直到太陽下山，印地安人都沒有回來的跡象。整個炎熱的下午，東尼和麥辛傑醫師都躺在吊床上被卡布利蚋圍攻。空盪盪的獨木舟漂在河面上，機械老鼠已經被麥辛傑醫師收起來。太陽下山時，麥辛傑醫師說：「我們最好生起營火，等天黑之後，他們就會回來的。」

於是他們先將營火餘燼上的泥土掃掉，拿一些新的木頭生火，並且點亮煤油燈。

「我們最好準備一點晚餐。」東尼提議。

他們將熱水煮開，沖了兩杯熱可可，然後打開鮭魚罐頭，並且吃完中午剩下的桃子。飯後他們點了菸斗，拉開吊床的蚊帳。這段時間他們幾乎沒有交談，兩人決定早點上床睡覺。

「明天早上起床後，他們就已經回來了。」麥辛傑醫師說。「他們是一群怪人。」

耳邊傳來從矮樹叢發出的窸窣聲與蛙鳴聲，夜裡隨時間一分一秒經過，周圍的聲音也跟著不停變化，一直持續到天亮。

倫敦的破曉清新且甜美，鴿灰色與蜜蜂色的天空，是好天氣的徵兆。街頭的路燈逐漸淡去並熄滅，空曠的街道上有人在灑水，緩緩升起的朝陽照耀在水龍頭灑出的水花上。穿著連身工作褲的男人手裡握著水管的噴嘴，從這一頭灑往那一頭，水花在陽光下有如瀑布般灑落，發出閃亮的光芒。

「打開窗戶吧。」布蘭達說。「這裡很悶。」

於是服務生拉開窗簾，打開窗戶。

「這樣舒服多了。」

「時間剛過五點，我們是不是應該上床睡覺了？」

「好。」

「只剩下最後一個星期，接下來我就不會再參加這些派對了。」貝佛說。

「對。」

「那麼，我們離開吧。」

「好。由你買單好嗎？我身上一毛錢都沒有。」

派對結束後，布蘭達和貝佛到黛絲開的餐廳吃早餐，貝佛付了燻鮭魚和早茶的費用。

「總共八先令。」貝佛說。「黛絲這家餐廳的食物那麼貴，客人怎麼願意上門？」

「真的有點貴……你真的要去美國了嗎？」

「我一定得去。我母親已經買好船票了。」

「我今晚對你說的話，也無法改變你的計畫嗎？」

「親愛的，別再說了。我們已經討論過這件事了。妳早就知道結果是什麼，何苦還要破壞我們最後這個星期的相處時光？」

「你這個夏天過得很愉快，對不對？」

「當然……呃，我們離開這兒好嗎？」

「好。不必麻煩你送我回去了。」

「妳確定不需要嗎？妳的公寓離這兒還有好幾英里路，而且天色還很暗。」

「我需要什麼，你根本不知道。」

「布蘭達，親愛的，看在老天的分上……妳以前不會這樣鬧脾氣。」

「我以前太隨便了，結果讓自己看起來很廉價。」

印地安人在深夜裡回來了，東尼和麥辛傑醫師都正在熟睡。那些印地安人沒有說話，從藏身的暗處悄悄走出來。印地安女人將身上的長袍脫去，放在遠處，如此一來，她們在穿越樹林時就不會發出任何聲響。這些印地安人裸著身子，無聲無息地走過矮樹叢，由於這天晚上沒有月亮，距離他們二十碼外的營火與煤油燈，是他們僅有的光源。他們收好用柳條編織的馱籃，以及他們的玉米粉、弓箭、槍和寬刀，並且將他們的吊床捲成圓筒。他們只帶走屬於他們自己的東西。接著他們又躡手躡腳地走回樹叢，消失在無垠的黑暗中。

東尼和麥辛傑醫師早上醒來之後，馬上就明白發生什麼事。

「情況很糟。」麥辛傑醫師說。「但是還不至於令人絕望。」

四

東尼和麥辛傑醫師乘著獨木舟往下游划去，時間已經經過四天了。他們坐在獨木舟的兩端，驚險地保持船身的平衡。兩人中間擺著最基本的糧食，其他的補給品與另外的獨木舟都留在營區，等他們獲得皮威族的協助之後再回去拿。即使麥辛傑醫師已經篩選過，那些最基本的糧食還是把船身壓到非常危險的低水位，任何一個小動作都會讓河水溢過船緣，有一種大災難隨時會發生的威脅感。由於獨木舟非常沉重，因此他們航行的速度十分緩慢，幸好大部分的時間獨木舟都能順流而行，一如他們所願，讓他們非常滿意。

他們遇到兩次激流，因此必須先把獨木舟靠在岸邊，卸下船上的補給品，然後下水倚在獨木舟旁，涉水推著獨木舟前進。有時候水深及腰，有時候還得費勁地爬過河裡的石頭，直到他們抵達平靜的水域。接著，他們把獨木舟暫時綁在岸邊，然後回去搬他們的糧食。他們必須扛著補給品走過叢林，將糧食搬回到獨木舟上。這條河流其餘的段落都很寬闊平靜，深色的河面倒映著沿岸兩側的草木，與矮樹叢上滿開的花朵，距離超過一百英尺長。有時候他們會來到河面上滿是落花的河道，靜靜地在花瓣間划動。那些落花在河面上的漂移速度和他們划船的速度差不多，讓他們宛如置身在一片開滿花朵的草原。到了晚上，他們就在乾燥的沙灘上攤開防水布休息，或者把吊床掛到樹上睡覺。對他們平靜生活造成威脅的，只有煩人的卡布利蚋，偶爾還有藏身在河裡靜止不動的短吻鱷。

他們持續留意岸邊的狀況，但始終不見皮威族的蹤影。

然後，東尼發燒了。第四天下午，東尼突然開始發燒。中午休息的時候，他的身體還很健康，並且開槍射中一隻在對岸喝水的小鹿。經過一個小時之後，他突然全身發冷並顫抖，而且因為他抖得很嚴重，不得不放下船槳。他的頭熱得像火在燒，但身體與四肢卻非常冰冷。太陽下山時，東尼已經陷入神智不清的狀態。

麥辛傑醫師替東尼量體溫，發現他的體溫高達攝氏四十度。麥辛傑醫師馬上讓東尼服下二十五粒治療瘧疾的奎寧，並且在吊床旁邊生火。那堆營火離東尼的吊床很近，因此到了早上，東尼的吊床已經被營火烤焦燻黑。麥辛傑醫師叫東尼用毯子裹住全身，可是東尼在夜裡會因為全身冒汗而斷斷續續從睡夢中醒來。東尼覺得非常口渴，喝了一碗又一碗的河水。那天晚上和隔天早上，他完全沒有進食。

不過到了翌日早晨，東尼的體溫就恢復正常了。他覺得虛弱又疲憊，但是還能夠在獨木舟上保持平衡，並且划行一小段距離。

「這只是暫時的病痛，對不對？」東尼問麥辛傑醫師。「明天我就會完全康復，是吧？」

「希望如此。」麥辛傑醫師回答。

到了中午，東尼喝了一些熱可可，並且吃了一小碗飯。「我覺得舒服多了。」他說。

「好極了。」

然而東尼當天晚上又開始發燒。他們在沙岸邊紮營，麥辛傑醫師將石頭加熱，放在東尼腳底和下背部，而且他整夜沒睡，不停在營火裡添加柴火，還讓東尼喝水。到了黎明時分，東尼終於睡了一個小時，醒來後覺得舒服一些。他一直服用奎寧，耳朵持續聽見嗡嗡聲，宛如他拿著一個貝殼放在耳邊。小時候有人告訴過他，人們可以從貝殼裡聽見海浪的聲音。

「我們必須出發了。」麥辛傑醫師說。「我們現在離村落應該不遠了。」

「我還是很不舒服。再多等一天，等我完全康復之後再上路，不是更好嗎？」

「再拖下去沒有好處，我們必須馬上出發。你能不能靠自己爬到獨木舟上？」

麥辛傑醫師知道東尼短期之內不可能康復了。

這一天最初的幾個小時，東尼只能無力地躺在船頭。他們挪開那些糧食，好讓東尼將身子躺平。但後來他又開始發燒，牙齒不停打顫。他坐起身子，低頭埋進兩膝之間，身體一直發抖。在正午的太陽下，他只有額頭與臉頰發燙，身體與四肢卻冷得發顫，而且他們始終沒有看到任何村落。

✽

大約接近傍晚的時候，東尼看見了布蘭達。一開始，他花了很長的時間專注盯著補給品中間的奇怪形體，最後才明白那個形體其實是一個人。

「印地安人回來了嗎？」他問。

「是的。」

「我就知道他們會回來。他們竟然被一個小玩具嚇成那樣，實在很蠢。我猜其他人只是跟著逃，根本不知道發生什麼事。」

「是的，我也是這麼覺得。他們應該乖乖坐著，試著玩玩那隻老鼠。」

「他們真是該死的蠢蛋，竟然會害怕一隻玩具老鼠。」東尼以嘲笑的口吻對坐在補給品中間的那個女人說，然後他才認出那個女人是布蘭達。「真抱歉。」東尼說。「我沒看出是妳。妳絕對不會被一隻玩具老鼠嚇著。」

可是布蘭達沒有回答他。她的坐姿就如她每次從倫敦返回海頓莊園時彎腰吃麵包喝牛奶那樣，是她常有的坐姿。

麥辛傑醫師將獨木舟駛向岸邊，他攙扶東尼下船時差點翻船。布蘭達不需要別人攙扶，自己就能輕盈地上岸，姿態優雅又幹練，獨木舟始終保持平衡。

「這就是自信。」東尼說。「妳知道嗎？我以前曾看過人們申請美國公司的工作時所填寫的問卷，在他們必須回答的問題當中，有一題是：『你有自信嗎？』」

布蘭達站在河岸邊等東尼。「可笑的是，只要求職者說自己有自信，雇主就相信。」東尼費力地解釋。「我的意思是——如果求職者認為自己有自信，就表示他們真的有自信嗎？」

「我替你掛吊床的時候，你就坐在這裡好好休息。」

「好，我會和布蘭達坐在這裡。我真高興她能到這兒來，她一定趕上了三點十八分的火車。」

當天晚上和隔天一整天，布蘭達都陪在東尼身邊。東尼一直對布蘭達說話，可是布蘭達很少回答，而且她的回答令東尼難以理解。夜裡東尼又開始不停冒汗，麥辛傑醫師在吊床旁邊生起營火，並且用毯子裹住東尼。直到天亮前一個小時，東尼才終於睡著。等他醒來時，布蘭達已經離開了。

「你又恢復正常了。」

「感謝上帝。我病得很嚴重，對不對？我什麼都記不得了。」

麥辛傑醫師已經打造出一個營區。他在矮樹叢間開闢出一塊四方形的空地，大小大約等同一個小房間。他們兩人的吊床分別掛在相對的兩側，獨木舟上的補給品也都已經搬上岸，整整齊齊地堆放在防水布上。

「你現在覺得如何？」

「我很好。」東尼回答。可是當他想要下床時，卻發現沒辦法靠自己的力量站穩。

「不過因為我什麼東西都沒吃，我想可能還要一、兩天才會完全康復。」

麥辛傑醫師沒說什麼，只是緩緩地將茶從一個杯子倒進另一個杯子裡以濾掉茶葉，然後在茶裡加入一大湯匙的煉乳。

「你看你能不能喝得下這個。」

東尼愉快地喝下那杯奶茶，並且吃了幾塊餅乾。

「我們今天要趕路嗎？」東尼問。

「我們得考慮一下。」麥辛傑醫師把杯子拿到河邊洗乾淨，當他回來時，他對東尼說：「我想我最好向你解釋清楚。你不能因為一天沒發燒就以為自己已經康復，因為這種病就是這樣，你會一天發燒，一天退燒。這種情況會持續一個星期，甚至更長的時間。我們必須面對這個事實，而且我不能冒險讓你再搭上獨木舟，前天你害我們不只一次差點翻船。」

「當時我以為自己遇見某個熟人。」

「你會一直產生幻覺，這種情況會持續一陣子。還有，我們只剩下大約十天的存糧，雖然不是燃眉之急，但還是要注意一下。此外，你需要一個可以遮陽的篷子，也需要別人照顧你。要是我們能快點找到村落該有多好……」

「我給你添了不少麻煩。」

「沒有關係。重要的是，我們必須找出最適當的解決之道。」

然而東尼覺得非常疲憊，因此無法思考。他又昏睡了大約一個小時，等他醒來的時候，麥辛傑醫師已經將這片矮樹叢砍出更寬闊的空間。「我要用防水布搭出一個屋頂。」（他在他的地圖上將這個地點標示為臨時緊急營地。）

東尼無精打采地看著麥辛傑醫師，過了一會兒，他說：「聽著，你何不把我留在這個地方，自己到下游去找人幫忙？」

「這點我也想過，可是風險太大。」

當天下午布蘭達又回到東尼身邊。東尼渾身發抖，在吊床上翻來覆去。

東尼再度能夠清醒地觀察事物時，他發現有一塊防水布綁在樹幹上，懸掛於他的頭頂上方。他問麥辛傑醫師：「我們在這裡待多久了？」

「三天而已。」

「現在幾點了？」

「快要早上十點了。」

「我很不舒服。」

麥辛傑醫師讓東尼喝了一點湯。「我打算利用白天的時間到下游去。」麥辛傑醫師說。「看那兒有沒有村落。我不想留你一個人在這裡，但這是值得一試的做法。因為獨木舟上面現在沒有裝載物資，所以我可以划到很遠的地方。你安靜地躺著休息，不要離開吊床，我在天黑之前就會回來。希望我能順利找到一些印地安人來幫助我們。」

「好。」東尼說完就睡著了。

麥辛傑醫師走到河邊，解開獨木舟的繩索。他帶著來福槍、喝水用的杯子，以及一天所需的糧食，然後坐在船尾，將獨木舟從河邊往河中推去。河流帶動船頭，麥辛傑醫師只用船槳划了幾下，就順利來到河中央。

太陽高掛在天空，陽光在河面上的反射令他目眩，也讓他熱得受不了。他規律且悠閒地划動船槳，前進的速度很快。過了大約一英里之後，河道突然變得狹窄，水流也變快，麥辛傑醫師必須把船槳當成船舵，隨後兩側的樹林忽然往後退去，河道變得十分開闊。獨木舟來到一面寬闊的湖泊中央，麥辛傑醫師必須費勁地划動船槳，才能讓獨木舟繼續移動。麥辛傑醫師一路上敏銳地觀察左右兩側是否有縷縷上升的輕煙或者茅草搭建的圓形屋頂，並留意矮樹叢間是否有鬼祟的棕色人影與正在喝水的牲畜，因為這些跡象都可顯示有村落存在。然而放眼望去根本什麼都沒有，他在開闊的湖面上拿雙筒望遠鏡觀看森林的外緣，可是完全沒有人煙存在的跡象。

過了一會兒，河道再次變窄，獨木舟順著水流往前快速衝去，前方的水面被急湍劃破，原本平靜的河面開始翻騰，形成漩渦。麥辛傑醫師聽見一種單調且低沉的流水聲，他馬上明白急湍的後方有瀑布，因此努力往岸邊划去。水流十分強勁，所以他必須用盡全身的力氣。在距離這個急湍十碼之遙，麥辛傑醫師終於讓船頭朝著河岸的方向前去，可是河岸邊生長著茂密的荊棘，荊棘垂到河面，獨木舟必須穿過那片荊棘下方，然後才會碰到沙灘。麥辛傑醫師小心翼翼地將身子往前跪，並伸手去拉他頭頂上方的大樹枝。但就在這個時候，悲劇發生了：船尾開始順著水流晃動。當麥辛傑醫師試圖去抓船槳時，船身突然往側邊捲進洶湧的河水中。獨木舟被帶入詭異水流裡，先是不停地旋轉，然後就被沖往瀑布。麥辛傑醫師跌入水中，由於河水有幾處比較淺，他急忙想抓住岩石，但石頭的表面被水流沖蝕得像象牙一樣平滑，沒有辦法抓緊，因此他在水裡轉了兩圈之後，就被沖進了深水區。他試著游離深水區，但發現水裡到處都是大石頭，因此他還得想辦法閃避那些大圓石。接著，他掉進了瀑布。

這個瀑布並不像其他的瀑布那麼壯觀——高度大約不到十英尺——然而對麥辛傑醫師來說，這已經是他無法逃脫的險境。在瀑布的最低處，水沫最後化成一座大大的湖泊，湖面上幾乎平靜無波，灑滿從湖邊樹上掉落下來的花瓣。麥辛傑醫師的帽子朝亞馬遜河緩緩漂去，他光禿的頭頂早已被湖水淹沒。

布蘭達去見家庭律師。

「葛瑞斯佛先生。」她說。「我必須拿到更多錢。」

葛瑞斯佛先生為難地看著布蘭達。「我認為妳應該去找銀行經理談這個問題。我知道你們的有價證券全在妳的名下，股利會直接匯進妳的帳戶。」

「那些證券現在已經沒有什麼股利了。再說，光靠那麼一點點錢真的很難過日子。」

「毫無疑問，毫無疑問。」

「拉斯特先生是不是把所有事情都委託給你辦理？」

「布蘭達夫人，拉斯特先生只賦予我相當有限的權限。我只能支付海頓莊園員工的薪資，以及維護那棟房子所需的各項費用——拉斯特先生加設了新的浴室，並且修復起居室一些損壞的裝潢。我恐怕沒有權利從拉斯特先生的帳戶領取其他支出。」

「可是，葛瑞斯佛先生，我相信他原本並不打算在國外待那麼久，他不可能讓我陷入這種困境，對不對？……他會這麼做嗎？」

葛瑞斯佛先生沉默了一會兒，顯得有些不安。「坦白說，布蘭達夫人，他恐怕原本就這麼打算。在他出發前不久，我曾經針對這個問題詢問過他，但是他久居海外的意志相當堅決。」

「不過，他可以這麼做嗎？我的意思是，難道婚姻法或其他法律沒有賦予我任何能主張的權利嗎？」

「妳必須向法院提出申請，否則什麼權利都沒有。妳可以去找律師，他們會幫妳向法院提出申請，不過我無法提供妳這方面的協助，而且拉斯特先生會極力反對這種法院命令。在目前的情況下，我認為法院毫無疑問會站在他那一邊。而且不管怎麼說，訴訟過程會非常冗長、非常花錢，而且會讓妳沒面子。」

「噢，好吧……呃，反正我只能接受現況，對不對？」

「看來是如此。」

布蘭達站起身子準備離開。此時正是盛夏，她從敞開的窗戶可以看見林肯酒店的花園沐浴在陽光下。

「還有一件事。你知不知道，我是說，你能不能告訴我，拉斯特先生有沒有另外立遺囑？」

「我恐怕無法與妳討論這件事。」

「我想也是。如果我不該問你這些事，我向你道歉，我只是想知道我在他心中的分量。」

布蘭達在門口和桌子中間停下腳步。她身上雖然穿著顏色鮮艷的夏季洋裝，可是表情看起來十分茫然。葛瑞斯佛先生說：「或許我可以讓妳知道一件事：海頓莊園的推定繼承人是住在普林斯瑞斯波羅的李察．拉斯特，拉斯特先生的堂哥。我想，依妳對拉斯特先生個性與想法的了解，一定明白他希望把所有的金錢都投注在海頓莊園上，以便讓房子維持在他所希望的良好狀態。」

「是的。」布蘭達回答。「我早就應該想到這一點了。呃，再見。」

她孤單地走到陽光下。

東尼一整天都孤伶伶地躺著，昏昏沉沉地搞不清楚時間。他睡了一會兒，有一、兩次他離開吊床，結果發現自己身體非常虛弱，一站起來就頭暈目眩。他試著去吃麥辛傑醫師留給他的食物，但是食不下嚥。直到天色變暗，東尼才發現白天已經結束。他點亮煤油燈，並且撿拾木頭生火，可是樹枝不斷從他手中掉落。他每次彎下腰去撿，就感到一陣暈眩。他試了幾次，結果只是徒增煩躁，最後決定不管那些掉落的樹枝，轉身回吊床休息。他躺在吊床上，用毯子裹住身體，然後開始哭泣。

天黑之後過了幾個小時，煤油燈的火光越變越低，於是東尼吃力地彎下身子，搖搖煤油燈，才發現必須添加燈油了。他知道燈油放在什麼地方，於是打算慢慢走到放置燈油的地方。他先以吊床的繩子撐起身子，然後扶著一疊箱子走去。他找到儲油的小桶子，拔起桶塞，開始在煤油燈裡加油。可是因為他的手不停抖動，燈油全被他灑到地上。他的頭又開始暈眩，於是他閉起眼睛。油桶因此翻倒，裡面的油慢慢從桶口流出。東尼發現燈油全部流光時，忍不住再次哭泣。他躺回到吊床上，幾分鐘之後燈火逐漸變弱，閃爍不定，到最後完全熄滅。東尼的手上和濕漉漉的地面充滿煤油的臭味，他就這樣躺在黑暗中哭泣，始終無法入睡。

黎明來臨之前，東尼又發燒了，幽靈般的幻覺不停迷亂著他的感官。

布蘭達在低落的心情中醒來。前一天晚上，她自己一個人去電影院，後來肚子餓了——她一整天都沒有好好吃東西——可是她沒有勇氣自己一個人去餐館吃飯。她在賣咖啡的攤販那兒買了一塊肉餅，帶回家去吃。肉餅看起來雖然美味，然而等她拿出來吃的時候，卻發現自己已經沒有胃口。她早上起床的時候，吃剩的肉餅還擱放在梳妝臺上。

現在是八月，而她身邊一個伴也沒有，約翰・貝佛這天會從紐約上岸。（他在海上發了一封電報給布蘭達，告訴她旅途非常愉快。）那是布蘭達最後一次與貝佛聯絡。由於議會的會期已經結束，裘克・葛蘭特－曼席斯到蘇格蘭去拜訪他哥哥，這是他每年的固定行程。瑪卓莉與艾倫在最後一刻決定搭乘豪華郵輪到西班牙觀賞鬥牛比賽（他們甚至要布蘭達幫忙照顧他們的小狗琴恩）。布蘭達的母親目前在瑞士的日內瓦湖畔，安克里治夫人經常將自己的度假小屋借給聖克勞德夫人。波莉正在雲遊四海，就連珍妮・阿巴杜・阿卡巴也去了波羅的海。

布蘭達打開報紙，閱讀某位年輕記者撰寫的報導。那名記者說，倫敦已經過氣了，因為現代人生活太過忙碌，無心恢復倫敦在大戰之前的榮景，而且現在已經沒有人舉行正式的舞會，只有一些規模不大的聚會。他還說八月是倫敦最歡樂的時節（他每年都這樣寫，但會稍微改變一下措詞）。布蘭達讀完這篇報導之後，心裡沒有得到任何安慰。

過去這幾個星期，布蘭達試著以平靜的心情去看待東尼及東尼對待她的行徑，但她現在終於崩潰。她翻過身子，將臉埋進枕頭裡，感到既悔恨又自憐，心裡痛苦不堪。

※

布蘭達在巴西穿著與羅莎同樣款式的破爛棉布長袍，但是並不難看。東尼盯著她看了一會兒，然後才開口說：「妳為什麼這樣打扮？」

「你不喜歡嗎？我向波莉買的。」

「這件長袍看起來很髒。」

「呃，因為波莉經常到處旅行。你現在必須起床去參加郡議會的會議了。」

「今天不是星期三吧？」

「不是。可是巴西的時間不一樣，你應該還記得這一點吧？」

「我沒辦法到彼格斯坦頓那麼遠的地方，我必須待在這裡等麥辛傑醫師回來。我生病了，他叫我靜靜躺著，他今天晚上就會回來。」

「整個郡議會都到這兒來了，是那個不要臉的金髮女郎開飛機載他們來的。」

那些人當然都來了。瑞奇．聖克勞德擔任議會主席，他說：「我強烈反對米莉加入委員會，因為她是一個名聲很差的女人。」

東尼提出抗議。「她有一個女兒，她和卡克柏斯夫人一樣有權參與。」

「請大家遵守秩序。」市長說。「希望各位只針對我們討論的議題發言。我們必須決定是否拓寬從貝頓到彼格斯坦頓的那條馬路。許多人抱怨，綠線巴士沒有辦法在海頓十字路口安全地轉彎。」

「綠線老鼠。」

「我要抱怨那些綠線老鼠，機械做的綠線老鼠。很多村民被那些老鼠嚇到，因此搬離了他們的小屋。」

「我也搬走了。」瑞奇・聖克勞德說。「我因為那些綠色的機械老鼠而搬離家園。」

「請大家遵守秩序。」卡克柏斯夫人說。「我提議由拉斯特先生發表演說。」

「贊成！贊成！」

「各位女士，各位先生。」東尼說。「請大家見諒，我生病了，不能離開吊床。麥辛傑醫師已經清楚指示我不能下床。」

「溫妮想要游泳。」

「在巴西不能游泳。在巴西不能游泳。」參與議會的人士齊聲大吼。「在巴西不能游泳。」

「可是你吃了兩頓早餐。」

「請大家遵守秩序。」市長說。「聖克勞德先生，我建議透過投票的方式來解決。」

「今天的議題是：海頓十字路口的拓寬工程，是不是應該交給貝佛太太負責。在所有的投標者當中，她的報價最高，不過我知道她的提案還包括在村子南邊打造一面鍍鉻的牆……」

「……吃了兩頓早餐。」溫妮再次提醒大家。

「……以及讓施工的工人吃兩頓早餐。贊成的人請學母雞咕咕叫，反對的人請學小狗汪汪叫。」

「這種程序太不合宜了。」瑞奇說。「服務生會怎麼想？」

「在布蘭達接到通知之前，我們必須找點事情做。」

「……我？我沒有意見。」

「那麼我在此宣布議案通過。」

「噢，我真的很高興貝佛太太拿下這份標案。」布蘭達表示。「你知道的，我愛上了約翰．貝佛，我愛上了約翰．貝佛，我愛上了約翰．貝佛。」

「這是議會的決定嗎？」

「議會全數通過。」

「是的。她愛上了約翰．貝佛。」

「不。」溫妮說。「他吃了兩頓早餐。」

「……決議以壓倒性多數通過。」

「為什麼你們都換了衣服？」東尼問，因為每個人都突然換上打獵服。

「因為我們要參加獵犬聚會。大家的獵犬今天會在這裡集合。」

「可是夏天不能打獵。」

「巴西的季節不一樣，而且現在不能游泳。」

「我昨天在布魯頓森林看見一隻狐狸，一隻綠色的機械狐狸。那隻機械狐狸身體裡有顆鈴鐺，所以奔跑時會發出鈴聲。大家都被嚇壞了，所有的人都跑開，海灘上變得空無一人，沒有人游泳，除了約翰．貝佛之外。他每天都可以游泳，因為巴西的季節不一樣。」

「我愛上了約翰．貝佛。」安伯洛斯說。

「啊，我不知道你也在這裡。」

「主人，我來提醒您：您生病了，所以不可以離開您的吊床。」

「但是，假如我一直待在吊床上，如何才能找到那座城市？」

「主人，我會在書房裡為您備妥一切。」

「好的，就在書房。既然夫人已經到巴西定居，我就不需要再到餐廳用餐了。」

「我會將您的命令轉告馬房的馬伕。」

「我不想要那匹小馬，我已經叫班恩賣掉牠。」

「主人，您必須騎馬到吸菸室去，因為麥辛傑醫師把獨木舟划走了。」

「好的，安伯洛斯。」

「謝謝主人。」

議會的人全部朝著大馬路走去，但是殷區上校卻選了另外一條路。他快步走向坎普頓拉斯特村，最後只剩下東尼與拉特莉夫人兩人。

「汪汪。」拉特莉夫人一邊翻牌一邊喊著。「議案通過。」

東尼從牌桌抬起頭來，望向樹林圍成的壁壘後方，壁壘後面就是那座城市的城垛，距離東尼不遠。門房的角塔上有一面印著紋章的旗幟，正在熱帶地區的微風中飛揚。東尼努力坐起身子，將毯子丟到一旁。自從他發高燒以來，現在終於覺得自己的身體變強壯了，腳步也穩健了。他穿越過帶刺的矮樹叢之後，聽見音樂從閃閃發亮的牆面傳來，宛如將有遊行隊伍或慶典團隊從他面前經過。他不小心跌進了三棵樹的樹幹之間，被樹根與垂掛的樹藤緊緊纏住，但是當他猛力往前拉扯時，卻絲毫不覺得疼痛或吃力。

最後東尼走到一片開闊之境，城門就矗立在他面前。城牆上的樂手開始吹奏喇叭，歡迎他的抵達。東尼蒞臨的消息從這個稜堡傳到那個稜堡，傳遍整座城市的各個角落。杏樹的花瓣與蘋果花飄散在空中，落地之後鋪成一道花瓣地毯，好比夏天的暴風雨過後，海頓莊園果樹上的果實被風雨打落到地面的模樣。鍍金的圓形屋頂和條紋大理石尖塔，都在燦爛的陽光下閃閃發亮。

安伯洛斯走進來宣布：「主人，您的城市已經準備好了。」

第六章
在陶德家那邊

雖然陶德先生在亞馬遜河住了將近六年，可是除了少數皮威族人之外，沒有人知道他的存在。他的房子蓋在一片小小的草原上，周圍有些零星的沙地和草叢，三英里外則被樹林環繞。

供應此地水源的河流，在地圖上根本找不到。這條河水流湍急，十分危險，大部分的時間無法航行其上，最後則連接到麥辛傑醫師溺斃的那條河上游。

除了陶德先生之外，住在這個地方的居民都沒有聽說過巴西或荷屬圭亞那這兩個國家，然而這兩個國家卻不時宣稱這片土地歸他們所有。

陶德先生的房子比鄰居的屋舍來得寬敞，但是外觀上看起來都差不多——棕櫚葉打造的屋頂、泥土與枝條搭成的齊胸矮牆，以及泥巴地板。陶德先生在草原上放牧十來隻瘦小的牛隻，並擁有一個種植樹薯、香蕉和芒果的農園，還養了一條狗。他有一個鄰居沒有的獨特玩意兒：一把由後膛裝填的單管獵槍。陶德先生有一些從外地取得的東西，那些商品都是經由一連串的交易，數度轉手並透過多種語言溝通之後，才得以抵達貿易網絡的極致終點，從瑪瑙斯市[43]一路轉往這個位於叢林深處的偏遠堡壘。

某天，當陶德先生準備裝填子彈的火藥時，一名皮威族人跑來告訴他：有個白人男性正從叢林那頭走來，那人沒有同伴，而且看起來病得很重。陶德先生聞言後立刻塞好火藥，將子彈裝進獵槍，並將其餘填妥火藥的子彈放入口袋中，然後趕去找那個白人。

陶德先生看見那個白人時，對方已經走出叢林並坐在草地上，模樣看起來非常糟糕。他沒有戴帽子也沒有穿鞋，身上的衣服破爛不堪，若非因為汗濕而黏貼在他身上，恐怕早就脫落。他的雙腳滿是割傷，而且腫得很大，暴露在衣物外的皮膚滿是被蚊蟲和蝙蝠咬傷的痕跡；他的眼神因為發高燒而顯得狂亂，不停地對自己說話，然而當陶德先生走到他面前並且用英語與他交談時，他立刻停止自言自語。

「這麼多天來，你是第一個和我說話的人。」東尼說。「其他人根本不肯停下來理我，只是不斷地騎腳踏車從我身邊經過……我好累……布蘭達原本和我在一起，可是她被一隻機械老鼠嚇壞了，所以划著皮艇離開了。她說她當天晚上就會回來，但是她沒有回來。我猜她可能住在巴西的新朋友家裡……你沒有遇到她吧？對不對？」

「我已經好長一段時間沒有見到外來的陌生人了，你是頭一個。」

「她離開的時候，頭上戴著一頂高帽子，你一眼就可以看到她。」東尼說。然後他開始對著陶德先生旁邊的人說話，可是陶德先生身旁根本沒有人。

「你有沒有看見那邊的房子？你覺得自己有辦法走到那兒嗎？如果沒有辦法，我可以找一些印地安人背你過去。」

東尼瞇著眼睛望向草原那一頭陶德先生的小屋。「那棟建築融合了當地的特色，而且全部以在地的建材打造。」東尼說。「但千萬不要讓貝佛太太看見它，否則她會以鍍上鉻板的方式將它包覆起來。」

「你先試著走走看。」陶德先生將東尼從地上扶起來，用他粗壯的手臂攙著東尼。

「我想要騎你的腳踏車。你就是剛才騎腳踏車從我身旁經過的人，對不對？……可是你的鬍子顏色不一樣，那個人的鬍子是綠色的……和機械老鼠一樣的綠色。」

陶德先生攙扶東尼走過圓丘狀的草地，朝著他的屋子走去。

「這段路距離不遠，等我們回到我家，我會給你一些藥，好讓你舒服一點。」

「你人真好……一個男人讓妻子獨自划著獨木舟離開，真的非常差勁。但那已經是很久以前的事了，我從那時候開始就一直沒吃東西。」東尼表示。「我想你應該是英國人。我也是英國人。我的名字是拉斯特。」

43 瑪瑙斯市：Manaós，巴西亞馬遜州（State of Amazonas）的首府。

「呃，拉斯特先生，你現在先不要說話。你病得很嚴重，在旅途中肯定吃了不少苦頭，但是我會好好照顧你。」

東尼環顧陶德先生四周，問：「你們全都是英國人嗎？」

「是的，我們都是。」

「那個黑女人嫁給一個摩爾人……我真幸運能遇見你們大家。我猜你們可能是腳踏車俱樂部的會員吧？」

「是的。」

「噢，我太累了，沒有辦法騎腳踏車……我一向不喜歡騎腳踏車。你們知道嗎？你們這些人應該改騎摩托車，因為摩托車的速度較快，但發出的噪音也比較大……我們在這裡停下來吧！」

「不行，你必須走到屋子那邊才能休息，已經不遠了。」

「好吧……我猜你們在這個地方應該買不到汽油。」

雖然他們走得很慢，但是過了一段時間之後，終於還是抵達陶德先生的房屋。

「請你躺在吊床上。」

「麥辛傑醫師也是這麼說的。麥辛傑醫師愛上了約翰．貝佛。」

「我去替你準備一些藥。」

「你人真好。我只需要和平常一樣的早餐就可以了——咖啡、吐司、水果，還有早報。

如果夫人已經起床了，我就和她共進早餐……」

陶德先生走到後面的房間，從一堆動物皮毛下方拖出一個錫罐子。這個錫罐子裡裝滿混合的乾樹葉與樹皮，陶德先生伸手抓出一把，然後走向屋外的火堆。當他回到屋內時，他的客人突然挺直身體跨坐在吊床上，氣呼呼地自言自語。

「……我對你們說話的時候，你們應該好好站著聆聽，這樣才聽得清楚，而且比較有禮貌，不應該一直繞圈子走來走去。我告訴你們這些，全都是為你們好……我知道你們都是我太太的朋友，所以你們不想聽我說話。但是你們最好小心一點，因為她從來不說殘酷的話，也不會大吼小叫，你們絕對不會聽到她使用難聽的字眼。她希望你們今後能繼續當好朋友，就像從前那樣，可是她會離你們而去。她會趁著夜晚悄悄離去，並且帶走她的吊床和配給的玉米粉……聽我說，我知道自己並不聰明，但是我們沒有理由忘記做人的基本禮儀。讓我們以最和善的態度對待彼此，我會告訴你們我在叢林裡學到的事。叢林裡的時間與外面的世界不同，而且找不到那座城市。貝佛太太已經替整座叢林鍍上鉻板，並將它改裝成分租公寓，每個星期的租金只要三皺尼，而且每間公寓都設有獨立衛浴，非常適合偷情。波莉也會去那裡，她和貝佛太太都在倒塌的城垛下……」

陶德先生用一隻手扶住東尼的頭，另一隻手拿起裝著混合草藥的葫蘆瓢。東尼啜飲了一口，立刻把頭扭開。

「這種藥真難喝！」東尼說，然後開始哭泣。

陶德先生拿著葫蘆瓢站在東尼身旁，然後東尼又喝了幾口。由於草藥太苦，東尼皺著臉，身體也微微顫抖。陶德先生一直站在東尼身邊，直到東尼把草藥喝完，才將剩餘的殘渣倒在地上。東尼躺回吊床輕聲啜泣，不久之後就沉沉睡去。

東尼恢復得很慢。一開始他的神智會清醒幾天又狂亂幾天，接著他的體溫下降，雖然仍然病得很重，可是意識清楚。他發高燒的時間越來越短，到最後他的身體變得比較健康，久久才因為熱帶地區的氣候因素而有發燒狀況。陶德先生仍然讓東尼定時服用草藥。

「這種草藥很噁心。」東尼說。「可是真的很有效。」

「叢林裡有治療各種疾病的藥。」陶德先生說。「有可以讓你健康的藥，也有可以讓你生病的藥。我的母親是印地安人，她教我認識許多草藥。我不時也會從我的妻子們身上學到相關知識。有些植物可以治癒疾病，有些會讓人發燒；有些植物可以讓人一命嗚呼，有些會使人發瘋；有些植物可以驅趕毒蛇，還有一些可以把魚昏迷，然後你就可以將魚直接從水裡撈出來，就像從樹上摘水果那麼容易。另外還有一些我不懂的草藥，印地安人說可以讓人從死裡復生，即便屍體已經發臭，但是我沒有親眼見識過。」

「你確定你是英國人嗎？」

「我父親是英國人——起碼他是西印度群島的巴貝多人。他以傳教士的身分來到圭亞那，並且和一個白人女子結婚，可是他為了淘金而將她獨留在圭亞那。然後他娶了我的母親，雖然皮威族的女人長得很醜，可是都非常痴情。我和很多皮威族女人交往過，這片草原上大部分的人都是我的孩子，所以他們都服從我——除此之外，也因為我擁有一把獵槍。我父親活到很老，他過世還不到二十年。他是一個受過教育的人。你識字嗎？」

「是的，我當然識字。」

「並非每個人都像你那麼幸運。我就不識字。」

東尼以笑容表達歉意。「不過，我想你住在這裡應該不太需要識字。」

「噢，沒錯，事實正是如此。可是我有很多書。等你身體好一點之後，我再讓你看看我的藏書。五年前有一個英國人到這裡來——起碼他是一個黑人，在喬治敦受過良好的教育。他已經死了。在他過世之前，他每天都會念書給我聽。等你身體好一些，你也念書給我聽。」

「我非常樂意。」

「好。你要念書給我聽。」陶德先生又說了一次，並對著葫蘆瓢點點頭。

在恢復健康初期，東尼很少與陶德先生交談。他只是躺在吊床上，眼睛盯著以茅草搭蓋的屋頂，心裡想著布蘭達。那段日子對東尼來說，白天的十二小時和晚上的十二小時根本沒有分別。陶德先生每天一到太陽下山的時間就上床睡覺，屋裡只留著一盞小小的燈火繼續燃燒——牛油燈裡垂著手編的燈芯——以便驅趕吸血蝙蝠。

東尼第一次走出這間屋子那天，陶德先生帶著他到農田附近散步。

「我帶你去看看那個黑人的墳墓。」陶德先生說，然後就領著東尼走到芒果樹之間的一個小土丘。「他是一個很好的人。一直到他過世之前，他每天下午都花兩個小時念書給我聽。我想我應該為他做個十字架——以紀念他的逝世與你的到來——這真是一個不錯的主意。你相信上帝嗎？」

「大概相信吧，可是我從來沒有認真思考過這個問題。」

「我十分認真地思考過這個問題，但仍然不知道……狄更斯[44]相信上帝。」

「大概是吧。」

「噢，他確實相信上帝。他在每一本書裡都寫得清清楚楚，你將來就會讀到的。」

當天下午，陶德先生開始為那個黑人的墳墓打造十字架。他用一把大大的刨刀刨雕木頭，因為那塊木頭很硬，刨刀發出摩擦聲宛如在切割金屬。

最後，當東尼連續六、七個晚上沒有發燒時，陶德先生對他說：「我想你的身體已經好多了，現在我可以帶你去看看那些書了。」

在小屋的某一側盡頭處，屋簷下方立著一個看起來像粗糙平臺的閣樓。陶德先生拿了梯子過來，然後爬到閣樓上。東尼跟在他身後，但因為大病初癒，所以往上爬時搖搖晃晃的。陶德先生坐到平臺上，東尼則站在樓梯頂端，往閣樓裡面瞧。閣樓裡擺著一堆以破布、棕櫚葉和動物毛皮綑綁成一包一包的東西。

「要隔離那些小蟲和螞蟻真的很不容易，兩本書已經被牠們毀了，不過有一種印地安人特製的油，對於防小蟲與防螞蟻很有效。」

陶德先生將最靠近他的那包東西打開，然後將一本小牛皮封面的書遞給東尼。那是美國早期出版的狄更斯作品《荒涼山莊》[45]。

「我們從哪一本開始都沒有關係。」

「你喜歡狄更斯？」

「怎麼了嗎？是的，當然，我不只喜歡狄更斯而已，我愛死他了。你知道嗎，狄更斯的作品是我唯一聽過的書。我父親以前會讀給我聽，後來那個黑人也讀給我聽……現在輪到你了。到目前為止，他的每一本小說我都聽過非常多次了，可是怎麼聽也聽不膩，因為書裡有很多東西可以讓我學習、值得我去了解。小說裡面有那麼多角色、那麼多場景變化、那麼多字……我有狄更斯的每一本書，除了被螞蟻吃掉的那幾本。要讀完這些書，得花很長的時間——超過兩年。」

「呃。」東尼輕聲地說。「我在這裡停留的期間，應該沒辦法全部讀完。」

「噢，希望不會如此。能再重聽一次實在很棒，每次重聽狄更斯的小說，我都樂在其

---

44 狄更斯：Charles John Huffam Dickens，維多利亞時代的英國作家，他的著作至今仍廣為流傳，包括《塊肉餘生記》、《雙城記》等。

45 《荒涼山莊》：*Bleak House*，狄更斯在一八五二年至一八五三年間發表的作品，是他最長的作品之一。

中，而且越來越喜歡這些書。」

他們帶著《荒涼山莊》的第一冊從閣樓下來。那天下午，東尼開始他的第一次朗讀。

東尼一向喜歡大聲朗讀。和布蘭達結婚後的第一年，他曾經透過朗讀與布蘭達分享許多書籍，直到有一天，布蘭達才坦白告訴東尼，她覺得聆聽他朗讀是一種折磨。東尼也曾朗讀書籍給約翰安德魯聽，例如在傍晚、在冬季，或者於約翰安德魯坐在育嬰室裡吃晚餐時。不過，陶德先生是一個非常奇特的聽眾。

這個老人跨坐在位於東尼吊床對面的另一張吊床上，眼睛始終盯著東尼而視，並且無聲地複誦東尼讀出的每個字。每當有新的角色登場，陶德先生就會對東尼說：「再念一次他的名字，我忘記這個人了。」或者說：「對，對，我記得她。她後來死掉了。可憐的女人。」陶德先生經常提出問題，打斷東尼的朗讀。東尼以為陶德先生的問題會與故事背景有關——例如大法官的司法議程，或者關於英國當時的社會習俗，因為這方面的內容比較艱澀難懂，然而陶德先生一點也不在意這些事——他問的問題只與故事的角色有關。「為什麼她這麼說？她真的是這個意思嗎？她之所以覺得暈眩，是因為壁爐的爐火太熱了，還是因為那封信的內容？」書裡提到的笑話，以及一些東尼根本不覺得有趣的段落，都能讓陶德先生放聲大笑，他甚至還會要求東尼複誦兩、三次。後來東尼讀到貧民窟裡那些可憐人的遭遇時，陶德先生的淚水就從臉頰一路滑落到鬍子上。陶德先生對故事的評論通常十分簡潔。「我認為戴德洛爵士是一個驕傲的人。」或者「傑利比太太沒有好好照顧她的孩子。」

對於念書給陶德先生聽這件事，東尼幾乎和陶德先生一樣樂在其中。

第一天結束時，陶德先生說：「你朗讀得非常優雅，口音也比那個黑人好。而且你的解說比他更詳細，簡直宛如我父親又復活了。」東尼每讀完一個段落，陶德先生就會非常有禮貌地向東尼道謝。「我非常喜歡這一段，這是一個讓人非常難過的章節，但如果我沒有記錯，最後會有圓滿的結局。」

然而，等到他們讀到第二冊時，陶德先生因新鮮而產生的歡愉開始減退，東尼也因為身體恢復健壯而變得躁動不安。他不只一次提及離開這個地方的打算，並詢問陶德先生有關獨木舟、雨季以及能否找到嚮導等事宜。然而陶德先生似乎有點遲鈍，不理會東尼問題背後的暗示。

有一天，東尼一邊翻閱著《荒涼山莊》尚未被朗讀的頁面，一邊對陶德先生說：「我們還有許多章節未讀，希望我離開之前可以讀完這本小說。」

「噢，一定會的。」陶德先生回答。「你不必擔心這個問題，親愛的朋友，你一定會有足夠的時間讀完它。」

東尼這時才頭一次察覺到陶德先生的態度帶有恐嚇意味。那天晚上，當他們吃著玉米粉和乾牛肉的簡式晚餐時，東尼又重提這個話題。

「陶德先生，你知道的，差不多該是我返回文明世界的時候了。你如此熱情招待，我實在占用你太多時間了。」

陶德先生低頭對著餐盤大口嚼食玉米粉，沒有任何回應。

「你認為我需要花多久的時間才能弄到一艘獨木舟？……我的意思是，我什麼時候才能弄到一艘獨木舟？我非常感激你的仁慈，就算千言萬語也無法表達出我的感謝，可是……」

「親愛的朋友，無論我幫過你什麼，你已經用閱讀狄更斯的小說來回報我了。今後我們不要再提這件事了。」

「呃，我很高興你喜歡我的朗讀，我自己也很開心，但是我真的必須思考回家的事情了……」

「是的。」陶德先生說。「那個黑人也是這麼說的。他一天到晚想著要回家，但最後卻死在這個地方……」

隔天東尼又問了兩次，然而陶德先生總是顧左右而言他。最後，東尼說：「不好意思，陶德先生，但是我必須再次追問，我什麼時候才能弄到一艘獨木舟？」

「我沒有獨木舟。」

「呃，可是印地安人會造獨木舟。」

「你必須等到雨季，河流的水位現在不夠高。」

「雨季還要等多久？」

「一個月……兩個月……」

他們讀完了《荒涼山莊》，就連《董貝父子》[46]也已經讀到尾聲，雨季才終於到來。

「現在我應該準備離開了。」

「噢，那是不可能的，因為印地安人不在雨季打造獨木舟——這是他們的迷信之一。」

「你應該早點告訴我。」

「我沒有告訴你嗎？我肯定是忘了。」

翌日早晨，東尼趁著陶德先生忙碌時偷偷溜出屋外。他故意裝出一派輕鬆，悠閒地走過草原，前往印地安人的屋子。四、五個皮威族人坐在其中一戶人家的門口，然而當東尼走近他們時，沒有人抬頭看他。東尼用他在旅途中學到的幾句馬古西語和他們說話，然而他們完全沒有表現出是否聽懂東尼的意思。於是東尼在沙地上畫出一艘獨木舟，含糊地模仿出木工的動作，指指他們再指指自己，然後表示自己願意送他們一些交易品：他勾勒出一把槍、一頂帽子，以及一些易於辨識的物品。其中一名印地安女子咯咯笑了起來，可是沒有人露出心領神會的表情，他只好失望地離開。

吃午餐的時候，陶德先生說：「拉斯特先生，印地安人把你試圖找他們說話的經過告訴我了。如果你想對他們說什麼，透過我來轉達會比較容易。你應該知道，沒有經過我的

46《董貝父子》：*Dombey and Son*，狄更斯的小說，一八四六年開始創作，一八四八年完成，為其寫作成熟期的代表作品。

允許，他們不會做任何事。他們自認為是我的孩子，而且其中大部分的人確實是我的孩子。」

「呃，事實上，我只是去問問他們關於獨木舟的事。」

「他們也是這麼告訴我的……如果你吃飽了，或許我們可以再讀一個章節。這本書深深吸引著我。」

❇

他們讀完了《董貝父子》，東尼離開英國也已經快滿一年了。當東尼在《馬丁．翟述偉》[47]這本小說中發現一張以凌亂鉛筆字跡所寫的紙條時，他突然有一種非常強烈的預感，覺得自己可能永遠回不了家了。

一九一九年

我，巴西籍的詹姆士．陶德宣誓：如果來自喬治敦的巴納巴斯．華盛頓讀完《馬丁．翟述偉》這本書，我就盡快讓他離開這裡。

後面有一個用鉛筆使勁畫出的叉叉，以及一行文字：此符號由陶德先生畫記，巴納巴斯．華盛頓簽名。

「陶德先生。」東尼說。「我必須坦白地說，因為你救我一命，只要我一返回文明世界，就會盡我最大的能力來報答你。我會在合理的範圍內給你一切。可是你現在將我留在這裡，實在違反我的意願。我希望你能夠放我走。」

「可是，親愛的朋友，我哪有留你在此？你並沒有受到任何拘束，如果你想離開，隨時可以走人。」

「你很清楚，沒有你的協助，我根本無法離開。」

「既然如此，你就必須取悅我這個老頭子，再讀一個章節給我聽。」

「陶德先生，我願意發誓，只要我一回到瑪瑙斯，就會立刻找人來取代我。我會付錢請人每天為你朗讀。」

「可是我不需要別人，你讀得很好。」

「這是我最後一次為你朗讀。」

「希望不是。」陶德先生的口吻依然十分客氣。

當天晚上，陶德先生只準備了一份乾肉和玉米粉，他自己一個人用餐。東尼躺在吊床上盯著茅草屋的屋頂，一句話都沒說。

第二天，陶德先生還是只準備一份餐點，而且他在用餐時，腿上還放著已經上膛的獵

47《馬丁・翟述偉》：*Martin Chuzzlewit*，狄更斯的小說，發表於一八四三年至一八四四年。

槍。於是東尼只好繼續朗讀日前中斷的《馬丁・翟述偉》。

東尼在絕望中又度過了幾個星期，這段期間他們讀完了《尼古拉斯・尼克貝》[48]、《小杜麗》[49]與《孤雛淚》[50]。後來有個陌生人來到這片大草原，那人是一名混血淘金客，他和其他那些孤單的淘金者一樣，一輩子都在叢林裡遊蕩，沿著小溪尋找並淘洗金沙，再將金沙一盎斯一盎斯地裝進小皮囊裡。這種淘金客的下場，通常是脖子上掛著價值五百美元的黃金，但因曝晒過度或饑餓過度而死去。這個人出現時，陶德先生非常不高興，因此這個人只待不到一個小時，陶德先生就趕緊用一些玉米粉和醃豬肉打發他離開。然而，在這段短短的時間內，東尼已經以潦草的字跡在紙條上寫下自己的名字，偷偷塞進淘金客的手裡。

從那個時候開始，東尼就一直懷抱著希望，可是接下來的日子仍舊一成不變：日出時先喝杯咖啡，等陶德先生到田裡工作時，東尼就發呆一整個早上；中午吃玉米粉與醃豬肉，下午朗讀狄更斯的書；晚上又吃玉米粉與醃豬肉，有時候還有一些水果；日落之後一直到隔天黎明，屋子裡就完全安靜無聲，只有牛油燈芯燃燒的小火光，朦朧地照著頭頂上的棕櫚葉屋頂。不過，即使日子這般靜默，東尼仍然充滿信心與期望。

東尼相信今年或明年某時，那個淘金客就會抵達巴西的村落，將在這裡遇見他的消息傳出去，屆時大家就會得知麥辛傑醫師的探險隊遭遇了不幸。東尼可以想像各大媒體的頭條新聞將爭相報導這則消息，說不定此刻已經有搜救隊伍開始在他橫越的國度展開救援行動。總有一天這片草原上會出現英國人的聲音，十多名友善的探險家將穿越叢林來到這裡。在朗讀小說時，雖然東尼的嘴唇機械化地讀出印在書上的鉛體字，但他的心思早已遠遠離開面前那個急切又瘋狂的陶德先生。東尼開始想像自己返家之後會受到什麼樣的待遇——他會慢慢重新恢復文明的生活（他會先刮鬍子、在瑪瑙斯購買新衣服、打電報回家拿錢、接到來自各方的恭賀電報。他還會悠閒地搭船前往貝倫[51]、轉乘大型輪船返回歐洲、品嚐美味的葡萄酒、鮮肉及春天採收的蔬菜。當他見到布蘭達時會有點害羞，不知道該對她說些什麼……「親愛的，妳離開的時間比妳所說的還久，我還以為妳迷路了……」）

這時陶德先生突然打斷東尼的想像。「可不可以請你把這段重念一次？我真的非常喜歡這一段。」

幾個星期過去了，搜救隊伍始終沒有出現，可是東尼繼續忍耐地過日子，因為他始終寄望於明天。甚至，他開始對囚禁他的陶德先生產生一絲絲友好之情。因此，某天晚上陶德先生與一個住在附近的印地安人開完長長的會議之後，提議要舉行一場派對時，東尼便表示自己樂意參加。

48《尼古拉斯．尼克貝》：*Nicholas Nickleby*，狄更斯的幽默小說，發表於一八三八年至一八三九年。

49《小杜麗》：*Little Dorrit*，狄更斯的長篇小說，發表於一八五五年至一八五七年。

50《孤雛淚》：*Oliver Twist*，狄更斯的第二部小說，發表於一八三七年至一八三九年。

51 貝倫：**Belém**，位於巴西東北部，是帕拉州（**Pará**）的首府。

「這是本地的節慶活動之一。」陶德先生向東尼說明。「他們一直忙著製作皮瓦利，你可能不會喜歡這種玩意兒，但你該試試。我們今晚要去那個人的家。」

晚餐過後，他們就去參加印地安人的派對。那些印地安人在草原另一端的某間茅草屋裡，大夥兒在爐火前圍成一圈，以一種不帶感情且無抑揚頓挫的聲調唱歌，還你一口我一口從傳遞的大葫蘆瓢裡喝下某種飲料。東尼與陶德先生有杯子可用，印地安人還為他們準備吊床，讓他們坐在吊床上。

「你必須一口氣全部喝光，飲用過程中不能放下杯子，這樣才合乎禮儀。」

東尼大口喝下那種深色的液體，試著不去嚐其味道，他發覺這種飲料其實並不難喝，口感濃郁，而且稠稠的，和他之前在巴西喝過的飲料很類似，但是有一種蜂蜜與黑麵包的香味。東尼將身子往後躺到吊床上，一種奇特的滿足感油然而生，或許此刻搜救隊伍已經在距離他們數小時路程的地方紮營。東尼覺得身體暖烘烘的，而且開始昏昏欲睡。印地安人吟唱的歌曲，旋律起起又伏伏，宛如某種永無止境的禮拜儀式。又有人將裝著皮瓦利的葫蘆瓢遞給他，他一飲而盡，把葫蘆瓢還給對方。當這群皮威族人開始跳舞時，東尼就躺在吊床上，望著映在茅草屋頂上的影子不停舞動。然後他閉上雙眼，心裡想著英國與海頓莊園，最後沉沉睡去。

東尼醒來的時候，還躺在印地安人的小屋裡。他覺得自己醒得比平常晚，因為從太陽的位置看來，時間已經是下午了。旁邊沒有人在，東尼本來想看看手錶，卻吃驚地發現手錶不在他的手腕上。他猜想應該是參加派對之前，不小心把手錶遺留在陶德先生的屋裡了。

「我昨晚一定醉得很厲害。」東尼回想。「那種飲料真可怕。」他的頭很痛，擔心自己又會開始發燒。當他的雙腳觸碰到地面時，他發現自己連站都站不穩，走起路來更是搖搖晃晃，而且腦子裡一片混沌，感覺就像是他身體剛痊癒時的前幾個星期那樣。他走過草原，但是途中好幾次不得不停下腳步休息，並且閉上眼深呼吸。當他回到陶德先生的家時，發現陶德先生坐在屋裡。

「啊，親愛的朋友，今天下午的朗讀時間你來晚了，再過不到半個小時，太陽大概就要下山了。你的身體還好嗎？」

「糟透了。那種飲料不太適合我。」

「我會給你一些藥，讓你覺得舒服一些。叢林裡什麼藥都有，有些可以讓你清醒，有些可以讓你沉睡。」

「你有沒有看見我的手錶？」

「你的手錶不見了嗎？」

「是的。我還以為自己戴著手錶。我是說，我從來沒有睡過頭。」

「自從脫離嬰兒期之後，你應該沒有睡那麼久的經驗。你知不知道自己睡了多長的時間?整整兩天。」

「怎麼可能?我不可能睡那麼久!」

「是真的,你睡了兩天。這是很長的一段時間。真可惜你沒見到我們的訪客。」

「訪客?」

「沒錯,訪客。你睡覺的時候,我很高興有客人來訪。三個從外地來的男人,全都是英國人。可惜你沒見到他們。他們也覺得十分遺憾,因為他們非常希望見你一面。可是你睡得那麼熟,我又能怎麼辦?他們大老遠跑來這裡找你,所以——我想你應該不會介意——既然你無法親自迎接他們,我就送他們一個小小的紀念品:你的手錶。他們希望可以帶一點你的私人物品返回英國,因為有人為了打探你的消息,提供非常優渥的報酬。他們對那個小紀念品十分滿意,還在我為了紀念你到來而豎立的小十字架前拍了照片。他們也很高興能拍到那個十字架,他們真的很容易滿足。我認為他們以後不會再來打擾我們了,我們在這裡的生活將會非常清幽……除了閱讀的樂趣再無其它……我也認為今後我們不會再有任何訪客了……好了,好了,我去幫你拿點草藥,讓你舒服一點。你的頭一定很痛,對不對?……今天我們就不讀狄更斯了……但是明天、後天,還有大後天,我們再讀一次《小杜麗》。那本書裡有好幾個段落,我每次聆聽都忍不住想掉眼淚。」

第七章
英式哥德建築之三

輕盈的微風吹拂過沾著露珠的果樹林，耀眼卻冰冷的陽光灑落在草原與灌木叢上，大馬路上的榆樹萌吐出新芽。由於這年冬天不太寒冷，許多花草都提早萌芽了。

海頓莊園屋頂上的怪物雕像與蔓草雕紋間迴盪著報時的鐘聲，大時鐘莊嚴地敲出了十四聲響，但此刻是早上八點三十分。這座大鐘近來不太準時，因此李察·拉斯特打算等遺產稅付清且銀狐生意開始賺錢之後，就找工人來修繕。

莫莉·拉斯特在車道上快速且平穩地騎著她的二行程循環摩托車。她的馬褲和頭髮上都沾著兔子飼料，因為她剛才去餵食安哥拉兔。

屋前的碎石地上矗立著一座新的石碑，碑上覆蓋著一面旗幟。莫莉把摩托車停靠在吊橋的牆邊，然後就跑進屋裡吃早餐。

自從李察·拉斯特繼承海頓莊園以來，這裡的氛圍變得比較熱鬧，但是事務簡化許多。管家安伯洛斯還在，其餘的男僕都離開了，由安伯洛斯與四名女僕及一名小僮負責屋裡所有的工作。李察·拉斯特將這些人稱為他的「基礎幹部」，等他財務狀況較寬裕後，就會再增加人手，並且開放餐廳與書房。目前這兩個房間的窗簾都拉上了，房門也上了鎖，拉斯特一家人只在起居室、吸菸室和東尼以前的書房裡活動。廚房大部分的設備已不再使用，還在一間食物儲藏室裡裝設了新式且省錢的多爐爐灶。

拉斯特一家人在早上八點三十分都已經在樓下就座，除了安格妮絲之外。安格妮絲總是花較長的時間換衣服，因此經常晚幾分鐘下樓。泰迪和莫莉都已經出去一個小時又回來了，莫莉去餵兔子，泰迪去巡視銀狐的情況。泰迪已經二十二歲，與家人同住。彼德還在牛津大學唸書。

他們在起居室裡一起共進早餐，拉斯特太太坐在餐桌的這一頭，她的丈夫則坐在另一頭，全家人不時彼此傳遞餐點，將杯子、盤子、蜂蜜罐遞給別人又接回來，並且閒話家常。

拉斯特太太說：「莫莉，妳的頭髮又沾到兔子飼料了。」

「噢，沒關係，反正我去參加宴會前會梳妝打扮一下。」

拉斯特先生問：「宴會？你們這些孩子難道沒有正經事可做嗎？」

泰迪說：「又有狐狸受傷了。我們在奧克漢普頓向當地人買來的那隻小母狐，夜裡被咬斷了尾巴，可能是牠的尾巴從鐵絲網的縫隙伸進了隔壁的籠子裡。這些狐狸真難照顧。」

這時安格妮絲走下樓來。她今年十二歲，是個整潔又細心的女孩子，有一雙深邃的大眼睛。她先親吻了她的父母，然後對大家說：「如果我遲到了，真的非常抱歉。」

「不，妳沒遲到……」拉斯特先生包容地回答。

「追悼儀式要舉行多久？」泰迪問。「我必須去貝頓一趟，買更多兔子回來餵狐狸。齊佛斯說他準備了大約五十隻兔子要賣給我。這裡獵不到足夠的兔子，那些狐狸太會吃了。」

「追悼儀式在十一點三十分就會結束，坦卓里爾牧師不打算講道，反正這樣也好，因為他一直誤以為東尼死在阿富汗。」

「布蘭達寫了一封信來，表示她無法參加紀念碑的揭幕儀式，因此感到非常拘歉。」

「噢。」

大夥兒陷入一片沉默。

「她說裘克接獲政黨的緊急指令，下午無法抽身。」

「噢。」

「就算裘克不能陪她，她自己也可以來啊。」莫莉表示。

「她問候我們大家，並祝福海頓莊園一切順利。」

大夥兒再度陷入沉默。

「呃，其實我覺得這樣也好。」莫莉說。「反正她也表現不出孀婦該有的悲傷。我敢說她不久之後就會再婚。」

「你們心裡明明也都這麼認為。」

「莫莉！」

「無論我們心裡怎麼想，我都不許妳這樣批評布蘭達。她當然有權利再婚，我希望她與葛蘭特─曼席斯先生幸福美滿。」

「她以前住在這裡的時候，對待我們總是十分客氣。」安格妮絲說。

「她本來就應該對我們客氣。」泰迪表示。「畢竟這是我們家族的房子。」

一直到當天上午十一點，天氣都還不錯，但之後開始起風，將印著追思儀式的程序單吹得不停翻飛，還差點在儀式進行前就掀開覆蓋於紀念碑上的旗幟。許多親戚都來了，包括聖克勞德夫人、法蘭西絲姑媽，以及比較窮困的拉斯特一家人。這家人在東尼失蹤後沒有得到任何好處。李察．拉斯特全家與海頓莊園裡的僕役都出席了，好幾名佃農及大多數的村民也都來了。另外還有十多位鄰居也前來致意，包括殷區上校——李察．拉斯特和泰迪那一季都固定出席彼格斯坦頓的狩獵活動。坦卓里爾牧師以清澈宏亮的聲音主持這場簡短的儀式，即便風聲呼嘯，在場的人還是都能夠清楚聽見他的話語。最後坦卓里爾牧師拉動繩子，旗幟順利地從紀念碑上滑落。

這塊紀念碑是當地找來的大石頭，樸素的石面上刻著：

海頓莊園的東尼．拉斯特
探險家
一九〇二年出生於海頓
一九三四年逝世於巴西

佃農、村民和鄰居離開後，親戚們被邀請至屋內參觀拉斯特一家精簡人事的成果，李察．拉斯特則與聖克勞德夫人在屋外的碎石地閒聊了一會兒。

「我很高興我們能為他豎立那個石碑。」李察說。「如果不是貝佛太太的提議，我根本不會想到這個主意。東尼的死訊傳來之後，貝佛太太就寫信給我，那時候我還不認識她。當然，在東尼的朋友當中，我們根本沒認識幾個。」

「豎立紀念碑是她建議的？」

「是的。她說她與東尼是非常親密的好友，她知道東尼一定希望我們在海頓莊園為他豎立一塊紀念碑。她真的很貼心──甚至幫我們找到承包商搞定一切。她的想法不只這個，她建議我們應該把小教堂重新裝潢一下，作為舉行彌撒的禮拜堂，可是我認為東尼只希望我們豎立紀念碑。這塊石頭是從我們這兒的採石場挖出來的，也是由在地的工人切割的。」

「是的，我認為東尼也只希望豎立紀念碑。」聖克勞德夫人表示。

泰迪選擇以「加拉哈」作為他的臥房。他向家人告辭，匆匆回房換掉身上的黑色服裝，不到十分鐘就跳上他的車，一路開往齊佛斯的農莊。吃午餐前，他已經帶著兔子回來。那些兔子都被剝去毛皮、腿被綁在一起，結成四串。

「妳想不想去養狐場？」泰迪問安格妮絲。

「不了，我想留下來招呼法蘭西絲姑婆。她一直嫌棄我們新買的爐子，讓媽媽很不開心。」

銀狐飼養場位於馬廄後方，一個圍著雙層鐵絲的籠網。他們在鐵絲籠內的地面鋪上泥巴與煤渣，以防止狐狸挖洞逃走。那些狐狸都是一對一對的，雖然有幾隻狐狸個性溫馴，但如果因此信任牠們，可就十分不智。泰迪和幫忙飼養狐狸的班恩·哈克特，那年冬天都曾被狐狸狠狠咬傷過不只一次。

狐狸群一看見泰迪拿著兔子走近，馬上全跑到鐵絲籠門邊。尾巴斷掉的那隻小母狐，傷勢看起來已經沒有那麼嚴重了。

泰迪驕傲且溫柔地餵食這些狐狸，他希望將來可以靠牠們賺錢，好讓海頓莊園重返由東尼當家時的那番榮景。

關於文明與其他的惡魔——閱讀《一掬塵土》

沈默

⊙如詩的喜劇境界

讀《一掬塵土》，隨著敘事慢慢開展，乍以為是如《包法利夫人》、《安娜·卡列妮娜》般講述女性如何伸延出另一段關係，而最終失落無望的自毀悲劇之路。唯伊夫林·沃筆下的情愛全然不是福婁拜或托爾斯泰那般寫女性在上流社會封閉壓迫的環境中趨向於破滅，他的焦點不在於此，伊夫林·沃是帶著讓人不好察覺的笑意，凝望男女主人翁東尼與布蘭達的自甘墜落、走入絕境。

小說開章「在貝佛家那邊」，暗自戲擬普魯斯特《追憶逝水年華》，就已宣告整部小說不動聲色發出笑聲的特性，而且他還先寫了一個高等廢材約翰·貝佛——奉俊昊導演電影作品《寄生上流》是底層人物如何展開寄生術擠入上流社會，而伊夫林·沃則是直接暴露上流世界本來就多的是寄生蟲，兩者看似階級運作不同，但其實一樣荒謬透頂。

伊夫林徐緩地推進情節，把人的莫名其妙，愛情沒有理由的發生，輕描淡寫地露出，「因為在過去五年內，她一直是充滿傳奇色彩的女子，宛如鮮少現身的鬼魅，或者是童話故事裡遭到囚禁的公主。……約翰．貝佛向來是大家熟悉而且瞧不起的傢伙，如今託布蘭達之福，貝佛突然變成了雲端上的耀眼男神。……」、「除了我以外，沒有人喜歡你。你必須明白這一點……真奇怪，我竟然會喜歡你。」、「……不夠曲折離奇。對波莉、黛絲和安琪拉那些愛嚼舌根的女人而言，布蘭達看上約翰．貝佛，就已經將外遇提升至如詩一般的境界。」一方面似乎難以置信，一方面又極其合理地顯揚人類內在的淺薄、言談行為的荒誕。

我想起米蘭．昆德拉《可笑的愛》其中一篇〈二十年後的哈維爾醫生〉，一個豔遇史驚人、以致於女明星妻子愛妒的老醫生（性的權威），在溫泉療養院乏人問津，顯得落魄可悲，但在美人兒妻子到訪後，「在大家的注目下，哈維爾覺得自己又找回了失落了的『可見性』，他模糊的輪廓又變得清晰起來，他很高興他的身體、步伐，還有他整個人都散發著愉悅的氣息，他覺得自己好得意。」情勢變得不同，他無往不利，重拾情色大師的風采，教化眾生，色遇也就如詩一般。

伊夫林與昆德拉都甚擅長將人不可見性的可笑性，揭發開來。《一掬塵土》裡東尼與布蘭達之子約翰安德魯的驟逝後，人人都在重複著同一句話同一個念想，「……這個意外並非任何人的錯。……不是這孩子的錯。……不是任何人的錯。……」似乎沒有人為約翰安德魯認真地悲傷，無論是誰都在設法盡快甩脫這層陰影，只是著眼於後續處理，把悲劇放進背面的世界，而無關於一條生命的殞落。於是，這樁悲劇的發生跟誰的錯誤都無關，也就更有脫逸感，冷漠得讓人散發哀傷的笑意。

此同時，東尼則是和來訪的拉特莉夫人玩牌戲，麻木、無所事事，而布蘭達正在倫敦大城裡過著逍遙偷情日子，甚至在算命時暗自擔心她的約翰發生意外，以致於獲得兒子死去消息，她的反應竟是：「布蘭達皺著眉頭，這時才搞清楚死的人是她的兒子約翰安德魯，而不是她的情人約翰．貝佛。『約翰……是約翰安德魯……我……噢，感謝老天……』然後開始嚎啕大哭。」感謝老天，是啊，上流世界並沒有讓人心變得柔軟，相反的，它可能更容易產生硬化後座力。

而東尼必須努力外遇好達成離婚現實的作為，包含硬是邀了陌生女子她帶著女兒去度假，讓人親眼見證他的外遇，但偏偏那個小女孩非常難搞，以致於東尼還得伺候、滿足她各種願望，才能夠得到更多被目擊的出軌證據，甚至東尼還被僱來的偵探警告：「……如果您不多用點心思，永遠都沒有辦法離婚。」這些可說是諷刺技藝的暴風眼，啟動整部小說絕頂的黑色笑意。

《一掬塵土》真是殘酷的可笑小說，伊夫林一次戲耍了人類的兩大主題，愛情與夢想。小說後半段，他一邊調度東尼的探險之旅（去蠻荒叢林尋找一座傳說的城市），一邊如實呈現不得離婚（也就無能瓜分東尼財富）的布蘭達如何被情夫冷落，又是如何從貴夫人的雲端跌落貧窮階段。兩種悲劇的同時進行，明明是異樣孤慘的狀態，卻把整本小說拉升到喜劇的境界，並且帶著奇怪的詩意。

人的悲劇，往往是自身所造就的，這在《一掬塵土》恰是被完整地印證。而一旦你看穿這樣的悲劇根源，就必然反向地擁有了喜劇的眼睛。伊夫林不帶批判的文字，也就難能可貴地盡顯人性愚癡的基本事實。

⊙文明自為惡魔

義大利導演保羅・索倫提諾的英語電影《年輕氣盛》（Youth），描述年老的音樂家置身於一豪華全功能飯店度假，其心已死，對眼前事物再無熱情。而他的導演老友，則正在寫劇本，名為《生命的最後一日》，苦苦追逐結局。影片有著各式各樣展演式的裸露場景，老者的身軀，年輕的肉體，而衰老與青春的對比，在這一部華麗憂傷絕美教人靈魂震慄的傑作裡，帶著點睛的效果。

電影裡令我印象深刻的一段是，環球小姐拜訪大明星，表示自己是大粉絲，遭到他嘲諷時，她遂回嘴。諷刺有時會適得其反，它會顯露另一面，充滿挫折感的另一面。無法劃分，同時存在，似乎才是人生狀態，一如幽默與傷悲經常扭絞成體。

我亦要想起日本漫畫《JoJo的奇妙冒險》第五部中，有種替身叫「年輕歲月」（Green Day），非常有趣的，其能力是所有往下走的生命都會被黴菌迅速感染，直至腐死。漫畫家的設計充滿寓意，先不管龐克樂團Green Day的音樂風格，單單是「往下就會爛蝕全部」的視覺性，就讓人驚喜於荒木飛呂彥的獨特思維。是了，青春得持續往上爬，否則會被緊緊依隨的菌物腐壞啊——當然了，也許終究一切還是會往下掉的。

《年輕氣盛》與年輕歲月，都是從另一邊去談，看似反向，但其實是雙向指涉，《一掬塵土》亦然，小說裡的文明世界、上流社會充滿著各種扮演的渴望、惡毒的算計，人心的醜惡、簡陋與荒唐暗自竄動，文明的馴養（或說慣壞）讓文明人變成行為可笑的普通人，如「……他們更期望俱樂部裡空無一人，或者全是陌生面孔，好讓他們可以盡情表現憂鬱，先坐在靠牆的座位盯著胡桃木桌發呆，然後痛快地大吃大喝。」或「親愛的孩子，妳的憂慮是多餘的，因為只有富人才會察覺自己與窮人之間有鴻溝，窮人根本渾然不知。」

男主人翁東尼因兒子之死、妻子背叛，而不得不逃離自家莊園，原本要牢牢守護的驕傲世界，「過去一個月以來，東尼一直活在突然失序的世界裡，彷彿各種事物的合理性與體面性，還有他經歷或學習期待的一切，都只是不起眼且不重要的東西。」、「……任何會讓他聯想到海頓莊園的事物，對他來說都像染上了毒藥。東尼想要遠離每一個認識他和布蘭達的人。……這種逃避一切的心態主宰著他的思維。……」也許逃避是不可恥的，但逃避這件事，就像是另一種圈套，稍微不慎，你就在自己的頸子上，拉緊致死的繩結。

而世界從來就是失序的。只是人類文明將人化約為文明動物，誤以為所有事物都會井然有序、條理分明。東尼跟隨能言善道、深受蠱禍的麥辛傑醫師進行探險，也無可避免地令人聯想到康拉德的《黑暗之心》，不過伊夫林是經由蠻荒之境體現東尼自己漫不經心下推進地獄的可悲過程，每一個陷阱都是他主動踩進去的，毫無警覺，一路玩到掛。「……他的哥德式世界遭受嚴重的打擊，森林裡的空地不再出現穿著閃亮盔甲的騎士，綠色的草坪也不再有公主穿著刺繡鞋走過的足跡，身上有斑點的奶油色獨角獸亦已遠遠跑開……」說要去尋找一座城市，進行所謂探險的東尼，其實仍舊活在他的哥德世界，不變不動。

我以為，豐饒與荒蕪往往是同一條小徑的不同風景。伊夫林的《一掬塵土》看似由愛情事件啟動，但他或無打算分析愛情與人的關係，他更在意的是，文明與人的關係，人的群體性產生文明，但文明反過來囚禁、馴化並且解除人的思維能力。文明是可疑的，文明並不比蠻荒高貴。文明之地，黑暗之心依舊存在，未知未解。到了蠻荒，有人的地方，仍有文明，也就有了關於文明的複製與重現。

文明充滿暗處，充滿其他的惡魔。

但也許，對不思不考的人來說，文明本身就是惡魔。

真正困死東尼的，依舊是文明，那是荒野裡一個熱愛狄更斯小說的恐怖老頭陶德先生——如是恐怖境遇也就要連結往《戰慄遊戲》（Misery）裡頭號書迷將小說家囚禁的種種作為，只是史蒂芬·金給了筆下作家一線生機，但伊夫林可沒有，東尼並沒有這般好運氣，他將永遠被困在蠻荒之境，反覆誦讀那些文明世界所產的小說，這是非常圓熟的反諷，一點都不尖銳，簡直是異樣平滑的永劫。東尼的後來被消失了。他並不存在（也無必要）。他只是遠方的塵土，無論死活，對文明世界而言。

正如同史蒂芬·金極其真誠的作品《一袋白骨》所寫：「據說湯瑪斯·哈代講過小說裡寫得最精彩的角色也不過是一袋白骨。」到頭來再精彩（悲慘或狂喜）的人生也不過是一掬塵土。我想，《一掬塵土》或是伊夫林寫給文明的青塚圖吧。

伊夫林・沃重要大事年表

一九〇三年　出生英格蘭倫敦北部，西漢普斯特德區（West Hampstead），是家中的次子。

一九一七年　五月前往藍西學院（Lancing College）就讀，發表首篇論文並獲藝術雜誌《Drawing and Design》認可並刊載其文章。

一九二一年　離開藍西學院，申請到牛津大學赫特福德學院（Hertford College）獎學金，攻讀現代史。

一九二二年　抵達牛津大學，開始大學生活，結交了許多對他影響甚深的朋友、並形成了前衛藝術的小團體。

一九二四年　待在牛津的最後一年。

一九二七年　為出版商撰寫羅塞蒂（Dante Gabriel Rossetti）生平傳記；和伊夫林・賈兒（Evelyn Gardner）訂婚。

一九二八年 四月出版首部小說《失落與瓦解》（*Decline and Fall*），六月二十七日與伊夫林・賈兒於英國的聖保羅教堂、波特曼廣場（Portman Square）舉行婚禮。

一九三〇年 出版小說《邪惡身軀》（*Vile Bodies*）；兩年的婚姻告終，離婚後他改信天主教。接下來十年間，他時常以新聞特派員的身分遊走採訪各地。

一九三一年 接連兩趟旅程造訪英屬東印度屬地和比利時剛果，將旅遊所見寫成了旅行遊記《遙遠的人們》（*Remote People*）。

一九三二年 出版小說《黑色惡作劇》（*Black Mischief*）。

一九三三年 造訪希臘諸島時，認識了十七歲的蘿拉賀伯（Laura Herbert）。

一九三四年 出版《一掬塵土》（*A Handful of Dust*）。

一九三五年 在衣索比亞帝國境內報導義大利入侵事件。

一九三六年 將在衣索比亞帝國之經歷寫成新作（*Waugh in Abyssinia*）出版。

一九三七年 與蘿拉賀伯（Laura Herbert）再婚。

一九三八年 出版《獨家新聞》（*Scoop*）、大女兒瑪麗亞・泰瑞莎（Maria Teresa）出生。

一九三九年 十一月第二個兒子奧本容・亞力山德（Auberon Alexander）出生。

一九四二年 《旗幟揮舞》（*Put Out More Flags*）出版，二戰爆發幾個月前出版的作品，是他回歸自己三〇年代時期，文學寫作風格的小說。

一九四四年 二戰期間，服役於皇家海軍和皇家騎兵護衛隊，並參與了英國對南斯拉夫游擊的軍事行動，這次的經驗也為他之後的小說提供豐富素材。

一九四五年　出版《慾望莊園》或譯「故園風雨後」（*Brideshead Revisited*）。

一九五八年　《教宗若望二十三世》（*Pope John XXIII*）問世。

一九六五年　為了推廣文學而首次舉辦的企畫活動，將三本戰爭小說重新編纂成一選輯《榮譽之劍》（*Sword of Honour*）出版。

一九六六年　四月十號復活節，與家人外出至鄰近村落返家後，因心臟衰竭於家中過逝，享年六十二歲。

不朽Classic
一掬塵土（現代主義反諷敘事經典，理想的瓦解與幻滅，雙面書衣典藏紀念版）

2019年8月初版 定價：新臺幣390元

著者 Evelyn Waugh
譯者 李斯毅
叢書編輯 黃榮慶
校對 蘇暉筠
排版 極翔企業
封面設計 謝佳穎
編輯主任 陳逸華

出版者 聯經出版事業股份有限公司
地址 新北市汐止區大同路一段369號1樓
編輯部地址 新北市汐止區大同路一段369號1樓
叢書編輯電話 (02)86925588轉5307
台北聯經書房 台北市新生南路三段94號
電話 (02)23620308
台中分公司 台中市北區崇德路一段198號
暨門市電話 (04)22312023
台中電子信箱 e-mail：linking2@ms42.hinet.net
郵政劃撥帳戶第0100559-3號
郵撥電話 (02)23620308
印刷者 世和印製企業有限公司
總經銷 聯合發行股份有限公司
發行所 新北市新店區寶橋路235巷6弄6號2樓
電話 (02)29178022

總編輯 胡金倫
總經理 陳芝宇
社長 羅國俊
發行人 林載爵

行政院新聞局出版事業登記證局版臺業字第0130號

本書如有缺頁，破損，倒裝請寄回台北聯經書房更換。 ISBN 978-957-08-5358-2 (平裝)
電子信箱：linking@udngroup.com

國家圖書館出版品預行編目資料

一掬塵土（現代主義反諷敘事經典，理想的瓦解與幻滅，雙面書衣典藏紀念版）/ Evelyn Waugh著．李斯毅譯．初版．新北市．聯經．2019年8月（民108年）．344面．14.8×21公分（不朽Classic）
譯自：A handful of dust

ISBN 978-957-08-5358-2（平裝）

873.57 108011865